高等教育系列教材

Oracle 数据库系统教程

陆 鑫 张 宁 编著

机 械 工 业 出 版 社

本书从 Oracle 数据库系统应用技术角度出发，由浅入深，逐步介绍 Oracle Database 12c 数据库系统原理结构、数据库对象机理、数据库操作方法、数据库后端编程，以及数据库安全管理等内容。同时本书也结合 Power Designer 建模设计工具介绍 Oracle 数据库设计与 SQL 实现方法。此外，还结合 Java Web 应用开发技术介绍 Oracle 数据库应用访问编程方法。本书系统性强、内容翔实、循序渐进、讲解透彻，并结合实践案例讲解 Oracle 数据库操作原理与应用开发方法，帮助读者全面掌握 Oracle 数据库系统的技术应用。

本书既可作为高等学校计算机专业和软件工程专业数据库课程教材，也可作为相关开发人员学习 Oracle 数据库系统技术的参考书。

本书配套授课电子课件，需要的教师可登录 www.cmpedu.com 免费注册，审核通过后下载，或联系编辑索取（QQ：2850823885，电话：010-88379739）。

图书在版编目（CIP）数据

Oracle 数据库系统教程/陆鑫，张宁编著．—北京：机械工业出版社，2017.1（2023.8 重印）
高等教育系列教材
ISBN 978-7-111-55776-0

Ⅰ.①O… Ⅱ.①陆… ②张… Ⅲ.①关系数据库系统-高等学校-教材
Ⅳ.①TP311.138

中国版本图书馆 CIP 数据核字（2016）第 313779 号

机械工业出版社（北京市百万庄大街 22 号　邮政编码 100037）
策划编辑：郝建伟　　责任编辑：郝建伟
责任校对：张艳霞　　责任印制：郜　敏
中煤（北京）印务有限公司印刷

2023 年 8 月第 1 版·第 2 次印刷
184mm×260mm·22.25 印张·540 千字
标准书号：ISBN 978-7-111-55776-0
定价：69.00 元

电话服务
客服电话：010-88361066
010-88379833
010-68326294

网络服务
机　工　官　网：www.cmpbook.com
机　工　官　博：weibo.com/cmp1952
金　　书　　网：www.golden-book.com
机工教育服务网：www.cmpedu.com

出版说明

百年大计，教育为本。习近平总书记在党的二十大报告中强调“教育、科技、人才是全面建设社会主义现代化国家的基础性、战略性支撑”，首次将教育、科技、人才一体安排部署，赋予教育新的战略地位、历史使命和发展格局。

当前，我国正处在加快转变经济发展方式、推动产业转型升级的关键时期。为经济转型升级提供高层次人才，是高等院校最重要的历史使命和战略任务之一。高等教育要培养基础性、学术型人才，但更重要的是加大力度培养多规格、多样化的应用型、复合型人才。

为顺应高等教育迅猛发展的趋势，配合高等院校的教学改革，满足高质量高校教材的迫切需求，机械工业出版社邀请了全国多所高等院校的专家、一线教师及教务部门，通过充分的调研和讨论，针对相关课程的特点，总结教学中的实践经验，组织出版了这套“高等教育系列教材”。

本套教材具有以下特点。

1）符合高等院校各专业人才的培养目标及课程体系的设置，注重培养学生的应用能力，加大案例篇幅或实训内容，强调知识、能力与素质的综合训练。

2）针对多数学生的学习特点，采用通俗易懂的方法讲解知识，逻辑性强、层次分明、叙述准确而精炼、图文并茂，使学生可以快速掌握，学以致用。

3）凝结一线骨干教师的课程改革和教学研究成果，融合先进的教学理念，在教学内容和方法上做出创新。

4）为了体现建设“立体化”精品教材的宗旨，本套教材为主干课程配备了电子教案、学习与上机指导、习题解答、源代码或源程序、教学大纲、课程设计和毕业设计指导等资源。

5）注重教材的实用性、通用性，适合各类高等院校、高等职业学校及相关院校的教学，也可作为各类培训班教材和自学用书。

欢迎教育界的专家和老师提出宝贵的意见和建议。衷心感谢广大教育工作者和读者的支持与帮助！

机械工业出版社

前　言

数据库是任何信息系统都不可缺失的核心系统部件。掌握数据库原理、数据库设计、数据库操作、数据库管理及数据库应用编程等技术知识与方法是软件工程人员所必须具备的专业技能。Oracle Database 是目前最流行的企业级数据库产品。本书以 Oracle 最新版本数据库软件产品（Oracle Database 12c）技术为背景，介绍 Oracle 数据库系统的技术原理和应用开发方法。

本书从 Oracle 数据库系统概述入门，由浅入深，逐步介绍 Oracle Database 12c 数据库系统原理结构、数据库对象机理、数据库操作方法、数据库后端编程，以及数据库安全管理等内容。同时本书也结合 Power Designer 建模设计工具介绍 Oracle 数据库设计与 SQL 实现方法。此外，还结合 Java Web 应用开发技术介绍 Oracle 数据库应用访问编程方法。本书力图围绕 Oracle 数据库系统应用开发主线，全面介绍数据库操作原理、数据库管理方法、数据库建模设计、数据库 SQL 实现和数据库应用编程等方面的开发技术内容。本书建议课堂教学 32 学时，实验教学 32 学时。

全书分为 4 部分。第一部分为 Oracle 数据库系统基础，包括数据库系统基础知识、数据库结构原理、数据库产品工具、多租户数据库、数据库表空间、数据库对象，以及 SQL 语言操作。第二部分为 Oracle 数据库系统高级技术，包括 PL/SQL 语言、存储过程编程、触发器编程、游标编程、事务处理编程、数据库安全管理，以及数据库备份与恢复操作实践。第三部分为数据库设计实践，包括数据库设计知识、概念数据模型设计、逻辑数据模型设计、物理数据模型设计，以及数据库设计 Oracle SQL 实现。第四部分为 Java Web 数据库应用编程实践，包括 Java Web 应用开发技术、JDBC 数据库访问接口和 JSP/Servlet/JavaBean 数据库访问编程实现。

本书在透彻阐述 Oracle 数据库原理与应用的基础上，突出数据库技术方法的实践应用，给出了大量操作实例，帮助读者掌握 Oracle 数据库应用方法。本书技术内容丰富，不但涉及 Oracle Database 12c 数据库产品技术与工具的应用，也涉及数据库建模设计方法与 Power Designer 建模设计工具的应用，同时也涉及 Java Web 数据库应用编程技术方法和编程开发平台实践。

本书中所介绍的实例都是在 Oracle Database 12c、Power Designer 16.5、JDK1.8、Tomcat 9 和 Eclipse neon 环境下运行通过的。本书各章分别给出了一个完整的项目实践案例，帮助读者深入掌握数据库应用系统的开发技术方法。此外，每章后面还附有练习题，有助于学习者对章节知识进行复习总结和数据库实践能力训练。

本书作者多年从事数据库课程教学，具有扎实的软件工程专业背景和丰富的教学经验。本书的第 1、2、3、6、7 章内容由陆鑫老师编著，第 4、5 章内容由张宁老师编著，全书由陆鑫老师负责统稿。在本书编写过程中，得到了电子科技大学教务处的支持，在此表示诚挚的感谢。

由于时间仓促，书中难免存在不妥之处，请广大读者谅解，并提出宝贵意见。

编　者

目　　录

第1章　Oracle 数据库系统概述

Oracle 数据库系统是主流的企业级数据库管理软件产品，广泛应用在各类大型信息系统应用领域。本章以最新版本 Oracle Database 12c 数据库产品软件为背景，介绍 Oracle 数据库软件系统概貌及其产品工具，同时也介绍 Oracle 数据库的基本结构、组成对象、数据字典和操作语言等基本知识，并给出 Oracle 数据库软件安装及使用操作指导。

本章要点：

- Oracle 数据库产品概貌及其工具组成。
- Oracle 数据库系统的逻辑结构、物理结构、实例结构和部署结构。
- Oracle 数据库及其对象的概念及其原理。
- Oracle 数据字典的组成、用途和操作。
- Oracle 数据库的 SQL、PL/SQL 和 Java 操作语言。
- Oracle Database 12c 软件安装实践与主要工具使用。

1.1　Oracle 数据库系统软件

1.1.1　Oracle 数据库产品演化

Oracle 数据库系统是美国甲骨文公司（Oracle 公司）提供的企业级关系数据库管理系统软件产品，它是全球大中型机构广泛使用的数据库管理系统。Oracle 数据库系统作为一种通用的关系数据库系统，具有完整的数据管理功能，同时也具备分布式数据库处理和云计算数据服务功能。Oracle 数据库系统产品具有技术先进、功能强大、稳定性好和可移植性强等特点，适用于各类大中型数据处理应用系统。

Oracle 公司自从 1979 年推出世界上第一个基于 SQL 的商业关系数据库管理系统后，30 多年来不断进行技术创新，先后推出适应数据库处理应用需求的 10 多个产品版本。1983 年推出 Oracle 3 版本，该产品在大型计算机和小型计算机和个人计算机上均可运行。此后，Oracle 公司在 Oracle 4 版本中引入了多事务并发控制技术。在 Oracle 5 版本中，增加了支持客户/服务器计算和分布式数据库处理。在 Oracle 6 版本中，完善磁盘 I/O 处理、行锁定、伸缩处理、数据备份与恢复等关键技术，同时也引入适合过程编程处理的 PL/SQL 语言。在 Oracle 7 版本中，引入了 PL/SQL 存储过程和触发器后端编程技术。在 1997 年推出的 Oracle 8 版本中，引入了对象关系数据库技术，支持多种复杂数据类型处理，同时也引入了大表分区技术。在 1999 年推出的 Oracle 8i 版本中，支持 Internet 计算和在多层环境中部署数据库。在 2001 年推出的 Oracle 9i 版本中，引入了 Oracle RAC 技术，支持多个实例同时访问单个数据库，以实现数据库系统高可用特性。同时，也引入了 XML 技术，支持数据库访问和存储 XML 数据。在 2003 年推出的 Oracle 10g 版本中，引入了虚拟化技术和网格计算技术，可实现在大量低成本基础设施上支持数据库系统高性能计算。同时，也引入了自动化存储管理技术，支持数据库自动化管理和调优处理。在2007年推出的Oracle 11g版本中，进一步完善了数据库DBMS系统的管理能力、诊断能力和适应能力，支持数据库开发人员能够快速地解决应用系统需求变化。

目前最新版本为Oracle公司在2013年推出的Oracle Database 12c软件产品。该版本引入了一种新的多租户架构，可轻松地快速整合多个数据库，并将它们作为一个云服务加以管理。Oracle Database 12c还包括内存中的数据处理功能，可提供突破性的分析性能，创新性地将数据库处理的效率、性能、安全性和可用性提升至新的水平。此外，还引入了Oracle大数据SQL及SQL/REST接口对JSON数据进行查询等新技术功能，使得Oracle Database 12c成为私有云和公有云部署数据服务的理想平台。

1.1.2 Oracle Database 12c数据库工具

当完成Oracle Database 12c数据库管理系统软件安装之后，在操作系统中建立了一组Oracle程序工具用于创建、开发、管理及维护数据库。其中最常用的数据库工具有Oracle Enterprise Manager Database Express、SQL Developer、Database Configure Assistant和SQL Plus等。

1. Oracle Enterprise Manager Database Express工具

在Oracle数据库系统管理中，Oracle Enterprise Manager Database Express（企业管理器数据库快捷版）为DBA（Database Administrator）用户提供了基本的数据库系统管理功能。由于Oracle Enterprise Manager Database Express工具是以Web方式进行访问操作，用户在使用该工具时，需要在浏览器中输入URL地址https://localhost:5500/em/login，才能进入数据库管理登录页面，如图1-1所示。

Oracle Enterprise Manager Database Express工具为DBA用户主要提供安全管理（用户管理、角色管理）、存储管理（表空间、还原管理、归档日志、控制文件）、配置管理（初始化参数、内存、当前数据库属性）和性能监控（主机负载、主机内存、主机I/O）等管理功能。但这些管理功能对于企业级数据库管理还不够，它们仅是DBA用户的基本系统管理需求。若要实现更多的数据库系统管理操作，建议使用Oracle SQL Developer工具。

图1-1 Oracle Enterprise Manager Database Express数据库管理登录页面

2. Oracle SQL Developer工具

Oracle SQL Developer是一个基于GUI的、集开发与管理于一体的数据库工具。在Oracle Database 12c产品软件的所有工具中，Oracle SQL Developer工具的功能最为全面。它不但可以支持DBA用户进行数据库管理功能操作，也能提供DBA进行数据库对象开发操作，如创建数据库表、索引、视图、触发器和存储过程等对象。用户在安装有Oracle Database 12c软件的操作系统中，鼠标点击SQL Developer程序菜单，即可启动Oracle SQL Developer工具程序运行，其初始界面如图1-2所示。

在Oracle SQL Developer工具中，用户可以方便地创建、修改和删除数据库对象，同时也可以开发SQL和PL/SQL程序。此外，Oracle SQL Developer工具还提供了数据库管理功能，用户可以方便地基于GUI进行可视化的数据库安全管理、配置管理、存储管理和性能监控管理。

3. Database Configuration Assistant工具

Database Configuration Assistant（数据库配置助手，DBCA）是一个基于GUI的数据库配置

管理工具。用户在安装有 Oracle Database 12c 软件的操作系统中，鼠标点击 Database Configuration Assistant 程序菜单，即可启动 Database Configuration Assistant 工具程序运行，其初始界面如图 1-3 所示。

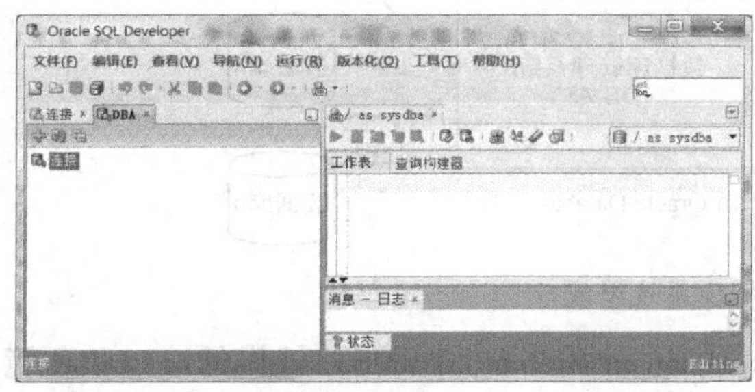

图 1-2　Oracle SQL Developer 初始界面

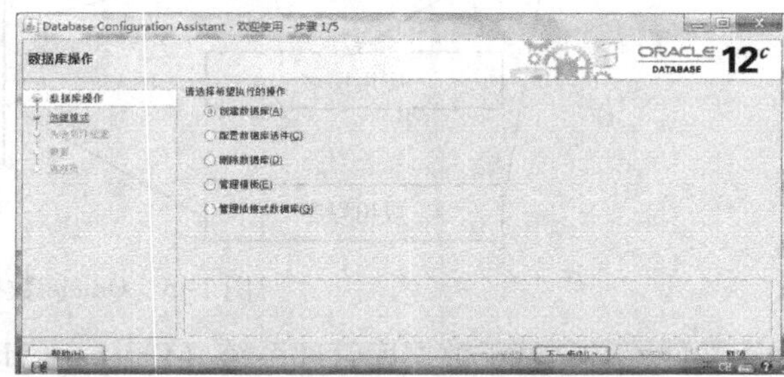

图 1-3　Database Configuration Assistant 初始界面

在 Database Configuration Assistant 工具中，用户可以新建或删除一个数据库，也可以对已有数据库进行配置修改。此外，还可以在现有容器数据库中增删插件数据库，以实现多租户数据库系统。

4. SQL Plus 工具

在 Oracle 数据库系统工具中，SQL Plus 是一个基于命令行的数据库操作工具。用户在操作系统中，鼠标点击 SQL Plus 程序菜单，即可启动 SQL Plus 工具程序运行，其初始界面如图 1-4 所示。

在 SQL Plus 工具中，用户可以将 SQL 语言命令和 PL/SQL 语言命令提交数据库管理系统执行，实现对数据库进行操作访问和数据库管理。例如，通过 SQL Plus 工具执行 PL/SQL 语言命令，实现数据库服务器启停控制、数据库创建、用户权限管理和数据表访问等操作。

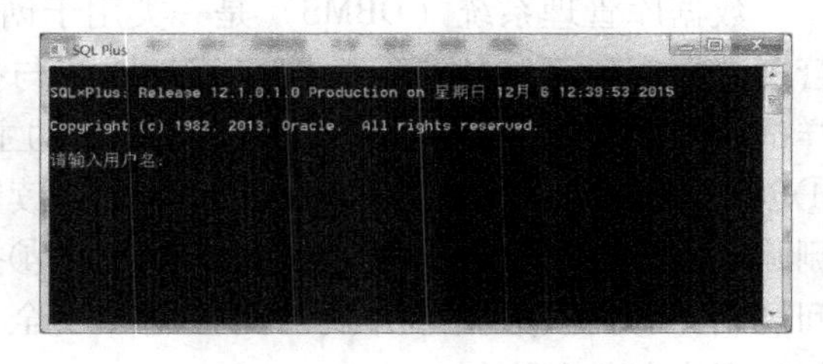

图 1-4　SQL Plus 初始界面

1.2　Oracle 数据库系统结构

数据库是一种依照特定模型组织、存储和管理数据的数据容器。在数据库中，不仅存放了数据，而且还存放了各种数据库对象结构，如表、索引、视图、存储过程、触发器和函数等。在 Oracle 数据库中，它是如何组织与存储数据的？如何管理数据库对象的？这需要了解 Oracle 数据库系统的基本结构。

下面将分别从 Oracle 数据库系统部件组成、逻辑存储结构、物理存储结构和数据库实例结构这几个方面来介绍 Oracle 数据库系统结构。

1.2.1　Oracle 数据库系统组成

Oracle 数据库系统与其他关系数据库系统一样，都是由用户、数据库、数据库管理系统和数据库应用程序 4 个部分组成。它们之间的组成结构关系如图 1-5 所示。

1. 用户

在数据库系统中，用户可分为最终用户和 DBA 用户两类。最终用户是一类业务人员，他们通过使用应用程序处理业务，并利用应用程序存取数据库信息。当然，应用程序不能直接读写数

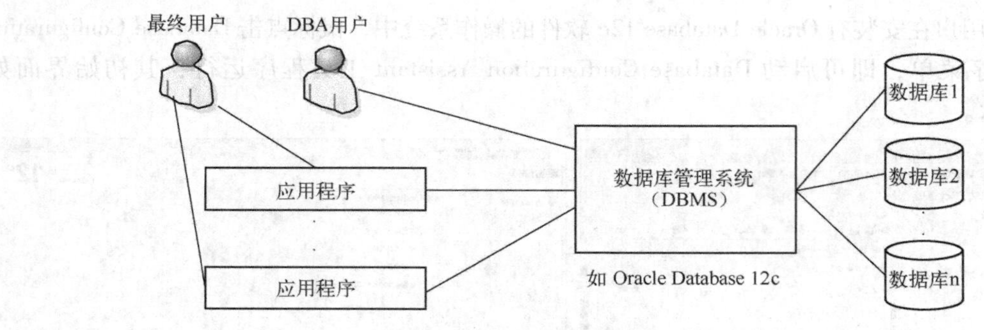

图 1-5　Oracle 数据库系统组成

据库文件，必须基于数据库管理系统（Database Management System，DBMS）提供的接口和环境才能访问数据库。DBA 用户是一类从事数据库系统管理的专业技术人员，他们利用 DBMS 软件提供的工具创建、管理和维护数据库，为数据库系统的正常运行提供支持和保障。

2. 应用程序

应用程序是帮助用户完成业务处理的计算机程序，它们除实现功能逻辑外，还以窗口或页面等界面形式来查询、输入和更新数据库信息，并可生成各类数据报表。应用程序使用编程语言（如 Java、C++、C#、VB 和 PB 等）实现对数据库信息的操作访问，但它们需要基于 DBMS 提供的本地驱动接口或标准接口（如 ODBC、JDBC 等）才能连接与访问数据库。

3. 数据库管理系统

数据库管理系统（DBMS）是一类用于创建、操纵和管理数据库的系统软件。数据库管理系统与操作系统一样都属于系统平台软件。数据库管理系统的主要功能为：①创建数据库、数据库表及其他对象；②读写、修改和删除数据库表数据；③维护数据库结构；④执行数据访问规则；⑤提供数据库并发访问控制和安全控制；⑥执行数据库备份和恢复。

数据库管理系统由操作界面层、语言翻译处理层、数据存取层和数据存储层等部件程序组成，其层次结构如图 1-6 所示。

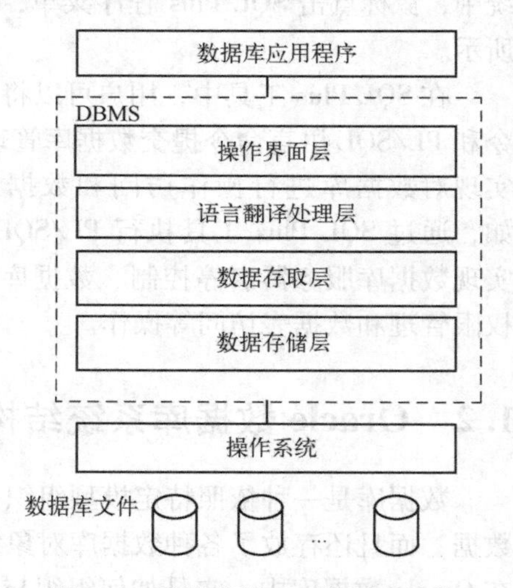

图 1-6　数据库管理系统层次结构

数据库管理系统的操作界面层为用户使用 DBMS 功能提供实用工具与应用程序访问接口，如 Oracle SQL Developer、SQL Plus 等。语言翻译处理层是对应用程序提交执行的 SQL 语句进行语法分析、视图转换、授权检查、完整性检查和查询优化等处理。数据存取层处理数据表记录，它将上层逻辑的集合操作转换为数据记录操作，对数据记录进行存取访问，并进行存取路径维护、并发控制、事务管理和日志记录等处理。数据存储层基于操作系统提供的系统调用实现对数据库文件进行读写操作访问，并提供数据页、系统缓冲区、内外存交换和外存数据文件等操作管理。

甲骨文公司针对 Oracle 数据库 DBMS 产品，先后向市场提供了多个不同软件版本，如早期 Oracle 8、Oracle 9i、Oracle 10g、Oracle 11g，到最近的 Oracle Database 12c。

4. 数据库

在数据库系统中，数据库是一类用于存放系统中各类数据的容器。该容器按照一定的数据模型组织与存储数据。目前，在数据库系统中使用最多的数据模型是关系数据模型。这类数据库模型是由若干关联的二维数据表组成。例如，在 Oracle 系统中创建一个成绩管理数据库，它由 COURSE 表、STUDENT 表和 GRADE 表组成，该数据库不但存储这些表对象及其数据信息，也会存储表之间的约束关系。

在数据库中，除了存放用户数据外，也存放描述数据库结构的元数据。例如，在数据库中，各个数据表的表名称、表属性、列名称、列属性，以及表之间的数据约束关系等都是数据库元数据。图 1-7给出了在数据库中所包含的各类数据内容。

在所有关系 DBMS 产品所创建的数据库中都包含有系统表和用户表，它们分别存储元数据、索引数据、其他数据和用户数据。

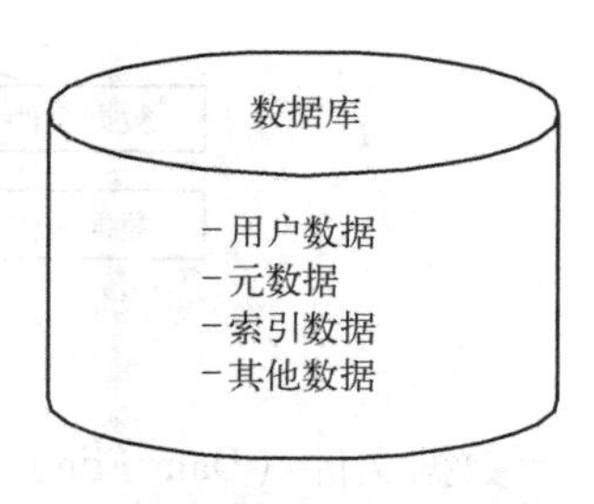

图 1-7　数据库的数据类别

1.2.2　Oracle 数据库逻辑结构

数据库逻辑存储结构是指数据库的结构对象组织方式。Oracle 数据库包含表空间、段、区和块等结构对象，它们按照特定数据结构组织与存储数据，其逻辑存储结构示意如图 1-8 所示。

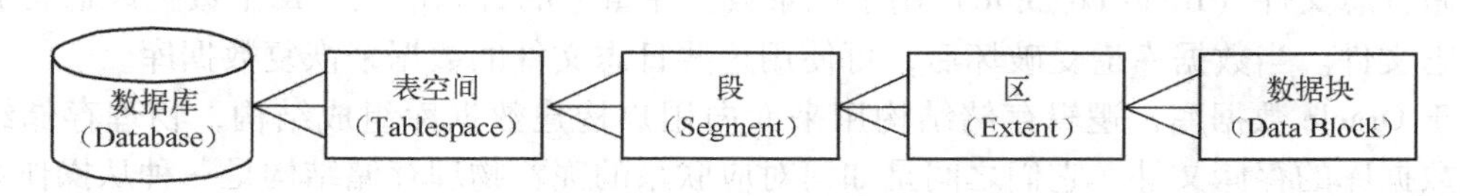

图 1-8　Oracle 数据库逻辑存储结构

在 Oracle 系统中，一个数据库可以创建多个表空间，每个表空间可以划分为多个段，每个段又可划分为多个分区，每个分区中组织多个数据块。

表空间（Tablespace）是在数据库下的顶层数据结构单元，它用于存储各种数据库对象的段数据。在 Oracle Database 12c 系统中，新建每个数据库时，都将默认创建 SYSTEM 表空间、SYSAUX 表空间、TEMP 表空间、UNDOTBS1 表空间和 USERS 表空间。除了这些默认的表空间外，用户还可以根据应用需要创建自己的表空间，以便将用户数据与系统数据分别存储。数据库对象在存储时都必须存放在某个表空间中。

段（Segment）是在表空间中划分的不同存储区域，以分别存放不同类别的数据。例如，表空间划分为存放表数据的“数据段”、存放临时数据的“临时段”和存放回滚数据的“回滚段”。此外，每个段又由多个区组成。

区（Extent）是由若干连续数据块组成的存储区，该存储区用以存放特定数据类型的数据。在 Oracle 数据库中，对象分配空间是以区为单位的。一个数据库对象至少包含一个区。此外，每个区又由多个数据块组成。

数据块（Data Block）是数据库存取的最小存储单元，它由若干连续数据字节组成。通常 Oracle 数据块是操作系统数据块的倍数。

1.2.3　Oracle 数据库物理结构

Oracle 数据库物理结构是指数据库在操作系统中以一组特定文件（如数据文件、控制文件和联机重做日志文件）组织数据的存储结构，其结构示意如图 1-9 所示。

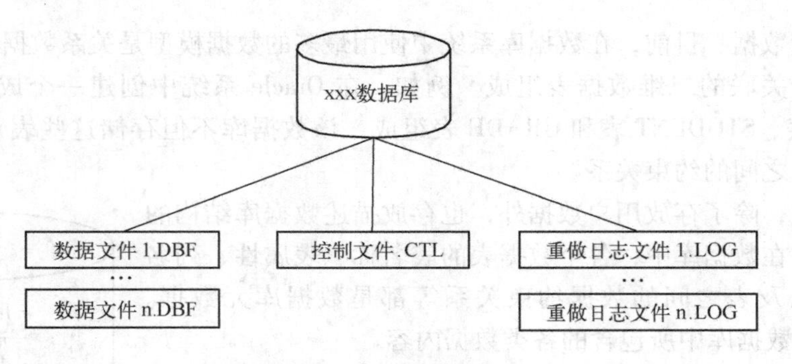

图 1-9　Oracle 数据库物理结构

数据文件（Data File）用于存储数据库对象结构及其数据，每个 Oracle 数据库至少有一个数据文件。若该数据库分配有多个表空间，则对应有多个数据文件。

控制文件（Control File）用于记录数据库文件位置、数据库名称、创建时间和日志记录序号等控制信息。每个数据库对应一个控制文件。当数据库实例被启动时，Oracle 系统将读取该数据库控制文件内容，以便系统运行管理该数据库。

重做日志文件（Redo Log File）用于记录数据库事务的日志信息。每个数据库通常有多个重做日志文件。当数据库遭受破坏后，可使用这些日志文件的数据来恢复数据库。

对于 Oracle 数据库，逻辑存储结构用来面向用户构建数据库组成结构，物理存储结构用来组织数据库的存储文件。它们之间是如何对应联系的呢？物理存储结构是一种从操作系统层面组织与存储数据的数据库结构，逻辑存储结构则是从数据库用户层面组织与存储数据的数据库结构，它们之间的对应关系如图 1-10 所示。

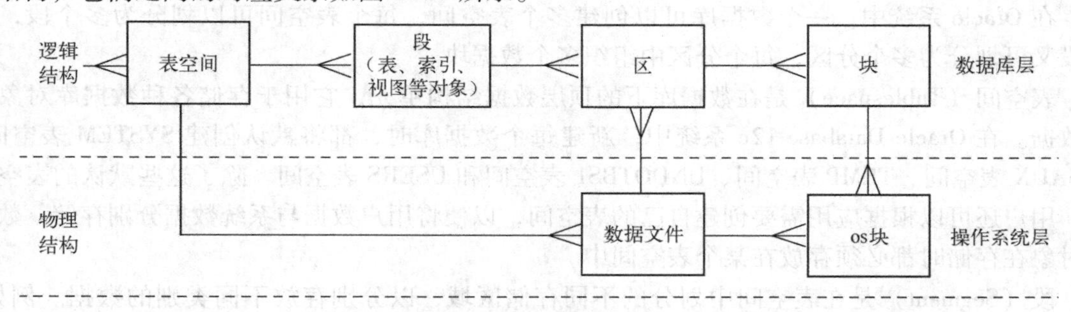

图 1-10　Oracle 数据库物理结构与逻辑结构关系

从图 1-10 可知，每个 Oracle 数据库有多个表空间，每个表空间可以有一个或多个数据段。每个段由包括一个或多个数据区组成。每个数据区由一个或多个 Oracle 数据块组成。每个表空间是由一个或多个物理数据文件构成，每个数据文件只能属于一个表空间。每个数据文件由多个操作系统数据块组成。每个数据文件对应多个逻辑结构的数据区。每个 Oracle 数据块对应多个操作系统数据块。

1.2.4　Oracle 数据库实例结构

在数据库系统中，运行 DBMS 软件程序的服务器，称为数据库服务器。它是数据库系统的核心部件，数据库、数据库进程和 DBMS 管理进程均在数据库服务器上运行。客户程序与数据库服务器建立连接后，通过提交 SQL 语句到数据库服务器上执行访问操作。数据库服务器执行 SQL 命令后，将数据库访问操作的结果数据返回到客户程序。客户程序与数据库服务器所构成系统的体系结构如图 1-11 所示。

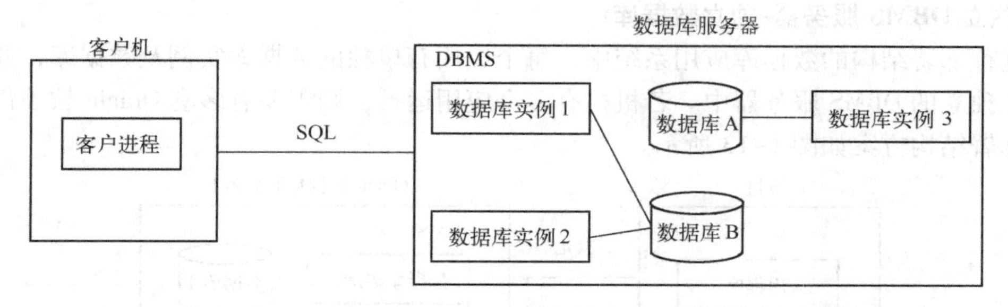

图 1-11　数据库系统体系结构

在 Oracle 数据库服务器中，数据库实例是一种管理数据库内存结构及其后端进程的集合，其结构如图 1-12 所示。

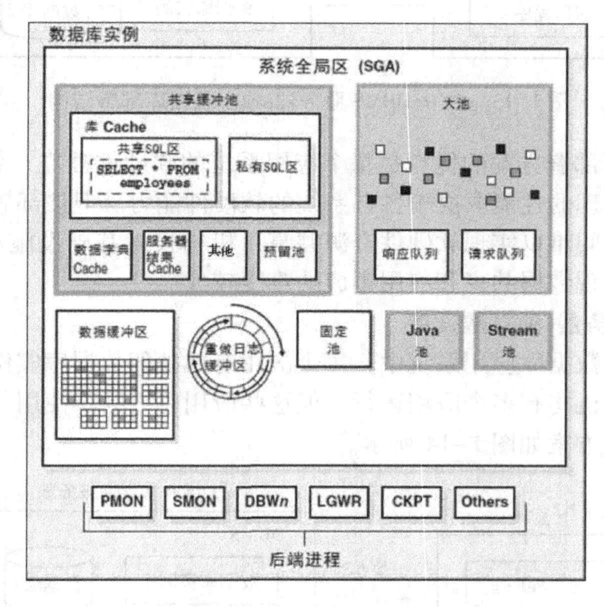

图 1-12　数据库实例结构

Oracle 数据库实例是通过一个被称为系统全局区（System Global Area，SQA）的内存区域来实施运行的。SQA 又包含数据缓冲区（Database Buffer Cache）、重做日志缓冲区（Redo Log Buffer）、共享缓冲池（Shared Pool）、大池（Large Pool）、固定池（Fixed Pool）、Java 池（Java Pool）和 Stream 池（Stream Pool）等系统区域。SQA 的功能是用来存储每个用户所需存取的数据，以及实例运行的系统信息。实例后端进程是数据库实例运行程序，主要包括 PMON（进程监控进程）、SMON（系统监控进程）、DBWn（数据库写入进程）和 LGWR（日志写入进程）和 CKPT（检查点进程）等程序。

1.2.5　Oracle 数据库部署结构

在 Oracle 数据库系统中，其 DBMS 服务器可以运行一个数据库实例，也可运行多个数据库实例。通常情况下，一个数据库实例承载一个数据库。当然，也可以一个数据库实例承载多个数据库，如多租户数据库应用。此外，还可以有多个数据库实例共享访问同一数据库的情况，如

Oracle RAC 实时应用集群。因此，在实际 Oracle 数据库应用中，数据库有多种部署结构方案。

1. 独立 DBMS 服务器-独立数据库

在这种部署结构的数据库应用系统中，每个应用有单独的数据库实例及数据库，并且数据库运行在独立的 DBMS 服务器中。若机构有多个应用运行，则需要有多套 Oracle 软硬件环境运行，其部署结构方案如图 1-13 所示。

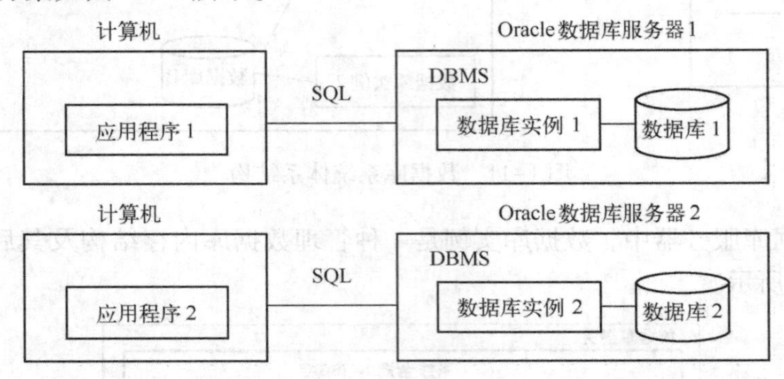

图 1-13　独立 DBMS 服务器-独立数据库部署结构

这种 Oracle 数据库部署方案的优点是每个应用系统的软硬件独立，各应用之间互不干扰，系统安全性强，应用处理的性能取决于各自系统的软硬件能力。但该部署结构方案的缺点也比较突出，各应用系统之间难以实现软硬件资源共享，机构投入基础设施和运行维护成本最大，此外，应用系统之间实现数据共享和应用集成的难度较大。

2. 共享 DBMS 服务器-独立数据库

在这种部署结构的数据库应用系统中，每个应用有单独的数据库实例及数据库，但它们共享 DBMS 服务器。虽然机构有多个应用运行，但这些应用可以共享使用一套 Oracle 数据库服务器软硬件，其部署结构方案如图 1-14 所示。

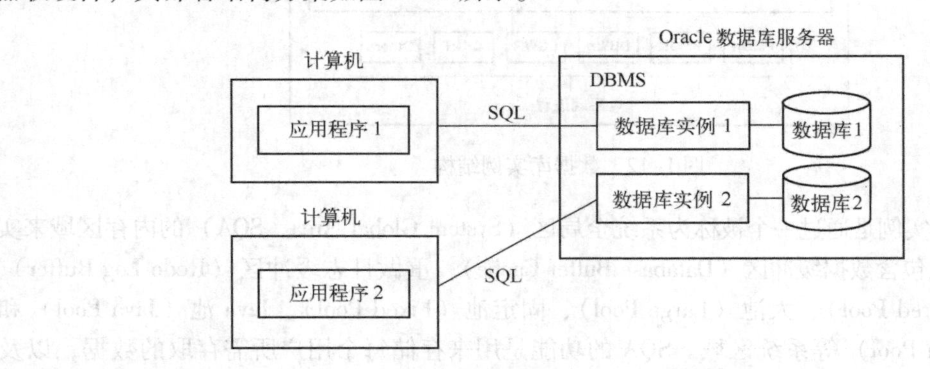

图 1-14　共享 DBMS 服务器-独立数据库部署结构

这种 Oracle 数据库部署方案的优点是多个应用系统可以共享 DBMS 服务器软硬件资源，统一数据库运维管理，机构投入成本和运营成本较节省；各应用之间相对较独立，系统安全性较强；应用系统之间实现数据共享相对容易。但该部署结构方案的共享 DBMS 服务器可能会成为各应用系统的性能瓶颈，同时也需要解决因共享 DBMS 服务器带来的系统单点故障问题。

3. 共享 DBMS 服务器-共享数据库

在这种部署结构的数据库应用系统中，所有应用共享 DBMS 服务器，并且它们使用同一数据库，不同应用的数据由不同用户 Schema（方案）来组织。其部署结构方案如图 1-15 所示。

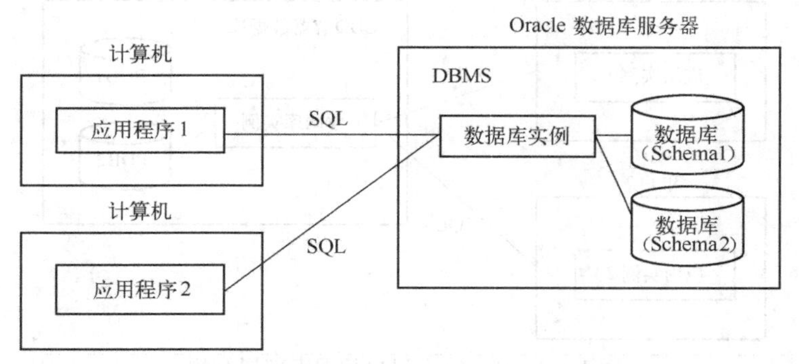

图 1-15　共享 DBMS 服务器-共享数据库部署结构

这种 Oracle 数据库部署方案的优点是多个应用系统可以共享 DBMS 服务器软硬件资源，统一数据库运维管理，机构投入成本和运营成本节省；应用系统之间实现数据共享容易。但其缺点较多，如各应用的数据在一个数据库中，系统安全性较弱；一个应用的数据备份恢复处理会影响其他应用；共享数据库及服务器可能会成为各应用系统的性能瓶颈，DBMS 服务器伸缩能力、系统高可用性等难题需要解决。

4. 集群 DBMS 服务器-共享数据库

在这种部署结构的数据库应用系统中，使用 Oracle RAC 实时应用集群。它是一种针对高可用大型应用系统的 Oracle 数据库部署方案。在该系统结构中，使用多个数据库 DBMS 服务器访问同一共享存储的数据库，也即多个数据库实例访问一个相同的数据库。其部署结构方案如图 1-16 所示。

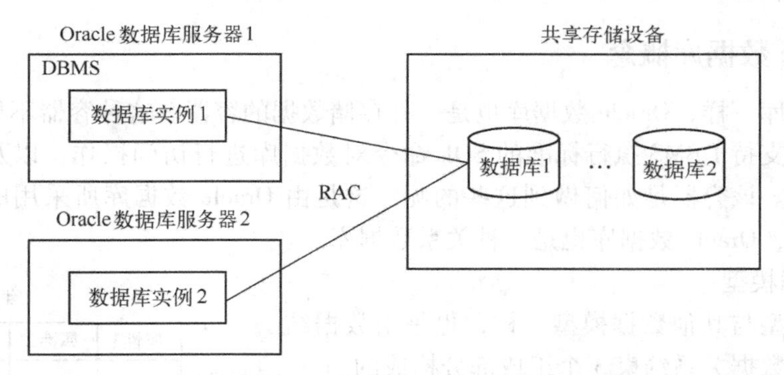

图 1-16　集群 DBMS 服务器-共享数据库部署结构（RAC）

这种 Oracle 数据库部署方案的优点是可以通过 Oracle RAC 提供的集群功能将多个低成本的 PC 服务器构成一个能力强大的数据库服务器系统，实现对应用系统数据库高性能、高可用性的数据访问。其缺点是需要增加使用 Oracle 数据库软件成本，相对单个 Oracle 数据库服务器，Oracle RAC 数据库服务器管理更复杂。

5. 支持云计算的多租户数据库

在 Oracle Database 12c 版本中，Oracle 提供支持云计算服务的多租户数据库应用方案。在这种多租户数据库方案中，用户可以先创建一个容器数据库 CDB，然后在该容器数据库中，根据需要创建一个或多个插接式数据库 PDB。其部署结构方案如图 1-17 所示。

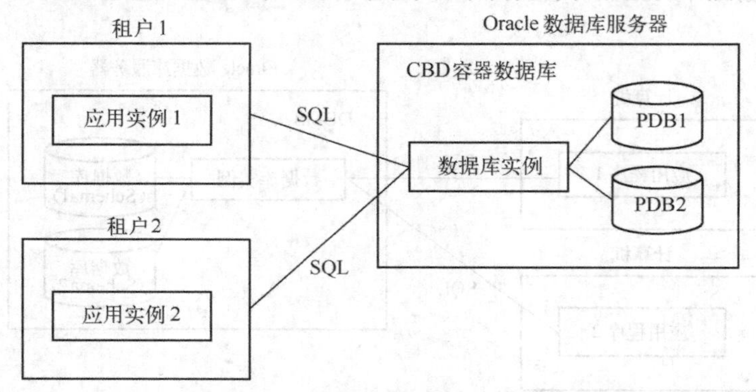

图 1-17　Oracle 多租户数据库部署结构

这种 Oracle 数据库部署方案的优点是可以支持云计算服务的数据库功能，租户之间的数据库独立，数据安全性高，可对插接式数据库实现动态接入管理。其缺点是在一个容器数据库中，所有插接式数据库共享相同数据库实例，数据库性能受限于服务器软硬件性能。

以上各种数据库部署方案各有优劣，在数据库应用中，应根据用户实际需求，选取适合的 Oracle 数据库部署方案。

1.3　Oracle 数据库基础

在应用 Oracle 数据库前，需要学习 Oracle 数据库的基本概念、工作原理和访问模式等基础知识。此外，也需要了解 Oracle 数据库主要对象（如表、视图、索引、存储过程和触发器等）在数据库中的作用原理和操作方式。

1.3.1　Oracle 数据库概念

与其他数据库一样，Oracle 数据库也是一种存储数据的容器。这种容器不但可组织和存储系统数据，还能支持 DBMS 执行标准的 SQL 命令对数据库进行访问操作，以及支持关系数据的约束规则管理。该容器是如何做到这些的呢？这是由 Oracle 数据库所采用的关系数据模型所决定的，因此，Oracle 数据库也是一种关系数据库。

1. 关系数据模型

关系数据模型与其他数据模型一样，也是由数据结构、操作方式和数据关系约束 3 个组成部分构成的。

（1）数据结构

关系数据模型是在集合论的关系概念基础上发展起来的数据库模型。在关系数据模型中，采用具有关系特征的二维表数据结构来组织存储数据。该二维表结构被称为关系表，简称表。关系表的结构示意如图 1-18 所示。

二维表

	属性1	属性2	…	属性n
元组1	…	…	…	…
元组2	…	…	…	…
	…	…	…	…
元组m	…	…	…	…

图 1-18　关系表结构

在关系数据模型中，采用关系表形式来存储实体数据。关系表是一种由行和列组成的二维表。在关系表中，每行存储一个实体实例数据，每行又称为元组。每列存放实体实例的一个成员数据，又称为属性。关系表具有以下几个特征。

1）表中每行存储实体的一个实例数据。

2）表中每列包含实体的一个属性数据。

3）表中的单元格仅存储单个值。

4）表中不允许有重复的行数据。

5）表中不允许有重复的列名。

6）表中的行顺序可任意。

7）表中的列顺序可任意。

在应用系统的关系数据模型中，通常存在多个关系表。这些关系表之间可能还存在某种约束关系，如表之间若有相同列名，它们的数据之间应具有一致性。例如，一个课程目录的关系数据模型如图1-19所示。

教师信息表

工号	姓名	职称	学院
2001	刘东	讲师	计算机
2002	王崎	教授	软件工程
2003	姜力	副教授	软件工程

课程信息表

课程号	课程名称	学时	学分
001	数据库原理	64	4
002	程序设计	48	3
003	数据结构	48	3

开课目录表

工号	课程号	开课学期	最多人数
2001	002	春季	100
2002	001	秋季	120
2003	003	秋季	100

图1-19　课程目录的关系数据模型

在该关系数据模型实例中，“教师信息表”“课程信息表”和“开课目录表”均为具有关系特征的二维表。每个表分别存放各自主题的数据，表之间通过具有相同列名的数据值进行约束关联。其中“开课目录表”的“工号”要求与“教师信息表”的“工号”数据应一致。同样，“开课目录表”的“课程号”也要求与“课程信息表”的“课程号”数据应一致。从而使这些关系表之间通过关联列建立了联系。

（2）操作方式

在关系数据模型中，对关系表的数据操作是按照集合关系运算方式来操作的。常用的关系操作包括选择（Select）、投影（Project）、连接（Join）、除（Divide）、并（Union）、交（Intersection）和差（Difference）等数据查询操作，也包含插入（Insert）、删除（Delete）和修改（Update）等数据操纵操作。这些操作方式都可以通过SQL结构化查询语言的具体语句来实现。

（3）数据关系约束

在关系数据模型中，数据关系约束是指数据或数据之间需要遵循的规则。数据关系约束主要包括实体完整性约束、参照完整性约束和用户自定义完整性约束。其中前两个约束是关系数据模型必须满足的限制条件，由关系数据库DBMS系统自动支持。用户自定义完整性约束提供一种自定义方式实施的业务规则。

2. 关系数据库

关系数据库是一种采用关系数据模型实现的数据库。在关系数据库中，关系一般称为关系表或表。一个基本的关系数据库就是由若干个关系表所组成的数据库，其示意如图 1-20 所示。

在关系数据库中，除了表对象外，通常还包括视图、索引、触发器和存储过程等对象。

3. 关系数据库管理系统

关系数据库管理系统是一种管理关系数据库的系统软件，英文简称为 RDBMS（Relational Database Management System）。目前，主要软件厂商的数据库产品都是关系数据库管理系统，如甲骨文公司的 Oracle Database 软件、IBM 公司的 DB2 软件和微软公司的 SQL Server 软件等。关系数据库管理系统在数据库系统中主要用于关系数据管理，其示意如图 1-21 所示。

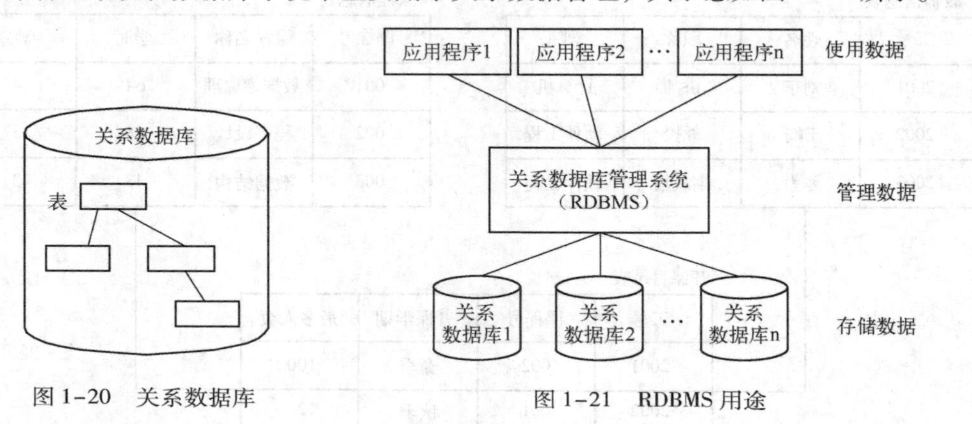

图 1-20　关系数据库　　　　图 1-21　RDBMS 用途

Oracle 关系数据库管理系统除具备一般 RDBMS 系统的功能特性外，还实现了一些面向对象处理功能，如支持用户定义复杂数据类型、对象继承和多态处理等。因此，Oracle 关系数据库管理系统又是一种对象-关系数据库系统，英文简称为 ORDBMS（Object-Relational Database Management System）。

1.3.2　Oracle 数据库 Schema

为了便于用户管理数据库对象集合，Oracle 数据库系统提供 Schema（方案）来组织管理数据库对象。Schema 是一种将用户拥有的数据库对象集合组织在一起的逻辑对象，以便用户按照统一权限管理对拥有的数据库对象进行访问操作。换而言之，Schema 就是以某个用户为拥有者的所有对象集合。这里以图书销售数据库为例，创建一个名为 BOOKSALE 的 Schema，它所包含的数据库对象集合如图 1-22 所示。

图 1-22　BOOKSALE 的数据库对象集合

在数据库 Schema 中，各类对象按照类别目录来组织管理。例如，在 BOOKSALE 的“表”目录中，包含 AUTHOR、PUBLISHER、SALE 和 STORE 等数据库表对象。

1.3.3 Oracle 数据库表

在 Oracle 数据库中，表（Table）是存储数据的基本逻辑结构单元。数据库表可以分为系统表和用户表两大类。系统表用于存储数据库元数据，记录数据库对象结构、运行参数和数据文件位置等数据。在数据库的系统表名称中，一般带有“ $ ”字符，如数据库 SYS 系统用户中的部分系统表如图 1-23 所示。

用户表是由数据库用户自己创建的数据表，这些表用于存储用户的应用数据。例如，在 BOOKSALE 方案中存放有图书销售系统的用户数据库表，如图 1-24 所示。

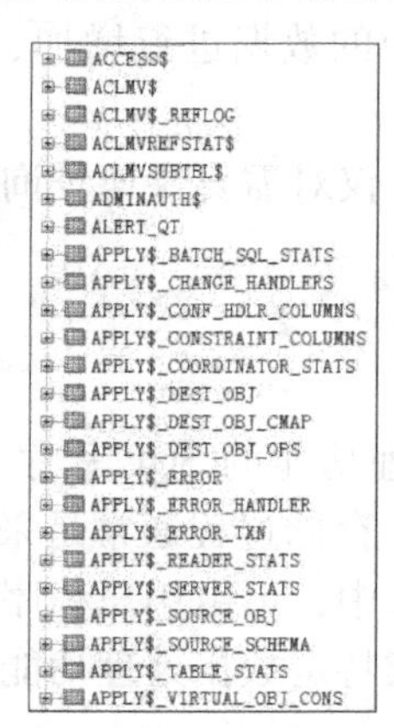

图 1-23 Oracle 数据库部分系统表

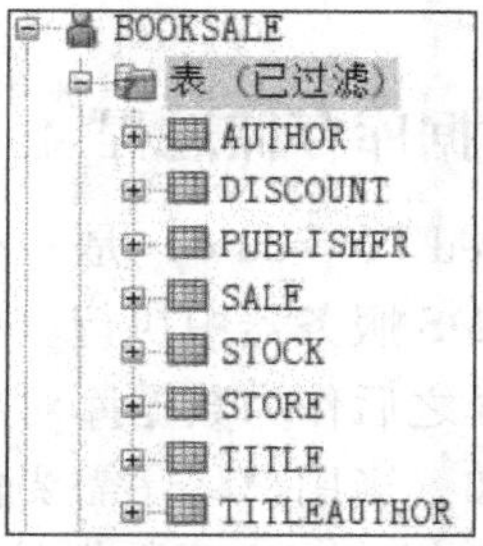

BOOKSALE
表（已过滤）
AUTHOR
DISCOUNT
PUBLISHER
SALE
STOCK
STORE
TITLE
TITLEAUTHOR

图 1-24 BOOKSALE 方案的用户数据库表

1.3.4 Oracle 数据库视图

在 Oracle 数据库中，视图（View）是一种基于 SELECT 查询语句执行结果导出数据的虚拟表。视图可以基于数据表或其他视图来构建，它本身没有自己的数据，而是使用了存储在表中的数据。在基本数据表中的任何改变都可以在视图中看到。反之，若在视图中对数据进行了修改，其变化也会在基本表中反映出来。因此，对视图的数据操作，其实是对它所基于的表进行数据操作。

在数据库中使用视图对象，用户可以获得以下好处。

1）数据库开发人员可以将复杂的查询语句封装在视图内，使外部程序只需使用简单方式访问视图，便可获取所需要的数据。

2）通过视图可以将基本数据表的部分敏感数据隐藏起来，使得外部用户无法得知数据表的完整数据，降低数据库被攻击的风险。此外，通过视图访问，可限制用户只能查询和修改他们所能见到的数据，可以保护部分隐私数据。

3）可提供一定程度的数据逻辑独立性。当数据表结构发生改变时，只要视图结构不变，应用程序可以不做修改。

4）可以将部分用户不关心的数据进行过滤，仅仅提供他们所感兴趣的数据。

1.3.5 Oracle 数据库索引

索引（Index）是对数据库表中一列或多列的值进行排序处理的一种数据结构。使用索引的目的是为了快速访问数据库表中的数据内容。在 SQL 语言中，可使用数据定义语言语句

（DDL）对数据库表创建索引对象，也可对已有索引对象进行修改、删除等操作。

在数据库中使用索引对象，用户可以获得以下好处。

1）可以大大加快数据的检索速度，这也是创建索引的最主要原因。

2）可以加速表和表之间的连接，特别是在实现多表数据关联查询方面特别有意义。

3）在使用分组和排序子句进行数据检索时，同样可以显著地减少查询中分组和排序的时间。

当然，在数据库中创建索引也会带来开销：①创建索引和维护索引均需要耗费系统时间，这种时间会随着数据量的增大而增加。②索引需要占用系统物理空间，除了数据表占用数据空间之外，每一个索引还要占用一定的物理空间。③当对表中的数据进行增加、删除和修改时，索引也需要进行动态维护，这样会降低数据的访问速度。

因此，在数据库系统开发中，需要根据实际应用需求，仅对需要快速查询的数据库表建立相应的列索引。

1.3.6 Oracle 数据库存储过程

存储过程（Stored Procedure）是一种完成特定数据处理功能的 SQL 程序单元，它存储在数据库中，并在 DBMS 服务器中执行。在 Oracle 数据库中，存储过程通常是采用 PL/SQL 语句编写的，它们被编译之后作为数据库对象存储在当前数据库中，可由用户程序或其他存储过程程序调用执行。例如，当用户程序需要使用数据库后端完成特定数据处理功能时，可通过调用该存储过程执行 SQL 操作来实现数据处理。

在数据库中使用存储过程，用户可以获得以下好处。

1）由于数据处理程序是在数据库服务器中运行的，可充分利用数据库服务器的强大处理能力，提高程序的执行速度。

2）前端程序与后端存储过程程序之间只需传输少量的 SQL 命令和结果数据，减少了应用服务器与数据库服务器之间的网络开销。

3）使用存储过程可简化前端程序的处理逻辑，并可重用服务端代码。同时，还可将一些核心技术程序放到存储过程中实现，以提高系统代码的安全性。

在 Oracle 数据库中，存储过程分为系统存储过程和用户存储过程。系统存储过程为 Oracle 内置的存储过程程序，它们主要用于 DBMS 系统管理。用户存储过程则是用户自定义的存储过程程序，一般用于应用程序的数据处理。

1.3.7 Oracle 数据库触发器

触发器（Triger）是一种当数据库访问操作事件（如 Insert 操作）发生时 DBMS 隐式地自动运行的存储过程，它也存储在数据库中。触发器是一类特殊的存储过程，它不能被调用执行，也不能接收参数，只能在某个特定事件触发时，由 DBMS 隐式地自动运行。

在数据库中使用触发器，用户可以获得以下好处。

1）应用触发器可以增强数据表之间的数据一致性，并实施业务规则处理。例如，可以根据客户当前的账户状态，控制是否允许插入新订单。

2）利用触发器可以实现数据库之间的数据复制。例如，当生产数据库数据发生变动后，可通过触发器程序实现备份数据库的数据复制处理，以保证数据库之间的数据一致性。

在 Oracle 数据库中，根据引发触发器触发的事件不同，触发器分为 3 类：DML 触发器、

DDL 触发器和系统触发器。DML 触发器是由执行 DML 操作（如 Insert、Update 和 Delete 语句执行）事件引发触发器程序执行。DDL 触发器是由执行 DDL 操作（如 Create、Drop 和 Alter 语句执行）事件引发触发器程序执行。系统触发器则是当数据库关闭、数据库启动和服务器出错等系统事件或数据库用户登录、数据库用户注销等用户事件引发触发器程序执行。

1.4 Oracle 数据字典

在 Oracle 数据库系统中，系统数据库信息、数据库对象信息和用户管理信息等元数据都需要在数据库中进行记录，以便系统在运行中使用。

1.4.1 数据字典概述

在 Oracle 数据库系统中，数据库除用来存储用户数据外，还会使用系统数据表存放系统元数据。通常将数据库中存放系统元数据的数据库表及视图集合称为数据字典（Dictionary）。数据字典用于保存数据库系统自身及所创建对象的元数据信息，它只能由数据库系统软件进行存取访问。例如，当用户创建一个数据库表对象或修改存储过程，这些数据库变化的信息都会由 Oracle 软件自动在数据字典中进行数据记录与维护。

数据字典作为 Oracle 数据库最重要的组成部分，其信息存放在 SYSTEM 表空间，支撑数据库系统运行，它主要有以下两种用途。

1）通过存取数据字典，可访问数据库中所有数据库对象及其存储结构信息。

2）当系统执行数据库对象操作的 DDL 语句后，在数据字典中记录与维护该对象的元数据。

需要说明的是，用户只能通过视图以只读方式访问数据字典中的数据库信息，不同权限的用户访问数据字典内容的范围有所区别。

1.4.2 数据字典的组成

Oracle 数据字典包含系统表和系统视图两类对象。其中系统表存储有关数据库的元数据信息，它只能由 Oracle 软件来读写数据。而系统视图是在基本表之上为用户访问提供查询信息。根据数据字典提供视图数据的特点，可以将它们分为以下两类。

1. 静态数据字典视图

这类视图主要提供变动不太频繁的数据库对象元数据查看，如数据库表结构信息、表数据索引信息等。这类数据字典视图在命名形式上，主要是一些以 ALL_、DBA_或 USER_为前缀定义的视图名，其名称尾部通常还有 $ 字符。这 3 类前缀的静态数据字典视图的区别如表 1-1 所示。

表 1-1 静态数据字典视图

前　缀	说　明
ALL_	这些视图所有数据库用户都可访问，它们主要提供用户有关的对象信息
DBA_	这些视图仅由数据库 DBA 用户访问，它们主要提供系统和对象信息
USER_	这些视图仅由当前数据库用户访问，其内容因用户而不同

2. 动态数据字典视图

这类视图主要提供数据库运行状态数据查看，如当前数据库内存使用与分配信息、文件状态信息、任务调度与作业进展信息等。这类数据字典视图在命名形式上主要是一些以 V$ 或 V_ $ 为前缀定义的视图名。它们又被称为动态性能视图，因为它们在数据库打开时会被持续更新。动态性能视图为系统管理员提供数据库系统运行信息和性能监控信息。

1.4.3 数据字典的使用

在 Oracle 数据库系统中，用户可以通过访问数据字典获得数据库信息或数据库对象信息，不同角色的用户所能查看的数据字典范围是不同的。在 Oracle 数据库系统中，可以通过 SQL Developer 或 SQL Plus 工具来实现数据字典的访问。

1. SQL Developer 工具访问数据字典

当用户使用 SQL Developer 工具登录数据库后，在左侧目录列表中，打开“视图”目录，从中可以看到该用户能查看的所有视图。选中一个视图打开后，并可查看视图数据内容。

【例 1-1】 SYS 用户使用 SQL Developer 工具连接 SAMPLE 数据库，并打开 DBA_USERS 视图，可以查看数据库所有用户属性数据，如图 1-25 所示。

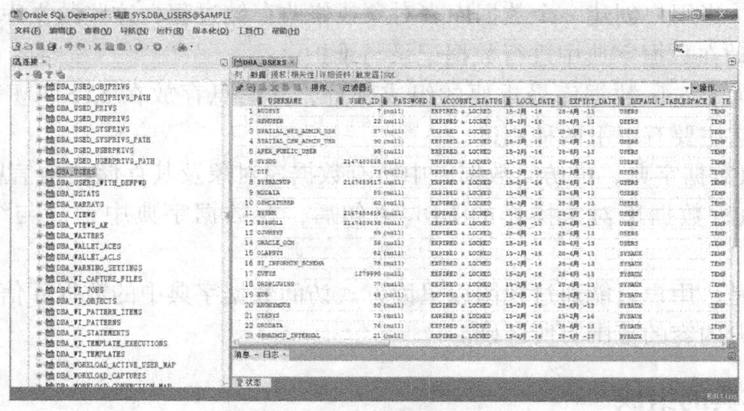

图 1-25　DBA_USERS 视图数据

【例 1-2】 SYS 用户使用 SQL Developer 工具连接 SAMPLE 数据库，并打开 V_ $SESSION_CONNECT_INFO 视图，可以查看当前数据库有哪些用户连接，如图 1-26 所示。

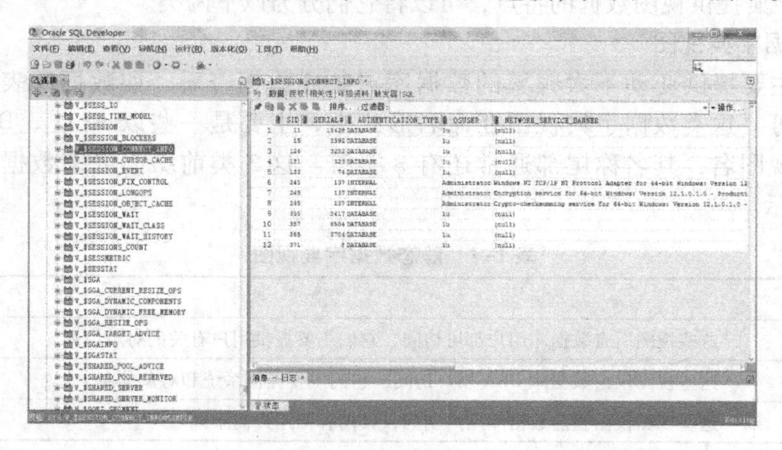

图 1-26　V_ $SESSION_CONNECT_INFO 视图数据

2. SQL Plus 访问数据字典

当用户使用 SQL Plus 工具登录数据库后，可通过执行 SQL 语句从数据字典的视图中获取所需要的数据库信息。

【例 1-3】 SYS 用户使用 SQL Plus 连接 SAMPLE 数据库，执行 “select Tablespace_Name from DBA_Tablespaces;” 查询语句，可以从 DBA_Tablespaces 视图中获取当前数据库的表空间名称，如图 1-27 所示。

【例 1-4】 SYS 用户使用 SQL Plus 连接 SAMPLE 数据库，执行 “select count(Username) from V$session;” 查询语句，可以从 V$session 视图中获取连接当前数据库的用户数，如图 1-28 所示。

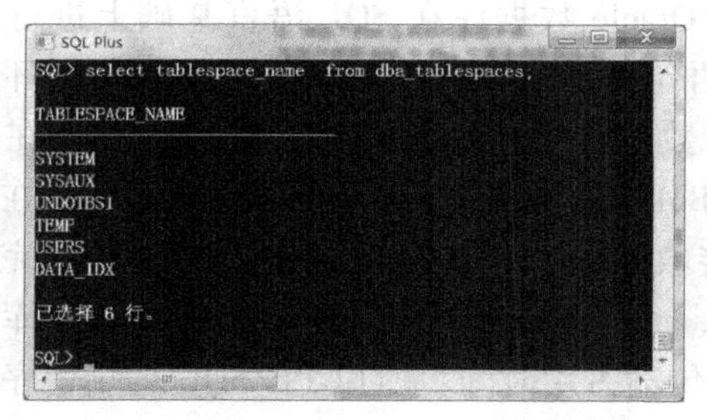

图 1-27 查询当前数据库的表空间名称

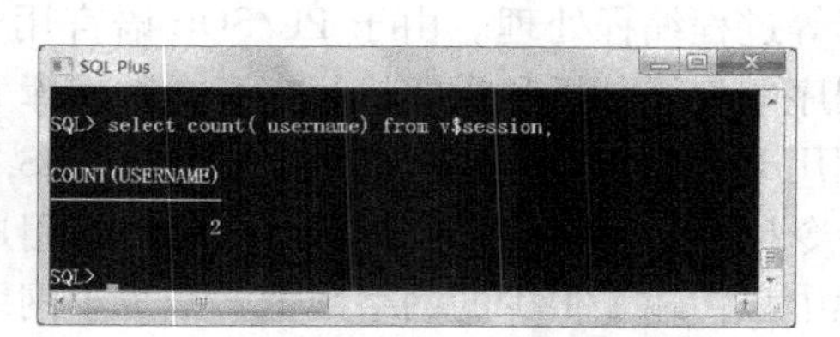

图 1-28 查询连接当前数据库的用户数

1.5 Oracle 数据库操作语言

Oracle 数据库与其他关系数据库一样，支持标准 SQL 语言，即可以使用 SQL 语言对数据库进行操作访问。当然 Oracle 数据库对标准 SQL 语言进行了扩展，以支持更多功能处理。

1.5.1 SQL 语言

SQL 语言（Structured Query Language）是一种关系数据库操作的标准语言，它包括数据定义、数据操纵、数据查询和数据控制等功能类型语句。用户使用 SQL 语言可以完成对数据库的访问与管理等操作。几乎所有的关系数据库 DBMS 产品都支持 SQL 语言，如 Oracle、DB2、Sybase、SQL Server 和 Access 等。

SQL 语言是一种面向数据库的操作语言，允许用户在数据库的逻辑数据结构上进行数据处理。它不要求用户指定对数据的存取方法，也不需要用户了解具体的数据存储方式，便可以使用标准的 SQL 语句对关系数据库进行数据访问操作。此外，SQL 语句还可以嵌套在许多程序设计编程语言中，实现应用程序对数据库访问操作功能，这使它具有极大的灵活性和强大的功能。

Oracle 数据库产品对标准 SQL 进行了扩展。在 Oracle 数据库 DBMS 中，不但可以执行标准 SQL 语句，也可以执行扩展的 Oracle SQL 语句。Oracle SQL 语句可以分为下面几种类型。

1）数据定义语言语句（Data Definition Language，DDL）。该类 SQL 语句用于创建数据库对象、修改对象结构或属性，以及删除已有数据库对象等操作。

2）数据库操纵语言语句（Data Manipulation Language，DML）。该类 SQL 语句用于对数据库表或视图进行数据插入、数据修改、数据删除和数据查询处理。

3）事务控制语句（Transaction Control Statements）。该类 SQL 语句用于对数据库进行事务操作，如数据库修改的事务提交、数据库修改的事务回滚等处理。

4）会话控制语句（Session Control Statements）。该类SQL语句用于动态改变用户的Session数据，如根据用户的Session数据，允许或拒绝数据库角色的访问权限等。

5）系统控制语句（System Control Statement）。该类SQL语句用于动态改变当前数据库实例（instance）的属性数据，如修改数据库实例并发用户数、终止一个Session等系统处理操作。

6）嵌入SQL语句（Embedded SQL Statements）。该类SQL语句用于将DDL语句和DML语句整合到过程程序语言中，如定义、分派和发布游标，分派数据库，以及连接等处理操作。

1.5.2 PL/SQL语言

PL/SQL（Procedural Language/SQL）语言是Oracle数据库在SQL语言基础上进行过程扩展处理的编程语言，它支持所有Oracle的SQL语句、函数和数据类型，并能进行循环、分支和嵌套等过程编程处理。由于PL/SQL语言用于数据库后端编程处理，其程序存储在数据库中，程序的编译分析和指令执行完全在数据库DBMS内部进行。用户所需要做的就是在客户端发出调用PL/SQL的执行命令，数据库DBMS接收到该执行命令后，在DBMS内部完成PL/SQL命令执行，并将最终的执行结果反馈给用户。由于PL/SQL语言程序在整个数据库访问处理过程中只传输了很少的网络数据，减少了网络传输占用时间，所以PL/SQL后端程序执行性能会比客户端嵌入式SQL程序执行性能有明显的提高。

1.5.3 Java语言

在Oracle数据库系统中，后端数据库程序编程除了使用PL/SQL语言外，也可以使用Java语言进行过程编程处理。Oracle数据库支持Java应用开发、部署和存储。Java程序可以在Oracle数据库后端运行，其处理方式与PL/SQL类似。

1.6 实践指导——Oracle Database 12c的安装及基本使用

本节将以Oracle Database 12c数据库产品企业版为例，给出其软件产品安装及其数据库工具的基本使用操作指导。

1.6.1 Oracle Database 12c企业版软件的安装

在安装Oracle Database 12c软件时，首先应选择数据库软件的操作系统版本，并确保安装计算机的运行环境满足基本的软硬件配置要求。例如，在Windows 7操作系统环境中安装Oracle Database 12c数据库软件，计算机环境应满足以下基本要求。

1）最少有1 GB以上的物理内存。

2）足够的页面空间。

3）恰当的操作系统补丁和服务包被安装。

4）恰当的文件系统格式被使用。

在Oracle官方网站中，下载所需要Oracle Database版本软件。本文从中下载Oracle Database 12c第1版（12.1.0.1.0）版本软件包，其下载地址为：http://www.oracle.com/technetwork/cn/database/enterprise-edition/downloads/index.html。

当下载完成后，在Windows 7操作系统中，首先将下载的Oracle Database 12c压缩文件在用户指定的目录中进行解压。然后在解压后的文件目录中，双击 setup.exe 安装程序，启动该安装程序运行。系统出现 Oracle Database 12c 的安装 Logo 界面，如图 1-29 所示。

进入 Oracle Database 12c 的安装程序后，其安装过程步骤如下。

1）系统首先执行 Oracle Universal Install 程序，检查本计算机系统的环境配置。如果系统配置符合安装要求，安装程序将弹出配置安全更新初始界面，如图 1-30 所示。

图 1-29　Oracle Database12c 安装 Logo 界面

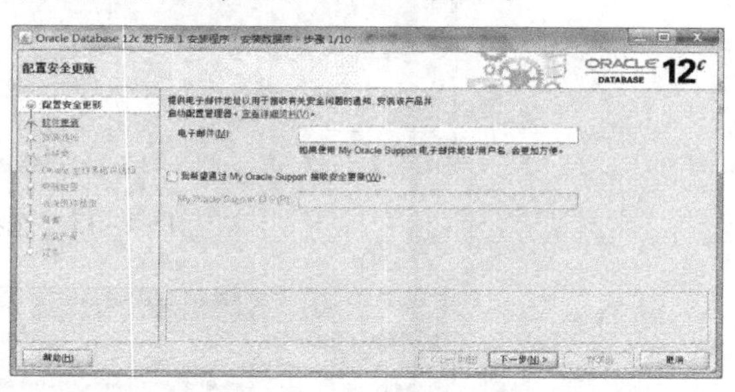

图 1-30　Oracle Database12c 配置安全更新界面

2）如果需要安装软件更新，则在该界面中输入电子邮件地址和 My Oracle Support 口令，进入更新。反之，则直接在界面中单击“下一步”按钮，跳过软件更新选项，如图 1-31 所示。

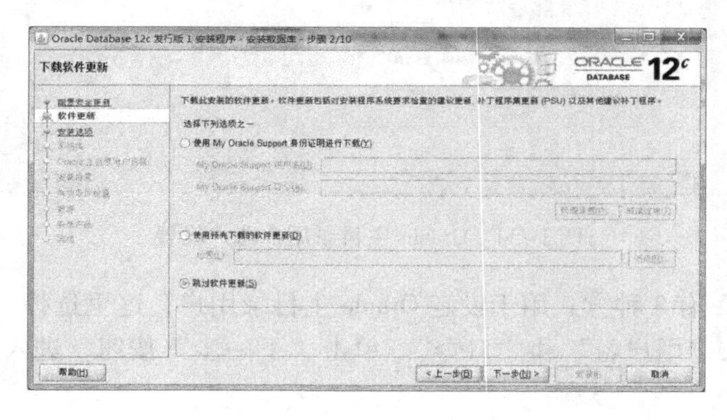

图 1-31　跳过软件更新界面

3）单击“下一步”按钮后，进入安装选项设置，如图 1-32 所示。

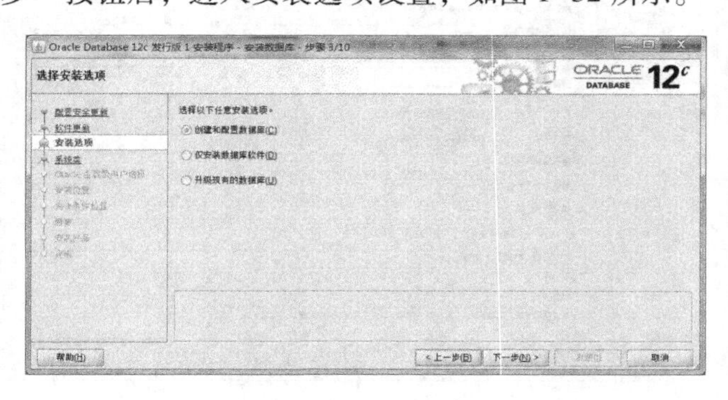

图 1-32　Oracle Database12c 安装选项设置

4）单击“下一步”按钮后，进入软件安装类别选项设置。如果作为生产环境使用数据库，选择“服务器类”单选按钮。否则，选择“桌面类”单选按钮，如图 1-33 所示。

5）单击“下一步”按钮后，进入 Oracle 主目录用户设置界面，如图 1-34 所示。

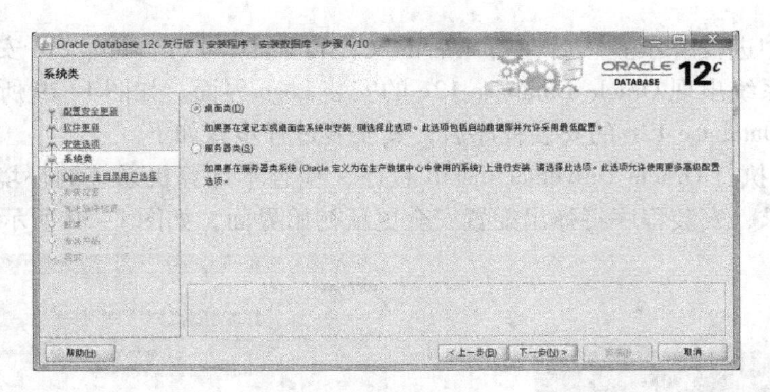

图 1-33　选择安装类别

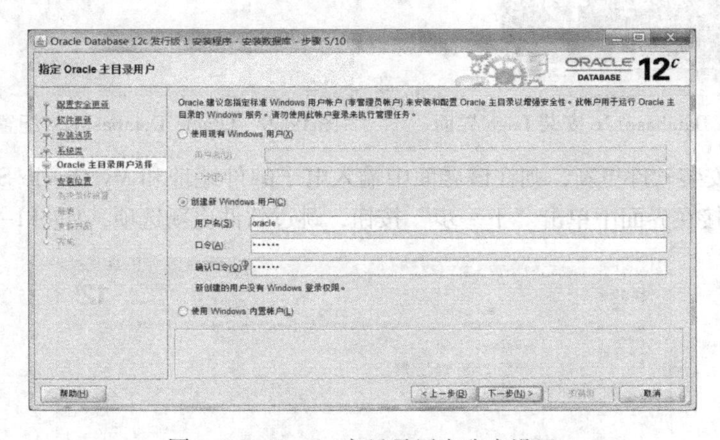

图 1-34　Oracle 主目录用户账户设置

6）在该界面中，有 3 种方式用于设定 Oracle 主目录用户，这里选择“创建新 Windows 用户”单选按钮，输入“用户名”和“口令”。单击“下一步”按钮，进入典型安装配置界面，如图 1-35 所示。

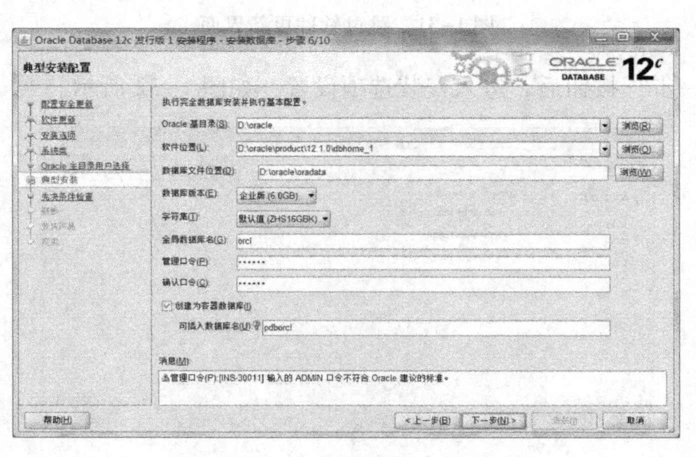

图 1-35　Oracle 典型安装配置

7）在该界面中，设置 Oracle 安装目录位置、版本类型、默认字符集、全局数据库名称及管理口令等内容，单击“下一步”按钮，通过先决条件检查后，进入安装设置概要界面，如图 1-36 所示。

8）在该界面中，单击“安装”按钮，进入软件组件安装过程界面，如图 1-37 所示。

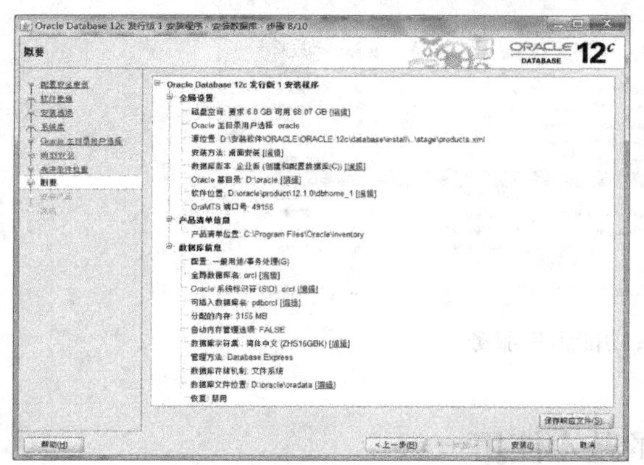

图 1-36　Oracle 安装设置概要

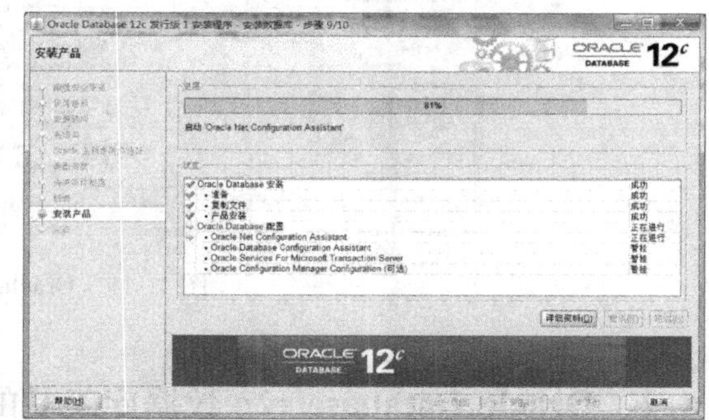

图 1-37　Oracle 安装过程

9）在安装过程中，系统还将弹出数据库配置助手界面，如图 1-38 所示。

10）在数据库配置助手界面中，单击“口令管理”按钮，进入管理口令设置界面，如图 1-39 所示。在该界面中，针对 SYSTEM 和 SYS 管理账户，设置它们的登录口令。

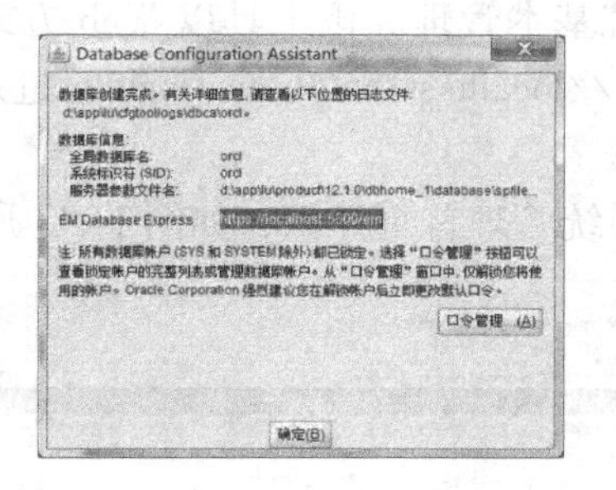

图 1-38　Oracle 配置助手界面

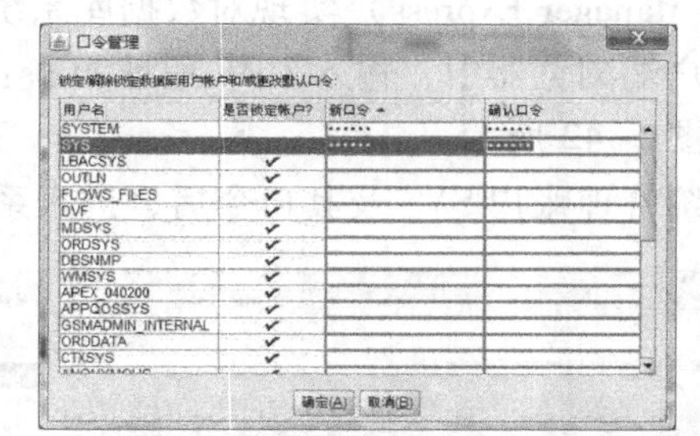

图 1-39　Oracle 管理口令设置

11）单击“确定”按钮后，进入 Oracle 安装完成界面，如图 1-40 所示。

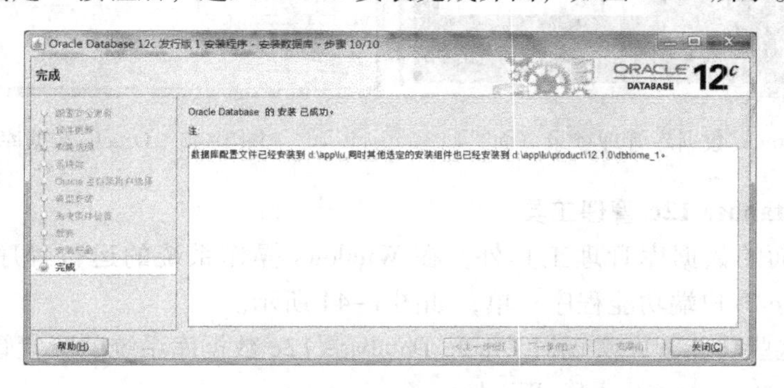

图 1-40　Oracle 安装完成界面

单击“关闭”按钮，退出安装界面。

当 Oracle Database 12c 在 Windows 操作系统中安装完成后，将在系统中创建若干 Oracle 功能组件服务，如图 1-41 所示。

当 Oracle 功能组件服务启动运行后，即可以使用 Oracle 数据库系统了。

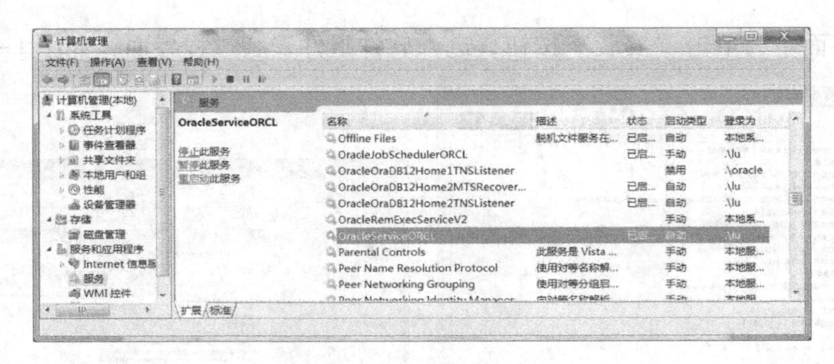

图 1-41　Oracle 功能组件服务

1.6.2　Oracle Database 12c 数据库工具的基本使用

当 Oracle Database 12c 数据库产品安装后，在 Windows 操作系统的程序组中，会出现多个数据库工具程序。使用这些工具程序，可进行数据库开发与管理。

1. Oracle Database 12c 企业管理器快捷版 Web 工具

在安装的 Oracle Database 12c 数据库产品组件中，可以使用该软件的企业管理器快捷版工具（Enterprise Manager Express）实现对数据库系统基本管理。该工具以 Web 方式进行功能管理操作。在客户端浏览器中，输入 URL 地址 https://localhost:5500/em/login，进入数据库管理登录页面，如图 1-42 所示。

当输入系统管理账户 SYS 及其口令后，进入系统管理首页界面，如图 1-43 所示。

图 1-42　Oracle 数据库管理登录页面

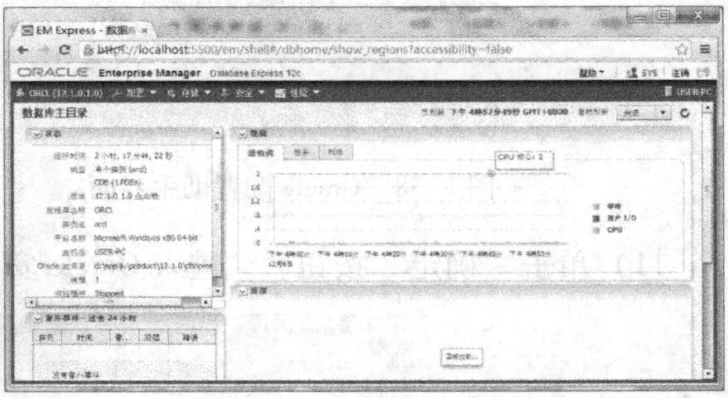

图 1-43　Oracle 数据库管理首页

2. Oracle Database 12c 管理工具

除了 Web 界面的数据库管理工具外，在 Windows 操作系统的运行程序组中将出现一组 Oracle Database 12c 客户端功能程序菜单，如图 1-44 所示。

用户可使用这些功能程序实现对 Oracle Database 12c 数据库系统的配置管理和应用开发。

(1) Administration Assistant for Windows

Oracle Database 12c 数据库系统的 Administration Assistant for Windows 是一个系统管理助手工具。用户使用它既可实现对数据库服务进行控制管理，也可实现数据库系统用户与角色权限管理。

1) 数据库服务启停控制。使用 Administration Assistant for Windows 工具，用户可以对各个数据库的运行实例服务进行启停控制。例如，在工作目录中，选取一个数据库 HSD，选择

"操作"→"启动服务"命令后，本工具将启动服务器中的 OracleServiceHSD 服务，操作界面显示"服务已成功启动"命令，如图 1-45 所示。

图 1-44　Oracle 客户端功能程序组

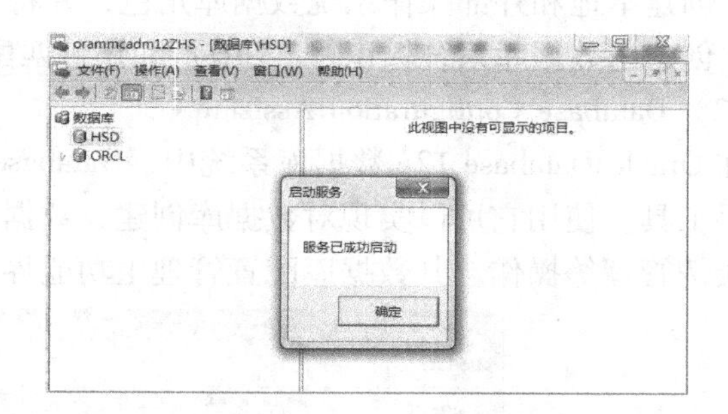

图 1-45　Oracle 数据库服务启停控制

2）数据库服务启动类型配置。用户还可以对数据库服务实例、数据库服务启动类型及用户服务口令进行参数配置，如图 1-46 所示。

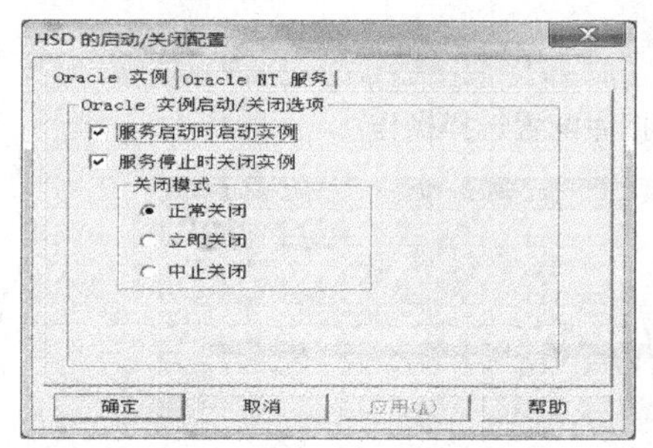

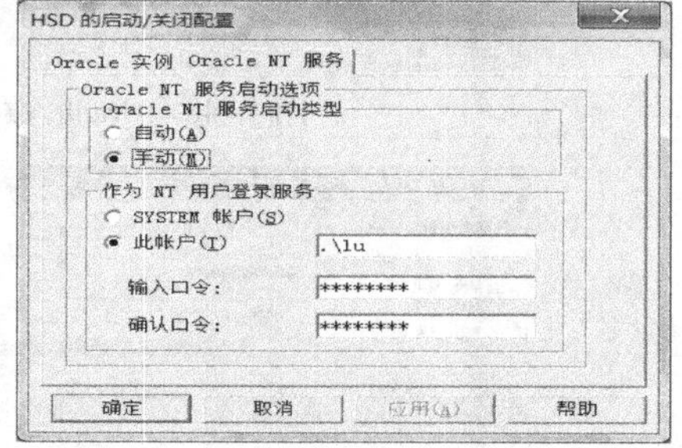

图 1-46　Oracle 数据库服务启动类型配置

3）数据库用户及角色创建维护。在 Administration Assistant for Windows 工具中，用户还可以对数据库的用户角色进行创建、删除及授权操作，如图 1-47 所示。

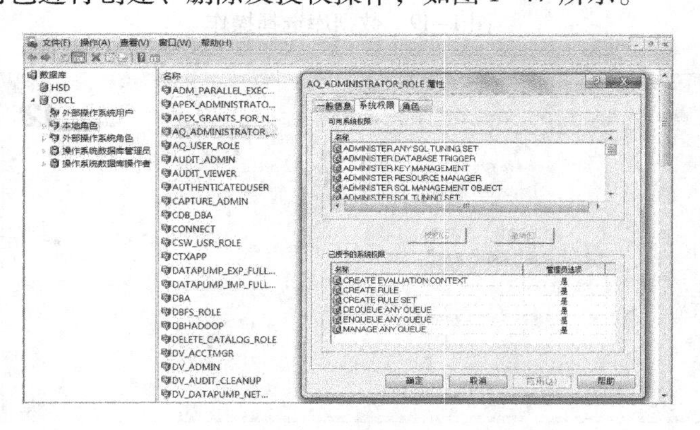

图 1-47　Oracle 数据库用户角色管理

在该功能界面中，用户可以完成以下功能操作。

- 配置常规 Windows 域用户和全局组，使其无须输入口令即可访问 Oracle 数据库。
- 配置 Windows 数据库管理员具有 SYSDBA 权限，使其无须输入口令即可访问 Oracle 数据库。

- 配置 Windows 数据库操作者具有 SYSOPER 权限，使其无须输入口令即可访问 Oracle 数据库。
- 创建本地和外部操作系统数据库角色，并将其授予 Windows 域用户和全局组。
- 创建与数据库系统标识符（SID）和角色匹配的本地组，将域用户分配给这些本地组。

（2）Database Configuration Assistant

在 Oracle Database 12c 数据库系统中，Database Configuration Assistant 是一个数据库配置管理助手工具。使用它可以实现对数据库创建、数据库删除、数据库配置、数据库模板管理和数据库实例管理等操作。其数据库配置管理主功能界面如图 1-48 ~ 图 1-51 所示。

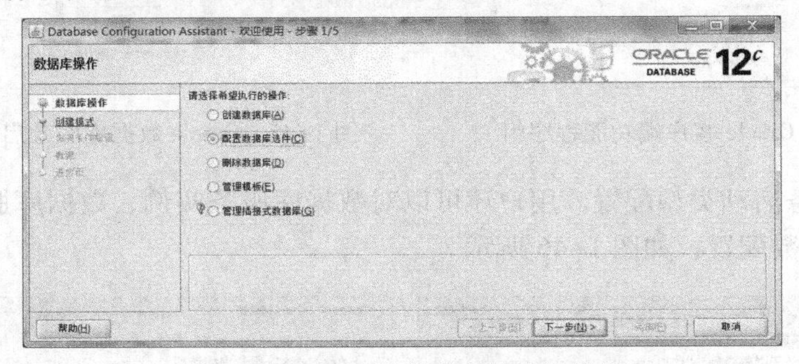

图 1-48　Oracle 数据库配置选择操作

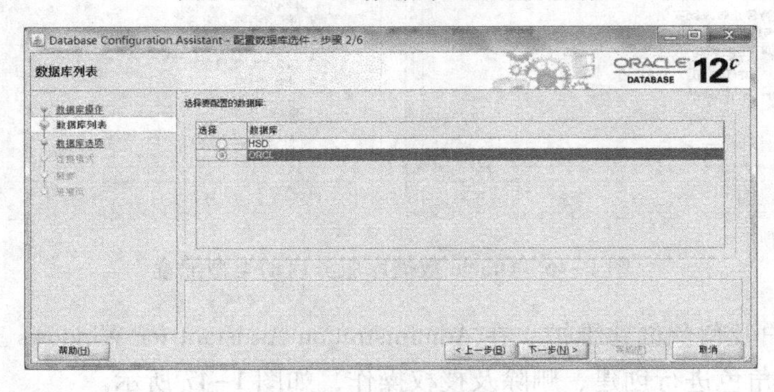

图 1-49　数据库选择操作

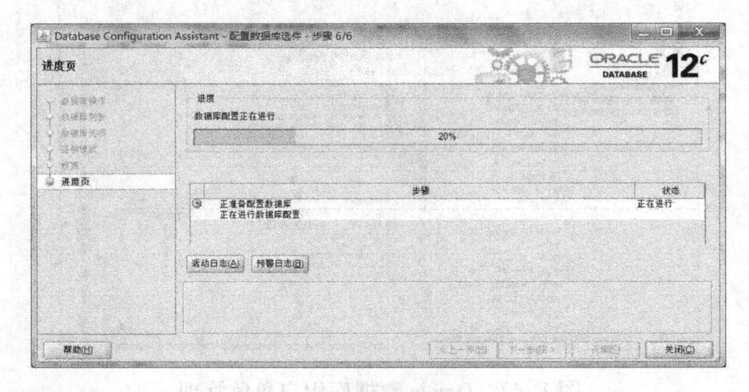

图 1-50　数据库配置过程

（3）Oracle Net Manager

在 Oracle Database 12c 数据库系统中，Oracle Net Manager 是一个数据库网络连接参数配置管理助手工具。使用它可以建立客户机访问服务器的配置连接参数，其主功能界面如图 1-52

所示。

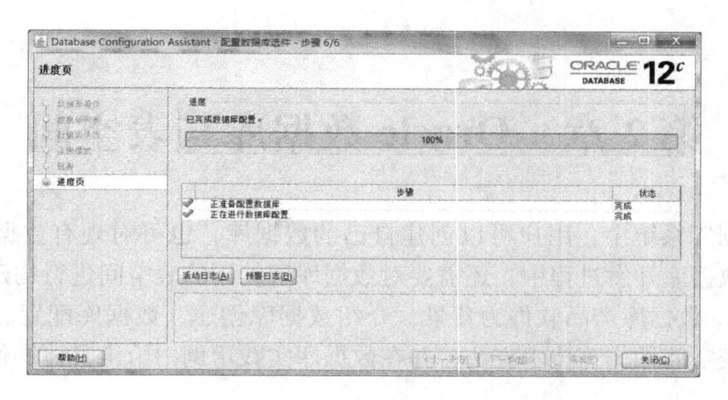

图 1-51　数据库配置完成

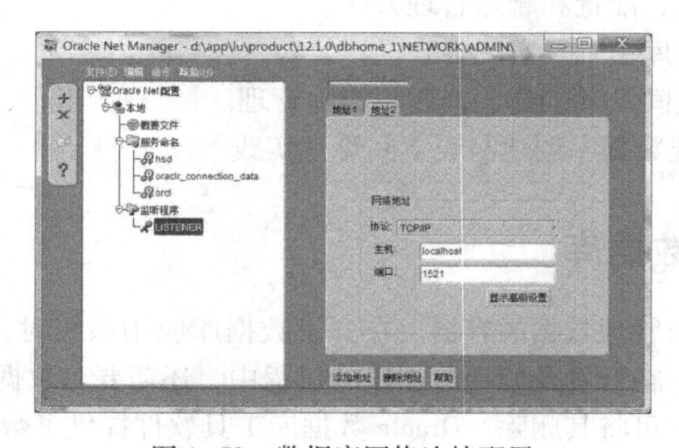

图 1-52　数据库网络连接配置

1.7　思考题

1. 在 Oracle 数据库中，主要有哪些数据库对象？
2. 在 Oracle 数据库中，Schema 有什么用途？
3. 在 Oracle 数据库中，数据字典有什么用途？
4. 在 Oracle 数据库中，其逻辑结构是如何组织存储数据的？
5. 在 Oracle 数据库中，其物理结构是如何组织存储数据的？
6. 在 Oracle 数据库中，其逻辑结构与物理结构是如何联系的？
7. 如何理解 Oracle 数据库实例？它在系统中是什么结构？
8. 在 Oracle 数据库系统中，支持哪些数据库操作语言？各有什么特点？
9. 在 Oracle Database 12c 数据库系统中，主要有哪些工具？各有什么用途？
10. 在 Oracle Database 12c 数据库系统中，主要有哪些系统管理用户？
11. 在 Oracle Database 12c 数据库系统中，主要采用什么工具进行系统管理？
12. 在 Oracle Database 12c 数据库系统中，主要采用什么工具创建数据库？

第 2 章　Oracle 数据库与表空间

在 Oracle 数据库系统中，用户可以创建自己的数据库，也可对现有数据库进行配置管理和删除处理。在数据库开发过程中，还需要对数据库所使用的表空间进行构建与管理。本章以 Oracle Database 12c 数据库产品软件为背景，介绍数据库创建、数据库配置、多租户数据库模式实现和数据库表空间操作等技术方法，并在数据库实践示例中给出具体操作指导。

本章要点：

- Oracle 数据库创建、配置和删除管理方法。
- Oracle 多租户数据库模式及实现方式。
- Oracle 数据库表空间及其创建、修改、删除管理。
- 图书借阅管理系统数据库创建与表空间管理实践。

2.1　Oracle 普通数据库

数据库是一种存储与管理数据的容器。在开发数据库应用系统时，首先应根据系统需求，创建用户自己的数据库。在开发及使用数据库的过程中，还需要对数据库进行配置管理。当一个数据库不再被使用时，可将其删除。Oracle 数据库工具软件提供了数据库创建、数据库配置修改和数据库删除等管理功能。

2.1.1　数据库的创建

从物理结构看，Oracle 数据库由若干文件组成，主要包括数据文件、控制文件和日志文件。创建数据库其实就是在操作系统中建立这些数据库文件，以便数据库服务器利用这些文件对数据库进行数据存储与管理。在 Oracle 数据库软件安装过程中，用户通常会选择创建默认数据库。即使用户在安装软件过程中没有创建该数据库，在以后使用数据库前，也需要创建一个自定义数据库。此外，用户还可以根据应用需要，在 Oracle 管理系统中创建多个 Oracle 数据库。

在创建 Oracle 数据库前，用户需要规划该数据库创建的设置项参数，以及为服务器创建数据库提供必要的环境准备。具体需要规划的数据库创建设置项如表 2-1 所示。

表 2-1　数据库创建的设置项

项　目	说　明
数据库容量大小	存放数据表和索引等数据的空间大小
数据库文件组成	数据库的组成文件，以及是否需要分布存储
数据库名称	数据库在网络中的全局名称
初始化参数文件	数据库启动时使用的初始化参数文件
数据库字符集	数据库存储数据时所使用的字符集
数据库时区	数据库使用的时区
数据库块大小	数据库组织存储数据的块大小

项　目	说　明
SYSAUX 表空间初值	设定数据库的 SYSAUX 表空间初值
non-SYSTEM 表空间初值	设定数据库的 non-SYSTEM 表空间初值
备份与恢复策略	设定数据库备份与恢复策略

实现 Oracle Database 12c 数据库创建，用户既可以采用图形界面工具操作，也可以采用 SQL 命令行工具操作。其中图形界面工具使用简单方便，可以直观引导用户快速地完成数据库创建。采用 SQL 命令行工具创建数据库的过程比较烦琐，例如，在执行 SQL 命令创建数据库前，需要进行 OS 变量设置、创建初始化参数文件、创建必需的文件目录和启动 Oracle 后台进程等一系列操作，此外，用户还必须对 OS 文件系统、Oracle 选项参数、变量使用、工具操作命令和 SQL 语句等都十分了解，才能正确完成数据库创建。一般情况下，建议用户采用图形界面工具完成数据库创建工作。下面以图形界面工具为例，介绍 Oracle 数据库的创建方法。

在 Oracle Database 12c 数据库产品中，可使用基于图形界面的数据库配置助手工具（Database Configuration Assistant，DBCA）实现数据库创建和管理。借助该工具，DBA 用户不但可以创建数据库、配置数据库和删除数据库，也可以管理数据库模板和插接式数据库。该工具还为用户创建数据库提供了默认的设置参数，用户一般只需要进行少量参数设置，就可以由系统自动完成一个数据库的创建过程。

【例 2-1】 使用 DBCA 工具创建一个名为 SAMPLE 的数据库，该数据库为非容器的普通数据库，采用系统默认配置方式创建该数据库。

使用 DBCA 工具创建 SAMPLE 数据库的操作步骤如下。

1）在 Windows 操作系统中，单击“开始”按钮，选择“所有程序”→“Oracle - OraDb12cHome1”→“配置和移植工具”→“Database Configuration Assistant”命令，即可启动数据库配置助手（DBCA）工具，其初始运行界面如图 2-1 所示。

在该界面中，可以看到 DBCA 工具提供了创建数据库、配置数据库选件、删除数据库、管理模板和管理插接式数据库功能选项。若用户进行数据库创建，选择“创建数据库”单选按钮，并单击“下一步”按钮，进入创建模式设置界面，如图 2-2 所示。

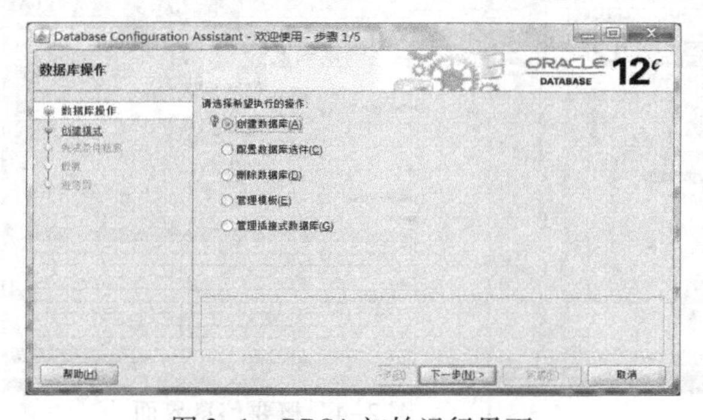

图 2-1　DBCA 初始运行界面

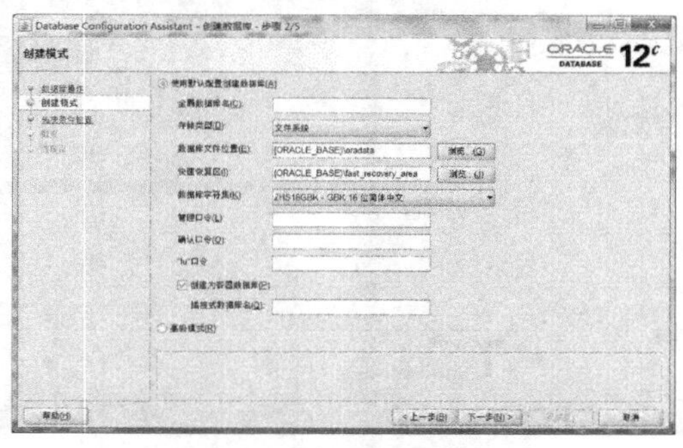

图 2-2　创建模式界面

2）在数据库创建模式界面中，用户可以选择“使用默认配置创建数据库”或“高级模式”单选按钮进行数据库创建。如果选择“高级模式”单选按钮，用户可以自定义数据库文件存储位置、初始化参数、管理选项、数据库选项，以及定义不同的管理员密码。反之，若选择“使用默认配置创建数据库”单选按钮，用户只能进行少量的数据库选项设置，但可以较快地完成数据库创建。假定选择“使用默认配置创建数据库”单选按钮，用户需要进行以下选项设置。

- 全局数据库名：在该文本框中，需要填写将创建的数据库全局名称。全局数据库名称为网络环境下数据库的唯一标识，它由数据库名称和域名组成，基本格式为 database_name.domain_name。
- 存储类型：在该下拉列表框中，可以选择“文件系统”或“自动存储管理（ASM）类型”。若选择“文件系统”类型，所创建的数据库文件将在操作系统中进行文件管理。若选择“自动存储管理（ASM）”类型，将数据库文件放入 Oracle ASM 磁盘组中由Oracle进行自动存储管理。
- 数据库文件位置：在该文本框中，填写数据库文件的存放路径位置。若上面存储类型选择“文件系统”，这里则需要输入数据库文件的存放路径位置。若存储类型选择“自动存储管理（ASM）”，这里还需要在数据库文件的存放路径中指定磁盘组位置。
- 快速恢复区：在该文本框中，填写数据库备份和恢复的快速恢复区路径位置。
- 数据库字符集：在该下拉列表框中，选取数据库所使用的字符集。
- 管理口令：在该文本框中，填写数据库的系统管理员口令。
- 确认口令：在该文本框中，确认数据库系统管理员口令。
- Oracle Home User 口令：在该文本框中，填写非操作系统管理员（如 lu）运行数据库服务的口令。
- 创建为容器数据库：选择该选项，将创建的数据库作为容器数据库，可以支持 0 个、1 个或多个插接式数据库。如果在创建容器数据库时同时也创建一个插接式数据库，则需要在下面的文本框中填写该插接式数据库名称。

3）当用户在上述界面中输入数据库名称 SAMPLE 等选项参数后，单击“下一步”按钮，进入先决条件检查界面，如图 2-3 所示。

在先决条件检查界面中，系统自动进行数据库创建的先决条件检查，主要包括数据库验证检查、数据库标识检查、磁盘空间检查和文件有效性检查。若某项检查发现问题，则在下面的列表框中输出警告或故障信息。只有解决了所有验证错误后，才能继续下一步骤的操作。

4）若先决条件检查通过，单击“下一步”按钮，进入到概要信息界面，如图 2-4 所示。

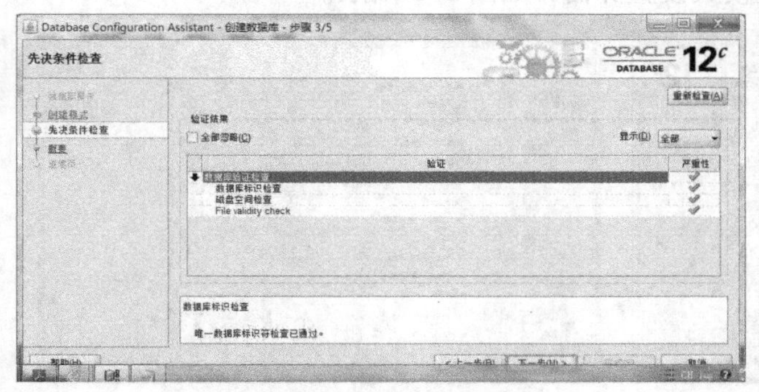

图 2-3　先决条件检查界面

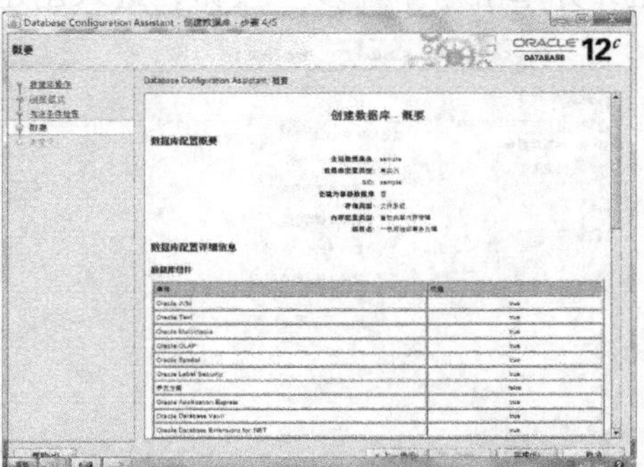

图 2-4　概要信息界面

5）在概要信息界面中，可以对将创建的数据库参数设置进行确认。若没有问题，单击“完成”按钮，系统将开始数据库创建过程，并显示创建进度状态界面，如图 2-5 所示。

6）在数据库创建进度状态界面中，当进度状态到达 100% 时，系统弹出数据库配置助手对话框，如图 2-6 所示。

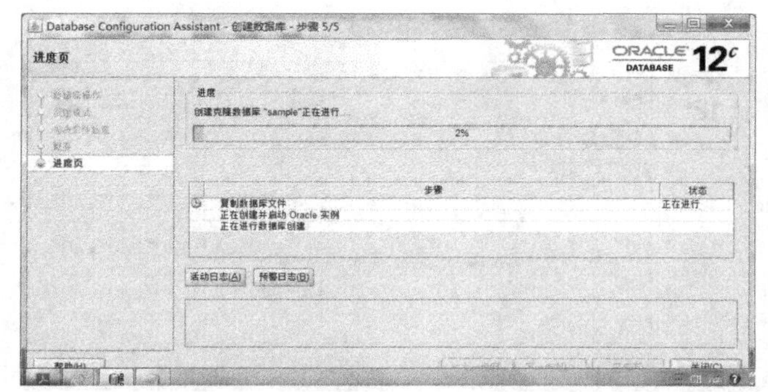

图 2-5　数据库创建进度状态界面

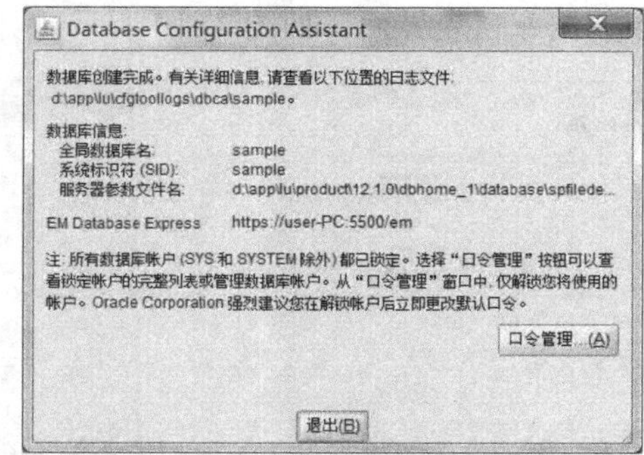

图 2-6　数据库配置助手对话框

在数据库配置助手对话框中，系统输出新建数据库的全局数据库名、系统标识符、服务器参数文件名和访问控制台的方式信息，并提示用户查看和管理账户口令。在该界面中单击“口令管理”按钮，进入数据库默认账户的口令管理界面，如图 2-7 所示。

7）在数据库口令管理界面中，用户可以设定数据库的各个账户是否需要锁定，并设定该账户的新口令。例如，对 SYSTEM 和 SYS 管理员用户，可以重新设定口令，单击“确定”按钮后，返回到数据库配置助手界面。然后单击“退出”按钮，再返回到数据库创建进度完成界面，如图 2-8 所示。

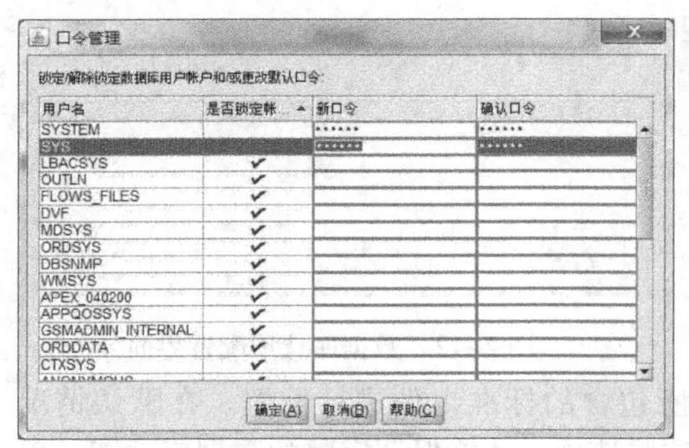

图 2-7　数据库口令管理界面

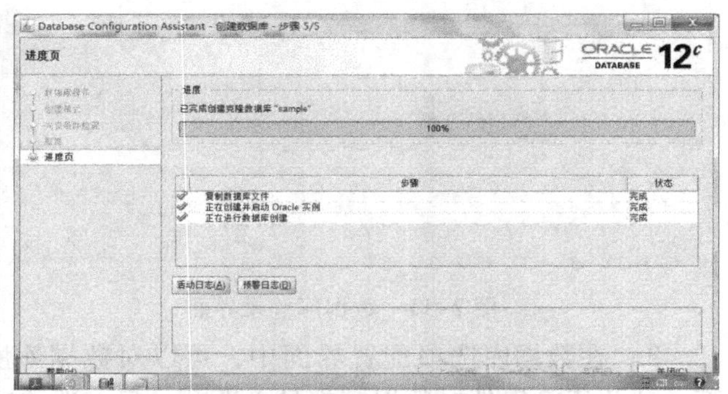

图 2-8　数据库创建进度完成界面

在数据库创建进度完成界面中，显示数据库创建过程完成信息，用户单击“关闭”按钮后，系统将退出数据库 DBCA 工具界面。

2.1.2　数据库的配置

在 Oracle 数据库开发和使用过程中，有可能需要对现有数据库进行配置修改。可通过使用基于图形界面的 DBCA 工具完成数据库配置修改，也可以使用 SQL 命令行方式实现数据库配置修改。

【例 2-2】 使用 DBCA 工具对 SAMPLE 数据库进行配置，修改原有的数据库连接模式。

使用 DBCA 工具实现数据库配置修改的操作步骤如下。

1）在 Windows 操作系统中，启动数据库配置助手（DBCA）工具运行，其初始界面如图 2-9 所示。

在 DBCA 初始界面中，选择“配置数据库选件”单选按钮，并单击“下一步”按钮，进入数据库列表界面，如图 2-10 所示。

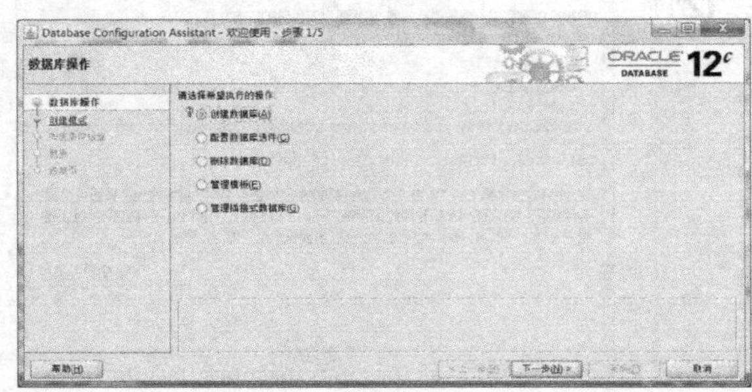

图 2-9　DBCA 初始界面

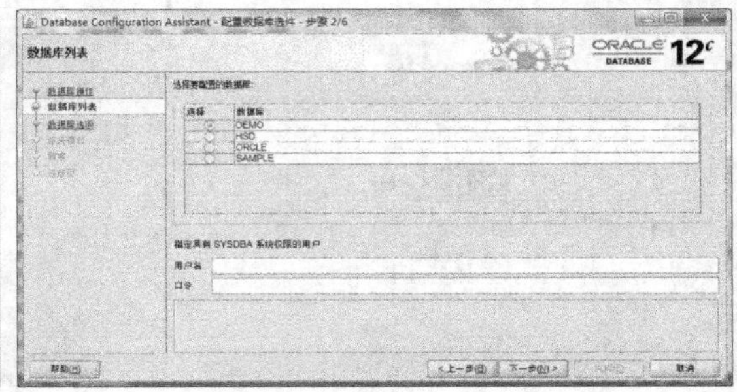

图 2-10　数据库列表界面

2）在数据库列表界面中，选取需要修改配置的数据库。例如，选取 SAMPLE 数据库进行配置，并在下方的文本框中输入具有 SYSDBA 系统权限的“用户名”及“口令”，实现数据库登录。其操作如图 2-11 所示。

在该界面中，这里以 SYS 用户进行登录，单击“下一步”按钮后，进入数据库选项配置界面，如图 2-12 所示。

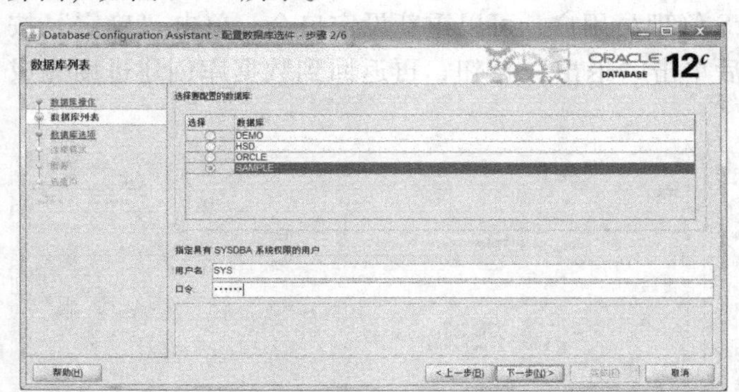

图 2-11　数据库登录界面

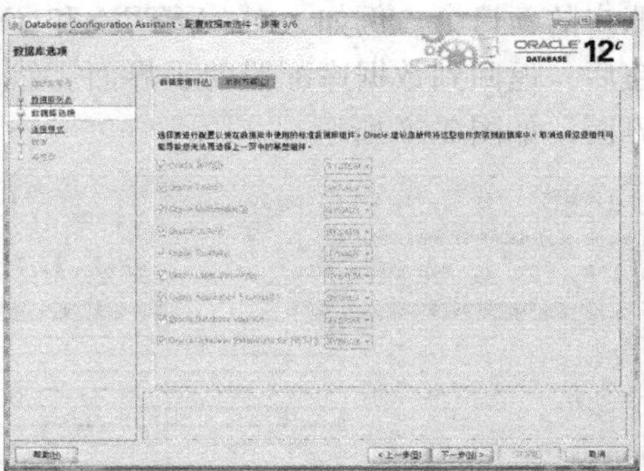

图 2-12　数据库选项配置界面

3）在数据库选项配置界面中，可以对数据库所包含的标准组件进行配置。在默认情况下，这些标准组件对数据库都是必选项。只有选取这些选项，才能保证完整的数据库功能。单击“下一步”按钮，进入连接模式配置界面，如图 2-13 所示。

4）在 Oracle 数据库中，数据库服务器的运行模式有专用服务器模式和共享服务器模式。在专有服务器模式下，数据库服务器将为每个客户机连接数据库分配专有资源。在共享服务器模式下，数据库服务器设定所有连接客户机共享同一数据库资源池。若选择“共享服务器模式”单选按钮，还需要设置数据库实例启动时创建的服务器进程数。单击“下一步”按钮，进入数据库配置摘要界面，如图 2-14 所示。

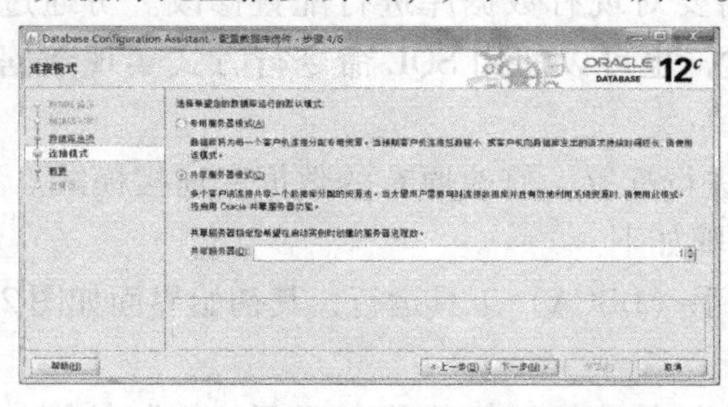

图 2-13　数据库连接模式配置界面

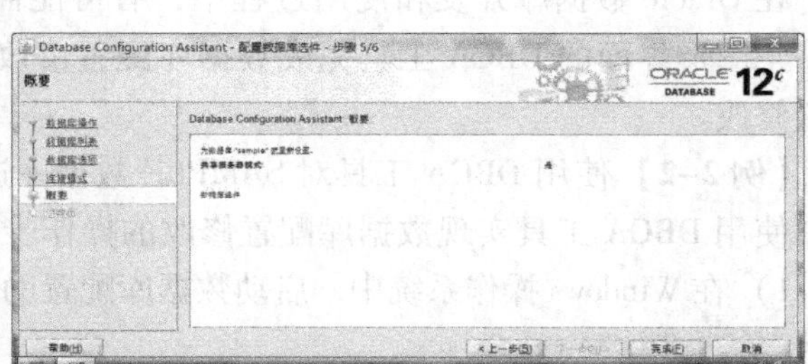

图 2-14　数据库配置摘要界面

5）在数据库配置摘要界面中，单击“完成”按钮，系统弹出“所选操作要求重新启动数据库，是否确实要继续”提示对话框。当用户单击“是”按钮后，系统开始进行配置修改操作，并进入数据库配置进度状态界面，如图 2-15 所示。

当进展到 100% 时，数据库配置修改完成，单击“关闭”按钮，系统退出 DBCA 工具程序。

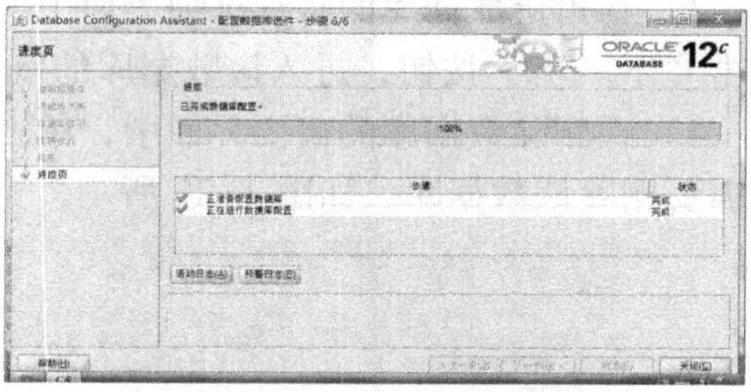

图 2-15　数据库配置进度状态界面

2.1.3　数据库的删除

在 Oracle 数据库服务器中，可以有多个数据库及其实例运行。当某个数据库不再使用时，最好将它删除，以便数据库服务器释放它所占用系统资源，提高服务器的运行速度。在 Oracle 数据库管理系统中，可以使用基于图形界面的数据库配置助手工具（DBCA）方式或使用 SQL 命令行方式实现数据库删除处理。

【例 2-3】 使用 DBCA 工具删除 SAMPLE 数据库。

使用 DBCA 工具实现数据库删除处理的操作步骤如下。

1）在 Windows 操作系统中，启动数据库配置助手工具（DBCA），其初始界面如图 2-16 所示。在该界面中，选择“删除数据库”选项，并单击“下一步”按钮，进入数据库删除列表界面，如图 2-17 所示。

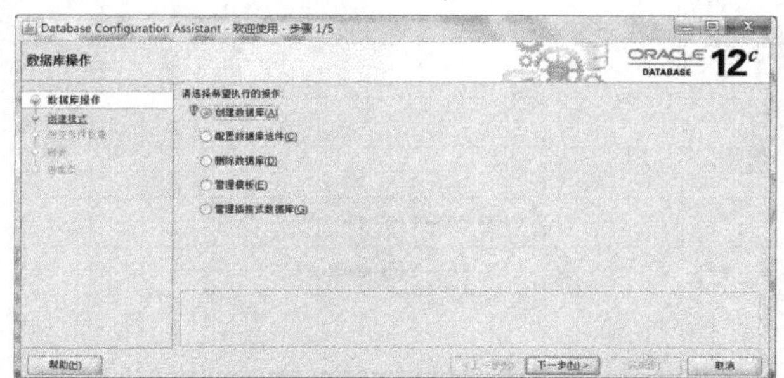

图 2-16　DBCA 初始界面

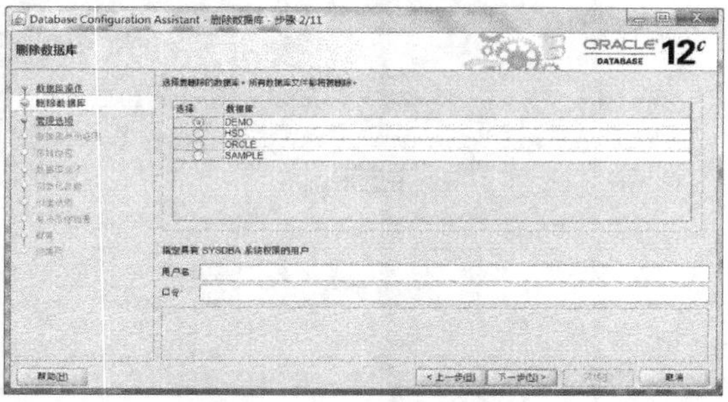

图 2-17　数据库删除列表界面

2）在数据库删除列表界面中，选择需要删除的数据库。例如，选择 SAMPLE 数据库，并输入该数据库的 SYS 系统“用户名”及“密码”，如图 2-18 所示。

单击“下一步”按钮，进入数据库的管理选项界面，如图 2-19 所示。

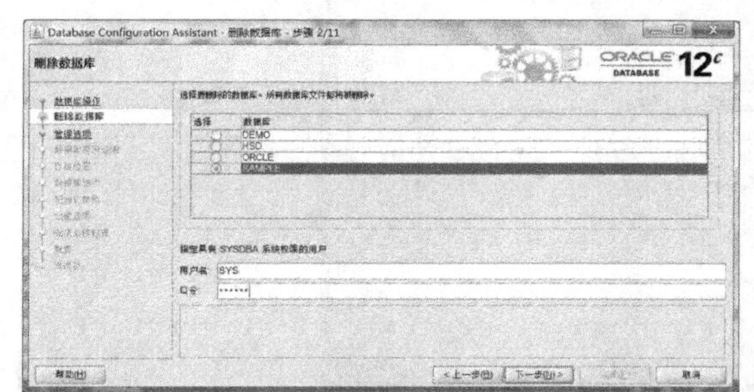

图 2-18　删除 SAMPLE 数据库

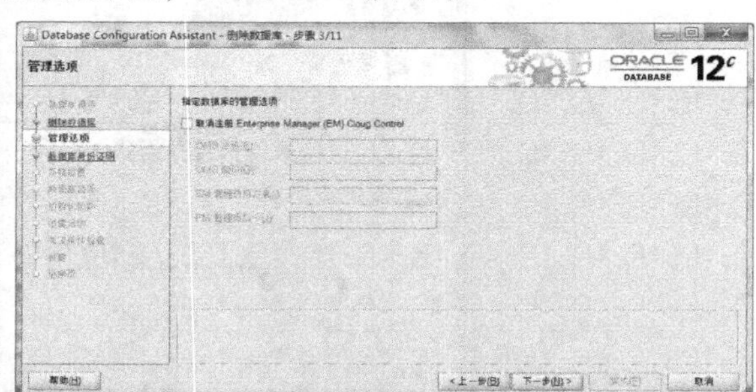

图 2-19　管理选项界面

3）在指定数据库的管理选项界面中，若该数据库没有注册过企业控制器云控制，可直接单击“下一步”按钮，进入该数据库的概要界面，如图 2-20 所示。

4）在删除数据库的概要界面中，单击“完成”按钮，系统弹出消息对话框，提示用户是否需要删除该数据库，如图 2-21 所示。

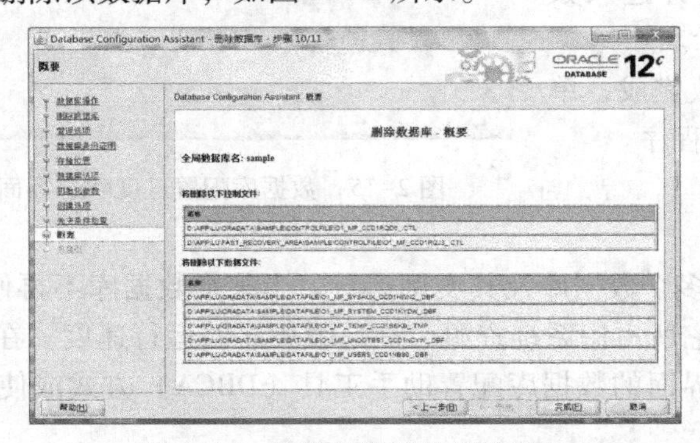

图 2-20　删除数据库的概要界面

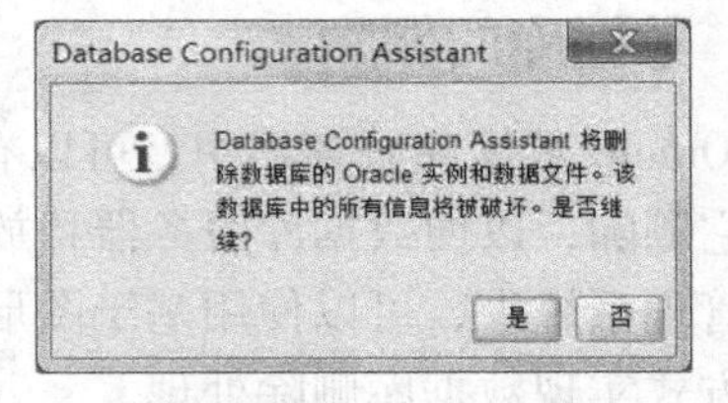

图 2-21　删除数据库确认界面

5）在该对话框中，单击“是”按钮，进入数据库删除操作的进度状态界面，如图 2-22 所示。

当删除数据库的操作进度状态到达 100% 后，系统弹出消息对话框，提示用户数据库删除完成，如图 2-23 所示。

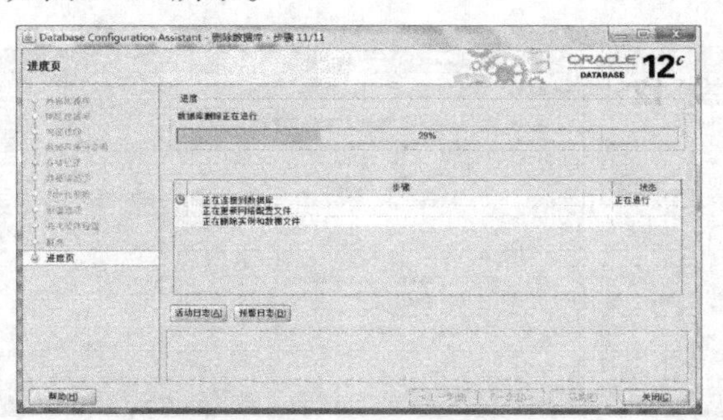

图 2-22　数据库删除的进度状态界面

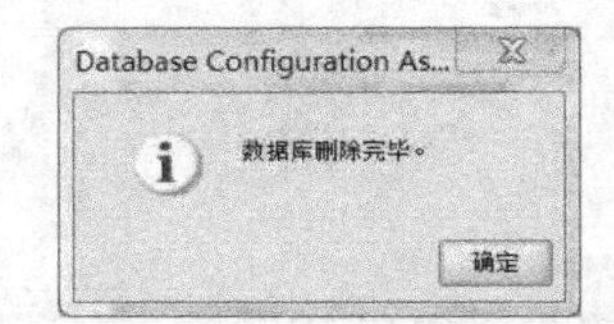

图 2-23　删除数据库完成界面

在该对话框界面中单击“确定”按钮，返回删除数据库进度完成界面，如图 2-24 所示。

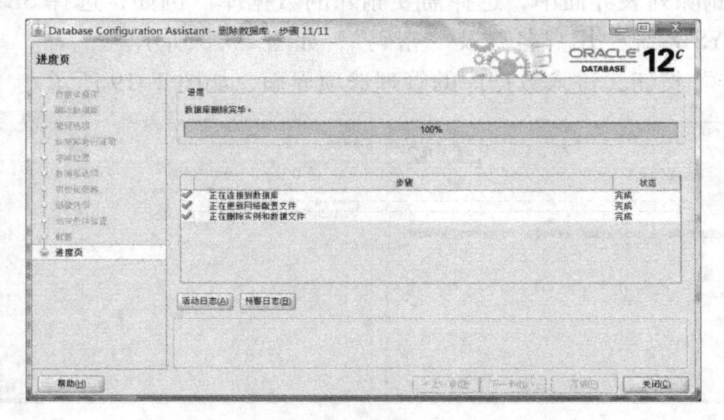

图 2-24　删除数据库进度完成界面

在该界面中，单击“关闭”按钮，系统退出 DBCA 工具界面。

2.2 Oracle 多租户数据库

在云计算服务领域中，多租户技术是指多个租户共用一个相同的应用或服务时，仍可确保用户之间的数据隔离性。云服务软件与传统软件的数据库实现技术的区别在于云服务软件采用了多租户数据库模式技术解决租户之间的数据隔离。在多租户数据库模式下，各个租户虽然运行在同一数据库系统中，但它们只能查看和修改自己的数据集合，租户之间相互独立，彼此互不影响。实现多租户数据库模式主要有以下 3 种方案。

1. 租户使用独立数据库

每个租户在使用应用系统服务时，采用各自独立的数据库解决租户之间的数据隔离问题。该方案的特点是有助于数据模型的扩展设计，满足不同租户的独特需求，用户数据隔离级别最高，安全性最好，但成本高。

2. 租户共享数据库、隔离 Schema

每个租户在使用应用系统服务时，采用同一数据库，在数据库中通过不同的用户 Schema 解决租户之间的数据隔离问题。该方案的特点是为安全性要求较高的租户提供了一定程度的逻辑数据隔离，但并不是完全隔离；如果出现故障，数据恢复比较困难，因为恢复数据库将牵扯到其他租户的数据；如果需要跨租户统计数据，也存在一定困难。

3. 租户共享数据库、共享 Schema

每个租户在使用应用系统服务时，采用同一数据库和同一个 Schema，但在表中通过 TenantID 解决租户之间的数据隔离。该方案特点是共享程度最高、隔离级别最低，需要在设计开发时加大对安全处理的开发量；数据备份和恢复最困难，需要逐表逐条备份和还原。

在多租户数据库模式实现中，这 3 种方案各有自己的适合场景。其中租户使用独立数据库方案具有数据隔离级别高、安全性好、满足不同租户特定需求等特性，不过该方案要求数据库软件本身必须支持多租户模式。Oracle 数据库软件自从 12c 版本后，开始使用容器数据库（CDB）与插接式数据库（PDB）方案支持多租户数据库模式。下面将介绍在 Oracle 数据库系统中，如何创建与维护容器数据库（CDB）及其多个插接式数据库，以实现多租户数据库模式。

2.2.1 多租户数据库模式

在 Oracle 数据库系统中，容器数据库（Container Database，CDB）是指能够容纳 0 个、1 个或多个插接式数据库（Pluggable Databases，PDB）的数据库，其示意如图 2-25 所示。

在 Oracle 容器数据库中，通过创建若干插接式数据库实现多租户数据存储。每个容器数据库均由以下对象元素构成。

1）根容器（CDB$ROOT）。用于存储主数据字典数据，包括根容器元数据和 CDB 中的所有公共用户数据。根容器名称被命名为 CDB$ROOT。

2）种子容器（PDB$SEED）。用于在容器数据库中为创建新的插接式数据库时提供数据文件和元数据模板。种子容器被命名为 PDB$SEED。

3）插接式数据库（PDB）。用户可以在容器数据库中创建 0 个、1 个或多个插接式数据库。每个插接式数据库是根据种子容器模板创建的独立数据库，它可插接到 CDB 中，建立与容器数据库关联，也可从 CDB 中断关联，还可迁移到其他 CDB 中。在一个 CDB 中，所有插接

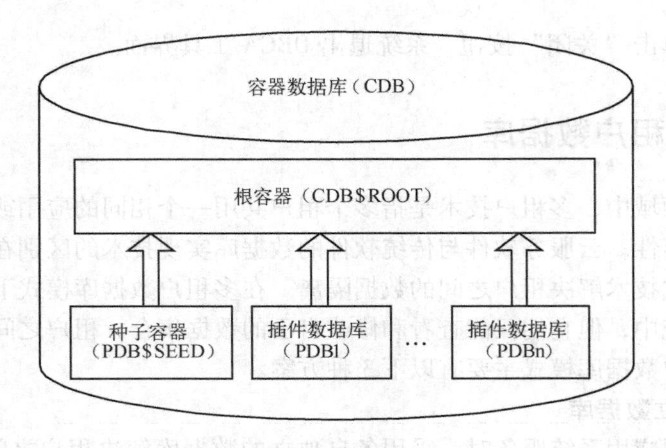

图 2-25　Oracle 容器数据库

式数据库必须有唯一的名称。插接式数据库与传统数据库一样，可以存放各种数据库对象，如表、视图、索引、触发器和存储过程等。用户可以通过工具对插接式数据库进行创建、配置、删除和取消插接等管理操作。

在 Oracle 容器数据库中，各个插接式数据库是相互独立的。当用户连接插接式数据库时，不会感觉到根容器和其他插件数据的存在。为了实现多租户数据库应用，用户可以先创建一个容器数据库，然后在该容器数据库中创建若干插接式数据库。每个租户使用独自的插接式数据库，从而保证各个租户应用的数据库对象隔离，并解决数据的安全访问。同时，租户还可以使用容器数据库来实现数据共享处理。

为了理解多租户数据库的好处，这里以某个拥有 11 个数据库应用系统的机构为例，比较该机构在实施 Oracle 多租户数据库模式前后，运行这些应用系统的 IT 成本开销。

在实施 Oracle 多租户数据库模式前，该机构的每个应用系统运行在各自独立的数据库服务器上处理数据库，并由一个 DBA 团队进行运维服务。该 DBA 团队由 1 个负责人和 4 个成员组成。其实施方案示意如图 2-26 所示。

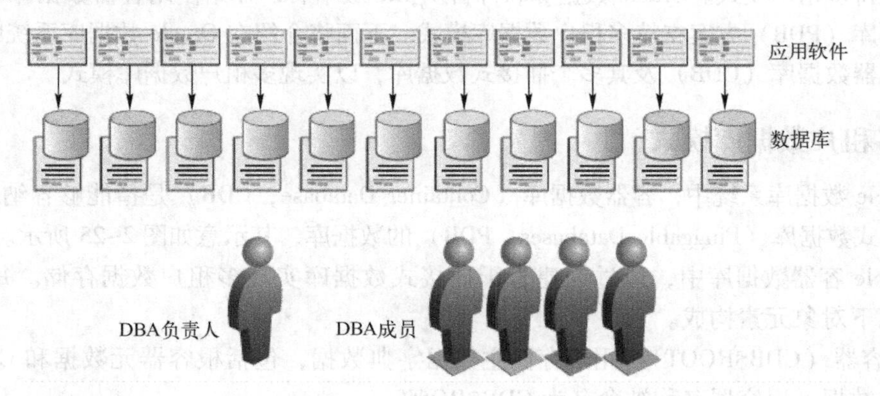

图 2-26　实施 Oracle 多租户数据库前

在图 2-26 所示的数据库运维模式下，每个 DBA 成员负责 2 ~ 3 个应用系统的数据库服务器及其数据库的运行维护，DBA 负责人则需要对所有 11 个数据库服务器及数据库总体负责。在实际运行中，每个应用及其数据库通常只利用了服务器的少部分系统资源（如 20% 左右）。在这种运维模式下，各个应用的软硬件系统及数据库独立、运行性能高、系统数据安全性好，但机构投入的软硬件成本和运行成本都较高。

为了改善机构的IT应用系统运维成本，可采用一个高性能数据库服务器对原有各自单独的数据库服务器进行精简整合。只需部署一套Oracle Database 12c数据库软件，并采用该软件的多租户数据库模式对原有数据库方案进行改造。在Oracle数据库服务器中，首先创建一个容器数据库CDB，然后在该容器数据库中分别创建11个插接式数据库。将原11个应用系统的各自数据库分别迁移到各个插接式数据库中，各个应用软件重新配置连接插接式数据库，实现数据库系统的精简整合。在新的IT应用系统中，只需由3人组成的DBA团队就可以进行运维服务。该DBA团队由1个负责人和2个成员组成。其方案示意如图2-27所示。

在图2-27所示的数据库运维模式下，每个DBA成员仅需负责5~6个应用系统的插接式数据库运行维护，DBA负责人则需要对数据库服务器及容器数据库运行维护。在新的多租户数据库模式下，每个应用的数据库共享使用一个高性能物理服务器，可充分利用该服务器的计算和存储资源。对于机构的IT应用数据库系统，只需运维一个数据库服务器，数据库备份与恢复工作在多租户模式下只需要在容器数据库中进行统一处理。因此，该运维模式不但可以减少机构投入的软硬件成本和数据库系统运行成本，也可以容易实现数据库的灵活扩展、数据迁移，以及安全性隔离。此外，还可以有效地实现数据库服务器集中运行监控和性能调优处理。

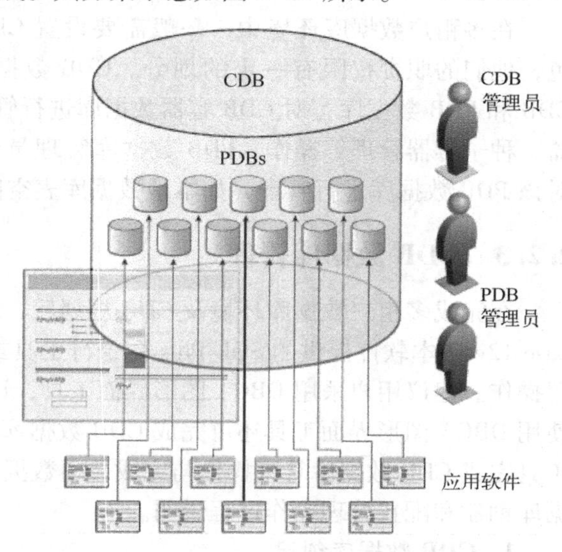

图2-27 实施Oracle多租户数据库后

2.2.2 多租户数据库环境准备

在Oracle Database 12c版本软件中，既可以创建传统的数据库，也可以创建容器数据库。所创建的数据库要么是传统数据库（NON-CDB），要么是容器数据库（CDB），它们之间不能相互转换。若要实现多租户数据库，必须创建一个容器数据库（CDB），并在该容器数据库中创建插接式数据库（PDB），才能解决多租户数据隔离。创建CDB和PDB，与创建传统数据库（NON-CDB）一样，主要使用以下工具之一来完成。

- SQL Plus命令行工具。在命令行工具中，执行SQL语句实现数据库创建。
- 数据库配置助手DBCA工具。在DBCA工具中，根据界面的导引提示，完成实现数据库创建。

建立多租户数据库环境，必须满足以下前提条件：在操作系统中已经安装Oracle Database 12c版本软件；设置数据库的兼容级别至少为12.0.0。

为了实现Oracle多租户数据库环境，DBA用户还必须完成以下任务。

1）多租户环境规划。每个CDB容器数据库中需要插接多少个PDB数据库，该CDB数据库需要系统提供多少资源，CDB数据库需要配置哪些选项，每个PDB数据库需要配置哪些选项。

2）创建一个或多个CDB。当完成多租户环境规划后，DBA用户需要使用前面提到的工具创建一个或多个CDB容器数据库，并在创建过程中配置CDB数据库的选项参数。

3）创建、插接和取消插接 PDB 数据库。当一个 CDB 容器数据库创建完成后，可以在该 CDB 数据库中创建一个或多个 PDB 数据库，也可以插接未插接 PDB 到该 CDB 数据库，还可以根据需要将现有插接 PDB 数据库与本 CDB 数据库断开插接状态。此外，还可将某 PDB 数据库从一个 CDB 移动到其他 CDB 数据库中，以实现数据库迁移。

4）管理与监控 CDB 数据库。DBA 用户可以使用工具对每个 CDB 数据库进行系统管理与性能监控，如在 CDB 中分配每个 PDB 数据库的资源，制定 CDB 及其每个 PDB 的任务计划。

5）管理与监控 PDB 数据库。与传统数据库管理一样，可以对每个 PDB 进行数据库管理和性能监控。

在多租户数据库环境中，一般需要设置 CDB 数据库管理员和 PDB 数据库管理员两级角色，他们的职责权限有一定的划分。CDB 数据库管理员作为公共管理用户可以同时连接到 CDB 和 PDB 数据库，对 CDB 容器数据库进行管理，如创建、插接或取消插接 PDB，以及根容器、种子容器管理等操作。PDB 数据库管理员作为本地管理用户只能连接到该 PDB 数据库，对该 PDB 数据库进行管理，如本地数据库表空间管理、数据库参数配置和权限管理等操作。

2.2.3 CDB 数据库管理

在完成多租户数据库环境及 CDB 规划后，就可以着手创建 CDB 数据库。利用 Oracle Database 12c 版本软件提供的 SQL Plus 命令行工具或 DBCA 图形界面工具可以完成 CDB 创建与配置操作。建议用户采用 DBCA 图形界面工具，该工具可以帮助用户快速完成数据库创建操作。使用 DBCA 图形界面工具还可完成 CDB 数据库的配置和删除管理操作。由于 DBCA 图形界面工具完成 CDB 数据库管理操作与完成普通数据库管理操作过程基本一样，下面仅给出 CDB 数据库创建和配置管理操作过程说明。

1. CDB 数据库创建

在创建 CDB 容器数据库前，需要进行多租户数据库环境及 CDB 数据库选项参数规划，然后再使用 DBCA 工具创建 CDB 数据库。

【例 2-4】 使用 DBCA 工具，创建一个名为 Sample 的容器数据库，采用高级模式创建该数据库，并同时创建一个名为 plugDb1 的插接式数据库。

使用 DBCA 工具创建 CDB 数据库的操作步骤如下。

1）在 Windows 操作系统中，要创建数据库，只需单击“开始”按钮，选择“所有程序”→“Oracle - OraDb12cHome1”→“配置和移植工具”→“Database Configuration Assistant”命令，即可启动数据库配置助手（DBCA）工具，其初始运行界面如图 2-28 所示。

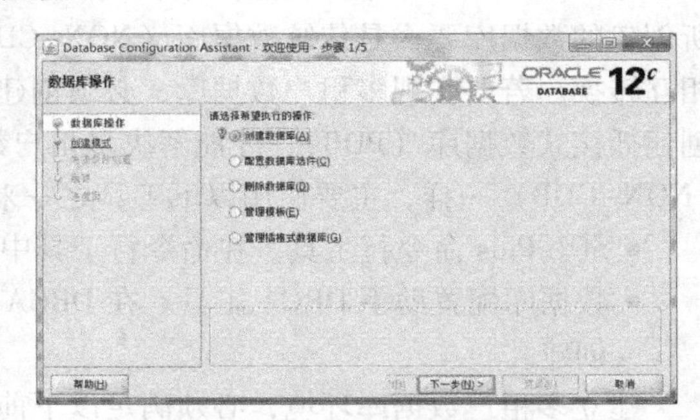

图 2-28 DBCA 初始界面

在该界面中，选择“创建数据库”单选按钮，并单击“下一步”按钮，进入创建模式设置界面。

2）在数据库创建模式界面中，用户可以选择“使用默认配置创建数据库”或“高级模式”单选按钮进行数据库创建。假定单选按钮“使用默认配置创建数据库”单选按钮，如图 2-29 所示。

3）在创建模式选取界面中，单击“下一步”按钮，进入选取模板界面，如图 2-30 所示。

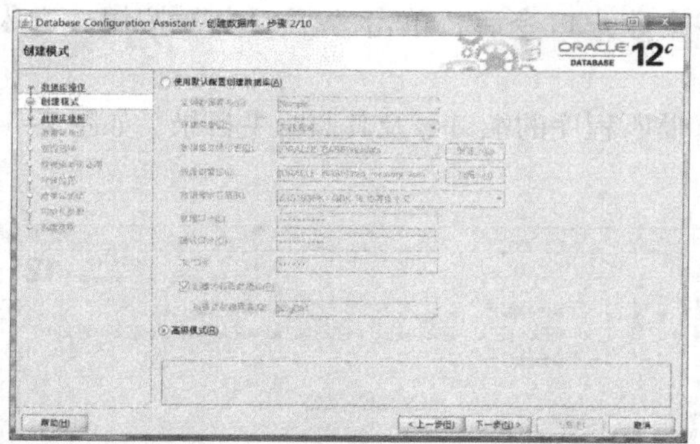

图 2-29　数据库创建模式选取界面

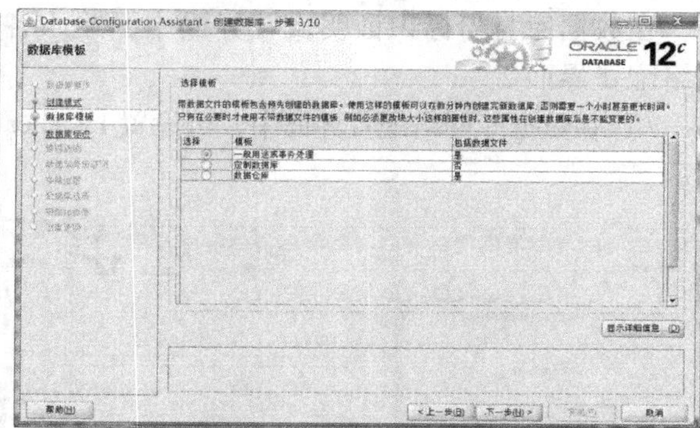

图 2-30　选取模板界面

在选取模板界面中，有“一般用途或事务处理”、“定制数据库”和“数据仓库”3 个模板选项。假定选择默认的“一般用途或事务处理”复选框，单击“下一步”按钮，进入数据库标识界面。

4）在数据库标识界面中，输入容器数据库名称和数据库服务标识，选择“创建为容器数据库”复选框，设置在该容器数据库中创建一个插接式数据库，并输入该插接式数据库名称。假定容器数据库名称为 Sample，插接式数据库名称为 plugDb1，其运行界面如图 2-31 所示。

在数据库标识界面中，完成选项参数输入后，单击“下一步”按钮，进入数据库管理工具选项设置界面。

5）在数据库管理工具选项设置界面中，可设置数据库是否通过 Oracle Database Express 工具和 Oracle Enterprise Manager Cloud Control 工具进行管理。Oracle Database Express 为单个数据库系统管理工具，Cloud Control 为多个数据库系统集中管理工具。假定这里采用默认设置，如图 2-32 所示。

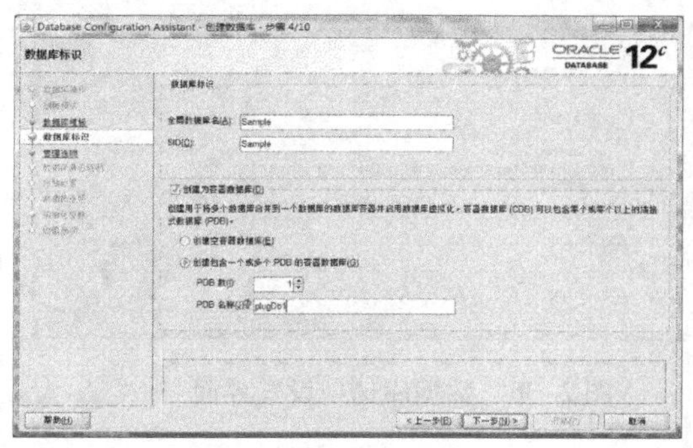

图 2-31　数据库标识界面

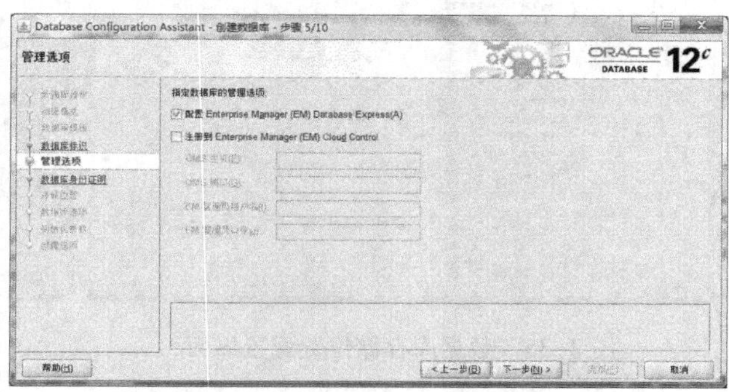

图 2-32　数据库管理工具选项设置界面

在数据库管理工具选项设置界面中，单击“下一步”按钮，进入数据库身份证明设置界面。

6）在数据库身份证明设置界面中，选取所有账户是否通过同一口令登录数据库，并设置口令。假定选择默认选项“使用不同的管理口令”，则需要分别对 SYS、SYSTEM 和 PDBADMIN 系统管理员账户设置不同口令。其中 SYS 用户拥有数据字典的所有基表和用户可访问的视图；SYSTEM 用户用于创建显示管理信息的其他表和视图，以及各种 Oracle 选件和工具使用的内部表和视图；PDBADMIN 用户用于管理插接式数据库。各账户口令设置如图 2-33 所示。

在数据库身份标识证明设置界面中，输入各个账户口令后，单击“下一步”按钮，进入网络配置界面。

7）在数据库网络配置界面中，可设置 Listener 监听程序的端口号及其监听主目录，如图 2-34 所示。

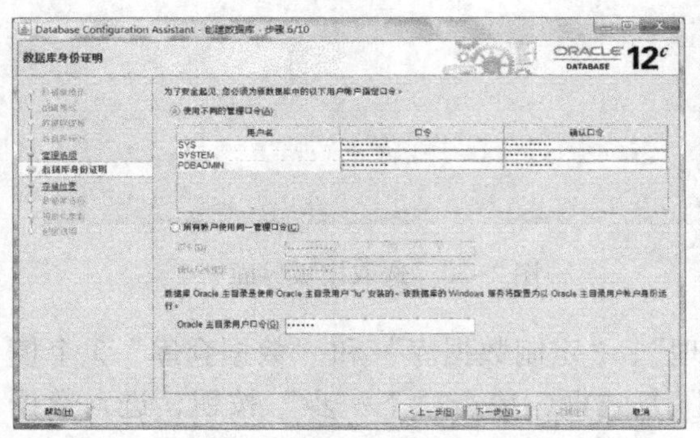

图 2-33　数据库身份标识证明设置界面

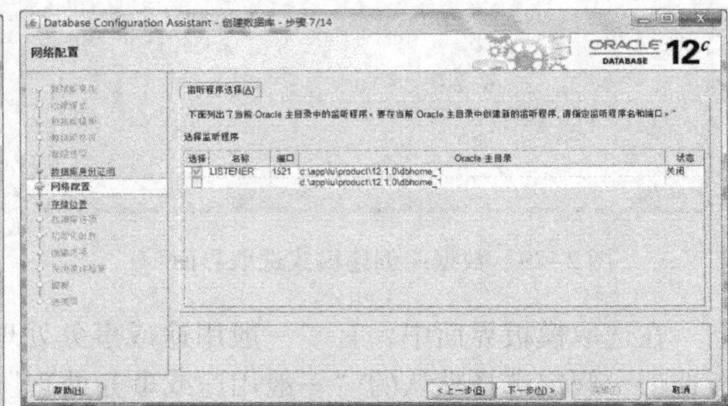

图 2-34　数据库网络配置界面

在网络配置界面中，采用默认设置，单击“下一步”按钮，进入存储位置配置界面。

8）在数据库存储位置配置界面中，可设置存储类型、数据库文件位置、恢复区位置、恢复区大小，以及是否启用归档等参数，其界面如图 2-35 所示。

在存储位置配置界面中，采用默认设置，单击“下一步”按钮，进入数据库选项设置界面。

9）在数据库选项设置界面中，可设置在数据库中安装示例方案选项、配置数据库 Vault 和配置 Label Security 选项，其界面如图 2-36 所示。

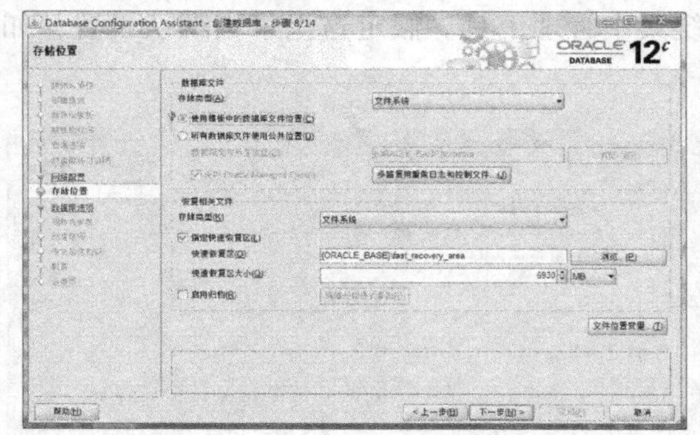

图 2-35　数据库存储位置配置界面

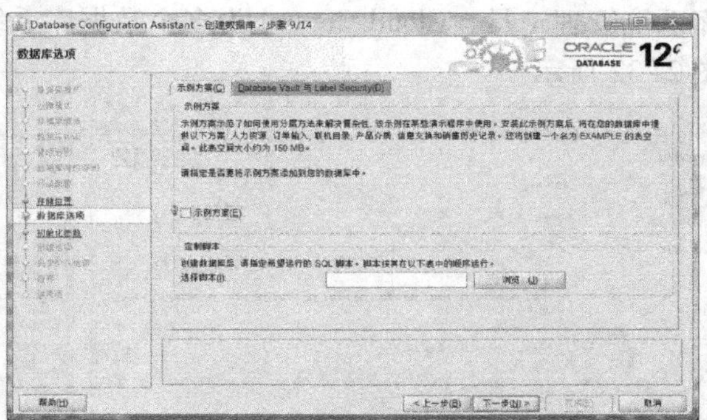

图 2-36　数据库选项设置界面

在数据库选项设置界面中，采用默认设置，单击“下一步”按钮，进入数据库初始化参数设置界面。

10）在数据库初始化参数设置界面中，可设置数据库内存区大小、用户进程最大数、字符集和数据库服务器连接模式等初始化参数，其界面如图 2-37 所示。

在数据库初始化参数设置界面中，采用默认设置，单击“下一步”按钮，进入数据库创建选项设置界面。

11）在数据库创建选项设置界面中，可设置是否创建数据库、另存为数据库模板，以及生成数据库创建脚本等选项，其界面如图 2-38 所示。

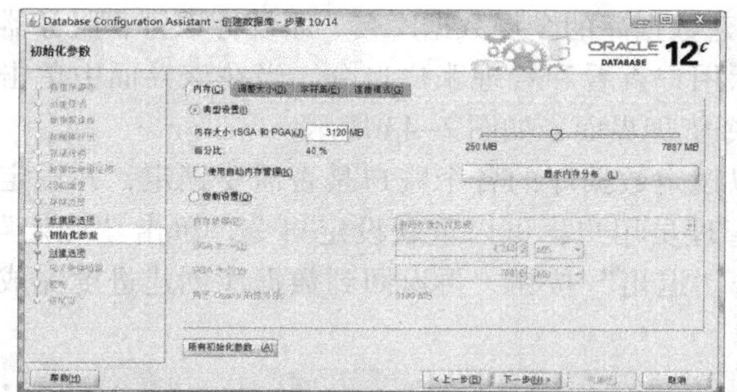

图 2-37　数据库初始化参数设置界面

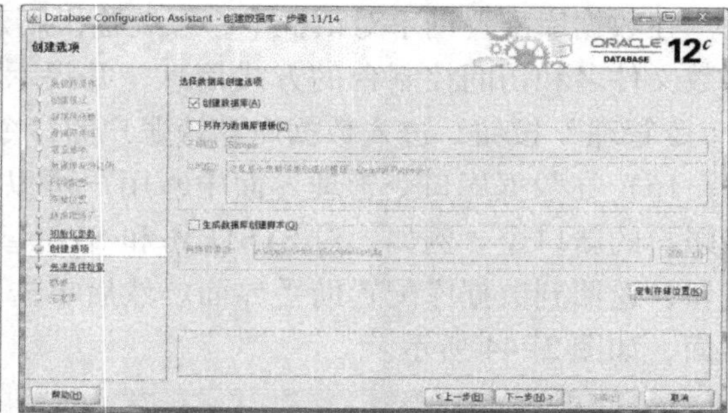

图 2-38　数据库创建选项设置界面

在数据库创建选项设置界面中，采用默认设置，单击“下一步”按钮，进入数据库创建先决条件检查界面。

12）在数据库创建先决条件检查界面中，工具将进行数据库验证检查。若有问题，将提示告警信息，其界面如图 2-39 所示。

在数据库创建先决条件检查界面通过后，单击“下一步”按钮，进入数据库创建概要界面。

13）在数据库创建概要界面中，工具将显示前面步骤所设置的各个数据库配置项参数的概要信息，其界面如图 2-40 所示。

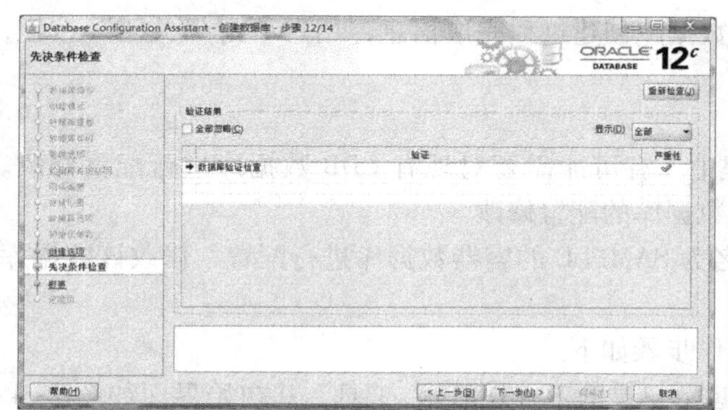

图 2-39　数据库创建先决条件检查界面

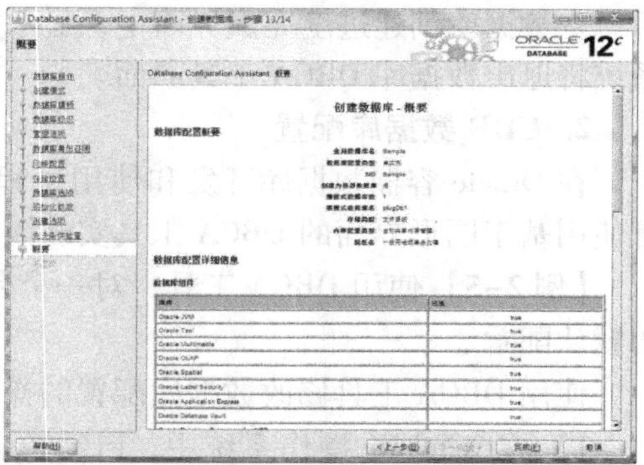

图 2-40　数据库创建概要界面

在确定数据库创建概要界面信息后，单击“完成”按钮，进入数据库创建进度界面。

14）在数据库创建进度界面中，系统将显示数据库创建过程的进度状态信息，其界面如图 2-41 所示。

15）在数据库创建进度到达 100% 时，系统弹出数据库配置助手对话框，如图 2-42 所示。

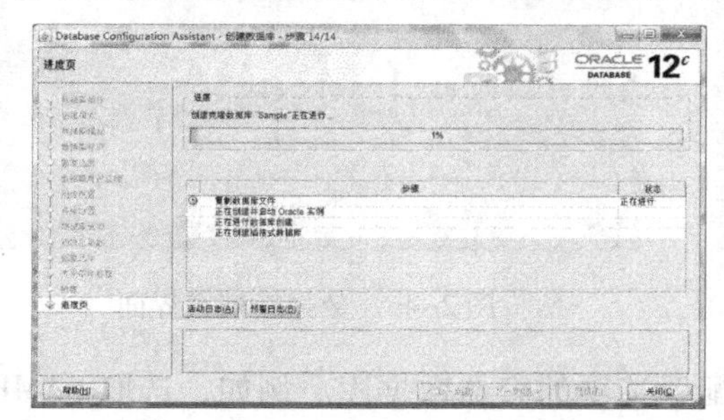

图 2-41　数据库创建进度界面

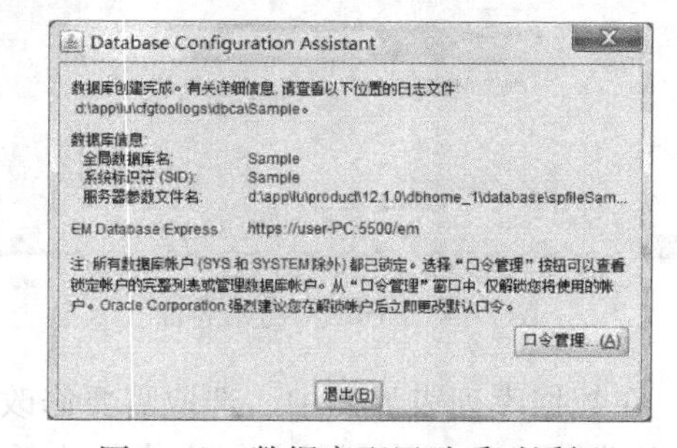

图 2-42　数据库配置助手对话框

在数据库配置助手对话框中，系统输出新建数据库的全局数据库名、系统标识符、服务器参数文件名和访问控制台的方式信息，并提示用户查看和管理账户口令。当在该界面中单击“口令管理”按钮，进入数据库默认账户的口令管理界面，如图 2-43 所示。

16）在数据库口令管理界面中，用户可以设定数据库的各个账户是否需要锁定，并设定该账户的新口令。例如，对 SYSTEM 和 SYS 管理员用户，可以重新设定口令，单击“确定”按钮，返回到数据库配置助手界面。然后单击“退出”按钮，再返回到数据库创建进度完成界面，如图 2-44 所示。

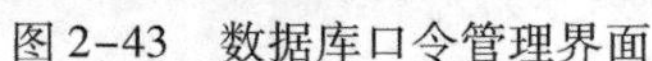
图 2-43　数据库口令管理界面

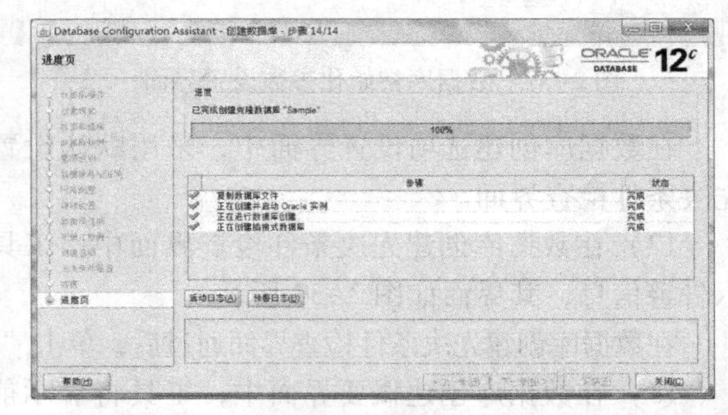

图 2-44　数据库创建进度完成界面

在数据库创建进度完成界面中，显示数据库创建过程完成信息，用户单击“关闭”按钮，系统将退出数据库 DBCA 工具界面。

2. CDB 数据库配置

在 Oracle 容器数据库开发和使用过程中，有可能需要对现有 CDB 数据库进行配置修改。可使用基于图形界面的 DBCA 工具实现该数据库的配置修改。

【例 2-5】 使用 DBCA 工具，对一个名为 SAMPLE 的容器数据库进行配置，修改该数据库的默认配置。

使用 DBCA 工具修改数据库配置的操作步骤如下。

1）在 Windows 操作系统中，启动数据库配置助手（DBCA）工具，其初始界面如图 2-45 所示。

在该界面中，选择“配置数据库选件”单选按钮，并单击“下一步”按钮，进入数据库列表界面，如图 2-46 所示。

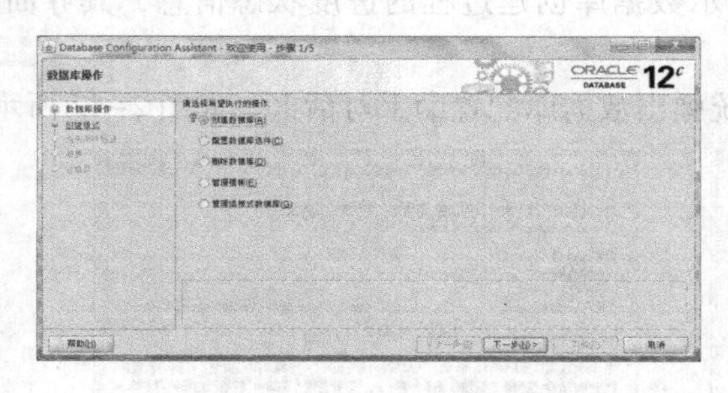

图 2-45　DBCA 初始界面

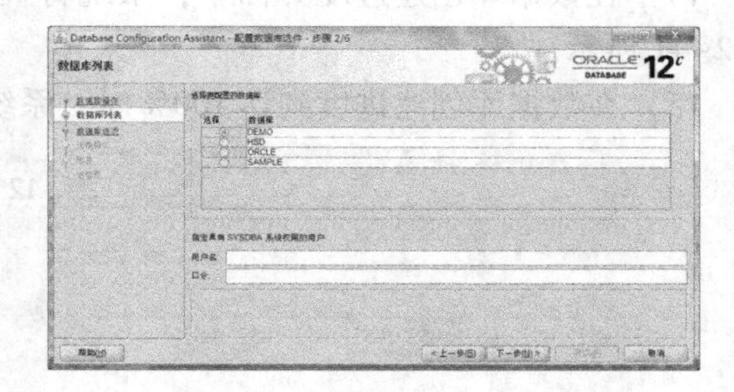

图 2-46　数据库列表界面

2）在数据库列表界面中，选取需要修改配置选项的容器数据库。例如，选取 SAMPLE 容器数据库进行配置，并在下方的文本框中输入具有 SYSDBA 系统权限的“用户名”及口令，实现数据库登录。其示意操作如图 2-47 所示。

在该界面中，以 SYS 用户进行登录，单击“下一步”按钮后，进入数据库选项配置界面，如图 2-48 所示。

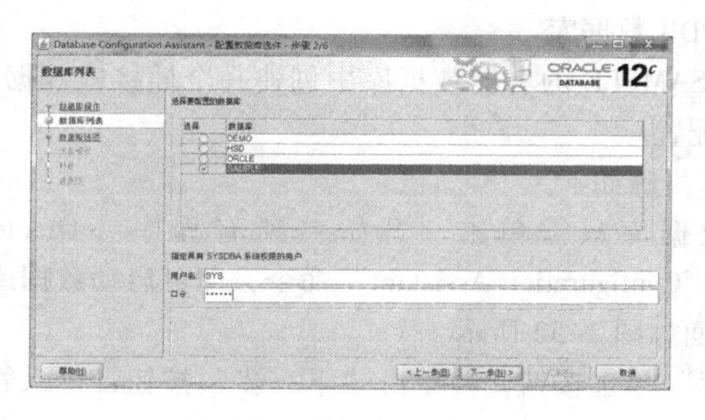

图 2-47　数据库登录界面

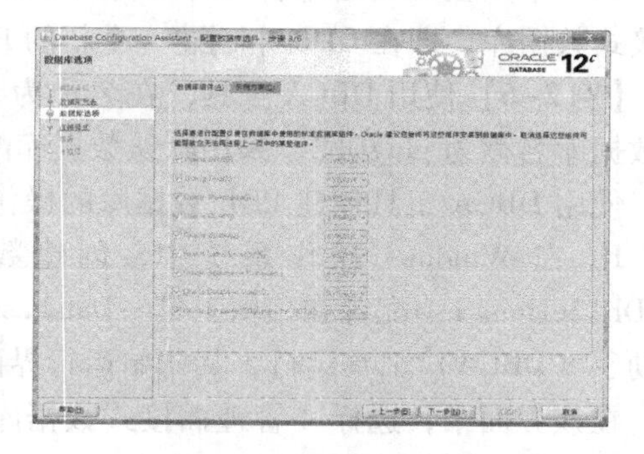

图 2-48　数据库选项配置界面

3）在数据库选项配置界面中，可以对数据库所包含的标准组件进行配置。在默认情况下，这些标准组件对数据库都是必选项。只有选取这些复选框，才能保证完整的数据库功能。单击“下一步”按钮，进入连接模式配置界面，如图 2-49 所示。

4）在 Oracle 数据库中，数据库服务器的运行模式有专用服务器模式和共享服务器模式。若选择“共享服务器模式”单选按钮，还需要设置数据库实例启动时创建的服务器进程数。单击“下一步”按钮，进入数据库配置摘要界面，如图 2-50 所示。

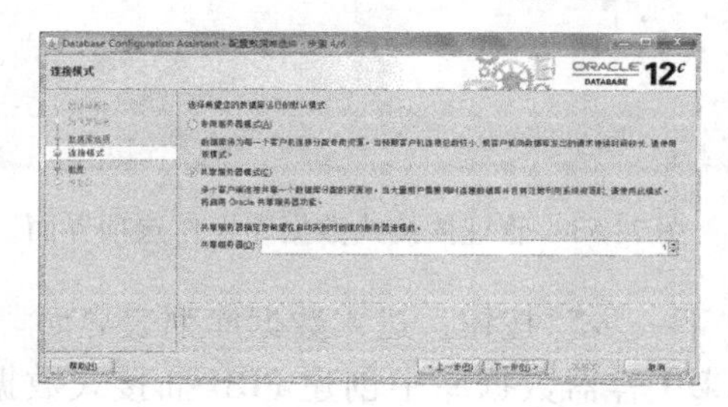

图 2-49　数据库连接模式配置界面

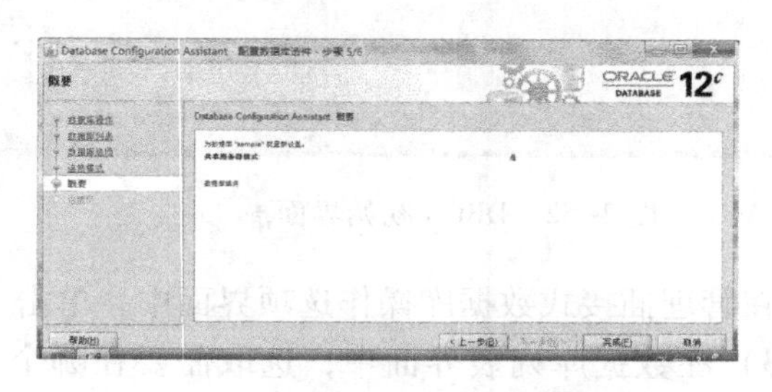

图 2-50　数据库配置摘要界面

5）在数据库配置摘要界面中，单击“完成”按钮，系统弹出“所选操作要求重新启动数据库，是否确实要继续”提示对话框。当用户单击“是”按钮后，系统开始进行配置修改操作，并进入数据库配置进度状态界面，如图 2-51 所示。

当进展到 100% 时，数据库配置修改完成，单击“关闭”按钮，系统退出 DBCA 工具程序。

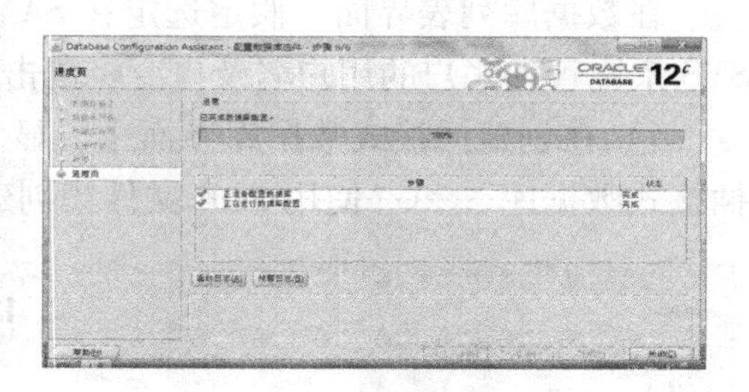

图 2-51　数据库配置进度状态界面

2.2.4　PDB 数据库管理

在多租户数据库系统中，还需要对容器数据库中的 PDB 数据库进行新建、配置、删除和取消插接等管理操作。利用 Oracle Database 12c 版本软件提供的 SQL Plus 命令行工具或 DBCA 图形界面工具进行 PDB 数据库管理。建议用户采用 DBCA 图形界面工具，该工具可以帮助用户快速完成 PDB 数据库管理操作。

1. PDB 数据库创建

当一个多租户数据库应用的插接式数据库不够用时，可以考虑在容器数据库中增加相应的插接式数据库，即在 CDB 中创建一个新的 PDB 数据库。

【例 2-6】使用 DBCA 工具，在名称为 SAMPLE 的容器数据库中创建一个插接式数据库，该数据库名称为 plugDb2，采用默认数据库配置。

使用 DBCA 工具创建 PDB 数据库的操作步骤如下。

1）在 Windows 操作系统中，创建数据库只需单击“开始→所有程序→Oracle - OraDb12cHome1→配置和移植工具→Database Configuration Assistant”命令，即可启动数据库配置助手（DBCA）工具运行，其初始运行界面如图 2-52 所示。

在该界面中，选择“管理插接式数据库”单选按钮，并单击“下一步”按钮，进入管理插接式数据库操作选项界面。

2）在管理插接式数据库操作选项界面中，选择“创建插接式数据库”单选按钮，如图 2-53 所示。

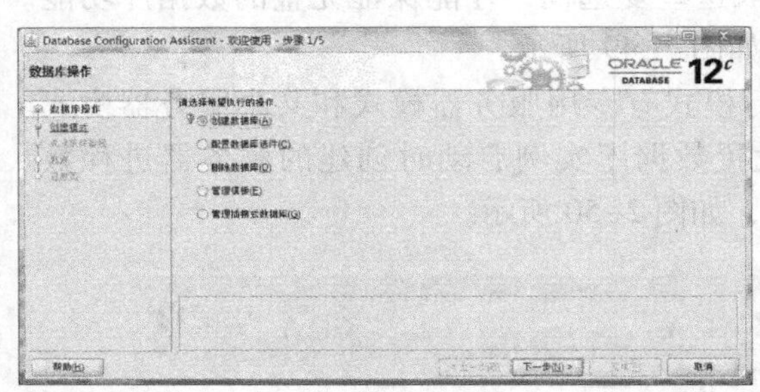

图 2-52　DBCA 初始界面

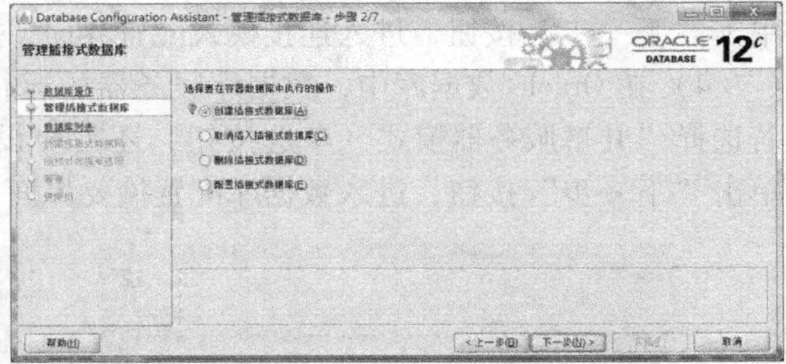

图 2-53　管理插接式数据库操作选项界面

在管理插接式数据库操作选项界面中，单击“下一步”按钮，进入数据库列表界面。

3）在数据库列表界面中，选取需要在哪个 CDB 容器数据库中创建 PDB 插接式数据库，并输入具有 SYSDBA 系统管理权限的“用户名”和“口令”，如图 2-54 所示。

在数据库列表界面，假定选定在 SAMPLE 容器数据库中创建 PDB 插接式数据库，并输入 SYS 系统管理账户的用户名及口令。单击“下一步”按钮，进入创建插接式数据库界面。

4）在创建插接式数据库界面中，显示有“创建新的插接式数据库”、“从 PDB 档案创建插接式数据库”和“使用 PDB 文件集创建插接式数据库”3 个操作选项，如图 2-55 所示。

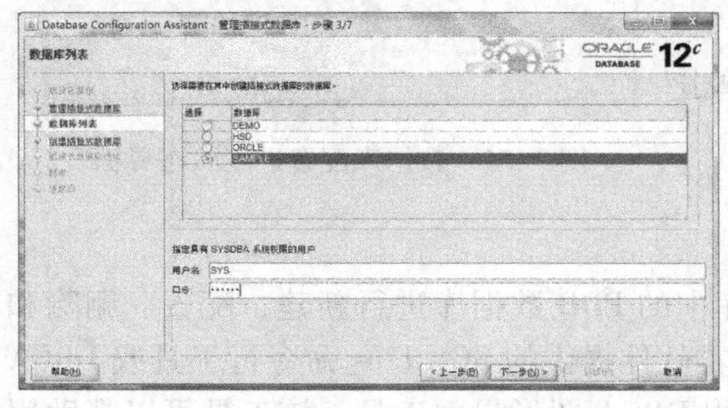

图 2-54　数据库列表界面

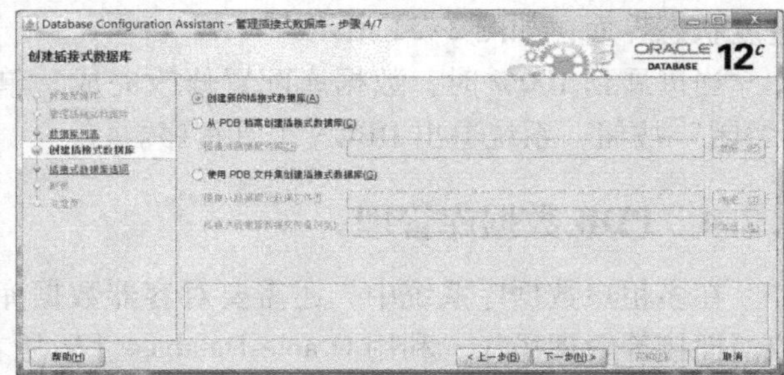

图 2-55　创建插接式数据库选项界面

在创建插接式数据库选项界面中，假定选择默认的“创建新的插接式数据库”单选按钮后，单击“下一步”按钮，进入插接式数据库选项设置界面。

5）在插接式数据库选项设置界面中，输入新建 PDB 数据库名称、PDB 数据库管理员用户名及口令、Database Vault 选项，以及 Label Security 选项，如图 2-56 所示。

在插接式数据库选项设置界面中，假定命名新建的 PDB 数据库为 plugDb2，其管理员用户名为 plugDb2Admin，并输入口令。点取“下一步”按钮，进入 PDB 数据库创建摘要信息界面。

6）在 PDB 数据库创建摘要信息界面中，显示将创建 PDB 数据库的摘要信息，如图 2-57 所示。

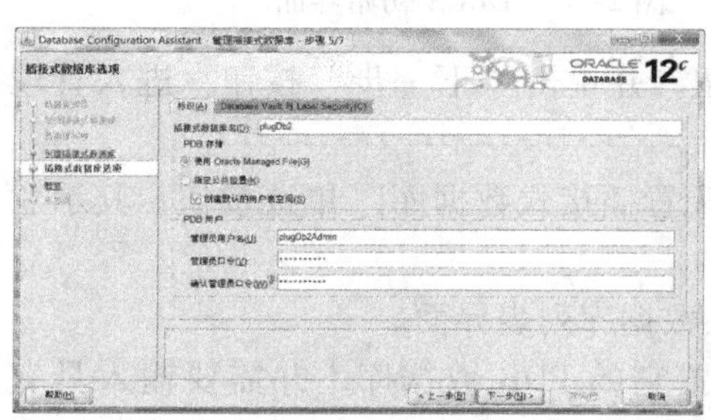

图 2-56　插接式数据库选项设置界面

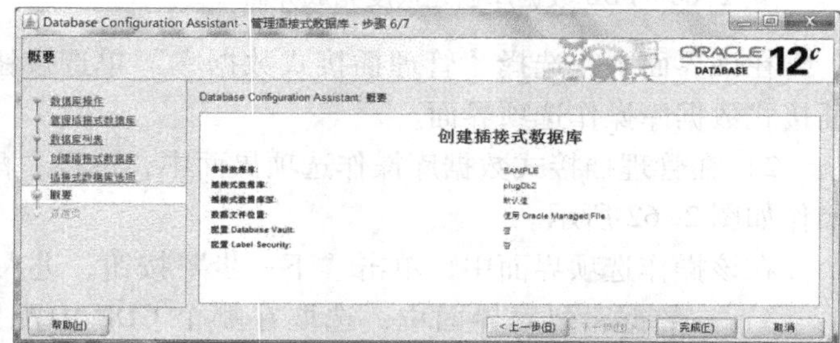

图 2-57　PDB 数据库创建摘要界面

在摘要界面中，单击“完成”按钮，进入 PDB 数据库创建进度状态界面。

7）在 PDB 数据库创建进度状态界面中，显示当前进展状态，如图 2-58 所示。

当进度到达 100% 时，系统弹出“已成功插入插接式数据库‘plugDb2’”消息框，如图 2-59 所示。

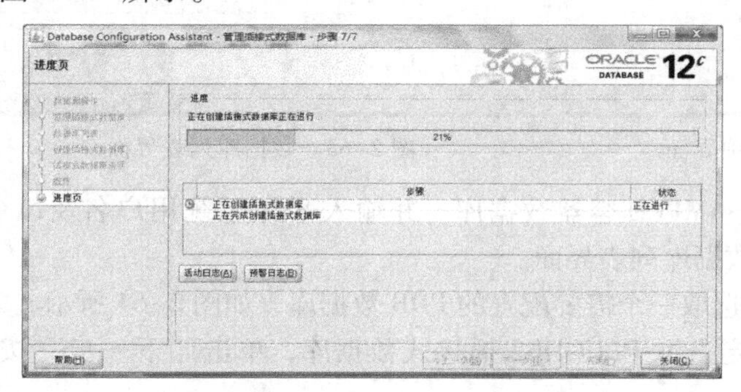

图 2-58　PDB 数据库创建进度状态界面

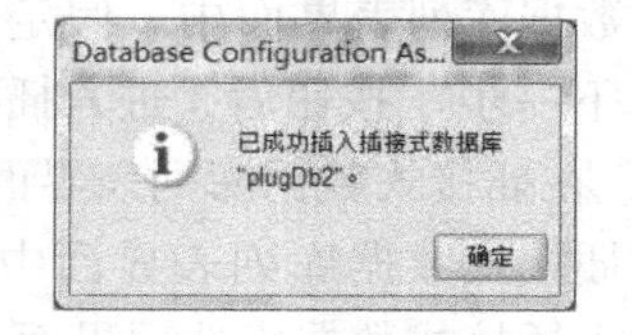

图 2-59　创建成功消息界面

在消息框界面中，单击“确定”按钮后，返回创建进度完成界面，如图 2-60 所示。

在创建进度完成界面中，单击“关闭”按钮，系统退出 DBCA 工具。

2. PDB 数据库配置

在多租户数据库开发和使用过程中，有可能需要对现有 PDB 数据库进行配置修改。可使用基于图形界面的 DBCA 工具实现该数据库的配置修改。

【例 2-7】 使用 DBCA 工具，对 SAMPLE 容器数据库中的 plugDb2 插接式数据库进行配置修改。

使用 DBCA 工具，修改 PDB 数据库配置的操作步骤如下。

1）在 Windows 操作系统中，启动数据库配置助手（DBCA）工具，其初始界面如图 2-61 所示。

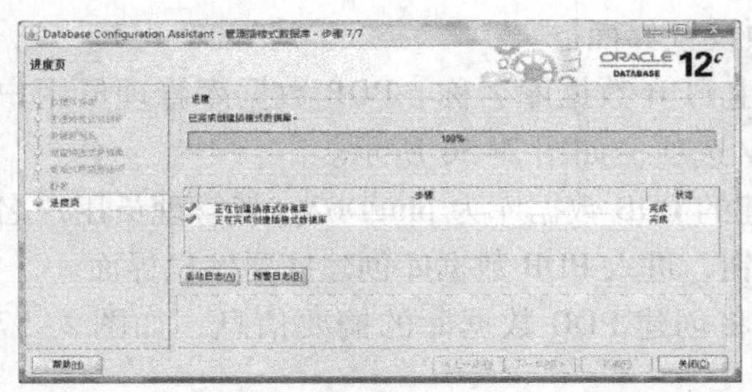

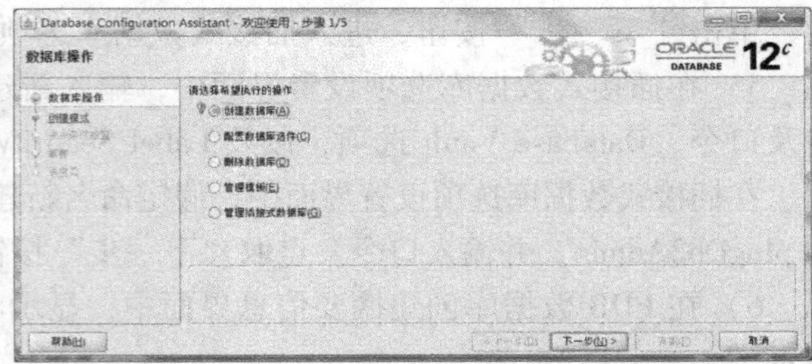

图 2-60　PDB 数据库创建进度完成界面　　　　图 2-61　DBCA 初始界面

在该界面中，选择“管理插接式数据库”单选按钮，并单击“下一步”按钮，进入管理插接式数据库操作选项界面。

2）在管理插接式数据库操作选项界面中，选择“配置插接式数据库”单选按钮，其示意操作如图 2-62 所示。

在该操作选项界面中，单击“下一步”按钮，进入数据库列表界面。

3）在数据库列表界面中，选取在哪个 CDB 中配置它的 PDB 数据库，并需要输入具有 SYSDBA 系统管理权限账户的“用户名”及“口令”，如图 2-63 所示。

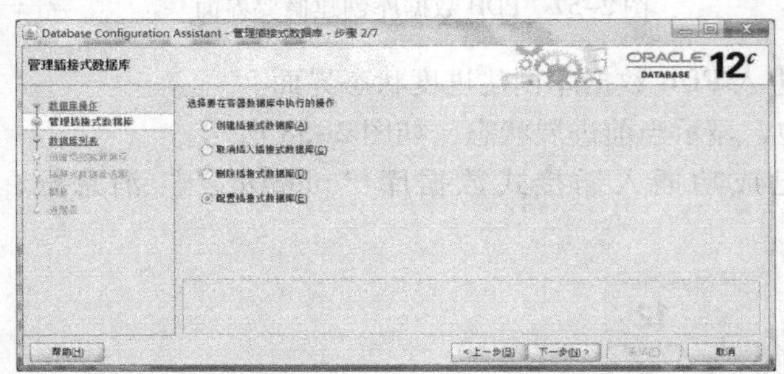

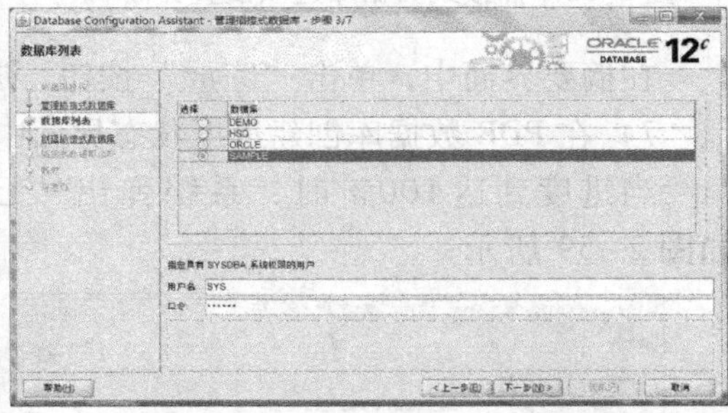

图 2-62　管理插接式数据库操作选项界面　　　　图 2-63　数据库列表界面

在数据库列表界面中，假定选取 SAMPLE 容器数据库，并输入 SYS 系统用户名及口令，单击“下一步”按钮后，进入插接式数据库列表界面。

4）在插接式数据库列表界面中，选取一个需要配置的 PDB 数据库，如图 2-64 所示。

在插接式数据库列表界面中，假定选取 PLUGDB2 插接式数据库，单击“下一步”按钮后，进入插接式数据库选项界面。

5）在插接式数据库选项界面中，可对 Database Vault 选项和 Label Security 选项进行配置，如图 2-65 所示。

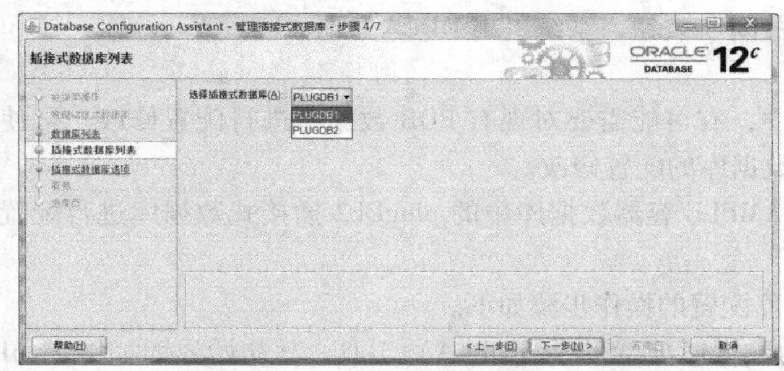

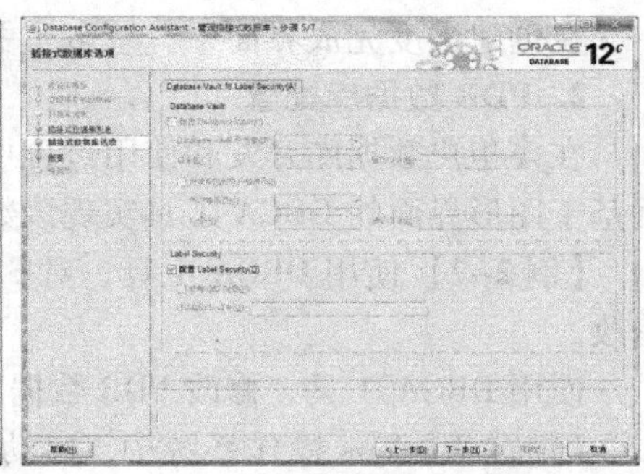

图 2-64　插接式数据库列表界面　　　　图 2-65　插接式数据库选项配置界面

在该界面中，采用默认配置，单击“下一步”按钮，进入配置摘要界面。

6）在插接式数据库配置摘要界面中，显示配置摘要信息，如图 2-66 所示。

在该界面中单击“完成”按钮，进入插接式数据库配置操作界面。

7）在插接式数据库配置操作界面中，显示配置进度状态界面，当该插接式数据库配置进度到达 100% 时，系统弹出“已成功配置插接式数据库‘PLUGDB2’”消息框，如图 2-67 所示。

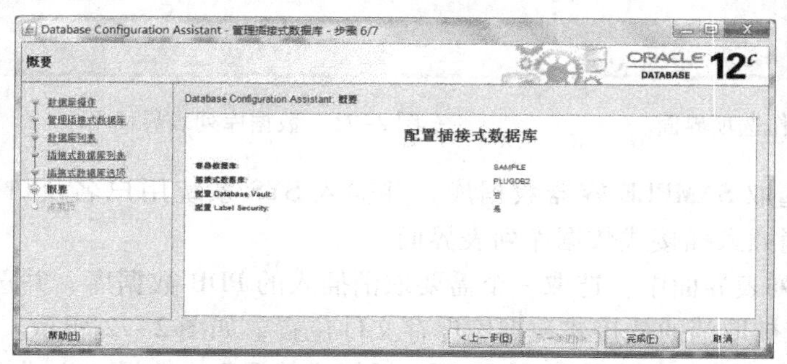

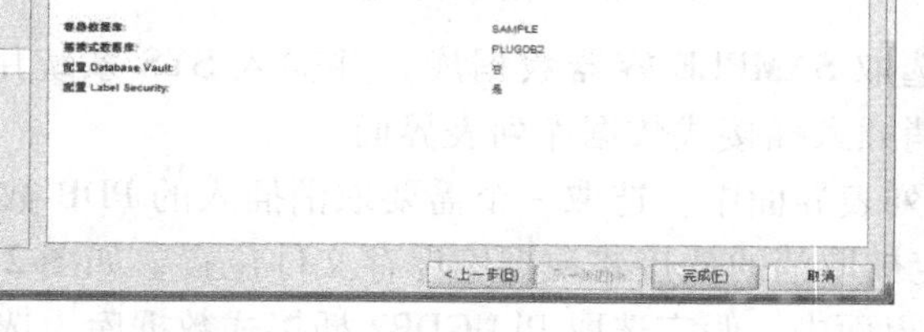

图 2-66　插接式数据库配置摘要界面　　图 2-67　消息框界面

在该消息框中单击“确定”按钮，系统返回到配置进度完成界面，如图 2-68 所示。

在插接式数据库配置进度完成界面中，单击“关闭”按钮，系统退出 DBCA 工具。

3. PDB 数据库取消插接

在多租户数据库开发和使用过程中，有时需要将某 PDB 数据库从 CDB 容器数据库中取消插接，即该插接式数据库不再与容器数据库关联。可使用基于图形界面的 DBCA 工具实现该操作。

【例 2-8】 使用 DBCA 工具，对 SAMPLE 容器数据库中的 PLUGDB2 插接式数据库进行取消插接操作。

使用 DBCA 工具，取消 PDB 数据库插接的操作步骤如下。

1）在 Windows 操作系统中，启动数据库配置助手（DBCA）工具，其初始界面如图 2-69 所示。

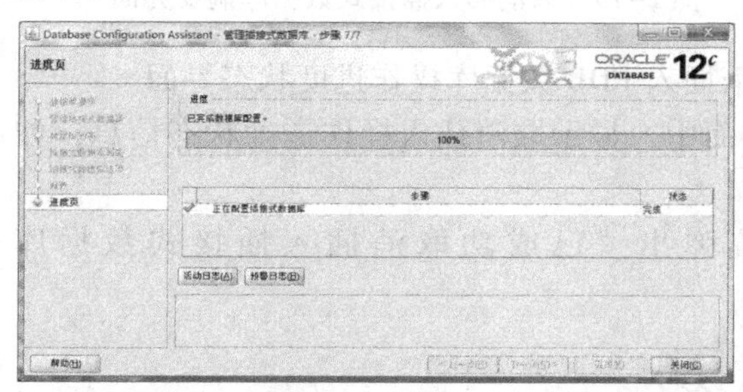

图 2-68　插接式数据库配置进度完成界面

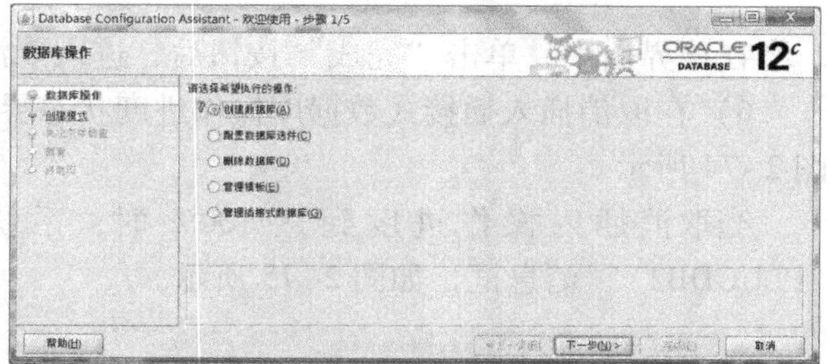

图 2-69　DBCA 初始界面

在该界面中选择“管理插接式数据库”单选按钮，并单击“下一步”按钮，进入管理插接式数据库操作选项界面。

2）在管理插接式数据库操作选项界面中，选择“取消插入插接式数据库”单选按钮，其示意操作如图 2-70 所示。

在该操作选项界面中，单击“下一步”按钮后，进入数据库列表界面。

3）在数据库列表界面中，选取在哪个 CDB 中配置它的 PDB 数据库，并需要输入具有 SYSDBA 系统管理权限账户的“用户名”及“口令”，如图 2-71 所示。

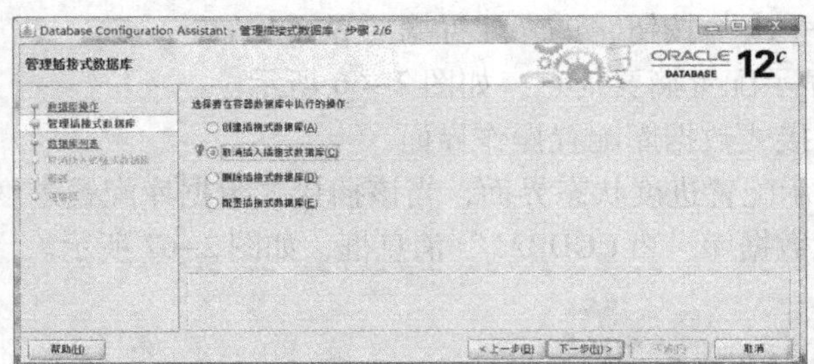

图 2-70　管理插接式数据库操作选项界面

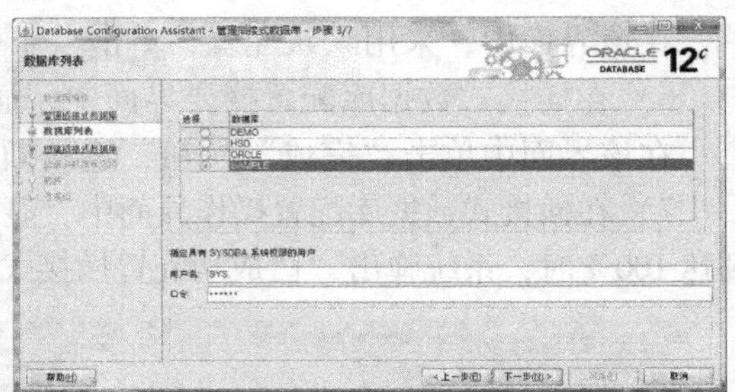

图 2-71　数据库列表界面

在数据库列表界面中，假定选取 SAMPLE 容器数据库，并输入 SYS 系统用户名及口令，单击“下一步”按钮后，进入取消插入插接式数据库列表界面。

4）在取消插入插接式数据库列表界面中，选取一个需要取消插入的 PDB 数据库，并选取插接式数据库保存形式，以及指定被取消的插接式数据库保存文件位置，如图 2-72 所示。

在取消插入插接式数据库列表界面中，假定选取 PLUGDB2 插接式数据库，选择“生成插接式数据库文件集”单选按钮，单击“下一步”按钮，进入取消插入插接式数据库摘要界面。

5）在取消插入插接式数据库摘要界面中，显示取消插入的 PDB 数据库摘要信息，如图 2-73 所示。

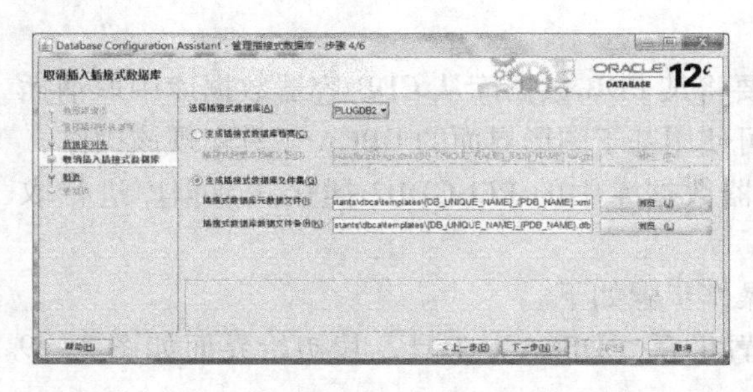

图 2-72　取消插入插接式数据库列表界面

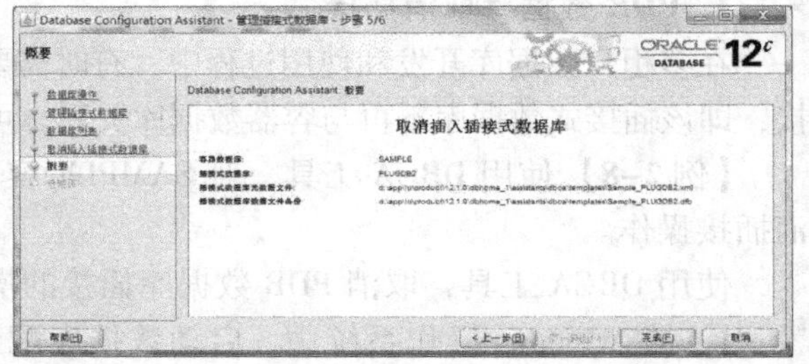

图 2-73　取消插入插接式数据库摘要界面

在该界面中，单击“完成”按钮后，进入取消插入 PDB 数据库操作进度状态界面。

6）在取消插入插接式数据库操作进度状态界面中，显示取消插入操作进度状态信息，如图 2-74 所示。

当取消插入操作进度到达 100% 时，系统弹出“已成功取消插入插接式数据库‘PLUGDB2’”消息框，如图 2-75 所示。

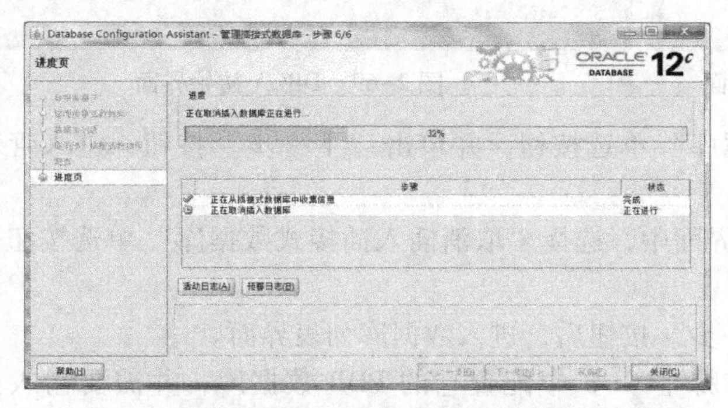

图 2-74　取消插入插接式数据库操作进度状态界面

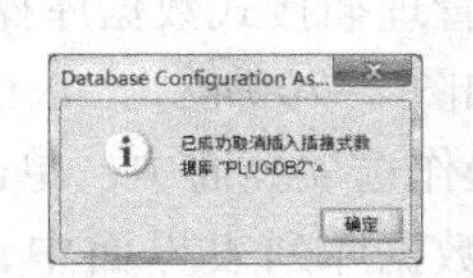

图 2-75　取消插入完成消息框

在该消息框中，单击“确定”按钮，返回到取消插入插接式数据库进度完成界面，如图 2-76 所示。在取消插入插接式数据库操作进度完成界面中，单击“关闭”按钮，系统将退出 DBCA 工具。

4. PDB 数据库删除

在多租户数据库开发和使用过程中，有时需要将某 PDB 数据库从 CDB 容器数据库中删除。可使用基于图形界面的 DBCA 工具实现该操作。

【例 2-9】 使用 DBCA 工具，对 SAMPLE 容器数据库中的 PLUGDB2 插接式数据库进行删除操作。

使用 DBCA 工具，删除 PDB 数据库的操作步骤如下。

1）在 Windows 操作系统中，启动数据库配置助手（DBCA）工具，其初始界面如图 2-77 所示。

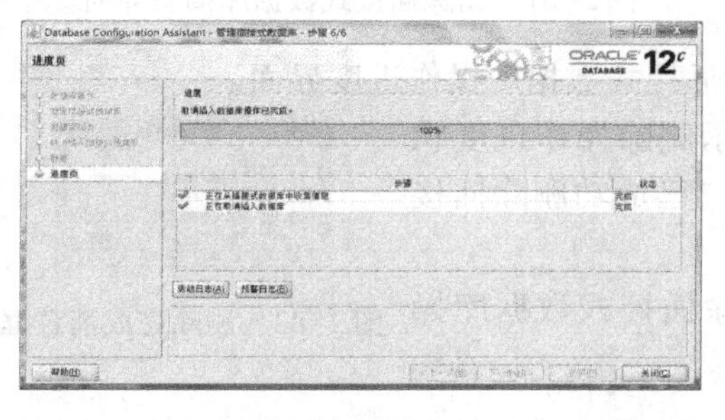

图 2-76　取消插入插接式数据库操作进度完成界面

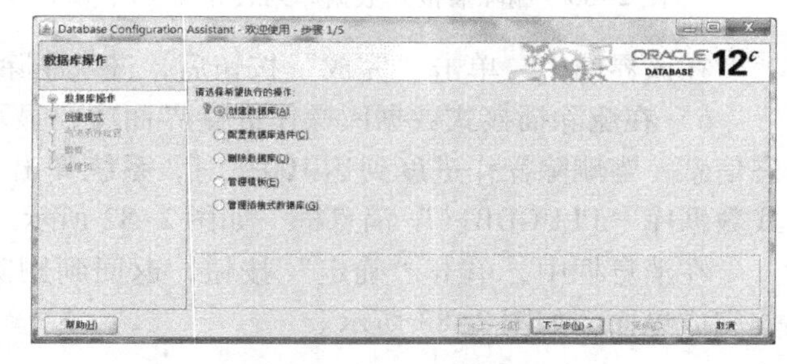

图 2-77　DBCA 初始界面

在该界面中，选择“管理插接式数据库”单选按钮，并单击“下一步”按钮，进入管理插接式数据库操作选项界面。

2）在管理插接式数据库操作选项界面中，选择“删除插接式数据库”单选按钮，其示意操作如图 2-78 所示。

在该操作选项界面中，单击“下一步”按钮，进入数据库列表界面。

3）在数据库列表界面中，选取在哪个 CDB 中删除它的 PDB 数据库，并需要输入具有 SYSDBA 系统管理权限账户的“用户名”及“口令”，如图 2-79 所示。

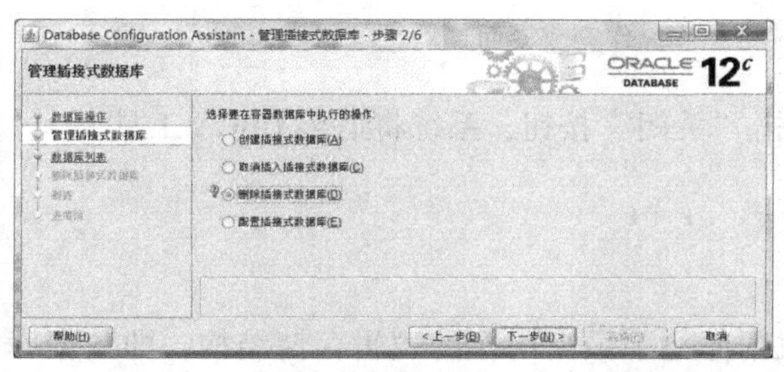

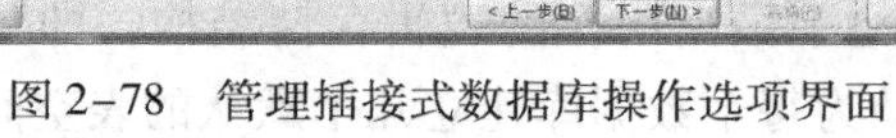

图 2-78　管理插接式数据库操作选项界面

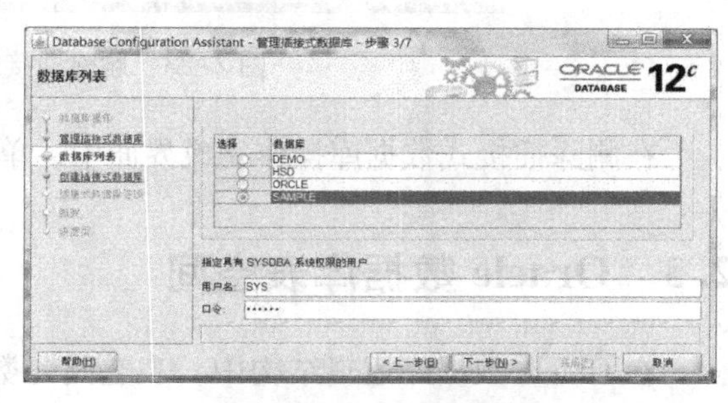

图 2-79　数据库列表界面

在数据库列表界面中，假定选取 SAMPLE 容器数据库，并输入 SYS 系统用户名及口令，单击“下一步”按钮，进入删除插接式数据库列表界面。

4）在删除插接式数据库列表界面中，选取一个需要删除的 PDB 数据库，如图 2-80 所示。

在插接式数据库列表界面中，假定选取 PLUGDB1 插接式数据库，单击“下一步”按钮后，进入删除插接式数据库摘要界面。

5）在删除插接式数据库摘要界面中，显示被删除的 PDB 数据库摘要信息，如图 2-81 所示。

图 2-80　删除插接式数据库列表界面

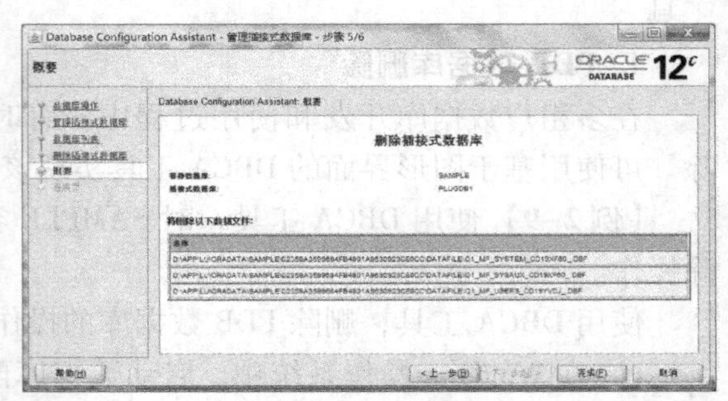

图 2-81　删除插接式数据库摘要界面

在该界面中，单击“完成”按钮后，进入删除插接式数据库操作进度界面。

6）在删除插接式数据库操作进度界面中，显示删除操作进度状态信息，当删除操作进度到达 100% 时，系统弹出“已成功删除插接式数据库‘PLUGDB1’”消息框，如图 2-82 所示。

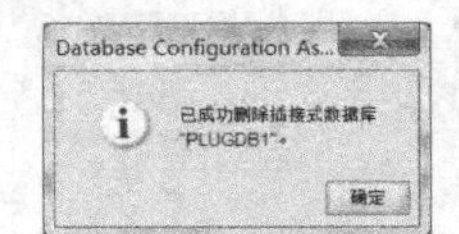

图 2-82　删除完成消息框

在消息框中，单击“确定”按钮，返回到删除插接式数据库操作完成界面，如图 2-83 所示。

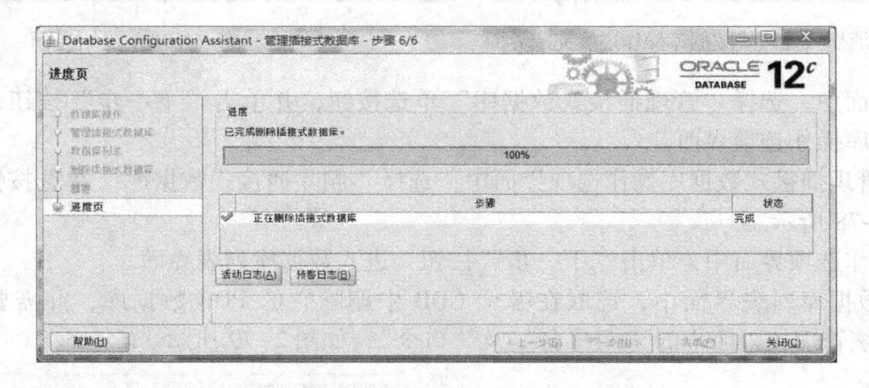

图 2-83　删除插接式数据库操作完成界面

在删除插接式数据库操作完成界面中，单击“关闭”按钮，系统将退出 DBCA 工具。

2.3　Oracle 数据库表空间

在 Oracle 数据库逻辑结构中，表空间是数据库之中最高层次的逻辑存储结构，即数据库是由若干个表空间构成。在创建数据库时，系统自动为每个数据库建立几个默认的表空间。此外，用户还可为应用创建及管理自己的表空间。

2.3.1　Oracle 表空间

在 Oracle 数据库中，表空间是一种逻辑容器，它用于组织各种数据库对象（如表、索引、视图、存储过程和触发器等）的逻辑存储，并管理相关的数据文件。表空间在 Oracle 数据库的逻辑结构组织和物理结构管理中扮演重要的作用，具体如图 2-84 所示。

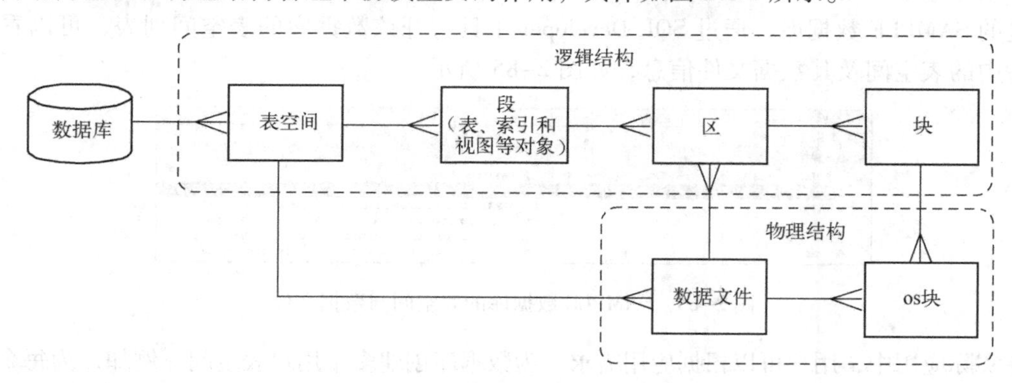

图 2-84　表空间与数据库结构

从图 2-84 可知，每个 Oracle 数据库都包含多个表空间，一个表空间会拥有一个或多个与之相关的数据文件，但一个数据文件只能与一个表空间关联。数据库的逻辑对象需要表空间来组织，数据库的物理数据文件也需要表空间来关联管理。

在 Oracle Database 12c 数据库系统中，每个数据库被新建时，系统就默认给它创建以下 5 个表空间。

1）系统表空间（SYSTEM）。SYSTEM 表空间是每个 Oracle 数据库都必须拥有的表空间，该表空间用于存储系统数据字典对象，即系统元数据。该表空间中的对象数据只能由 SYS 系统管理用户进行访问，任何不当的数据修改或删除，都可能会导致数据库功能异常或失效。

2）系统辅助表空间（SYSAUX）。SYSAUX 表空间也是每个 Oracle 数据库都必须拥有的表空间，该表空间用于存储系统数据字典以外的系统对象。该表空间中的对象数据由 SYS 或 SYSTEM 系统管理用户进行访问。同样，任何不当的数据修改或删除，都可能会导致数据库功能异常或失效。

3）撤销表空间（UNDOTBS）。UNDOTBS 表空间也是每个 Oracle 数据库都必须拥有的表空间，该表空间用于存储 Oracle 数据库的回滚事务数据，该空间也称回滚表空间。创建的数据库若是一个多租户数据库（由 1 个 CDB 和多个 PDB 构成），则在每个 PDB 数据库中都包含独立的 SYSTEM 表空间、SYSAUX 表空间、TEMP 表空间和 USERS 表空间，但所有的 PDB 数据库共享 CDB 数据库的 UNDOTBS 表空间。

4）临时表空间（TEMP）。TEMP 表空间在数据库中用于存储系统临时数据。当数据库实例关闭时，该表空间中的数据自动会被清除。除 TEMP 表空间外，其他表空间数据在数据库系统中都是长久存储，除非进行数据修改或删除。在一些应用场景中，数据库用户可以使用 TEMP 表空间暂存应用的中间处理数据，可避免占用系统存储资源。

5）用户表空间（USERS）。USERS 表空间是系统为存储用户数据所创建的默认表空间。具有一定权限的用户都可以在该表空间中创建自己的数据库对象，并存储数据。除此之外，用户还可以自定义创建多个 USERS 类型的表空间，用于解决大数据量的数据库访问性能问题。用户创建的 USERS 类型表空间可自定义名称及其属性。

在 Oracle 数据库中，每个表空间对应一个或多个物理数据文件。在数据库新建时，系统默认为每个表空间创建一个数据文件，其文件的扩展名为“.DBF”。这些数据库文件是存放在数据库服务器上，用户可以通过 SQL Developer 工具连接到数据库进行查看。例如，针对前面所创建的 SAMPLE 数据库，通过 SQL Developer 工具打开该数据库的表空间列表，可以看到该数据库中的表空间及其数据文件信息，如图 2-85 所示。

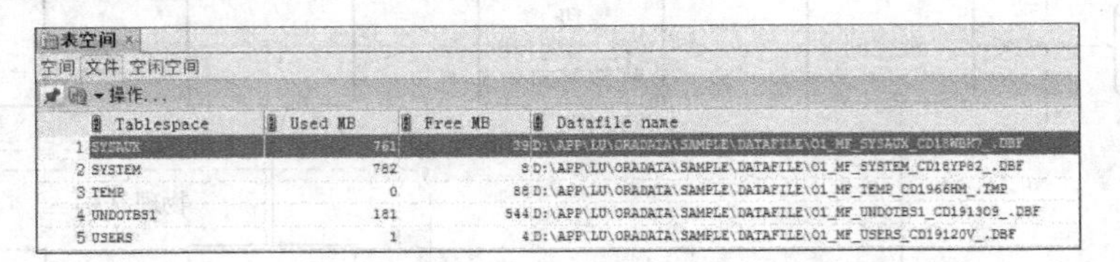

图 2-85　SAMPLE 数据库的表空间与数据文件

在实际应用中，用户可以根据应用需求，为数据库创建多个用户表空间。例如，为每个应用创建至少两个用户表空间，一个用于存储应用的表数据，另一个用于存储应用的表索引数据。将这两类数据分别存放到不同的表空间，即存储到不同的物理数据文件，其目的是为了提高访问性能。因为它们可以放到不同磁盘上，当访问数据库时，可以减少磁盘 I/O 冲突，减少磁盘读写等待时间。此外，对于用户表空间，还可以增减该表空间的数据文件数，以实现表空间容量的调整。

2.3.2　表空间的创建

当数据库的现有表空间不能满足用户的数据存储要求时，则需要新建数据库表空间。数据库表空间的创建应由 DBA 系统管理员来操作。表空间的创建方式可分为基于图形界面工具创建和基于 SQL 命令行工具创建。

1. 基于图形界面工具创建

在 Oracle Database 12c 版本的软件中，SQL Developer 开发工具是一种基于图形界面的管理工具，它提供了全面的 DBA 数据库管理功能，使用该工具可实现数据库表空间创建。

【例 2-10】 在 SAMPLE 数据库中，创建一个名为 TS_1 的表空间，该表空间采用系统的默认参数。

使用 SQL Developer 工具实现 SAPMLE 数据库的表空间新建，其操作步骤如下。

1）在 Windows 操作系统中，启动数据库 SQL Developer 工具。以 SYS 管理员用户登录 SAMPLE 数据库，并打开数据库的表空间目录，展示表空间列表界面，如图 2-86 所示。

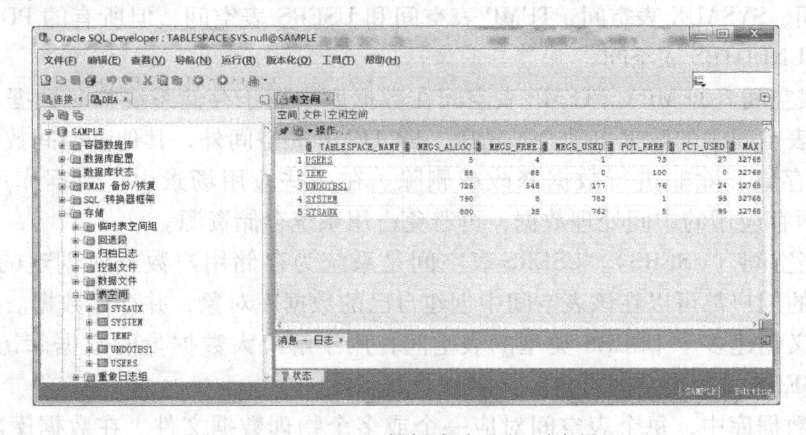

图 2-86　SAMPLE 数据库表空间列表界面

在表空间列表界面左侧目录中右击，在弹出的快捷菜单中选择“表空间”→“新建”命令或在右侧列表上方的菜单中选择“操作”→“新建”命令，均可打开“创建表空间”对话框。

2）在该对话框中输入表空间名称、选取表空间类型、选取文件类型、选取管理类型和块尺寸等参数，如图 2-87 所示。

输入表空间名称（如 TS_1），其他参数采用系统默认值，单击“确定”按钮，即可创建该表空间。

3）在数据库表空间列表界面中，可以看到新建的表空间出现在列表中，即数据库已经新增一个名为 TS_1 的表空间，如图 2-88 所示。

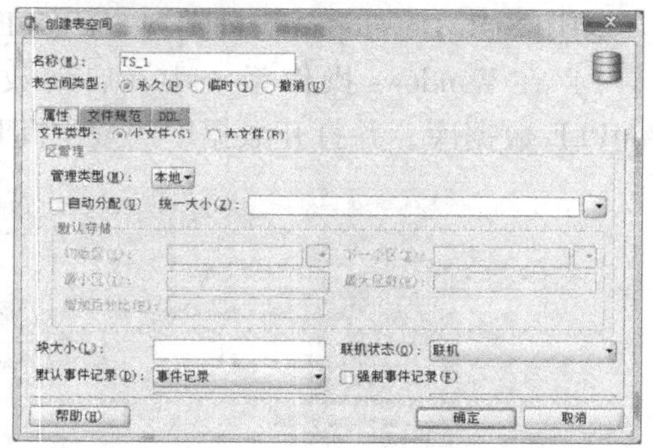

图 2-87 “创建表空间”对话框

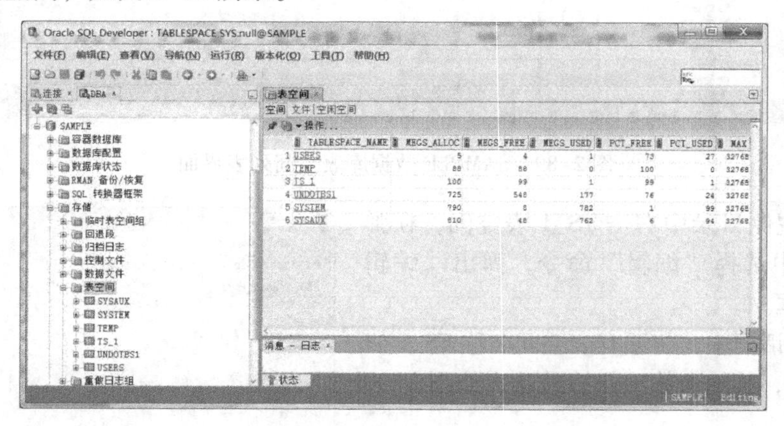

图 2-88 SAMPL 数据库表空间列表界面

2. 基于 SQL 命令行工具创建

在 Oracle Database 12c 版本的软件中，还可以使用一种基于 SQL 命令行工具 SQL Plus 执行 SQL 命令来实现数据库表空间的创建。

【例 2-11】在 SAMPLE 数据库中，创建一个名为 TS_1 的表空间，该表空间采用系统默认的参数。实现该表空间创建的 SQL 语句如下。

```
CREATE TABLESPACE TS_1
    DEFAULT NOCOMPRESS
    ONLINE
    EXTENT MANAGEMENT LOCAL;
```

2.3.3 表空间的修改

在 Oracle 数据库应用中，有时也需要根据应用状况对数据库现有表空间进行配置修改，如重命名表空间、调整块尺寸或数据文件大小等。这些配置修改操作均可由 DBA 系统管理员来操作。

1. 基于图形界面工具修改

【例 2-12】在 SAMPLE 数据库中，修改 TS_1 表空间的名称，将该表空间名称修改为

TSPACE_1。

使用 SQL Developer 工具实现 SAPMLE 数据库的表空间修改，其操作步骤如下。

1）在 Windows 操作系统中，启动数据库 SQL Developer 工具。以 SYS 管理员用户登录 SAMPLE 数据库，并打开数据库的表空间目录，展示表空间列表界面，如图 2-89 所示。

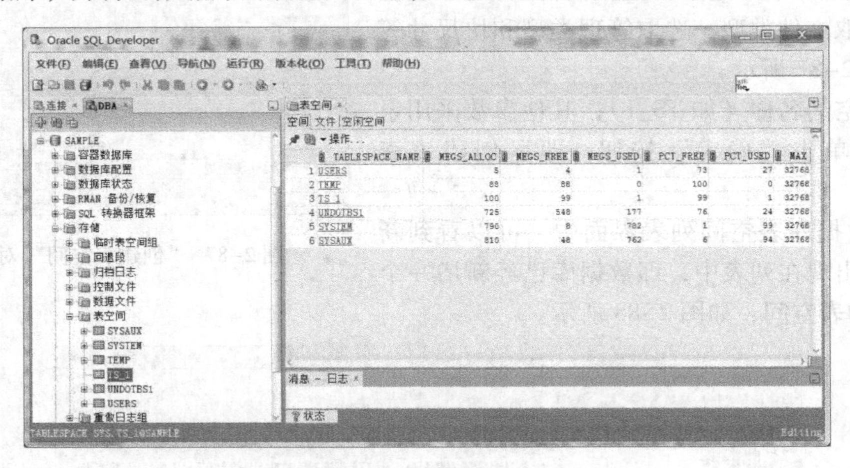

图 2-89　SAMPLE 数据库表空间列表界面

在该界面左侧目录中右击 TS_1 表空间，在弹出的快捷菜单中选择“编辑”命令，弹出“编辑表空间”对话框。

2）在该对话框中，将原有表空间名称 TS_1 修改为 TSPACE_1，其他参数项保持默认，如图 2-90 所示。

单击“确定”按钮，即可完成数据库表空间修改操作。

3）在数据库表空间列表界面中，可以看到新修改的表空间名称出现在列表中，即数据库中出现一个表空间 TSPACE_1，如图 2-91 所示。

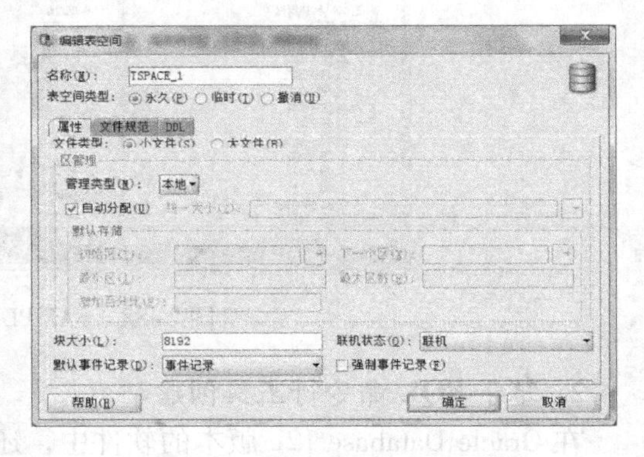

图 2-90　“编辑表空间”对话框

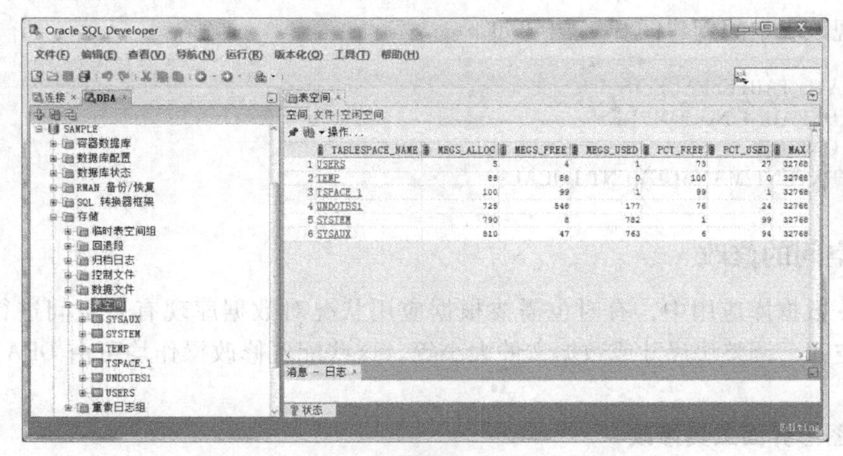

图 2-91　SAMPL 数据库表空间列表界面

2. 基于 SQL 命令行工具修改

在 Oracle Database 12c 版本的软件中，也可以使用 SQL Plus 命令行工具执行 SQL 命令实现数据库表空间修改操作。

【例 2-13】 在 SAMPLE 数据库中，修改 TS_1 表空间的名称，将该表空间名称修改为 TSPACE_1。实现该表空间修改的 SQL 语句如下。

```
ALTER TABLESPACE TS_1 RENAME TO TSPACE_1;
```

2.3.4 表空间的删除

在 Oracle 数据库应用中，当数据库的某个表空间不再使用时，可将该表空间进行删除处理，以释放它所占用的系统资源。数据库表空间的删除操作需要由 DBA 系统管理员来处理。

1. 基于图形界面工具删除

【例 2-14】 在 SAMPLE 数据库中，删除 TSPACE_1 表空间，并释放该表空间所占用系统资源。

使用 SQL Developer 工具实现 SAPMLE 数据库的表空间删除，其操作步骤如下。

1）在 Windows 操作系统中，启动数据库 SQL Developer 工具。以 SYS 管理员用户登录 SAMPLE 数据库，并打开数据库的表空间目录，展示表空间列表界面，如图 2-92 所示。

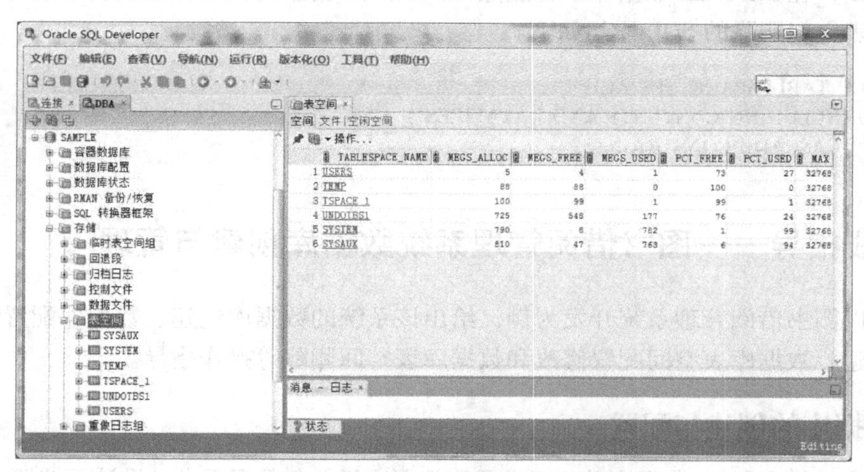

图 2-92　SAMPLE 数据库表空间列表界面

在该界面左侧目录中右击 TSPACE_1 表空间，在弹出的快捷菜单中选择“删除表空间”命令，弹出“删除表空间”对话框。

2）在该对话框中选择“包含内容”、“包含数据文件”和“级联约束条件”复选框，如图 2-93 所示。

单击“应用”按钮，系统即可完成表空间删除，并返回数据库表空间列表界面。

3）在数据库表空间列表界面中，可以看到数据库中 TSPACE_1 表空间名称已经不在列表中，即数据库中已经被删除，如图 2-94 所示。

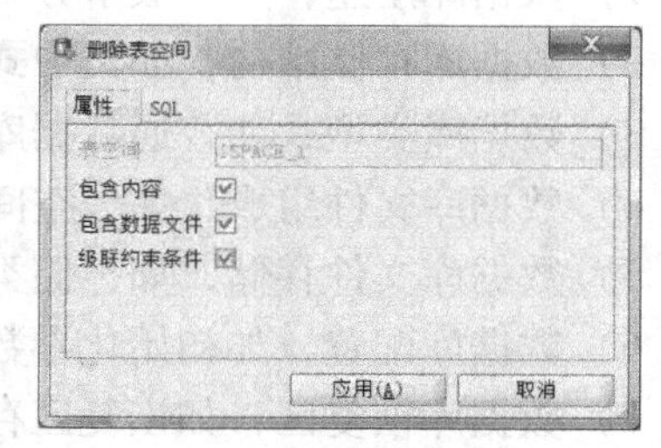

图 2-93　“删除表空间”对话框

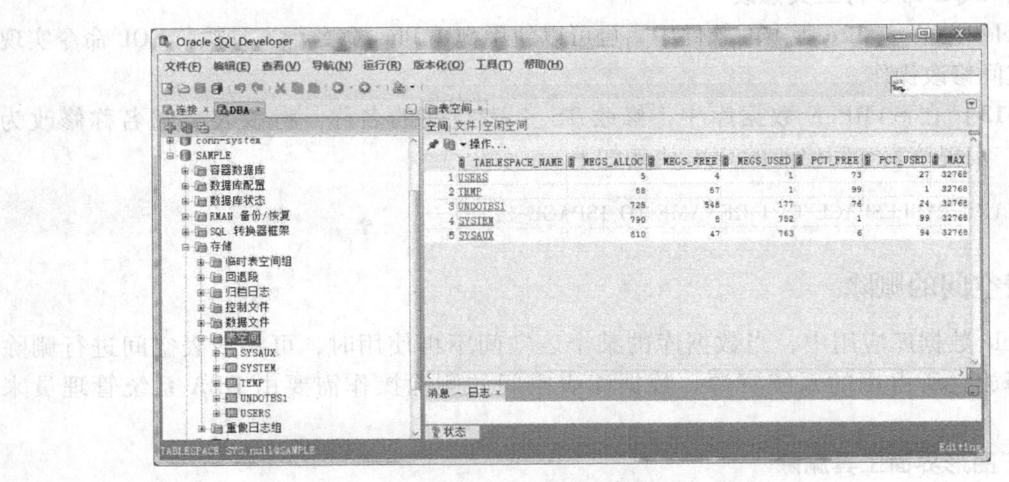

图 2-94　SAMPL 数据库表空间列表界面

2. 基于 SQL 命令行工具删除

在 Oracle Database 12c 版本的软件中，也可以使用 SQL Plus 命令行工具执行 SQL 命令来实现数据库表空间删除处理。

【**例 2-15**】在 SAMPLE 数据库中，删除 TSPACE_1 表空间，并释放该表空间所占用系统资源。实现该表空间删除的 SQL 语句如下。

```
DROP TABLESPACE "TSPACE_1"
    INCLUDING CONTENTS AND DATAFILES
     CASCADE CONSTRAINTS;
```

2.4　实践指导——图书借阅管理系统数据库创建与管理

本节将以图书借阅管理系统开发为例，给出该系统的数据库创建、数据库配置修改、数据库表空间创建、数据库表空间配置修改和数据库表空间删除等操作指导。

2.4.1　数据库的创建与配置

在创建一个应用系统的数据库前，通常需要根据应用业务数据需求，设计系统概念数据模型、逻辑数据模型和物理数据模型，同时结合采用 DBMS 系统，最后给出数据库物理实现方案。

在数据库物理实现方案中，数据库创建主要考虑以下内容。

1）数据库用途，如一般事务处理、联机分析和数据仓库。

2）数据库存储结构，如集中式存储和分布式存储。

3）数据库类型，如普通数据库、容器数据库和插接式数据库。

4）数据库文件组成，如表空间数据文件、数据库控制文件和日志文件。

5）数据库文件存储，如存储类型和文件位置。

6）数据库配置，如初始化参数、所需磁盘空间和增长大小。

7）数据库恢复区，如恢复区存储类型、恢复区位置和恢复区空间。

8）数据库对象命名规范，如数据库名称和系统标识符。

根据图书借阅管理系统数据库物理实现方案，将数据库名称命名为 Lib。该数据库用于图书借阅事务数据处理，创建为普通数据库（非容器数据库）即可。数据库采用默认表空间及其数据文件，采用专用服务器连接模式，初始化参数采用系统默认值。

1. Lib 数据库创建

使用 DBCA 工具创建图书借阅管理 Lib 数据库的操作步骤如下。

1）在 Windows 操作系统中，单击“开始”按钮，选择“所有程序”→“Oracle - OraDb12cHome1”→“配置和移植工具”→“Database Configuration Assistant”命令，即可启动数据库配置助手（DBCA）工具，其初始运行界面如图 2-95 所示。

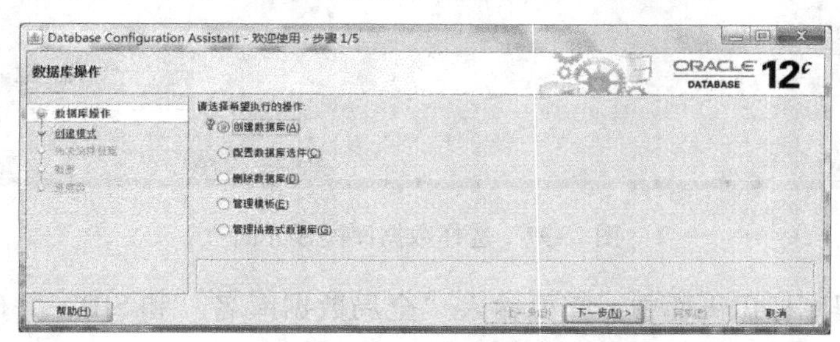

图 2-95 DBCA 初始界面

在该界面中，可以看到 DBCA 工具提供了创建数据库、配置数据库选件、删除数据库、管理模板和管理插接式数据库功能选项。这里选择“创建数据库”单选按钮，并单击“下一步”按钮，进入创建模式设置界面。

2）在数据库创建模式界面中，有“使用默认配置创建数据库”和“高级模式”两个单选按钮。为实现数据库自定义创建，选择“高级模式”单选按钮，如图 2-96 所示。

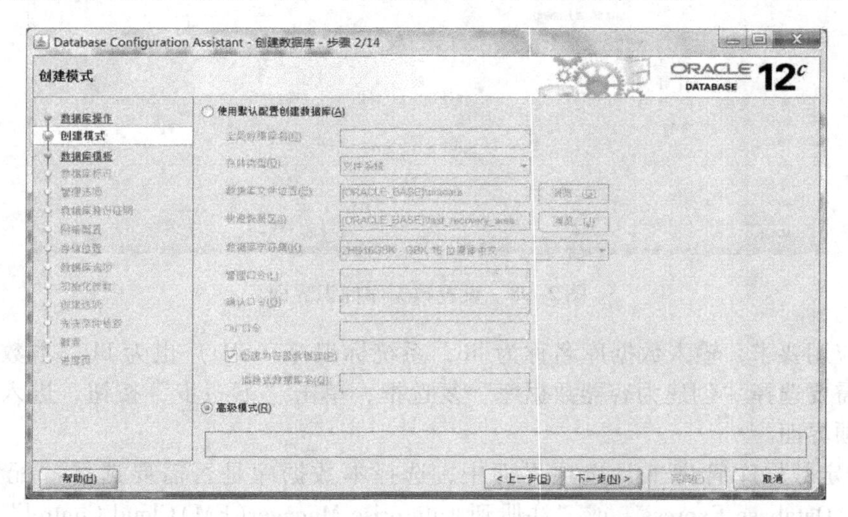

图 2-96 创建模式界面

单击“下一步”按钮，进入选择数据库模板界面。

3）在选择数据库模板界面中，有“一般用途或事务处理”、“定制数据库”和“数据仓库”3 个单选按钮，如图 2-97 所示。

根据本应用特点，选择“一般用途或事务处理”单选按钮即可。单击“下一步”按钮，进入设置数据库标识界面。

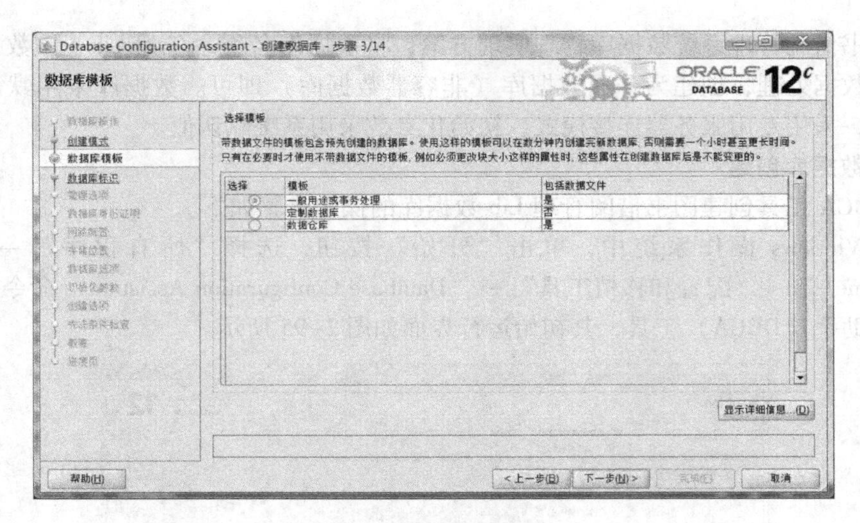

图 2-97　选择数据库模板界面

4）在设置数据库标识界面中，需要输入“全局数据库名”和 SID，并确定取消选择“创建为容器数据库”复选框，如图 2-98 所示。

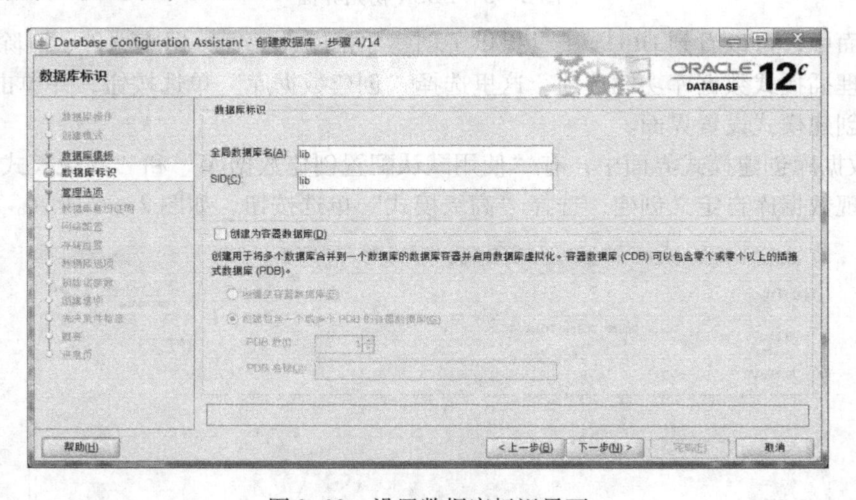

图 2-98　设置数据库标识界面

根据本应用要求，输入数据库名称为 lib，系统标识符（SID）也为 lib。本数据库为普通数据库，不需要选择“创建为容器数据库”复选框，单击“下一步”按钮，进入指定数据库管理工具选项界面。

5）在指定数据库管理工具选项界面中，选择本数据库是否需要选择“配置 Enterprise Manager(EM) Database Express”或“注册到 Enterprise Manager(EM) Cloud Control”复选框，如图 2-99 所示。

根据本应用要求，选择“配置 Enterprise Manager(EM) Database Express”复选框，即采用 Enterprise Manager(EM) Database Express 管理数据库，单击“下一步”按钮，进入设置数据库管理账户口令界面。

6）在设置数据库管理账户口令界面中，需要设置系统管理账户 SYS 和 SYSTEM 的口令。若 Oracle 主目录是由非 OS 管理员安装，这里还需要输入该用户的口令，如图 2-100 所示。

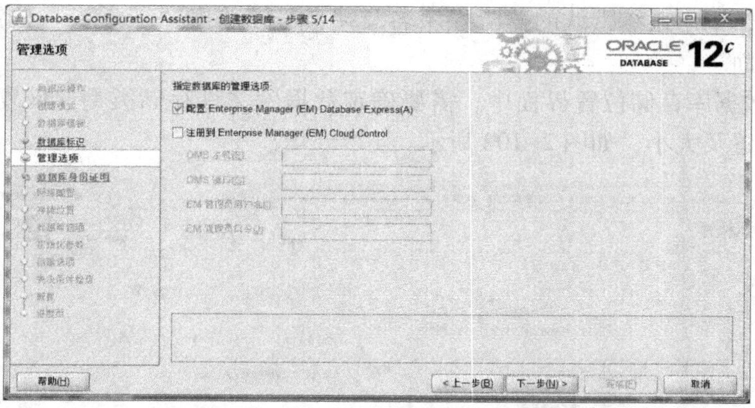

Database Configuration Assistant - 创建数据库 - 步骤 5/14

管理选项

数据库操作
创建模式
数据库模板
数据库标识
管理选项
数据库身份证明
网络配置
存储位置
数据库选项
初始化参数
创建选项
先决条件检查
概要
进度页

指定数据库的管理选项

配置 Enterprise Manager (EM) Database Express(A)

注册到 Enterprise Manager (EM) Cloud Control

OMS 主机(O):

OMS 端口(P):

EM 管理员用户名(U):

EM 管理员口令(W):

帮助(H)　< 上一步(B)　下一步(N) >　完成(F)　取消

图 2-99　指定数据库管理工具选项界面

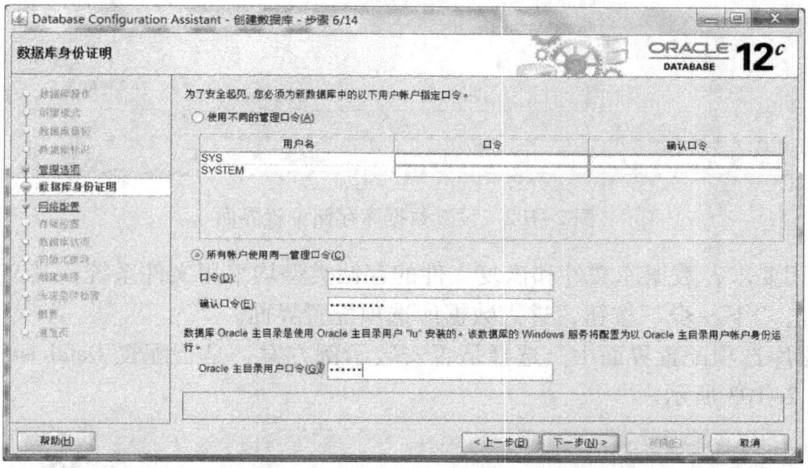

Database Configuration Assistant - 创建数据库 - 步骤 6/14

数据库身份证明

为了安全起见，您必须为新数据库中的以下用户帐户指定口令。

使用不同的管理口令(A)

用户名	口令	确认口令
SYS		
SYSTEM		

所有帐户使用同一管理口令(C)

口令(D): ●●●●●●●●●●

确认口令(E): ●●●●●●●●●●

数据库 Oracle 主目录是使用 Oracle 主目录用户 "lu" 安装的。该数据库的 Windows 服务将配置为以 Oracle 主目录用户帐户身份运行。

Oracle 主目录用户口令(G): ●●●●●●

帮助(H)　< 上一步(B)　下一步(N) >　完成(F)　取消

图 2-100　设置数据库管理账户口令界面

根据本应用要求，选择“所有账户使用同一管理口令”复选框，并输入口令值，单击“下一步”按钮，进入数据库网络配置界面。

7）在数据库网络配置界面中，指定 Oracle 主目录的监听程序名及端口号，如图 2-101 所示。

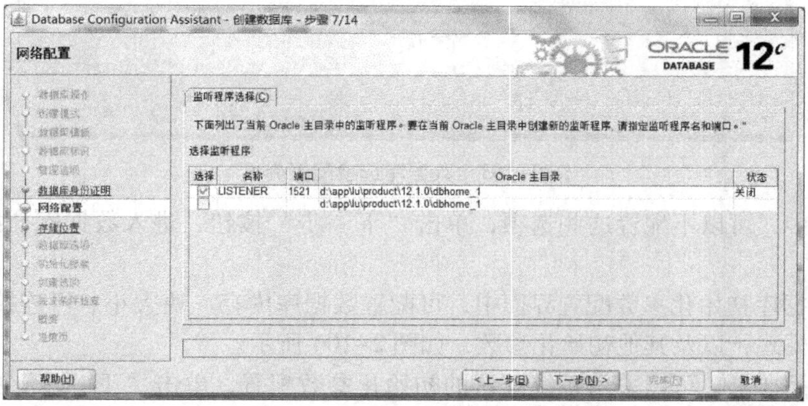

Database Configuration Assistant - 创建数据库 - 步骤 7/14

网络配置

监听程序选择(C)

下面列出了当前 Oracle 主目录中的监听程序。要在当前 Oracle 主目录中创建新的监听程序，请指定监听程序名和端口。"

选择监听程序

选择	名称	端口	Oracle 主目录	状态
☑	LISTENER	1521	d:\app\lu\product\12.1.0\dbhome_1	关闭
☐			d:\app\lu\product\12.1.0\dbhome_1	

帮助(H)　< 上一步(B)　下一步(N) >　完成(F)　取消

图 2-101　数据库网络配置界面

在本应用中，采用系统默认的监听程序名及端口号，单击“下一步”按钮，进入设置数据库存储位置界面。

8）在设置数据库存储位置界面中，需要确定数据库文件存储类型、恢复文件存储类型，以及相关文件位置及大小，如图 2–102 所示。

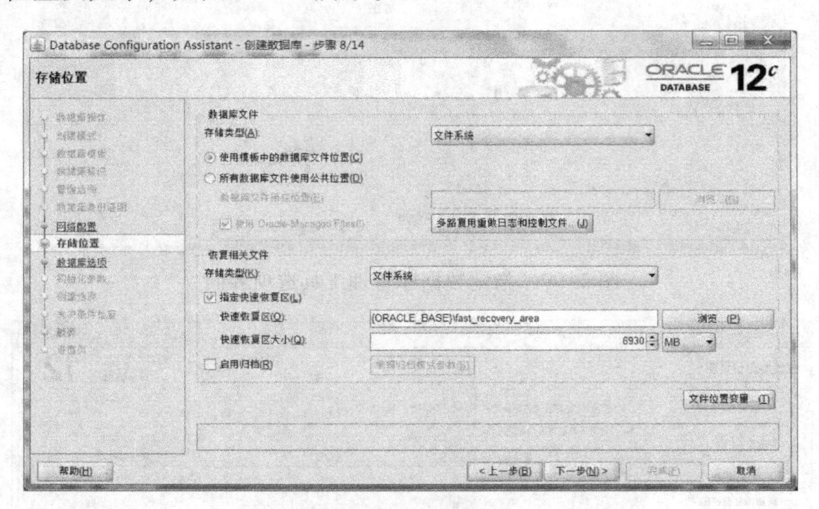

图 2–102　设置数据库存储位置界面

根据本应用要求，数据库文件和恢复文件的存储类型均采用文件系统，其文件位置为系统默认路径，单击“下一步”按钮，进入数据库选项配置界面。

9）在数据库选项配置界面中，选择是否安装示例方案，是否配置 Database Vault 和 Label Security，如图 2–103 所示。

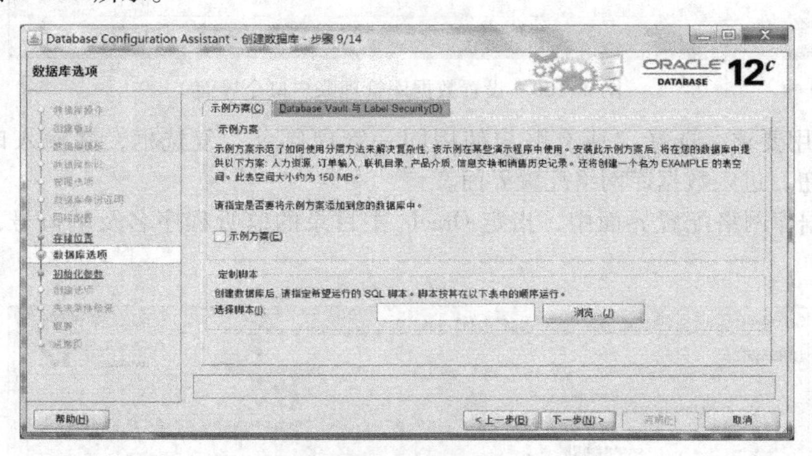

图 2–103　数据库选项配置界面

在本应用中，可以不配置这些选项，单击“下一步”按钮，进入数据库初始化参数配置界面。

10）在数据库初始化参数配置界面中，可配置数据库内存、块大小、可连接最大进程数、字符集、连接模式，以及其他初始化参数，如图 2–104 所示。

根据本应用要求，可以采用系统默认的初始化参数配置，单击“下一步”按钮，进入数据库创建选项配置界面。

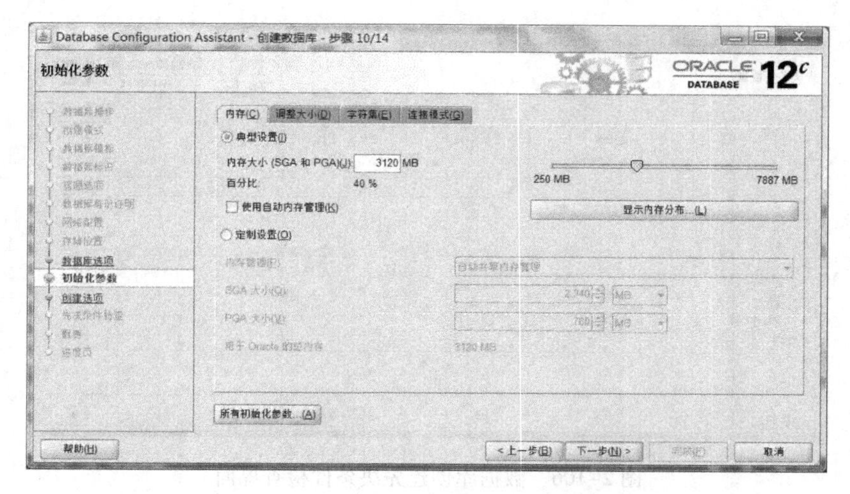

图 2-104　数据库初始化参数界面

11）在数据库创建选项配置界面中，可配置是否创建数据库、是否另存为模板，以及是否生成数据库创建 SQL 等选项，如图 2-105 所示。

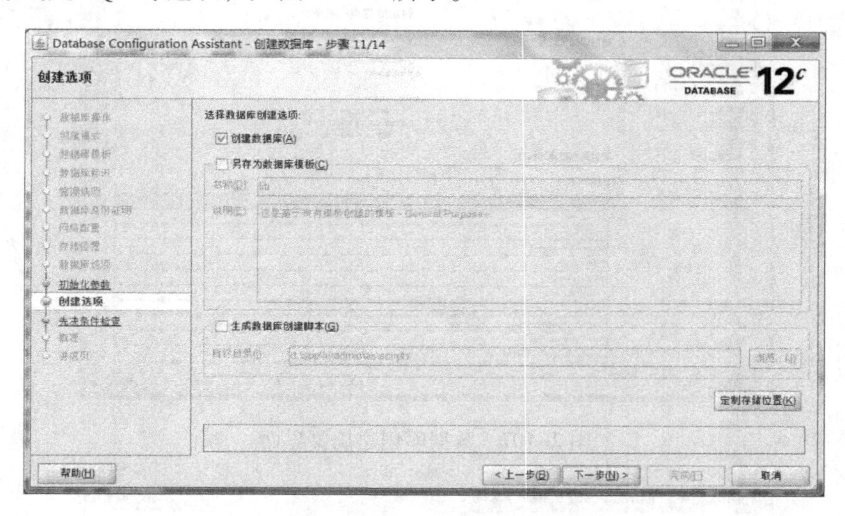

图 2-105　数据库创建选项配置界面

根据本应用要求，可以采用系统默认的初始化参数配置，单击“下一步”按钮，进入数据库创建先决条件检查界面。

12）在数据库创建先决条件检查界面中，DBCA 工具将对该数据库创建选项参数进行检查，若系统不满足创建要求，将会给出警示信息，如图 2-106 所示。

本应用所设置创建参数满足要求，单击“下一步”按钮，进入数据库创建摘要界面。

13）在数据库创建摘要界面中，DBA 用户可以确认该数据库创建选项参数，如图 2-107 所示。

在数据库创建摘要界面中，单击“完成”按钮，进入数据库创建进度状态界面。

14）在数据库创建进度状态界面中，系统显示 DBCA 正在创建数据库的进度状态，如图 2-108 所示。

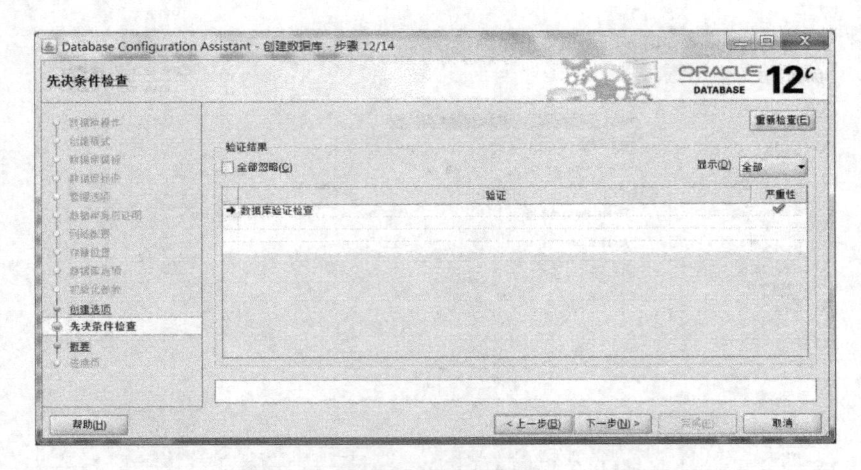

图 2-106　数据库创建先决条件检查界面

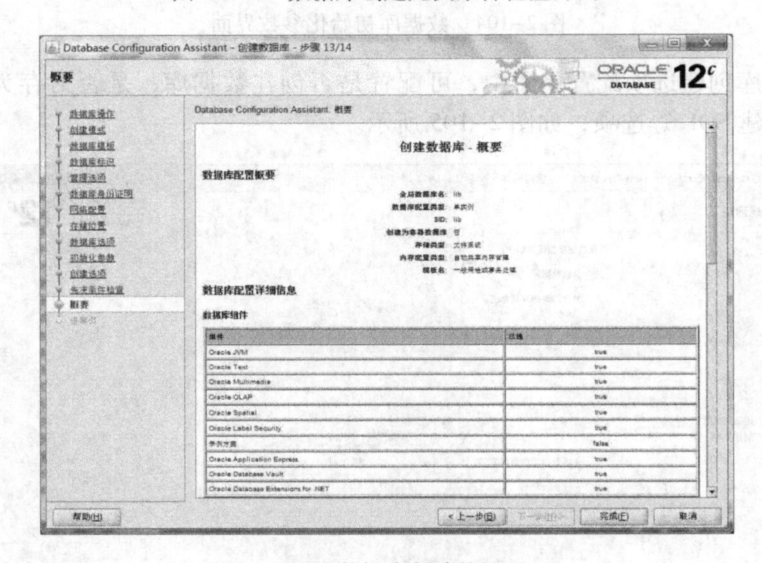

图 2-107　数据库创建摘要界面

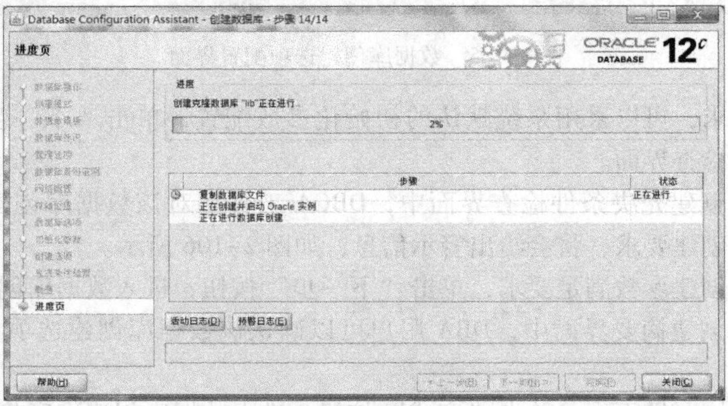

图 2-108　数据库创建进度状态界面

15）当数据库创建进度到达 100% 时，系统弹出数据库配置助手对话框，如图 2-109 所示。

在数据库配置助手对话框中，系统输出新建数据库的全局数据库名、系统标识符、服务器参数文件名和访问控制台的方式信息，并提示用户查看和管理账户口令。在该界面中单击“口令管理”按钮，进入数据库默认账户的口令管理界面，如图 2-110 所示。

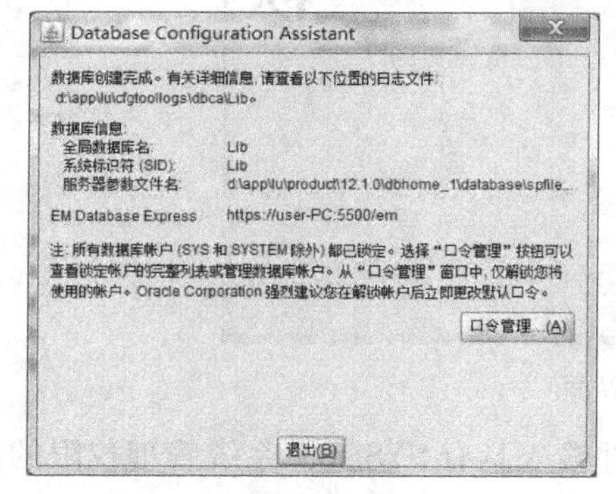

图 2-109　数据库配置助手对话框

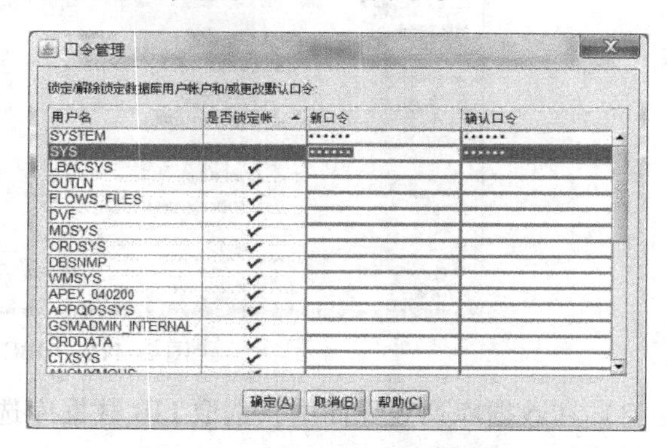

图 2-110　数据库口令管理界面

16）在数据库口令管理界面中，用户可以设定数据库的各个账户是否需要锁定，并设定该账户的新口令。例如，对 SYSTEM 和 SYS 管理员用户可以重新设定口令，单击“确定”按钮，返回到数据库配置助手界面。然后单击“退出”按钮，再返回到数据库创建进度完成界面，如图 2-111 所示。

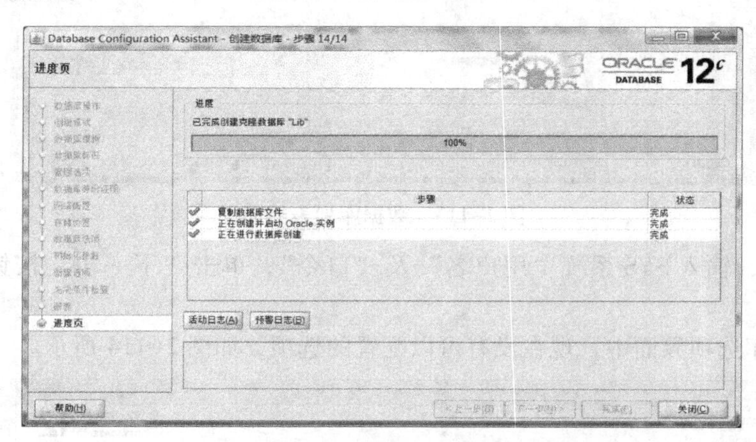

图 2-111　数据库创建进度完成界面

在数据库创建进度完成界面中，显示数据库创建过程完成信息，用户单击“关闭”按钮后，系统将退出数据库 DBCA 工具界面。

2. Lib 数据库配置修改

在创建图书借阅管理 Lib 数据库时，该数据库的连接模式为专用服务器模式。若该系统面对大量用户并发访问时，有可能难以满足系统性能要求。这时可以使用 DBCA 工具将 Lib 数据库的连接模式修改为共享服务器模式，操作步骤如下。

1）在 Windows 操作系统中，单击“开始”按钮，选择“所有程序”→“Oracle-OraDb12cHome1”→“配置和移植工具”→“Database Configuration Assistant”命令，即可启动数据库配置助手（DBCA）工具，其初始运行界面如图 2-112 所示。

在该界面中，可以看到 DBCA 工具提供了创建数据库、配置数据库选件、删除数据库、管理模板和管理插接式数据库功能选项。这里选择“配置数据库选件”单选按钮，并单击“下一步”按钮，进入数据库列表界面。

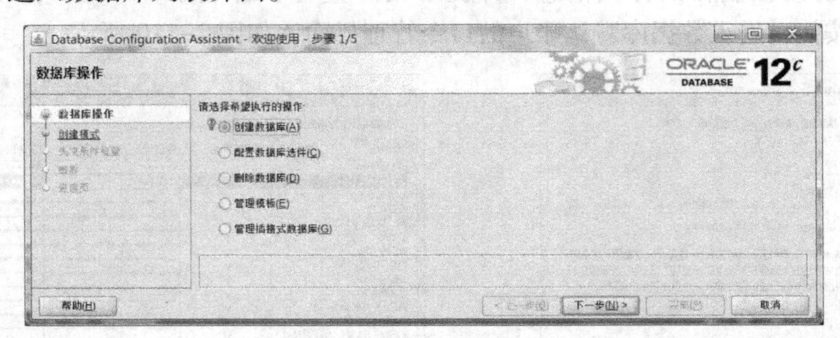

图 2-112　DBCA 初始界面

2）在数据库列表界面中，选取 LIB 数据库选项，并输入具有 SYSDBA 系统管理权限的用户，如图 2-113 所示。

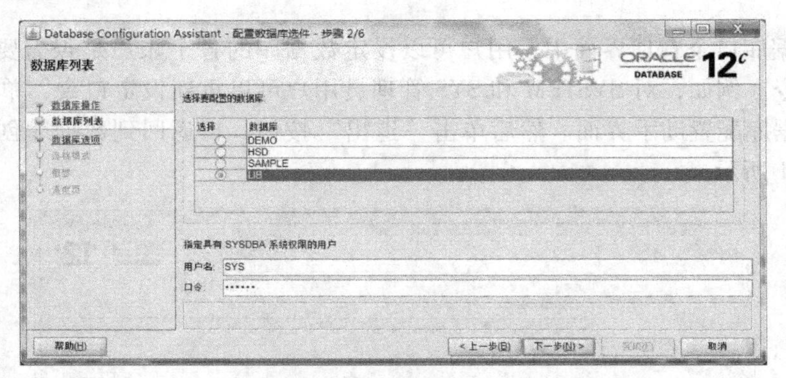

图 2-113　数据库列表界面

在该界面中，输入 SYS 系统“用户名”及“口令”，单击“下一步”按钮，进入数据库选项界面。

3）在数据库选项界面中，现在没有可以配置的选项，如图 2-114 所示。

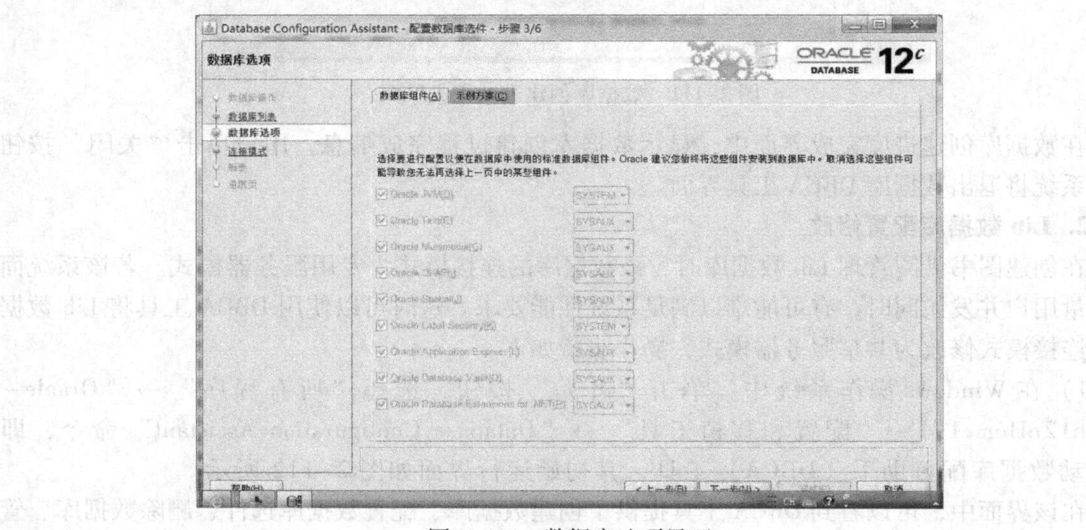

图 2-114　数据库选项界面

在该界面中单击“下一步”按钮，进入数据库连接模式界面。

4）在数据库连接模式界面中，为支持大量用户并发访问本系统，需要将原配置的专用服务器模式修改为共享服务器模式，如图2-115所示。

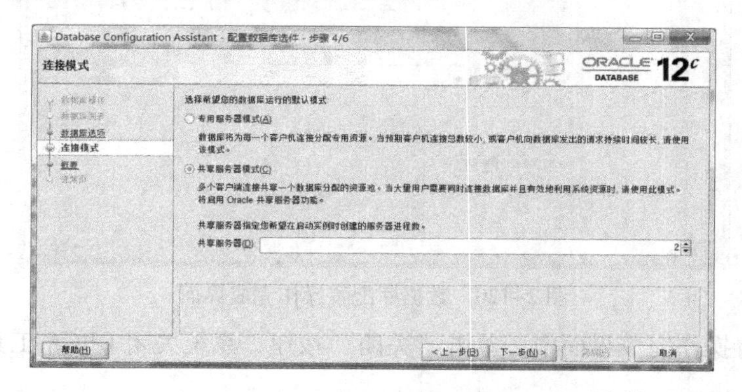

图2-115　数据库连接模式界面

在该界面中单击“下一步”按钮，进入数据库配置概要界面。

5）在数据库配置概要界面中，显示数据库修改配置的概要信息，如图2-116所示。

在该界面中单击“完成”按钮，进入数据库配置操作确认界面。

6）在数据库配置操作确认界面中，提示用户所选操作会重启数据库，如图2-117所示。

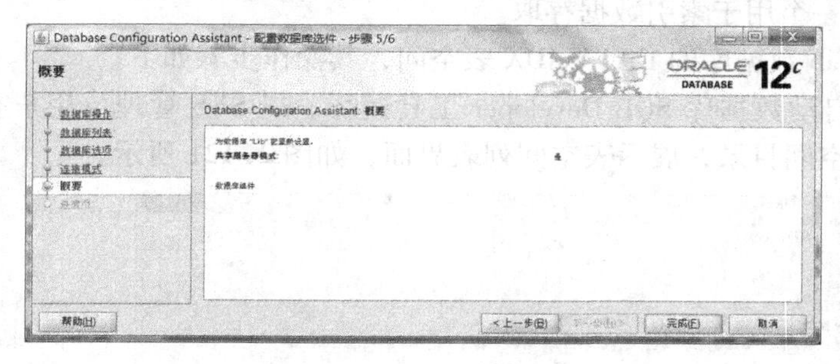

图2-116　数据库配置概要界面

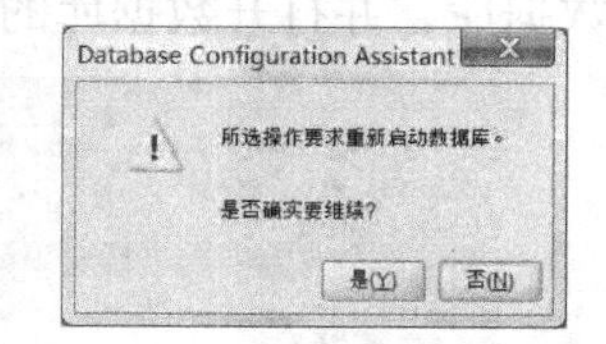

图2-117　数据库配置确认界面

7）在该界面中单击“是”按钮，进入数据库配置操作进度界面，如图2-118所示。

当配置操作进度到达100%时，系统弹出操作完成提示对话框，如图2-119所示。

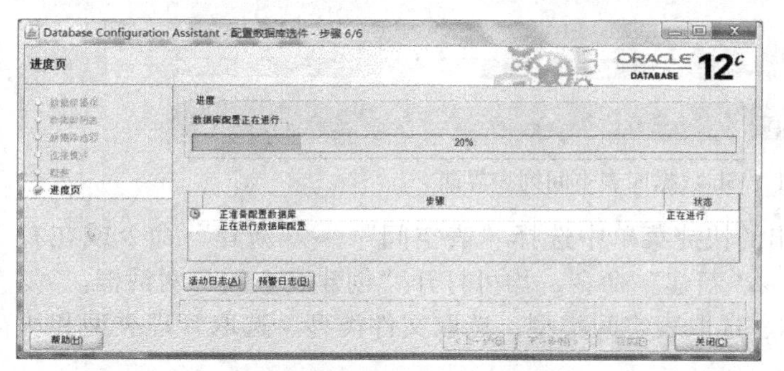

图2-118　数据库配置操作进度界面

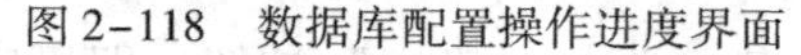

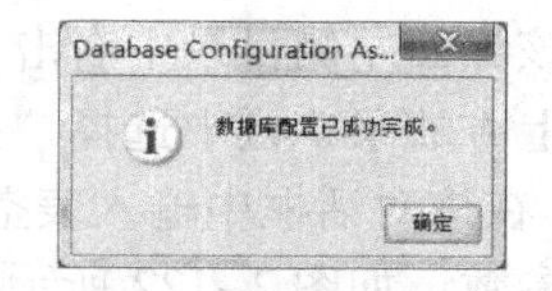

图2-119　数据库配置操作完成消息框

8）在该消息对话框中单击“确定”按钮，系统返回数据库配置完成界面，如图2-120所示。

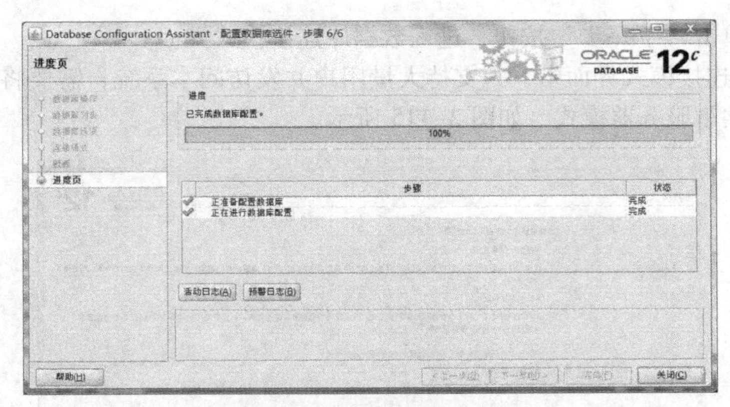

图 2-120　数据库配置操作完成界面

在数据库配置操作完成界面中，单击“关闭”按钮，系统关闭 DBCA 工具。

2.4.2　数据库表空间的管理

在创建图书借阅管理 Lib 数据库时，系统给该数据库创建了 5 个默认表空间：SYSTEM 表空间、SYSAUX 表空间、TEMP 表空间、UNDOTBS1 表空间和 USERS 表空间。在这些表空间中，使用 USERS 表空间来存储用户应用数据和索引数据。若需要提高应用数据访问性能，可以新建一个 DATA_IDX 表空间用于索引数据存储，即图书借阅管理 Lib 数据库使用两个用户表空间，一个用于应用数据存取，另一个用于索引数据存取。

使用 SQL Developer 工具创建 Lib 数据库的 DATA_IDX 表空间，其操作步骤如下。

1）在 Windows 操作系统中，启动数据库 SQL Developer 工具运行。以 SYS 管理员用户登录 Lib 数据库，并打开数据库的表空间目录，展示表空间列表界面，如图 2-121 所示。

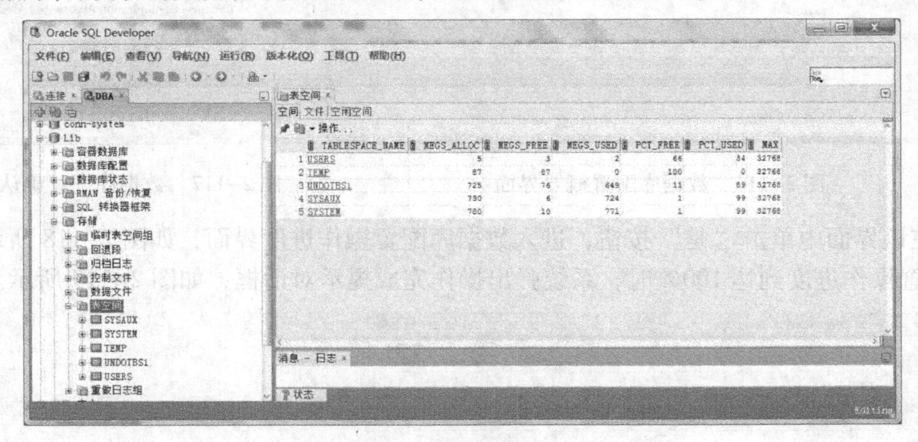

	TABLESPACE_NAME	MEGS_ALLOC	MEGS_FREE	MEGS_USED	PCT_FREE	PCT_USED	MAX
1	USERS	5	3	2	66	34	32768
2	TEMP	87	87	0	100	0	32768
3	UNDOTBS1	725	76	649	11	89	32768
4	SYSAUX	730	6	724	1	99	32768
5	SYSTEM	780	10	771	1	99	32768

图 2-121　Lib 数据库表空间列表界面

在该界面左侧目录中右击，在弹出的快捷菜单中选择“表空间”→“新建”命令或在右侧列表上方的菜单栏中选择“操作”→“新建”命令，均可打开“创建表空间”对话框。

2）在该对话框中输入表空间名称、选取表空间类型、选取文件类型、选取管理类型和块尺寸等参数，如图 2-122 所示。

输入名称 DATA_IDX，其他参数采用系统默认值，单击“确定”按钮，即可完成数据库表空间创建。

3）在数据库表空间列表界面中，可以看到新建的表空间出现在列表中，即数据库已经新增了一个表空间 DATA_IDX，如图 2-123 所示。

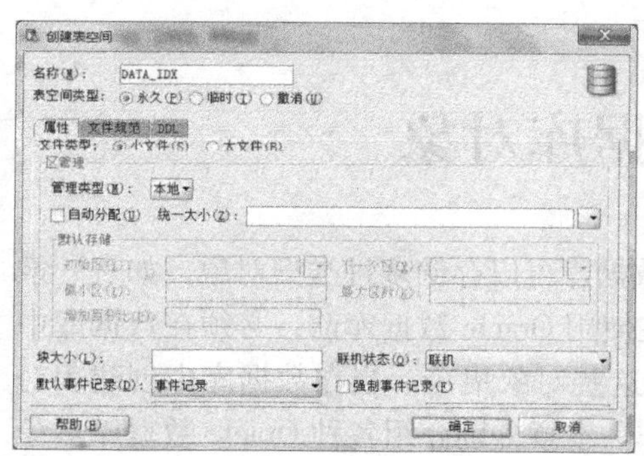

图 2-122　新建表空间界面

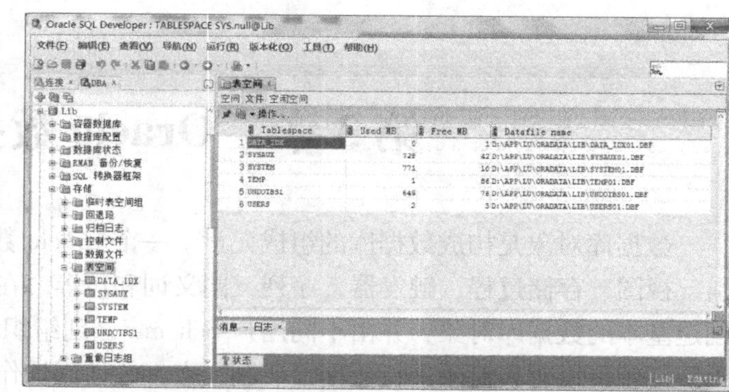

图 2-123　Lib 数据库表空间列表界面

在表空间使用过程中，还可以对表空间名称、表空间类型、表空间属性、关联数据文件名称、文件目录路径、文件大小，以及是否扩展等参数进行配置修改管理，这里就不赘述了。

2.5　思考题

1. 什么是多租户数据库？这种数据库有什么用途？
2. 在 Oracle 数据库系统中，如何实现多租户数据库？
3. 创建 Oracle 数据库有哪些方式？
4. 在配置 Oracle 数据库时，主要考虑哪些参数？
5. 如何更改 Oracle 数据库名称和 SID？
6. 如何克隆一个 Oracle 数据库？
7. 什么是表空间？表空间有什么用途？
8. 表空间与数据库、数据库文件之间的关系是什么？
9. 在 Oracle 数据库系统中，有哪些工具可管理表空间？
10. 在 Oracle 数据库系统中，如何创建用户表空间？
11. 在 Oracle 数据库系统中，如何为表空间增加存储空间？
12. 在 Oracle 数据库系统中，如何为表空间增添数据文件？

第3章 Oracle 数据库对象

数据库对象是构成数据库的组成元素。一个 Oracle 数据库可以存储多种类型对象，如表、索引、视图、存储过程、触发器、序列、同义词和包等。在使用 Oracle 数据库前，必须在数据库中创建基本的数据库对象，并由不同用户 Schema 分别组织这些对象集合。当在数据库中创建表对象后，就可以对表对象进行数据增、删、查、改访问操作。本章分别介绍各种 Oracle 数据库对象的创建、使用和管理方法，并在数据库对象访问操作中给出 Oracle SQL 语言的基本使用说明。

本章要点：

- Oracle 数据库表的类型及其用途。
- Oracle 数据库 Schema 的概念及用途。
- Oracle 数据库表对象的创建、修改和删除操作。
- Oracle 数据库表数据插入、数据修改、数据删除和数据查询操作。
- Oracle 数据库索引对象的创建、修改、删除及使用操作。
- Oracle 数据库视图对象的创建、修改、删除及使用操作。
- Oracle 数据库序列对象的创建、修改、删除及使用操作。
- Oracle 数据库同义词对象的创建、修改、删除及使用操作。
- 图书借阅管理系统数据库对象 SQL 操作实践。

3.1 Oracle 数据库表

表是关系数据库中最基本的数据库对象，它是存储数据的基本逻辑容器。一个 Oracle 关系数据库通常需要建立较多的表。其中一些表用于存储描述数据库结构的元数据和系统运行数据，这些表被统称为系统表或数据字典。另外一些表用于存储用户的应用数据，这些表被统称为用户表。与一般关系数据库系统相比，Oracle 在数据库表处理上具有以下特性。

- 在创建数据库表时，用户可定义该表类型（关系表、对象表），也可以指定所属表空间及其他物理属性。
- 用户可对表的初始存储空间和文件增长方式进行设置，在使用过程中也可改变空间大小。
- 用户可以对数据块的使用进行控制，改变数据块的空间利用率。
- 用户可以对表的事务数量进行控制，还可对大表进行分区处理，以提高数据库访问性能。
- 在联机数据访问中，用户可对表进行若干管理操作，如移动表空间、将表转换成分区表，以及转换为索引组织表等。

3.1.1 Oracle 表类型

Oracle 数据库表除按数据类型分为系统表和用户表外，还可从不同角度对数据库表进行分类。

1. 关系表

关系表（简称表）是 Oracle 数据库中使用最多的一类数据库表。该类表按照关系模型方式处理数据访问。在创建 Oracle 关系表时，默认按堆方式存储数据，有时也将它称为堆表。在用堆方式存储数据时，表中的行数据由 B-树索引指针定位，该行数据可在磁盘块中任意顺序位置存放。

2. 对象表

对象表是一种在 Oracle 数据库中以对象数据类型方式所创建的表。对象表中每行分别存储不同对象的数据。对象数据类型由名称、属性和方法组成。用户可以自定义对象数据类型。

3. 临时表

临时表与常规表（关系表、对象表）一样也是用于存储数据的表对象，但临时表在数据库中仅用于暂存数据。当数据库实例终止后，系统将清除临时表及其数据。

4. 索引组织表

索引组织表按照表的主键索引值顺序在磁盘块中组织行数据存储，并且将行数据存放在索引叶结点存储块中。索引组织表支持应用对该表进行范围查询，可实现高性能访问和高存储空间利用率。

5. 外部表

外部表是一类在数据库中存储元数据，而外部表数据本身存储在数据库之外的文件中。外部表在数据库中通常为只读。

3.1.2 用户 Schema

在一个 Oracle 数据库中，通常会存储很多不同用户的数据库对象，如表、索引、视图、触发器、存储过程、序列和同义词等。为了便于各个用户的数据库对象集合的组织管理，在数据库中需要先创建用户，同时系统也会创建与该用户同名的 Schema（方案）。这个同名的 Schema 作为该用户拥有数据库对象的逻辑容器。例如，在一个教学管理系统数据库中，创建一个教务管理用户，并将它命名为 Teaching_DB，同时赋予该用户的对象创建及管理权限。在 Oracle 数据库创建 Teaching_DB 用户后，同时也会在数据库中创建一个同名的 Schema，即 Teaching_DB 方案。此后，可以在 Teaching_DB 方案下创建教务管理的各个数据库对象，如表、索引和视图等，如图 3-1 所示。

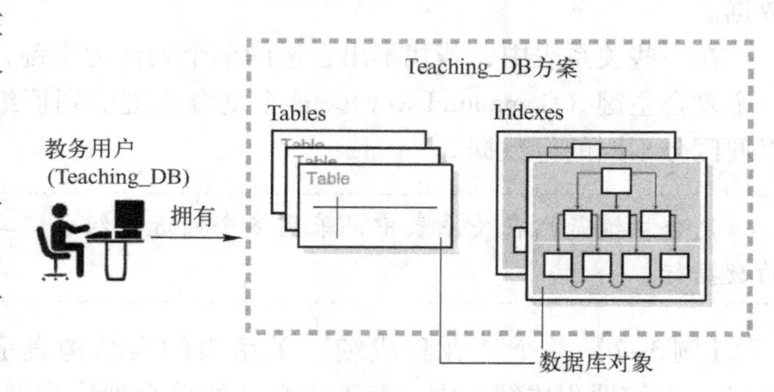

图 3-1 Schema（方案）的对象组织

在访问一个数据库对象时，通常需要在对象名前加入 Schema（方案）限定名，这样可以指定当前操作是对哪个用户的对象进行访问。在对象名前，若没有给出限定的方案名，则表示该对象为当前用户的对象。

3.1.3 表对象的创建

Oracle 表对象与数据库的其他对象一样，都是构成数据库的基本组成元素。表对象是用于存储数据的基本逻辑单元。在使用数据库之前，必须先在数据库中创建所需的各种表对象。

1. 表结构定义

Oracle 数据库表对象按存储数据类型分为关系表和对象表。在创建关系表时，用户必须对该数据库表结构有明确设计。需要考虑的表结构要素如表 3-1 所示。

表 3-1　数据库表结构要素

表结构要素	说　明
表名称	采用具有含义的英文名称，在同一数据库中，表名称必须唯一
列名称	采用具有含义的英文名称，在同一表中，列名称必须唯一
列数据类型	表中每个列都必须指定取值的数据类型，其数据类型应为 Oracle 数据库所支持的数据类型
列约束	在列级层面，定义该列的数据完整性约束，如是否允许空值、是否取值唯一，以及取值是否符合规定范围等。部分列还需要指定为键值列，如主键、外键等
表约束	在表级层面，定义该表中的数据参照完整性约束，如本表列是否参照其他表的主键列、是否允许级联操作等。此外，在表级还可定义复合主键

在关系数据库中，每个关系表都必须定义一个列或若干列作为主键（Primary Key）。通常在创建表时，同时也创建该表的主键。

主键是指在关系表中可以唯一标识不同数据记录行的列。

在关系表中，主键具有以下作用。

- 主键列值在表中是唯一的，可用来标识关系表的不同行（元组）。
- 当表之间有关联时，主键可以作为表之间的关联属性列。
- 在 DBMS 系统中，使用主键值来组织表的数据块存储。
- 在关系表中，通过主键列的索引值可以快速检索行数据。

【例 3-1】一个“学生”关系表，假定其表结构表示为“学生（学号，姓名，性别，出生日期，专业，联系电话）”。在“学生”关系表中，只有“学号”列的取值在该表数据中是唯一的，因此，可将“学号”列定义为主键，用它来区分标识学生关系表中的不同学生数据。

在一些关系表中，若找不出合适的单个列作为主键，则可以考虑由该表中的若干列组合为一个复合主键（Compound Key）。这个复合主键的列值组合在关系表数据中应该具有唯一性，以便区分不同的行数据。

复合主键是指在关系表中，采用多个列进行组合，其组合列值可以唯一区分标识表中不同的数据行。

【例 3-2】一个“课程成绩”关系表的表结构表示为“课程成绩（学号，课程号，分数）”。在该课程成绩表中，找不出合适的单个列作为课程成绩关系表的主键，但可以将“学号”列和“课程号”列构成一个复合主键（学号，课程号），其唯一的组合值来区分标识课程成绩表中不同学生的各门课程成绩。

在关系数据库中，一些表之间可能存在关联，如一个表的主键列，在另一个表中作为非主键列，由此，这两个表在该列的取值上必然存在一致性约束，这种约束被称为参照完整性约束

(Reference Integrity Constraint)。在表之间的参照完整性约束中，参照表中的列为外键（Foreign Key），被参照表的列为主键。

外键是指在两个具有参照关联的关系表中，在一个被参照表作为主键的列，对应在另一个参照表中则为外键。

【例3-3】“学生”关系表与“课程成绩”关系表之间存在关联，即“课程成绩”关系表中的“学号”必须与“学生”关系表中的“学号”取值一致。“学生”关系表中的“学号”在本表中作为主键。“课程成绩”关系表中的“学号”在本表中则为外键，因为它的取值必须与“学生”关系表中的“学号”值保持一致。比较特殊的是，“课程成绩”表中的“学号”在本表中还是复合主键的一个组成部分。

在理解了关系表的基本概念和数据库对象组织结构之后，就可以在数据库中进行表对象的创建操作。在Oracle数据库系统中，创建表有两种方式：①执行SQL语句实现表对象创建。该SQL语句既可以在SQL Plus命令行工具中执行，也可以在SQL Developer开发工具中执行。②使用图形界面工具（如SQL Developer）以可视化界面操作方式实现表对象的创建。

2. 执行SQL语句创建表对象

在SQL语言中，可以使用DDL类型SQL语句实现数据库各个对象的创建。其中创建表对象的SQL语句基本格式如下。

```
CREATE TABLE [方案名.] <表名>
  (<列名1>    <数据类型>  [列完整性约束],
   <列名2>    <数据类型>  [列完整性约束],
   <列名3>    <数据类型>  [列完整性约束],
   …
  );
```

其中CREATE TABLE为创建表语句的关键词，<表名>为将被创建的数据库表名称。若在本方案中创建表，可以省略限定的方案名。在一个表中，可以定义多个列，但不允许有两个属性列同名。针对表中的每个列，都需要指定其取值的数据类型。在进行列定义时，有时还需要给出该列的完整性约束。

【例3-4】一个学生表结构为STUDENT（<u>StudentID</u>，StudentName，StudentGender，BirthDay，Major，StudentPhone），其中StudentID为该表的主键。创建学生表STUDENT的SQL语句如下。

```
CREATE  TABLE  STUDENT(
  StudentID          char(12)          PRIMARY  KEY,
  StudentName        varchar(20)       NOT  NULL,
  StudentGender      char(2)           NULL,
  BirthDay           date              NULL,
  Major              varchar(30)       NULL,
  StudentPhone       char(11)          NULL
);
```

在上述创建表的SQL语句中，StudentID列作为主键，由列约束关键词PRIMARY KEY定义。StudentName列不允许空值，即必须在该列有学生姓名数据，使用NOT NULL关键词定义。表中的其他列可以为空值，由列约束关键词NULL定义。当列约束不给出时，默认该列允许空值。主键列默认为非空，必须有值存在。

在 Oracle 数据库系统中，使用 SQL Plus 命令行工具执行上述 SQL 语句，可以创建学生表 STUDENT，其运行结果界面如图 3-2 所示。

以上仅仅使用了 CREATE TABLE 语句的基本格式和默认约束。在进行数据库表创建时，通常还需要考虑各个列的约束条件、表完整性，以及表间参照完整性约束。这些约束的实施，需要在创建表的 SQL 语句中使用列约束关键词或表约束关键词来限定。

（1）列约束关键词的使用

在上面执行的表对象创建 SQL 语句中，使用了基本的列约束 PRIMARY KEY、NOT NULL 和 NULL 关键词。除了这些基本列约束外，还可根据实际应用需要，使用 UNIQUE、CHECK 和 DEFAULT 等关键词分别约束列取值的唯一性、值范围和默认值。在以下示例中，将使用这些关键词定义课程表 COURSE 的列约束。

【例 3-5】 一个课程表结构设计为 COURSE（CourseID，CourseName，CourseType，CourseCredit，CoursePeriod，TestMthod）。其中 CourseID 列为该表的主键，CourseType 列的取值范围限定为“基础课”、“专业课” 和 “选修课”，TestMethod 列的默认值为 “考试”。创建课程表 COURSE 的 SQL 语句如下。

```
CREATE  TABLE  COURSE(
  CourseIDchar(4)        PRIMARY          KEY,
  CourseName             varchar(20)      NOT  NULL  UNIQUE,
  CourseType             varchar(10)      NULL   CHECK( CourseType IN('基础课','专业课','
选修课')),
  CourseCredit           smallint         NULL,
  CoursePeriod           smallint         NULL,
  TestMethod             char(4)          DEFAULT  '考试'
);
```

在创建课程表 COURSE 的 SQL 语句中，使用关键词 UNIQUE 约束 CourseName 列取值唯一，使用 CHECK 关键词约束 CourseType 列取值范围为（“基础课”、“专业课” 和 “选修课”），使用 DEFAULT 关键词约束 TestMethod 列的默认值为 “考试”。在 Oracle 数据库系统中，使用 SQL Developer 开发工具执行上述 SQL 语句，可以创建课程表 COURSE，其运行结果界面如图 3-3 所示。

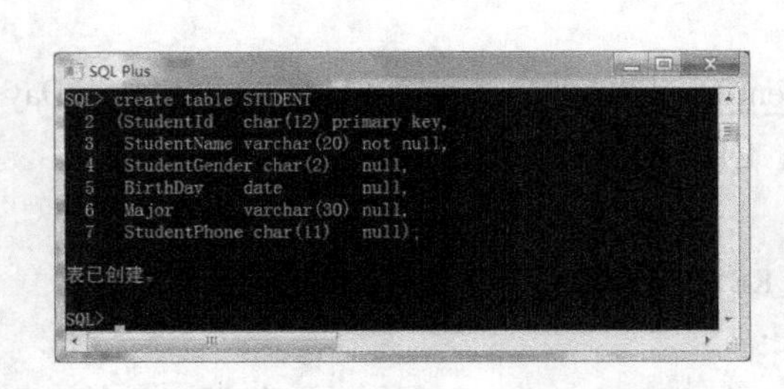

图 3-2　用 SQL Plus 命令行工具执行表创建 SQL 语句

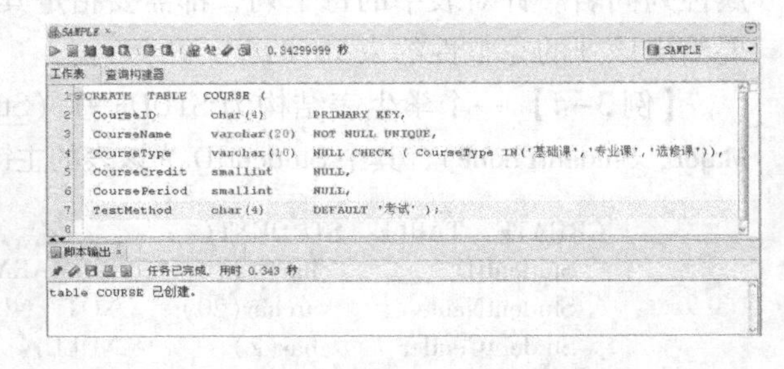

图 3-3　用 SQL Developer 开发工具执行 SQL 语句创建表

（2）表约束关键词的使用

在前面的创建数据库表的 SQL 语句中，使用列约束关键词 PRIMARY KEY 定义表的主键列。这种方式只能定义单列主键，若要定义由多个列构成的复合主键，则需要使用表约束方式来定义。在创建表的 SQL 语句中，通过加入 CONSTRAINT 关键词来定义表的约束。

【例 3-6】 一个课程成绩表结构设计为 GRADE（StudentID，CourseID，Score）。其中

（StudentID，CourseID）列组合可定义为该表的复合主键，Score 列的取值要求在“0 < 成绩 <= 100”范围。创建课程成绩表 GRADE 的 SQL 语句如下。

```
CREATE   TABLEGRADE(
  StudentID        char(12)         NOT   NULL,
  CourseID         char(4)          NOT   NULL,
  Score            int              NOT NULL CHECK(Score >0 AND Score <= 100),
  CONSTRAINT       Grade_PK         PRIMARY KEY(StudentID,CourseID)
);
```

在上面的表创建 SQL 语句中，使用了表约束关键词 CONSTRAINT 指定（StudentID，CoureID）作为本表的复合主键。在 Oracle 数据库系统中，使用 SQL Developer 开发工具执行上述 SQL 语句，可以创建课程成绩表 GRADE，其运行结果界面如图 3-4 所示。

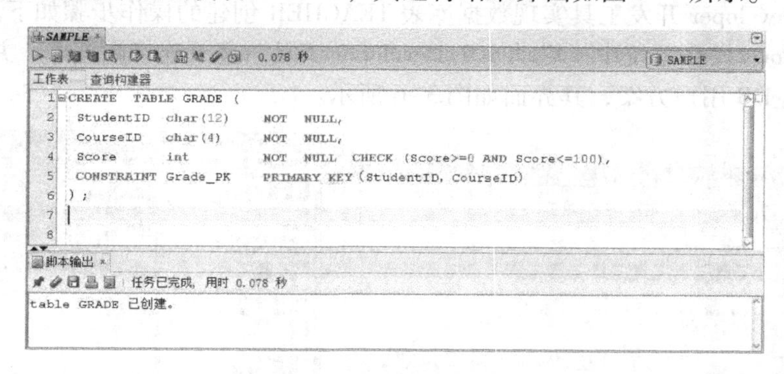

图 3-4　创建课程成绩表 GRADE

在以上表创建 SQL 语句中，使用表约束方式定义主键，并为主键约束赋予名称 Grade_PK。为了便于理解约束名称，通常使用_PK 作为主键约束名称后缀。在本例中，还使用了 CHECK 关键词，约束 Score 列的取值范围为 0 ~ 100。

（3）表约束定义外键

在表对象创建的 SQL 语句中，使用表约束 CONSTRAINT 关键词，不但可以定义表中的主键，还可以定义表中的外键。同时也可建立该表与其关联表的参照完整性约束，即约束本表中的外键列值参照关联表的主键列值。

【例 3-7】 在上例的课程成绩表 GRADE 的创建过程中，假如还需要定义“课程成绩表”与“课程表”的参照完整性约束，即将课程成绩表的 CourseID 列定义为本表的外键列，并参照关联课程表 COURSE 的主键列 CourseID，创建该表的 SQL 语句如下。

```
CREATE   TABLE   GRADE(
  StudentID      char(12)NOT        NULL,
  CourseID       char(4)            NOT   NULL,
  Score          int                NOT NULL   CHECK(Score >0 AND Score <= 100),
  CONSTRAINT     Grade_PK           PRIMARY KEY(StudentID,CourseID),
  CONSTRAINT     CourseID_FK        FOREIGN KEY(CourseID)
                 REFERENCES         COURSE(CourseID)
                 ON   DELETE   CASCADE
);
```

在上面的创建 GRADE 表的 SQL 语句中，除了使用表约束关键词 CONSTRAINT 指定（StudentID，CoureID）列作为本表的复合主键外，还使用表约束关键词 CONSTRAINT 指定 CoureID

列作为本表的外键，并参照 COURSE 表的主键，此外还定义允许 COURSE 表的级联删除操作。在 Oracle 数据库系统中，使用 SQL Developer 开发工具执行上述 SQL 语句，可以创建课程成绩表 GRADE，其运行结果界面如图 3-5 所示。

3. GUI 界面操作创建数据库表

在 Oracle Database 12c 数据库软件中，除了通过执行 SQL 语句方式创建表对象外，可以使用 SQL Developer 开发工具通过界面操作实现数据库表对象的创建。

【例 3-8】 一个教师信息表结构设计为 TEACHER（<u>TeacherID</u>，Name，Gender，Title，Phone），其中 TeacherID 列为主键。表中各列均采用字符串类型，具体 TeacherID 列为 Char(4)，Name 列为 Varchar(10)，Gender 列为 Char(2)，Title 列为 Varchar(10)，Phone 列为 Char(11)。除 TeacherID 列和 Name 列为非空约束外，其他列可允许空值。

使用 SQL Developer 开发工具实现数据库表 TEACHER 创建的操作步骤如下。

1）在 Windows 操作系统中，启动 SQL Developer 工具，登录连接数据库，并进入到该数据库中的 Teaching_DB 用户方案，其界面如图 3-6 所示。

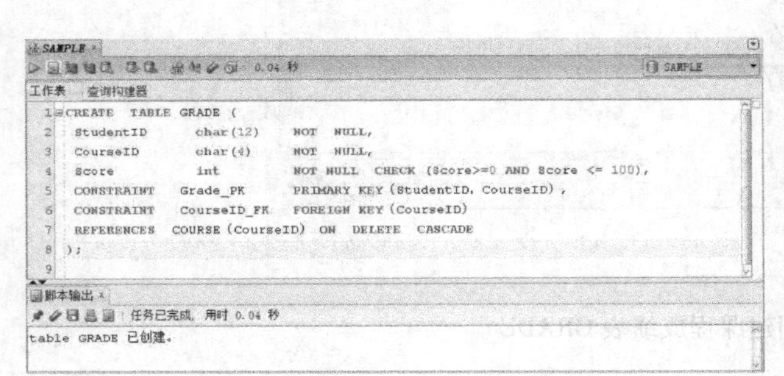

图 3-5　课程成绩表 GRADE 外键定义

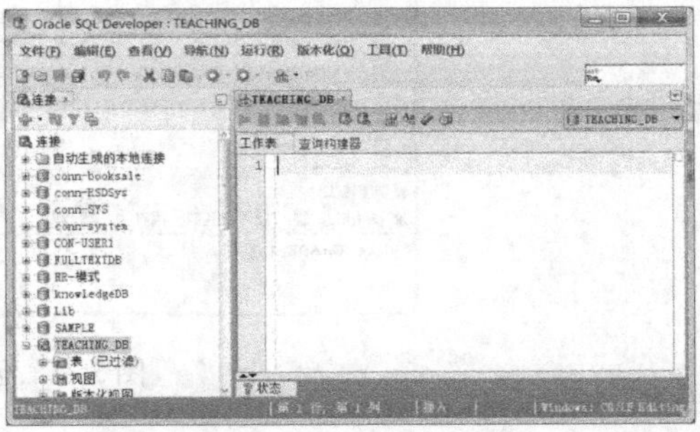

图 3-6　Teaching_DB 用户方案界面

2）在该方案下，选择“表”目录并右击鼠标。在弹出的快捷菜单中，选择“新建表”命令，进入数据库表创建初始界面，如图 3-7 所示。

3）在数据库表创建界面中，选择“高级”选项，进入高级设置界面，如图 3-8 所示。在该界面中，输入表的名称和列的名称，选取列的数据类型，输入字符串宽度，并定义该列是否为 NULL、是否为主键、是否为外键，以及该列的约束和默认值等。当一个列定义完成后，在该界面中可继续添加新列进行定义，也可对原有列进行修改或删除处理。

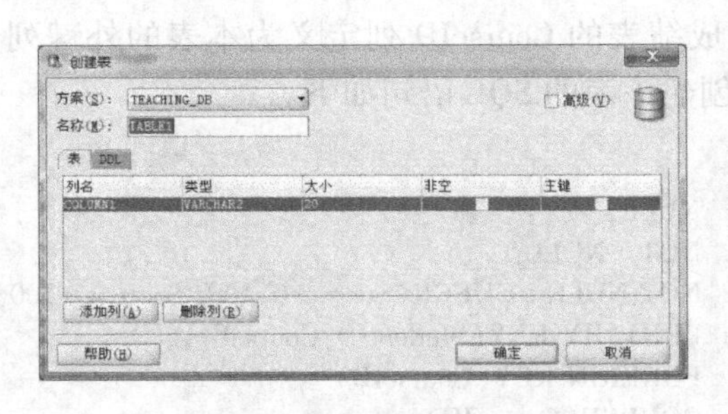

图 3-7　数据库表创建初始界面

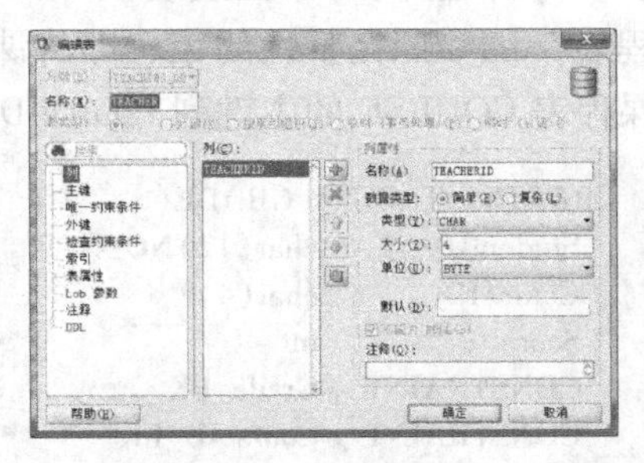

图 3-8　数据库表定义界面

4）在数据库表定义界面中，当完成所有列定义后，单击“确定”按钮，进入数据库表结构界面，如图 3-9 所示。

在数据库表结构界面中，可以看到在数据库用户表目录中已经增加了一个 TEACHER 表。

在界面右边的列表框中，也可以看到该表的结构信息。

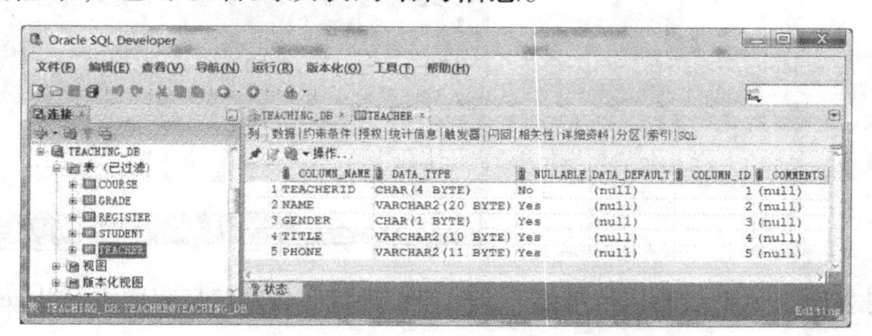

图 3-9　数据库表结构界面

3.1.4　表对象的修改

在 Oracle 数据库开发和使用过程中，有可能需要对现有数据库表对象的结构进行修改，如增加列或修改列的数据类型等。对于表结构修改，既可以执行 SQL 语句方式实现修改，也可以使用基于图形界面方式直接修改。

1. SQL 语句执行修改表结构

在 Oracle 数据库中，实现表结构修改的 SQL 语句的基本格式如下。

```
ALTER TABLE[方案名.]<表名><改变方式>;
```

其中 ALTER TABLE 为数据库表修改语句的关键词。<表名>为将被修改的数据库表名称。若在本方案中修改表，可以省略限定的方案名。<改变方式>用于指定对表结构进行的修改方式，典型的改变方式如下。

1）ADD 方式，用于增加新列或列完整性约束，其语法格式如下。

```
ALTER TABLE[方案名.]<表名>ADD<新列名称><数据类型>|[完整性约束];
```

2）DROP 方式，用于删除指定列或列的完整性约束条件，其语法格式如下。

```
ALTER TABLE[方案名.]<表名>DROP   COLUMN<列名>;
ALTER TABLE[方案名.]<表名>DROP CONSTRAINT<约束名>;
```

3）RENAME 方式，用于修改列名称或约束名称，其语法格式如下。

```
ALTER TABLE[方案名.]<表名>RENAME   COLUMN<原列名>TO<新列名>;
ALTER TABLE[方案名.]<表名>RENAME   CONSTRAINT<原约束名>TO<新约束名>;
```

4）MODIFY 方式，用于修改列的数据类型，其语法格式如下。

```
ALTER TABLE[方案名.]<表名>MODIFY COLUMN<列名><新的数据类型>;
ALTER TABLE[方案名.]<表名>MODIFY CONSTRAINT<约束名><约束状态>;
```

【例 3-9】 教师信息表 TEACHER 的原始数据表结构如图 3-9 所示。当该表中需要增加一个 College 列时，可执行修改表 SQL 语句如下。

```
ALTER TABLE   Teaching_DB.TEACHER   ADD   College   varchar(20);
```

当该 SQL 语句在 SQL Developer 工具中执行后，其结果界面分别如图 3-10 所示，修改后的表结构如图 3-11 所示。

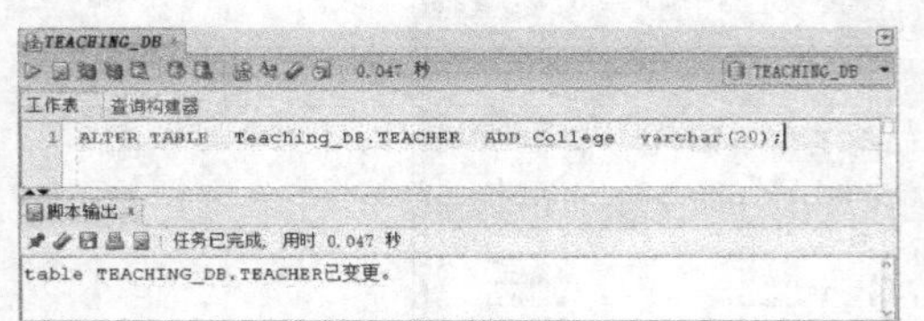

图 3-10　教师信息表修改 SQL 后的执行结果

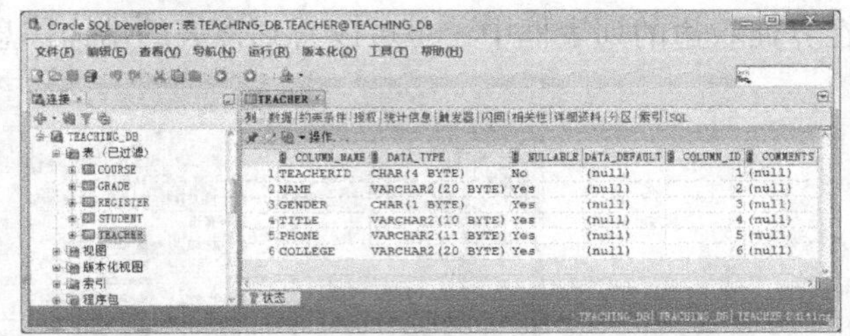

图 3-11　教师信息表增添 College 列后的表结构

需要说明的是，在进行数据库表对象修改时，其用户必须具有相应的系统操作权限。此外，在 SQL 语句的表名前，还需要指定方案名（即拥有者用户名），否则，系统会找不到该表对象。

2. GUI 界面操作修改表结构

在 OracleDatabase 12c 数据库软件中，除通过执行 SQL 语句方式创建表结构修改外，还可以使用 SQL Developer 开发工具实现数据库表结构的可视化修改。

【例 3-10】 在图 3-11 所示的教师信息表结构基础上，对职称列 Title 添加约束，将该列修改为不允许空值，并且将默认值设定为“副教授”，其他列保持不变。

使用 SQL Developer 开发工具实现数据库表 TEACHER 修改的操作步骤如下。

1）在 Windows 操作系统中，启动 SQL Developer 工具，登录连接数据库，进入到该数据库中的用户方案 Teaching_DB，并选中需要修改结构的 TEACHER 表，其界面如图 3-12 所示。

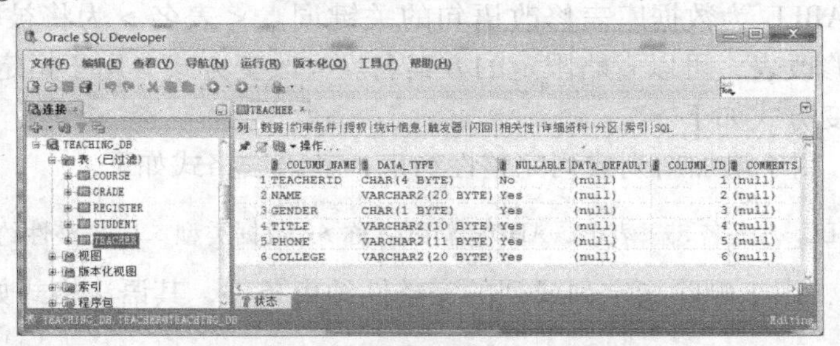

图 3-12　TEACHER 表结构界面

2）选取 TEACHER 表对象并右击鼠标，在弹出的快捷菜单中选择“编辑”命令，进入 TEACHER 表的修改初始界面，如图 3-13 所示。

3）在 TEACHER 数据库表修改界面中，选取 TITLE 列。在该列编辑界面中，在“默认”文本框中输入“副教授”，并选择“不能为 NULL”复选框，其修改操作界面如图 3-14 所示。

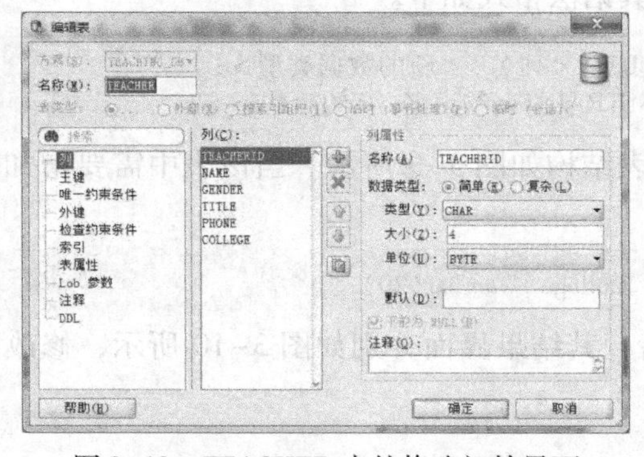

图 3-13　TEACHER 表的修改初始界面

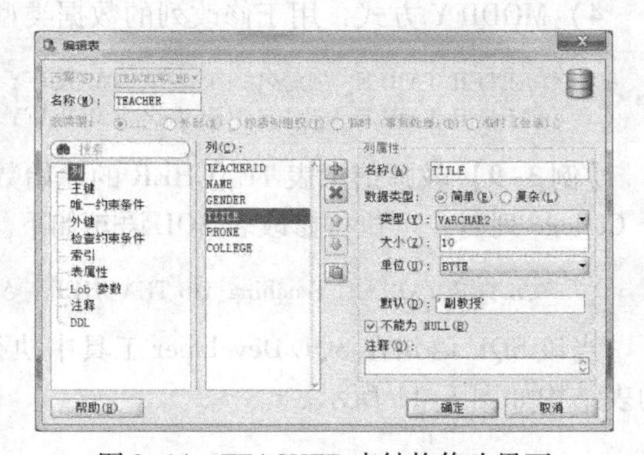

图 3-14　TEACHER 表结构修改界面

4）当完成修改设置后，单击“确定”按钮，返回数据库表目录列表界面，如图3-15所示。

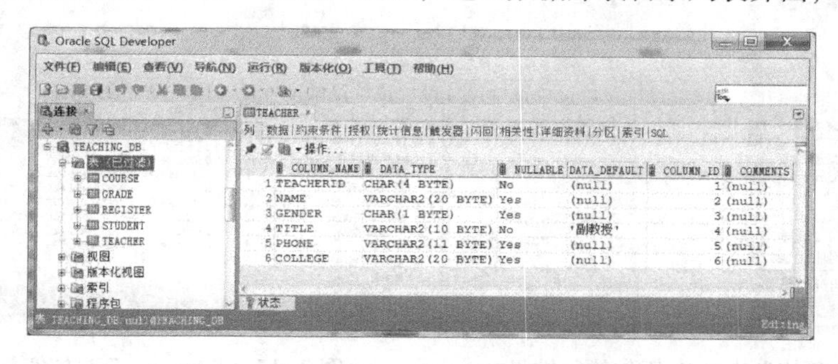

图3-15 TEACHER表结构修改结果界面

需要注意的是，在输入默认的字符串数据值时，应使用英文单引号将其引入，否则，软件会提示出错。

3.1.5 表对象的删除

在Oracle数据库中，当某个数据库表对象不再被需要时，可以将其删除。对于数据库表的删除处理，既可以执行SQL语句方式实现删除，也可以使用基于图形界面方式直接删除。当数据库表对象被删除后，该表结构及其表数据均被系统删除。

1. SQL语句执行删除表对象

在Oracle数据库中，实现数据库表删除的SQL语句的基本格式如下。

```
DROP TABLE[方案名.]<表名>;
```

其中DROP TABLE为数据库表删除语句的关键词。<表名>为将被删除的数据库表名称。若在本方案中删除表，可以省略限定的方案名。该语句执行后，将删除指定的数据表，包括表结构和表中数据。

需要注意的是，在删除数据库表对象时，其操作用户应具有相应的系统管理权限，否则不能成功删除。此外，DROP TABLE语句不能直接删除已经被其他表FOREIGN KEY约束引用的表。只有先删除引用的FOREIGN KEY约束或引用的表后，才能删除本表。同时，在SQL语句的表名前，还需要指定该表所属的方案名（即拥有者用户名），否则，系统会找不到该表对象。

【例3-11】 系统管理员用户将删除教师信息表TEACHER，可执行删除表对象的SQL语句如下。

```
DROP   TABLE   Teaching_DB.TEACHER;
```

当该SQL语句在SQL Developer工具中执行后，其结果界面如图3-16所示。

2. GUI界面操作删除表对象

在Oracle Database 12c数据库软件中，除通过执行SQL语句方式删除表对象外，还可以使用SQL Developer开发工具实现数据库表对象的可视化删除。

【例3-12】 在数据库中，删除Teaching_DB方案中的TEACHER教师信息表。

使用SQL Developer开发工具实现数据库表TEACHER删除的操作步骤如下。

1）在Windows操作系统中，启动SQL Developer工具，登录连接数据库，并进入到该数据库中的 Teaching_DB 方案，其界面如图 3-17 所示。

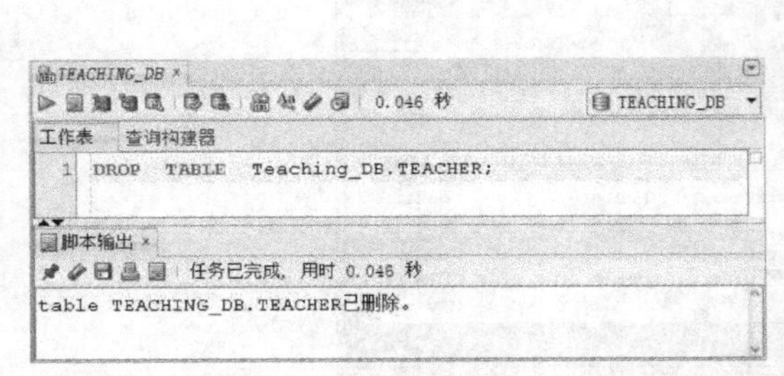

图 3-16 删除教师信息表 SQL 语句执行结果

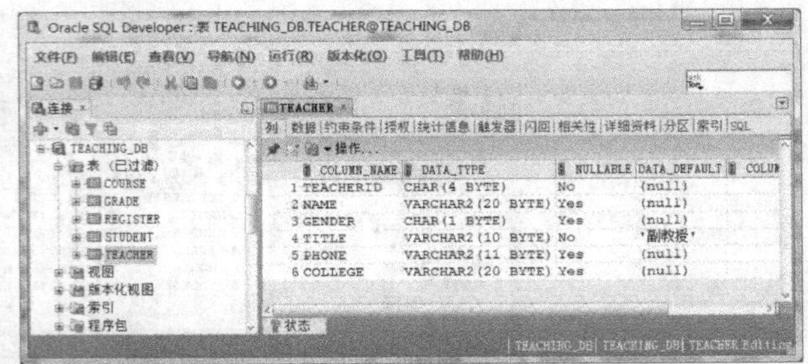

图 3-17 Teaching_DB 方案表目录界面

2）在该方案表目录列表中，选择 TEACHER 表对象并右击鼠标，在弹出的快捷菜单中选择“表”→“删除”命令，系统弹出“删除”对话框，如图 3-18 所示。

3）在该对话框中，选择“级联约束条件”和“清除”复选框，并单击“应用”按钮，系统执行删除操作。若删除操作成功，系统将弹出删除操作成功消息对话框，如图 3-19 所示。

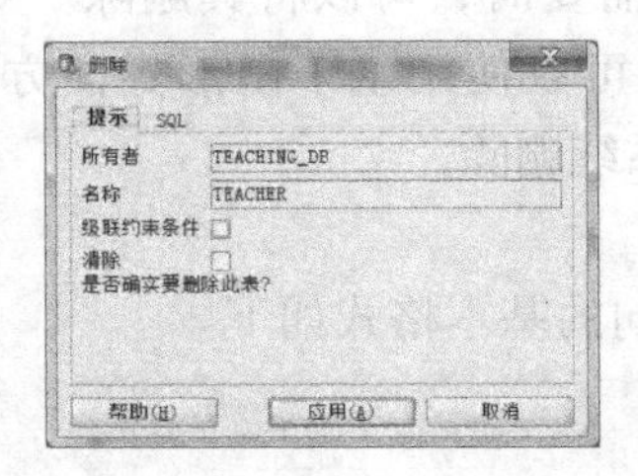

图 3-18“删除”对话框

图 3-19 删除操作成功消息框

4）单击“确定”按钮，返回数据库表目录列表界面。

3.1.6 表数据的插入

当数据库表被创建完成后，就可以对它们进行数据插入处理。对于数据库表的数据插入处理，既可以执行 SQL 语句实现数据插入，也可以使用工具基于图形界面操作方式直接在表中添加数据记录。

1. SQL 语句执行插入表数据

在 Oracle 数据库中，实现表数据插入的 SQL 语句的基本格式如下。

```
INSERT INTO    <表名>[ <(列名,..,列名)> ]   VALUES (列值表);
```

其中 INSERT INTO 为插入语句的关键词。<表名>为被插入数据的数据库表名称。<(列名,..,列名)>给出在表中插入哪些列。若没有给出列名，则为数据库表插入所有列。在 VALUES 关键词后面的括号中，需要给出被插入的各个列值。当成功执行一条 INSERT INTO 插入语句后，则将在表中插入一行数据。

【例 3-13】在学生信息表 STUDENT 中，原有数据如图 3-20 所示。

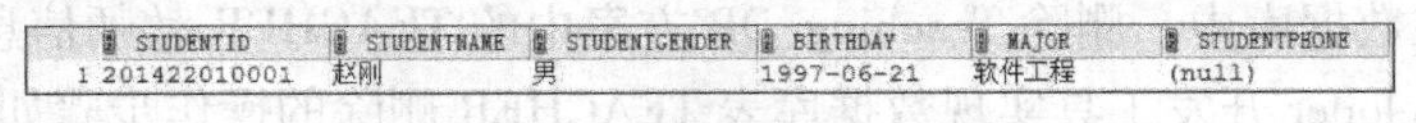

	STUDENTID	STUDENTNAME	STUDENTGENDER	BIRTHDAY	MAJOR	STUDENTPHONE
1	201422010001	赵刚	男	1997-06-21	软件工程	(null)

图 3-20 学生信息表原有数据

若在此表中插入一个新的学生数据，如“201422010002”“杨静”“女”“1997-07-28”“软件工程”“139＊＊＊＊＊321”。其插入数据 SQL 语句如下。

```
INSERT INTO   STUDENT VALUES('201422010002','杨静','女','1997-07-28','软件工程','139*****321');
```

该语句执行后，学生信息表 STUDENT 的数据如图 3-21 所示。

注意：在 INSERT INTO 插入数据语句中，对于 Char、Varchar、Date 和 Datetime 等类型列的输入数据，需要使用单引号将值放入其中。而对于 Interger 和 Numeric 等类型列的输入数据，则不需要使用单引号。

在数据库表插入操作中，还可以一次执行一组 SQL 数据插入语句，从而实现在表中插入多行数据。

【例 3-14】 在学生信息表 STUDENT 中，一次插入多个学生数据，其插入数据的 SQL 语句如下。

```
INSERT INTO   STUDENT VALUES('201422010003','吕新','男','1997-07-22','软件工程','137*****376');
INSERT INTO   STUDENT VALUES('201422010004','周强','男','1997-09-16','软件工程','132*****365');
INSERT INTO   STUDENT VALUES('201422010005','王亚','女','1997-04-26','软件工程',NULL);
```

当这些语句执行后，学生信息表 STUDENT 的数据如图 3-22 所示。

	STUDENTID	STUDENTNAME	STUDENTGENDER	BIRTHDAY	MAJOR	STUDENTPHONE
1	201422010001	赵刚	男	1997-06-21	软件工程	(null)
2	201422010002	杨静	女	1997-07-28	软件工程	139*****321

图 3-21　插入新学生后的信息表数据

	STUDENTID	STUDENTNAME	STUDENTGENDER	BIRTHDAY	MAJOR	STUDENTPHONE
1	201422010001	赵刚	男	1997-06-21	软件工程	(null)
2	201422010002	杨静	女	1997-07-28	软件工程	139*****321
3	201422010003	吕新	男	1997-07-22	软件工程	137*****376
4	201422010004	周强	男	1997-09-16	软件工程	132*****365
5	201422010005	王亚	女	1997-04-26	软件工程	(null)

图 3-22　插入多个新学生后的信息表数据

注意：在 INSERT INTO 插入数据语句中，若某些列的值不确定，可以在该列位置使用空值（NULL），但主键和非空列不允许使用空值。此外，若表中的主键为代理键，该列不需要输入值，因代理键是由 DBMS 自动提供的。

2. GUI 界面操作插入表数据

在 Oracle Database 12c 数据库软件中，除通过执行 SQL 语句实现数据插入到表对象外，可以使用 SQL Developer 开发工具实现数据库表数据的可视化插入。

【例 3-15】 在学生信息表中，使用 SQL Developer 开发工具实现该表数据的可视化插入。

使用 SQL Developer 开发工具实现可视化表数据插入的操作步骤如下。

1）在 Windows 操作系统中，启动 SQL Developer 工具，登录连接数据库，并打开将插入数据的 STUDENT 表，其界面如图 3-23 所示。

2）在该表上方的工具图标中，单击增加数据行图标，数据表则增加了一个新的空白行。在该空白行中，输入一个学生数据的各列数值，如图 3-24 所示。

	STUDENTID	STUDENTNAME	STUDENTGENDER	BIRTHDAY	MAJOR	STUDENTPHONE
1	201422010001	赵刚	男	1997-06-21	软件工程	156*****923
2	201422010002	杨静	女	1997-07-28	软件工程	139*****321
3	201422010003	吕新	男	1997-07-22	软件工程	137*****376
4	201422010004	周强	男	1997-09-16	软件工程	132*****365
5	201422010005	王亚	女	1997-08-15	软件工程	139*****878

图 3-23　STUDENT 原有表数据界面

	STUDENTID	STUDENTNAME	STUDENTGENDER	BIRTHDAY	MAJOR	STUDENTPHONE
1	201422010001	赵刚	男	1997-06-21	软件工程	156*****923
2	201422010002	杨静	女	1997-07-28	软件工程	139*****321
3	201422010003	吕新	男	1997-07-22	软件工程	137*****376
4	201422010004	周强	男	1997-09-16	软件工程	132*****365
5	201422010005	王亚	女	1997-08-15	软件工程	139*****878
+6	201422010006	肖玲	女	1997-01-20	软件工程	135*****879

图 3-24　STUDENT 新增一行数据界面

3）当新增行的数据输入后，单击数据库提交图标，则将该新增行保存到数据库中。

3.1.7 表数据的修改

在数据库使用过程中，随时可以对表中的数据进行修改。对于数据库表的数据修改处理，既可以执行SQL语句实现数据修改，也可以使用工具的图形界面方式直接在表中修改数据记录。

1. SQL语句执行修改表数据

在Oracle数据库中，使用SQL语句对表数据进行修改是通过执行UPDATE更新语句来实现的，其语句的基本格式如下。

```
UPDATE    <表名>
SET    <列名1>=<表达式1>[,<列名2>=<表达式2>…]
[WHERE    <条件表达式>];
```

其中UPDATE为数据更新语句的关键词。<表名>为被更新数据的数据库表名称。SET关键词用于指定对哪些列设定新值。WHERE关键词用于给出需要满足的条件表达式。

【例3-16】 在学生信息表STUDENT中，学生“赵刚”的原有StudentPhone列数据为空，现需要修改为“156*****923”。其数据修改的SQL语句如下。

```
UPDATE    STUDENT
SET StudentPhone ='156*****923'
WHERE    StudentName ='赵刚';
```

当该语句执行后，学生信息表STUDENT的数据如图3-25所示。

注意：在数据修改语句中，不能忘记WHERE条件，否则该语句将会使表中的所有行中该列的值都进行修改。

在SQL语言中，UPDATE数据修改语句也可以同时修改表中多个列值。例如，在STUDENT表中同时将学生“王亚”的出生日期和电话分别修改为“1997-09-20”、“139*****682”，其数据修改的SQL语句如下。

```
UPDATE    STUDENT
SET    Birthday ='1997-09-20', StudentPhone ='139*****682'
    WHERE    StudentName ='王亚';
```

当这个语句执行后，学生信息表STUDENT的数据如图3-26所示。

	STUDENTID	STUDENTNAME	STUDENTGENDER	BIRTHDAY	MAJOR	STUDENTPHONE
1	201422010001	赵刚	男	1997-06-21	软件工程	156*****923
2	201422010002	杨静	女	1997-07-28	软件工程	139*****321
3	201422010003	吕新	男	1997-07-22	软件工程	137*****376
4	201422010004	周强	男	1997-09-16	软件工程	132*****365
5	201422010005	王亚	女	1997-08-15	软件工程	139*****878
6	201422010006	肖铃	女	1997-01-20	软件工程	135*****879

图3-25 修改后的学生信息表数据

	STUDENTID	STUDENTNAME	STUDENTGENDER	BIRTHDAY	MAJOR	STUDENTPHONE
1	201422010001	赵刚	男	1997-06-21	软件工程	156*****923
2	201422010002	杨静	女	1997-07-28	软件工程	139*****321
3	201422010003	吕新	男	1997-07-22	软件工程	137*****376
4	201422010004	周强	男	1997-09-16	软件工程	132*****365
5	201422010005	王亚	女	1997-09-20	软件工程	139*****682
6	201422010006	肖铃	女	1997-01-20	软件工程	135*****879

图3-26 修改后的学生信息表数据

注意：在数据修改语句中，多个列赋值子句之间采用逗号分隔。语句中的标点符号均应采用半角英文符号。

2. GUI界面操作修改表数据

在Oracle Database 12c数据库软件中，除通过执行SQL语句方式修改表数据外，也可以使用SQL Developer开发工具实现表数据的可视化修改。

【例3-17】 在STUDENT学生信息表中，使用SQL Developer开发工具实现数据库表数据的可视化修改。

使用 SQL Developer 开发工具实现可视化表数据修改的操作步骤如下。

1）在 Windows 操作系统中，启动 SQL Developer 工具，登录连接数据库，并打开将修改数据的 STUDENT 数据表，其界面如图 3-27 所示。

2）在数据表界面中，可直接在单元格中修改数据。例如，将“肖铃”同学的出生日期修改为“1998-01-22”，如图 3-28 所示。

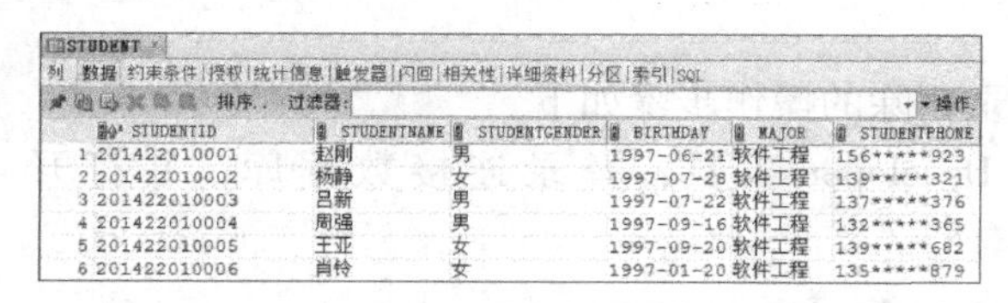

	STUDENTID	STUDENTNAME	STUDENTGENDER	BIRTHDAY	MAJOR	STUDENTPHONE
1	201422010001	赵刚	男	1997-06-21	软件工程	156*****923
2	201422010002	杨静	女	1997-07-28	软件工程	139*****321
3	201422010003	吕新	男	1997-07-22	软件工程	137*****376
4	201422010004	周强	男	1997-09-16	软件工程	132*****365
5	201422010005	王亚	女	1997-09-20	软件工程	139*****682
6	201422010006	肖铃	女	1997-01-20	软件工程	135*****879

图 3-27　STUDENT 原有表数据界面

	STUDENTID	STUDENTNAME	STUDENTGENDER	BIRTHDAY	MAJOR	STUDENTPHONE
1	201422010001	赵刚	男	1997-06-21	软件工程	156*****923
2	201422010002	杨静	女	1997-07-28	软件工程	139*****321
3	201422010003	吕新	男	1997-07-22	软件工程	137*****376
4	201422010004	周强	男	1997-09-16	软件工程	132*****365
5	201422010005	王亚	女	1997-09-20	软件工程	139*****682
*6	201422010006	肖铃	女	1998-01-22	软件工程	135*****879

图 3-28　STUDENT 数据表修改界面

3）当表中数据修改后，需要单击数据库提交图标，将该新修改数据保存到数据库中。

3.1.8　表数据的删除

在 Oracle 数据库中，当不再需要某个数据库表中的数据记录时，可以将其删除。对于数据库表数据记录的删除处理，既可以执行 SQL 语句实现删除，也可以使用基于图形界面方式直接删除。

1. SQL 语句执行删除表数据

在 Oracle 数据库中，执行数据删除语句 DELETE，可将数据库表中满足条件的数据行删除，其 SQL 语句基本格式如下。

```
DELETE
FROM    <表名>
[WHERE    <条件表达式>];
```

其中 DELETE FROM 为数据删除语句的关键词。<表名>为被删除数据的数据库表。WHERE 关键词给出了需要满足的条件表达式。

【例 3-18】 在 STUDENT 学生信息表中，若要删除姓名为“肖玲”的学生数据，其数据删除的 SQL 语句如下。

```
DELETE
FROM  STUDENT
WHERE    StudentName ='肖玲';
```

将该语句放入 SQL Developer 工具中执行后，其执行结果见图 3-29 所示。

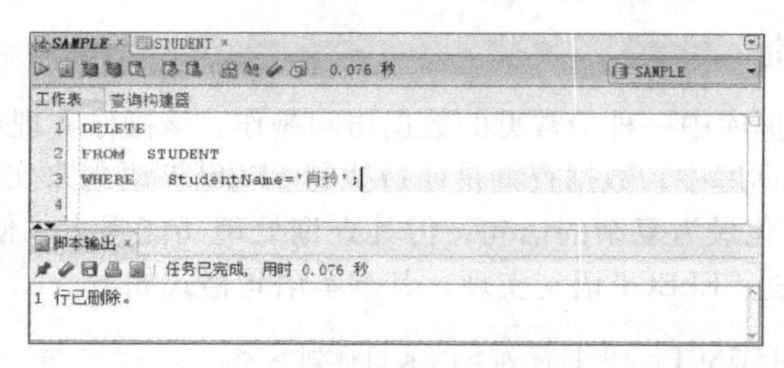

图 3-29　DELETE 语句执行结果

注意：在数据删除语句中，不能忘记 WHERE 条件，否则该语句将会使表中所有的行数据被删除。

2. GUI 界面操作删除表数据

在 Oracle Database 12c 数据库软件中，除通过执行 SQL 语句方式删除表数据记录外，还可以使用 SQL Developer 开发工具直接对表数据记录进行可视化删除。

【例 3-19】 在 STUDENT 学生信息表中，使用 SQL Developer 开发工具删除该表中“肖玲”同学的数据记录。

使用 SQL Developer 开发工具实现表数据记录删除的操作步骤如下。

1）在 Windows 操作系统中，启动 SQL Developer 工具，登录连接数据库，并打开 STUDENT 数据表，其界面如图 3-30 所示。

	STUDENTID	STUDENTNAME	STUDENTGENDER	BIRTHDAY	MAJOR	STUDENTPHONE
1	201422010001	赵刚	男	1997-06-21	软件工程	156*****923
2	201422010002	杨静	女	1997-07-28	软件工程	139*****321
3	201422010003	吕新	男	1997-07-22	软件工程	137*****376
4	201422010004	周强	男	1997-09-16	软件工程	132*****365
5	201422010005	王亚	女	1997-09-20	软件工程	139*****682
6	201422010006	肖玲	女	1998-01-22	软件工程	135*****879

图 3-30 STUDENT 原有表数据界面

2）在该表中，选取“肖玲”数据记录，并单击删除数据图标，系统显示表数据记录删除标记界面，如图 3-31 所示。

	STUDENTID	STUDENTNAME	STUDENTGENDER	BIRTHDAY	MAJOR	STUDENTPHONE
1	201422010001	赵刚	男	1997-06-21	软件工程	156*****923
2	201422010002	杨静	女	1997-07-28	软件工程	139*****321
3	201422010003	吕新	男	1997-07-22	软件工程	137*****376
4	201422010004	周强	男	1997-09-16	软件工程	132*****365
5	201422010005	王亚	女	1997-09-20	软件工程	139*****682
-6	201422010006	肖玲	女	1998-01-22	软件工程	135*****879

图 3-31 STUDENT 表数据记录删除标记界面

3）在该数据表中，单击上方的数据库提交图标，将删除后的数据保存到数据库，系统弹出更新后的表数据界面，如图 3-32 所示。

	STUDENTID	STUDENTNAME	STUDENTGENDER	BIRTHDAY	MAJOR	STUDENTPHONE
1	201422010001	赵刚	男	1997-06-21	软件工程	156*****923
2	201422010002	杨静	女	1997-07-28	软件工程	139*****321
3	201422010003	吕新	男	1997-07-22	软件工程	137*****376
4	201422010004	周强	男	1997-09-16	软件工程	132*****365
5	201422010005	王亚	女	1997-09-20	软件工程	139*****682
6	201422020001	李义	男	1998-01-12	计算机应用	135*****732

图 3-32 STUDENT 表数据删除提交后界面

3.1.9 表数据的查询

数据查询是关系数据库中一种最常见的数据访问操作，该操作实现对数据表或视图的数据检索处理。在 Oracle 数据库中，数据查询是通过执行 SELECT 语句来实现处理的。SELECT 语句是所有 SQL 语言中变化最为复杂的语句，但其查询处理功能强大，使用也非常灵活。所有数据查询操作都可以通过 SELECT 语句实现，其基本语句格式如下。

```
SELECT [ALL|DISTINCT]  <目标列>[,<目标列>…]
FROM  <表名>[,<表名>…]
```

```
        [ WHERE <条件表达式> ]
        [ GROUP BY <列名> [ HAVING <条件表达式> ]
        [ ORDER BY <列名> [ ASC|DESC ] ];
```

在 SQL 语言中，SELECT 语句可以由多种子句构成，每类子句的作用如下。

1）SELECT 子句：作为 SELECT 语句的必要子句，用来指明从数据库表中查询哪些目标列。ALL 关键词指明将 SELECT 语句查询的所有结果数据返回，默认从表中获取满足条件的所有数据行。DISTINCT 关键词用来消除指定列查询的重复数据。目标列为查询所需要的数据列，即查询结果的数据列。若要查询表中的所有列，一般使用 * 号表示。

2）FROM 子句：作为 SELECT 语句的必要子句，用来指定被查询的数据来自哪个表或哪些表。若从多表查询，使用逗号分隔各个表名。

3）WHERE 子句：作为 SELECT 语句的可选子句，用来给出 SQL 查询的检索条件。它可限定只有满足条件的数据行进行查询输出。

4）GROUP BY 子句：作为 SELECT 语句的可选子句，用来对查询结果进行分组，并可在分组中采用内置函数进行统计处理。在分组子句中，还可以使用 HAVING 关键词定义分组条件。

5）ODER BY 子句：作为 SELECT 语句的可选子句，用来对查询结果集进行排序处理。其中 ASC 关键词约定查询结果集按指定列的数值升序输出。DESC 关键词约定查询结果集按指定列的数值降序输出。若子句中没有给出排序关键词，默认按升序输出查询结果集。

从关系数据模型的操作来看，SELECT 查询操作语句的 <目标列> 用于指定对关系表的投影操作，即在结果集中只输出指定的数据列。WHERE <条件表达式> 用于关系表的元组选择操作，即从关系表中选取满足条件的行记录数据。此外，SELECT 查询操作语句还可以实现数据表的连接、合并等关系处理。

1. 单表列选择查询

在数据库表的查询操作中，最简单的操作就是从单个数据表中获取指定列的数据，其基本语句格式如下。

```
SELECT <目标列> [ , <目标列> … ]
FROM   <表名>;
```

【例 3-20】 学生信息表 STUDENT 完整数据如图 3-33 所示，对该数据表进行数据查询处理。

若要从 STUDENT 表中获取学生的学号、姓名和专业等列数据，其数据查询 SQL 语句如下。

```
SELECT   StudentID, StudentName, Major
FROM   STUDENT;
```

执行该语句后，其查询操作结果如图 3-34 所示。

	STUDENTID	STUDENTNAME	STUDENTGENDER	BIRTHDAY	MAJOR	STUDENTPHONE
1	201422010001	赵刚	男	1997-06-21	软件工程	156*****923
2	201422010002	杨静	女	1997-07-28	软件工程	139*****321
3	201422010003	吕新	男	1997-07-22	软件工程	137*****376
4	201422010004	周强	男	1997-09-16	软件工程	132*****365
5	201422010005	王亚	女	1997-08-15	软件工程	139*****878
6	201422020001	李义	男	1998-01-12	计算机应用	135*****732
7	201422020002	张江	男	1997-11-19	计算机应用	137*****236
8	201422020003	青岩	女	1998-02-03	计算机应用	138*****883
9	201422020004	邓晓	女	1998-02-08	计算机应用	139*****364

图 3-33　STUDENT 表完整数据

	STUDENTID	STUDENTNAME	MAJOR
1	201422010001	赵刚	软件工程
2	201422010002	杨静	软件工程
3	201422010003	吕新	软件工程
4	201422010004	周强	软件工程
5	201422010005	王亚	软件工程
6	201422020001	李义	计算机应用
7	201422020002	张江	计算机应用
8	201422020003	青岩	计算机应用
9	201422020004	邓晓	计算机应用

图 3-34　单表指定列 SQL 查询结果

如果希望从 STUDENT 表查询所有列数据，可使用＊代表所有列名，其数据查询 SQL 语句如下。

```
SELECT   *
FROM   STUDENT;
```

当该语句在 SQL Developer 工具中执行后，其查询操作结果如图 3-35 所示。

如果仅仅希望从 STUDENT 表中查询学生的专业信息（Major 列数据），其数据查询 SQL 语句如下。

```
SELECT   Major
FROM   STUDENT;
```

执行该语句后，其查询操作结果如图 3-36 所示。

工作表　查询构建器

```
1 SELECT   *
2 FROM   STUDENT;
3
```

查询结果

SQL　提取的所有行：9，用时 0.031 秒

	STUDENTID	STUDENTNAME	STUDENTGENDER	BIRTHDAY	MAJOR	STUDENTPHONE
1	201422010001	赵刚	男	1997-06-21	软件工程	156*****923
2	201422010002	杨静	女	1997-07-28	软件工程	139*****321
3	201422010003	吕新	男	1997-07-22	软件工程	137*****376
4	201422010004	周强	男	1997-09-16	软件工程	132*****365
5	201422010005	王亚	女	1997-08-15	软件工程	139*****878
6	201422020001	李义	男	1998-01-12	计算机应用	135*****732
7	201422020002	张江	男	1997-11-19	计算机应用	137*****236
8	201422020003	青岩	女	1998-02-03	计算机应用	138*****883
9	201422020004	邓晓	女	1998-02-08	计算机应用	139*****364

图 3-35　单表所有列 SQL 查询结果

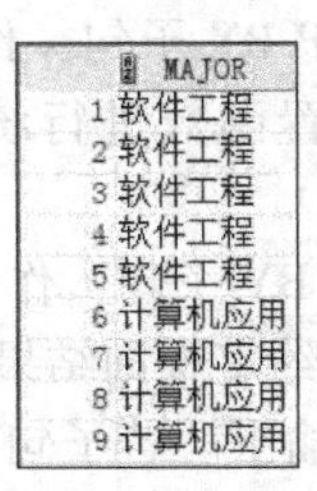

图 3-36　单表 Major 列 SQL 查询结果

从图 3-36 所示的查询结果来看，该查询将所有学生的专业信息都输出。在结果集数据中存在很多重复数据行。如果仅仅希望查看学生的不同专业名称，就必须在 SELECT 语句中使用 DISTINCT 关键词来过滤查询结果在指定列中的重复数据，其数据查询 SQL 语句如下。

```
SELECT   DISTINCT   Major
FROM   STUDENT;
```

当该语句在 SQL Developer 工具中执行后，其查询操作结果如图 3-37 所示。

2. 单表行选择查询

SQL 查询语句除可实现关系表数据的投影操作外，也可以实现关系表数据的行选择操作，即从一个数据表中获取满足给定条件的若干行（元组）数据，其基本语句格式如下。

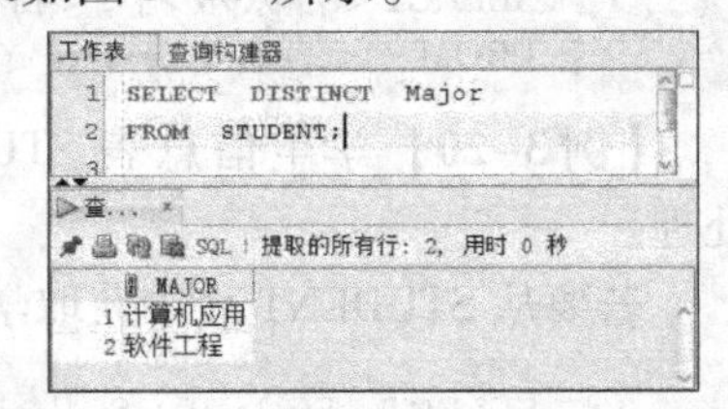

图 3-37　消除重复行的单表 Major 列 SQL 查询结果

```
SELECT *
FROM   <表名>
WHERE   <条件表达式>;
```

【例 3-21】学生信息表 STUDENT 的完整数据如图 3-35 所示。若要从 STUDENT 表中获取专业为“软件工程”、性别为“男”的学生数据，其数据查询 SQL 语句如下。

```
SELECT   *
FROM   STUDENT
WHERE   Major ='软件工程'   AND   StudentGender ='男';
```

执行该语句后，其查询操作结果如图 3-38 所示。

SQL 查询语句在对数据表进行选择操作时，必须使用 WHERE 子句来选择符合指定条件的

元组数据。查询条件可以有多个，需要使用 AND（与）、OR（或）等逻辑运算符将它们进行表达式连接。

	STUDENTID	STUDENTNAME	STUDENTGENDER	BIRTHDAY	MAJOR	STUDENTPHONE
1	201422010001	赵刚	男	1997-06-21	软件工程	156*****923
2	201422010003	吕新	男	1997-07-22	软件工程	137*****376
3	201422010004	周强	男	1997-09-16	软件工程	132*****365

图 3-38　单表行选择 SQL 查询结果

在 SQL 查询语句的 WHERE 子句条件中，还可以使用 BETWEEN…AND 关键词来给出列值范围条件。

【例 3-22】 学生信息表 STUDENT 的完整数据如图 3-35 所示。若要从 STUDENT 表中查询出生日期在“1997 年”的学生数据，其查询 SQL 语句如下。

```
SELECT    *
FROM   STUDENT
WHERE    BirthDay    BETWEEN'1997-01-01'    AND    '1997-12-30';
```

当该语句执行后，其查询操作结果如图 3-39 所示。

	STUDENTID	STUDENTNAME	STUDENTGENDER	BIRTHDAY	MAJOR	STUDENTPHONE
1	201422010001	赵刚	男	1997-06-21	软件工程	156*****923
2	201422010002	杨静	女	1997-07-28	软件工程	139*****321
3	201422010003	吕新	男	1997-07-22	软件工程	137*****376
4	201422010004	周强	男	1997-09-16	软件工程	132*****365
5	201422010005	王亚	女	1997-08-15	软件工程	139*****878
6	201422020002	张江	男	1997-11-19	计算机应用	137*****236

图 3-39　单表列值范围条件查询结果

上述 SQL 查询还可以使用比较运算符“>=”和“<=”来完成上例的等同操作，其 SQL 查询语句如下。

```
SELECT    *
FROM   STUDENT
WHERE    BirthDay >='1997-01-01'    AND    BirthDay <='1997-12-30';
```

在 SQL 语言中，查询条件表达式可使用的比较运算符除“>=”和“<=”外，还可以使用等于（=）、大于（>）、小于（<）和不等于（<>）等运算符。

在 SQL 查询语句中，除使用 BETWEEN…AND 关键词来限定列值范围条件外，还可以使用关键词 LIKE 与通配符来限定查询条件。

在 SQL 语言中，通配符用于代表字符串数据模式中的未知字符，可在查询条件子句中使用。

SQL 查询语句的常用通配符有下画线（_）和百分号（%）。下画线（_）通配符用于代表单个未指定的字符。百分号（%）通配符用于代表单个或多个未指定的字符。

【例 3-23】 学生信息表 STUDENT 的完整数据如图 3-35 所示。若要从 STUDENT 表中查询“王”姓的学生数据，其数据查询 SQL 语句如下。

```
SELECT    *
FROM   STUDENT
WHERE    StudentName    LIKE'王_';
```

执行该语句后，其查询操作结果如图 3-40 所示。

	STUDENTID	STUDENTNAME	STUDENTGENDER	BIRTHDAY	MAJOR	STUDENTPHONE
1	201422010005	王亚	女	1997-08-15	软件工程	139*****878

图 3-40　LIKE 单字符通配 SQL 范围查询结果

【**例 3-24**】学生信息表 STUDENT 的完整数据如图 3-35 所示。若要从 STUDENT 表中查询手机号为“139 ********”的学生数据，其数据查询 SQL 语句如下。

```
SELECT  *
FROM  STUDENT
WHERE StudentPhone  LIKE  '139%';
```

这个语句在执行后，其查询操作结果如图 3-41 所示。

	STUDENTID	STUDENTNAME	STUDENTGENDER	BIRTHDAY	MAJOR	STUDENTPHONE
1	201422010002	杨静	女	1997-07-28	软件工程	139*****321
2	201422010005	王亚	女	1997-08-15	软件工程	139*****878
3	201422020004	邓晓	女	1998-02-08	计算机应用	139*****364

图 3-41　LIKE 多字符通配 SQL 范围查询结果

在 SQL 语言中，通配符除了使用 LIKE 关键词外，还可以使用 NOT LIKE 关键词给出不在范围的条件。在【例 3-24】中，若要从 STUDENT 表中查询手机号为非“139 ********”的学生数据，其数据查询 SQL 语句如下。

```
SELECT  *
FROM  STUDENT
WHERE StudentPhone  NOT  LIKE  '139%';
```

3. 单表行列选择查询

Oracle 数据库除可对关系表进行行选择或列投影数据查询操作外，还可以在查询 SQL 语句中同时给出行选择与列范围的查询条件，即同时对关系表数据完成行选择与列投影操作，其基本语句格式如下

```
SELECT  <目标列>[,<目标列>…]
FROM  <表名>
WHERE  <条件表达式>;
```

【**例 3-25**】学生信息表 STUDENT 的完整数据如图 3-35 所示。若要从 STUDENT 表中获取专业为“软件工程”，性别为“男”的学生部分列（学号、姓名、性别、专业）数据，其数据查询 SQL 语句如下。

```
SELECT  StudentID, StudentName, StudentGender, Major
FROM  STUDENT
WHERE  Major='软件工程'  AND  StudentGender='男';
```

执行该语句后，其查询操作结果如图 3-42 所示。

	STUDENTID	STUDENTNAME	STUDENTGENDER	MAJOR
1	201422010001	赵刚	男	软件工程
2	201422010003	吕新	男	软件工程
3	201422010004	周强	男	软件工程

图 3-42　单表指定行列 SQL 查询结果

在上面的 SQL 查询语句中，通过 WHERE 子句条件来选择行，使用指定列名来确定投影的列输出。

4. 查询结果集排序

在 Oracle 数据库查询返回的结果数据集中，一

般是按数据记录在磁盘块中的存放顺序来输出结果集。如果用户希望返回结果集能按照指定列值排序输出，可以在 SQL 查询语句中使用 ODER BY 关键词。

【例 3-26】 学生信息表 STUDENT 的完整数据如图 3-35 所示。若要将 STUDENT 表查询数据按学生出生日期升序输出，其数据查询 SQL 语句如下。

```
SELECT   *
FROM   STUDENT
ORDER   BY   Birthday;
```

执行该语句后，其查询操作结果如图 3-43 所示。

在 SQL 查询语句中，可以使用关键词 ASC 和 DESC 选定排序是升序或降序。若没有给出关键词 ASC 或 DESC，则默认为升序排列。在本例中，若要按出生日期降序查询输出学生数据，其 SQL 查询语句如下。

```
SELECT   *
FROM   STUDENT
ORDER   BY   Birthday   DESC;
```

在 SQL 语言中，除对单列进行 SQL 查询结果集排序外，还可以同时按多列进行 SQL 查询结果集排序输出。

【例 3-27】 学生信息表 STUDENT 的完整数据如图 3-35 所示。若要从 STUDENT 表中查询学生数据，首先按专业升序排列，然后按出生日期降序排列，其数据查询 SQL 语句如下。

```
SELECT   *
FROM   STUDENT
ORDER   BY Major ASC,   Birthday DESC;
```

执行该语句后，其查询操作结果如图 3-44 所示。

	STUDENTID	STUDENTNAME	STUDENTGENDER	BIRTHDAY	MAJOR	STUDENTPHONE
1	201422010001	赵刚	男	1997-06-21	软件工程	156*****923
2	201422010003	吕新	男	1997-07-22	软件工程	137*****376
3	201422010002	杨静	女	1997-07-28	软件工程	139*****321
4	201422010005	王亚	女	1997-08-15	软件工程	139*****878
5	201422010004	周强	男	1997-09-16	软件工程	132*****365
6	201422020002	张江	男	1997-11-19	计算机应用	137*****236
7	201422020001	李义	男	1998-01-12	计算机应用	135*****732
8	201422020003	青岩	女	1998-02-03	计算机应用	138*****883
9	201422020004	邓晓	女	1998-02-08	计算机应用	139*****364

图 3-43　按出生日期排序 SQL 查询结果

	STUDENTID	STUDENTNAME	STUDENTGENDER	BIRTHDAY	MAJOR	STUDENTPHONE
1	201422020004	邓晓	女	1998-02-08	计算机应用	139*****364
2	201422020003	青岩	女	1998-02-03	计算机应用	138*****883
3	201422020001	李义	男	1998-01-12	计算机应用	135*****732
4	201422020002	张江	男	1997-11-19	计算机应用	137*****236
5	201422010004	周强	男	1997-09-16	软件工程	132*****365
6	201422010005	王亚	女	1997-08-15	软件工程	139*****878
7	201422010002	杨静	女	1997-07-28	软件工程	139*****321
8	201422010003	吕新	男	1997-07-22	软件工程	137*****376
9	201422010001	赵刚	男	1997-06-21	软件工程	156*****923

图 3-44　按多列排序 SQL 查询结果

5. 分组查询统计

在 SQL 应用中，除基本的数据查询处理外，有时还需要将查询结果集进行分组数据统计。这可通过在 SELECT 语句中加入 GROUP BY 子语句和相应的 SQL 内置函数来实现处理。其处理原理是按指定字段的数据值范围将一个查询结果数据集划分成若干个组，然后针对每个组进行数据统计处理。

【例 3-28】 学生信息表 STUDENT 的完整数据如图 3-35 所示。若要分专业统计 STUDENT 表中的学生人数，则在 SELECT 语句中需要使用 GROUP BY 分组子句完成统计，其查询 SQL 语句如下。

```
SELECT   Major   AS 专业，  COUNT(StudentID) AS 学生人数
FROM   STUDENT
GROUP   BY   Major;
```

执行该语句后，其查询操作结果如图 3-45 所示。

在上面的分组统计 SQL 查询语句中，使用了 SQL 内置函数 COUNT( )来计数各个专业的学生数。

在 SQL 分组统计应用中，还可以 SUM( )、AVG( )、MAX( )和 MIN( )等内置函数分别对分组统计中的数值字段获取总和值、平均值、最大值和最小值。此外，还可在 GROUP BY 分组子句中加入 HAVING 限定条件。

【例 3-29】 学生信息表 STUDENT 的完整数据如图 3-35 所示。在统计各专业人数时，限定只显示人数多于 4 的专业人数信息。这时需要在分组统计 SQL 语句中加入 HAVING 限定条件，其查询 SQL 语句可重新编写如下。

```
SELECT  Major  AS 专业，  COUNT(StudentID) AS 学生人数
FROM  STUDENT
GROUP  BY  Major
HAVING  COUNT(StudentID) >4;
```

执行该语句后，其查询操作结果如图 3-46 所示。

	专业	学生人数
1	计算机应用	4
2	软件工程	5

图 3-45　STUDENT 表中各专业人数统计 SQL 查询结果

	专业	学生人数
1	软件工程	5

图 3-46　统计人数多于 4 的专业人数信息结果

在 SQL 查询语句中，还可以同时使用 HAVING 子句和 WHERE 子句分别限定查询条件。在标准 SQL 语言中，若同时使用这两个条件子句时，应先使用 WHERE 子句过滤数据集，然后再使用 HAVING 子句限定分组数据。

【例 3-30】 学生信息表 STUDENT 的完整数据如图 3-35 所示。若要分专业统计 STUDENT 表中的男生人数，但限定只显示人数大于 2 的专业人数，其查询 SQL 语句如下。

```
SELECT  Major  AS 专业，  COUNT(StudentID) AS 学生人数
FROM  STUDENT
WHERE  StudentGender ='男'
GROUP  BY  Major
HAVING  COUNT( * ) >2;
```

执行该语句后，其查询操作结果如图 3-47 所示。

6. 多表子查询

在数据库应用中，除在单个数据表中使用 SQL 语句进行数据查询处理外，还可将多表关联起来进行数据查询。这里首先介绍在 Oracle 数据库中，使用子查询方式实现多表关联查询。

【例 3-31】 在本章 3.1.3 节所创建的学生信息表（STUDENT）、课程信息表（COURSE）和成绩表（GRADE）中，若希望检索出各门课程成绩均及格的学生名单信息（由学号、姓名、专业列组成），则需要关联学生信息表 STUDENT 和成绩表 GRADE，才能获得这些数据。这里可采用子查询方法实现两表关联查询，其查询 SQL 语句如下。

```
SELECT  StudentID，  StudentName，  Major
FROM  STUDENT
WHERE  StudentID  IN
  (SELECT  DISTINCT StudentID
  FROM  GRADE
  WHERE  Score >=60 );
```

执行该语句后，其查询操作结果如图 3-48 所示。

	专业	学生人数
1	软件工程	3

图 3-47　多条件的各专业人数统计 SQL 查询结果

	STUDENTID	STUDENTNAME	MAJOR
1	201422010001	赵刚	软件工程
2	201422010003	吕新	软件工程
3	201422010004	周强	软件工程
4	201422020001	李义	计算机应用
5	201422020003	青岩	计算机应用
6	201422020004	邓晓	计算机应用

图 3-48　各门课程成绩均及格的学生名单信息 SQL 查询结果

以上 SELECT 子查询处理多表数据，仅仅在 SELECT 语句的 WHERE 子句中嵌套了一层 SELECT 子查询语句。子查询还可以嵌套 2 层、3 层 SELECT 子查询语句。在实际应用中，SQL 查询语句不宜嵌套过多子查询，否则会降低查询性能。

7. 多表连接查询

在数据库查询访问中，有时需要从多个表获取结果数据，即从多个表进行投影处理。在关系数据库中，这些表必须通过一定的列建立关联，并根据满足的连接条件实现多表数据查询，其基本思想是将关联表的主键值与外键值进行匹配比对，从中检索出符合条件的关联表信息。

【例 3-32】 在成绩管理数据库中，若希望能得到的学生课程成绩信息包含学号、姓名、课程名和分数列数据。该查询操作需要从学生信息表 STUDENT、课程表 COURSE 和成绩表 GUADE 获取数据。在 SQL 查询语句中，这些表之间还应建立连接，其查询 SQL 语句如下。

```
SELECT   S.StudentID   AS 学号，  S.StudentName AS 姓名，   C.CourseName AS 课程名称，G.Score
AS 分数
FROM     STUDENT S，COURSE C，   GRADE G
WHERE    S.StudentID = G.StudentID    AND C.CourseID = G.CourseID；
```

执行该语句后，其查询操作结果如图 3-49 所示。

在上面的连接查询 SQL 语句中，为了简化表名符号，可以给表名定义一个简单的别名，如将 STUDENT 表定义别名为 S，将 COURSE 表定义别名为 C，将 GRADE 表定义别名为 G。此外，为了使查询结果集的输出列有一个直观名称，可以重新定义列的别名，如将 S.StudentID 列定义为“学号”别名，将 S.StudentName 列定义为“姓名”别名，将 C.CourseName 定义为“课程名称”别名，将 G.Score 定义为“分数”别名。

注意：在标准 SQL 语言中，可以使用 AS 关键词定义表别名和列别名，但 Oracle SQL 只能使用 AS 关键词定义列别名，不能使用 AS 关键词定义表别名。

在数据库查询访问中，使用 JOIN…ON 关键词的 SQL 查询语句也可实现多表连接查询，其连接查询 SQL 语句格式如下。

```
SELECT <目标列> [，<目标列>…]
FROM    <表名1>    JOIN    <表名2>    ON <连接条件>；
```

【例 3-33】 针对【例 3-33】的学生成绩信息查询，还可以使用 JOIN…ON 关键词语句格式重新编写 SQL 多表连接查询语句如下。

```
SELECT   S.StudentID    AS 学号，  S.StudentName AS 姓名，  G.CourseID AS 课程编号，G.Score   AS
分数
FROM   STUDENT S    JOIN    GRADE G
ON    S.StudentID = G.StudentID；
```

执行该语句后，其查询操作结果如图 3-50 所示。

	学号	姓名	课程名称	分数
1	201422010001	赵刚	数据库原理及应用	85
2	201422010002	杨静	数据库原理及应用	56
3	201422010003	吕新	数据库原理及应用	90
4	201422010005	王亚	数据库原理及应用	43
5	201422020001	李义	数据库原理及应用	92
6	201422020002	张江	数据库原理及应用	0
7	201422020003	青岩	数据库原理及应用	87
8	201422020004	邓晓	数据库原理及应用	63

图 3-49　学生成绩信息 SQL 查询结果 1

	学号	姓名	课程编号	分数
1	201422010001	赵刚	A001	85
2	201422010002	杨静	A001	56
3	201422010003	吕新	A001	90
4	201422010005	王亚	A001	43
5	201422020001	李义	A001	92
6	201422020002	张江	A001	0
7	201422020003	青岩	A001	87
8	201422020004	邓晓	A001	63

图 3-50　学生成绩信息 SQL 查询结果 2

从上面的 JOIN…ON 连接查询结果来看，它与前面的标准连接查询结果是一样的。因此，在进行连接查询时，可以使用上述两种方式之一。除此之外，JOIN…ON 连接查询还可以实现两个以上的表连接查询，如 3 个表连接查询的 JOIN…ON 连接语句格式如下。

```
SELECT  <目标列>[,<目标列>…]
FROM  <表名1>  JOIN  <表名2>  ON<连接条件1>  JOIN  <表名3>  ON<连接条件2>;
```

8. 多表外连接查询

在以上的多表连接查询中，只有关联表的关联字段列值满足连接条件时，才能从关联表中获取结果数据。实现该类处理的连接称为内连接。在一些情况下，内连接查询可能因条件不匹配，导致部分结果集数据缺失问题。

在【例 3-33】使用内连接查询结果中，可以发现图 3-50 所示的查询结果数据只包含了有成绩记录数据的学生成绩信息。若一个学生（如学号 201422010004 周强）因缓考原因，没有参加课程考试，其课程成绩信息不会出现在图 3-50 所示的查询结果中。当查询需要了解所有学生的课程成绩情况时，该查询就会出现信息缺失问题。

为了解决该类问题，关系数据库可采用外连接方式实现查询处理。外连接是内连接查询的扩展，它可以在内连接操作结果集上增补相关数据，从而避免所需数据的缺失。

Oracle 数据库实现外连接查询有以下 3 种方式。

- LEFT JOIN：左外连接，即使与右表连接不匹配，也从左表返回所有的行。
- RIGHT JOIN：右外连接，即使与左表连接不匹配，也从右表返回所有的行。
- FULL JOIN：全外连接，只要其中一个表中存在匹配，就返回行。

【例 3-34】 在成绩管理数据库中，希望能查询所有学生的成绩情况，即使该学生因某种原因没有参加考试，也需要在查询中能够了解相关情况。这可通过使用左连接实现学生信息表 STUDENT 与成绩表 GRADE 的连接查询，其 JOIN…ON 连接查询的 SQL 语句如下。

```
SELECT  S.StudentID  AS 学号,  S.StudentName AS 姓名,  G.CourseID AS 课程编号, G.Score  AS 分数
FROM  STUDENT S  LEFT JOIN  GRADE G
ON S.StudentID = G.StudentID;
```

执行该语句后，其查询操作结果如图 3-51 所示。

在上面的左外连接查询中，不但可找出参加了课程考试的学生成绩信息，也能找出没有参加课程考试的学生成绩信息。同理，根据应用查询需要，可在查询语句中采用右连接或全连接方式。

	学号	姓名	课程编号	分数
1	201422010001	赵刚	A001	85
2	201422010002	杨静	A001	56
3	201422010003	吕新	A001	90
4	201422010005	王亚	A001	43
5	201422020001	李义	A001	92
6	201422020002	张江	A001	0
7	201422020003	青岩	A001	87
8	201422020004	邓晓	A001	63
9	201422010004	周强	(null)	(null)

图 3-51　学生课程成绩 SQL 查询结果

3.2 Oracle 索引

从第 1 章中关于索引基本介绍可知，索引（Index）是一种针对表中指定列的值进行排序的数据结构，使用它可以加快表中数据的查询访问。例如，一个雇员信息表中有数万个雇员的行数据。若要对该表进行雇员信息查询，最基本的信息查询方式是全表检索，即将所有雇员的行数据一一取出，并与查询条件进行逐一对比，然后返回满足条件的行数据。这样的数据查询会带来 DBMS 系统的大量开销，并造成大量磁盘 I/O 操作。因此，需要在数据表中建立类似于图书目录的索引结构。当在有索引的表中进行数据查询时，首先在该表的索引结构中查找符合检索条件的索引值，然后再根据索引值所关联的地址指针在磁盘数据块中直接定位到对应的数据记录，从而实现快速数据查询。

在 Oracle 数据库中，表中的每一行都有一个唯一的行标识 RowID，该行标识记录本行数据在磁盘数据块中的地址，该地址包含本行数据所在的文件、在文件中的块号和在块中的行号等信息。在索引结构中，每个键值条目都包含一个键值和一个 RowID，其中键值就是索引结构在表中一列或者多列所建立的索引值。在基于索引的表数据检索中，首先从索引结构获取键值，然后根据键值所对应的 RowID 指针找到该行数据的物理地址，从而可得到检索的行数据。

3.2.1 索引的类型

Oracle 数据库系统提供了多种索引结构的实现方案。在这些方案中，系统可创建的索引类型如下。

1. B-树索引

B-树是平衡树（Balanced Trees）的缩写。B-树索引是 Oracle 数据库中最常见的索引结构。在 Oracle 数据库表中，所创建的默认索引就是 B-树索引，如主键索引。在 B-树索引结构中，按主键值的顺序组织键值条目，通过条目中键值与 RowID 关联，可以快速定位所需检索的行数据。图 3-52 是 B-树索引结构的原理示意图。

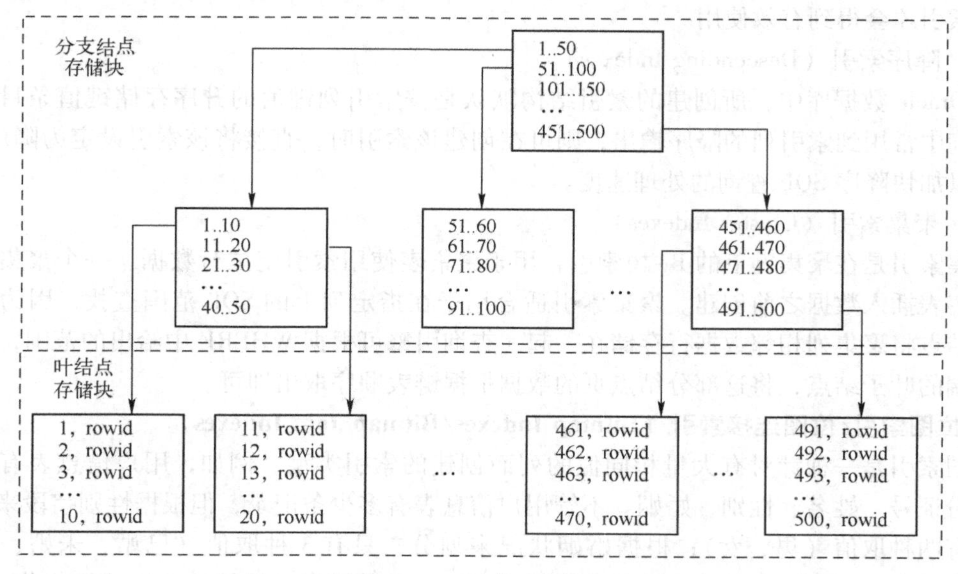

图 3-52　B-树索引结构原理

在B-树索引结构中，有分支结点和叶结点两种类型的存储数据块。分支结点用于存储键值范围目录，叶结点用于存储键值条目。在图3-52所示的B-树索引结构中，总共有500个索引键值，这些索引键值与RowID地址指针关联都是在叶结点中的键值条目内实现的。索引键值的范围目录是在分支结点内实现的。在分支根结点中，有多少个键值范围条目，就有多少个子结点。同样，每个子结点内有多少个键值范围条目，其下层就关联多少个子结点。叶结点为最下层分支结点所关联。

在数据库SQL查询中，使用B-树索引结构具有以下优点。

1）B-树中所有的叶结点都在同一深度层次，查询数据库表中任何记录所开销的时间大体相同。

2）B-树为范围查询提供了较好的性能，并可实现精确匹配和范围检索。

3）B-树的索引结构是由DBMS自动创建，索引性能不会随表的大小增长而降低。

4）对于数据库表的数据插入、数据更新和数据删除，DBMS自动重建索引。

但B-树索引结构也存在一定的局限，它通常只有在数据查询返回结果行数与所在表总行数的比例很小时，才会有良好的查询性能。当数据查询返回结果超过表总行数数据的10%时，其查询性能会降低。

在Oracle数据库中，B-树索引还可进一步演化为以下几个子类索引。

（1）反转键索引（Reverse Key Indexes）

反转键索引是一种特殊的B-树索引。在创建反转键索引时，其索引结构将索引键值按二进制位进行翻转处理，如原索引键值1100、0101反转后变为0011、1010。经过反转之后的索引键值就变得有随机性，从而将该键值所对应的数据行均衡地分布到底层的叶结点进行数据存储。使用反转键索引的目标是使所创建的B-树更为平衡，减少集中在热点叶结点处理的I/O争用问题。因此，反转键索引适合于密集型数据访问操作，可避免出现热点存储块的集中访问。不过，反转键索引也存在局限性，当在WHERE语句中需要对索引列的值进行范围查询时，如果使用BETWEEN…AND、<、>等运算符，其反转键索引将无法使用。此时，Oracle将执行全表扫描，其检索性能会降低。只有当对反转键索引列进行<>和=的比较操作时，其反转键索引才会得到有效使用。

（2）降序索引（Descending Indexes）

在Oracle数据库中，所创建的索引结构默认是按索引列键值的升序存储键值条目。若用户在查询中常用到索引列的降序输出，则可在创建该索引时，直接将该索引设定为降序索引，这样可以加快降序SQL查询的处理速度。

（3）聚集索引（Cluster Indexes）

聚集索引是在聚集键上的B-树索引，用于聚集表使用索引定位行数据。一个聚集索引必须在聚集表插入数据之前创建。聚集索引适合用于在指定列上的SQL范围查找，因为聚集索引的叶结点将聚集列相邻数据行存储在一起，查询引擎可根据WHERE中给出的范围，直接定位到两端的叶子结点，将这部分结点页的数据根据链表顺序取出即可。

2. 位图索引/位图连接索引（Bitmap Indexes/Bitmap Join Indexes）

位图索引是一种针对有大量相同值的列而创建的索引类型。例如，用户信息表有4个字段：身份证号、姓名、性别、婚姻。不管用户信息表有多少条记录，但根据性别字段来区分的话，只有两种取值（男、女）；根据婚姻状况来划分，只有3种取值（已婚、未婚、离婚）。位图索引适合于WHERE条件中带有AND、OR和NOT等逻辑运算符的SQL查询操作。

【例 3-35】在 Oracle 数据库中，执行 select * from users where gender ='男 'and marital ='未婚 '语句，从 users 表中查询满足条件的用户数据。

假设 users 表在 gender 列和 marital 列分别创建了位图索引，users 表的当前数据如下。

rowID	身份证号	姓名	性别	婚姻
1	510 **************1	张 *	男	已婚
2	450 **************7	赵 *	女	未婚
3	421 **************5	刘 *	男	已婚
4	370 **************2	孟 *	男	离婚
5	652 **************3	吕 *	男	未婚
6	220 **************6	王 *	女	未婚
…….				

该表在 gender 列所生成的索引值位图如下。

rowID	1	2	3	4	5	6	……
'男 '	1	0	1	1	1	0	……
'女 '	0	1	0	0	0	1	……

该表在 marital 列所生成的索引值位图如下。

rowID	1	2	3	4	5	6	……
'未婚 '	0	1	0	0	1	1	……
'已婚 '	1	0	1	0	0	0	……
'离婚 '	0	0	0	1	0	0	……

在上述位图索引中，每个索引值只用 1 个二进制位表示，该二进制位在图中的位置既对应于该表中的 rowID（行号），也对应于索引列的基数值。若索引值为 1，则意味着对应表中的 rowID 行包含对应的列基数值。反之，则不包含该列基数值。

当执行 select * from users where gender ='男 'and marital ='未婚 '语句时，首先取出性别列的基数值 '男 '的位图向量 1 0 1 1 1 0 ⋯..，然后取出婚姻列的基数值 '未婚 '的位图向量 0 1 0 0 1 1⋯，将这两个向量进行 AND 运算，可生成查询结果向量 0 0 0 0 1 0⋯..，从中可以发现第 5 位为 1，即表中第 5 行记录（身份证号为 652 **************3 的用户）为满足查询条件的数据。

位图连接索引比位图索引更进了一步。这些索引将位图化的列完全从表数据中抽取出来，并将其存储在索引中。其假定条件是这些列集合必须一起查询。同样，这也是为数据仓库数据库而设计的。除了在句法最后有一个 WHERE 子句之外，位图连接索引的创建指令就像创建位图索引的 CREATE BITMAP INDEX 一样。

3. 基于函数索引

基于函数索引（Function-Based Indexes）是一种在索引列中使用函数生成索引键值的索引结构，它可以加快在 where 条件中包含了函数计算的 SQL 查询语句处理速度。例如，执行一条 SQL 语句 select * from employee where upper(ename) ='JACK'时，假设在 ename 列存放的姓名数据都是小写字符串，即使数据库表在 ename 列上建立了 B-树索引，查询引擎在执行上述语句时，使用 B-树索引是检索不出满足条件的数据的，依旧会按全表扫描方式从 employee 表中逐行读取 ename 字段数据，并将数据转换成大写，跟常量 JACK 进行比较检索处理。因此，在执行带有函数处理的查询条件 SQL 语句时，一般的 B-树索引是不起作用的，但如果建立一个基于函数的索引，比如：create index emp_upper_idx on employee(upper(ename))。在进行上述 SQL 查询时，即便在 ename 列存放的姓名数据为小写字符，查询引擎也可从索引结构中获取正确的索引值进行条件比较，从而解决原有查询问题。

4. 域索引

在 Oracle 数据库中，可针对用户应用自定义列的索引模式，该类索引被称为域索引（Domain Index）。域索引主要针对数据库表中的自定义数据类型和复杂数据类型（如文档、图片和音频等）列建立索引。这些类型数据在 Oracle 中基本上以 BLOB 类型存储，不同的应用对数据检索处理要求有所不同，因此，Oracle 数据库不可能提供一种固定的模式对这些数据进行索引。为了能够对这些类型数据快速访问，Oracle 可提供索引接口函数，用户可以针对自己的数据应用格式实现这些接口函数，以达到对这些数据的快速访问。

3.2.2 索引的创建

在 Oracle 数据库中，创建索引对象有基于 SQL 命令执行和基于 GUI 界面操作两类方式。

1. SQL 语句执行创建索引

在 Oracle 数据库中，执行 SQL 语句命令在表中创建索引，基本语句格式如下。

```
CREATE INDEX <索引名> ON <表名><(列名)>;
```

其中 CREATE INDEX 为创建索引语句的关键词。<索引名>为在指定表中针对某列创建的索引名称。该语句执行后，在表中为指定列创建其列值的索引，使数据库可针对该列的索引实现快速查询。

【例 3-36】 在学生信息表 STUDENT 中，为姓名 StudentName 列创建索引，以便可支持按姓名快速查询学生信息，其索引创建 SQL 语句如下。

```
CREATE INDEX Name_Idx ON STUDENT (StudentName);
```

在 SQL Developer 数据库开发管理工具中，通过执行上述语句，可以创建学生信息表 STUDENT 的 Name_Idx 索引，其运行结果界面如图 3-53 所示。

在数据库表中，创建索引主要有以下好处：①可以加快数据的查询速度，这也是创建索引的最主要原因。②可以加快关联表之间的连接，特别是在实现数据的参考完整性方面特别有意义。③在使用分组和排序子句进行数据查询时，同样可以显著减少查询中分组和排序的时间。

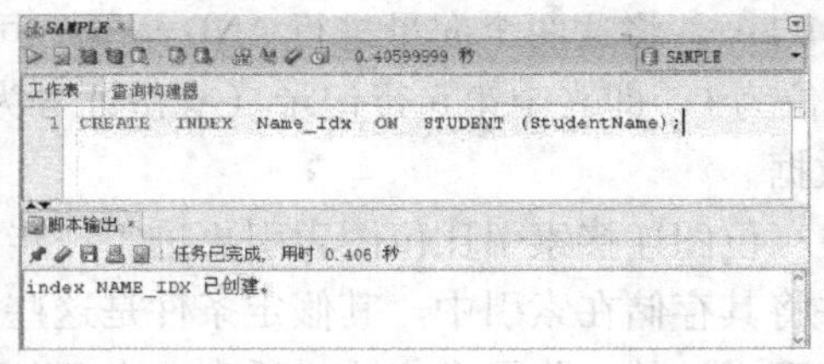

图 3-53　STUDENT 表中 Name_Idx 索引创建

当然，在数据库表中，创建索引也会带来开销：①创建索引和维护索引要耗费时间，这种时间会随着数据量的增大而增加。②索引需要占物理空间，除了数据表占数据空间之外，每一个索引还要占一定的物理空间。③当对表中的数据进行增加、删除和修改时，索引也需要进行动态维护，这样会降低了数据的维护速度。

因此，在数据库系统开发中，根据实际应用需求，仅对需要快速查询的数据列在表中建立索引。在数据库管理系统中，在为一个表创建主键时，系统将同时自动为该主键创建索引。

注意：在数据库表的某些列上创建索引，其索引值可能会有重复值。如果在应用中不允许有重复索引值，则需要使用以下创建唯一索引的 SQL 语句。

```
CREATE UNIQUE INDEX <索引名> ON <表名><(列名)>;
```

2. GUI 界面操作创建索引

在 Oracle 数据库中，可使用 SQL Developer 工具，通过界面操作，在数据库表中实现指定列的索引创建。

【例 3-37】 在学生信息表 STUDENT 中，为出生日期 BirthDay 列创建索引，以便可支持按出生日期查询学生信息。

使用 SQL Developer 开发工具，实现数据库表 STUDENT 创建索引的操作步骤如下。

1）在 SQL Developer 工具中，选中 STUDENT 表，并打开该表的索引列表页，其界面如图 3-54 所示。

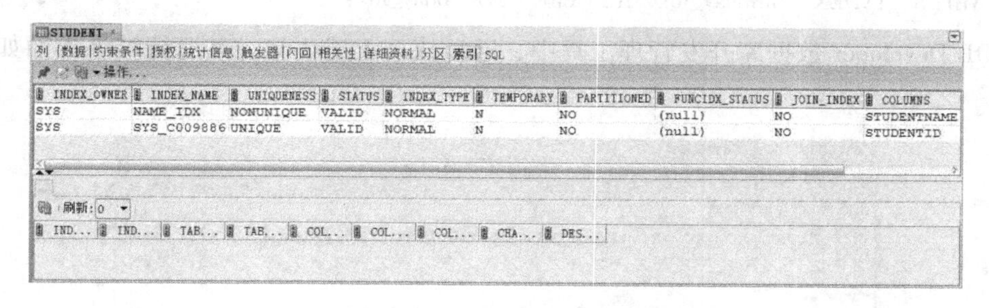

图 3-54　STUDENT 表索引操作界面

在该表中，当前只有主键索引（SYS-C009886）和姓名列索引（NAME_IDX）。选择“操作”→“索引”→“创建索引”命令，“创建索引”对话框，如图 3-55 所示。

2）在该对话框中，输入索引名称，选取索引类型，选取索引列等。当索引创建参数定义完成后，在该界面中单击“确定”按钮，执行索引创建，操作结束后返回索引操作界面，如图 3-56 所示。

从该界面中可以看到，表中出生日期列的索引 BirthDay_IDX 创建完成。

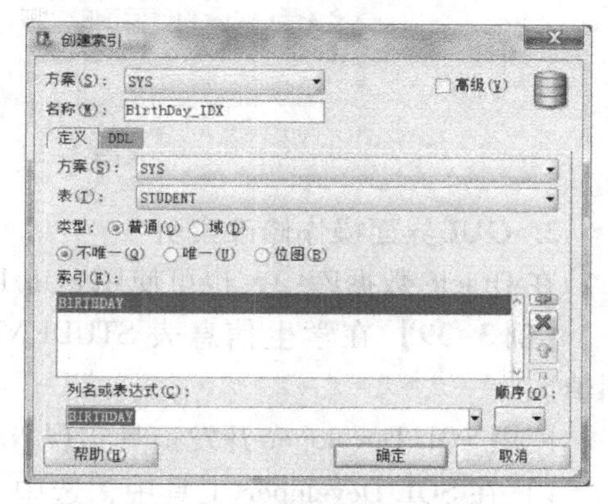

图 3-55　“创建索引”对话框

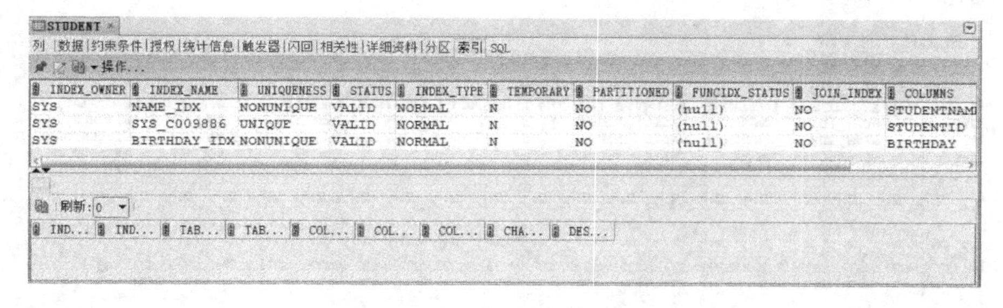

图 3-56　索引操作界面

3.2.3　索引的修改

在数据库开发和使用过程中，可以对所创建的索引进行修改，以满足新的应用要求。同样，修改索引对象有基于 SQL 命令执行和基于 GUI 界面操作两类方式。

1. SQL 语句执行修改索引

在 Oracle 数据库中，执行 SQL 语句命令在表中修改索引，基本语句格式如下。

```
ALTER INDEX <索引名> RENAME TO <新索引名>;
```

其中 ALTER INDEX 为索引对象修改语句的关键词。<索引名>为在指定表中针对某列创建的索引名称。RENAME TO 为索引换名关键词。执行该语句后，原有索引被换名为新名称。

【例 3-38】在学生信息表 STUDENT 中，将原索引 Birthday_Idx 更名为 Bday_Idx，其索引修改的 SQL 语句如下。

```
ALTER   INDEX   Birthday_Idx   RENAME   TO   Bday_Idx;
```

在 SQL Developer 数据库开发管理工具中，通过执行上述语句，其运行结果界面如图 3-57 所示。

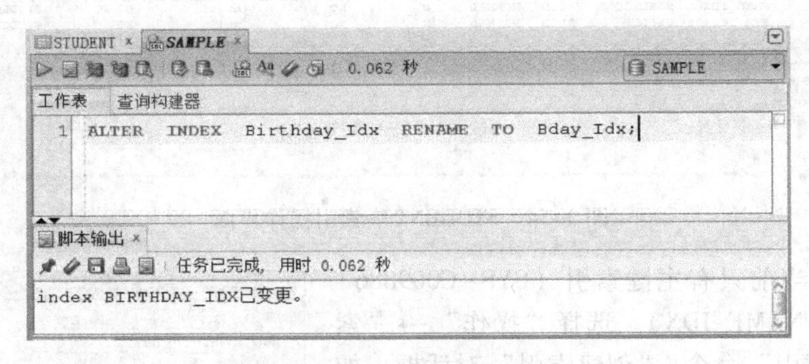

图 3-57　索引修改 SQL 语句执行

2. GUI 界面操作修改索引

在 Oracle 数据库中，也可使用 SQL Developer 工具实现表中索引的修改。

【例 3-39】在学生信息表 STUDENT 中，将 NAME_IDX 索引进行修改，按降序排列索引值。

使用 SQL Developer 开发工具实现 NAME_IDX 索引修改的操作步骤如下。

1）在 SQL Developer 工具中，选中 STUDENT 表，并打开该表的索引列表页，其界面如图 3-58 所示。

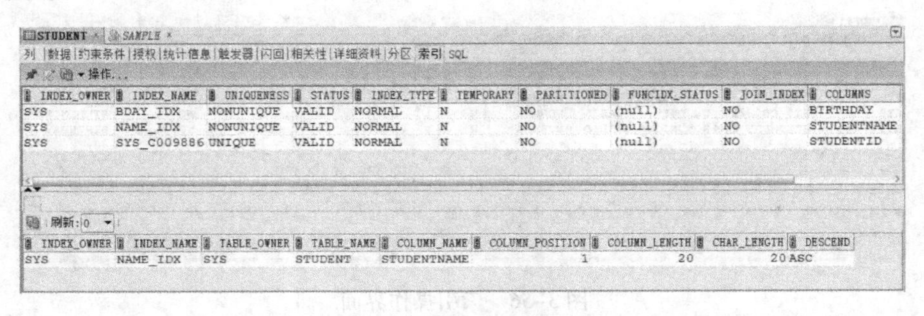

图 3-58　STUDENT 表索引列表界面

2）在界面列表中，选取索引（NAME_IDX）行。单击编辑功能图标，弹出“编辑表”对话框，如图 3-59 所示。

3）选择索引对象，进入索引编辑处理界面，如图 3-60 所示。

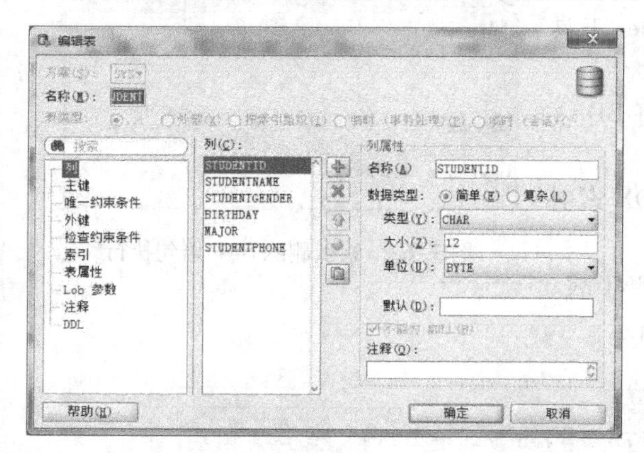

图 3-59 “编辑表”对话框

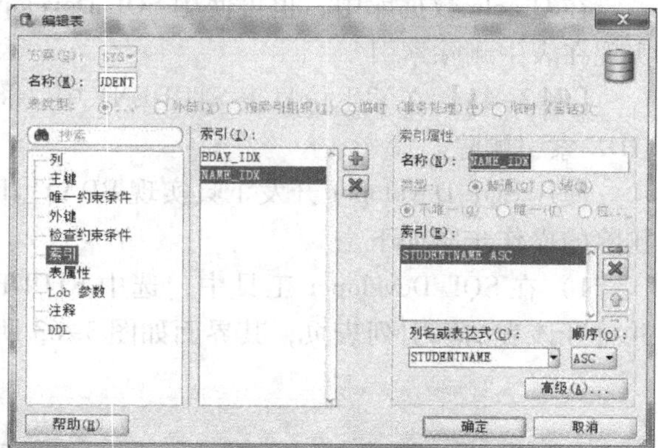

图 3-60 索引编辑处理界面

4）从该界面中选取 NAME_IDX 索引，在该索引的编辑界面中，改变原索引默认顺序 ASC 为 DESC。单击“确认”按钮，执行索引修改操作，并返回索引列表界面，如图 3-61 所示。

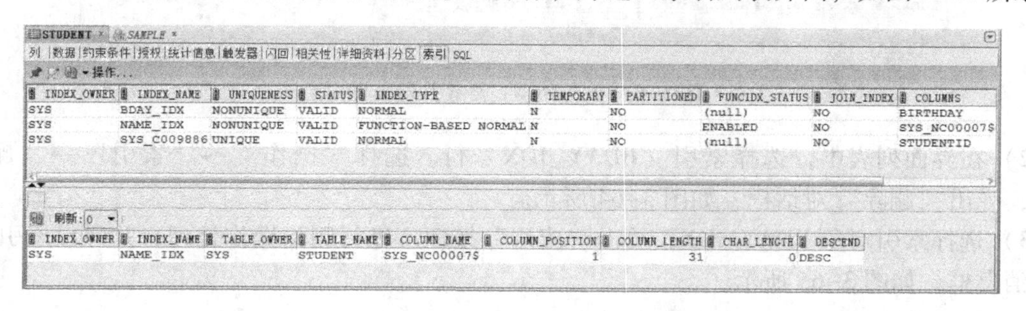

INDEX_OWNER	INDEX_NAME	UNIQUENESS	STATUS	INDEX_TYPE	TEMPORARY	PARTITIONED	FUNCIDX_STATUS	JOIN_INDEX	COLUMNS
SYS	BDAY_IDX	NONUNIQUE	VALID	NORMAL	N	NO	(null)	NO	BIRTHDAY
SYS	NAME_IDX	NONUNIQUE	VALID	FUNCTION-BASED NORMAL	N	NO	ENABLED	NO	SYS_NC00007$
SYS	SYS_C009886	UNIQUE	VALID	NORMAL	N	NO	(null)	NO	STUDENTID

INDEX_OWNER	INDEX_NAME	TABLE_OWNER	TABLE_NAME	COLUMN_NAME	COLUMN_POSITION	COLUMN_LENGTH	CHAR_LENGTH	DESCEND
SYS	NAME_IDX	SYS	STUDENT	SYS_NC00007$	1	31	0	DESC

图 3-61 索引列表界面

3.2.4 索引的删除

当一个索引在数据库系统中不再被使用时，可以删除该索引，以释放它所占用的系统资源。删除索引对象也有基于 SQL 命令执行和基于 GUI 界面操作两类方式。

1. SQL 语句执行删除索引

在 Oracle 数据库中，执行 SQL 语句命令在表中删除索引，基本语句格式如下。

```
DROP INDEX <索引名>;
```

其中 DROP INDEX 为删除索引语句的关键词。<索引名>为被指定的索引名称。执行该语句后，将从表中删除该索引。

【例 3-40】 在学生信息表 STUDENT 中，删除 NAME_IDX 索引，其索引删除 SQL 语句如下。

```
DROP INDEX NAME_IDX;
```

在 SQL Developer 数据库开发管理工具中，通过执行上述语句，其运行结果界面如图 3-62 所示。

2. GUI 界面操作删除索引

在 Oracle 数据库中，也可使用 SQL Developer 工具实现在表中删除索引。

【例 3-41】在学生信息表 STUDENT 中，将 BDAY_IDX 索引删除。

使用 SQL Developer 开发工具实现 BDAY_IDX 索引删除的操作步骤如下。

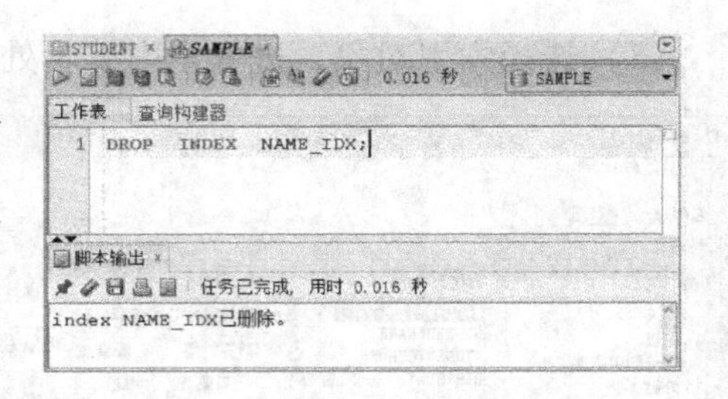

图 3-62　索引删除 SQL 语句执行

1）在 SQL Developer 工具中，选中 STUDENT 表，并打开该表的索引列表页，其界面如图 3-63 所示。

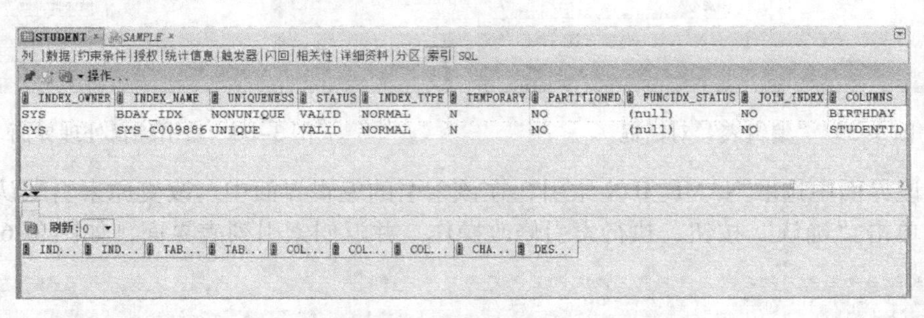

图 3-63　STUDENT 表索引列表界面

2）在界面列表中，选择索引（BDAY_IDX）行。选择“操作”→“索引”→“删除”命令，弹出“删除”对话框，如图 3-64 所示。

3）选择索引对象 BDAY_IDX，单击“应用”按钮，进行删除操作处理，并弹出索引删除完成消息框，如图 3-65 所示。

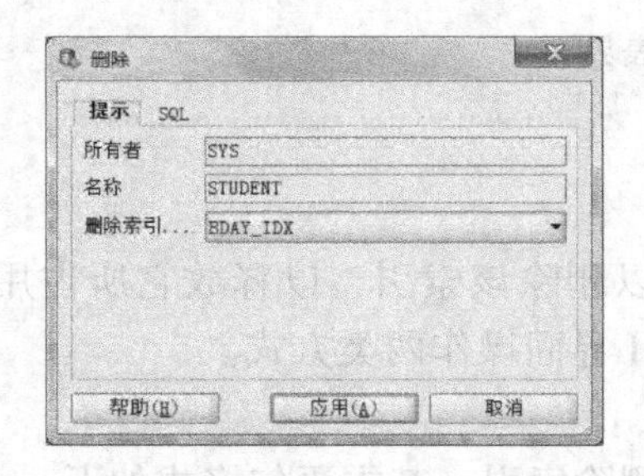

图 3-64　“删除”对话框

图 3-65　索引删除完成消息框

单击“确定”按钮，返回索引列表界面，删除操作结束。

3.2.5　索引的使用

在数据库中，索引既可以加快表查询速度，也会因数据插入、更新和删除需要对索引进行维护带来数据库的开销。因此，在考虑是否创建索引时，需要权衡应用是解决查询性能问题还是降低数据操纵开销问题。此外，还需要考虑哪种类型的列适合创建索引，哪种类型的列不适合创建索引。一般来说，应该在下面这些列上创建索引。

1）在经常需要检索数据的列上创建索引，可以加快检索的速度。

2）在作为主键的列上创建索引，可强制该列的唯一性和组织表中数据的排列结构。

3）在参照引用主键的关联表中的外键列上创建索引，可以加快连接的速度。

4）在经常需要根据范围进行搜索的列上创建索引，可使用索引的排序，加快范围内检索。

5）在经常需要查询结果排序的列上创建索引，可使用索引的排序，加快结果集排序处理。

6）在 WHERE 子句中的列上创建索引，可加快条件的判断速度。

反之，对于以下情况的列，则不适合创建索引。一般来说，不应该创建索引的这些列具有下列几个特点。

1）对于那些在查询中很少使用的列不应该创建索引。这是因为，既然这些列很少使用到，因此有索引并不能提高查询速度。相反，由于增加了索引，反而降低了系统的维护速度和增大了空间需求。

2）对于那些只有很少数据值的列也不应该创建索引。这是因为，由于这些列的取值很少，如“性别”列，在查询的结果中，结果集的数据行占了表中数据行的很大比例，即需要在表中搜索的数据行的比例很大。增加索引，并不能明显加快检索速度。

3）对于那些定义为 text、image 和 bit 数据类型的列不应该创建索引。这是因为，这些列的数据量要么相当大，要么数据量很少，不利于使用索引。

4）当修改操作远远多于检索操作时，不应该创建索引。这是因为，修改性能和检索性能是互相矛盾的。当创建索引时，会提高检索性能，但是会降低修改性能。当减少索引时，会提高修改性能，降低检索性能。

3.3 Oracle 视图

在 Oracle 数据库中，视图（View）是一种建立在基础表或其他视图之上的虚拟表。用户同样可以使用 SQL 语句对视图进行数据插入、数据修改、数据删除和数据查询处理。

3.3.1 视图的创建

在使用视图前，需要先在数据库中创建视图对象。创建视图的用户必须拥有创建权限，并在本用户的方案中创建对象。当视图被创建后，它作为一种数据库对象存放在数据库中。在需要处理时，视图可以与表一样进行操作处理。

在 Oracle 数据库中，创建视图对象可通过执行 SQL 语句创建，也可通过使用工具的 GUI 界面操作方式创建。

1. 执行 SQL 语句创建视图

创建数据库视图对象的 SQL 基本语句格式如下。

```
CREATE VIEW <视图名>[(列名1),(列名2),…] AS <SELECT查询>;
```

其中，CREATE VIEW 为创建视图语句的关键词。<视图名>为将被创建的视图名称。在一个数据库方案中，不允许有两个视图同名。在视图中，可以定义组成视图各个列的名称。若没有定义列名，则默认采用查询结果集的列名作为视图列名。AS 关键词后为 SELECT 查询语句，其结果集为视图的数据。

【例 3-42】在数据库 TEACHING_DB 方案中，若需要建立一个获取学生通讯录信息的视图

Student_Contact_View，其创建 SQL 语句如下。

```
CREATE  VIEW  Student_Contact_View  AS
SELECT  StudentID,  StudentName,  StudentPhone
FROM  STUDENT;
```

执行该语句后，在数据库中创建了一个名称为 Student_Contact_View 的数据库视图对象，如图 3-66 所示。

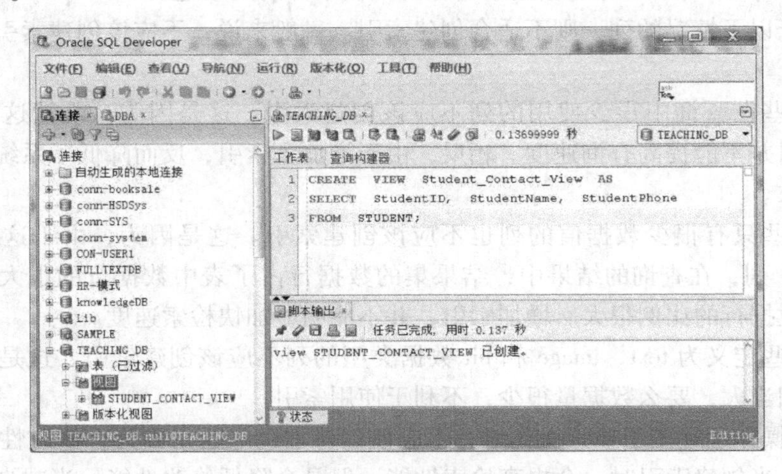

图 3-66 Student_Contact_View 视图创建结果

当在数据库中创建视图后，用户可以与访问数据库表一样去操作访问视图。例如，使用 SELECT 语句查询该视图数据，并按学号排序输出，其 SQL 语句如下。

```
SELECT  *
FROM  Student_Contact_View
ORDER  BY  StudentID;
```

执行该 SQL 语句后，其查询操作结果如图 3-67 所示。

在上面的视图查询输出结果集中，返回的信息取决于视图中定义的列，而非基本表的所有信息。返回的行顺序按视图所指定的 StudentID 列升序排列输出。

此外，拥有视图对象权限的用户还可以通过执行 INSERT、UPDATE 和 DELETE 语句对视图所引用的数据进行操作，实现对视图映射的基础表数据进行操作。当然，拥有视图权限的用户是不能直接通过 SQL 语句访问基础表的。

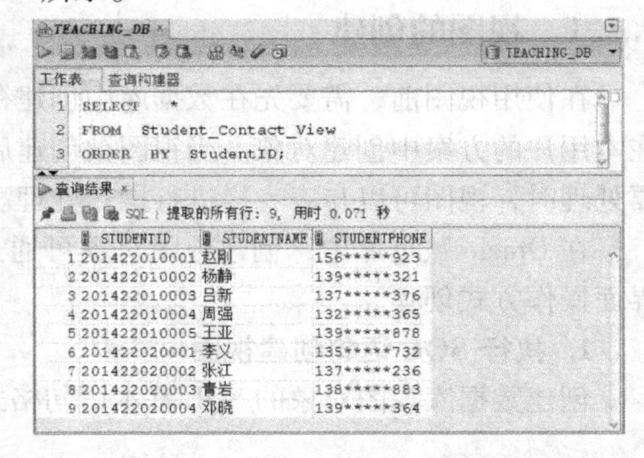

图 3-67 Student_Contact_View 视图查询结果

【例 3-43】使用 Student_Contact_View 数据库视图对象添加学生通讯录数据，即对 Student_Contact_View 视图执行 INSERT INTO 语句操作，插入数据的 SQL 语句如下。

```
INSERT INTO Student_Contact_View  VALUES('201422020005', '赵萌 ', '138 ***** 342');
```

将该语句在 SQL Developer 工具中执行，其执行结果如图 3-68 所示。

在视图中插入的数据可能仅仅是基础表的部分列数据，因 INSERT INTO 语句仅对视图列进行数据插入操作。为了验证前面的视图插入数据操作，可对视图所依赖的基础表 STUDENT 进行 SELECT 语句查询操作，其 SQL 语句如下。

```
SELECT    *
FROM   Student;
```

执行该 SQL 语句后，其查询操作结果如图 3-69 所示。

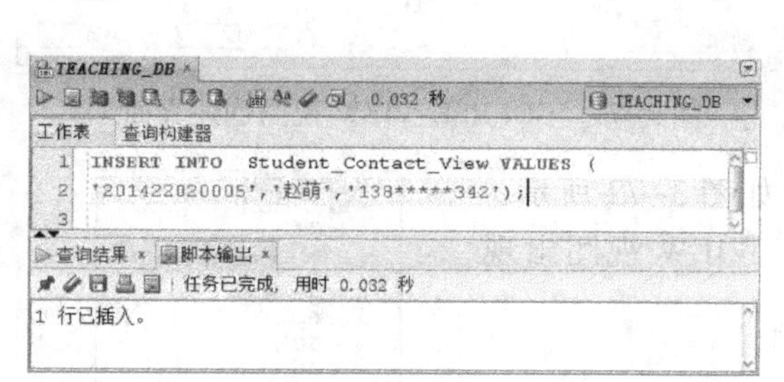

图 3-68　Student_Contact_View 视图插入数据结果

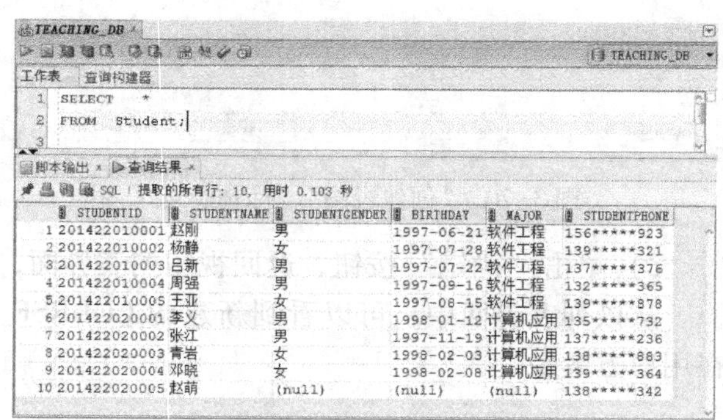

图 3-69　STUDENT 表查询结果

如果不想让用户通过视图修改基础表数据，就不要将视图上的执行 INSERT、UPDATE、DELETE 操作权限赋予该用户，或者在创建视图时使用 WITH READ ONLY 子句限定该视图为只读视图。

【例 3-44】在数据库 TEACHING_DB 方案中，若需要建立一个获取学生通讯录信息的视图 Student_Contact_View，要求该视图只允许读取操作，不能进行数据修改，其创建 SQL 语句如下。

```
CREATE   VIEW   Student_Contact_View   AS
SELECT   StudentID,   StudentName,   StudentPhone
FROM   STUDENT
WITH READ ONLY;
```

执行该语句后，在数据库中将创建一个名为 Student_Contact_View 的数据库视图对象。此后，即使用户拥有插入、删除或修改基础表的权限，但该用户通过本视图执行修改操作 SQL 语句时，系统都会显示以下错误信息：SQL 错误：ORA-42399：无法对只读视图执行 DML 操作。

2. GUI 界面操作创建视图

在 Oracle 数据库中，也可使用 SQL Developer 工具通过 GUI 界面实现视图创建。

【例 3-45】在数据库 TEACHING_DB 方案中，创建一个课程名称视图 COURSE_VIEW，该视图从课程表获取课程编号和课程名称信息。

使用 SQL Developer 开发工具实现 COURSE_VIEW 视图创建的操作步骤如下。

1）在 SQL Developer 工具中，选中 TEACHING_DB 方案的视图目录并右击，在弹出的快捷菜单中选择“新建视图”命令，弹出“创建视图”对话框，如图 3-70 所示。

在该对话框中，输入视图名称和视图 SELECT 语句，如图 3-71 所示。

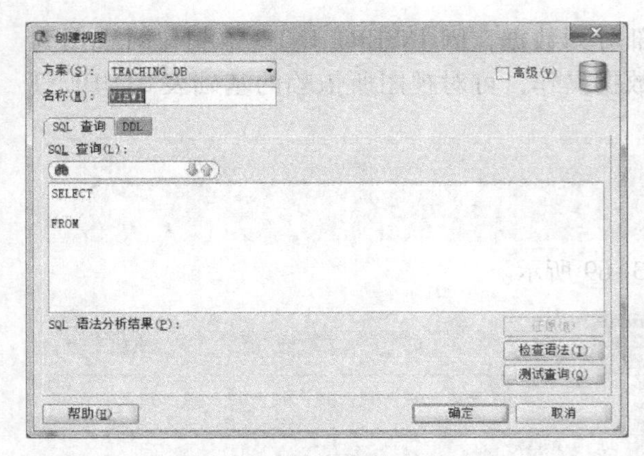

图 3-70 “创建视图”对话框

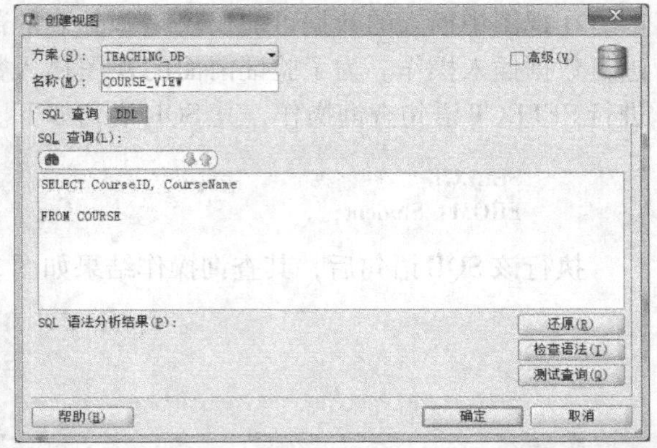

图 3-71 COURSE_VIEW 视图创建界面

2）单击“确定”按钮，返回视图列表界面，如图 3-72 所示。

从该列表界面中，可以看到新建的 COURSE_ VIEW 视图出现在用户方案中。

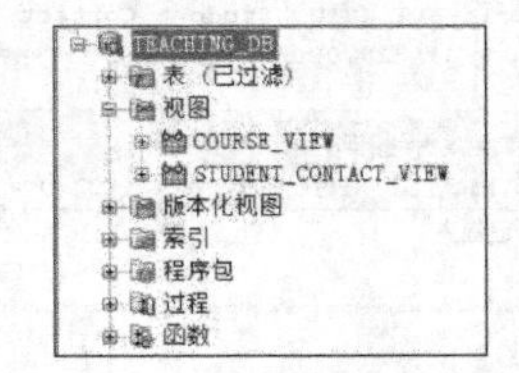

图 3-72 视图列表界面

3.3.2 视图的修改

在使用数据库视图的过程中，可以根据需要对现有视图进行修改操作，如修改视图定义、修改视图约束和重新编译视图等。视图修改方式可分基于 SQL 命令行执行和基于图形界面操作修改。

1. 执行 SQL 语句修改视图

在 Oracle 数据库中，修改视图分为修改视图定义和修改视图约束两类操作。其中修改视图定义的 SQL 基本语句格式如下。

```
CRETE OR REPLACE VIEW <视图名>[(列名1),(列名2),…] AS <SELECT 查询>;
```

该语句是在现有视图基础上，对视图定义进行修改重建，并保持原有的用户操作权限。

【例 3-46】 在数据库 TEACHING_DB 方案中，若要修改现有学生通讯录视图 Student_Contact_View，要求该视图只获取“软件工程”专业的学生数据，其视图修改 SQL 语句如下。

```
CREATE OR REPLACE  VIEW  Student_Contact_View  AS
SELECT  StudentID,  StudentName,  StudentPhone
FROM  STUDENT
WHERE Major ='软件工程';
```

执行该语句后，在数据库中重新创建了一个名为 Student_Contact_View 的数据库视图对象，如图 3-73 所示。

当该视图在数据库中重新创建后，用户查询访问该视图只能获取“软件工程”专业的学生通讯录数据。例如，执行 SELECT 语句查询该视图数据，其查询操作结果如图 3-74 所示。

如果需要修改数据库视图的约束，则需要使用 ALTER VIEW 语句操作，其 SQL 基本语句格式如下。

```
ALTER VIEW <视图名><修改子句>;
```

其中 ALTER VIEW 为修改视图语句的关键词。<视图名> 为将被修改的视图名称。ALTER VIEW 的修改子句可以指定重新编译视图或修改视图约束。

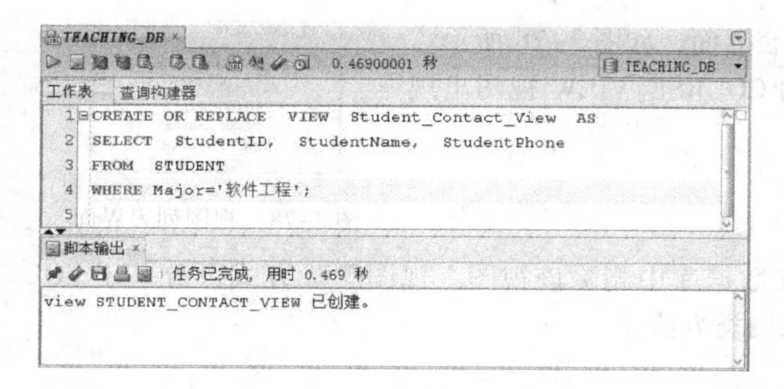

图 3-73 Student_Contact_View 视图重建结果

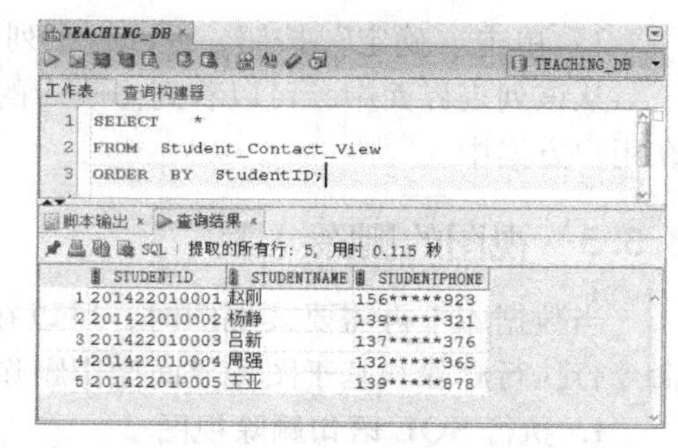

图3-74 Student_Contact_View 视图查询结果

【例 3-47】 在数据库 TEACHING_DB 方案中，若要修改现有学生通讯录视图 Student_Contact_View 的基础表属性，要求对该视图进行重新编译处理，其视图编译的 SQL 语句如下。

```
ALTER VIEW Student_Contact_View COMPILE;
```

执行该语句后，在视图 Student_Contact_View 对象完成重新编译，如图 3-75 所示。

此外，ALTER VIEW 修改视图语句还可以实现约束的添加（ADD）、删除（DROP）和修改（MODIFY）等操作处理。

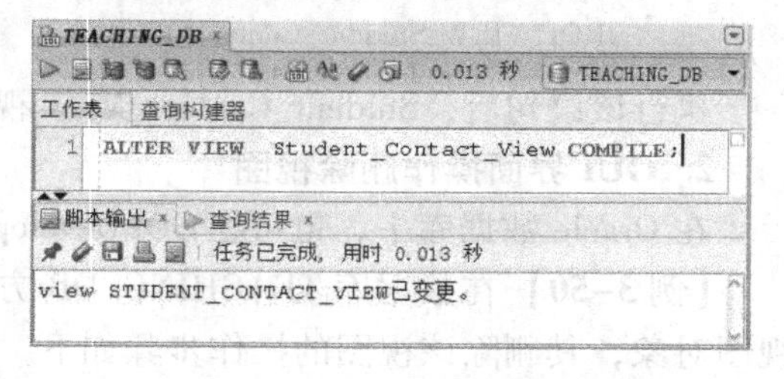

图 3-75 Student_Contact_View 视图编译

2. GUI 界面操作修改视图

在 Oracle 数据库中，除了执行 SQL 语句进行视图操作外，还可以在 SQL Developer 工具中通过 GUI 界面操作实现视图修改。

【例 3-48】 在数据库 TEACHING_DB 方案中，在原有课程名称视图 COURSE_VIEW 中，增加课程学时信息列。

使用 SQL Developer 开发工具实现 COURSE_VIEW 视图创建的操作步骤如下。

1）在 SQL Developer 工具中，进入 TEACHING_DB 方案的视图目录，选择 COURSE_VIEW 视图并右击，在弹出的快捷菜单中选择"编辑视图"命令，弹出"编辑视图"对话框，如图 3-76 所示。

在该对话框中添加 CoursePeriod 列，并检查语法是否正确，如图 3-77 所示。

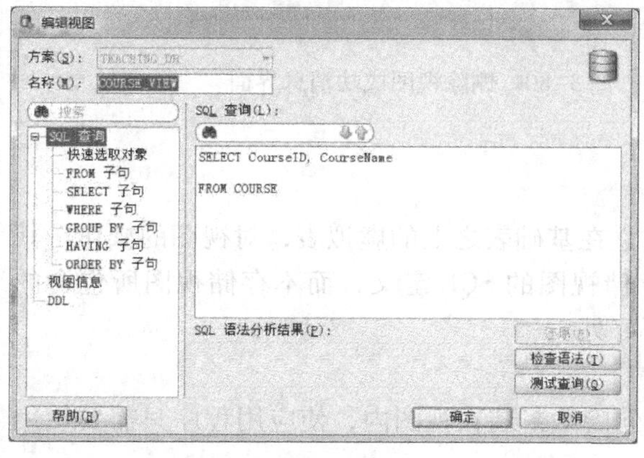

图 3-76 "编辑视图"对话框

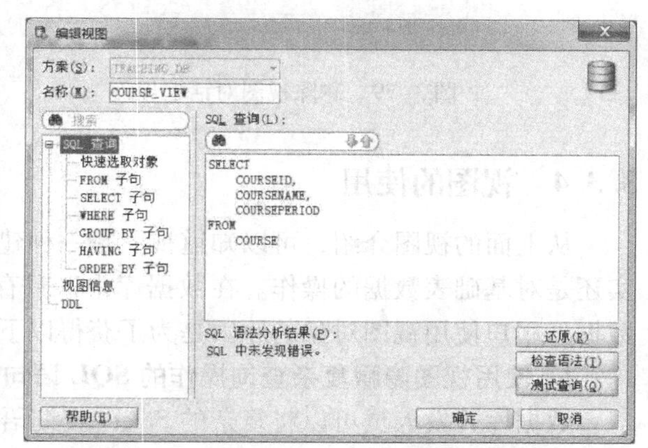

图 3-77 COURSE_VIEW 视图编辑界面

2）单击“确定”按钮，返回视图列表界面，如图 3-78 所示。

从该列表界面中，可以看到修改后的 COURSE_VIEW 视图出现在用户方案中。

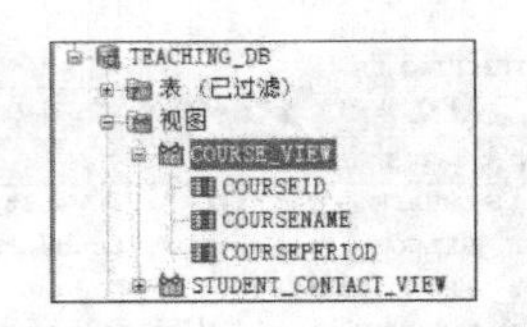

图 3-78　视图列表界面

3.3.3　视图的删除

当数据库不再需要某视图时，可以在数据库中删除该视图。视图删除方式可分基于 SQL 命令行执行删除和基于图形界面操作删除两类方法。

1. 执行 SQL 语句删除视图

在 Oracle 数据库中，可以通过执行 SQL 语句实现视图删除，其视图的删除语句格式如下。

```
DROP VIEW <视图名>;
```

其中 DROP VIEW 为删除视图语句的关键词。<视图名>为将被删除的视图名称。

【例 3-49】在数据库 TEACHING_DB 方案中，若需要删除名称为 Student_Contact_View 的视图对象，其删除该视图的 SQL 语句如下。

```
DROP VIEW Student_Contact_View;
```

执行该语句后，Student_Contact_View 视图从数据库中被删除。

2. GUI 界面操作删除视图

在 Oracle 数据库中，也可在 SQLDeveloper 工具中通过 GUI 界面实现视图删除处理。

【例 3-50】在数据库 TEACHING_DB 方案中，若需要删除名称为 Student_Contact_View 的视图对象，其删除该视图的操作步骤如下。

1）在 SQL Developer 工具中，进入 TEACHING_DB 方案的视图目录，选择 Student_Contact_View 视图对象并右击鼠标，在弹出的快捷菜单中选择“删除”命令，弹出“删除”对话框，如图 3-79 所示。

2）单击“应用”按钮，从数据库中删除该视图，并弹出删除成功消息，如图 3-80 所示。

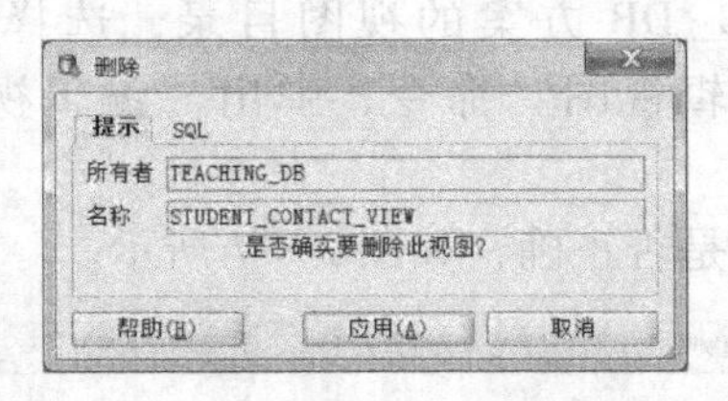

图 3-79　删除视图对话框界面

图 3-80　删除视图成功消息界面

3.3.4　视图的使用

从上面的视图介绍，可以知道视图是一种建立在基础表之上的虚拟表，对视图的操作，其实还是对基础表数据的操作。在数据库中，只存储视图的 SQL 定义，而不存储视图所包含的数据。用户使用视图对象的原因是为了获得以下好处。

1. 使用视图隐藏复杂查询操作的 SQL 语句

数据库开发人员可以将复杂的 Select 查询语句隐藏封装在视图内，使应用程序只需要使用简单的视图访问，便可获取所需要的数据。

【例 3-51】在成绩管理数据库中，希望能得到的学生课程成绩信息包含学号、姓名、课程名和分数数据。该查询操作需要从学生信息表 STUDENT、课程表 COURSE 和成绩表 GRADE 中获取数据。在 SQL 查询语句中，这些表之间还应建立连接，其查询 SQL 语句如下。

```
SELECT   S.StudentID   AS 学号，  S.StudentName AS 姓名，  C.CourseName AS 课程名称，G.Score
AS 分数
FROM   STUDENT S，COURSE C，  GRADE G
WHERE   S.StudentID = G.StudentID   AND C.CourseID = G.CourseID；
```

由于该 SQL 查询语句较复杂，为了让应用程序简单地实现该信息查询，可以先定义一个名称为 Grade_View 的视图，其视图创建的 SQL 语句如下。

```
CREATE   VIEWGrade_View   AS
SELECT   S.StudentID   AS 学号，  S.StudentName AS 姓名，  C.CourseName AS 课程名称，G.Score
AS 分数
FROM   STUDENT S，COURSE C，  GRADE G
WHERE   S.StudentID = G.StudentID   AND C.CourseID = G.CourseID；
```

当 Grade_View 视图被创建完成后，应用程序就可以通过一个简单的 SELECT 语句查询视图数据，其操作语句如下。

```
SELECT * FROMGrade_View；
```

当该语句执行后，其查询操作结果如图 3-81 所示。

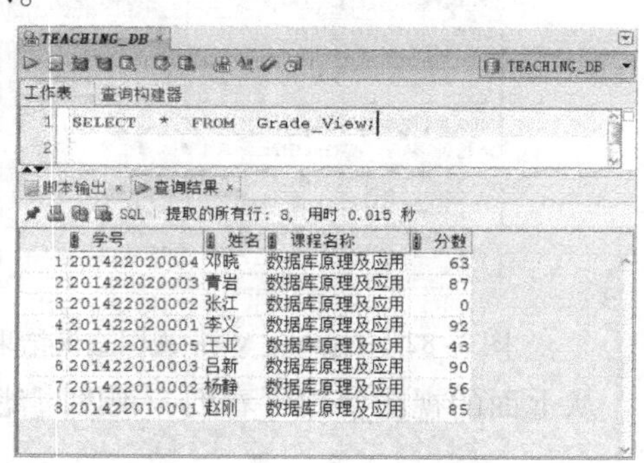

图 3-81　Grade_View 视图查询结果

从上面的视图使用可看到，视图访问操作可以获得与数据表直接访问操作同样的结果，但视图可以让编程人员使用简单的 SQL 查询语句，而非编写复杂的 SQL 语句。

2. 使用视图提高数据访问安全性

通过视图还可以将基础表中的敏感数据隐藏起来，使外部用户不能获取数据表的隐藏数据，降低数据库被攻击的风险。此外，通过视图访问，可限定用户只能查询和修改他们所能见到的数据，从而保护用户隐私数据。

【例 3-52】 在教师信息表中包含了完整的个人档案数据，一般用户只能浏览教师基本信息，如教师编号、教师姓名、性别、职称和所属学院，教师的其他隐私信息被隐藏，可定义视图来处理查询信息，其视图创建的 SQL 语句如下。

```
CREATE   VIEW   Teacher_View   AS
SELECT   T.TeacherID AS 编号，T.Name   AS 教师姓名，T.Gender   AS 性别，T.Title   AS 职称，
C.CollegeName   AS 所属学院
FROM   TEACHER T，  COLLEGE   C
WHERE   T.CollegeID = C.CollegeID；
```

当 Teacher_View 视图被创建完成后，应用程序就可以通过一个简单的 SELECT 语句查询视图数据，其操作语句如下。

```
SELECT * FROM Teacher_View
ORDER BY 所属学院 ，教师姓名；
```

执行该语句后，其视图操作结果如图 3-82 所示。

从上面的视图查询使用中，可仅输出教师的基本信息，其他涉及隐私的信息被视图过滤掉了。

3. 集中展示用户所感兴趣的数据

通过视图，可以将用户不关心的数据进行过滤，仅仅提供他们所感兴趣的数据。

【例 3-53】 在课程信息表中，学生主要关心专业基础课程类别的课程名称、课程学分和考核方式信息。这里可以创建一个查询基础课程信息的视图 Basic_Course_View，其视图创建的 SQL 语句如下。

```
CREATE   VIEW   Basic_Course_View   AS
    SELECT CourseName AS 课程名称, CourseCredit AS 学分, TestMethod AS 考核方式
    FROM   COURSE
    WHERE CourseType ='基础课 ';
```

当 Basic_Course_View 视图创建完成后，应用程序就可以通过一个简单的 SELECT 语句查询视图数据，其操作语句如下。

```
SELECT * FROM   Basic_Course_View;
```

执行该语句后，其查询操作结果如图 3-83 所示。

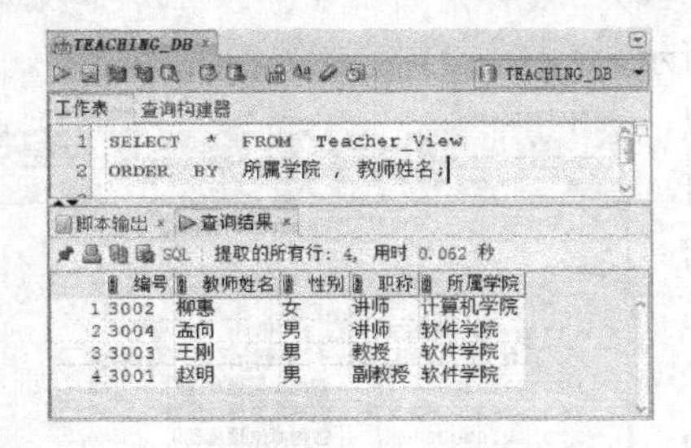

图 3-82　Teacher_View 视图查询结果

图 3-83　Basic_Course_View 视图查询结果

从上面的视图使用可看到，视图过滤掉了用户不关心的数据，仅仅提供用户需要的数据。

3.4　Oracle 序列

在 Oracle 数据库中，序列（Sequence）是一种用于自动生成序列值的数据库对象。通常用户使用序列值作为代理主键值，它可唯一标识表中不同行的数据。当序列创建后，在 INSERT 和 UPDATE 语句中，用户可以访问序列，获取序列值，以标识不同记录。Oracle 数据库能够保证多个用户同时访问一个序列时，其序列值具有唯一性，即两个会话用户不会使用相同的序列值。

3.4.1　序列的创建

在使用 Oracle 数据库序列前，必须创建序列对象。创建序列可以基于 SQL 语句执行创建，也可基于 GUI 界面操作创建。本节仅给出执行 SQL 语句的创建序列方法，其 SQL 语句格式如下。

```
CREATE SEQUENCE <序列名>
[START WITH    <初始值>] [INCREMENT BY <[ - ]步长>]
[MAXVALUE <最大值> | NO MAXVALUE]
[MINVALUE <最小值> | NO MINVALUE]
[NOCYCLE | CYCLE]
```

```
        [NOCACHE|CACHE <缓存大小>]
        [NOODER|ORDER];
```

在创建序列 SQL 语句中，CREATE SEQUENCE 为关键词。<序列名>为用户创建的序列名称。其他选项为可选参数。在序列创建语句中，可以定义序列的初始值、增减步长值、最大值、最小值，以及是否允许序列值循环、缓存大小和是否排序等参数。

【例 3-54】在课程注册信息表 REGISTER（RegisterID，CourseID，StudentID，StudentName）中，其中 RegisterID 为代理主键，它的取值需要由数据库序列来提供。这里可以创建一个 Oracle 数据库序列 Register_Seq，该序列的初始值为 100，增量为 1，其序列创建的 SQL 语句如下。

```
CREATE SEQUENCE    Register_Seq
  START WITH    100
  INCREMENT BY 1;
```

执行该序列创建语句后，其操作结果如图 3-84 所示。

从上面的 SQL 执行结果可看到，Register_Seq 序列已经在数据库中创建。随后，用户就可以使用该序列提供的序列值对课程注册表进行数据操作。

【例 3-55】在学生选课登记时，需要在课程注册信息表 REGISTER 中插入学生选课数据，即执行 INSERT INTO 语句。在这些数据插入操作 SQL 语句中，可使用 Register_Seq 序列值，提供给 RegisterID 列作为代理主键值，其数据插入的 SQL 语句如下。

```
INSERT INTO    REGISTER    VALUES(Register_Seq.NEXTVAL,'A001','201422010001','赵刚');
INSERT INTO    REGISTER    VALUES(Register_Seq.NEXTVAL,'A001','201422010002','杨静');
INSERT INTO    REGISTER    VALUES(Register_Seq.NEXTVAL,'A001','201422010003','吕新');
```

在上面的 INSERT INTO 语句中，通过序列的伪列（NEXTVAL）获取当前序列值，并将它作为代理键值插入学生选课数据记录。随后通过执行 SELECT * FROM REGISTER 语句对数据插入结果进行查看，其操作结果如图 3-85 所示。

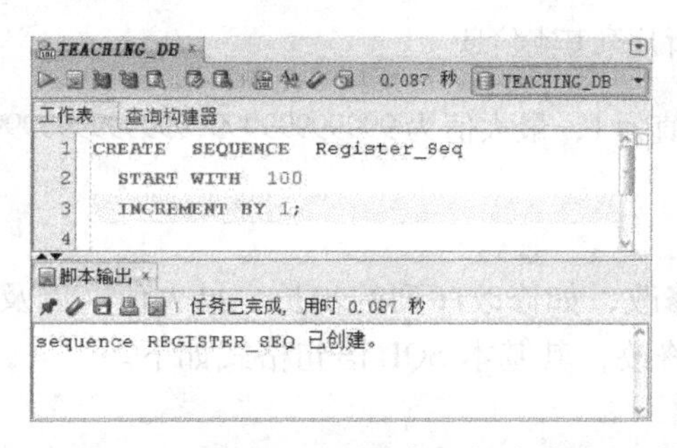

图 3-84　Registe_Seq 序列创建结果

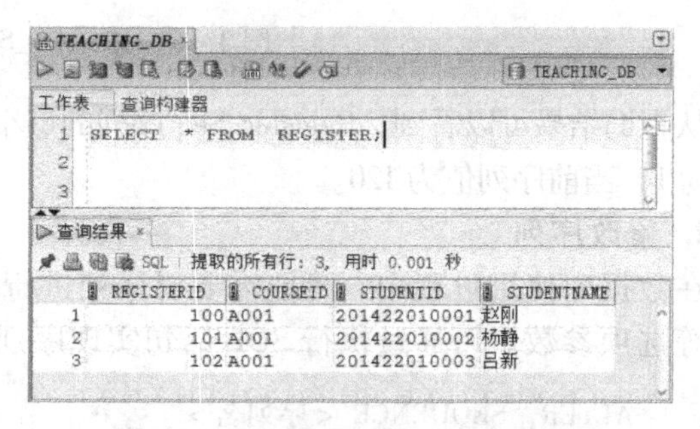

图 3-85　REGISTER 表查询结果

从上面的课程注册信息表 REGISTER 的表查询结果可以看到，从 Register_Seq 序列所取序列值作为代理键值，写入 REGISTER 表中，用于区分不同学生的选课记录数据。

3.4.2　序列的管理

在创建序列对象后，可根据需要对序列对象进行查看、修改和删除等管理操作。所有这些操作均可通过执行 SQL 语句方式实现，也可通过 SQL Developer 工具的 GUI 界面操作方式实现。这里仅给出 SQL 语句实现序列管理的操作方法。

1. 查看序列

在 Oracle 数据库中，序列对象的定义信息存放在系统数据字典的系统表中。开发人员可以通过对系统表 DBA_SEQUENCES 进行查询访问，便可获取所需的序列信息。

【例 3-56】DBA 希望从系统表 DBA_SEQUENCES 获取 Register_Seq 序列信息。首先，需要了解系统表 DBA_SEQUENCES 的结构，然后使用 SELECT 语句获取 Register_Seq 序列信息。

在 Oracle 数据库中，通过执行 DESCRIBE 命令可以获取系统表 DBA_SEQUENCES 的结构信息，其执行结果如图 3-86 所示。

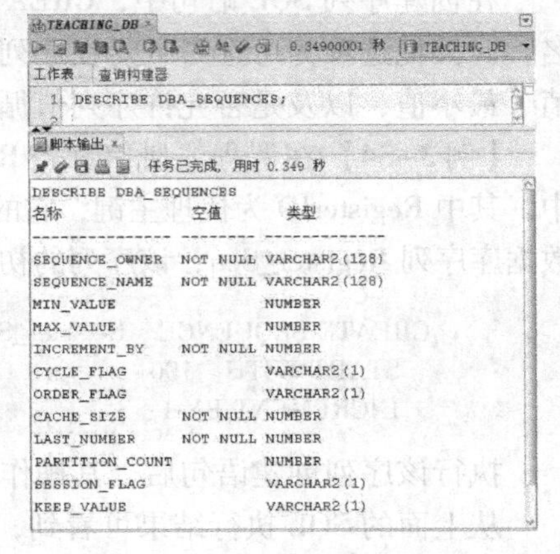

图 3-86　DBA_SEQUENCES 表结构

假定 DBA 用户需要从 DBA_SEQUENCES 表中获取 Register_Seq 序列的拥有者（SEQUENCE_OWNER）、序列名（SEQUENCE_NAME）、最小值（MIN_VALUE）、最大值（MAX_VALUE）、步长（INCREMENT_BY）和当前值（LAST_NUMBER）信息，其 SELECT 查询结果如图 3-87 所示。

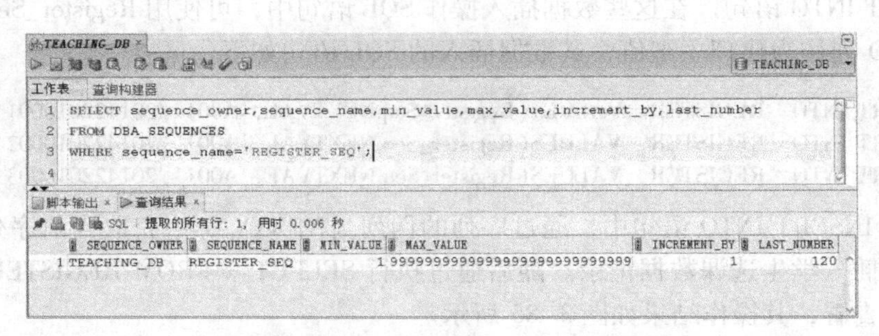

图 3-87　Register_Seq 序列基本信息

从查询结果可以看到，Register_Seq 序列的最小值为 1，最大值为 9999999999999999999999999999，步长为 1，当前序列值为 120。

2. 修改序列

在数据库使用过程中，可能需要对序列进行修改，如修改序列的步长、最大值，以及是否循环等选项参数。可通过执行 SQL 语句实现序列修改，其基本 SQL 语句格式如下。

```
ALTER  SEQUENCE <序列名>
[INCREMENT BY <[-]步长>]
[MAXVALUE <最大值> | NO MAXVALUE]
[MINVALUE <最小值> | NO MINVALUE]
[NOCYCLE | CYCLE]
[NOCACHE | CACHE <缓存大小>]
[NOODER | ORDER];
```

在修改序列 SQL 语句中，ALTER SEQUENCE 为关键词。<序列名>为用户的序列名称。其他选项为可选参数。

【例 3-57】在前面所创建的 Register_Seq 序列中，它的步长为 1。假定需要将它的步长修改为 10，其序列修改的 SQL 语句如下。

```
ALTER SEQUENCE Register_Seq
INCREMENT BY 10;
```

执行该序列修改语句后，再对课程注册表 REGISTER 插入若干新的行数据，其操作语句如下。

```
INSERT INTO REGISTER VALUES (Register_Seq.NEXTVAL,'A001','201422010004','周强');
INSERT INTO REGISTER VALUES (Register_Seq.NEXTVAL,'A001','201422010005','王亚');
INSERT INTO REGISTER VALUES (Register_Seq.NEXTVAL,'A001','201422020001','李义');
```

执行这些数据插入 SQL 语句后，学生选课数据记录到课程注册信息表 REGISTER 表中。随后执行 SELECT * FROM REGISTER 语句进行查看，其操作结果如图 3-88 所示。

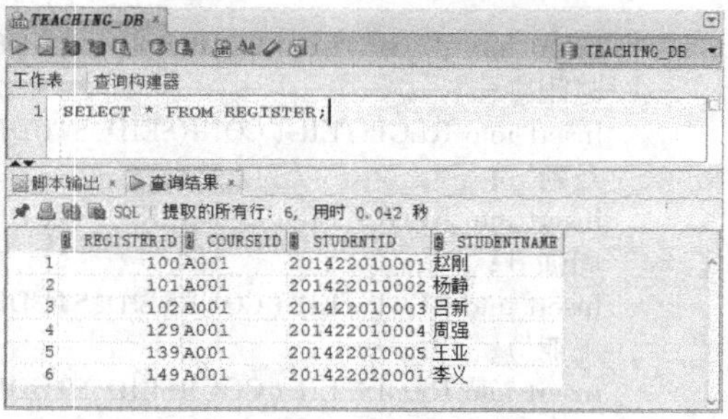

图 3-88　REGISTER 表查询结果

从上面的课程注册信息表 REGISTER 表查询结果可以看到，修改 Register_Seq 序列的步长后，新插入记录的 REGISTERID 值的增量变为 10。

3. 序列删除

当一个序列在数据库中不再被使用后，可以将该序列删除，其基本删除 SQL 语句格式如下。

```
DROP SEQUENCE <序列名>;
```

【例 3-58】 在数据库中，删除所创建的 Register_Seq 序列，其序列删除的 SQL 语句如下。

```
DROP SEQUENCE  Register_Seq;
```

成功执行该 SQL 语句后，Register_Seq 序列将从数据库中删除。

3.4.3　标识列的使用

在 Database Oracle 12c 版本之后，Oracle 数据库增加了一种标识列方案，可以直接在创建表结构中指定某列为代理键标识列，该方案可以简化原序列作为代理键的处理。与其他数据库产品一样，Oracle 数据库标识列的值也是由 DBMS 自动提供序列值。

【例 3-59】 创建课程注册信息表 REGISTER（RegisterID，CourseID，StudentID，StudentName），其中 RegisterID 为代理主键。在创建 REGISTER 表的 SQL 语句中，可直接将 RegisterID 列定义为标识列，作为该表的代理键。其表的创建 SQL 语句如下。

```
CREATE TABLE REGISTER (
  RegisterID number GENERATED AS IDENTITY,
  CourseID char(4),
  StudentID char(12),
  Student Name varchar(20),
  CONSTRAINT Reg_PK Primary Key (RegisterID),
  CONSTRAINT CourseID_FK FOREIGN KEY(CourseID)
    REFERENCES  COURSE(CourseID)
      ON  DELETE  CASCADE,
  CONSTRAINT StudentID_FK FOREIGN KEY(StudentID)
    REFERENCES  STUDENT(StudentID)
```

```
    ON  DELETE  CASCADE
);
```

在 Oracle SQL 的建表语句中，使用 GENERATED AS IDENTITY 关键字定义标识列。当上述 SQL 语句在数据库中执行后，REGISTER 表被成功创建，其结果界面如图 3-89 所示。

当使用标识列作为代理主键的 REGISTER 表创建后，在向 REGISTER 表中插入数据时，不需要从 Register_Seq 序列获取值，而是数据库自动给表中的标识列 RegisterID 提供序列值。

【例 3-60】 在课程注册信息表 REGISTER 中插入学生选课数据，其数据插入 SQL 语句如下。

```
Insert into REGISTER (COURSEID,STUDENTID,STUDENTNAME) values ('A001','201422010001','赵刚');
Insert into REGISTER (COURSEID,STUDENTID,STUDENTNAME) values ('A001','201422010003','吕新');
Insert into REGISTER (COURSEID,STUDENTID,STUDENTNAME) values ('A001','201422010004','周强');
Insert into REGISTER (COURSEID,STUDENTID,STUDENTNAME) values ('A001','201422010005','王亚');
Insert into REGISTER (COURSEID,STUDENTID,STUDENTNAME) values ('A001','201422020001','李义');
Insert into REGISTER (COURSEID,STUDENTID,STUDENTNAME) values ('A001','201422020002','张江');
Insert into REGISTER (COURSEID,STUDENTID,STUDENTNAME) values ('A001','201422020003','青岩');
Insert into REGISTER (COURSEID,STUDENTID,STUDENTNAME) values ('A001','201422020004','邓晓');
```

执行这些数据插入 SQL 语句后，学生选课数据记录到课程注册信息表 REGISTER 表中。随后执行 SELECT * FROM REGISTER 语句进行查看，其操作结果如图 3-90 所示。

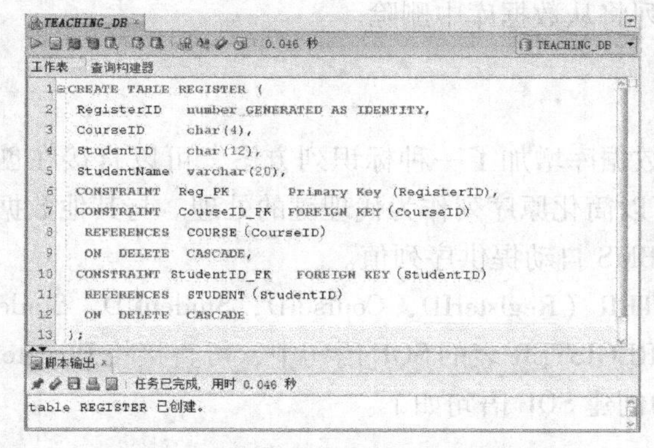

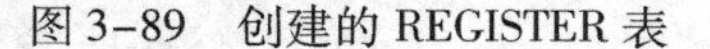
图 3-89 创建的 REGISTER 表

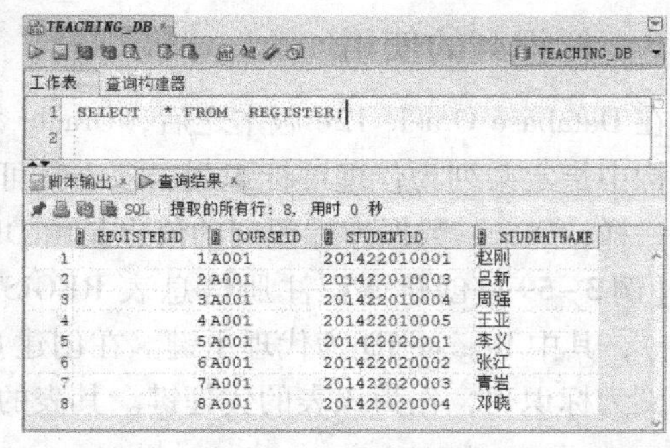

	REGISTERID	COURSEID	STUDENTID	STUDENTNAME
1	1	A001	201422010001	赵刚
2	2	A001	201422010003	吕新
3	3	A001	201422010004	周强
4	4	A001	201422010005	王亚
5	5	A001	201422020001	李义
6	6	A001	201422020002	张江
7	7	A001	201422020003	青岩
8	8	A001	201422020004	邓晓

图 3-90 REGISTER 表查询结果

从上面的课程注册信息表 REGISTER 表查询结果可以看到，代理键 RegisterID 列的值是在向该表插入数据时，由 DBMS 自动提供序列值。因此，在使用标识列后，可以不再使用序列对象，从而简化 Oracle 代理主键的操作。

3.5 Oracle 同义词

在 Oracle 数据库中，同义词（Synonym）是数据库对象的一种别名。在数据库中，可以给各种对象（如表、视图、序列、存储过程和触发器等）建立别名。用户在数据库中创建别名的原因可以是为了简化过长的对象名称，也可以是为了隐藏远程数据库对象的位置信息或屏蔽拥有者的名称信息。

3.5.1 同义词的创建

在 Oracle 数据库中，同义词可以分为公用同义词和专用同义词。公用同义词为数据库所有用户均可访问。专用同义词则只能由拥有者或授权用户所使用。创建同义词对象有基于 SQL 语句执行和基于 GUI 界面操作两类方式。这里仅给出执行 SQL 语句创建同义词的操作说明。创建同义词的基本 SQL 语句格式如下。

```
CREATE [PUBLIC] SYNONYM   <同义词>
FOR <对象名>;
```

在同义词创建 SQL 语句中，CREATE [PUBLIC] SYNONYM 为关键词。若带有 PUBLIC 选项关键词，则创建公共同义词，反之，则创建专有同义词。在一个数据库的方案中，同义词名称必须唯一。

【例 3-61】 在数据库 TEACHING_DB 方案中，若需要给 REGISTER 表命名一个 T_Reg 同义词，其同义词创建的 SQL 语句如下。

```
CREATE  SYNONYM T_Reg  FOR  REGISTER;
```

当该 SQL 语句执行后，其结果如图 3-91 所示。

在数据库 TEACHING_DB 方案中，现可以与 REGISTER 表一样，使用同义词 T_Reg 来实现课程注册信息处理。

【例 3-62】 在数据库 TEACHING_DB 方案中，使用同义词 T_Reg 来实现课程注册信息查询，其查询访问的 SQL 语句如下。

```
SELECT * FROM T_Reg;
```

执行该 SQL 语句后，其结果如图 3-92 所示。

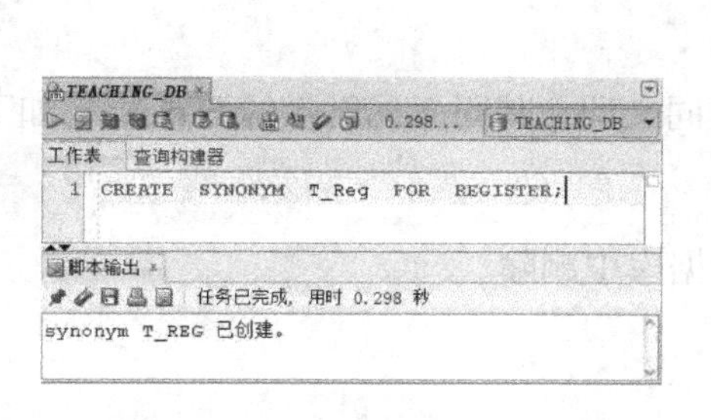

图 3-91 T_Reg 同义词创建结果

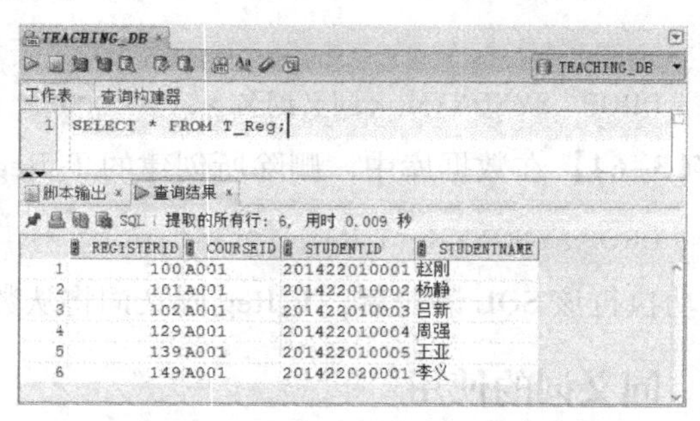

图 3-92 使用 T_Reg 同义词查询结果

从上面的查询操作来看，使用同义词 T_Reg 来查询与使用 REGISTER 表来查询，其结果数据是一样的。

3.5.2 同义词的管理

在数据库中创建同义词对象后，可根据需要对同义词对象进行查看、修改和删除等管理操作。所有这些操作均可通过执行 SQL 语句方式实现，也可通过 SQL Developer 工具的 GUI 界面操作方式实现。这里仅给出 SQL 语句实现同义词管理的操作方法。

1. 同义词查看

在 Oracle 数据库中，同义词对象的定义信息存放在系统数据字典的系统表中。开发人员可以通过对系统表 DBA_SYNONYMS 进行查询访问，便可获取所需的同义词信息。

【例 3-63】 DBA 希望从系统表 DBA_SYNONYMS 获取 T_Reg 同义词信息。首先，需要了解系统表 DBA_SYNONYMS 的结构，然后使用 SELECT 语句获取 T_Reg 同义词信息。

在 Oracle 数据库中，通过执行 DESCRIBE 命令可以获取系统表 DBA_SYNONYMS 的结构信息，其执行结果如图 3-93 所示。

假定 DBA 用户需要从 DBA_SYNONYMS 表中获取 T_Reg 同义词的拥有者（SYNONYMS_OWNER）、同义词名（SYNONYMS_NAME）、数据库对象拥有者（TABLE_OWNER）、数据库对象（TABLE_NAME）和数据库链接（DB_LINK）信息，其 SELECT 查询结果如图 3-94 所示。

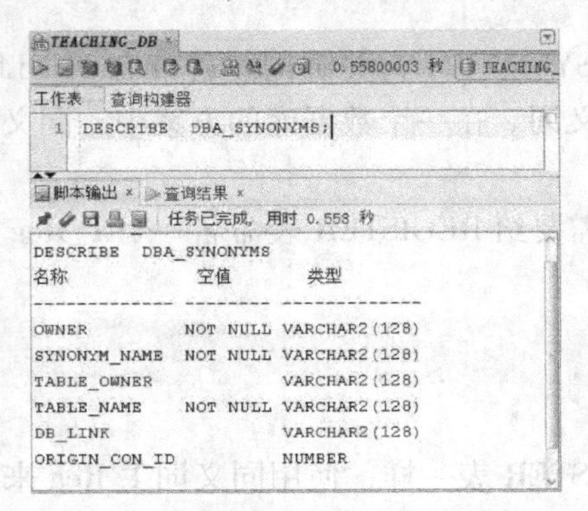

图 3-93 DBA_SYNONYMS 表结构

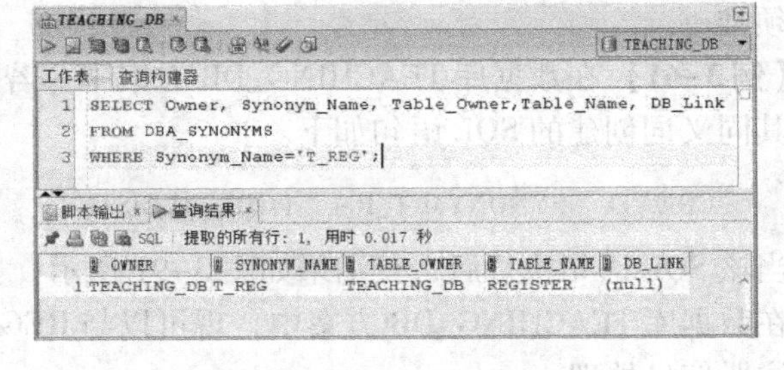

图 3-94 T_Reg 同义词基本信息

从查询结果可以看到，T_Reg 同义词的拥有者为 TEACHING_DB，对应的数据库对象为 REGISTER。

2. 同义词删除

当一个同义词在数据库中不再被使用后，可以将该同义词删除，其基本删除 SQL 语句格式如下。

```
DROP  SYNONYM <同义词名>;
```

【例 3-64】 在数据库中，删除所创建的 T_Reg 同义词，其同义词删除的 SQL 语句如下。

```
DROP SYNONYM   T_Reg;
```

成功执行该 SQL 语句后，T_Reg 同义词将从数据库中删除。

3.5.3 同义词的使用

在创建同义词后，同义词拥有者可以将该同义词的访问权限赋予指定用户。此后，用户就可以访问该同义词对象，其访问操作方法与直接访问数据库对象是一样的。

【例 3-65】 使用前面所创建的 T_Reg 同义词代替基础表，向数据表插入新的学生课程注册数据，其插入数据的 SQL 语句如下。

```
INSERT INTO T_Reg   VALUES (Register_Seq.NEXTVAL,'A001','201422020002','张江');
INSERT INTO T_Reg   VALUES (Register_Seq.NEXTVAL,'A001','201422020003','青岩');
INSERT INTO T_Reg   VALUES (Register_Seq.NEXTVAL,'A001','201422020004','邓晓');
```

执行这些数据插入 SQL 语句后，学生选课数据记录到课程注册信息表 T_Reg 表中。随后执行 SELECT * FROM T_Reg 语句进行查看，其操作结果如图 3-95 所示。

从上面的 T_Reg 表查询结果可以看到，对同义词 T_Reg 表对象的所有操作，与直接对 REGISTER 表对象的操作完全一样。

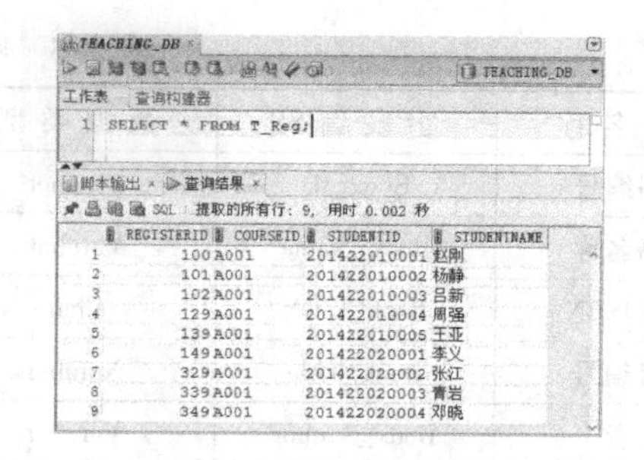

图 3-95　T_Reg 表查询结果

3.6　实践指导——图书借阅管理系统数据库对象的创建与操作

本节将以图书借阅管理系统开发为例，给出该系统各种数据库对象创建、数据库对象修改和表数据访问等实践操作指导。

3.6.1　数据库结构设计

针对图书馆的借阅业务管理需求，开发一个图书借阅管理数据库。该数据库应管理馆藏图书目录信息、图书信息、借阅记录信息、图书预订信息、借阅者信息和员工信息等数据。假定该系统使用 Oracle 数据库管理系统，并创建一个容纳图书借阅管理数据的方案对象 Library_DBA。在 Library_DBA 方案中，创建借阅者信息表（READER）、员工信息表（EMPLOYEE）、图书信息表（BOOK）、图书目录信息表（TITLE）、借阅记录表（LOAN）和预订图书登记表（RESERVE）等表对象。这些数据库表对象的结构设计分别如表 3-2 ~ 表 3-7 所示。

表 3-2　借阅者信息表（READER）

字段名称	字段编码	数据类型	字段大小	必填字段	是否为键
身份证号	Read_ID	Char	18	是	主键
借阅者姓名	Read_Name	Varchar	20	是	否
借阅者地址	Read_Addr	Varchar	50	否	否
借阅者电话	Read_Tel	Varchar	11	否	否

表 3-3　员工信息表（EMPLOYEE）

字段名称	字段编码	数据类型	字段大小	必填字段	是否为键
员工编号	Empl_ID	Char	4	是	主键
员工姓名	Empl_Name	Varchar	20	是	否
性别	Empl_Gender	Char	2	否	否
出生日期	Empl_BirthDay	Date		否	否
员工电话	Empl_Tel	Varchar	11	否	否

表 3-4　图书目录表（TITLE）

字段名称	字段编码	数据类型	字段大小	必填字段	是否为键
书目编号	Titl_ID	Number	长整型	是	代理键
书目名称	Titl_Name	Varchar	80	是	否
书目类别	Titl_Type	Varchar	30	是	否

表 3-5　图书信息表（BOOK）

字段名称	字段编码	数据类型	字段大小	必填字段	是否为键
图书编号	Book_ID	Number	长整型	是	代理键
图书名称	Book_Name	Varchar	80	是	否
图书 ISBN	Book_ISBN	Char	20	是	否
书目编号	Book_Title	Number	长整型	否	外键
作者	Book_Author	Varchar	60	否	否
出版日期	Book_PubDate	Date		否	否
价格	Book_Money	Decimal	(4,1)	否	否
是否在库	Book_InIf	SmallInt		是	否

表 3-6　借阅记录表（LOAN）

字段名称	字段编码	数据类型	字段大小	必填字段	是否为键
借还流水编号	Loan_ID	Number	长整型	是	代理键
借还类型	Loan_Type	Char	2	是	否
图书编号	Loan_BookID	Number	长整型	是	外键
借阅者编号	Loan_ReaderID	Char	18	是	外键
借还日期	Loan_Date	Date		是	否
备注	Loan_Note	Varchar	30	否	否

表 3-7　预订图书表（RESERVE）

字段名称	字段编码	数据类型	字段大小	必填字段	是否为键
预订流水编号	Rese_ID	Number	长整型	是	代理键
图书编号	Rese_BookID	Number	长整型	是	外键
借阅者编号	Rese_ReaderID	Char	18	是	外键
预订日期	Rese_Date	Datetime		是	否
备注	Rese_Note	Varchar	30	否	否

在以上表结构设计中，定义了各表的字段组成、字段名称、字段编码、字段数据类型和字段数据是否允许空，以及表中作为主键的字段等信息。此外，也定义了一些表中字段为外键，从而可建立相关表之间的联系。

在数据库表结构设计基础上，还可考虑进行索引、视图和序列对象设计，分别如表 3-8 ~ 表 3-10 所示。

表 3-8　图书借阅管理索引

索引名称	表名称	列名称	索引属性	次序	表空间
Book_Name_Idx	BOOK	Book_Name	B-树索引	升序	默认
Book_Title_Idx	BOOK	Book_Title	B-树索引	升序	默认
Loan_Type_Idx	LOAN	Loan_Type	Bitmap 索引	升序	默认
Loan_Date_Idx	LOAN	Loan_Date	B-树索引	降序	默认
Rese_Date_Idx	RESERVE	Rese_Date	B-树索引	降序	默认

表 3-9　图书借阅管理视图

视图名称	基础表名	表列名	视图列	视图性质	视图用途
Book_InIf_View	BOOK	Book_Name, Book_ISBN, Book_InIf	ISBN 号, 图书名称, 是否可借	可修改数据	查询当前可借图书
Loan_Reader_View	LOAN, READER	Read_ID, Read_Name, Book_Name, Loan_Date	借阅者编号, 借阅者姓名, 所借图书, 借阅日期	只读	查询当前借书读者列表

表 3-10　图书借阅管理序列

序列名称	初始值	步长	是否循环	是否需缓存	是否有序
Titl_ID_Seq	1	10	否	是	是
Book_ID_Seq	1000	1	否	是	是
Loan_ID_Seq	1	1	是	是	是
Rese_ID_Seq	1	1	是	是	是

3.6.2　创建数据库对象

在开发图书借阅数据库时，首先需要创建数据库的 Library_DBA 用户方案，即用户 Schema，然后在该方案中分别创建表、索引、视图和序列等对象。

1. 用户方案创建

在 Oracle 数据库中，由系统 DBA 用户负责创建用户方案，并给该用户赋予必要的角色和系统权限。此后，就可以由该用户在方案中创建表、索引、视图、触发器、存储过程、序列和同义词等对象。

使用 SQL Developer 开发工具实现数据库的 Library_DBA 用户方案创建，其操作步骤如下。

1）在 Windows 操作系统中，启动 SQL Developer 工具。以 SYS 用户登录连接数据库，并进入到该数据库中的“其他用户”目录列表，其界面如图 3-96 所示。

2）选择“其他用户”目录并右击，在弹出的快捷菜单中选择“创建用户”命令，弹出“创建/编辑用户”对话框，如图 3-97 所示。

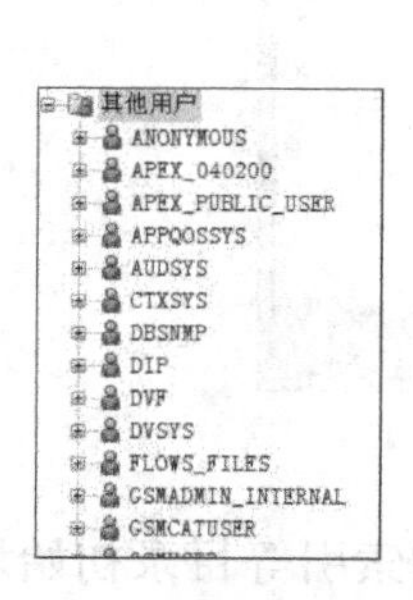

图 3-96　其他用户目录列表界面

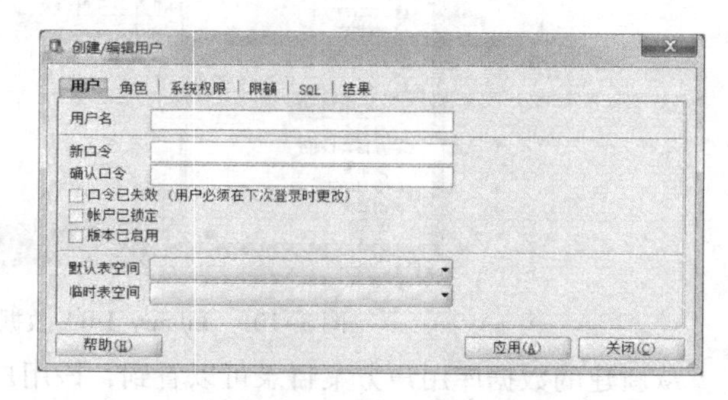

图 3-97　“创建/编辑户创”对话框

3）输入用户名称和口令，选择默认表空间和临时表空间，并在角色页和系统权限页中设置该用户的必要角色和权限，如图 3-98 所示。

4）完成必要设置后，单击“应用”按钮，系统弹出创建成功的消息，在数据库用户列表界面中出现新用户 Library_DB，如图 3-99 所示。

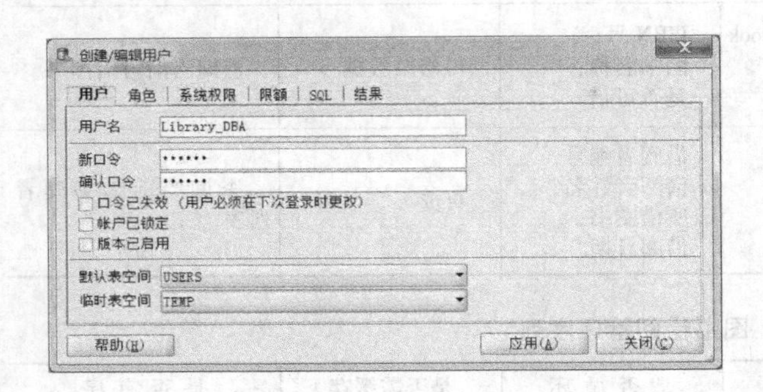

图 3-98　设置参数

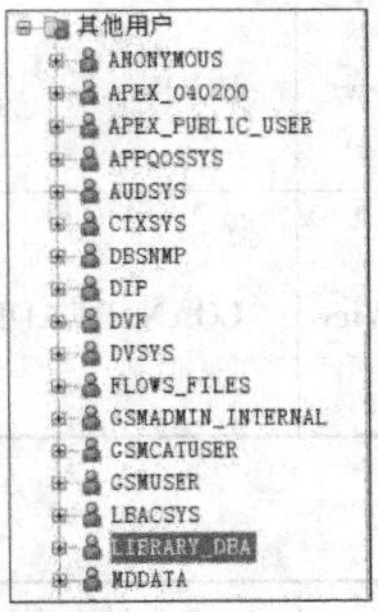

其他用户
ANONYMOUS
APEX_040200
APEX_PUBLIC_USER
APPQOSSYS
AUDSYS
CTXSYS
DBSNMP
DIP
DVF
DVSYS
FLOWS_FILES
GSMADMIN_INTERNAL
GSMCATUSER
GSMUSER
LBACSYS
LIBRARY_DBA
MDDATA

图 3-99　数据库用户列表界面

5）在 SQL Devloper 开发工具界面中，建立一个以 Library_DBA 用户登录数据库的同名连接，如图 3-100所示。

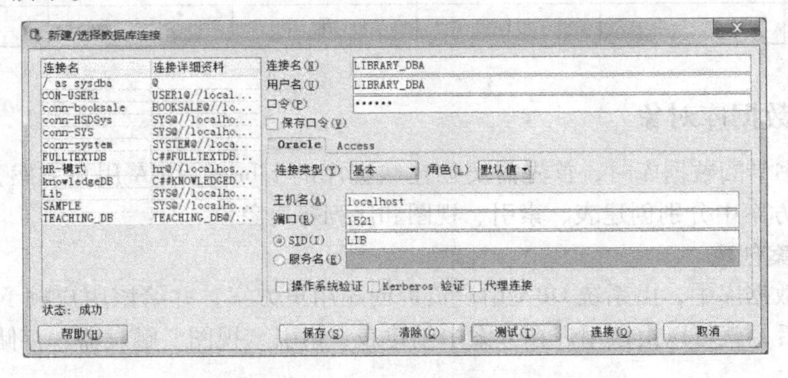

图 3-100　Library_DBA 数据库用户连接

6）当以 Library_DBA 用户登录数据库后，可进入 Library_DBA 方案目录，如图 3-101 所示。

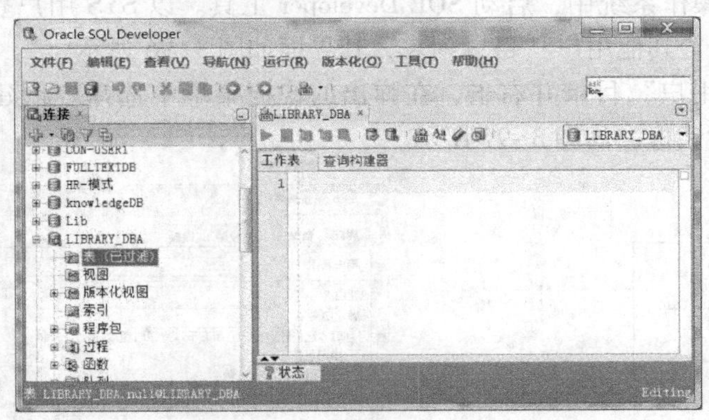

图 3-101　Library_DBA 数据库用户方案目录

从新建的数据库用户方案目录可以看到，该用户的表、视图和索引等目录初始均为空，即还没有相应的数据库对象。随后，用户可以在方案中创建自己的各种数据库对象。

2. 表对象创建

为了在 Library_DBA 用户方案中创建图书借阅数据库表对象，需要针对表 3-2 ~ 表 3-7 所设计的各个表对象，编写创建表的 SQL 程序，其 SQL 程序如下。

```
--创建借阅者信息表 READER
CREATE  TABLE  READER  (
  Read_ID          Char(18)        PRIMARY  KEY,
  Read_Name        Varchar(20)     NOT NULL,
  Read_Addr        Varchar(50)     NULL,
  Read_Tel         Varchar(11)     NULL
);
--创建员工信息表 EMPLOYEE
CREATE  TABLE EMPLOYEE  (
  Empl_ID          Char(4)         PRIMARY  KEY,
  Empl_Name        Varchar(20)     NOT NULL,
  Empl_Gender      Char(2)         NULL,
  Empl_Birth       Day Date        NULL,
  Empl_Tel         Varchar(11)     NULL
);
--创建图书目录表 TITLE
CREATE  TABLE  TITLE  (
  Titl_ID          Number          GENERATED AS IDENTITY,
  Titl_Name        Varchar(80)     NOT NULL,
  Titl_Type        Varchar(30)     NOT NULL,
  CONSTRAINT       Titl_PK  PRIMARY  KEY(Titl_ID)
);
--创建图书信息表 BOOK
CREATE  TABLE  BOOK  (
  Book_ID          Number          GENERATED AS IDENTITY,
  Book_Name        Varchar(80)     NOT NULL,
  Book_ISBN        Char(20)        NOT NULL,
  Book_Title       Number          NULL,
  Book_Author      Varchar(60)     NULL,
  Book_PubDate     Date            NULL,
  Book_Money       Decimal(4,1)    NULL,
  Book_InIf        SmallIntNOT     NULL,
  CONSTRAINT       Book_PK         PRIMARY KEY(Book_ID),
  CONSTRAINT       Book_FK         FOREIGN KEY(Book_Title)
          REFERENCES               TITLE(Titl_ID)
);
--创建借阅记录表 LOAN
CREATE  TABLE  LOAN  (
  Loan_ID          Number          GENERATED AS IDENTITY,
  Loan_Type        Char(2)         NOT NULL,
  Loan_BookID      Number          NOT NULL,
  Loan_ReaderID    Char(18)        NOT NULL,
  Loan_Date        Date            NOT NULL,
  Loan_Note        Varchar(30)     NULL,
  CONSTRAINT       Loan_PK         PRIMARY  KEY(Loan_ID),
  CONSTRAINT       Loan_FK1        FOREIGN  KEY(Loan_BookID)
                   REFERENCES      BOOK(Book_ID),
  CONSTRAINT       Loan_FK2        FOREIGN  KEY(Loan_ReaderID)
                   REFERENCES      READER (Read_ID)
);
```

```
    --创建预订图书表 RESERVE
    CREATE   TABLERESERVE   (
      Rese_ID           Number          GENERATED AS IDENTITY,
      Rese_BookID       Number          NOT NULL,
      Rese_ReaderID     Char(18)        NOT NULL,
      Rese_Date         Date            NOT NULL,
      Rese_Note         varchar(30)     NULL,
      CONSTRAINT        Rese_PK         PRIMARY   KEY(Rese_ID),
      CONSTRAINT        Rese_FK1        FOREIGN   KEY(Rese_BookID)
           REFERENCES                   BOOK(Book_ID),
      CONSTRAINT        Rese_FK2        FOREIGN KEY(Rese_ReaderID)
           REFERENCES                   READER (Read_ID)
    );
```

将上面的 SQL 程序放入 SQL Developer 工具中执行，创建各个表对象，其执行结果如图 3-102 所示。

至此，在 Library_DBA 用户方案中，完成图书借阅数据库各个表对象的创建。

3. 索引对象创建

根据表 3-8 所示的数据库索引设计要求，进行 SQL 程序编写。在 Library_DBA 用户方案中，进行数据库索引对象创建，其创建的 SQL 程序如下。

```
    --在图书表中,创建书名列索引 Book_Name_Idx
    CREATE   INDEX Book_Name_Idx   ON   BOOK (Book_Name);
    --在图书表中,创建书目列索引 Book_Title_Idx
    CREATE   INDEX   Book_Title_Idx   ON   BOOK (Book_Title);
    --在借阅记录表中,创建借还类型列索引 Loan_Type_Idx
    CREATE   BITMAP INDEX   Loan_Type_Idx   ON   LOAN(Loan_Type);
    --在借阅记录表中,创建日期列索引 Loan_Date_Idx
    CREATE   INDEX   Loan_Date_Idx   ON   LOAN (Loan_Date DESC);
    --在图书预订表中,创建日期列索引 Rese_Date_Idx
    CREATE   INDEX   Rese_Date_Idx   ON   RESERVE (Rese_Date DESC);
```

将上面的 SQL 程序放入 SQL Developer 工具执行，创建各个索引对象，其执行结果如图 3-103 所示。

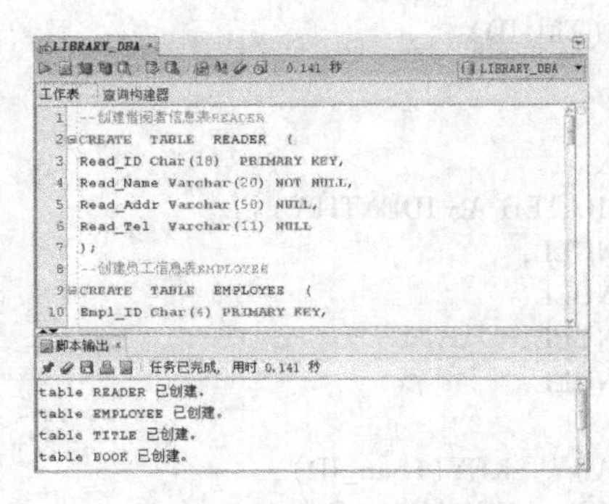

图 3-102　在 Library_DBA 用户方案中创建表对象

图 3-103　在 Library_DBA 用户方案中创建索引对象

至此，在 Library_DBA 用户方案中，完成图书借阅数据库各个索引对象的创建。

4. 视图对象创建

根据表 3-9 所示的数据库视图设计要求，进行 SQL 程序编写。在 Library_DBA 用户方案中，进行数据库视图对象创建，其创建的SQL程序如下。

```
--创建查询当前可借图书视图 Book_InIf_View
CREATE VIEW Book_InIf_View AS
SELECT Book_Name, Book_ISBN, Book_InIf
FROM BOOK
WHERE Book_InIf = 1;    --0 代表图书不可借,1 代表图书可借
--创建查询当前借书读者列表视图 Loan_Reader_View
CREATE VIEW Loan_Reader_View AS
SELECT R.Read_ID, R.Read_Name, B.Book_Name, L.Loan_Date
FROM LOAN L, READER R, BOOK B
WHERE L.Loan_Type = '借' AND L.Loan_BookID = B.Book_ID AND L.Loan_ReaderID = R. Read_ID
WITH READ ONLY;
```

将上面的SQL程序放入SQL Developer工具执行，创建各个视图对象，其执行结果如图3-104所示。

至此，在Library_DBA用户方案中，完成图书借阅数据库各个视图对象的创建。

5. 序列对象创建

根据表3-10所设计的数据库序列要求，进行SQL程序编写。在Library_ DBA用户方案中，进行数据库序列对象创建，其创建的SQL程序如下。

```
--在 Library_DBA 用户方案中,创建序列 Titl_ID_Seq
CREATE SEQUENCE Titl_ID_Seq
  START WITH 1
  INCREMENT BY 10;
--在 Library_DBA 用户方案中,创建序列 Book_ID_Seq
CREATE SEQUENCE Book_ID_Seq
  START WITH 1000
  INCREMENT BY 1;
--在 Library_DBA 用户方案中,创建序列 Loan_ID_Seq
CREATE SEQUENCE Loan_ID_Seq;
--在 Library_DBA 用户方案中,创建序列 Rese_ID_Seq
CREATE SEQUENCE Rese_ID_Seq;
```

将上面的SQL程序放入SQL Developer工具中执行，创建各个索引对象，其执行结果如图3-105所示。

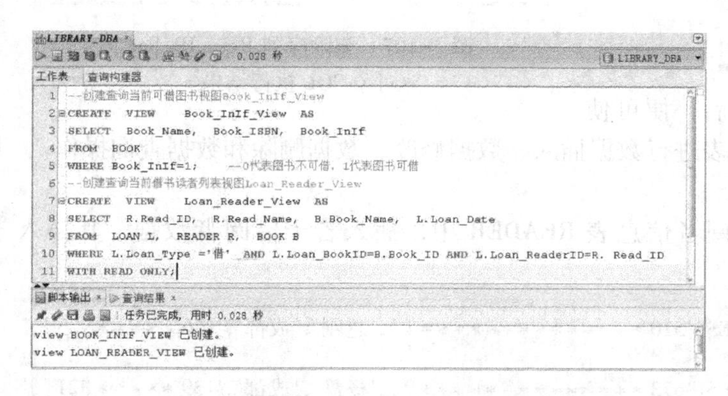

图3-104 在Library_DBA用户方案中创建视图对象

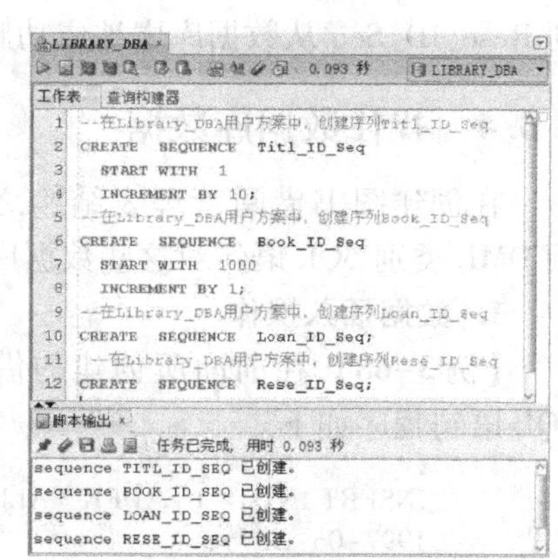

图3-105 在Library_DBA用户方案中创建序列对象

至此，在 Library_DBA 用户方案中，完成图书借阅数据库各个序列对象的创建。

3.6.3 修改数据库对象

在图书借阅管理数据库使用过程中，可能需要对若干数据库对象进行修改操作，如对象属性修改、对象删除和对象查看等处理。以下主要给出表对象的结构修改和序列对象删除示例。

1. 表对象结构修改

【例 3-66】在前面所创建的借阅者信息表 READER 中，添加出生日期字段 Read_BirthDay，其修改 SQL 语句如下。

```
ALTER TABLE Library_DBA.READER    ADD    Read_BirthDay    date;
```

将该修改表对象结构 SQL 语句放入 SQL Developer 工具中执行，其操作结果如图 3-106 所示。

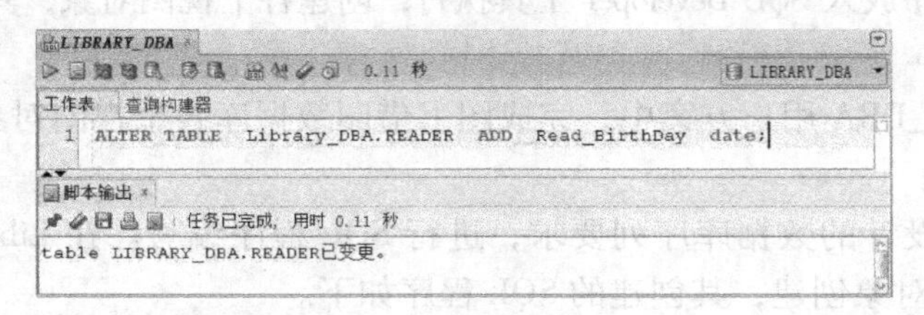

图 3-106 读者信息表 READER 修改 SQL 执行结果

从上面的 SQL 语句执行结果可以看到，在读者信息表 READER 中成功添加一个出生日期字段列 Read_BirthDay。

2. 数据库序列删除

【例 3-67】在前面所创建的数据库序列中，删除一个 Rese_ID_Seq 序列，其删除序列对象的 SQL 语句如下。

```
DROP SEQUENCE Rese_ID_Seq;
```

将该删除序列对象 SQL 语句放入 SQL Developer 工具中执行，其操作结果如图 3-107 所示。

从上面的 SQL 语句执行结果可以看到，序列 Rese_ID_Seq 从数据库中被成功删除。

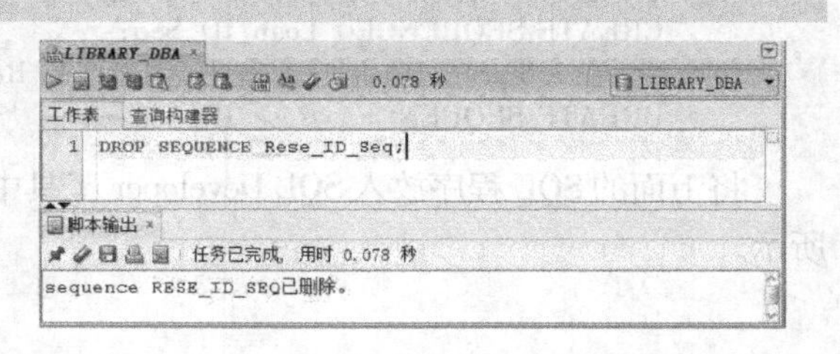

图 3-107 删除序列 Rese_ID_Seq 对象 SQL 执行结果

3.6.4 操作数据库数据

在创建图书借阅管理表结构之后，便可使用 DML 类别 SQL 语句对这些数据库表进行数据插入、数据修改、数据删除和数据查询操作。

1. 数据插入操作

【例 3-68】在前面所创建的借阅者信息表 READER 中，插入若干借阅者数据，其插入 SQL 语句程序如下。

```
INSERT INTO    READER VALUES('510**************1','赵刚','成都','156*****923','1997-06-21');
INSERT INTO    READER VALUES('673**************9','杨静','成都','139*****321','1997-07-28');
```

```
INSERT INTO   READER VALUES('310**************2','吕新','成都','137*****376','
1997-07-22');
INSERT INTO   READER VALUES('421**************3','周强','成都','132*****365','
1997-09-16');
INSERT INTO   READER VALUES('715**************7','王亚','成都','139*****682','
1997-04-26');
INSERT INTO   READER VALUES('210**************2','肖玲','成都','135*****879','
1997-01-20');
INSERT INTO   READER VALUES('353**************3','李义','成都','135*****732','
1998-01-12');
INSERT INTO   READER VALUES('720**************6','张江','成都','137*****236','
1997-11-19');
INSERT INTO   READER VALUES('362**************1','青岩','成都','138*****883','
1998-02-03');
INSERT INTO   READER VALUES('521**************9','邓晓','成都','139*****364','
1998-02-08');
```

将该插入数据 SQL 程序放入 SQL Developer 工具中执行，其操作结果如图 3-108 所示。

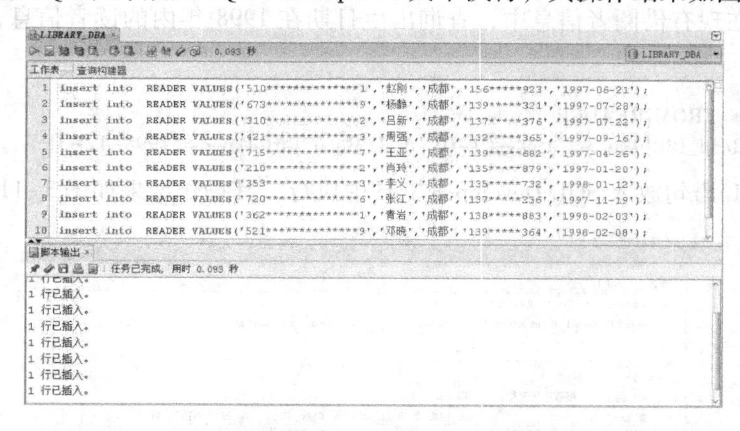

图 3-108　读者信息表 READER 插入数据 SQL 执行结果

从上面的 SQL 语句执行结果可以看到，在读者信息表 READER 中成功添加了多个借阅者数据。对于其他数据表的数据插入，也采用 INSERT INTO 语句实现数据添加处理。

2. 数据修改操作

【例 3-69】 在前面所创建的借阅者信息表 READER 中，若要修改借阅者“张江”的电话为 137*****231，其修改 SQL 语句如下：

```
UPDATE   READER
SET   Read_Tel='137*****231'
WHERE Read_Name='张江';
```

将该数据修改 SQL 语句放入 SQL Developer 工具中执行，其操作结果如图 3-109 所示。

从上面的 SQL 语句执行结果可以看到，在读者信息表 READER 中已经将张江的电话列数据进行了修改。

3. 数据删除操作

【例 3-70】 在前面所创建的借阅者信息表 READER 中，若需要删除借阅者“邓晓”的数据，其删除数据 SQL 语句如下：

```
DELETE FROM  READER  WHERE Read_Name = '邓晓';
```

将该删除数据 SQL 语句放入 SQL Developer 工具中执行，其操作结果如图 3-110 所示。

图 3-109　读者信息表 READER 数据修改 SQL 执行结果

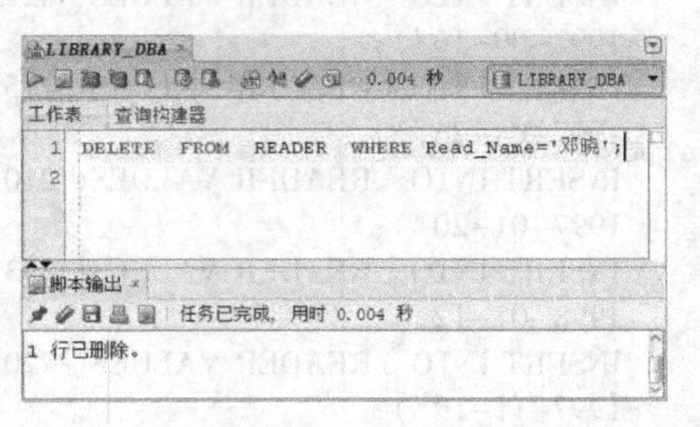

图 3-110　读者信息表 READER 数据删除 SQL 执行结果

从上面的 SQL 语句执行结果可以看到，在读者信息表 READER 中成功删除了一个借阅者数据。

4. 数据查询操作

【例 3-71】 在现有借阅者信息中，查询出生日期在 1998 年内的读者信息，其查询 SQL 语句如下。

```
SELECT * FROM READER
WHERE Read_BirthDay >= '1998-01-01 ' AND Read_BirthDay <= '1998-12-31 ';
```

将该查询 SQL 语句放入 SQL Developer 工具中执行，其操作结果如图 3-111 所示。

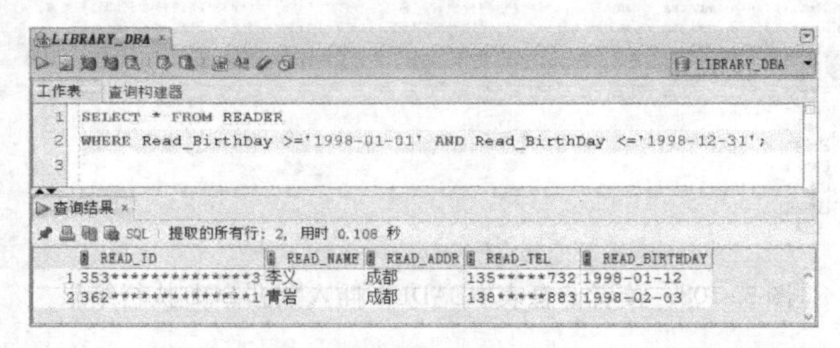

图 3-111　读者信息表 READER 查询 SQL 执行结果

从上面的 SQL 语句执行结果可以看到，在读者信息表 READER 中检索出了 1998 年出生的读者信息。

【例 3-72】 查询借阅者“杨静”当前在图书馆的借书情况，包括图书名称、图书 ISBN、图书状态、借阅者姓名和借阅日期信息，其查询 SQL 语句如下。

```
SELECT Book_Name AS 图书名称,Book_ISBN AS 图书 ISBN,Loan_Type AS 图书状态,
Read_Name AS 借阅者姓名,Loan_Date AS 借阅日期
FROM READER R,BOOK B,LOAN L
WHERE L.Loan_ReaderID = R.Read_ID   AND L.Loan_Type = '借' AND R.Read_Name = '杨静' AND
L.Loan_BookID = B.Book_ID;
```

将查询 SQL 语句放入 SQL Developer 工具中执行，其操作结果如图 3-112 所示。

从上面的 SQL 语句执行结果可以看到，该查询通过关联读者信息表 READER、图书信息表 BOOK 和借阅记录表 LOAN，实现借阅信息查询。

【例 3-73】 采用前面所创建的视图 Book_InIf_View，查询当前可借图书列表，其查询 SQL

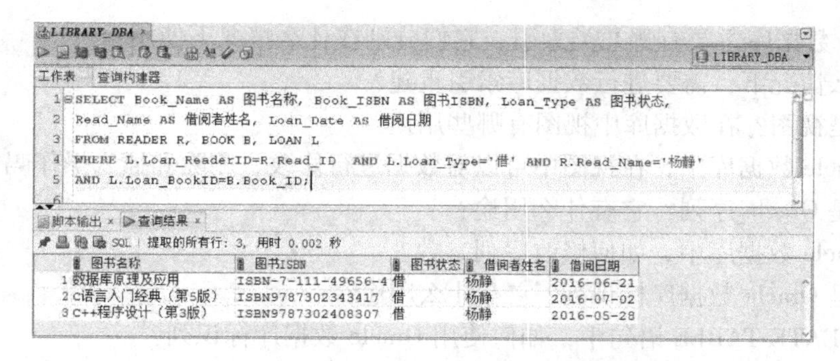

图 3-112 读者图书借阅信息查询 SQL 执行结果

语句如下。

```
SELECT * FROM Book_InIf_View;
```

将该视图查询 SQL 语句放入 SQL Developer 工具中执行，其操作结果如图 3-113 所示。

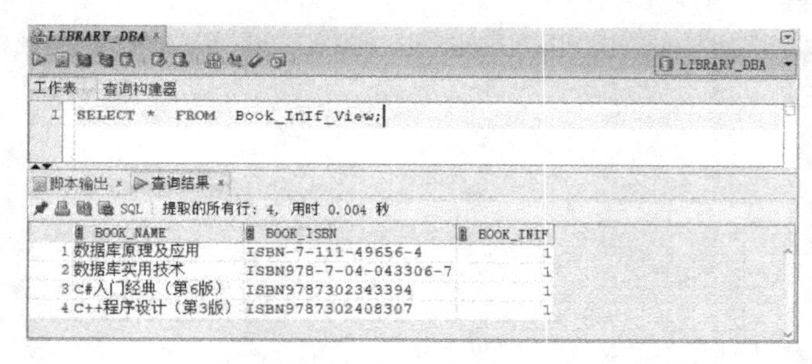

图 3-113 当前可借图书列表视图查询 SQL 执行结果

从上面的 SQL 语句执行结果可以看到，使用视图 Book_InIf_View 可以方便地查询当前可借图书列表的信息。

3.7 思考题

1. Oracle 数据库有哪些表类型？它们各有什么用途？
2. 在 Oracle 数据库系统中，用户与方案（Schema）是什么关系？
3. 创建 Oracle 数据库表有哪些方式？在表创建中如何定义表的主键和外键？
4. Oracle 表级约束与字段级约束有什么不同？它们分别使用什么关键字来定义？
5. 在向一个表插入数据时，INSERT INTO 语句如何处理代理键列？如何处理有不确定值的列？
6. 在修改数据 UPDATE 语句中，如何限定只修改指定范围的列值？
7. DROP 语句和 DELETE 语句有什么区别？它们分别用于什么场合？
8. 在 SELECT 查询语句中，哪种操作实现关系表投影处理？哪种操作实现关系表选择操作？
9. 在多表关联查询处理时，什么情况下适合用子查询？什么情况下适合用连接查询？
10. 左外连接和右外连接分别解决内连接查询的什么问题？
11. 什么是索引？索引在数据库中有什么作用？

12. Oracle 数据库主要有哪几类索引，它们分别在什么情况下使用？
13. 在什么情况下，需要进行数据库索引重建？
14. 什么是视图？在数据库中视图有哪些用途？
15. 在 Oracle 数据库中，在视图中可以对数据进行修改、删除和插入操作吗？
16. 什么是 Oracle 序列？它有什么用途？
17. 在 Oracle 数据库中，如何修改序列参数？
18. 什么是 Oracle 数据库标识列？它有什么用途？
19. 在 CREATE TABLE 语句中，如何使用 Oracle 数据库标识列？
20. 什么是 Oracle 同义词？它有什么用途？
21. 在数据库中，使用同义词与使用原对象有区别吗？

第4章　Oracle数据库后端编程

Oracle数据库后端编程是指使用Oracle编程语言PL/SQL在Oracle服务器上对数据库进行访问操作。PL/SQL对Oracle版本的SQL提供了面向过程的扩展，几乎可用于Oracle公司发行的所有产品，软件开发者可以使用PL/SQL进行多种编程功能，例如，在数据库中编写触发器对象，实现重要的业务规则等。本章将介绍PL/SQL的概况和基本结构，并分别介绍使用PL/SQL实现函数、游标、存储过程、触发器和事务等操作，以实例为示范，给出Oracle数据库后端编程的基本操作方法。

本章要点：

- PL/SQL的基本结构与语法，PL/SQL的控制结构。
- PL/SQL内置函数的使用和自定义函数的创建、使用和删除操作。
- PL/SQL游标的定义和游标编程步骤。
- PL/SQL存储过程的定义，以及查看、编译、调用和删除操作。
- PL/SQL触发器的分类及作用，以及查看、编译、屏蔽、使用和删除操作。
- 事务的定义和作用，以及Oracle事务处理的基本语句。

4.1　PL/SQL概述

PL/SQL是过程语言（Procedural Language）与结构化查询语言（SQL）结合而成的编程语言，它是对标准SQL语言的功能补充。SQL语言适合管理关系型数据库，但是无法满足应用程序对数据更复杂的处理需求。PL/SQL语言支持多种数据类型，如大对象和集合类型，可使用条件和循环等控制结构，用于创建存储过程、函数、触发器、PL/SQL包和用户自定义函数，给SQL语言的执行添加程序逻辑。Oracle PL/SQL在企业级应用程序中的应用广泛，而且Oracle的一些功能部件也是使用PL/SQL编写的。

使用PL/SQL可以编写具有很多高级功能的程序，虽然通过多个SQL语句可能也能实现同样的功能，但是相比而言，PL/SQL具有更为明显的一些优点。

1）能够使一组SQL语句的功能更具模块化程序特点。

2）采用了过程性语言控制程序的结构。

3）可以对程序中的错误进行自动处理，使程序能够在遇到错误时不会被中断。

4）具有较好的可移植性，可以移植到另一个Oracle数据库中。

5）集成在数据库中，调用更快。

6）减少了网络的交互，有助于提高程序性能。

通过多条SQL语句实现功能时，每条语句都需要在客户端和服务端传递，而且每条语句的执行结果也需要在网络中进行交互，占用了大量的网络带宽，消耗了大量网络传递的时间，而在网络中传输的那些结果往往都是中间结果，而不是人们所关心的。

而使用PL/SQL程序是因为程序代码存储在数据库中，程序的分析和执行完全在数据库内部进行，用户所需要做的就是在客户端发出调用 PL/SQL 的执行命令，数据库接收到执行命令后，在数据库内部完成整个 PL/SQL 程序的执行，并将最终的执行结果反馈给用户。在整个过程中网络里只传输了很少的数据，减少了网络传输占用的时间，所以程序整体的执行性能会有明显的提高。

4.1.1 PL/SQL 基本结构

使用任何编程语言都要求一定的语言结构，通过这种结构编写具有一定功能的代码块，这种代码结构也是一种逻辑结构，Oracle 的 PL/SQL 代码块的结构如图 4-1 所示。PL/SQL 代码块由 4 部分组成，即块头区、声明区、执行区和异常区。

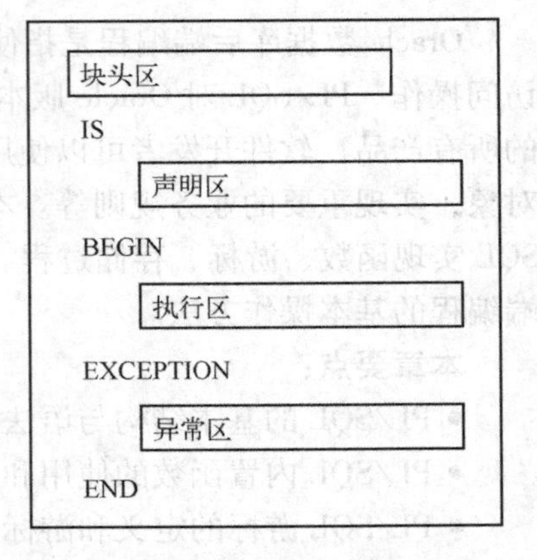

图 4-1 PL/SQL 的代码块结构

1. 块头区

块头区包含程序单元名字和参数，其中程序单元名字可以是函数（FUNCTION）、存储过程（PROCEDURE）或者包（PACKAGE），而参数具有一定的数据类型，该参数分为 3 类，一类是 IN 参数，该参数表示将参数传递给程序段单元，如存储过程；另一个是 OUT 参数，该参数返回给调用该程序的（如函数）对象；最后一类是双向的 IN OUT 参数。块头区的结构如下。

```
Program_type program_name ([parameter_name IN/OUT/IN OUT type specs,]…)
[RETURN datatype]
```

其中 Program_type 可以是 FUNCTION、PROCEDURE 或 PACKAGE，参数类型是 PL/SQL 定义的数据类型，而 specs 可以包含关键字 NOT NULL，确保该参数值一定存在，如果没有参数值则使用默认值。

对于函数 FUNCTION 而言，必须返回数值，函数可以在其执行部分的任意位置使用 RETURN 关键字，返回该函数定义的返回数据类型。

【例 4-1】 创建 PL/SQL 函数的块头区。其函数语句如下。

```
CREATE OR REPLACE FUNCTION fun_test(f float)
RETURN float
```

【例 4-1】创建了一个函数 FUNCTION，函数名为 fun_test，其中 f 表示参数，float 表示该参数的类型为浮点数。传递给该函数的参数是一个浮点数 FLOAT，而该函数的返回值也是一个浮点数。

PL/SQL 过程没有返回值。

【例 4-2】 创建过程（PROCEDURE）的块头区。其过程语句如下。

```
CREATE OR REPLACE PROCEDURE pro_test(name IN varchar2)
```

【例 4-2】创建了 PL/SQL 过程 PROCEDURE，过程名为 pro_test，参数名为 name，参数类型为 varchar2，该参数输入给该过程使用。

上面创建了 PL/SQL 程序单元的块头区，其实也可以创建不包含块头的 PL/SQL 程序单元，如过程等，这样就可以内嵌地使用这些匿名程序单元，这样的程序单元不好维护，而且其他程序单元无法调用它，在实际使用中最好不要使用匿名块的方式。

2. 声明区

声明区的目的是声明一些变量，这些变量在块内是有效的，变量的数据类型是任何 Oracle 定义的数据类型，如 VARCHAR2、CHAR、NCHAR 和 NUMBER 等。在变量声明中可以使用 CONSTRAINT 约束，对变量的值做出限制，如不允许为 NULL 值等。

与在其他编程语言（如 C++或 Java）中一样，PL/SQL 语言允许使用 CONSTANT 常量来标识一个变量，该变量一旦赋值，则在整个程序单元执行期间均保持不变。在变量声明时，可以给变量赋值，赋值运算符为“:=”，也可以使用 DEFAULT 关键字为变量或常量赋值。

声明一个字符变量，语句如下。

```
Var_name VARCHAR2(20);
```

声明一个带约束的字符变量，语句如下。

```
Var_name VARCHAR2(20) NOT NULL;
```

声明一个常量且赋初始值，语句如下。

```
Var_name CONSTANT VARCHAR2(20) := 'China';
```

声明一个变量且使用 DEFAULT 关键字为变量赋值，语句如下。

```
Var_name INTEGER DEFAULT 3.1415926;
```

PL/SQL 的声明区在块头区的后面，使用 IS 说明后面是声明区，也可以使用 DECLARE 关键字在程序单元的任意位置声明变量，语句如下。

```
DECLARE
  Var_name [CONSTRAINT] datatype [(constraint)] [:= value];
```

3. 执行区

PL/SQL 的执行块完成该程序单元的功能逻辑，即该程序单元的行为定义部分，在执行部分可以使用流程控制及复杂的算法，是 PL/SQL 程序单元的主体部分。

执行区使用 BEGIN 和 END 标识，其中 BEGIN 标识执行区的开始，而 END 标识执行区的结束。Oracle 对执行区的要求是至少包含一条执行语句，甚至可以是 NULL，但是不能为空，并且执行区在 PL/SQL 程序单元中是必须定义的，执行区的结构如下。

```
BEGIN
  <逻辑语句>
END;
```

4. 异常区

同任何计算机编程语言一样，有效地处理异常是 PL/SQL 语言健壮性的体现，在 PL/SQL 语言中设计了异常区，该区块位于 PL/SQL 块结构的 END 关键字之前，用于捕获关键字 END 之前的 PL/SQL 块抛出的异常并获得处理。

在声明区一般需要定义异常变量，在 PL/SQL 块内出现异常的地方抛出异常，且在异常区捕获该异常并处理，异常区结构如下。

```
EXCEPTION
  WHEN <异常名1>
    THEN
```

```
        Handling error1;
    WHEN <异常名 2>
        THEN
            Handling error2;
    WHEN others
            Default error handling;
```

EXCEPTION 说明下面是一个异常区，而 WHEN 后为一个具体的异常，THEN 后是对该异常的处理代码，一个异常区可以有多个 WHEN 和 THEN 的搭配使用来处理不同的异常。

为了说明异常区的使用，下面给出一个实例，该实例中声明了自己的异常。

【例 4-3】创建异常区示例程序。

```
CREATE OR REPLACE PROCEDURE pro_test(f float)
IS
  var_name varchar2(20);
  --定义异常对象
    exception1 EXCEPTION;
BEGIN
    Statement1;
  BEGIN
    Statement2;
    --抛出在执行 Statement2 语句时的异常
    Raise exception1;
    EXCEPTION
      WHEN exception1
        Handling errors;
  END;
  Statement3;
 --在 Statement1 和 Statement3 中抛出的异常在下面这个异常区中处理
EXCEPTION
  WHEN OTHERS
    handling errors;
END;
```

【例 4-3】中异常的执行过程为：该 PL/SQL 过程执行 Statement1，如果此时发生异常，则在最后的异常处理区块中处理，接着执行区内的一个 BEGIN…END 区块，如果 Statement2 发生异常，则抛出异常 exception1，而该异常在随后的异常处理区块中处理，接着执行 Statement3，如果此时发生异常，则在该语句随后的 EXCEPTION 区块中处理。

4.1.2 PL/SQL 基本语法

如同其他编程语言一样，编写 PL/SQL 程序应遵循其语法规则，包括标识符、数据类型、变量与常量定义、表达式与比较符，以及注释。

1. PL/SQL 标识符

可以使用标识符来为 PL/SQL 程序中的常量、变量、异常、游标、游标变量、子程序和包命名。标识符可以由字母、数字、美元符号（$）、下画线（_）和数字符号（#）组成。而像连字符（-）、斜线（/）等符号都是不允许使用的。

例如，以下可以作为标识符：X、t2、phone#、credit_limit、LastName、oracle$number，而以下不能作为标识符：mine&yours、debit-amount、on/off、user id。

也可以使用大小写混合的形式来编写标识符。但是，除了字符串和字符以外，PL/SQL 对大小写是不敏感的。所以，只在大小写上有区别的标识符，PL/SQL 才会把它们当做同一标识处理。

标识符的长度不能超过 30。对于标识符的命名尽可能代表某种含义，避免使用像 cpm 这样的命名，而是使用 cost_per_thousand 这样意义明确的命名方式。

2. PL/SQL 的数据类型

Oracle 的数据类型可以分为 4 类，分别是标量类型、复合类型、引用类型和 LOB 类型。标量类型没有内部组件，又分为 4 类：数字、字符、布尔和日期/时间；复合类型包含了能够被单独操作的内部组件；引用类型类似于指针，能够引用一个值；LOB 类型的值就是一个 lob 定位器，能够指示出大对象（如图像）的存储位置。下面主要介绍以下几种常用的数据类型。

（1）数字型

数字类型主要有整数、实数和浮点数，可以表示数值的大小，参与计算。

1）BINARY_INTEGER

可以使用 BINARY_INTEGER 数据类型来存储有符号整数。它的范围是 $-2^{31} \sim 2^{31}$。

2）NUMBER

可以使用 NUMBER 数据类型来存储定点或浮点数。语法如下：NUMBER[(precision, scale)]。

其中，precision 表示数字的总长度，scale 代表可以有几位小数。如果要使用浮点数，就不能指定长度和精度，像下面这样声明就可以了：NUMBER。

（2）字符型

字符类型可以存放字符和数字混合的数据，表现词和文章，操作字符串。

1）CHAR

可以使用 CHAR 类型来存储定长的字符数据。但该数据的内部表现形式是取决于数据库字符集的。CHAR 类型有一个用于指定最大长度的可选参数，长度范围在 1 ~ 32767 字节之间。可以采用字节或字符的形式来设置该参数。语法如下：CHAR[(maximum_size[CHAR|BYTE])]。

maximum_size 不能是常量或变量，只能是范围在 1 ~ 32767 之间的整数。

如果不指定最大值，它默认是 1。CHAR 类型在数据库的字段中的最大存储长度为 2000 个字节，所以，不能往数据库 CHAR 类型字段中插入超过 2000 个字节的字符。

2）VARCHAR2

可以使用 VARCHAR2 类型来存储变长的字符数据。至于数据在数据库中的内部表现形式，则取决于数据库的字符集。VARCHAR2 类型需要指明数据长度，这个参数的上限是 32767 字节。语法如下：VARCHAR2(maximum_size[CHAR|BYTE])。

不能使用常量或变量来指定 maximum_size 值，maximum_size 值的有效范围在 1 ~ 32767 之间。

（3）LOB 类型

LOB（Large Object）数据类型 BFILE、BLOB、CLOB 和 NCLOB 可以最大存储 4 GB 的无结构数据（如文本、图形、视频剪辑和音频等）块。并且，它们允许高效、随机地分段访问数据。

1）BFILE

BFILE 数据类型用于存储二进制对象，它将存储的内容放到操作系统的文件中，而不是数据库内。每个BFILE变量都存储一个文件定位器，它指向服务器上的一个大的二进制文件。定位器包含目录别名，该别名给出了文件全路径。

2）BLOB、CLOB和NCLOB

BLOB数据类型可以在数据库中存放不超过4G的大型二进制对象。CLOB和NCLOB可以在数据库中分别存储大块CHAR类型和NCHAR类型的字符数据，都支持定宽和变宽字符集。同BFILE一样，这3个类型也都存储定位器，指向各自类型的一个大数据块。数据大小都不能超过4 GB。

（4）布尔类型

布尔类型能存储逻辑值TRUE、FALSE和NULL（NULL代表缺失、未知或不可用的值）。只有逻辑操作符才允许应用在布尔变量上。

数据库SQL类型并不支持布尔类型，只有PL/SQL才支持。所以就不能往数据库中插入或从数据库中检索出布尔类型的值。

（5）DateTime类型

DateTime就是日期时间类型。

Datetime数据类型能够存储定长的日期时间。日期部分默认为当月的第一天，时间部分默认为午夜时间0点。函数SYSDATE能够返回当前的日期和时间。

在日期表达式中，PL/SQL会自动地将格式为默认日期格式的字符值转成DATE类型值。默认的日期格式由Oracle的初始化参数NLS_DATE_FORMAT决定。例如，默认格式可能是" DD-MON-YY"，它包含两位数字表示一个月中的第几日、月份名称的缩写和两位记年用的数字。

3. PL/SQL变量与常量

在PL/SQL中，可以在块、子程序或包的声明部分声明常量或变量。声明能够分配内存空间，指定数据类型，为存储位置进行命名，以便能够引用这块存储空间。

（1）声明变量和常量

【例4-4】声明两个变量。

```
Birthday DATE;
emp_count SMALLINT:=0;
```

第一句声明了一个DATE类型的变量。第二句声明了SMALLINT类型的变量，并用赋值操作符指定初始值为零。下面再来看一个稍微复杂一点的例子。

【例4-5】用一个声明过的变量来初始化另一个变量。

```
pi REAL:=3.14159;
radius REAL:=1;
area REAL:=pi*radius**2;
```

【例4-6】常量声明。

```
credit_limit CONSTANT REAL:=5000.00;
```

对于常量声明，要多加一个CONSTANT关键字。常量在声明时必须进行初始化，否则就会产生编译错误。

变量和常量都是在程序进入块或子程序时被初始化的。默认情况下，变量都是被初始化成NULL的。除非为变量指定一个值，否则结果是未知的。

（2）为变量赋值

【例 4-7】使用表达式为变量赋值。下面的语句用于为变量 bonus 赋值。

```
bonus := salary * 0.15;
```

这里需要保证的是，salary * 0.15 计算结果的类型必须和 bonus 类型保持一致。

【例 4-8】给布尔类型（Boolean）的变量赋值。只有 TRUE、FALSE 和 NULL 才可以赋给布尔类型的变量。

下面的语句用于为布尔类型变量 done 赋值。

```
done := FALSE;
```

【例 4-9】使用 SELECT 语句为变量赋值。可以使用 SELECT 语句让 Oracle 为变量赋值。对于查询字段中的每一项，在 INTO 子句的后面都必须有与之对应的类型兼容的变量。

下面的语句使用 SELECT 语句为变量赋值。

```
SELECT ename,sal + comm INTO emp_name,wages FROM emp;
```

(3)%TYPE 类型和%ROWTYPE 类型

%TYPE 属性能够提供变量或数据库字段的数据类型。在下面的例子中,%TYPE 提供了变量 credit 的数据类型。

【例 4-10】声明%TYPE 类型的变量。

```
credit REAL(7,2);
debit credit%TYPE;
```

在引用数据库中某个字段的数据类型时,%TYPE 显得更加有用。可以通过表名加字段来引用，或是使用所有者加表名加字段来引用。

【例 4-11】用%TYPE 引用某个字段的数据类型。

```
my_dname scott.dept.dname%TYPE;
```

使用%TYPE 声明 my_dname 有两个好处。首先，不必知道 dname 具体的数据类型。其次，如果数据库中对 dname 的数据类型定义发生了改变，变量 my_dname 的数据类型也会在运行时做出相应的改变。但是需要注意的是,%TYPE 只提供类型信息，并不提供 NOT NULL 约束信息。

%ROWTYPE 属性提供数据表（或视图）中一整行数据的类型信息。记录可以完整地保存从游标或游标变量中取出的当前行的信息。下面的例子中，声明了两个记录，第一个保存 emp 表的行信息，第二个保存从游标 c1 取出的行信息。

【例 4-12】声明%ROWTYPE 类型的变量。

```
DECLARE
  emp_rec emp%ROWTYPE;
CURSOR c1 IS
  SELECT deptno,dname,loc FROM dept;
  dept_rec c1%ROWTYPE;
```

4. PL/SQL 表达式与比较

表达式由操作数和操作符构成。一个操作数就是一个变量、常量、文字或是能够返回一个值的函数。例如，一个简单的数学表达式：$-X/2+3$。

像负号(-)这种只作用于一个操作数的操作符称为一元操作符；而像除号(/)这种作用于

两个操作数的操作符称为二元操作符。PL/SQL 没有三元操作符。

最简单的表达式就是一个能直接算出值的变量。PL/SQL 按照指定的操作符和操作数来计算表达式的值，结果值的数据类型是由表达式计算规则决定的。

由于操作符的运算优先级不同，表达式的计算顺序也不一样。表 4-1 所示是默认的操作符优先级顺序。

表 4-1　操作符优先顺序

操　作　符	运　　算	操　作　符	运　　算
**	求幂	=，<，>，<=，>=，< >，!=，~=，^=，IS NULL，LIKE，BETWEEN，IN	比较
+，-	正，负	NOT	逻辑非
*，/	乘，除	AND	与
+，-，‖	加，减，连接	OR	或

可以使用括号控制计算顺序，括号覆盖了默认的操作符优先顺序。关系操作符可以随意比较复杂的表达式。表 4-2 列出了各种关系操作符的含义。

表 4-2　各种关系操作符的含义

操　作　符	含　　义	操　作　符	含　　义
=	等于	>	大于
< >，!=，~=，^=	不等于	<=	小于等于
<	小于	>=	大于等于

下面介绍一些 PL/SQL 常用的操作符。

（1）IS NULL 操作符

如果 IS NULL 所作用的操作数为空，则返回结果 TRUE，否则返回结果 FALSE。与空值做比较，结果总是空。所以，无论什么时候跟空值做比较，都要使用 IS NULL 操作符。

（2）LIKE 操作符

可以使用 LIKE 操作符来判断一个字符、字符串或 CLOB 类型的值是否与指定的样式相匹配。如果样式匹配，LIKE 就会返回 TRUE，否则返回 FALSE。用于 LIKE 匹配的样式中，包含两种通配符：下画线(_)，精确匹配一个字符；百分号(%)，匹配零个或多个字符。

（3）BETWEEN 操作符

BETWEEN 操作符用于判断目标值是否在指定的目标范围内。

（4）IN 操作符

IN 操作符用于测试目标值是否是集合成员之一。其中，集合是可以包含 NULL 值的，但它们是被忽略的。

5. 注释

PL/SQL 编译器会忽略注释，但编写程序时不要省略注释。添加注释能使程序更加易读。通常，添加注释的目的就是描述每段代码的用途。PL/SQL 支持两种注释风格：单行和多行。

单行注释由一对连字符(--)开头。

【例 4-13】单行注释。

```
--begin processing
```

多行注释由斜线星号(/ *)开头，星号斜线(* /)结尾，可以注释多行内容。

【例 4-14】 多行注释。

```
/* Compute a 15% bonus for
   top-rated employees. */
```

4.2 PL/SQL 控制结构

PL/SQL 作为一种数据库编程语言，必须通过程序的流程控制实现模块的功能逻辑。为了实现流程控制，PL/SQL 提供了条件结构、循环结构和选择结构等控制结构。

4.2.1 条件结构

条件结构用于逻辑判断，在日常生活中经常会遇到这样的情况：如果这个周末天气好就去爬山，否则就待在家里看电影。在 PL/SQL 语言中使用条件语句来实现程序自身的判断。

条件语句的语法格式如下。

```
IF <条件1>
  THEN
    Logical statement;
END IF;
```

这种条件语句首先判断 <条件1>是否成立，如果成立则执行 THEN 后的代码逻辑，然后结束这个逻辑判断。

条件语句也可以是如下形式。

```
IF <条件1>
  THEN
    Logical statement1;
  ELSE
    Logical statement2;
END IF;
```

这种条件语句首先判断 <条件1>是否成立，如果成立则执行 THEN 后的代码逻辑，否则，执行 ELSE 后的代码逻辑，然后结束这个逻辑判断。

在上面介绍的两种条件语句中，对初始条件只有一次 IF 判断，其实也可以有多次判断，此时使用 ELSIF，语法格式如下。

```
IF <条件1>
  THEN
    Logical statement1;
  ELSIF <条件2>
    Logical statement2;
  ELSE
    Logical statement3;
END IF;
```

这种条件语句首先判断 <条件1>是否成立，如果成立则执行 THEN 后的代码逻辑，接着判断 <条件2>是否成立，如果成立则执行其随后的代码逻辑，否则，执行 ELSE 后的代码逻辑，然后结束这个逻辑判断。

注意：在 PL/SQL 的条件语句中，条件为一个布尔表达式，该表达式要么为真（TRUE），要么为假（FALSE）。必须使用 END IF 结束该逻辑判断。

关于 IF 语句的语法需要牢记以下几点。

- 一个 IF 总要有一个匹配的 END IF。
- 在关键字 END 和 IF 之间必须有空格。
- 关键字 ELSIF 不要夹带字母“E”。
- 只在关键字 END IF 后使用分号。

4.2.2 循环结构

循环结构用于重复地执行一个代码逻辑，如重复访问一个数组，在数据库中依次检索表中的每条记录等，使用循环结构可以方便地实现这些操作。Oracle 提供了 3 种循环结构，即：简单循环、FOR 循环和 WHILE 循环。下面依次介绍这 3 种循环结构。

1. LOOP 循环

这是最基本的循环结构，其实就是一层循环，当 LOOP 后的代码执行完毕后，遇到 EXIT 就退出循环，其结构如下。

```
LOOP
  Logical statement
  EXIT [ WHEN <条件 > ];
  END LOOP;
```

【例 4-15】 LOOP…EXIT 循环结构的使用。

```
create or replace procedure test1
is
begin
  loop
    dbms_output.put_line('hello1 ');
    dbms_output.put_line('hello2 ');
    dbms_output.put_line('hello3 ');
  exit;
  end loop;
end;
```

将【例 4-15】在 Windows 的记事本中编辑，并保存为 test1.sql 文件，然后按照如下所示执行该脚本文件。

```
SQL > @ F:\test1.sql;
```

执行存储过程 test1，观察其输出，结果如下。

```
SQL > execute test1
hello1
hello2
hello3
```

从输出中，可以知道，LOOP 循环只执行了一次，即依次输出 3 个 DBMS_OUTPUT 包的 PUT_LINE 函数，然后退出循环。

PL/SQL 同时提供了 EXIT WHEN 语句，可以按照条件终止 LOOP 循环，实际上，EXIT

WHEN 语句相当于把 EXIT 语句和 IF-THEN 语句合并在一起了。

【例 4-16】EXIT WHEN 语句在 LOOP 循环中的使用。

```
create or replace procedure test2
is
  numbers integer default 1;
begin
  loop
    exit when numbers > 3;
    dbms_output.put_line('hello');
    numbers: = numbers + 1;
  end loop;
end;
```

执行该存储过程，其结果如下。

```
SQL > execute test2
hello
hello
hello
```

2. FOR 循环

这种结构的循环首先使用 FOR 语句确定循环次数，然后执行循环体，其语法结构如下。

```
FOR counter IN [REVERSE] low…high
LOOP
  Logical statement
END LOOP;
```

使用这种循环使得计数器 counter 从 low 开始计数一直到 high 值，然后结束循环。

注意：high 和 low 的值可以是确定的值，也可以是变量。

【例 4-17】FOR 循环结构的使用。

```
create or replace procedure test3
is
begin
  for counter in 1..5
  loop
    dbms_output.put_line('hello');
  end loop;
end;
```

执行该存储过程，其结果如下。

```
SQL > execute test3
hello
hello
hello
hello
hello
```

3. WHILE 循环

这种循环结构首先判断 WHILE 后的条件，如果条件满足则执行 LOOP 循环，如果不满足，则不进行 LOOP 循环，其逻辑结构如下。

```
WHILE <条件>
LOOP
Logical statement
END LOOP;
```

其中，<条件>为是否执行 LOOP 循环的条件。LOOP 表示循环的开始，而 END LOOP 表示退出循环。

【例 4-18】 WHILE 循环结构的使用。

```
create or replace procedure test4
is
  counter integer default 1;
begin
  while counter < 5
    loop
      dbms_output.put_line('hello');
      counter: = counter + 1;
  end loop;
end;
```

执行该存储过程，其结果如下。

```
SQL > execute test4
hello
hello
hello
hello
```

4.2.3 选择结构

利用 CASE 语句可以在多个可能的系列中选择一个语句系列执行。该语句中的条件可以是布尔值，也可以是其他值，如字符串或者数字等。

CASE 有简单 CASE 语句和搜索型的 CASE 语句两种。简单 CASE 语句是通过值来关联一个或多个 PL/SQL 语句，根据表达式的返回值来选择哪一个语句被执行。

简单 CASE 条件语句的结构如下。

```
CASE <表达式>
WHEN <条件 1>
    THEN logical statement1
  WHEN <条件 2>
    THEN
      BEGIN
        Logical statement2_1;
        Logical statement2_2;
      END;
  WHEN <条件 3>
    THEN logical statement3
  …
  ELSE
    DEFAULT logical statement;
END CASE;
```

在 CASE 条件判断中，首先计算 CASE 后的表达式的计算结果，然后将该结果依次和随后的 WHEN 语句后的条件进行匹配，如果找到某个匹配的值，则执行该 WHEN 子句中 THEN 后的代码逻辑，如果最后没有找到，则执行 ELSE 后的默认代码逻辑。

注意：在 CASE 条件语句中务必给出 ELSE 子句，并且自己的代码逻辑是有效的，否则如果 WHEN 语句没有匹配选项，Oracle 会抛出异常。

【例 4-19】简单 CASE 语句的使用。

```
CASE sex
  WHEN '1 'THEN '男'
  WHEN '2 'THEN '女'
  ELSE '其他'
END CASE;
```

搜索型 CASE 语句会对一系列的布尔表达式求值，一旦某个表达式求值结果为 TRUE，就会执行和这个表达式关联的一系列语句。搜索型 CASE 语句的结构如下。

```
CASE
  WHEN <表达式 1>
    THEN logical statement1
  WHEN <表达式 2>
    THEN logical statement2
  …
  ELSE
    DEFAULT logical statement;
END CASE;
```

和简单的 CASE 语句一样，下面的规则同样适用。

- 一旦某些语句被执行，整个执行也就结束了。即便有多个表达式求值结果都是 TRUE，也只有和第一个表达式关联的语句会被执行。
- ELSE 语句是可选的，如果没有指定 ELSE，并且没有一个表达式的求值结果是 TRUE，就会抛出 CASE_NOT_FOUND 异常。
- WHEN 表达式按照从上到下的顺序依次求值。

【例 4-20】搜索型 CASE 语句的使用。

```
CASE
  WHEN salary < 2000
    THEN bonus: = bonus + 1000;
  WHEN salary < 4000
    THEN bonus: = bonus + 800;
  WHEN salary < 10000
    THEN bonus: = bonus + 300;
  ELSE
    bonus: = bonus + 100;
END CASE;
```

4.2.4 异常结构

PL/SQL 提供了强大、灵活的错误捕获和处理方法，在 PL/SQL 语言中，任何类型的错误都按程序异常统一对待。一个异常可能属于下面某种情况。

- 系统产生的错误（比如“内存溢出”或者“索引出现重复值”）。

• 用户动作导致的错误。
• 应用程序向用户发出的警告。

PL/SQL 使用一个异常处理框架来跟踪错误，并对错误做出响应，异常处理机制可以把异常处理代码干净地从可执行语句中分离出来。如果 PL/SQL 发生了一个错误，无论是系统错误还是应用的错误，都会抛出一个异常，当前 PL/SQL 块中的执行单元就会暂停处理。如果当前块有一个异常处理单元，控制会转移到当前块的异常处理单元来处理异常，完成了异常处理后就不能再返回到当前块，相反，控制会转移到外层包围块。

通常来说，有下列两类异常。

• 系统异常。这是由 Oracle 定义的，在 PL/SQL 运行时引擎发现某个错误后抛出来的异常。某些异常有名称，如 NO_DATA_FOUND，更多的异常仅有一个数字和描述。
• 程序员定义的异常。这是由程序员定义的异常，并且专门针对当前的应用程序而设计。可以使用 EXCEPTION_INIT 给 Oracle 错误指定名称，或者使用 RAISE_APPLICATION_ERROR 给这个错误指定一个数字和描述。

1. 定义异常

异常可以抛出或者处理的前提条件是先要定义异常。Oracle 已经预定义了上千个异常，大部分都分配了数值和消息，Oracle 也为其中最常遇到的异常指定了名称。这些名称是在 STANDARD 包和其他一些内置包中指定的。Oracle 定义系统异常（如定义 NO_DATA_FOUND）的代码和用来自定义异常的代码是一样的。

PL/SQL 在 STANDARD 包中声明的异常已经覆盖了内部或系统生成的错误，但是用户在应用程序中遇到的问题很多都是应用程序所特有的。要想处理异常，必须先得到异常的名称，应当在 PL/SQL 代码块的声明部分自己声明这些异常。声明异常的方法是在程序中列出异常的名称，后面再跟上关键词 EXCEPTION。声明异常的语句结构如下。

```
exception_name   EXCEPTION;
```

Oracle 只为一小部分异常定义了名称，其他异常只定义了一个错误数字和消息，没有名称的异常是完全合法的，但它们会使代码难以阅读和维护。EXCEPTION_INIT 可以把名称和内部错误代码关联到一起，一旦创建了这个关联关系，就可以通过名称来抛出异常，也可以用名称写一个明确的 WHEN 处理句柄来捕获这个错误。使用 EXCEPTION_INIT 命令的语句结构如下。

```
PRAGMA   EXCEPTION_INIT (exception_name,integer);
```

EXCEPTION_INIT 命令必须出现在代码的声明单元中，并且该异常已经在同一个块中或外层块，或者包的规范部分被命名了。

【例 4-21】EXCEPTION_INIT 命令的使用。

```
PROCEDURE my_procedure
IS
  invalid_month EXCEPTION;
  PRAGMA   EXCEPTION_INIT (invalid_month, -1843);
BEGIN
  …
EXCEPTION
  WHEN invalid_month THEN
  …
```

最重要也是最常用的命名异常可以在 PL/SQL 的 STANDARD 包中找到，因为这个包是 PL/SQL 的两个默认包之一，所以可以不加包名做前缀而直接引用这些异常。比如，如果代码中想处理 NO_DATA_FOUND 异常，可以使用下面任何一个语句。

```
WHEN NO_DATA_FOUND THEN
WHEN STANDARD.NO_DATA_FOUND THEN
```

但如果异常所在的包不是默认包，则在引用时需要加上包的名称。

2. 抛出异常

程序中可以有以下 3 种抛出异常的方法：

- 数据库检测到错误时可以抛出异常。
- 使用 RAISE 语句抛出异常。
- 使用内置的 RAISE_APPLICATION_ERROR 抛出异常。

数据库如何抛出异常在前面已经介绍过了，下面介绍手工抛出异常的不同方法。Oracle 提供了一个 RAISE 语句，可以自行决定抛出一个被命名的异常。可以抛出自定义异常或者系统异常。RAISE 语句可以有下列 3 种形式。

```
RAISE exception_name;
RAISE package_name.exception_name;
RAISE;
```

第一种形式没有包名做限定词，可以用于抛出一个在当前块（或者包含这个块的外层块）自定义的异常，也可以抛出在 STANDARD 包中定义的系统异常。

【例 4-22】第一种形式的抛出异常。

```
BEGIN
  IF total_sales = 0
  THEN
    RAISE ZERO_DIVIDE;    --Defined in STANDARD package
  ELSE
    RETURN (sales_percentage_calculation(my_sales,total_sales));
  END IF;
END;
```

第二种形式需要一个包名做限定符，如果异常是在包中（不是 STANDARD 包）声明，而又想要在包的外边抛出这个异常，就必须在 RAISE 语句中通过包名来限定对异常的引用。

第三种形式不需要异常名称，但只可以用在异常处理单元的 WHEN 语句中，如果要在异常处理单元再次抛出同一个异常，就可以使用这种形式。

【例 4-23】第三种形式的抛出异常。

```
EXCEPTION
  WHEN NO_DATA_FOUND
  THEN
    --用一个通用的包记录所有的"上下文"信息
    --如错误编号、程序名等
    errlog.putline(company_id_id);
    --现在再把未处理的 NO_DATA_FOUND 传播到外层包围块中
  RAISE;
```

Oracle 还提供了 RAISE_APPLICATION_ERROR 过程在应用中抛出应用专有错误。使用

RAISE_APPLICATION_ERROR 而不是 RAISE 的好处在于，可以给异常加上一段错误消息。RAISE_APPLICATION_ERROR 过程的声明如下。

```
PROCEDURE RAISE_APPLICATION_ERROR(
  num binary_integer,
  msg varchar2,
  keeperrorstack boolean default FALSE);
```

其中 num 是错误号，msg 是错误消息，keeperrorstack 表明是想把这个错误添加到栈中(TRUE) 还是替换现存的错误（默认行为，FALSE)。

【例 4-24】 使用 RAISE_APPLICATION_ERROR 过程抛出异常。

```
raise_application_error( -20001,'age must at least 18 years old');
```

【例 4-24】表明在某条件下（如插入记录的年龄小于 18 岁）抛出异常，此时客户端程序执行输出结果为"ORA-20001：age must at least 18 years old"。

3. 处理异常

一旦有异常抛出，当前 PL/SQL 块就会终止正常执行，把控制传递给异常处理单元，这个异常或者被当前 PL/SQL 块中的处理句柄处理，或者抛给外层块。要想捕获或者处理某个异常，必须专门为这个异常写一个异常句柄，异常处理代码在程序中的位置是在所有可执行语句之后，在块的 END 语句之前。异常句柄的语法如下。

```
WHEN exception_name [ OR exception_name … ]
THEN
  executable statements
```

或者

```
WHEN OTHERS
THEN
  executable statements
```

如果 WHEN 语句中指定的异常和抛出的异常能匹配，该异常就会被处理，要注意 WHEN 语句只能根据异常名称而不能根据错误代码来捕获异常。如果发现匹配的，则相关的可执行语句会被执行，如果抛出的异常没有任何匹配项，则和 WHEN OTHERS 语句（如果有的话）关联的可执行语句会被执行。一旦句柄的语句被执行后，控制权就立即跳到代码块外。WHEN OTHERS 语句是可选的，如果没有这个语句，任何未处理的异常立即传到外层块（如果有的话），WHEN OTHERS 语句必须是异常处理部分的最后一个句柄，如果 WHEN OTHERS 后面还有 WHEN 语句，则会出现编译错误。

PL/SQL 提供了一些和错误处理有关的内置函数，有下列两个最为常用。

1）SQLCODE。SQLCODE 返回代码块中最后一次抛出的错误代码，如果没有任何错误，SQLCODE 返回 0，如果在异常句柄之外调用 SQLCODE，也会返回 0。

2）SQLERRM。SQLERRM 函数可以返回某个错误代码对应的错误消息。例如，执行 DBMS_OUTPUT.putline(SQLERRM(-1403));，Oracle 会显示"ORA-01403：no data found"。

可以通过 OR 操作符在一个 WHEN 语句中整合多个异常，举例如下。

```
WHEN invalid_company_id OR negative_balance
THEN
```

也可以在一个句柄中同时组合应用和系统异常，举例如下。

```
WHEN balance_too_low OR ZERO_DIVIDE OR DBMS_LDAP.INVALID_SESSION
THEN
```

然而，不可以使用 AND 操作符，因为任意时刻只能有一个异常抛出。

如果程序中抛出了一个异常，但这个异常并没有在当前 PL/SQL 或者外层 PL/SQL 块的异常处理单元被处理，PL/SQL 会把这个未处理异常作为错误一直返回到运行 PL/SQL 的应用环境，由这个环境针对这种情况采取行动。如果 PL/SQL 程序是在非 PL/SQL 环境调用的，应当像下面这样来设计最外层的块或程序。

- 捕获任何可能传播过来的异常。
- 为错误记录日志，从而使开发人员能够分析出是什么造成了这个问题。
- 返回一个状态码、描述或其他信息，以帮助宿主环境决定采取适当的措施。

一旦 PL/SQL 块中抛出了异常，正常执行单元被终止，然后控制传递到异常处理单元，一旦块中有异常抛出就再也不能回到该块的执行单元了。然而，有时需要异常过后程序还能够继续执行，此时需要把操作放到它自己的 PL/SQL 块中。

【例 4-25】 异常处理后程序继续执行。

```
PROCEDURE change_data IS
BEGIN
  BEGIN
    DELETE FROM employees WHERE…;
  EXCEPTION
    WHEN OTHERS THEN log_error;
  END;
…
END;
```

在上面这个格式中，即使 DELETE 操作抛出了异常，控制也被立即传递到异常处理单元，因为 DELETE 操作被放到它自己的块中，这个块中的 WHEN OTHERS 语句处理了这个错误，把发生的错误记录到日志，没有再次抛出这个或者是其他错误。控制从 DELETE 所在块传出并返回到包围它的 change_data 过程中，包围块中执行继续进行到过程的下一个语句。

对于异常处理，下面有一些需要考虑的通用原则。

- 当代码发生错误时，要尽可能多地获得错误发生的环境信息。
- 尽量避免掩藏错误，并要做好说明文档，保证其他人能够理解。
- 如果可能，尽量使用 PL/SQL 的默认错误处理机制，要避免程序向外层调用块或者宿主环境返回状态代码。

4.3 PL/SQL 函数

函数一般用于计算和返回一个值，可以将经常需要进行的计算写成函数。函数的调用是表达式的一部分，而过程的调用是一条 PL/SQL 语句。函数与过程在创建的形式上有些相似，也是编译后放在内存中供用户使用，只不过调用时函数要用表达式，而不像过程只需调用过程名。另外，函数必须有一个返回值，而过程没有。PL/SQL 函数通常分为内置函数和自定义函数。

4.3.1 内置函数

与用户自定义的函数不同，Oracle 内置函数是预先建立在 Oracle 数据库中的，可应用于各种适用的 SQL 语句。如果在调用 Oracle 内置函数时，参数的数据类型与预定义的数据类型不符，Oracle 在执行内置函数前将先把参数的数据类型转化为预定义的数据类型。

Oracle 有一系列的内置函数，表 4-3 列出一些常用的函数。

表 4-3 Oracle 常用内置函数

函数类别	函　　数	功　　能
数值函数	abs(m)	m 的绝对值
	mod(m,n)	m 被 n 除后的余数
	power(m,n)	m 的 n 次方
	round(m[,n])	m 四舍五入至小数点后 n 位的值（n 默认为 0）
	trunc(m[,n])	m 截断 n 位小数位的值（n 默认为 0）
分组函数	avg([distinct/all] n)	列 n 的平均值
	count([all] *)	返回查询范围内的行数，包括重复值和空值
	count([distinct/all] n)	非空值的行数
	max([distinct/all] n)	该列或表达式的最大值
	min([distinct/all] n)	该列或表达式的最小值
	stdev([distinct/all] n)	该列或表达式的标准偏差，忽略空值
	sum([distinct/all] n)	该列或表达式的总和
	variance([distinct/all] n)	该列或表达式的方差，忽略空值
转换函数	nvl(m,n)	如果 m 的值为 null，返回 n，否则返回 m
	to_char(m[,fmt])	m 从一个数值转换为指定格式的字符串 fmt，默认情况下，fmt 值的宽度正好能容纳所有的有效数字
	to_number(st[,fmt])	st 从字符型数据转换成按指定格式的数值，默认情况下数值格式串的大小正好为整个数
	decode（条件，值 1，翻译值 1，值 2，翻译值 2，... 值 n，翻译值 n，默认值）	DECODE 函数相当于一个联机 IF 语句
日期函数	add_months(d,n)	日期 d 加 n 个月
	last_day(d)	包含 d 的月份的最后一天的日期
	month_between(d,e)	日期 d 与 e 之间的月份数，e 先于 d
	new_time(d,a,b)	a 时区的日期和时间 d 在 b 时区的日期和时间
	next_day(d,day)	比日期 d 晚，由 day 指定的周几的日期
	sysdate	当前的系统日期和时间
	greatest(d1,d2,... dn)	给出的日期列表中最后的日期
	least(d1,k2,... dn)	给出的日期列表中最早的日期
	to_char(d [,fmt])	日期 d 按 fmt 指定的格式转变成字符串
	to_date(st [,fmt])	字符串 st 按 fmt 指定的格式转变成日期值，若 fmt 忽略，st 要用默认格式
	round(d [,fmt])	日期 d 按 fmt 指定格式舍入到最近的日期
	trunc(d [,fmt])	日期 d 按 fmt 指定格式截断到最近的日期

（续）

函数类别	函　　数	功　　能
字符函数	initcap(st)	返回 st，将每个单词的首字母大写，所有其他字母小写
	lower(st)	返回 st，将每个单词的字母全部小写
	upper(st)	返回 st，将每个单词的字母全部大写
	concat(st1,st2)	返回 st，为 st2 接 st1 的末尾（可用操作符" ‖ "）
	lpad(st1,n[,st2])	返回右对齐的 st，st 为在 st1 的左边用 st2 填充直至长度为 n，st2 默认为空格
	rpad(st1,n[,st2])	返回左对齐的 st，st 为在 st1 的右边用 st2 填充直至长度为 n，st2 默认为空格
	ltrim(st[,set])	返回 st，st 为从左边删除 set 中字符直到第一个不是 set 中的字符。默认情况下，指的是空格
	rtrim(st[,set])	返回 st，st 为从右边删除 set 中字符直到第一个不是 set 中的字符。默认情况下，指的是空格
	replace(st,search_st[,replace_st])	将每次在 st 中出现的 search_st 用 replace_st 替换，返回一个 st。默认情况下，删除 search_st
	substr(st,m[,n])	n = 返回 st 串的子串，从 m 位置开始，取 n 个字符长。默认情况下，一直返回到 st 末端
	length(st)	数值，返回 st 中的字符数
	instr(st1,st2[,m[,n]])	数值，返回 st1 从第 m 字符开始，st2 第 n 次出现的位置，m 及 n 的默认值为 1

4.3.2 自定义函数

在 PL/SQL 中，用户还可以自定义函数，用户自定义的函数可以出现在 SQL 语句中任何可以使用表达式的地方，举例如下。

- SELECT 语句的 select 列表中。
- WHERE 子句的条件中。
- CONNECT BY、START WITH、ORDER BY 和 GROUP BY 子句中。
- INSERT 语句的 VALUES 子句中。
- UPDATE 语句的 SET 子句中。

1. 函数创建

创建函数的语法格式如下。

```
CREATE [OR REPLACE] FUNCTION <函数名>
    (<参数 1>[方式 1]<数据类型 1>,<参数 2>[方式 2]<数据类型 2>…)
RETURN <表达式>
IS|AS
PL/SQL 程序体        --其中必须要有一个 RETURN 子句
```

RETURN 在声明部分需要定义一个返回参数的类型，而在函数体中必须有一个 RETURN 语句，其中 <表达式>就是要函数返回的值。当语句执行时，如果表达式的类型与定义不符，该表达式将被转换为函数定义子句 RETURN 中指定的类型，同时，控制将立即返回到调用环境。函数可以有一个以上的返回语句，如果函数结束时还没有遇到返回语句，就会发生错误。通常，函数只有 in 类型的参数。

【例 4-26】 创建函数，完成返回给定性别的学生数量。其函数语句如下。

```
CREATE OR REPLACE FUNCTION count_stu_sex
( stu_sex in STUDENT.STUDENTGENDER% TYPE)
  return NUMBER
AS
  out_num NUMBER;
BEGIN
  IF stu_sex = '男' THEN
    SELECT count( * ) INTO out_num FROM STUDENT WHERE STUDENTGENDER = '男';
  ELSIF stu_sex = '女' THEN
    SELECT count( * ) INTO out_num FROM STUDENT WHERE STUDENTGENDER = '女';
  ELSE
    out_num: =0;
  END IF;
  RETURN( out_num) ;
END count_stu_sex;
```

将该函数创建语句放入 SQL Developer 工具中执行，其操作结果如图 4-2 所示。

2. 调用函数

调用函数时可以用全局变量接收其返回值，也可以在程序块中调用它，同样可以在 SQL 语句中调用函数。

【例 4-27】 在 SQL Developer 工具中使用 SQL 语句调用函数，调用［例 4-26］创建的函数语句如下。

```
SELECT count_stu_sex('男') from dual;
```

在 SQL Developer 数据库开发管理工具中，通过执行上述语句，其运行结果界面如图 4-3 所示。

图 4-2　函数创建 SQL 语句执行

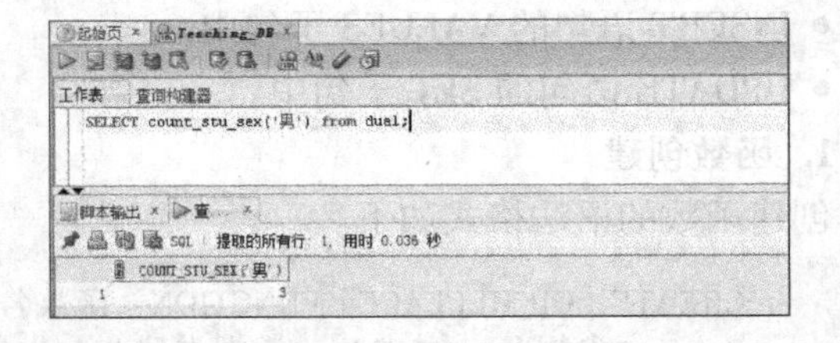

图 4-3　函数调用 SQL 语句执行

从该界面中可以看到，经统计知道 STUDENT 表中当前男生数量是 3 人。

3. 删除函数

当一个函数不再使用时，要从系统中删除它。

（1）使用 SQL 语句删除函数

删除函数的 SQL 语句格式如下。

```
DROP FUNCTION <函数名>;
```

其中 DROP FUNCTION 为删除函数语句的关键词。<函数名>为将被删除的函数名称。

【例 4-28】在数据库中，删除所创建的 count_stu_sex 函数，其函数删除的 SQL 语句如下。

```
DROP FUNCTION count_stu_sex;
```

成功执行该 SQL 语句后，count_stu_sex 函数将从数据库中删除。

（2）GUI 界面操作删除函数

在 Oracle 数据库中，也可在 SQL Developer 工具中通过 GUI 界面实现函数删除处理。

【例 4-29】在数据库中，若需要删除名称为 count_stu_sex 的函数对象，其删除该函数的操作步骤如下。

1）在 SQL Developer 工具中，进入 TEACHING_DB 方案的函数目录，选择 count_stu_sex 的函数对象并右击，在弹出的快捷菜单中选择“删除”命令，弹出“删除”对话框，如图 4-4 所示。

2）单击“应用”按钮，该函数将从数据库中删除，并弹出删除成功消息，如图 4-5 所示。

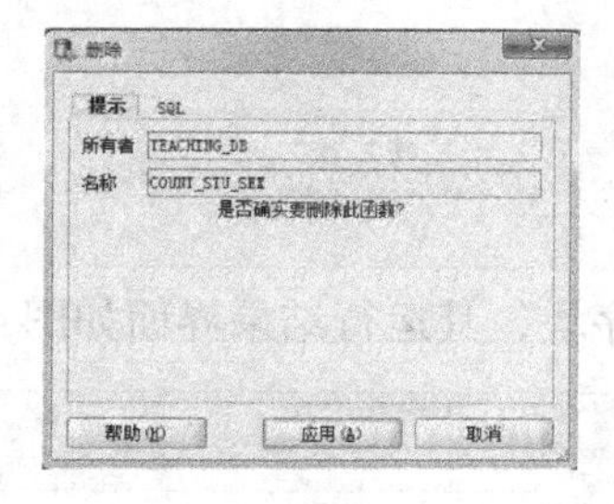

图 4-4 “删除”对话框

图 4-5 删除函数成功消息界面

4.3.3 函数的使用

Oracle 定义了很多内置函数，下面举一些例子来说明函数的使用方法。

【例 4-30】使用数值函数 round 计算四舍五入后的数值，语句如下。

```
SELECT round(3.1415926,4) from dual;
```

在 SQL Developer 数据库开发管理工具中，通过执行上述语句，其运行结果界面如图 4-6 所示。

从上面的结果可以看到，3.1415926 经四舍五入保留小数点 4 位得到的结果是 3.1416。

【例 4-31】使用分组函数 count 根据学生性别统计 STUDENT 表中学生人数，语句如下。

```
SELECT STUDENTGENDER,count(*) AS 人数 FROM STUDENT GROUP BY STUDENTGENDER;
```

在 SQL Developer 数据库开发管理工具中，通过执行上述语句，其运行结果界面如图 4-7 所示。

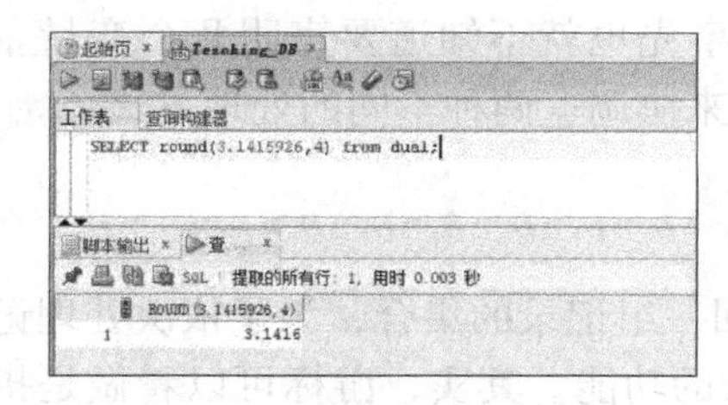

图 4-6 数值函数 round 执行结果

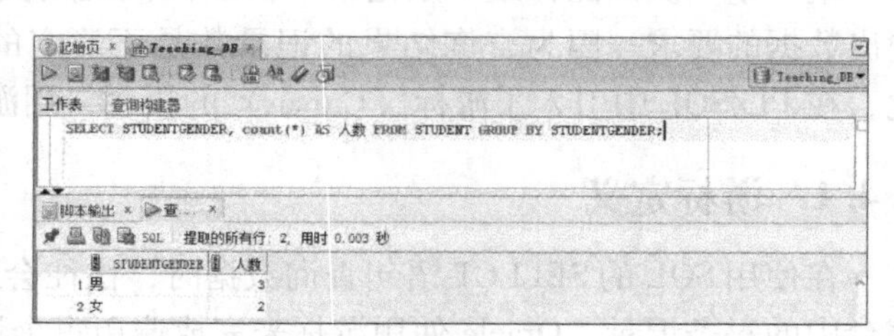

图 4-7 分组函数 count 执行结果

从上面的结果可以看到，当前 STUDENT 表中男生有 3 人，女生有 2 人。

【例 4-32】使用日期函数 sysdate 查看当前的日期，语句如下。

```
SELECT sysdate from dual;
```

在 SQL Developer 数据库开发管理工具中，通过执行上述语句，其运行结果界面如图 4-8 所示。

从上面的结果可以看到，当前日期是 2016 年 5 月 6 日。

从【例 4-27】中已经看到，可以在 SQL 语句里调用用户自定义函数，还可以在程序块中调用函数。

【例 4-33】在程序块中调用前面自定义的函数 count_stu_sex，显示当前 STUDENT 表中有几个女生。其代码如下。

```
set serveroutput on                    --显示输出信息
DECLARE
   GIRL_NUM NUMBER;
BEGIN
   GIRL_NUM:= count_stu_sex('女');
   dbms_output.put_line('当前有' || to_char(GIRL_NUM) || '个女生！');
END;
```

在 SQL Developer 数据库开发管理工具中，编写程序块，其运行结果界面如图 4-9 所示。

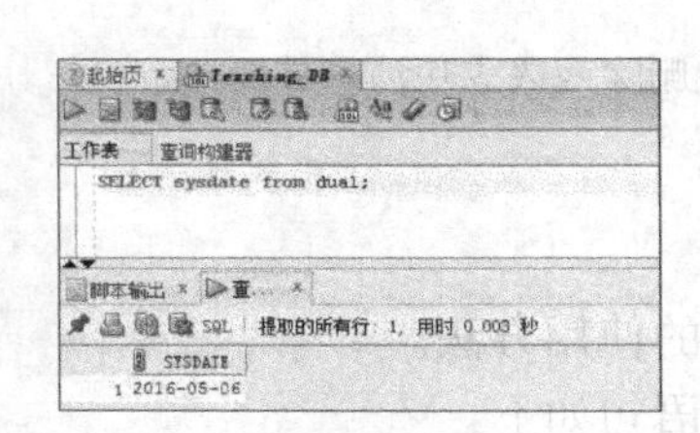

图 4-8　日期函数 sysdate 执行结果

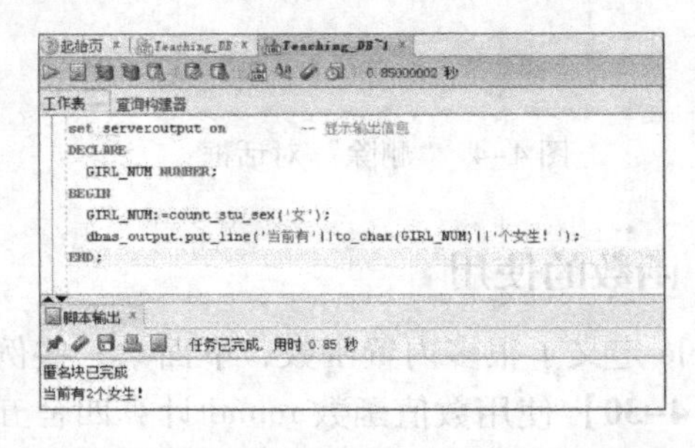

图 4-9　在程序块中调用函数 count_stu_sex 执行结果

从上面的执行结果可以看到，当前 STUDENT 表中有两个女生。程序块中调用了自定义函数 count_stu_sex 计算女生数量并把值赋给变量 GIRL_NUM，还调用了内置函数 to_char 把数字类型的变量 GIRL_NUM 转换成字符类型。

4.4　PL/SQL 游标

SQL 是面向集合的，其结果一般是集合量（多条记录），而 PL/SQL 的变量一般是标量，其一组变量一次只能存放一条记录。所以仅仅使用变量并不能完全满足 SQL 语句向应用程序输出数据的要求。因为查询结果的记录数是不确定的，事先也就不知道要声明几个变量。因此，在 PL/SQL 中引入了游标（Cursor）的概念，用游标来协调这两种不同的处理方式。

4.4.1　游标定义

在使用 SQL 的 SELECT 语句查询数据时，往往会返回一组记录的集合，为了依次处理记录集合中的每条记录，Oracle 使用游标来完成遍历每个记录的功能。其实，游标可以看做是指向记录集合的指针，它可以在集合记录中移动，以访问每条记录。例如，用户选择表 EMP 中的

JOB 为 MANAGER 的记录，而该查询结果有 3 条记录，通过使用 LOOP 循环语句，结合使用游标，就可以遍历整个查询记录集合，如图 4-10 所示。

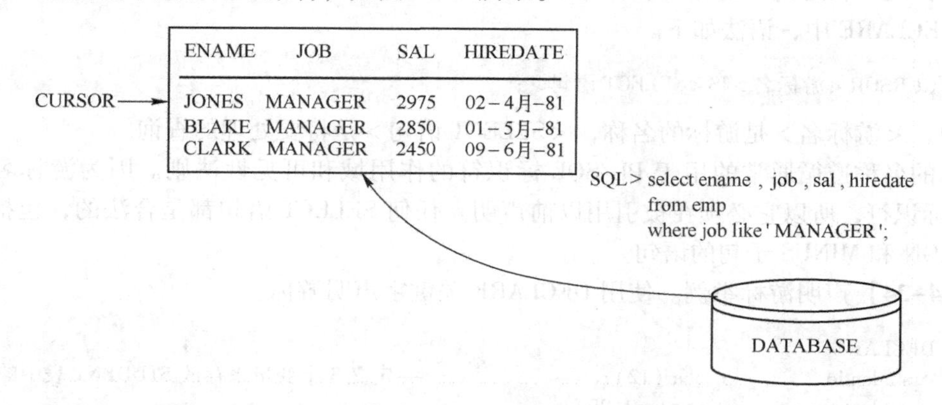

图 4-10　游标的作用示意图

在 PL/SQL 块中执行 SELECT、INSERT、UPDATE 和 DELETE 语句时，Oracle 会在内存中为其分配上下文区，即一个缓冲区。游标是指向该区的一个指针，或是命名一个工作区，或是一种结构化数据类型。它为应用程序提供了一种对具有多行数据查询结果集中的每一行数据分别进行单独处理的方法，是设计嵌入式 SQL 语句的应用程序的常用编程方式。

因此，可以给出游标的具体定义如下。

游标是一种能从包括多条数据记录的结果集中每次提取一条记录的机制。

游标分为显式游标和隐式游标两种。

1）隐式游标。每次执行一个 SQL DML 语句或者 SELECT INTO 语句，后者直接把数据库中的一行返回到一个 PL/SQL 数据结构中，PL/SQL 都会声明和使用一个隐式游标。这种游标之所以称为“隐式”，是因为绝大部分游标相关操作都是由数据库自动做的，比如分配一个游标、打开游标、取出记录，甚至包括关闭游标。

2）显式游标。这种游标是在应用程序中明确地把一个 SELECT 语句声明成一个游标，还要明确地执行各种游标操作（打开、提取和关闭等），当要使用静态 SQL 语句从数据源提取多行数据时，一般都会使用显式游标。本章主要介绍显式游标的操作方法。

4.4.2　游标编程技术

Oracle 显式游标的处理包括声明游标、打开游标、游标数据读取和关闭游标 4 个步骤，其操作过程如图 4-11 所示。

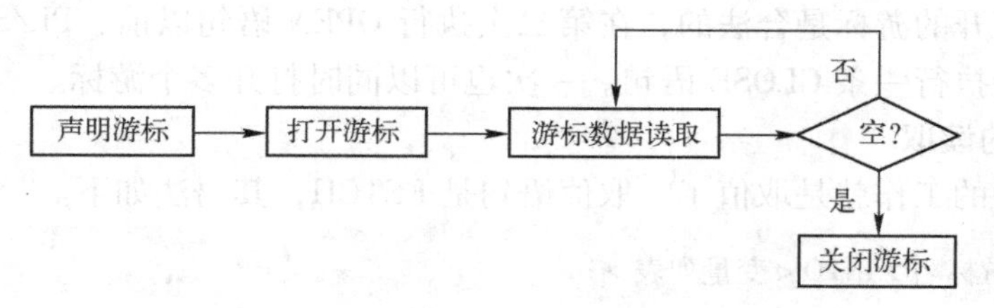

图 4-11　游标的操作过程示意图

1. 声明游标

对游标的声明定义了游标的名称并将该游标和一个 SELECT 语句相关联。显式游标的声明部分在 DECLARE 中，语法如下。

```
CURSOR <游标名> IS <SELECT 语句>;
```

其中，<游标名>是游标的名称，<SELECT 语句>是将要处理的查询。

游标的名称遵循通常的用于 PL/SQL 标识符的作用域和可见性法则。因为游标名是一个 PL/SQL 标识符，所以它必须在被引用以前声明。任何 SELECT 语句都是合法的，包括连接及带有 UNION 和 MINUS 子句的语句。

【例 4-34】声明游标举例。使用 DECLARE 关键字声明游标。

```
DECLARE
  studentid        char(12);          --定义 3 个变量来存放 STUDENT 表中的 3 列值
  studentname      varchar2(20);
  studentgender    char(2);
CURSOR select_student IS              --定义游标 select_student
  SELECT STUDENTID,STUDENTNAME,STUDENTGENDER
  FROM STUDENT;
```

需要注意的是，在游标定义中的 SELECT 语句不包含 INTO 子句，INTO 子句是 FETCH 语句（游标数据读取）的一部分。

2. 打开游标

打开游标的语法如下。

```
OPEN <游标名>;
```

其中，<游标名>标识了一个已经被声明的游标。打开游标的内部操作是 Oracle 执行与游标创建时相关联的 SQL 语句。执行完毕后，查询结果装入内存，游标停在查询结果的首部。

【例 4-35】打开游标举例。使用 OPEN 关键字打开游标。

```
DECLARE
  studentid      char(12);            --定义 3 个变量来存放 STUDENT 表中的 3 列值
  studentname    varchar2(20);
  studentgender  char(2);
CURSOR select_student IS              --定义游标 select_student
  SELECT STUDENTID,STUDENTNAME,STUDENTGENDER
  FROM STUDENT;                       --选出学生记录
BEGIN
OPEN select_student;                  --打开游标
```

在【例 4-35】中，使用 OPEN 语句打开【例 4-34】中定义的游标 select_student。注意，打开一个已经被打开的游标是合法的，在第二次执行 OPEN 语句以前，PL/SQL 将在重新打开该游标之前隐式地执行一条 CLOSE 语句。一次也可以同时打开多个游标。

3. 游标数据的读取

打开游标之后的工作就是取值了，取值语句是 FETCH，其语法如下。

```
FETCH <游标名> INTO <变量列表>;
```

其中，<游标名>标识了已经被声明的并且被打开的游标，<变量列表>是已经被声明的 PL/SQL 变量的列表（变量之间用逗号隔开）。执行上述指令时，只能取记录集合中的一行记录，将这行记录放入随后的变量中，这些变量的数据类型必须与记录中每列的数据类型相同。在实际工作中，都是使用LOOP循环来实现记录集合的遍历，如使用LOOP…EXIT WHEN循环实现。

【例4-36】游标数据读取举例。使用FETCH关键字读取游标数据。

```
DECLARE
  studentid        char(12);              --定义3个变量来存放STUDENT表中的3列值
  studentname      varchar2(20);
  studentgender    char(2);
CURSOR select_student IS                  --定义游标select_student
  SELECT STUDENTID,STUDENTNAME,STUDENTGENDER
  FROM STUDENT;                           --选出学生记录
BEGIN
  OPEN select_student;                    --打开游标
  FETCH select_student INTO studentid,studentname,studentgender;
                                          --将第一行数据放入变量中,游标后移
```

4. 关闭游标

当所有的活动集都被检索以后，游标就应该被关闭了。PL/SQL程序将被告知对于游标的处理已经结束，与游标相关联的资源可以被释放了。这些资源包括用来存储活动集的存储空间，以及用来存储活动集的临时空间。关闭游标的语法如下。

```
CLOSE <游标名>;
```

一旦关闭游标，则Oracle释放为其分配的内存，游标不能重复打开，在打开前必须首先将其关闭。

【例4-37】对游标各种操作的完整示例。

```
DECLARE
  studentid      char(12);                --定义3个变量来存放STUDENT表中的3列值
  studentname    varchar2(20);
  studentgender  char(2);
CURSOR select_student IS                  --定义游标select_student
SELECT STUDENTID,STUDENTNAME,STUDENTGENDER
FROM STUDENT;                             --选出学生记录
BEGIN
OPEN select_student;                      --打开游标
  FETCH select_student INTO studentid,studentname,studentgender;
                                          --将第一行数据放入变量中,游标后移
  LOOP
    EXIT WHEN NOT select_student%FOUND;           --如果游标到尾则结束
    dbms_output.put_line('studentid is '
     || studentid
     || '; studentname is '
     || studentname
     || '; studentgender is '
     ||  studentgender);
FETCH select_student INTO studentid,studentname,studentgender;
END LOOP;
CLOSE select_student;                     --关闭游标
END;
```

在 SQL Developer 数据库开发管理工具中，通过执行上述语句，其运行结果界面如图 4-12 所示。

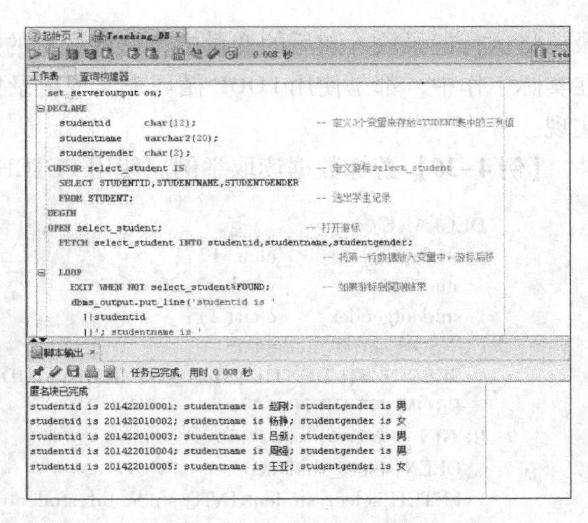

图 4-12　运行一个游标的完整过程

使用显式游标时，需要注意以下事项。

- 使用前必须用% ISOPEN 检查其打开状态，只有此值为 TRUE 的游标才可使用，否则要先将游标打开。
- 在使用游标的过程中，每次都要用% FOUND 和% NOTFOUND 属性检查是否返回成功，即是否还有要操作的行。
- 在游标中的行存放到变量组中时，对应变量个数和数据类型必须完全一致。
- 使用完游标后必须将其关闭，以释放相应的内存资源。

游标一旦打开，就处于某种状态中，为了了解游标的状态，以及使用这些状态实现某些逻辑操作，需要知道游标的属性，分别如下。

- % ISOPEN：判断游标是否是打开的。
- % FOUND：游标发现数据。
- % NOTFOUND：游标没有发现数据。
- % ROWCOUNT：游标可以遍历的记录的数量。

访问游标属性的语法是 <游标名>. <属性名>。

游标的作用可以总结为：①指定结果集中特定行的位置；②基于当前的结果集位置检索一行或连续的几行；③在结果集的当前位置修改行中的数据；④对其他用户所做的数据更改定义不同的敏感性级别；⑤可以以编程的方式访问数据库。但需要注意的是，因为游标的效率较差，如果游标操作的数据超过 1 万行，那么就应该改写；如果使用了游标，就要尽量避免在游标循环中再进行表连接的操作。

4.4.3　游标的使用

在 PL/SQL 编程时，当需要对记录集中的逐条记录进行业务逻辑处理时，需要用到游标。

1. 使用 FETCH 的游标

通常定义的游标包括声明游标、打开游标、游标数据读取和关闭游标 4 个步骤，游标数据读取时使用 FETCH 语句。

【例 4-38】把 STUDENT 表中的学生记录以性别区分分别插入到男学生表和女学生表中。首先建立男学生表 MALE_STUDENT 和女学生表 FEMALE_STUDENT，然后使用游标依次处理 STUDENT 表中的记录，分别把数据插入到这两个表中。

首先查看 MALE_STUDENT 表和 FEMALE_STUDENT 表，目前没有任何数据，如图 4-13 所示。

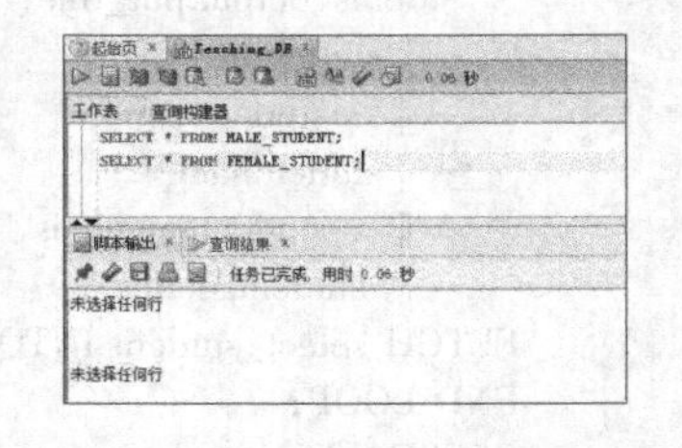

图 4-13　查看 MALE_STUDENT 表和 FEMALE_STUDENT 表

用游标进行 PL/SQL 编程，语句如下。

```
DECLARE
  studentid       char(12);                          --定义 6 个变量来存放 STUDENT 表中的值
  studentname     varchar2(20);
  studentgender   char(2);
  birthday        date;
  major           varchar(30);
  studentphone    char(11);
CURSOR student_cur IS                                --定义游标 student_cur
  SELECT STUDENTID,STUDENTNAME,STUDENTGENDER,BIRTHDAY,MAJOR,STUDENTPHONE
  FROM STUDENT;                                      --选出学生记录
BEGIN
OPEN student_cur;                                    --打开游标
  FETCH student_cur INTO studentid,studentname,studentgender,birthday,major,studentphone;
                                                     --将第一行数据放入变量中,游标后移
  LOOP
    EXIT WHEN NOT student_cur% FOUND;                --如果游标到尾则结束
    IF studentgender = '男'THEN
--将性别为男的行放入男学生表 MALE_STUDENT 中
    INSERT INTO MALE_STUDENT VALUES(studentid,studentname,studentgender,birthday,major,
  studentphone);
      ELSE
        --将性别为女的行放入女学生表 FEMALE_STUDENT 中
    INSERT INTO FEMALE_STUDENT VALUES(studentid,studentname,studentgender,birthday,major,
  studentphone);
        END IF;
    FETCH student_cur INTO studentid,studentname,studentgender,birthday,major,studentphone;
END LOOP;
CLOSE student_cur;                                   --关闭游标 student_cur
END;
```

在 SQL Developer 数据库开发管理工具中，通过执行上述语句，其运行结果界面如图 4-14 所示。

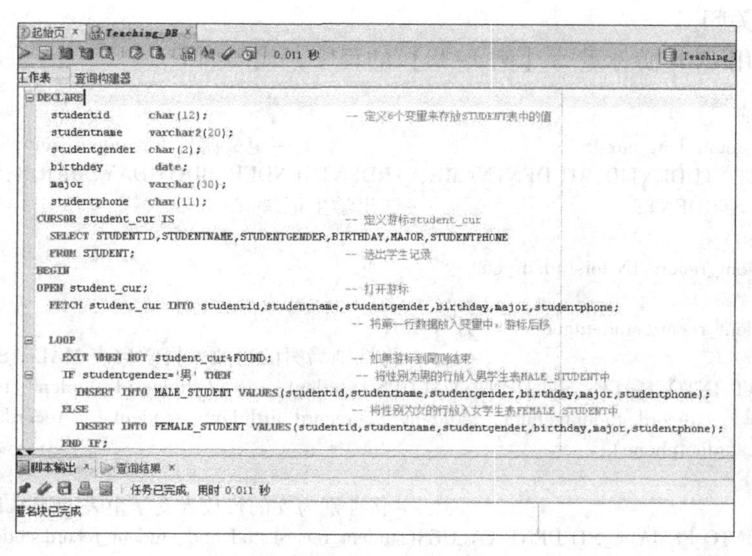

图 4-14　运行该游标的完整过程

再次查看 MALE_STUDENT 表和 FEMALE_STUDENT 表，如图 4-15 所示。

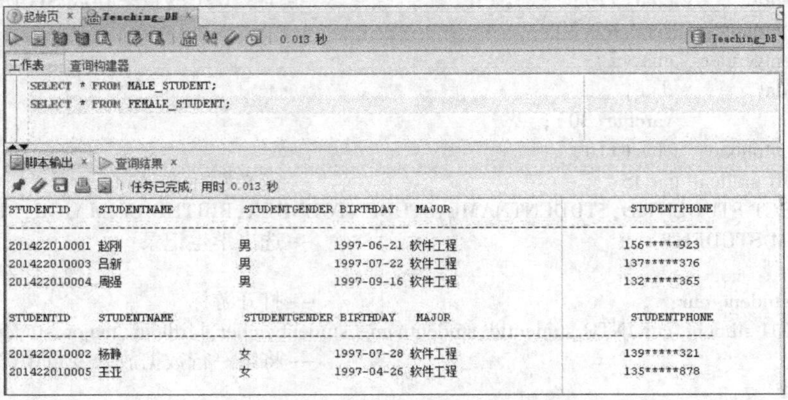

```
SELECT * FROM MALE_STUDENT;
SELECT * FROM FEMALE_STUDENT;
```

任务已完成，用时 0.013 秒

```
STUDENTID   STUDENTNAME  STUDENTGENDER BIRTHDAY   MAJOR     STUDENTPHONE
----------- ------------ ------------- ---------- --------- ------------
201422010001 赵刚          男            1997-06-21 软件工程      156*****923
201422010003 吕新          男            1997-07-22 软件工程      137*****376
201422010004 周强          男            1997-09-16 软件工程      132*****365

STUDENTID   STUDENTNAME  STUDENTGENDER BIRTHDAY   MAJOR     STUDENTPHONE
----------- ------------ ------------- ---------- --------- ------------
201422010002 杨静          女            1997-07-28 软件工程      139*****321
201422010005 王亚          女            1997-04-26 软件工程      135*****878
```

图 4-15　获得男学生表和女学生表的查询结果

2. FOR 游标

除了普通定义的游标，还可以使用 FOR 游标来简化程序代码。使用 FOR 游标不需要声明变量，也不需要显式地打开游标和关闭游标，这些都是自动执行的。使用 FOR 游标的语法如下。

```
FOR record IN <游标名>
LOOP
  <语句>
END LOOP;
```

在 FOR 游标的语法中，record 为一条记录的集合，它自动定义为一个%ROWTYPE 类型的变量，%ROWTYPE 变量包含对应于记录中的多列变量，通过这个变量可以依次访问该记录中的每个列值。LOOP 循环将自动遍历游标所涉及的记录集合，循环开始时打开游标，而当循环结束时游标自动关闭。

【例 4-39】用 FOR 游标重写【例 4-38】的程序，代码如下。

```
DECLARE
CURSOR forstudent_cur IS                          --定义游标 forstudent_cur
  SELECT STUDENTID,STUDENTNAME,STUDENTGENDER,BIRTHDAY,MAJOR,STUDENTPHONE
  FROM STUDENT;                                   --选出学生记录
BEGIN
FOR student_record IN forstudent_cur
LOOP
  IF student_record.studentgender = '男' THEN
                                                  --将性别为男的行放入男学生表 MALE_STUDENT 中
  INSERT INTO MALE_STUDENT VALUES(student_record.studentid, student_record.studentname,
  student_record.studentgender, student_record.birthday, student_record.major, student_
  record.studentphone);
    ELSE
                                                  --将性别为女的行放入女学生表 FEMALE_STUDENT 中 IN-
  SERT INTO FEMALE_STUDENT VALUES(student_record.studentid,student_record.studentname,student_re-
  cord.studentgender,student_record.birthday,student_record.major,student_record.studentphone);
```

```
    END IF;
  END LOOP;
  END;
```

首先删除 MALE_STUDENT 表和 FEMALE_STUDENT 表中的所有数据，然后在 SQL Developer 数据库开发管理工具中，通过执行上述语句，其运行结果界面如图 4-16 所示。

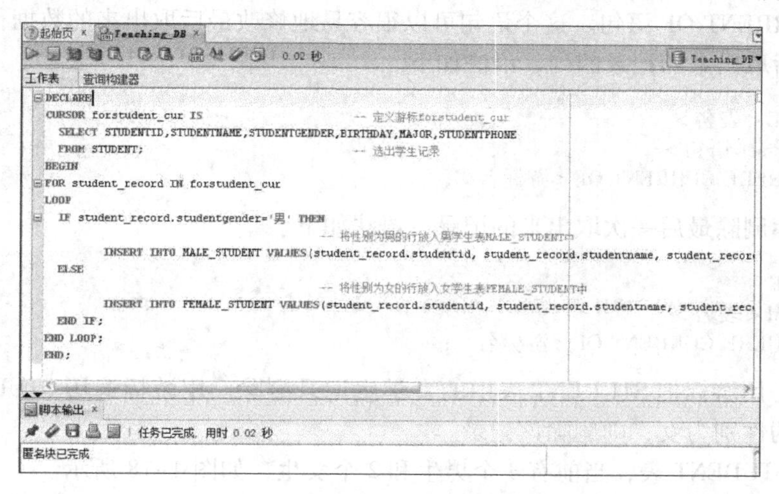

图 4-16　运行 FOR 游标的完整过程

FOR 游标运行完成后，再次查看 MALE_ STUDENT 表和 FEMALE_ STUDENT 表，如图 4-17 所示。

```
SELECT * FROM MALE_STUDENT;

SELECT * FROM FEMALE_STUDENT;
```

脚本输出

任务已完成，用时 0.021 秒

STUDENTID	STUDENTNAME	STUDENTGENDER	BIRTHDAY	MAJOR	STUDENTPHONE
201422010003	吕新	男	1997-07-22	软件工程	137*****376
201422010004	周强	男	1997-09-16	软件工程	132*****365
201422010001	赵刚	男	1997-06-21	软件工程	156*****923

STUDENTID	STUDENTNAME	STUDENTGENDER	BIRTHDAY	MAJOR	STUDENTPHONE
201422010002	杨静	女	1997-07-28	软件工程	139*****321
201422010005	王亚	女	1997-04-26	软件工程	135*****878

图 4-17　FOR 游标运行后表的查询结果

从图 4-17 可以看到，执行结果和【例 4-38】的执行结果完全一样，显然使用 FOR 游标极大地简化了编码，减少了代码量。

3. 可更新的游标

如果需要在游标遍历记录集时对当前的记录进行更新或删除操作，可以在游标定义的 SELECT 语句后使用 FOR UPDATE 关键字，语法如下。

```
CURSOR <游标名> IS <SELECT 语句> FOR UPDATE;
```

当发出一个 SELECT…FOR UPDATE 语句时，数据库会对 SELECT 语句找出的记录自动添加一个行级锁，进而保证在遍历这些记录时，这些记录“只能被本人修改”，即在执行 ROLLBACK 或者 COMMIT 之前，其他任何人都不能修改这些记录中的任何一条，不过其他会话还是可以读这些数据的。

当需要对当前行进行更新或删除操作时，PL/SQL 为游标的 UPDATE 和 DELETE 语句提供了 WHERE CURRENT OF 语句。这个语句可以很容易地修改最后取出来的数据行。

要更新最后取出来的记录的列，语法如下。

```
UPDATE <表名>
  SET <set 语句>
    WHERE CURRENT OF <游标名>;
```

要从数据库删除最后一次取出来的记录，语法如下。

```
DELETE
  FROM <表名>
    WHERE CURRENT OF <游标名>;
```

【例 4-40】 用游标把 STUDENT 表中的女学生记录删除。用游标遍历 STUDENT 表，如果当前学生记录的性别为女，则删除该记录。

首先查看 STUDENT 表，当前有 3 个男生和 2 个女生，如图 4-18 所示。

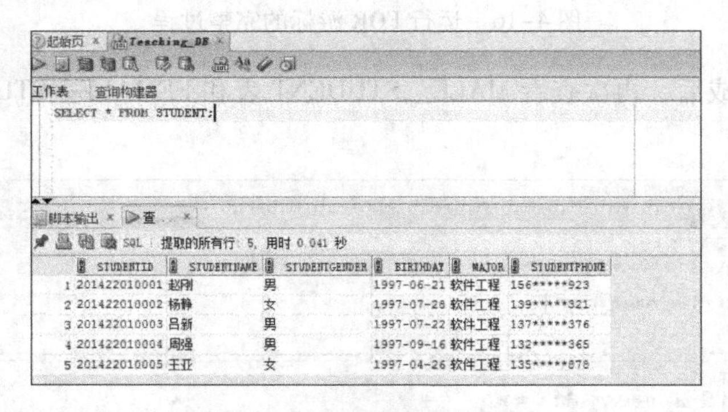

	STUDENTID	STUDENTNAME	STUDENTGENDER	BIRTHDAY	MAJOR	STUDENTPHONE
1	201422010001	赵刚	男	1997-06-21	软件工程	156*****923
2	201422010002	杨静	女	1997-07-28	软件工程	139*****321
3	201422010003	吕新	男	1997-07-22	软件工程	137*****376
4	201422010004	周强	男	1997-09-16	软件工程	132*****365
5	201422010005	王亚	女	1997-04-26	软件工程	135*****878

图 4-18　查看 STUDENT 表

用游标编程，语句如下。

```
DECLARE
  studentid        char(12);                        --定义 2 个变量来存放 STUDENT 表中的两列值
  studentgender    char(2);
CURSOR delete_student IS                           --定义游标 delete_student
  SELECT STUDENTID,STUDENTGENDER
  FROM STUDENT FOR UPDATE;                         --选出学生记录,使记录可更新
BEGIN
  OPEN delete_student;                             --打开游标
  FETCH delete_student INTO studentid,studentgender;
  LOOP
    EXIT WHEN NOT delete_student% FOUND;  --如果游标到尾则结束
    IF studentgender = '女' THEN                    --如果性别为女,则删除该记录
      DELETE FROM STUDENT WHERE CURRENT OF delete_student;
    END IF;
```

```
        FETCH delete_student INTO studentid,studentgender;
    END LOOP;
CLOSE delete_student;                                        --关闭游标
END;
```

在 SQL Developer 数据库开发管理工具中，通过执行上述语句，其运行结果界面如图 4-19 所示。

再次查看 STUDENT 表，如图 4-20 所示。

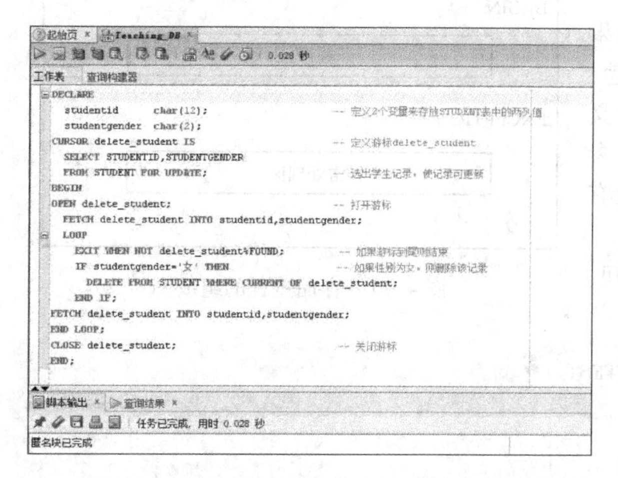

图 4-19　运行 delete_student 游标的完整过程

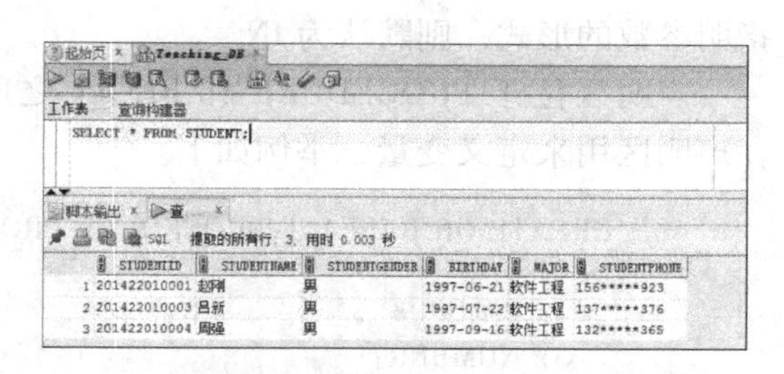

图 4-20　运行 delete_student 游标后的结果

从图 4-20 可见，女学生记录已经从 STUDENT 表中被删除。

4.5　PL/SQL 存储过程

存储过程是数据库对象之一，它是数据服务器内的一段使用 PL/SQL 语言编写的程序单元，具有 EXECUTE 权限的用户可以显式地调用过程。存储过程保存在数据库服务器上，在完成对数据库的重复操作时很有用，存储过程被显式地调用完成过程定义的计算任务，可以接受各种 Oracle 定义的参数，用户可以在 SQL Developer 或者任何可以执行 SQL 语句的接口处执行 PL/SQL 过程。一旦过程被创建，则在数据字典中记录该数据库对象信息，其数据库对象类型为 PROCEDURE。

存储过程具有以下几个优点。

1）加快程序的执行速度。存储过程在运行之前数据库已对其进行了语法和句法分析，并给出了优化执行方案，这种已经编译好的过程可以极大地改善 SQL 语句的性能，所以存储过程能以极快的速度执行，提高了系统的性能。

2）减少网络的数据流量。这是一条使用存储过程的非常重要的原因。存储过程使一个需要许多行 SQL 代码的操作由一条执行存储过程代码的单独指令即可实现，极大地减轻了网络的负担，提高了系统的响应速度。

3）提供了一种安全机制。通过向用户授予对存储过程（而不是基于表）的访问权限，它们可以提供对特定数据的访问。

4）允许程序模块化设计。模块化的封装方法使存储过程可独立于程序源代码而单独修改，提高了程序的可用性。

5）提高编程的灵活性。存储过程可以用流控制语句编写，具有很强的灵活性，可以完成复杂的判断和计算。

4.5.1 存储过程的定义

一个存储过程由 3 部分组成，即声明区、子程序区和异常处理区，如图 4-21 所示。

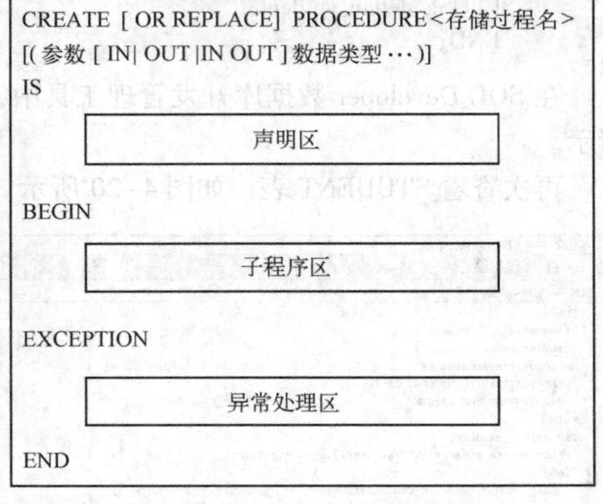

图 4-21　存储过程的组成图

其中，可选关键字 OR REPLACE 表示如果存储过程已经存在，则用新的存储过程覆盖，通常用于存储过程的重建。参数部分用于定义多个参数（如果没有参数，就可以省略），参数有 3 种形式：IN、OUT 和 IN OUT，如果没有指明参数的形式，则默认为 IN。

声明区位于 PROCEDURE 和 BEGIN 之间，在声明区用来定义变量，举例如下。

```
CREATE OR REPLACE PROCEDURE PROTEST
IS
  --声明变量
  xxx NUMBER;
  yyy VARCHAR2(20):='oracle';
  --声明 REF 游标
  TYPE empcursor IS REF CURSOR;
  --异常对象
  read_disk_refused EXCEPTION;
  --内嵌函数或其他存储过程
  FUNCTION foo RETURN Boolean IS …
```

子程序区，即 BEGIN…END 之间的部分，这部分包括 PL/SQL 代码逻辑，其中的代码逻辑对于声明区是可见的，这部分是存储过程执行其功能的主体部分，并且在过程的定义中，子程序部分是不可缺少的，要求在 BEGIN…END 之间至少有一条 PL/SQL 语句，可以是 NULL，举例如下。

```
CREATE OR REPLACE PROCEDURE PROTEST
IS
BEGIN
  --此处是 PL/SQL 代码逻辑
  logical statement;
END;
```

异常处理区用于处理在子程序执行过程中发生的异常，举例如下。

```
…
IFage > 150
THEN RAISE dateexp;
EXCEPTION
  WHEN dateexp THEN
    handling dateexp;
  WHEN OTHERS THEN
```

```
    handling other exps;
END;
```

创建存储过程可以使用 SQL Plus 工具，也可以使用 SQL Developer 工具，也可以在 Windows 的记事本中编辑，当使用记事本编辑存储过程时，需要将它保存为一个 .SQL 脚本文件，最后使用 SQL Plus 或 SQL Developer 执行该脚本文件。需要注意的是，用户应当具有创建存储过程的权限。

【例 4-41】 创建一个存储过程，向 STUDENT 表中插入记录，代码如下。

```
CREATE OR REPLACE PROCEDURE Insert_Student(id in char,name varchar2,gender char)
    /* 创建一个存储过程,其功能为在 STUDENT 表中插入记录 */
IS
    studentid char(12):=id;
    studentname varchar2(20):=name;
    studentgender char(2):=gender;
BEGIN
    /* 根据输入的参数在 STUDENT 表中插入记录 */
    INSERT INTO STUDENT (studentid,studentname,studentgender) VALUES(studentid,studentname,
studentgender);
EXCEPTION
    WHEN OTHERS THEN
    /* 如果插入语句执行有错,则输入 error 字样 */
        dbms_output.put_line('errors! ');
END;
```

在 SQL Developer 数据库开发管理工具中，通过执行上述语句，其运行结果界面如图 4-22 所示。

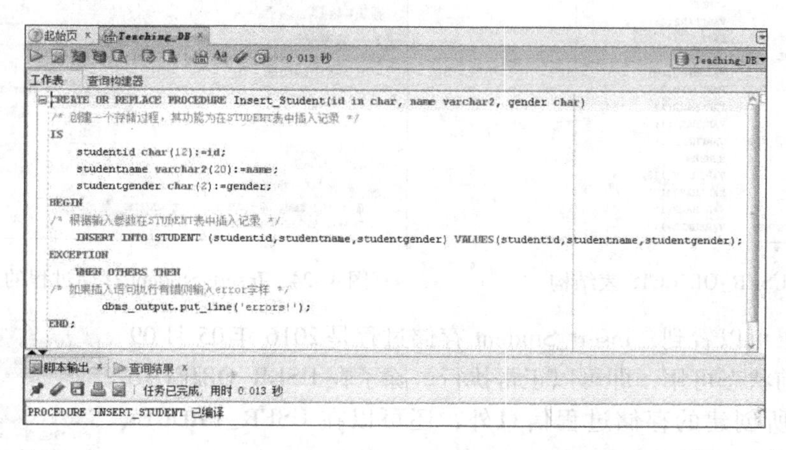

图 4-22　创建存储过程 Insert_Student

4.5.2　存储过程的管理

在数据库中创建存储过程后，可根据需要对存储过程对象进行查看、编译和删除等管理操作。所有这些操作均可通过执行 SQL 语句方式实现，也可通过 SQL Developer 工具的 GUI 界面操作方式实现。

1. 查看存储过程

在 Oracle 数据库中，存储过程对象的定义信息存放在系统数据字典的系统表中。开发人员可以通过对系统表 USER_OBJECTS 进行查询访问，可获取所需存储过程的基本信息，通过对系统表 USER_SOURCE 进行查询访问，可获得所需存储过程的代码信息。

【例 4-42】 用户希望从系统表 USER_OBJECTS 获取 Insert_Student 存储过程的基本信息，并从系统表 USER_SOURCE 获取 Insert_Student 存储过程的代码信息。首先，需要了解系统表 USER_OBJECTS 的结构，然后使用 SELECT 语句获取 Insert_Student 存储过程信息。

在 Oracle 数据库中，通过执行 DESCRIBE 命令可以获取系统表 USER_OBJECTS 的结构信息，其执行结果如图 4-23 所示。

假定用户需要从 USER_OBJECTS 表中获取 Insert_Student 存储过程的名称（OBJECT_NAME）、对象类型（OBJECT_TYPE）、存储过程创建时间（CREATED）和存储过程状态（STATUS）信息，其 SELECT 语句如下。

```
SELECT Object_Name,Object_Type,Created,Status
FROM USER_OBJECTS
WHERE Object_Type = 'PROCEDURE' AND Object_Name = 'DELETE_STUDENT';
```

查询结果如图 4-24 所示。

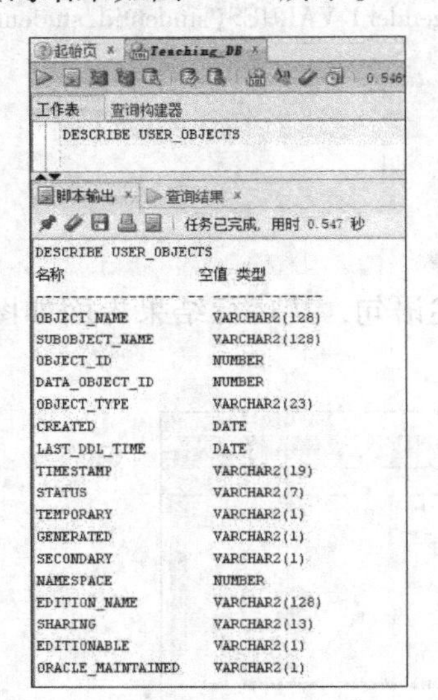

图 4-23　USER_OBJECTS 表结构

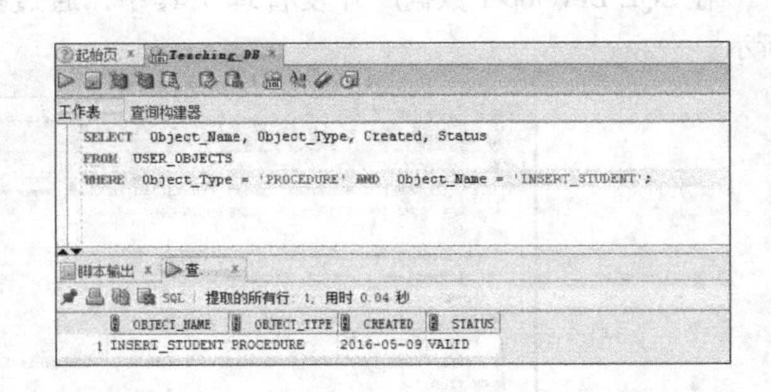

图 4-24　Insert_Student 存储过程的基本信息

从查询结果可以看到，Insert_Student 存储过程是 2016 年 05 月 09 日创建的，目前状态可用，即可以正常执行。除了在 USER_OBJECTS 表中可以查看所创建的存储过程信息外，还可以在 USER_PROCEDURES 表中查看，过程同上所述。

在 Oracle 数据库中，通过执行 DESCRIBE 命令可以获取系统表 USER_SOURCE 的结构信息，其执行结果如图 4-25 所示。

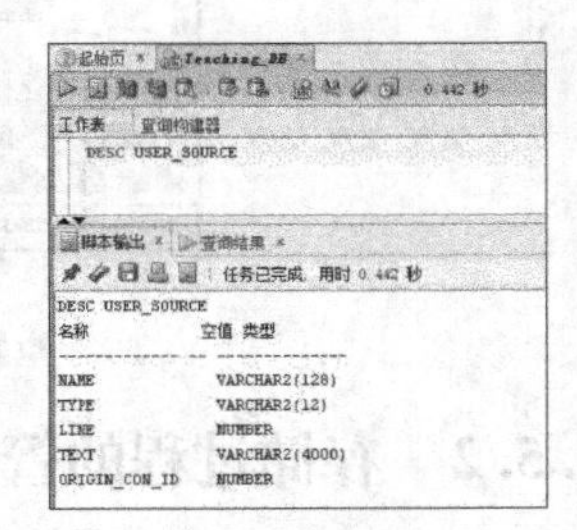

图 4-25　USER_SOURCE 表结构

假定用户需要从 USER_SOURCE 表中获取 Insert_Student 存储过程的源代码信息，其 SELECT 语句如下。

```
SELECT * FROM USER_SOURCE WHERE NAME ='INSERT_STUDENT' AND TYPE = 'PROCEDURE';
```

查询结果如图 4-26 所示。

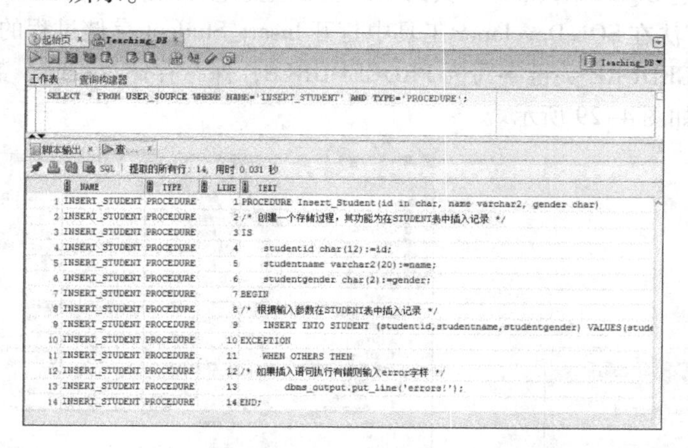

图 4-26　Insert_Student 存储过程源代码信息

【例 4-43】用户希望通过 SQL Developer 工具的 GUI 界面获取 Insert_Student 存储过程源代码信息。在 SQL Developer 工具中，进入 TEACHING_DB 方案的过程目录，选择 INSERT_STUDENT 过程并右击，在弹出的快捷菜单中选择“编辑”命令，打开编辑过程界面，如图 4-27所示。

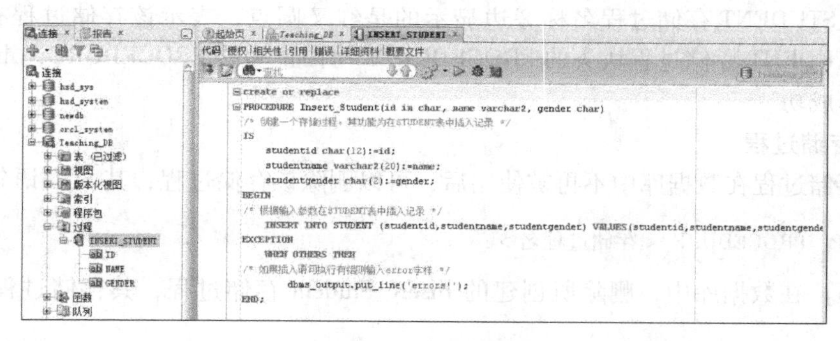

图 4-27　Insert_Student 存储过程源代码编辑界面

在该编辑界面显示了 INSERT_STUDENT 存储过程的全部源代码，可以在此界面修改 INSERT_STUDENT 存储过程的源代码并保存编译。注意右边列表中 INSERT_STUDENT 存储过程名称旁边显示的是绿色圆点，表示该存储过程目前是有效可用的。如果存储过程编译有错，则过程名称旁边显示的将是红叉圆点，表示该存储过程有错不可用。

2. 编译存储过程

存储过程创建好后需要编译存储过程，不过 Oracle 常常在创建存储过程的同时就已经编译，如果存储过程编译有错，则在创建时会提示有编译错误，在 SQL Plus 中可以用 show error 命令查看错误信息，使用 ALTER PROCEDURE 命令可以重新编译存储过程。

【例 4-44】使用 ALTER PROCEDURE 命令重新编译 Insert_Student 存储过程，其 SQL 语句如下。

```
ALTER PROCEDURE INSERT_STUDENT COMPILE;
```

执行结果如图 4-28 所示。

【例 4-45】通过 SQL Developer 工具的 GUI 界面重新修改编译 Insert_Student 存储过程。按照【例 4-43】的方法在 SQL Developer 工具中打开 Insert_Student 存储过程的编辑界面，假设不小心把块头的 PROCEDURE 关键字写为 PROCEDURES，保存存储过程时，数据库会自动编译，并发现编译错误，如图 4-29 所示。

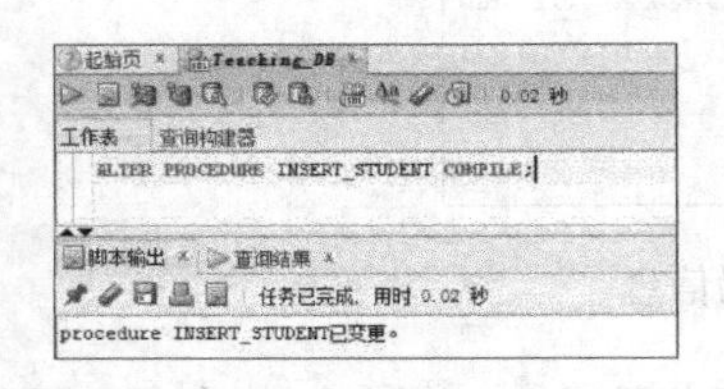

图 4-28　使用 ALTER PROCEDURE 命令编译存储过程

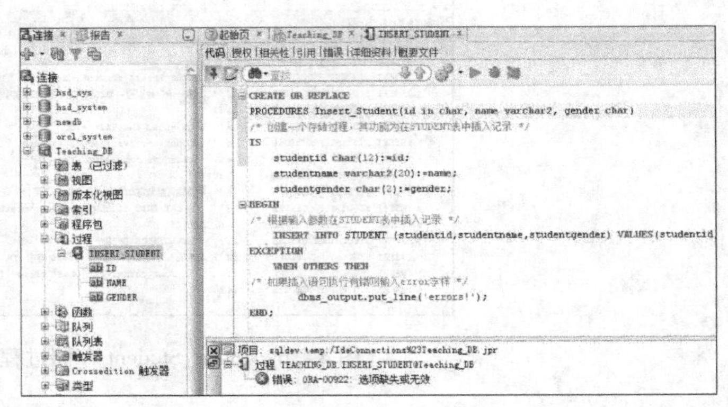

图 4-29　使用 GUI 界面编译存储过程

从图 4-29 可以看到，存储过程编译出错，在右下方的窗口会提示错误信息，并且右边列表中 INSERT_STUDENT 存储过程名称旁边显示的是红叉圆点，表示该存储过程有错不可用。把 INSERT_STUDENT 存储过程块头的 PROCEDURES 写回正确的 PROCEDURE，重新保存，存储过程则编译成功。

3. 删除存储过程

当一个存储过程在数据库中不再被使用后，可以删除该存储过程，其 SQL 语句格式如下。

```
DROP  PROCEDURE <存储过程名>;
```

【例 4-46】在数据库中，删除所创建的 Insert_Student 存储过程，其存储过程删除的 SQL 语句如下。

```
DROP PROCEDURE  Insert_Student;
```

成功执行该 SQL 语句后，Insert_Student 存储过程从数据库中被删除，如图 4-30 所示。删除后查看数据字典 USER_OBJECTS，发现 Insert_Student 存储过程已被删除，如图 4-31 所示。

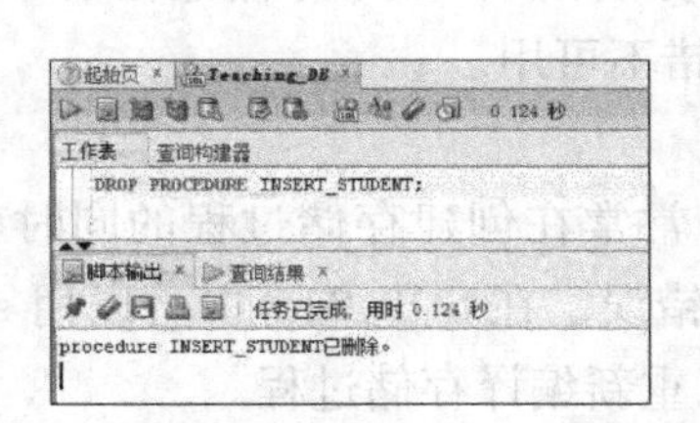

图 4-30　删除 Insert_Student 存储过程

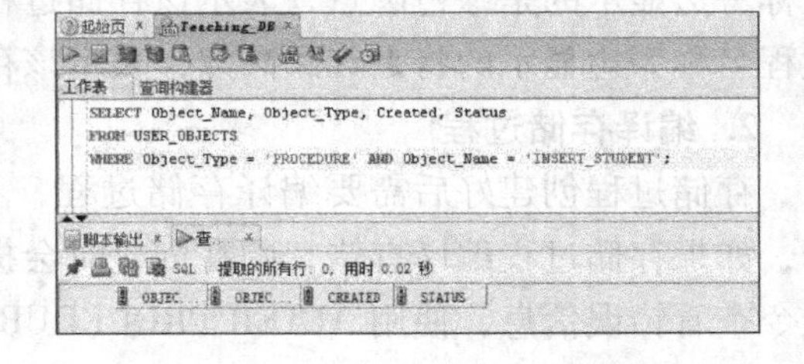

图 4-31　查询 Insert_Student 存储过程

【例 4-47】在数据库 TEACHING_DB 方案中，使用 SQL Developer 工具的 GUI 界面删除所创建的 Insert_Student 存储过程。其删除该存储过程的操作步骤如下。

1）在 SQL Developer 工具中，进入 TEACHING_DB 方案的过程目录，选择 Insert_Student 存储过

程并右击，在弹出的快捷菜单中选择“删除”命令，弹出“删除”对话框，如图 4-32 所示。

2）单击“应用”按钮，该存储过程从数据库中删除，并弹出删除成功消息，如图 4-33 所示。

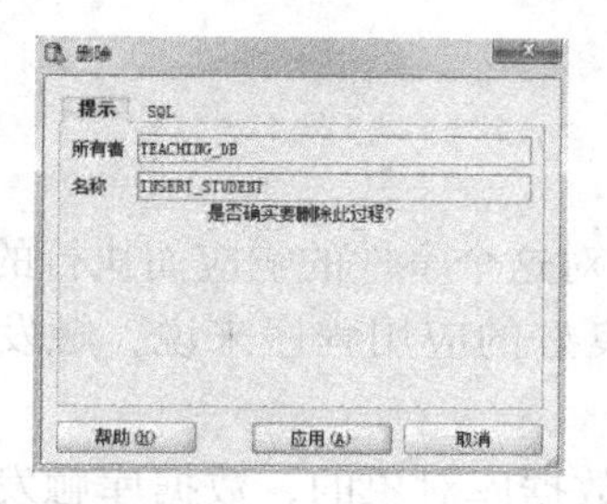

图 4-32 “删除”对话框

图 4-33 删除存储过程成功消息界面

4.5.3 存储过程的执行

在创建了存储过程并编译成功后，存储过程拥有者可以将该存储过程的执行权限赋予指定用户。此后，用户就可以执行该存储过程。执行存储过程的 SQL 语句格式如下。

```
EXECUTE <存储过程名(参数)>;
EXEC <存储过程名(参数)>;
```

或者在 PL/SQL 程序块中直接调用。

```
BEGIN
   <存储过程名(参数)>;
END;
```

【例 4-48】调用 Insert_Student 存储过程，在 STUDENT 表中插入一行新的记录，SQL 语句如下。

```
EXECUTE Insert_Student('201422020001','李义','男');
```

Insert_Student 存储过程执行完成，如图 4-34 所示。

执行存储过程后再次查询 STUDENT 表中的数据，如图 4-35 所示。

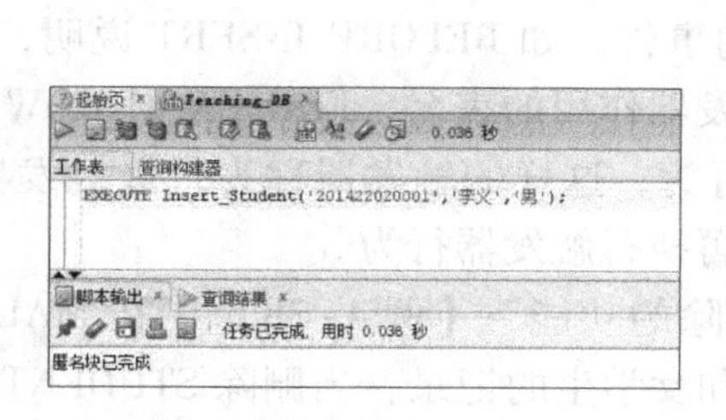

图 4-34 执行存储过程 Insert_Student

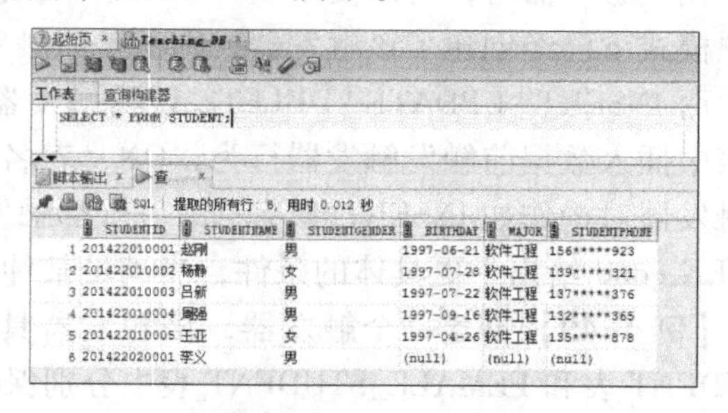

图 4-35 执行存储过程 Insert_Student 后的结果

从图 4-35 可见，Insert_Student 存储过程成功执行，STUDENT 表中已经正确插入了新的记录。

4.6 PL/SQL 触发器

触发器类似于 Oracle 的 PL/SQL 存储过程，但是它不能被显式调用，而是由数据库服务器维护，在特定事件发生时由 Oracle 数据库调用。触发器使用 PL/SQL 语言编写，保存在数据库服务器上。Oracle 提供了在 DML 操作和 DDL 操作之前和之后的触发器，还提供了数据库关闭与启动或者用户登录与退出的触发器，这些触发器极大地丰富了 DBA 执行、审计、安全或完整性关联的管理任务。

4.6.1 触发器的定义

数据库触发器是一个当数据库发生某种事件时，作为对这个事件的响应而执行的一个被命名的程序单元。对于一个基于 Oracle 数据库构建的设计良好的应用程序来说，触发器是一个关键组件，可以用于下面这些场合。

1）对表的修改做验证。由于验证逻辑是直接依附于数据库对象的，数据库触发器为所需逻辑的总是强制执行提供了有力的保证。

2）数据库的自动维护。可以用数据库的启动触发器和关闭触发器自动执行某些必需的初始化和清理工作，和在一个数据库之外的脚本中创建并执行这些工作比较起来，这点尤其有用。

3）通过不同的粒度落实数据库活动的管理规则。用触发器可以更紧密地控制对数据库对象进行的操作，比如删除表或者修改表。还有，如果把这些控制逻辑放在触发器中，任何人要想绕过建立的规则，虽然不是完全不可能，但也会非常困难。

触发器基于不同的操作类型主要分为 3 类。

1. 基于 DML 操作的触发器

触发器可以在当用户对一个表进行 INSERT、UPDATE 和 DELETE 操作时触发行为，也可以实现对表的每一行进行 DML 操作时，实现触发器行为，此时需要在触发器的定义中使用 FOR EACH ROW 语句说明操作的每一行都触发某种触发器行为。

创建该触发器的语法格式如下。

```
CREATE[ OR REPLACE ]TRIGGER <触发器名 >[ BEFORE | AFTER]
[ INSERT | UPDATE | DELETE ] ON <表名 >[ FOR EACH ROW[ WHEN cond] ]
<处理逻辑的 SQL 语句集 >;
```

创建触发器时，可以使用 OR REPLACE 语句，也可以不使用，使用它的目的是如果当前用户模式下已经创建了该触发器，则覆盖原触发器，BEFORE | AFTER 说明触发器被触发的时机，而 INSERT | UPDATE | DELETE 说明触发器被触发的事件，如 BEFORE INSERT 说明，在向表中插入数据前触发触发器行为，ON <表名>说明触发器作用的表名，FOR EACH ROW 说明触发器对操作如 INSERT 涉及的每一行都触发触发器行为，这样的触发器称为行级触发器，WHEN cond 给出了更具体的条件，当满足某种条件时，再执行触发器行为。

【例 4-49】 创建一个触发器，该触发器具有级联删除的功能，【例 4-38】中在 MALE_STUDENT 表和 FEMALE_STUDENT 表中分别保存男学生和女学生的记录，当删除 STUDENT 表中的记录时，根据删除学生的性别相应删除 MALE_STUDENT 表或 FEMALE_STUDENT 表中的数据。代码如下。

```
CREATE OR REPLACE TRIGGER T_Student_Delete
AFTER DELETE
ON STUDENT
FOR EACH ROW
BEGIN
```

```
    IF :old.studentgender ='男' THEN
      DELETE FROM MALE_STUDENT WHERE MALE_STUDENT.studentid = :old.studentid;
    ELSE
      DELETE FROM FEMALE_STUDENT WHERE FEMALE_STUDENT.studentid = :old.studentid;
    END IF;
  EXCEPTION
      WHEN OTHERS THEN
      dbms_output.put_line('Error Code =' || TO_CHAR(SQLCODE) );
      dbms_output.put_line('Error Message =' || SQLERRM );
  END;
```

上述语句说明，创建一个名为 T_Student_Delete 的触发器，该触发器的执行时机是在表记录的删除操作之后，触发器作用的表是 STUDENT 表，触发器对 DELETE 操作涉及的每一行都触发触发器行为。触发器语句执行的内容是当 STUDENT 表中任一记录被删除时，检查其删除学生的性别，然后在 MALE_STUDENT 表或 FEMALE_STUDENT 表中删除同样的记录。

在 SQL Developer 数据库开发管理工具中，通过执行上述语句，其运行结果界面如图 4-36 所示。

```
起始页 × Teaching_DB ×
0.039 秒
工作表  查询构建器
CREATE OR REPLACE TRIGGER T_Student_Delete
AFTER DELETE
ON STUDENT
FOR EACH ROW
BEGIN
  IF :old.studentgender = '男' THEN
    DELETE FROM MALE_STUDENT WHERE MALE_STUDENT.studentid=:old.studentid;
  ELSE
    DELETE FROM FEMALE_STUDENT WHERE FEMALE_STUDENT.studentid=:old.studentid;
  END IF;
EXCEPTION
    WHEN OTHERS THEN
    dbms_output.put_line('Error Code = ' || TO_CHAR(SQLCODE) );
    dbms_output.put_line('Error Message = ' || SQLERRM );
END;
查询结果 × 脚本输出 ×
任务已完成，用时 0.039 秒
TRIGGER T_STUDENT_DELETE 已编译
```

图 4-36　创建触发器 T_Student_Delete

2. 基于 DDL 操作的触发器

DDL 操作，如 CREATE、ALTER 和 DROP，在执行这些操作之前或者之后实现触发器行为，如用户删除了一个表，此时需要一个触发器来记录该用户删除的表的信息和该用户名，作为用户操作日志，这也是此类触发器的典型应用。

创建该类触发器的语法格式如下。

```
CREATE[OR REPLACE]TRIGGER <触发器名> [BEFORE | AFTER]
[CREATE | ALTER | DROP]ON <数据库名> [WHEN cond]]
 <触发器语句>;
```

此类触发器在数据库中创建和删除数据库对象或者执行 ALTER 指令时触发触发器行为。

【例 4-50】 创建一个触发器，当用户删除 Teaching_DB 方案的某对象时，如删除 STUDENT 表，触发器会自动记录删除时间、对象和用户名等信息。首先创建一个记录信息表 DROP_AUDIT_TRAIL(OBJ_OWNER VARCHAR2(30),OBJ_NAME VARCHAR2(30),OBJ_TYPE VARCHAR2(15),LOGIN_USER VARCHAR2(20),OPER_DATE DATE)。触发器代码如下。

```
CREATE OR REPLACE TRIGGER T_Drop_Audit_Trail
AFTER DROP
ON Teaching_DB.SCHEMA
BEGIN
  INSERT INTODROP_AUDIT_TRAIL
  VALUES( sys.dictionary_obj_owner,sys.dictionary_obj_name,
          sys.dictionary_obj_type,sys.login_user,sysdate);
END;
```

上述语句说明，创建一个名为 T_Drop_Audit_Trail 的触发器，该触发器的执行时机是在方案对象删除操作之后，触发器作用的对象是 Teaching_DB 方案。触发器语句执行的内容是当 Teaching_DB 方案中任一对象被删除时，把删除该对象的时间、对象和用户名等信息记录到 DROP_AUDIT_TRAIL 表中。

在 SQL Developer 数据库开发管理工具中，通过执行上述语句，其运行结果界面如图 4-37 所示。

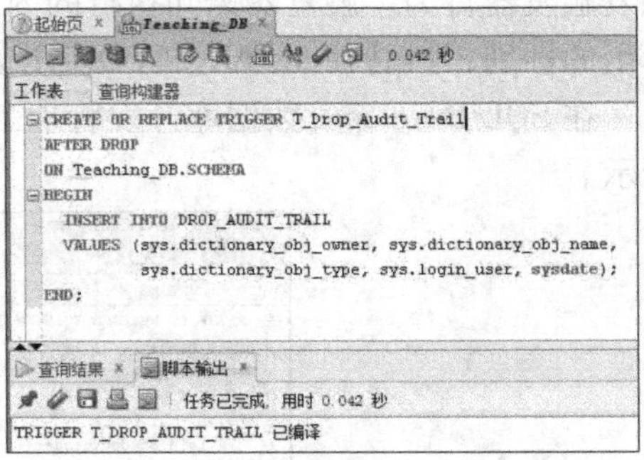

图 4-37　创建触发器 T_Drop_Audit_Trail

3. 基于数据库级操作的触发器

数据库级操作是指 STARTUP、SHUTDOWN、LOGON 和 LOGOFF 等数据库相关的操作，如用户登录时记录该用户登录时间和用户名，而当用户退出时，也记录该用户的退出时间等，对于数据库启动 STARTUP 和数据库关闭 SHUTDOWN 等同样可以编写符合业务需求的触发器。

创建该类触发器的语法格式如下。

```
CREATE[ OR REPLACE]TRIGGER <触发器名>[BEFORE | AFTER]
[START | SHUTDOWN | LOGON | LOGOFF]ON <数据库名>[WHEN cond]]
<触发器语句>;
```

其中 START 表示数据库启动，SHUTDOWN 表示数据库关闭，LOGON 表示用户登录数据库，LOGOFF 表示用户取消登录数据库。

此类触发器在数据库级行为发生时，如关闭和启动数据库、用户登录和退出数据库时触发触发器。按照触发器操作对象的粒度不同，也可以分为语句级触发器和行级触发器，但是使用操作类型分类更直观。

【例 4-51】 创建一个触发器，当用户登录时记录该用户的登录时间和用户名等信息。首先在 Teaching_DB 用户下创建一个记录信息表 LOGON_LOGS(LOGON_TIME DATE,USERNAME VARCHAR2(20),IPADDRESS VARCHAR2(20),PROGRAM VARCHAR2(20))。触发器代码如下。

```
CREATE OR REPLACE TRIGGER T_Logon_Logs
AFTER LOGON ON database
BEGIN
  INSERT INTO Teaching_DB.LOGON_LOGS VALUES(
  sysdate,user,sys_context('USERENV','IP_ADDRESS'),sys_context('USERENV','MODULE'));
END;
```

上述语句说明，创建一个名为 T_Logon_Logs 的触发器，该触发器的执行时机是在用户登录数据库之后。触发器语句执行的内容是当任一用户登录该数据库后，把该登录用户的登录时间、用户名等信息记录到 Teaching_DB 方案的 LOGON_LOGS 表中。

在 SQL Developer 数据库开发管理工具中，通过执行上述语句，其运行结果界面如图 4-38 所示。

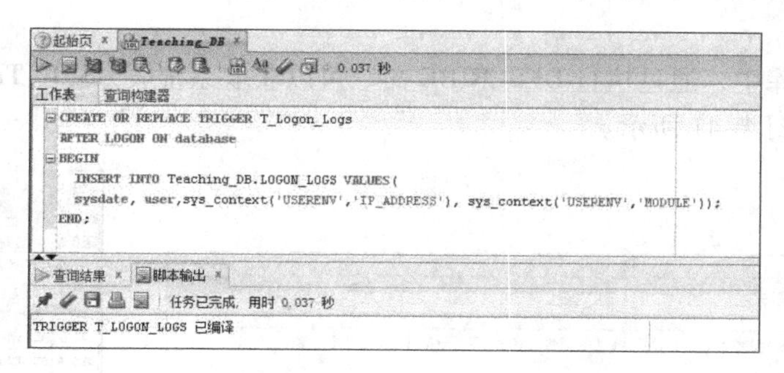

图 4-38　创建触发器 T_Logon_Logs

4.6.2　触发器的管理

在数据库中创建触发器后，可根据需要对触发器对象进行查看、编译、屏蔽和删除等管理操作。所有这些操作均可通过执行 SQL 语句方式实现，也可通过 SQL Developer 工具的 GUI 界面操作方式实现。

1. 触发器查看

在 Oracle 数据库中，触发器对象的定义信息存放在系统数据字典的系统表中。开发人员可以通过对系统表 USER_OBJECTS 或 USER_TRIGGERS 进行查询访问，可获取所需触发器的基本信息，通过对系统表 USER_SOURCE 进行查询访问，可获得所需触发器的代码信息。

【例 4-52】 用户希望从系统表 USER_OBJECTS 获取 T_Student_Delete 触发器的基本信息，并从系统表 USER_SOURCE 获取 T_Student_Delete 触发器的代码信息。使用 SELECT 语句获取 Insert_Student 触发器信息。

在【例 4-42】中，通过执行 DESCRIBE 命令可以获取系统表 USER_OBJECTS 和 USER_SOURCE 的结构信息。假定用户需要从 USER_OBJECTS 表中获取 T_Student_Delete 触发器的名称（OBJECT_NAME）、对象类型（OBJECT_TYPE）、触发器创建时间（CREATED）和触发器状态（STATUS）信息，其 SELECT 语句如下。

```
SELECT Object_Name,Object_Type,Created,Status
FROM USER_OBJECTS
WHERE Object_Type ='TRIGGER'AND Object_Name ='T_STUDENT_DELETE';
```

查询结果如图 4-39 所示。

从查询结果可以看到，T_Student_Delete 触发器是 2016 年 05 月 14 日创建的，目前状态可用，即可以正常执行。

假定用户需要从 USER_SOURCE 表中获取 T_Student_Delete 触发器的源代码信息，其 SELECT 语句如下。

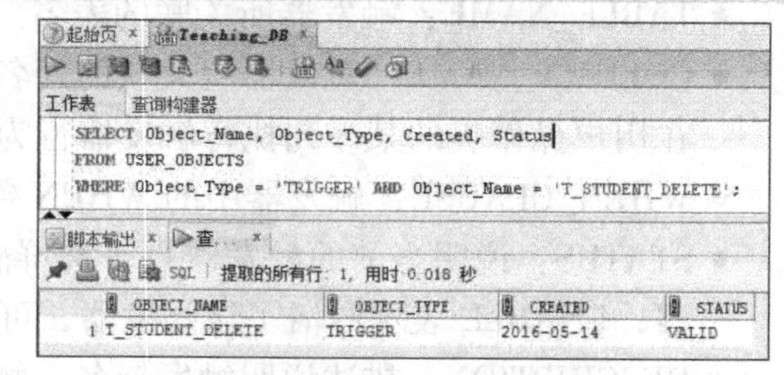

图 4-39　T_Student_Delete 触发器基本信息

```
SELECT * FROM USER_SOURCE WHERE NAME ='T_STUDENT_DELETE'AND TYPE ='TRIGGER';
```

查询结果如图 4-40 所示。

【例 4-53】 用户希望从系统表 USER_TRIGGERS 获取 T_Student_Delete 触发器的基本信息。首先，需要了解系统表 USER_TRIGGERS 的结构，然后使用 SELECT 语句获取 T_Student_Delete 触发器信息。

在 Oracle 数据库中，通过执行 DESCRIBE 命令可以获取系统表 USER_TRIGGERS 的结构信息，其执行结果如图 4-41 所示。

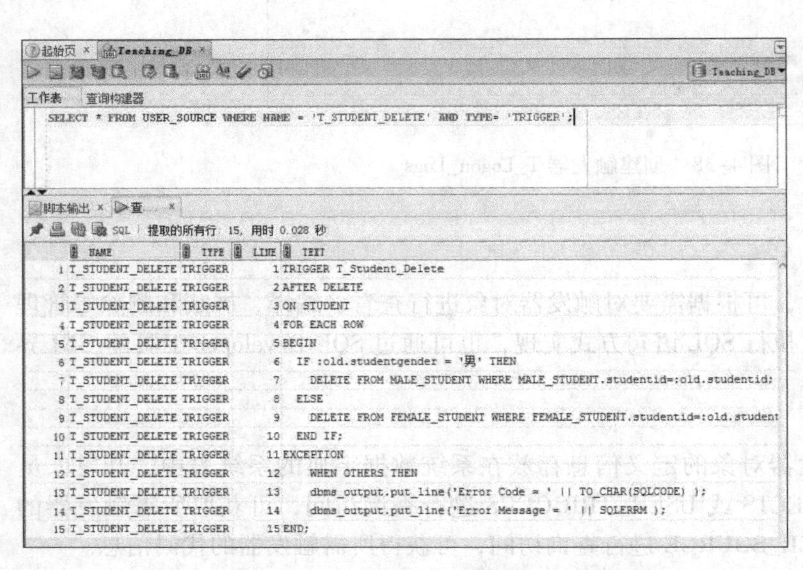

图 4-40　T_Student_Delete 触发器源代码信息

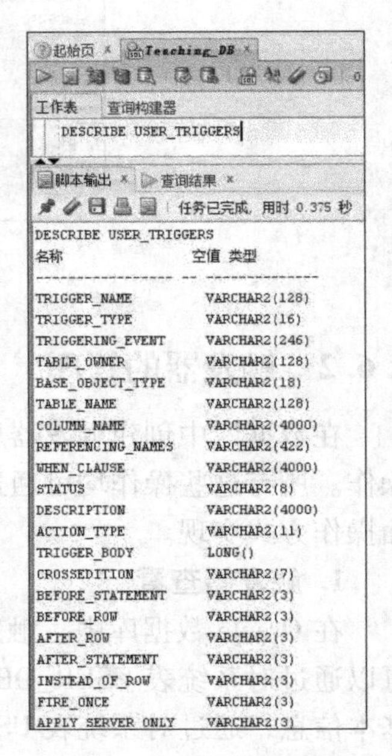

图 4-41　USER_TRIGGERS 表结构

数据字典 USER_TRIGGERS 的结构如图 4-41 所示。其中一些主要参数的含义如下。

- TRIGGER_NAME：触发器名称，如 USER_CHANGE_EMPDATA。
- TRIGGER_TYPE：触发器类型，说明是行级触发器还是语句级触发器，如果是行级触发器，该值如 BEFORE EACH ROW 或 AFTER EACH ROW。
- TRIGGER_EVENT：触发事件，如 DELETE、UPDATE 和 INSERT 等。
- TABLE_OWNER：触发器所关联的表的拥有者。
- BASE_OBJECT_TYPE：触发器所关联的是表 TABLE 还是数据库 DATABASE。
- TABLE_NAME：触发器所关联的表名。
- COLUMN_NAME：触发器所关联的列名，Oracle 允许更细粒度的触发器激发控制，可以在用户操作表的某一列执行触发器行为。
- WHEN_CLAUSE：触发器中的 WHEN 条件语句内容。
- STATUS：说明当前的触发器是否被屏蔽，DISABLE 表示被屏蔽了，即没有激活该触发器；ENABLE 表示激活了该触发器，可以使用。
- DESCRIPTION：描述说明触发器名、触发事件和时机，以及关联的对象和触发器类型（行级触发器还是语句级触发器）。
- TRIGGER_BODY：触发器执行部分。

假定用户需要从 USER_TRIGGERS 表中获取 T_Student_Delete 触发器的名称（TRIGGER_NAME）、触发器事件（TRIGGERING_EVENT）、触发器描述（DESCRIPTION）和触发器状态（STATUS）信息，其 SELECT 语句如下。

```
SELECT Trigger_Name,Triggering_Event,Description,Status
FROM USER_TRIGGERS
WHERE TRIGGER_NAME ='T_STUDENT_DELETE';
```

查询结果如图 4-42 所示。

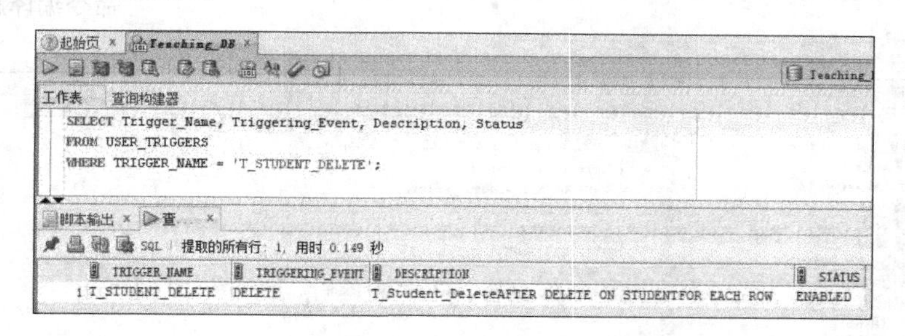

图 4-42　查看 T_Student_Delete 触发器信息

【例 4-54】用户希望通过 SQL Developer 工具的 GUI 界面获取 T_Student_Delete 触发器源代码信息。在 SQL Developer 工具中，进入 TEACHING_DB 方案的触发器目录，选取 T_STUDENT_DELETE 触发器并右击，在弹出的快捷菜单中选择“编辑”命令，打开编辑过程界面，如图 4-43 所示。

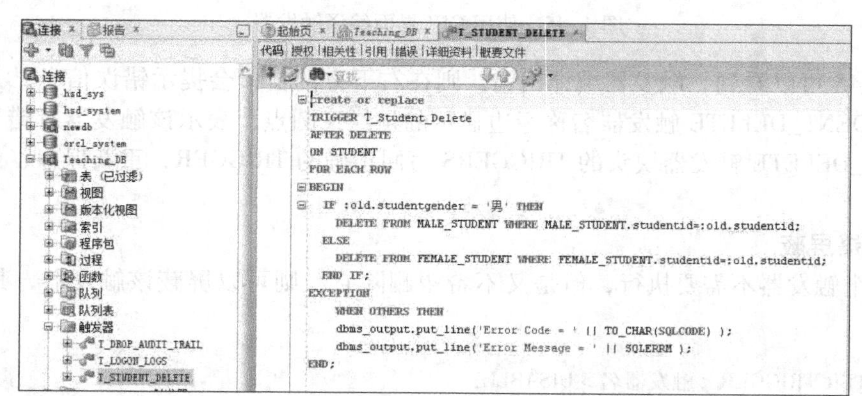

图 4-43　T_Student_Delete 触发器源代码编辑界面

在该编辑界面显示了 T_Student_Delete 触发器的全部源代码，可以在此界面修改 T_Student_Delete 触发器的源代码并保存编译。注意左边列表中 T_Student_Delete 触发器名称旁边显示的是绿色箭头，表示该触发器目前是有效可用的。如果触发器编译有错，则触发器名称旁边显示的将是红叉圆点，表示该触发器有错不可用。

2. 触发器编译

触发器创建好后需要编译触发器，不过 Oracle 常常在创建触发器的同时就已经编译了，如果触发器编译有错，则在创建时会提示有编译错误，在 SQL Plus 中可以用 show error 命令查看错误信息，使用 ALTER TRIGGER 命令可以重新编译触发器，语法如下。

```
ALTER TRIGGER <触发器名> COMPILE;
```

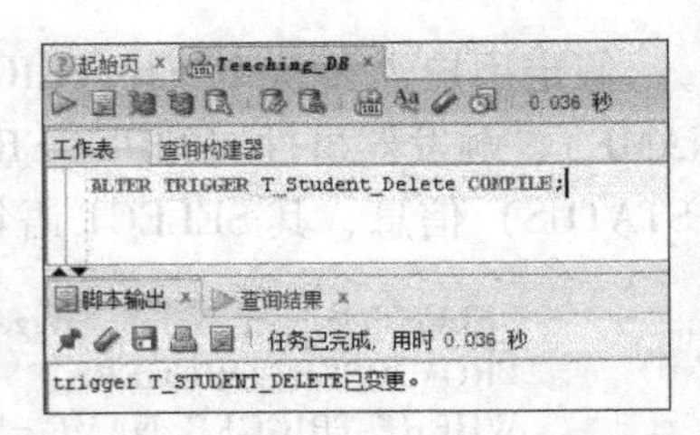

图 4-44　使用 ALTER TRIGGER 命令编译触发器

【例 4-55】使用 ALTER TRIGGER 命令重新编译 T_Student_Delete 触发器，如图 4-44 所示。

【例 4-56】通过 SQL Developer 工具的 GUI 界面重新修改编译 T_Student_Delete 触发器。按照【例 4-29】的方法在 SQL Developer 工具中打开 T_Student_Delete 触发器的编辑界面，假设不小心把块头的 TRIGGER 关键字写为 TRIGGERS，保存触发器时，数据库会自动编译，并发现编译错误，如图 4-45 所示。

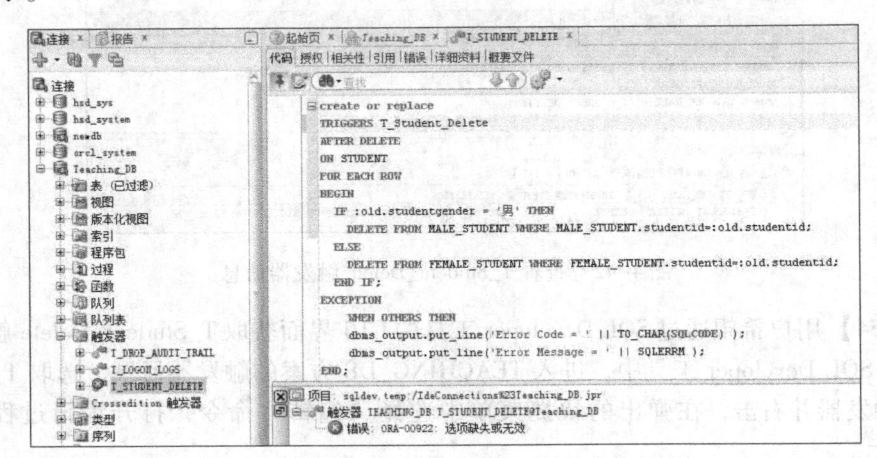

图 4-45　使用 GUI 界面编译触发器

从图 4-45 可以看到，触发器编译出错，则在右下方的窗口会提示错误信息，并且左边列表中 T_STUDENT_DELETE 触发器名称旁边显示的是红叉圆点，表示该触发器有错不可用。把 T_STUDENT_DELETE 触发器块头的 TRIGGERS 写回正确的 TRIGGER，重新保存，触发器则编译成功。

3. 触发器屏蔽

如果一个触发器不需要执行，但是又不希望删除它，则可以屏蔽该触发器，其 SQL 语法如下。

```
ALTER TRIGGER <触发器名> DISABLE;
```

【例 4-57】在数据库中，屏蔽所创建的 T_Student_Delete 触发器，其触发器屏蔽的 SQL 语句如下。

```
ALTER TRIGGERT_Student_Delete DISABLE;
```

成功执行该 SQL 语句后，T_Student_Delete 触发器被屏蔽，如图 4-46 所示。

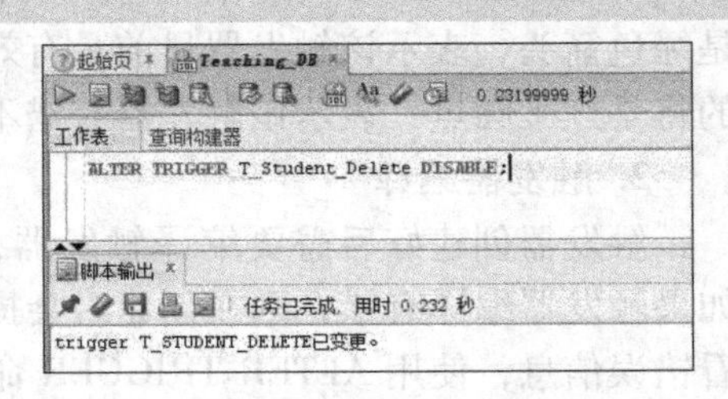

图 4-46　屏蔽 T_Student_Delete 触发器

屏蔽后查看数据字典 USER_TRIGGERS，发现 STATUS 列的值为 DISABLED，说明 T_Student_Delete 触发器已被屏蔽，如图 4-47 所示。

【例 4-58】在数据库中，再次开启所创建的 T_Student_Delete 触发器，其触发器开启的 SQL 语句如下。

```
ALTER TRIGGERT_Student_Delete ENABLE;
```

成功执行该 SQL 语句后，T_Student_Delete 触发器被开启，如图 4-48 所示。

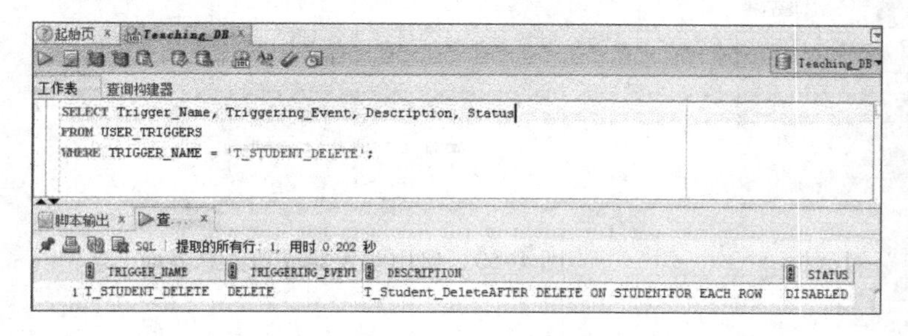

图 4-47　屏蔽后查看 T_Student_Delete 触发器状态

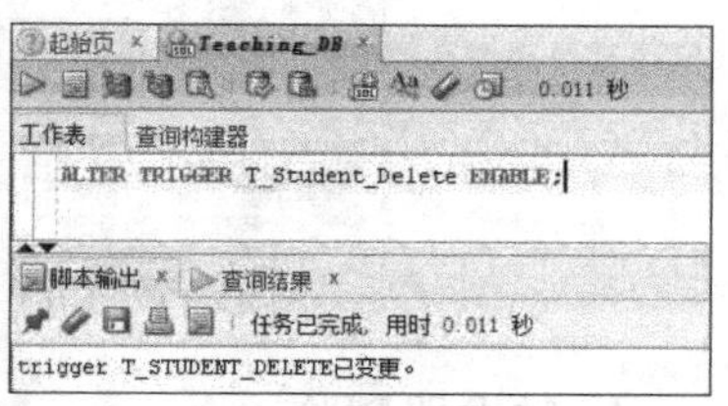

图 4-48　开启 T_Student_Delete 触发器

开启后查看数据字典 USER_TRIGGERS，发现 STATUS 列的值为 ENABLED，说明 T_Student_Delete 触发器已被屏蔽，如图 4-49 所示。

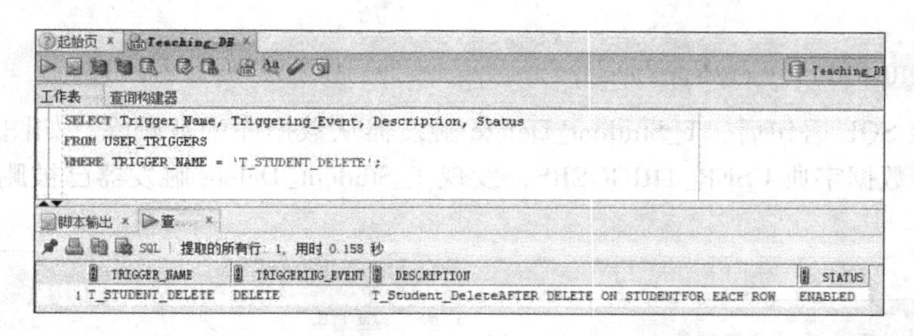

图 4-49　开启后查看 T_Student_Delete 触发器状态

【例 4-59】 在数据库 TEACHING_DB 方案中，使用 SQL Developer 工具的 GUI 界面屏蔽和开启所创建的 T_Student_Delete 触发器。首先，屏蔽该触发器的操作步骤如下。

1）在 SQL Developer 工具中，进入 TEACHING_DB 方案的触发器目录，选择 T_Student_Delete 触发器并右击，在弹出的快捷菜单中选择“禁用”命令，弹出“禁用”对话框，如图 4-50 所示。

2）单击“应用”按钮，该触发器在数据库中被屏蔽，并弹出禁用成功消息，如图 4-51 所示。

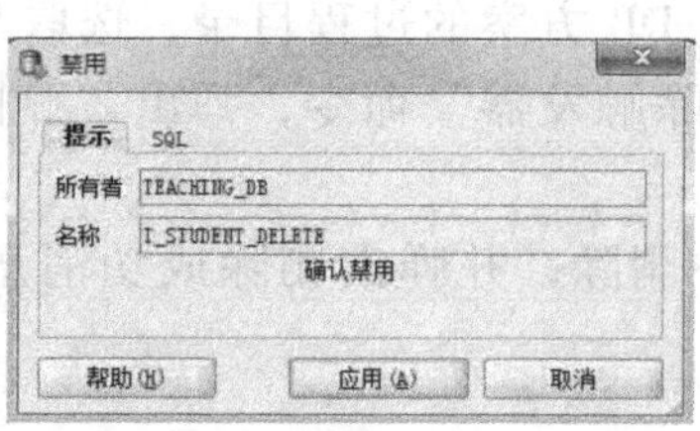

图 4-50　“禁用”对话框

图 4-51　禁用触发器成功消息界面

开启该触发器的操作步骤如下。

1）在 SQL Developer 工具中，进入 TEACHING_DB 方案的触发器目录，选择 T_Student_Delete 触发器并右击，在弹出的快捷菜单中选择“启用”命令，弹出“启用”对话框，如图 4-52 所示。

2）单击“应用”按钮，该触发器在数据库中被开启，并弹出启用成功消息，如图 4-53 所示。

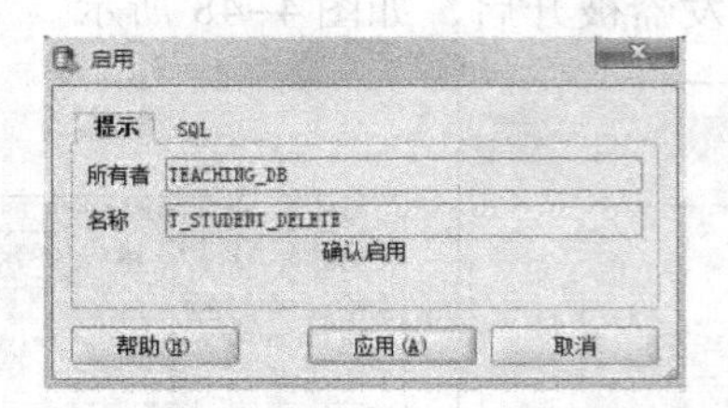

图 4-52 “开启”对话框

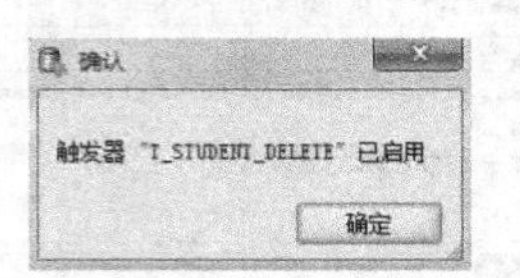

图 4-53 启用触发器成功消息界面

4. 触发器删除

当一个触发器在数据库中不再被使用后，可以删除该触发器，其 SQL 语句格式如下。

```
DROP   TRIGGER <触发器名>;
```

【**例 4-60**】在数据库中，删除所创建的 T_Student_Delete 触发器，其触发器删除的 SQL 语句如下。

```
DROP TRIGGER   T_Student_Delete;
```

成功执行该 SQL 语句后，T_Student_Delete 触发器从数据库中被删除，如图 4-54 所示。

删除后查看数据字典 USER_TRIGGERS，发现 T_Student_Delete 触发器已被删除，如图 4-55 所示。

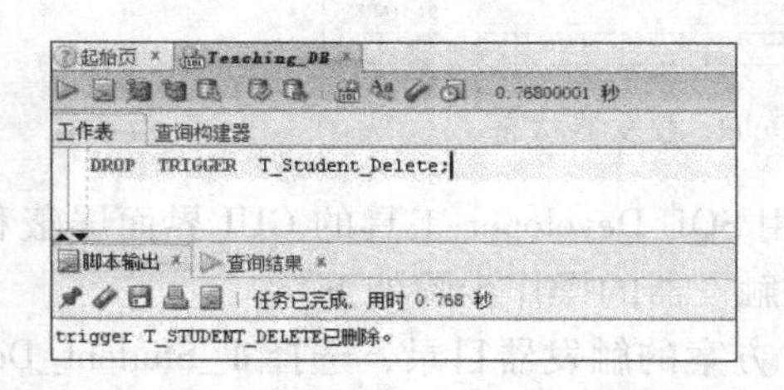

图 4-54 删除 T_Student_Delete 触发器

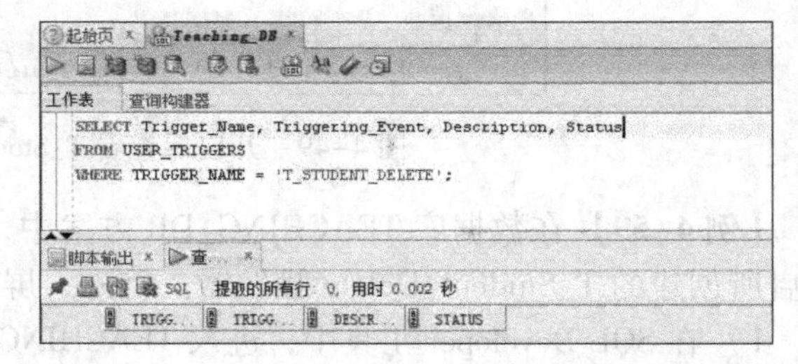

图 4-55 查询 T_Student_Delete 触发器

【**例 4-61**】在数据库 TEACHING_DB 方案中，使用 SQL Developer 工具的 GUI 界面删除所创建的 T_Student_Delete 触发器。其删除该触发器的操作步骤如下。

1）在 SQL Developer 工具中，进入 TEACHING_DB 方案的过程目录，选取 T_Student_Delete 触发器并右击，在弹出的快捷菜单中选择“删除触发器”命令，弹出“删除触发器”对话框，如图 4-56 所示。

2）单击“应用”按钮，该触发器从数据库中删除，并弹出删除成功消息，如图 4-57 所示。

图 4-56 “删除触发器”对话框

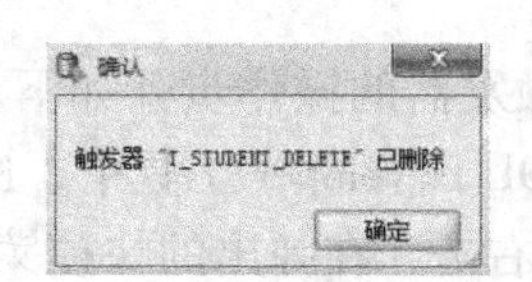

图 4-57 删除触发器成功消息界面

4.6.3 触发器的使用

在创建了触发器并编译成功后，当数据库中发生了能引发触发器操作的事件时，触发器自动执行。

【例4-62】【例4-49】中T_Student_Delete触发器的使用。该触发器具有级联删除的功能，在【例4-38】中MALE_STUDENT表和FEMALE_STUDENT表分别保存男学生和女学生的记录，当删除STUDENT表中的记录时，根据删除学生的性别相应删除MALE_STUDENT表或FEMALE_STUDENT表中的数据。首先查看STUDENT表、MALE_STUDENT表和FEMALE_STUDENT表中的记录信息，如图4-58所示。

```
SELECT * FROM STUDENT;
SELECT * FROM MALE_STUDENT;
SELECT * FROM FEMALE_STUDENT;
```

任务已完成，用时 0.105 秒

STUDENTID	STUDENTNAME	STUDENTGENDER	BIRTHDAY	MAJOR	STUDENTPHONE
201422010001	赵刚	男	1997-06-21	软件工程	156*****923
201422010002	杨静	女	1997-07-28	软件工程	139*****321
201422010003	吕新	男	1997-07-22	软件工程	137*****376
201422010004	周强	男	1997-09-16	软件工程	132*****365
201422010005	王亚	女	1997-04-26	软件工程	135*****878

STUDENTID	STUDENTNAME	STUDENTGENDER	BIRTHDAY	MAJOR	STUDENTPHONE
201422010001	赵刚	男	1997-06-21	软件工程	156*****923
201422010003	吕新	男	1997-07-22	软件工程	137*****376
201422010004	周强	男	1997-09-16	软件工程	132*****365

STUDENTID	STUDENTNAME	STUDENTGENDER	BIRTHDAY	MAJOR	STUDENTPHONE
201422010002	杨静	女	1997-07-28	软件工程	139*****321
201422010005	王亚	女	1997-04-26	软件工程	135*****878

图4-58 查看表数据

从STUDENT表中删除StudentID为“201422010001”和“201422010005”一男一女两名学生记录，如图4-59所示。

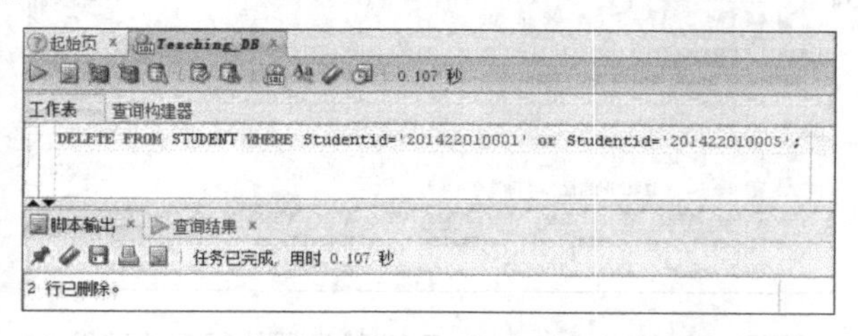

图4-59 删除STUDENT表中两条记录

再次查看STUDENT表、MALE_STUDENT表和FEMALE_STUDENT表中的记录信息，发现MALE_STUDENT表和FEMALE_STUDENT表中，StudentID为“201422010001”和“201422010005”的两名学生记录也已被删除，说明T_Student_Delete触发器正确执行，如图4-60所示。

【例4-63】【例4-50】中T_Drop_Audit_Trail触发器的使用。当用户删除Teaching_DB方案的某对象时，该触发器会自动记录删除时间、对象和用户名等信息。确认已创建记录信息表DROP_AUDIT_TRAIL，首先查看DROP_AUDIT_TRAIL表，发现表中没有记录，如图4-61所示。

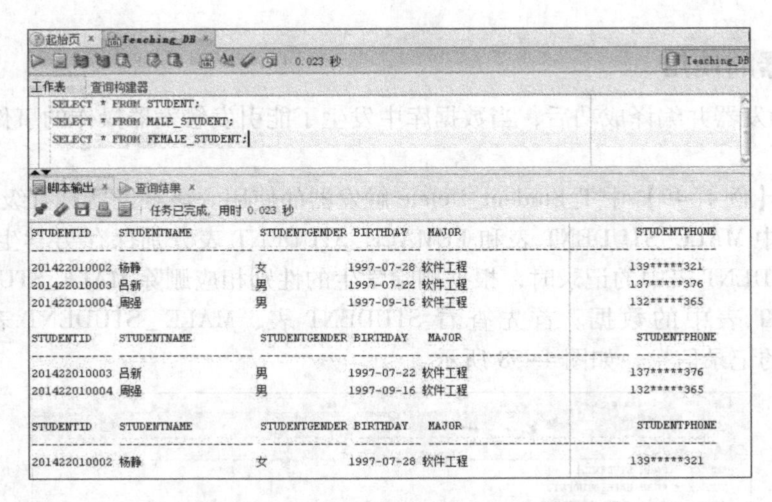

图 4-60　T_Student_Delete 触发器正确执行

然后删除 STUDENT 表，并且删除存储过程 Insert_Student，如图 4-62 所示。

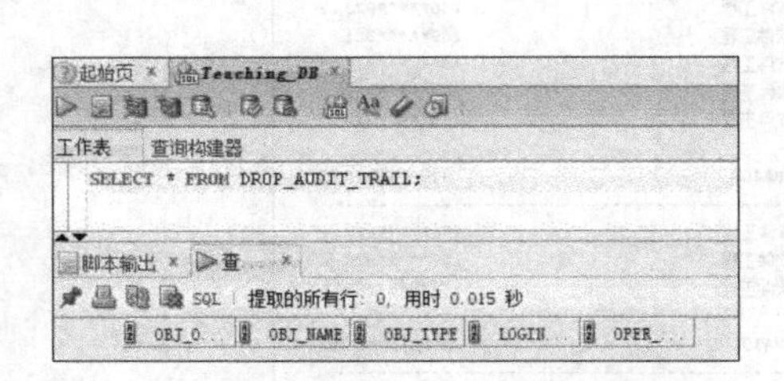

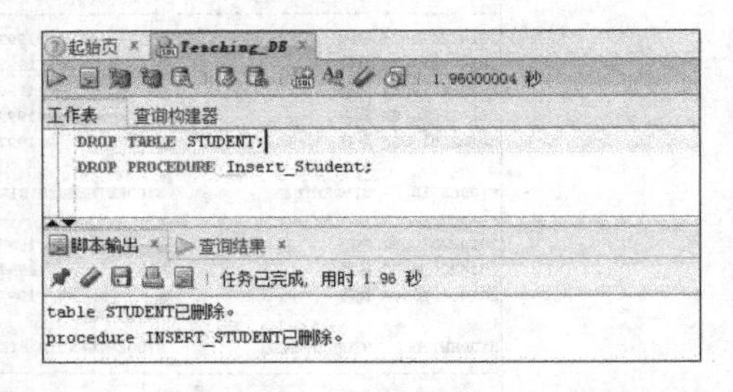

图 4-61　查看 DROP_AUDIT_TRAIL 表　　图 4-62　删除 STUDENT 表和 Insert_Student 存储过程

再次查看 DROP_AUDIT_TRAIL 表，发现表中有两行，分别记录删除的 STUDENT 表和 Insert_Student 存储过程的相关信息，说明 T_Drop_Audit_Trail 触发器正确执行，如图 4-63 所示。

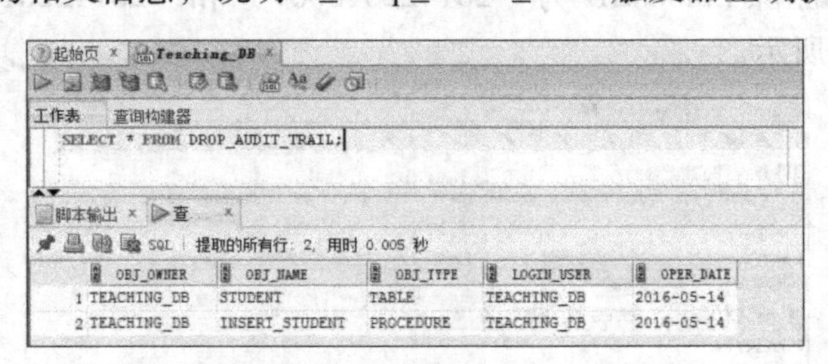

图 4-63　T_Drop_Audit_Trail 触发器执行后的结果

【例 4-64】【例 4-51】中 T_Logon_Logs 触发器的使用。当用户登录时，该触发器把该用户的登录时间及用户名等信息记录到 Teaching_DB 方案的 LOGON_LOGS 表中。首先查看 LOGON_LOGS 表，发现目前没有记录（如果已有记录可以先删除），如图 4-64 所示。

使用 SQL PLUS 用 SYS 用户登录数据库，使用 SQL Developer 工具用 SYSTEM 用户登录数据库，或用其他登录方式登录数据库后，再次查看 LOGON_LOGS 表，发现表中已记录有用户登录信息，例如包括刚才操作过的使用 SQL PLUS 用 SYS 用户登录数据库和使用 SQL Developer 工具用 SYSTEM 用户登录数据库的记录信息，说明 T_Logon_Logs 触发器正确执行，如图 4-65 所示。

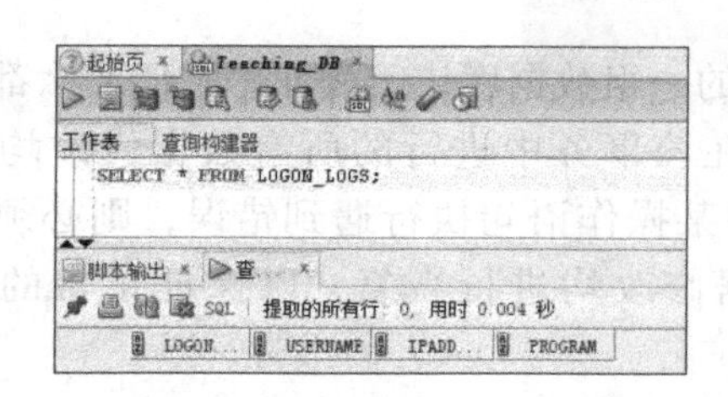

图 4-64　查看 LOGON_LOGS 表

```
SELECT * FROM LOGON_LOGS;
```

提取的所有行：4，用时 0.004 秒

	LOGON_TIME	USERNAME	IPADDRESS	PROGRAM
1	2016-05-14	SYS	(null)	sqlplus.exe
2	2016-05-14	SYSTEM	127.0.0.1	SQL Developer
3	2016-05-14	SYS	(null)	(null)
4	2016-05-14	SYSTEM	127.0.0.1	SQL Developer

图 4-65　T_Logon_Logs 触发器执行后的结果

【例 4-65】 屏蔽和开启触发器的使用。首先查看 STUDENT 表、MALE_STUDENT 表和 FEMALE_STUDENT 表的记录信息，如图4-58 所示。然后使用【例4-57】或【例4-59】的方法屏蔽 T_Student_Delete 触发器。此时从 STUDENT 表中删除 StudentID 为“201422010001”和“201422010005”一男一女两名学生记录。再次查看 STUDENT 表、MALE_STUDENT 表和 FEMALE_STUDENT 表中的记录信息，发现 MALE_STUDENT 表和 FEMALE_STUDENT 表中，StudentID 为“201422010001”和“201422010005”的两名学生记录没有被删除，说明 T_Student_Delete 触发器已被屏蔽，不能执行，如图 4-66 所示。

```
SELECT * FROM STUDENT;
SELECT * FROM MALE_STUDENT;
SELECT * FROM FEMALE_STUDENT;
```

任务已完成，用时 0.014 秒

STUDENTID	STUDENTNAME	STUDENTGENDER	BIRTHDAY	MAJOR	STUDENTPHONE
201422010002	杨静	女	1997-07-28	软件工程	139*****321
201422010003	吕新	男	1997-07-22	软件工程	137*****376
201422010004	周强	男	1997-09-16	软件工程	132*****365

STUDENTID	STUDENTNAME	STUDENTGENDER	BIRTHDAY	MAJOR	STUDENTPHONE
201422010001	赵刚	男	1997-06-21	软件工程	156*****923
201422010003	吕新	男	1997-07-22	软件工程	137*****376
201422010004	周强	男	1997-09-16	软件工程	132*****365

STUDENTID	STUDENTNAME	STUDENTGENDER	BIRTHDAY	MAJOR	STUDENTPHONE
201422010002	杨静	女	1997-07-28	软件工程	139*****321
201422010005	王亚	女	1997-04-26	软件工程	135*****878

图 4-66　屏蔽 T_Student_Delete 触发器后的结果

重新把删除的记录插入到 STUDENT 表中，开启触发器后，再次在 STUDENT 表中删除一男一女两名学生记录，发现 MALE_STUDENT 表和 FEMALE_STUDENT 表中对应的两名学生记录也被删除，说明 T_Student_Delete 触发器已被开启，可以正常执行。

4.7　PL/SQL 事务

事务（Transaction）是用户定义的一个数据库操作序列，是一个不可分割的整体。这些操作要么全做，要么全不做。事务是对数据库进行操作的最基本的逻辑单位，它可以是一组 SQL 语句、一条 SQL 语句或整个程序。通常情况下，一个应用程序里包含多个事务。此外，事务还是恢复和并发控制的基本单位。

4.7.1 事务定义

在数据库中，事务是由构成单个逻辑处理单元的一组数据库访问操作，它们要么都成功执行，要么都不执行。如果某一事务执行成功，则在该事务中进行的所有数据修改均会提交（Commit），成为数据库中的持久数据。如果事务中某操作语句执行遇到错误，则必须进行撤销或回滚（Rollback）操作，将该事务的所有数据修改均进行恢复，以保证正常的数据一致性。

每个事务从开始到结束的整个生命周期可以分为若干状态。DBMS 记录每个事务的生命周期状态，以便恢复时进行不同的操作处理。事务状态变化如图 4-67 所示。

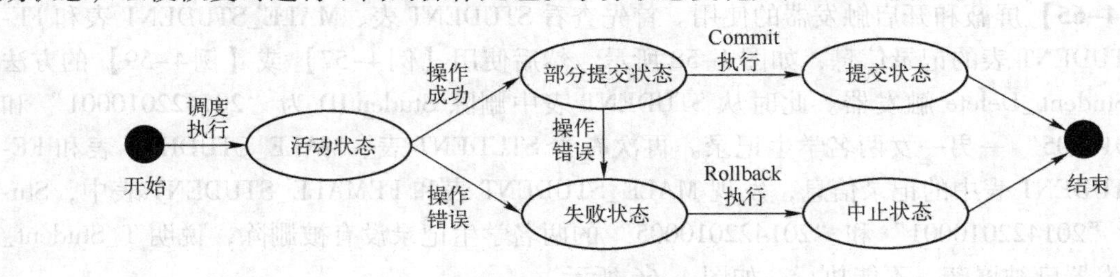

图 4-67 事务状态变化图

- 活动状态。事务在执行时的状态称为活动状态。
- 部分提交状态。事务中最后一条语句被执行后的状态称为部分提交状态，事务虽然已经完成，但由于实际输出可能在内存中，在事务成功前还可能发生硬件故障，有时不得不中止，进入中止状态。
- 失败状态。事务不能正常执行的状态称为失败状态。导致失败状态发生的可能原因有硬件原因或逻辑错误，这样事务必须回滚，就进入了中止状态。
- 提交状态。事务在部分提交后，将往硬盘上写入数据，最后一条信息写入后的状态称为提交状态，进入提交状态的事务就成功完成了。
- 中止状态。事务回滚，并且数据库已经恢复到事务开始执行前的状态称为中止状态。

为了确保数据库共享访问的数据正确性，要求 DBMS 的事务管理机制维护事务的 ACID 特性，即原子性（Atomicity）、一致性（Consistency）、隔离性（Isolation）和持久性（Durability）。

1）原子性。原子性是指事务是一个不可分割的工作单元，事务中的操作要么都发生，要么都不发生。例如，图 4-68 所示是将账户 A 转账 1000 元到账户 B 的操作流程。

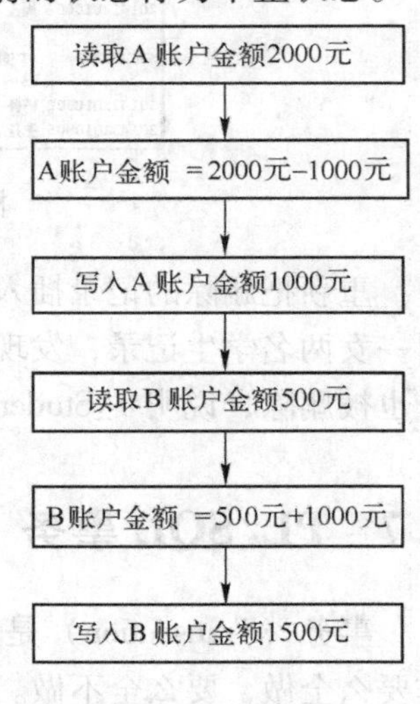

图 4-68 转账事务处理流程图

如果在写入 B 账户操作之前程序因为某种原因中断执行，就会造成 A 账户减少了 1000 元，而 B 账户没有增加 1000 元，产生业务出错。因此上述这一组操作属于一个单一的工作单元，其指令要么都执行，要么都不执行，以保证数据完整性。

2）一致性。事务一致性是指事务执行的结果使得数据库从一种正确状态转换成另一种正确状态。例如，在银行转账业务操作中，从 A 账户转账 1000 元到 B 账户，不管业务操作是否成功，A 账户和 B 账户的存款总额是不变的。如果 A 账户转账成功，而 B

账户入账因某种原因失败，就会使数据库产生不一致状态。因此，事务管理应确保事务在执行完成时，必须使所有的数据都保持一致状态。

3）隔离性。即使每个事务都能确保一致性和原子性，但如果有几个事务并发执行，如果在执行的过程中发生了事务间的交叉，也会导致数据库发生不一致的情况。事务的隔离性是指一个事务的执行不能被其他事务干扰，即一个事务内部的操作及使用的数据对并发的其他事务是隔离的，并发执行的各个事务之间不能互相干扰。

4）持久性。持久性是指一个事务一旦被提交，它对数据库中数据的改变就是永久性的，接下来的其他操作和数据库故障不应该对其有任何影响。

4.7.2 事务SQL程序

可以利用SQL语言提供的相应语句编写事务程序。Oracle中基本的SQL事务语句包括以下几个。

- COMMIT
- ROLLBACK
- JAVEPOINT

COMMIT语句用于事务的提交处理，即执行该语句后，将事务中所有对数据库的更新写回到磁盘上永久保存。ROLLBACK语句用于事务的回滚处理，即当事务中的某操作失败后，事务不能继续执行，通过该语句将事务中的所有已完成操作全部撤销，数据库被恢复到事务执行之前的状态。JAVEPOINT语句用于事务的部分操作保存，即将该语句之前执行的操作保存到磁盘，以便事务回滚时仅取消操作到保存点后面的操作。

首先说明事务的基本操作即提交和回滚，与SQL SERVER不同，在Oracle中，用户不可以显式地使用命令来开始一个事务。Oracle认为第一条修改数据库的语句，或者一些要求事务处理的场合都是事务的隐式开始。但是当用户想要终止一个事务处理时，必须显式使用COMMIT和ROLLBACK语句结束。

【例4-66】 使用COMMIT语句。首先在SQL Developer工具中查询STUDENT表，如图4-69所示，有5条记录。

在STUDENT表中删除StudentID为“201422010005”的学生记录，使用COMMIT语句提交事务，如图4-70所示。

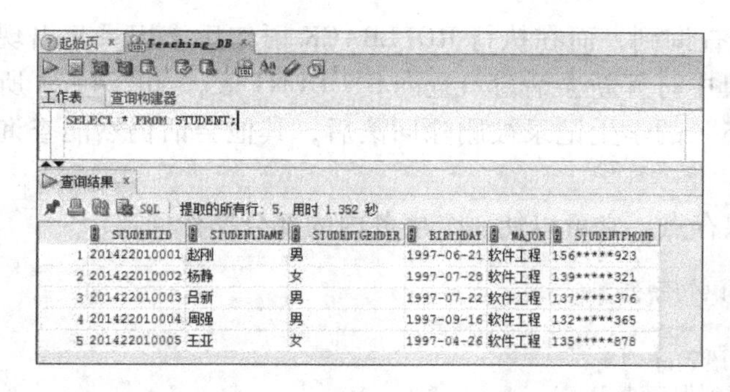

图4-69 查询STUDENT表

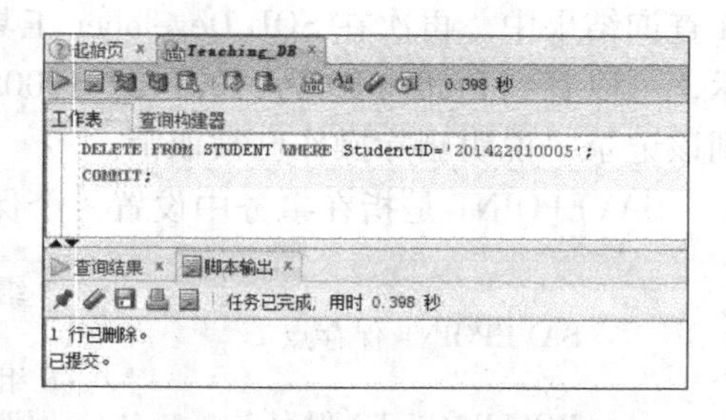

图4-70 使用COMMIT语句提交

另外建立一个连接并打开会话窗口，在新窗口中查询STUDENT表，发现StudentID为“201422010005”的学生记录已被删除，如图4-71所示。

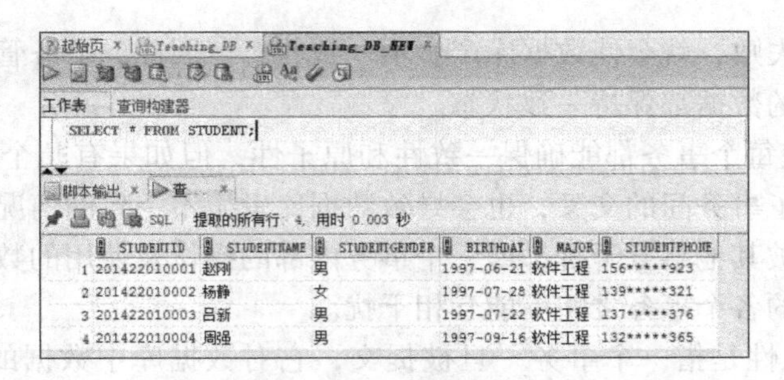

图 4-71 执行 COMMIT 后的结果

这说明对 STUDENT 表中 StudentID 为“201422010005”的学生记录的删除操作提交后，其他会话已查询不到该记录，该删除操作已被确认。

【例 4-67】使用 ROLLBACK 语句。重新添加上刚才 STUDENT 表中被删除的记录，首先删除 StudentID 为“201422010005”的记录，然后查询 STUDENT 表，然后使用 ROLLBACK 语句，再次查询 STUDENT 表，如图 4-72 所示。

```
DELETE FROM STUDENT WHERE StudentID='201422010005';
SELECT * FROM STUDENT;
ROLLBACK;
SELECT * FROM STUDENT;
```

```
任务已完成, 用时 0.178 秒
1 行已删除。
STUDENTID    STUDENTNAME    STUDENTGENDER BIRTHDAY   MAJOR      STUDENTPHONE
------------------------------------------------------------------------------
201422010001 赵刚           男            1997-06-21 软件工程   156*****923
201422010002 杨静           女            1997-07-28 软件工程   139*****321
201422010003 吕新           男            1997-07-22 软件工程   137*****376
201422010004 周强           男            1997-09-16 软件工程   132*****365
回退完成。
STUDENTID    STUDENTNAME    STUDENTGENDER BIRTHDAY   MAJOR      STUDENTPHONE
------------------------------------------------------------------------------
201422010001 赵刚           男            1997-06-21 软件工程   156*****923
201422010002 杨静           女            1997-07-28 软件工程   139*****321
201422010003 吕新           男            1997-07-22 软件工程   137*****376
201422010004 周强           男            1997-09-16 软件工程   132*****365
201422010005 王亚           女            1997-04-26 软件工程   135*****878
```

图 4-72 使用 ROLLBACK 语句回滚

可以看到删除后回滚前该条记录未被查询到，而在执行 ROLLBACK 语句后该记录又出现在查询结果中。再次在 SQL Developer 工具中打开新会话窗口查询 STUDENT 表，如图 4-73 所示，可以看到 StudentID 为“201422010005”的学生记录被删除回滚后，其他会话仍然能查询到该记录，说明删除操作已被取消。

SAVEPOINT 是指在事务中设置一个保存点，它可以使一个事务内的部分操作回退。

```
…                          /* A 组语句序列 */
SAVEPOINT 保存点 1
…                          /* B 组语句序列 */
ROLLBACK TO 保存点 1       /* 回滚到保存点 1 */
COMMIT                     /* 此时只提交了 A 组语句 */
```

在 A 组语句后设置一个保存点 1，然后执行 B 组语句后回滚到保存点 1，再提交，此时 B 组语句已被回滚，只有 A 组语句的操作被提交生效。

SELECT * FROM STUDENT;

提取的所有行: 5, 用时 0.004 秒

	STUDENTID	STUDENTNAME	STUDENTGENDER	BIRTHDAY	MAJOR	STUDENTPHONE
1	201422010001	赵刚	男	1997-06-21	软件工程	156*****923
2	201422010002	杨静	女	1997-07-28	软件工程	139*****321
3	201422010003	吕新	男	1997-07-22	软件工程	137*****376
4	201422010004	周强	男	1997-09-16	软件工程	132*****365
5	201422010005	王亚	女	1997-04-26	软件工程	135*****878

图 4-73　执行 ROOLBACK 后的结果

【例 4-68】使用 SAVEPOINT 语句。在删除 StudentID 为“201422010004”的记录后设置回滚点 a，然后删除 StudentID 为“201422010005”的记录后回滚到 a。提交后查询发现，删除 StudentID 为“201422010005”的记录操作被取消，而删除 StudentID 为“201422010004”的记录操作生效，如图 4-74 所示。

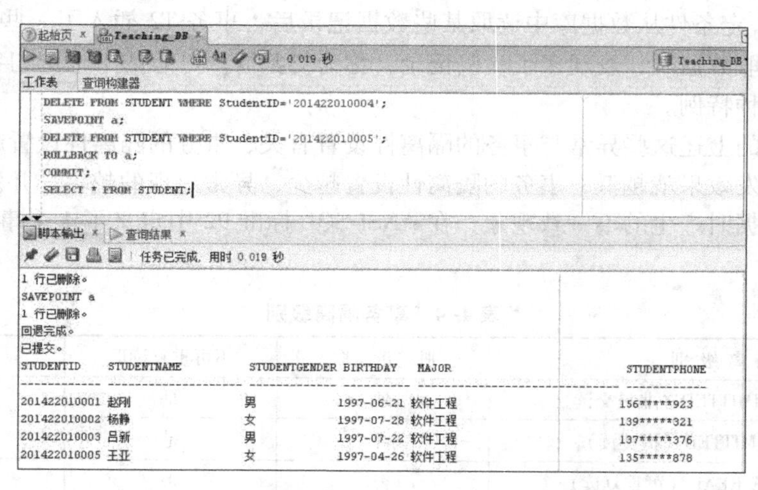

图 4-74　使用 SAVEPOINT 语句设置回滚点

4.7.3　事务隔离级别

为了改善系统的资源利用率并减少事务运行的平均等待时间，在数据库系统中，事务需要并发执行。事务并发执行时如果不加控制约束，可能会产生若干数据不一致问题，如丢失更新、脏读、不可重复读和幻象读等问题。

1）丢失更新。如图 4-75 所示，当事务 T1 和 T2 读入同一数据并修改，T2 的提交结果破坏了 T1 提交的结果，导致 T1 的修改被丢失。

2）脏数据读取。如图4-76 所示，T1 已修改过的数据恢复原值，T2 读到的数据就与数据库中的数据不一致，即存在所谓的“脏数据”。

3）不可重复读取和幻象读取。事务 T1 读取某一数据后，事务 T2 对其做了修改，当事务 T1 再次

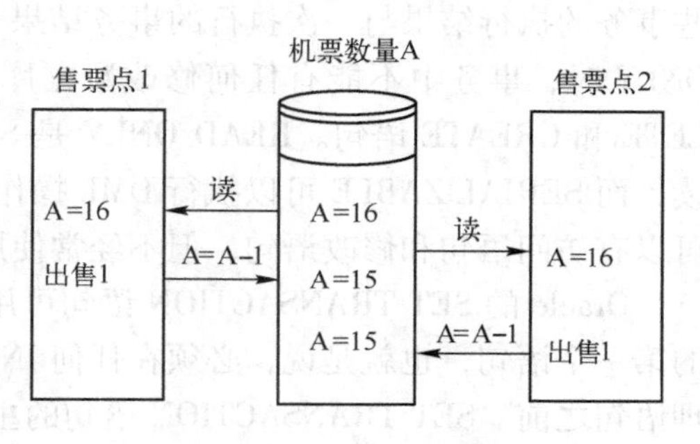

图 4-75　丢失更新问题

读该数据时，得到与前一次不同的值，如图 4-77 所示。

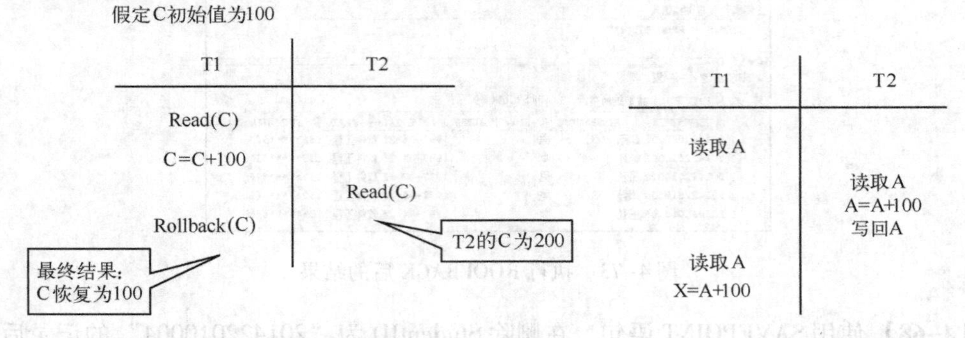

图 4-76　脏数据读取问题　　　　图 4-77　不可重复读取问题

有时事务 T1 按一定条件从数据库中读取了某些数据记录后，事务 T2 删除了其中部分记录，当 T1 再次按相同条件读取数据时，发现某些记录消失了，也称为不可重复读取。

事务 T1 按一定条件从数据库中读取某些数据记录后，事务 T2 插入了一些记录，当 T1 再次按相同条件读取数据时，发现多了一些记录，称为幻象读取，有的书上把幻象读取也当做不可重复读取的一种特例。

事务中遇到的上述这些异常与事务的隔离性设置有关，事务的隔离性设置越多，异常就出现得越少，但并发效果就越低，事务的隔离性设置越少，异常出现的越多，并发效果越高。针对 3 种读取的数据时产生的不一致现象，在 ANSI SQL 标准 92 中定义了 4 个事务的隔离级别，如表 4-4 所示。

表 4-4　事务隔离级别

隔离级别	脏读取	不可重复读取	幻象读取
READ UNCOMMITTED（非提交读）	是	是	是
READ COMMITTED（提交读）	否	是	是
REPEATABLE READ（可重复读）	否	否	是
SERIALIZABLE（串行读）	否	否	否

Oracle 支持上述 4 种隔离级别中的两种：READ COMMITTED 和 SERIALIZABLE。除此之外，Oracle 中还定义 READ ONLY 和 READ WRITE 两种事务处理方式。READ COMMITTED 是 Oracle 默认的隔离级别。SERIALIZABLE 是指设置事务的隔离级别时，事务与事务之间完全隔开，事务以串行的方式执行，这并不是说一个事务必须结束才能启动另外一个事务，而是说这些事务的执行结果与一次执行的事务结果一致。READ ONLY 和 READ WRITE，当使用 READ ONLY 时，事务中不能有任何修改数据库中数据的操作语句，包括 INSERT、UPDATE、DELETE 和 CREATE 语句。READ ONLY 是 SERIALIZABLE 的一个子集，区别是 READ ONLY 只读，而 SERIALIZABLE 可以执行 DML 操作。READ WRITE 是默认设置，该选项表示在事务中可以有访问语句和修改语句，但不经常使用。

Oracle 的 SET TRANSACTION 语句可用来设置事务的各种属性。该语句必须放在事务处理的第一个语句，也就是说，必须在任何 INSERT、UPDATE、DELETE 语句，以及其他的事务处理语句之前。SET TRANSACTION 语句的主要作用是指定事务的隔离级别。注意，SET TRANSACTION 只对当前事务有效，事务终止，事务当前的设置将会失效。

因此，SET TRANSACTION 语句主要有以下 4 种。

- SET TRANSACTION READ ONLY
- SET TRANSACTION READ WRITE
- SET TRANSACTION ISOLATION LEVEL READ COMMITTED
- SET TRANSACTION ISOLATION LEVEL SERIALIZABLE

注意：这些语句是互斥的，即不能同时设置两个或者两个以上的选项。

【例 4-69】 使用 SET TRANSACTION READ ONLY 语句。依次执行下面的操作：在 SESSION1 中执行 SET TRANSACTION READ ONLY，查看表 STUDENT 中的数据；在 SESSION2 中修改数据，并且提交；在 SESSION1 中查看表 STUDENT 中的数据；在 SESSION1 中修改数据。

首先，在 SQL Developer 中的第一个会话窗口中执行 SET TRANSACTION READ ONLY 语句，然后查看 STUDENT 表中的数据，如图 4-78 所示。

```
SET TRANSACTION READ ONLY;
SELECT * FROM STUDENT;
```

transaction READ 成功。

STUDENTID	STUDENTNAME	STUDENTGENDER	BIRTHDAY	MAJOR	STUDENTPHONE
201422010001	赵刚	男	1997-06-21	软件工程	156*****923
201422010002	杨静	女	1997-07-28	软件工程	139*****321
201422010003	吕新	男	1997-07-22	软件工程	137*****376
201422010004	周强	男	1997-09-16	软件工程	132*****365
201422010005	王亚	女	1997-04-26	软件工程	135*****878

图 4-78　执行 SET TRANSACTION READ ONLY 语句

执行 SET TRANSACTION READ ONLY 成功后，读得 STUDENT 表有 5 条记录。然后再次在 SQL Developer 工具中打开新连接的会话窗口，把 STUDENT 表中 StudentID 为“201422010005”的学生记录的 StudentPhone 改为“135 * * * * * 000”，并且执行 COMMIT 提交，如图 4-79 所示。

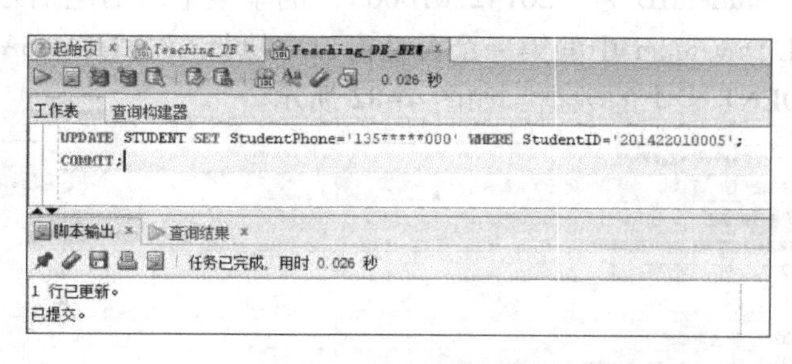

图 4-79　在新会话窗口中修改数据

此时再回到第一个会话窗口中查询 STUDENT 表，发现 StudentID 为“201422010005”的学生记录的电话号码并没有改变，仍然是“135 * * * * * 878”，如图 4-80 所示。说明执行了 SET TRANSACTION READ ONLY 语句后的事务读得的数据保持一致，不受其他事务对数据的修改影响。

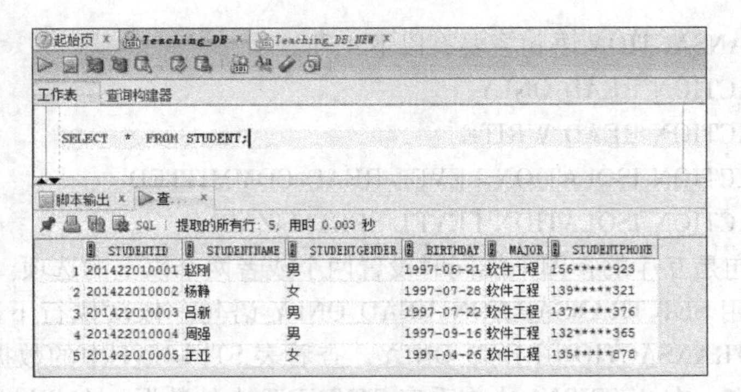

图 4-80　在第一个会话窗口查看 STUDENT 表

尝试在第一个会话窗口中修改数据，如执行语句"DELETE FROM STUDENT;"，发现删除操作无法执行，Oracle 提示不能在 READ ONLY 事务处理中执行插入、删除或更新操作，如图 4-81 所示。说明执行了 SET TRANSACTION READ ONLY 语句后的事务具有只读属性，不能在事务中执行插入、删除和更新操作。

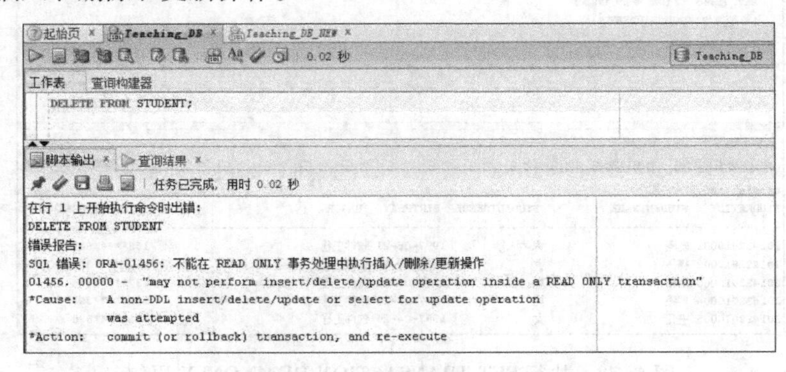

图 4-81　在原会话窗口中删除数据

【例 4-70】 使用 SET TRANSACTION READ WRITE 语句。依次执行下面的操作：在 SESSION1 中执行 SET TRANSACTION READ WRITE，查看 STUDENT 表中的数据；在 SESSION2 中修改数据，并且提交；在 SESSION1 中再次查看 STUDENT 表中的数据。

把 STUDENT 表中 StudentID 为"201422010005"的学生记录的电话号码改回"135*****878"。首先，在 SQL Developer 中的第一个会话窗口中执行 SET TRANSACTION READ WRITE 语句，然后查看 STUDENT 表中的数据，如图 4-82 所示。

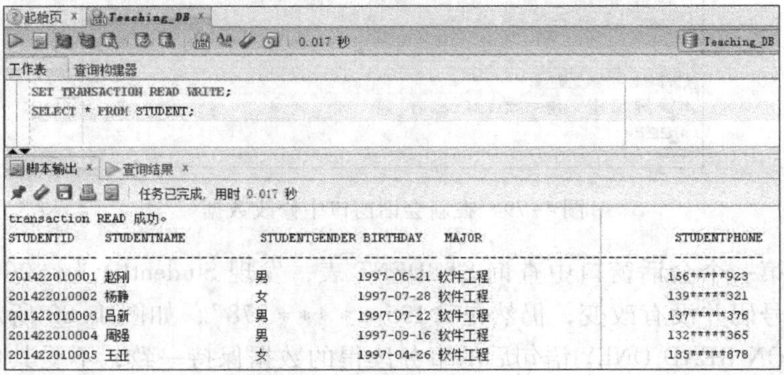

```
SET TRANSACTION READ WRITE;
SELECT * FROM STUDENT;

transaction READ 成功。
STUDENTID    STUDENTNAME  STUDENTGENDER BIRTHDAY   MAJOR    STUDENTPHONE
------------ ------------ ------------- ---------- -------- ------------
201422010001 赵刚          男            1997-06-21 软件工程  156*****923
201422010002 杨静          女            1997-07-28 软件工程  139*****321
201422010003 吕新          男            1997-07-22 软件工程  137*****376
201422010004 周强          男            1997-09-16 软件工程  132*****365
201422010005 王亚          女            1997-04-26 软件工程  135*****878
```

图 4-82　执行 SET TRANSACTION READ WRITE 语句

执行 SET TRANSACTION READ WRITE 成功后，读得 STUDENT 表有 5 条记录。然后再次在 SQL Developer 工具中打开新连接的会话窗口，把 STUDENT 表中 StudentID 为“201422010005”的学生记录的 StudentPhone 改为“135*****000”，并且执行 COMMIT 提交，如图 4-83 所示。

此时再回到第一个会话窗口中查询 STUDENT 表，发现 StudentID 为“201422010005”的学生记录的电话号码已被改为“135*****000”，如图 4-84 所示。说明执行了 SET TRANSACTION READ WRITE 语句后的事务，如果有其他会话修改了表数据，在当前事务的所有查询中可以看到其他事务修改的变化。

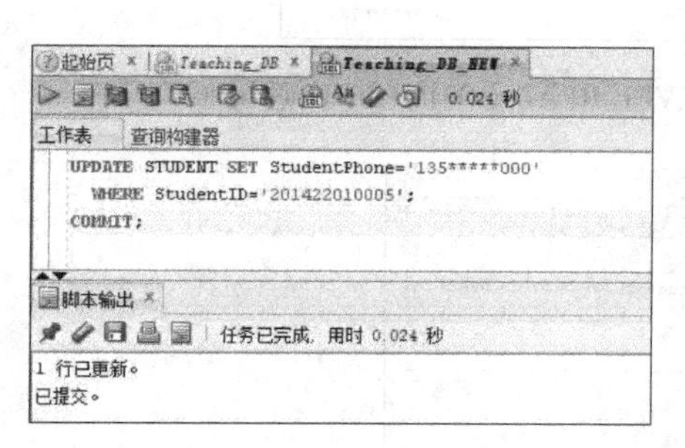

图 4-83　在新会话窗口中修改数据

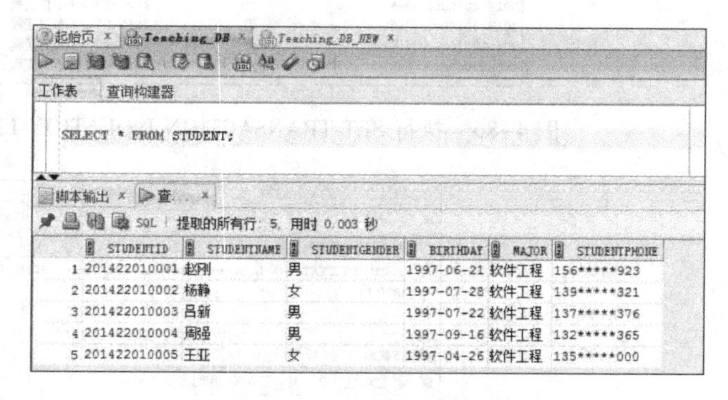

图 4-84　新会话修改数据后的结果

【例 4-71】 使用 SET TRANSACTION ISOLATION LEVEL READ COMMITTED 语句，验证隔离级别为 READ COMMITTED。首先验证 READ COMMITTED 是否会出现脏读，然后验证 READ COMMITTED 是否会出现不可重复读取。

把 STUDENT 表中 StudentID 为“201422010005”的学生记录的电话号码改回“135*****878”。首先，在 SQL Developer 的第二个会话窗口里更新 STUDENT 表，把 StudentID 为“201422010005”的学生记录的电话号码改为“135*****000”，但不提交，如图 4-85 所示。

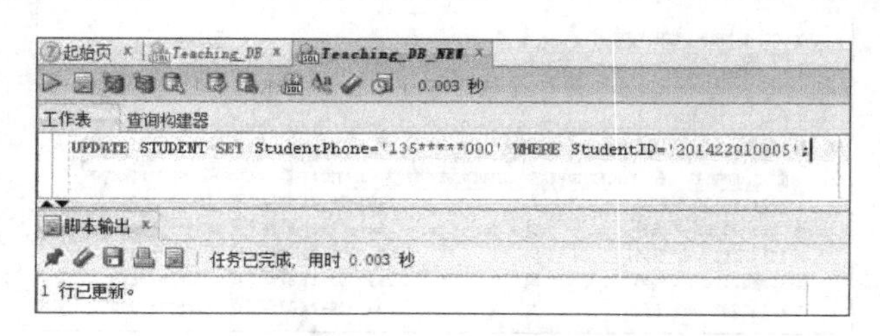

图 4-85　修改 STUDENT 表但不提交

然后在第一个会话窗口中执行 SET TRANSACTION ISOLATION LEVEL READ COMMITTED（Oracle 默认隔离级别也是 READ COMMITTED），并且查询 STUDENT 表，可以看到在 STUDENT 表中，StudentID 为“201422010005”的学生记录的电话号码仍然是“135*****878”，会话 1 并没有读得会话 2 未提交的数据，即 READ COMMITTED 隔离级别不会出现脏读，如图 4-86 所示。

在第二个会话窗口中回滚事务，取消刚才的更新操作。

再次试验，先在第一个会话窗口中读取 STUDENT 表，表中数据不变，如图 4-86 所示。在第二个会话窗口中更新 STUDENT 表，把 StudentID 为“201422010005”的学生记录的电话号码改为“135*****000”，并且提交，如图 4-87 所示。

```
SET TRANSACTION ISOLATION LEVEL READ COMMITTED;
SELECT * FROM STUDENT;
```

transaction ISOLATION 成功。

STUDENTID	STUDENTNAME	STUDENTGENDER	BIRTHDAY	MAJOR	STUDENTPHONE
201422010001	赵刚	男	1997-06-21	软件工程	156*****923
201422010002	杨静	女	1997-07-28	软件工程	139*****321
201422010003	吕新	男	1997-07-22	软件工程	137*****376
201422010004	周强	男	1997-09-16	软件工程	132*****365
201422010005	王亚	女	1997-04-26	软件工程	135*****878

图 4-86　执行 SET TRANSACTION ISOLATION LEVEL READ COMMITTED 语句

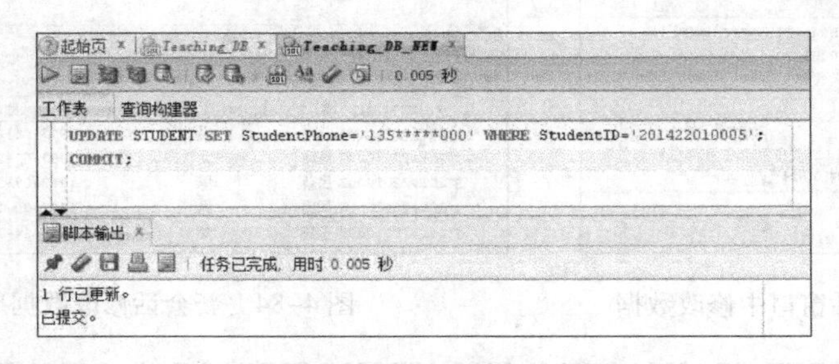

图 4-87　在第二个会话中提交事务

再到第一个会话窗口再次读取 STUDENT 表，发现此时表中 StudentID 为“201422010005”的学生记录的电话号码已变为“135 ＊＊＊＊＊000”，如图 4-88 所示。

```
SELECT * FROM STUDENT;
```

提取的所有行：5，用时 0.003 秒

	STUDENTID	STUDENTNAME	STUDENTGENDER	BIRTHDAY	MAJOR	STUDENTPHONE
1	201422010001	赵刚	男	1997-06-21	软件工程	156*****923
2	201422010002	杨静	女	1997-07-28	软件工程	139*****321
3	201422010003	吕新	男	1997-07-22	软件工程	137*****376
4	201422010004	周强	男	1997-09-16	软件工程	132*****365
5	201422010005	王亚	女	1997-04-26	软件工程	135*****000

图 4-88　查看第一个会话

说明会话 2 更新并提交了数据后，会话 1 可以读到更新之后的数据，也就是说，会话 1 在会话 2 提交更新数据前后读得的数据不一致，即 READ COMMITTED 隔离级别会出现不可重复读取。

【例 4-72】 使用 SET TRANSACTION ISOLATION LEVEL SERIALIZABLE 语句，验证隔离级别为 SERIALIZABLE 是否会出现幻象读取。

把 STUDENT 表中 StudentID 为“201422010005”的学生记录的电话号码改回“135 ＊＊＊＊＊878”。首先，在 SQL Developer 中的第一个会话窗口里执行 SET TRANSACTION ISOLATION LEVEL SERIALIZABLE 语句，然后查询 STUDENT 表中性别为“女”的学生记录，当前 STUDENT 表中有两条女生记录，如图 4-89 所示。

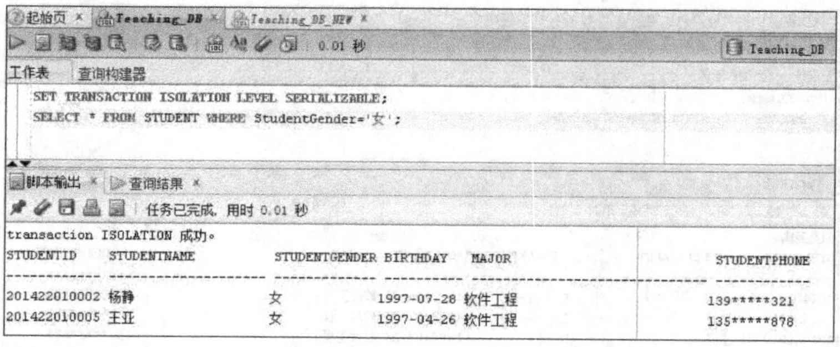

图 4-89　执行 SET TRANSACTION ISOLATION LEVEL SERIALIZABLE 语句

然后在第二个会话窗口中更新 STUDENT 表，把 StudentID 为“201422010001”的学生记录的性别从“男”改为“女”，并且提交，如图 4-90 所示。

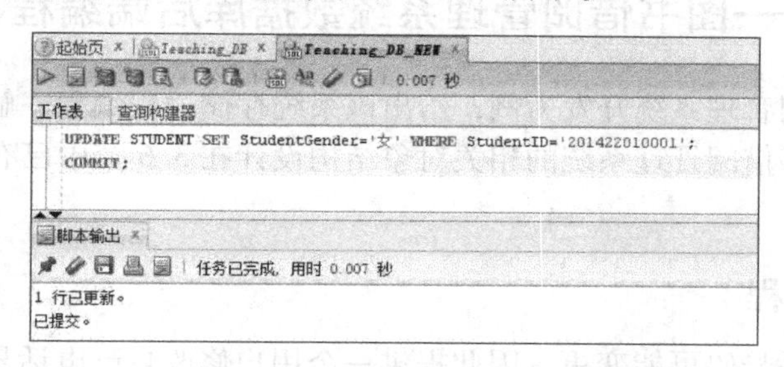

图 4-90　在第二个会话窗口中更新 STUDENT 表

再到第一个会话窗口中再次读取 STUDENT 表中性别为“女”的学生记录，发现仍然只读出原先的两条记录，第二个会话提交修改的 StudentID 为“201422010001”的记录，尽管其性别修改为“女”，但其数据并没有被第一个会话读取，如图 4-91 所示。

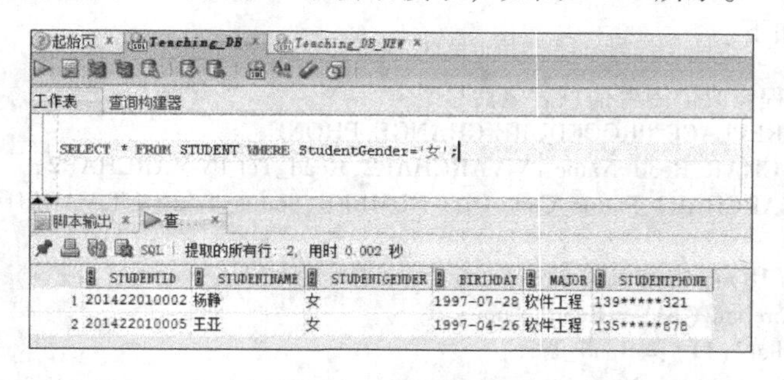

图 4-91　查看第一个会话

说明在会话 1 设置了 SERIALIZABLE 隔离级别后，会话 2 更新并提交了数据，即使其更新后的数据满足会话 1 读取的条件，会话 1 也不会读到更多的数据。也就是说，会话 1 在会话 2 提交更新数据前后读得的数据是一致的，SERIALIZABLE 隔离级别不会出现幻象读取。

在会话 1 中执行 ROLLBACK 命令，再次读取 STUDENT 表中性别为“女”的学生记录。由于 SET TRANSACTION 命令只能作用于当前事务，会话 1 执行 ROLLBACK 命令后回到默认隔离级别 READ COMMITTED，因此再次读取 STUDENT 表中性别为“女”的学生记录，发现有 3 条记录，新增的记录即为刚才会话 2 更新的 StudentID 为“201422010001”的记录，如图 4-92 所示。

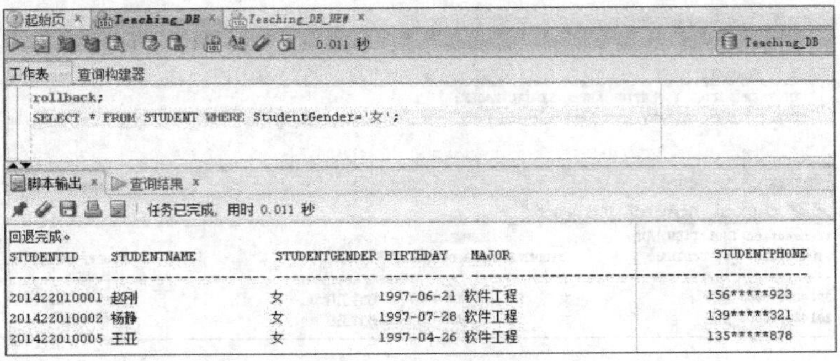
起始页
Teaching_DB
Teaching_DB_NEW
0.011 秒
Teaching_DB
工作表
查询构建器
rollback;
SELECT * FROM STUDENT WHERE StudentGender='女';
脚本输出
查询结果
任务已完成，用时 0.011 秒
回退完成。
STUDENTID STUDENTNAME STUDENTGENDER BIRTHDAY MAJOR STUDENTPHONE
201422010001 赵刚 女 1997-06-21 软件工程 156*****923
201422010002 杨静 女 1997-07-28 软件工程 139*****321
201422010005 王亚 女 1997-04-26 软件工程 135*****878

图 4-92　恢复默认隔离级别后的结果

4.8　实践指导——图书借阅管理系统数据库后端编程

本节将以图书借阅管理系统开发为例，给出该系统存储过程编程、触发器编程等后端编程实践操作指导。该图书借阅管理系统的相关对象结构设计在 3.6 节中已有介绍，方案对象即为 Library_DBA。

4.8.1　存储过程编程

考虑到用户的电话号码可能变更，因此提供一个用户修改自己电话号码的存储过程，为防止用户错误地修改他人电话，要求用户正确输入本人的身份证号、姓名和原先的电话号码，输入正确后即可修改电话号码为新号码，否则不予修改。

1. 存储过程创建及编译

根据上述需求，在 Library_DBA 方案下创建名为 CHANGE_PHONE 的存储过程。其创建存储过程的 SQL 程序如下。

```
/*该存储过程修改借阅者信息表电话号码*/
CREATE OR REPLACE PROCEDURE CHANGE_PHONE
(Read_ID IN CHAR,Read_Name IN VARCHAR2,Read_Tel IN VARCHAR2,
New_Tel IN VARCHAR2,Status_Code OUT NUMBER,Status_Text OUT VARCHAR2)
IS
  readid char(18):= Read_ID;
  readname varchar2(20):= Read_Name;
  readtel varchar2(11):= Read_Tel;
  newtel varchar2(11):= New_Tel;
  tempreadname varchar2(20);
  tempreadtel varchar2(11);
  err_readname exception;
  err_readtel exception;
BEGIN
  Status_Code:=0;
  Status_Text:='';                                  -- 初始化
  SELECT Read_Name,Read_Tel into tempreadname,tempreadtel
  FROM READER
  WHERE Read_ID = readid;
  IF readname < >tempreadname THEN                  -- 判断输入的读者姓名是否正确
    RAISE err_readname;
```

```
    END IF;
    IF readtel < > tempreadtel THEN          -- 判断输入的读者原电话号码是否正确
      RAISE err_readtel;
    END IF;
    UPDATE READER SET Read_Tel = newtel where Read_ID = readid;    -- 更新电话号码
    COMMIT;
  EXCEPTION
    WHEN NO_DATA_FOUND   THEN
      Status_Code:= 1;
      Status_Text:='There is no such record -- ' || readid;
    WHEN err_readname   THEN
      Status_Code:= 1;
      Status_Text:='Wrong Read_Name';
    WHEN err_readtel   THEN
      Status_Code:= 1;
      Status_Text:='Wrong Read_Tel';
    WHEN OTHERS THEN
      Status_Code:= 1;
      Status_Text:= SUBSTR(SQLERRM,1,100);
  END;
```

将上面的 SQL 程序放入 SQL Developer 工具中执行，创建存储过程，其执行结果如图 4-93 所示。

存储过程创建好后，可以在数据字典 USER_OBJECTS 中查看该存储过程的基本信息，其 SQL 语句如下。

```
SELECT Object_Name,Object_Type,Created,Status
FROM USER_OBJECTS
WHERE Object_Type ='PROCEDURE' AND Object_Name ='CHANGE_PHONE';
```

将上面的 SQL 程序放入 SQL Developer 工具中执行，查看存储过程的基本信息，其执行结果如图 4-94 所示。

```
/* 该存储过程修改借阅者信息表电话号码 */
CREATE OR REPLACE PROCEDURE CHANGE_PHONE
(Read_ID IN CHAR, Read_Name IN VARCHAR2, Read_Tel IN VARCHAR2,
New_Tel IN VARCHAR2, Status_Code OUT NUMBER, Status_Text OUT VARCHAR2)
IS
  readid char(18):=Read_ID;
  readname varchar2(20):=Read_Name;
  readtel varchar2(11):=Read_Tel;
  newtel varchar2(11):=New_Tel;
  tempreadname varchar2(20);
  tempreadtel varchar2(11);
  err_readname exception;
  err_readtel exception;
BEGIN
  Status_Code:=0;
  Status_Text:='';                    -- 初始化
  SELECT Read_Name, Read_Tel into tempreadname, tempreadtel
  FROM READER
```

PROCEDURE CHANGE_PHONE 已编译

图 4-93　创建存储过程 CHANGE_PHONE

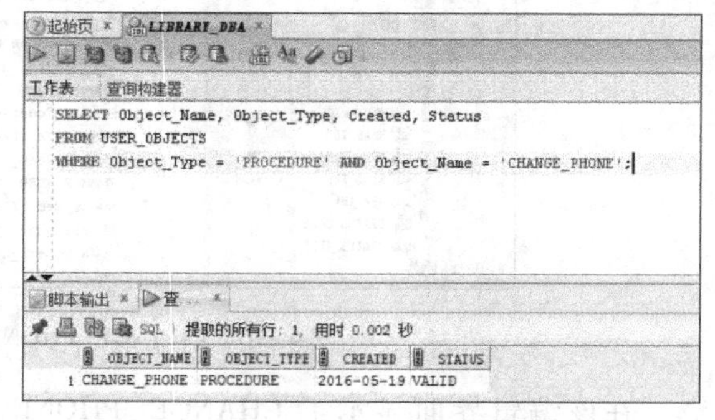

图 4-94　查看存储过程 CHANGE_PHONE 基本信息

还可以在数据字典 USER_SOURCE 中查看该存储过程代码信息，其 SQL 语句如下。

```sql
SELECT * FROM USER_SOURCE WHERE NAME ='CHANGE_PHONE'AND TYPE ='PROCEDURE';
```

将上面的 SQL 程序放入 SQL Developer 工具中执行，查看存储过程代码信息，其执行结果如图 4-95 所示。

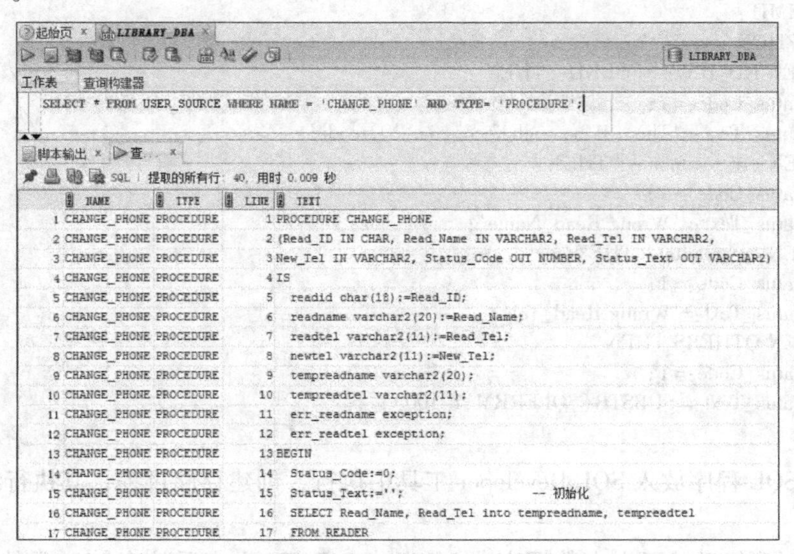

图 4-95　查看存储过程 CHANGE_PHONE 代码信息

还可以通过 SQL Developer 工具的 GUI 界面获取 CHANGE_PHONE 存储过程源代码信息。在 SQL Developer 工具中，进入 LIBRARY_DBA 方案的过程目录，选择 CHANGE_PHONE 过程并右击，在弹出的快捷菜单中选择“编辑”命令，打开编辑过程界面，如图 4-96 所示。

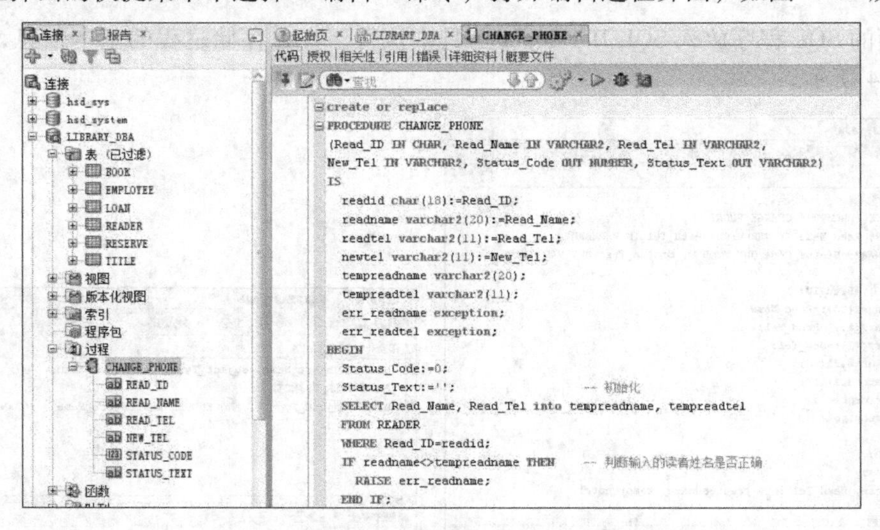

图 4-96　CHANGE_PHONE 存储过程源代码编辑界面

在该编辑界面显示了 CHANGE_PHONE 存储过程的全部源代码，可以在此界面修改 CHANGE_PHONE 存储过程的源代码并保存编译。注意左边列表中 CHANGE_PHONE 存储过程名称旁边显示的是绿色圆点，表示该存储过程目前是有效可用的。如果存储过程编译有错不可用，则过程名称旁边显示的将是红叉圆点。

2. 存储过程使用

【**例 4-73**】使用 CHANGE_PHONE 存储过程对身份证号为“521**************9”，姓名为“邓晓”，电话号码为“139*****364”的记录，将其电话修改为“139*****999”。在一个程序块中使用该存储过程，如果过程执行中有错，可在屏幕上打印错误信息，其 SQL 程序如下。

```
DECLARE
  status NUMBER;
  status_text VARCHAR2(100);
BEGIN
  change_phone('521**************9','邓晓',
  '139*****364','139*****999',status,status_text);
  IF status <>0 THEN
    dbms_output.put_line(status_text);
  ELSE
    dbms_output.put_line('succeed!');
  END IF;
END;
```

首先查看 READER 表中身份证号为“521**************9”的信息，发现其电话号码为“139*****364”，如图 4-97 所示。

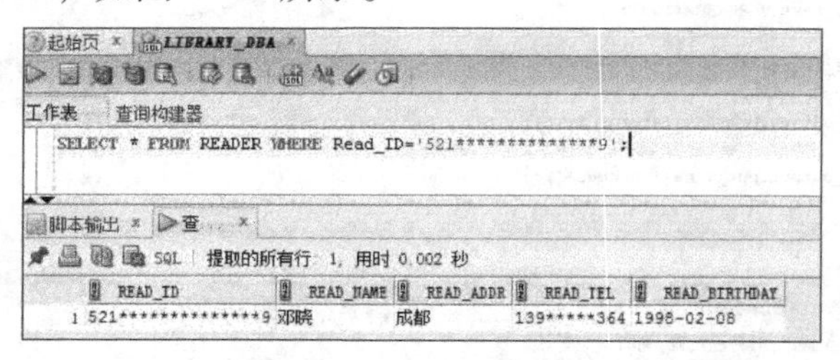

图 4-97 查看 READER 表数据

将上面的 SQL 程序放入 SQL Developer 工具中执行，其执行结果如图 4-98 所示。

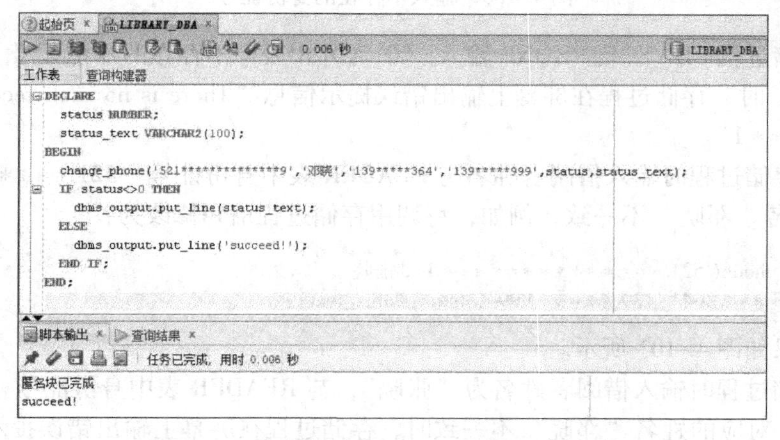

图 4-98 成功执行 CHANGE_PHONE 存储过程

执行完存储过程后再次查看 READER 表中身份证号为“521**************9”的信息，发现其电话号码已被修改为“139*****999”，如图 4-99 所示。

```
SELECT * FROM READER WHERE Read_ID='521**************9';
```

	READ_ID	READ_NAME	READ_ADDR	READ_TEL	READ_BIRTHDAY
1	521**************9	邓晓	成都	139*****999	1998-02-08

图 4-99　电话号码已被修改

重新把 READER 表中身份证号为“521 **************9”的记录的电话号码改回“139 *****364”。下面尝试输入错误的信息，首先调用存储过程时输入 READER 表中没有的身份证号“521 **************1”，即将调用存储过程语句修改为：

```
change_phone('521 **************1','邓晓',
'139 *****364','139 *****999',status,status_text);
```

其执行结果如图 4-100 所示。

```
DECLARE
  status NUMBER;
  status_text VARCHAR2(100);
BEGIN
  change_phone('521**************1','邓晓','139*****364','139*****999',status,status_text);
IF status<>0 THEN
  dbms_output.put_line(status_text);
ELSE
  dbms_output.put_line('succeed!');
END IF;
END;
```

```
匿名块已完成
There is no such record-- 521**************1
```

图 4-100　输入不存在的身份证号

当调用存储过程 CHANGE_PHONE 输入了 READER 表中不存在的身份证号“521 **************1”时，存储过程在屏幕上输出错误提示信息“There is no such record -- 521 **************1”。

尝试调用存储过程时输入借阅者姓名与 READER 表中身份证号“521 **************9”对应的姓名“邓晓”不一致，例如，将调用存储过程语句修改为：

```
change_phone('521 **************1','张晓',
'139 *****364','139 *****999',status,status_text);
```

其执行结果如图 4-101 所示。

当调用存储过程时输入借阅者姓名为“张晓”，与 READER 表中身份证号“521 **************9”对应的姓名“邓晓”不一致时，存储过程在屏幕上输出错误提示信息“Wrong Read_Name”。

如果调用存储过程时输入借阅者电话与 READER 表中身份证号“521 **************9”对应的电话不一致时，存储过程也会在屏幕上输出对应的错误提示信息，这里就不再演

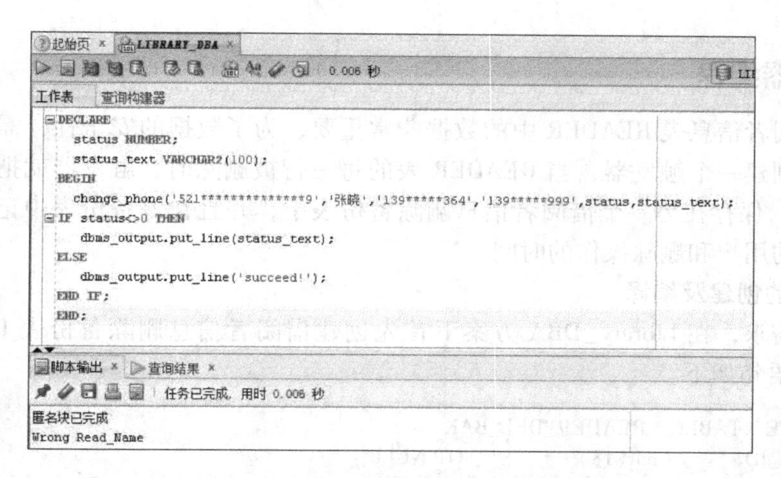

图 4-101　输入错误的姓名

示了。

3. 存储过程删除

【例 4-74】 删除所创建的 CHANGE_PHONE 存储过程。可以使用 SQL 语句删除存储过程，其语句如下。

```
DROP PROCEDURE   CHANGE_PHONE;
```

成功执行该 SQL 语句后，CHANGE_PHONE 存储过程从数据库中被删除，如图 4-102 所示。

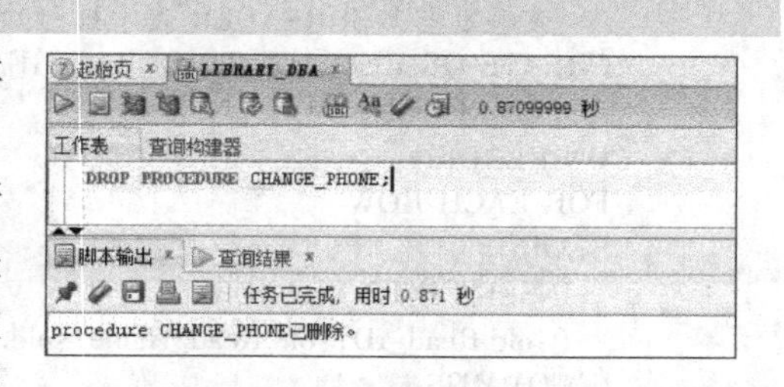

图 4-102　删除 CHANGE_PHONE 存储过程

或者使用 SQL Developer 工具的 GUI 界面删除所创建的存储过程，进入 LIBRARY_DBA 方案的过程目录，选择 CHANGE_PHONE 存储过程并右击，在弹出的快捷菜单中选择“删除”命令，弹出“删除”过程对话框，然后单击“应用”按钮，即可删除该存储过程，如图 4-103 所示。

删除后查看数据字典 USER_OBJECTS，发现 CHANGE_PHONE 存储过程已被删除，如图 4-104 所示。或者在左边 LIBRARY_DBA 方案的过程目录发现已经不存在 CHANGE_PHONE 存储过程了。

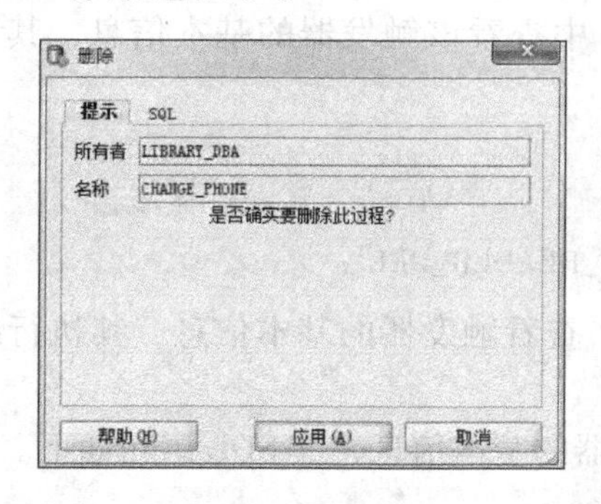

图 4-103　删除存储过程 CHANGE_PHONE 对话框界面

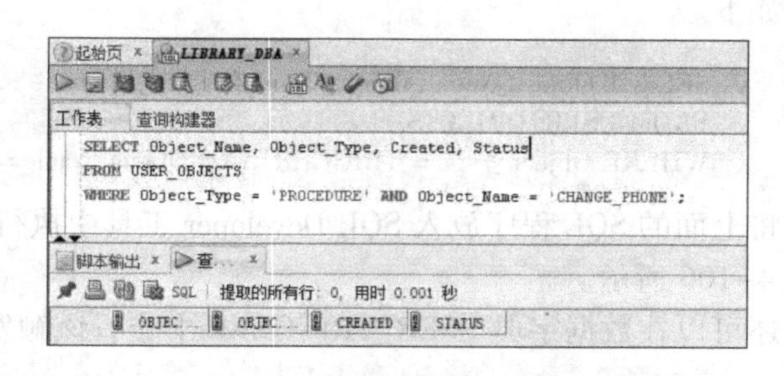

图 4-104　CHANGE_PHONE 存储过程成功删除

4.8.2 触发器编程

考虑到借阅者信息表READER中的数据非常重要，为了数据的安全性，需要对删除借阅者信息的操作创建一个触发器，当READER表的每一行被删除时，触发器就把该被删除的记录（所有字段）保存在另一个借阅者信息删除备份表中，并且在该备份表中记录对READER表做删除操作的用户和删除操作的时间。

1. 触发器的创建及编译

根据上述需求，在Library_DBA方案下首先创建借阅者信息删除备份表READER_DEL_BAK，其SQL语句如下。

```
CREATE  TABLE  READER_DEL_BAK  (
  Read_ID      Char(18)        NOT NULL,
  Read_Name    Varchar(20)     NOT NULL,
  Read_Addr    Varchar(50)     NULL,
  Read_Tel     Varchar(11)     NULL,
  Del_ID       Varchar(20)     NULL,
  Del_Date     DATE            NULL
);
```

并创建名为T_READER_DEL的触发器。其创建触发器的SQL程序如下。

```
/*该触发器备份READER表中被删除的记录*/
CREATE OR REPLACE TRIGGERT_READER_DEL
AFTER DELETE
ON READER
FOR EACH ROW
BEGIN
  INSERT INTO READER_DEL_BAK VALUES
  (:old.Read_ID,:old.Read_Name,:old.Read_Addr,:old.Read_Tel,USER,SYSDATE);
  COMMIT;
EXCEPTION
    WHEN OTHERS THEN
    dbms_output.put_line('Error Code =' || TO_CHAR(SQLCODE) );
    dbms_output.put_line('Error Message =' || SQLERRM );
END;
```

将上面的SQL程序放入SQL Developer工具中执行，创建触发器，其执行结果如图4-105所示。

触发器创建好后，可以在数据字典USER_OBJECTS中查看该触发器的基本信息，其SQL语句如下。

```
SELECT Object_Name,Object_Type,Created,Status
FROM USER_OBJECTS
WHERE Object_Type ='TRIGGER'AND Object_Name ='T_READER_DEL';
```

将上面的SQL程序放入SQL Developer工具中执行，查看触发器的基本信息，其执行结果如图4-106所示。

还可以在数据字典USER_TRIGGERS中查看该触发器的基本信息，其SQL语句如下。

```
SELECT Trigger_Name,Triggering_Event,Description,Status
FROM USER_TRIGGERS
WHERE TRIGGER_NAME ='T_READER_DEL';
```

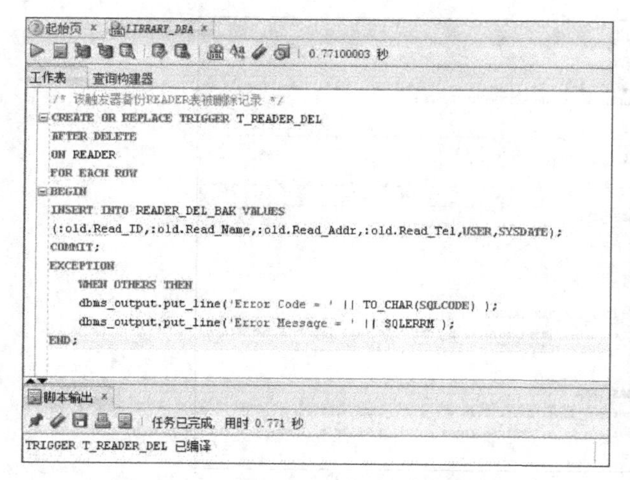

图 4-105　创建触发器 T_READER_DEL

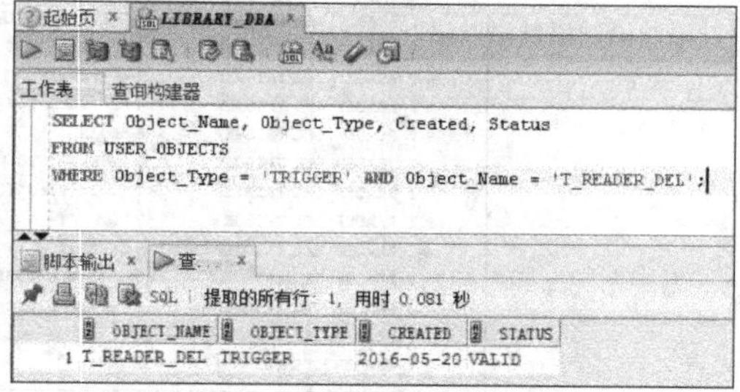

图 4-106　查看触发器信息

将上面的 SQL 程序放入 SQL Developer 工具中执行，查看触发器的基本信息，其执行结果如图 4-107 所示。

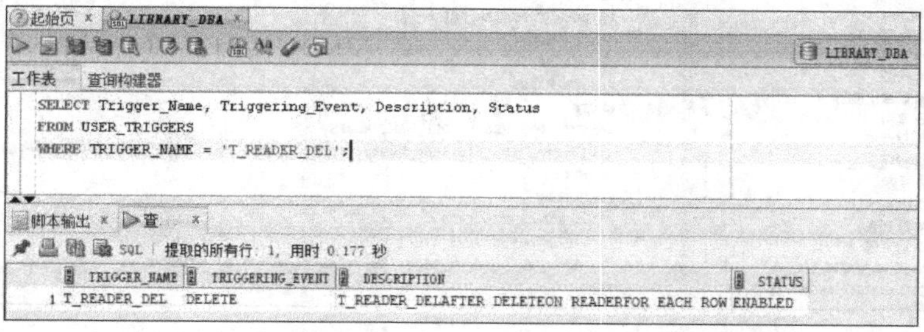

图 4-107　查看触发器信息

从上述查询结果可以看到，该触发器是 2016 年 05 月 20 日创建的，触发器名称为 T_READER_DEL，触发事件是 DELETE，目前状态可用，即可以正常执行。

如果需要从 USER_SOURCE 表中获取 T_READER_DEL 触发器的源代码信息，其 SELECT 语句如下。

```
SELECT * FROM USER_SOURCE WHERE NAME ='T_READER_DEL'AND TYPE ='TRIGGER';
```

执行结果如图 4-108 所示。

还可以通过 SQL Developer 工具的 GUI 界面获取 T_READER_DEL 触发器的源代码信息。在 SQL Developer 工具中，进入 LIBRARY_DBA 方案的触发器目录，选取 T_READER_DEL 触发器并右击，在弹出的快捷菜单中选择“编辑”命令，打开编辑过程界面，如图 4-109 所示。

在该编辑界面中显示了 T_READER_DEL 触发器的全部源代码，可以在此界面修改 T_READER_DEL 触发器的源代码并保存编译。左边列表中 T_READER_DEL 触发器名称旁边显示的是绿色箭头，表示该触发器目前是有效可用的。如果触发器编译有错，则触发器名称旁边显示的将是红叉圆点。

2. 触发器的使用

T_READER_DEL 触发器创建并编译成功后，当 READER 表中的记录被删除时，触发器将自动执行，把删除的记录信息、删除操作者和删除时间记录在备份表 READER_DEL_BAK 中。

```
SELECT * FROM USER_SOURCE WHERE NAME = 'T_READER_DEL' AND TYPE= 'TRIGGER';
```

脚本输出 × 查询结果 ×

SQL | 提取的所有行: 13, 用时 0.078 秒

	NAME	TYPE	LINE	TEXT
1	T_READER_DEL	TRIGGER	1	TRIGGER T_READER_DEL
2	T_READER_DEL	TRIGGER	2	AFTER DELETE
3	T_READER_DEL	TRIGGER	3	ON READER
4	T_READER_DEL	TRIGGER	4	FOR EACH ROW
5	T_READER_DEL	TRIGGER	5	BEGIN
6	T_READER_DEL	TRIGGER	6	INSERT INTO READER_DEL_BAK VALUES
7	T_READER_DEL	TRIGGER	7	(:old.Read_ID,:old.Read_Name,:old.Read_Addr,:old.Read_Tel,USER,SYSDATE);
8	T_READER_DEL	TRIGGER	8	COMMIT;
9	T_READER_DEL	TRIGGER	9	EXCEPTION
10	T_READER_DEL	TRIGGER	10	WHEN OTHERS THEN
11	T_READER_DEL	TRIGGER	11	dbms_output.put_line('Error Code = ' || TO_CHAR(SQLCODE));
12	T_READER_DEL	TRIGGER	12	dbms_output.put_line('Error Message = ' || SQLERRM);
13	T_READER_DEL	TRIGGER	13	END;

图 4-108　查看触发器 T_READER_DEL 的源代码信息

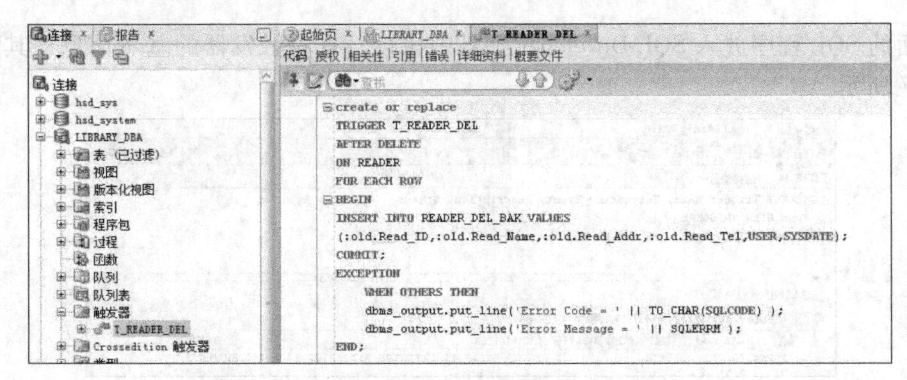

图 4-109　T_READER_DEL 触发器源代码编辑界面

【例 4-75】验证 T_READER_DEL 触发器的执行。首先查看 READER 表和 READER_DEL_BAK 表的数据信息，发现 READER 表中有 10 条记录，而 READER_DEL_BAK 表中还没有记录，如图 4-110 所示。

```
SELECT * FROM READER;
SELECT * FROM READER_DEL_BAK;
```

脚本输出 × 查询结果 ×

任务已完成，用时 0.096 秒

READ_ID	READ_NAME	READ_ADDR	READ_TEL	READ
510**************1	赵刚	成都	156*****923	1997-
673**************9	杨静	成都	139*****321	1997-
310**************2	吕新	成都	137*****376	1997-
421**************3	周强	成都	132*****365	1997-
715**************7	王亚	成都	139*****682	1997-
210**************2	肖玲	成都	135*****879	1997-
353**************3	李义	成都	135*****732	1998-
720**************6	张江	成都	137*****236	1997-
362**************1	青岩	成都	138*****883	1998-
521**************9	邓晓	成都	139*****364	1998-

选定了 10 行

未选择任何行

图 4-110　查看 READER 表和 READER_DEL_BAK 表中的数据

在 LIBRARY_DBA 用户下删除 READER 表中 Read_ID 为“362 ∗∗∗∗∗∗∗∗∗∗∗∗∗∗ 1”的记录，如图 4-111 所示。

再用 SYSTEM 用户登录后，删除 Read_ID 为“521 ∗∗∗∗∗∗∗∗∗∗∗∗∗∗ 9”的记录，如图 4-112 所示。

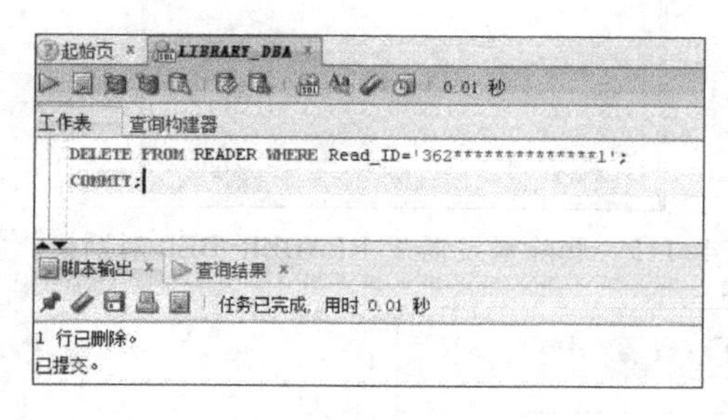

图 4-111 删除 Read_ID 为“362 ∗∗∗∗∗∗∗∗∗∗∗∗∗∗ 1”的记录

图 4-112 删除 Read_ID 为“521 ∗∗∗∗∗∗∗∗∗∗∗∗∗∗ 9”的记录

再次查看 READER_DEL_BAK 表的数据信息，如图 4-113 所示。

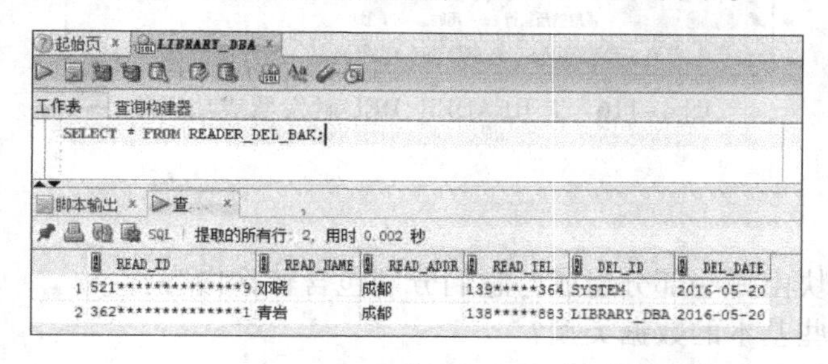

图 4-113 查看 READER_DEL_BAK 表中的数据

发现 READER_DEL_BAK 表中已经存放了两条数据记录，即刚才在 READER 表中删除的 Read_ID 为“362 ∗∗∗∗∗∗∗∗∗∗∗∗∗∗ 1”和“521 ∗∗∗∗∗∗∗∗∗∗∗∗∗∗ 9”的记录，并且记录了删除操作的用户名分别为 LIBRARY_DBA 和 SYSTEM，删除日期为 2016-05-20，说明 T_READER_DEL 触发器正确执行。

3. 触发器删除

【例 4-76】 删除所创建的 T_READER_DEL 触发器。可以使用 SQL 语句删除触发器，其语句如下。

```
DROP TRIGGER   T_READER_DEL;
```

成功执行该 SQL 语句后，T_READER_DEL 触发器从数据库中被删除，如图 4-114 所示。

或者使用 SQL Developer 工具的 GUI 界面删除所创建的触发器，进入 LIBRARY_DBA 方案的触发器目录，选取 T_READER_DEL 触发器并右击，在弹出的快捷菜单中选择“删除”命令，弹出“删除触发器”对话框界面，然后单击“应用”按钮，即可删除该触发器，如图 4-115 所示。

删除后查看数据字典 USER_OBJECTS，发现 T_READER_DEL 触发器已被删除，如图 4-116 所示。或者在左边 LIBRARY_DBA 方案的触发器目录发现已经不存在 T_READER_DEL 触发器了。

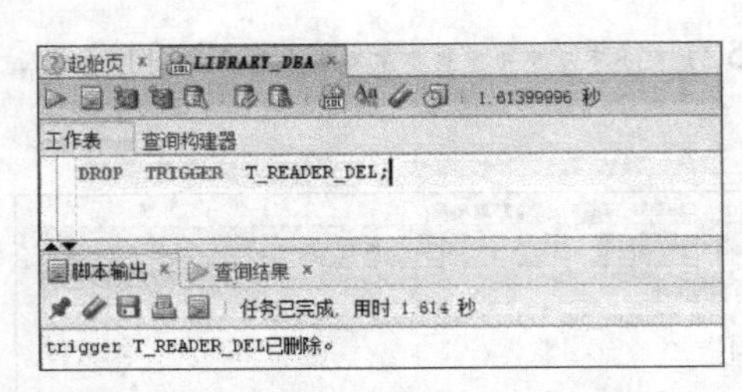

图 4-114　删除 T_READER_DEL 触发器

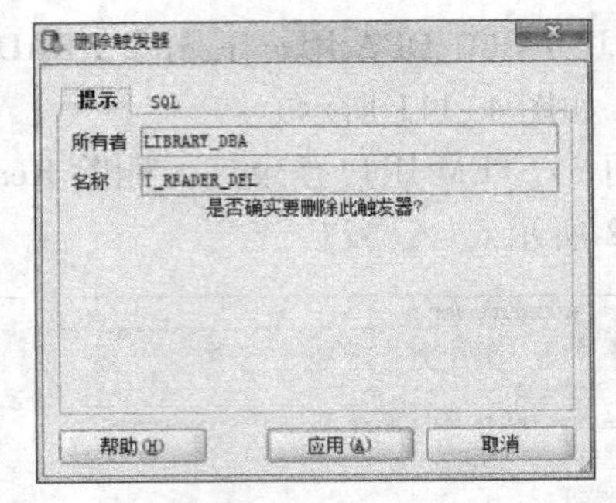

图 4-115　删除触发器 T_READER_DEL 对话框

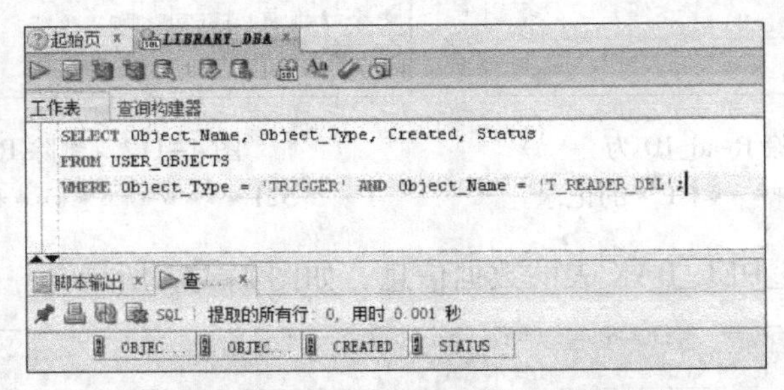

图 4-116　T_READER_DEL 触发器成功删除

4.9　思考题

1. PL/SQL 代码块由哪些部分组成？它们分别包含什么内容？
2. PL/SQL 有哪些基本的数据类型？
3. PL/SQL 的变量与常量是怎样定义和赋值的？
4. PL/SQL 有哪些操作符？优先级如何？
5. PL/SQL 的条件语句、选择语句和循环语句的语法结构是怎样的？
6. PL/SQL 的异常结构是怎样定义的？什么时候抛出异常？如何处理异常？
7. PL/SQL 的内置函数主要有哪些？分别有什么功能？
8. 如何创建和删除自定义函数？
9. 如何使用函数？
10. 什么是游标？游标的作用是什么？
11. Oracle 显式游标的处理步骤有哪几步？具体语法是什么？
12. FOR 游标有什么好处？如何使用游标更新当前记录？
13. 什么是存储过程？存储过程的作用是什么？
14. 存储过程由几部分组成？分别是什么？
15. 怎样查看、编译、调用和删除存储过程？
16. 什么是触发器？触发器的作用是什么？
17. 触发器主要分为哪几类？它们的作用分别是什么？
18. 怎样查看、编译、屏蔽、使用和删除触发器？
19. 什么是事务？事务的作用是什么？
20. Oracle 基本的 SQL 事务语句有哪些？它们的作用分别是什么？
21. Oracle 的 SET TRANSACTION 语句有哪些？它们的作用分别是什么？

第 5 章　Oracle 数据库安全管理

数据共享是数据库的主要特点之一，特别是基于网络的数据库，保证数据安全则更加重要。Oracle 数据库安全管理是指利用 Oracle 安全机制有效防止数据库数据被破坏、篡改、泄露和窃取，保护数据库中重要的信息数据，如客户资料数据、财务数据、交易数据和经营数据等。本章将介绍 Oracle 数据库安全管理的重要组成部分，即用户管理、权限管理、角色管理、概要文件管理和备份与恢复，并以实例为示范，给出相应的基本操作方法。

本章要点：

- 数据库系统的安全框架和 DBMS 用户存取控制安全模型。
- 系统用户，以及创建、查看、修改和删除用户操作。
- 系统角色，以及自定义、查看、修改、删除、设置默认、禁止或激活角色操作。
- 对用户赋予权限和回收权限。
- 概要文件的定义和分配操作。
- 使用 RMAN 和数据泵进行备份和恢复操作。

5.1　Oracle 安全模型

当前对数据库的主要安全威胁有物理威胁和逻辑威胁两类。物理威胁主要是像各种外力，如恐怖袭击、火灾等造成的数据库服务器故障或数据库中存储介质的损坏造成的数据丢失；逻辑威胁主要是指对信息的未授权存取，如恶意用户侵入某银行数据库系统窃取信用卡数据信息。

对数据库安全物理威胁的解决方案主要是数据备份与恢复等技术，对逻辑威胁的解决方案主要是用户管理、权限管理、角色管理和概要文件管理等技术。

5.1.1　数据库安全问题

数据库安全（Database Security）是指采取各种安全措施对数据库及其相关文件和数据进行保护。数据库安全主要通过 DBMS 实现，一般采用用户标识和鉴别、存取控制、视图，以及密码存储等技术进行安全控制。

数据库受到的安全威胁大致有以下几种。

1）内部人员非法地泄露、篡改和删除系统的用户数据。数据库安全的一个潜在风险就是“非故意的授权用户攻击”和内部人员错误。这种安全事件类型的最常见表现包括：由于不慎而造成意外删除或泄漏，以非故意的规避安全策略。在授权用户无意访问敏感数据并错误地修改或删除信息时，就会发生第一种风险。在用户为了备份或“将工作带回家”而做了非授权的备份时，就会发生第二种风险。虽然这并不是一种恶意行为，但很明显，它违反了公司的安全策略，并会使数据存放到存储设备上，在该设备遭到恶意攻击时，就会导致非故意的安全事件。例如，笔记本电脑就能造成这种风险。

很多数据库攻击源自企业内部。当前的经济环境和有关的裁员方法都有可能引起雇员的不满，从而导致内部人员攻击的增加。这些内部人员受到贪欲或报复欲的驱使，并且不受防火墙及入侵防御系统等的影响，容易给企业带来风险。

2）黑客利用系统漏洞，攻击系统运行、窃取和篡改系统数据。黑客使用社会工程的高级钓鱼技术，在合法用户不知不觉地将安全机密提供给攻击者时，就会发生大量的严重攻击。在这种情况下，用户会通过一个受到损害的网站或通过一个电子邮件响应将信息提供给看似合法的请求。企业应当告知雇员警惕这种非法的请求，不要对其做出响应。此外，企业还可以通过适时地检测可疑活动，来减轻成功的钓鱼攻击的影响。数据库活动监视和审计可以使这种攻击的影响最小化。

黑客还可以使用数据库的错误配置控制“肉机”访问点，借以绕过认证方法并访问敏感信息。这种配置缺陷成为攻击者借助特权提升发动某些攻击的主要手段。如果没有正确地重新设置数据库的默认配置，非特权用户就有可能访问未加密的文件，未打补丁的漏洞就有可能导致非授权用户访问敏感数据。

有组织的专业公司或政府机构，掌握了威胁数据库安全的大量技术和技巧，而且资源丰富，长期持续地对数据库进行威胁，他们热衷于窃取其他公司甚至外国政府的数据，专门窃取存储在数据库中的大量关键数据，并不再满足于获得一些简单的数据。一些个人的私密及金融信息一旦失窃，这些数据记录就可以在信息黑市上销售或使用，并被其他政府机构操纵。通过锁定数据库漏洞并密切监视对关键数据存储的访问，数据库的专家们可以及时发现并阻止这些攻击。

3）系统运维人员操作失误导致数据被删除或数据库服务器系统宕机。例如，由于员工的错误操作，删除了生产服务器上的执行代码。或者数据库的归档日志被启用，长时间运行后使磁盘空间被充满，导致归档日志写入失败而使系统宕机。

4）系统软硬件故障导致数据库的数据损坏、数据丢失和数据库实例无法启动。

5）意外灾害事件，如水灾、火灾和地震等，导致系统被破坏。

在数据库系统中，必须采用完善的安全管理措施和安全控制手段来确保数据库系统安全。针对数据库系统的运维机构和人员，应制定严格的系统安全与数据安全管理制度，并在运营管理中实施规范的操作流程和权限控制。针对人为的非法访问，可以采取用户身份认证、权限控制和数据加密等技术方法来进行安全控制。针对意外的事件灾害，可以采取高可靠性系统容错技术、数据备份与恢复方法，以及系统异地容灾等技术手段来保证数据库系统安全。

5.1.2 数据库安全模型

数据库系统的安全与外部网络环境、应用环境、从业人员素质等因素息息相关，从广义上讲，数据库系统的安全框架可以划分为3个层次。

- 网络系统层次
- 宿主操作系统层次
- 数据库管理系统层次

这3个层次构成数据库系统的安全体系，与数据安全的关系是逐步紧密的，防范的重要性也逐层加强，从外到内、由表及里保证数据的安全。

1. 网络系统层次安全技术

从广义上讲，数据库的安全首先依赖于网络系统。随着Internet的发展和普及，越来越多的公司将其核心业务向互联网转移，各种基于网络的数据库应用系统如雨后春笋般涌现出来，面向网络用户提供各种信息服务。可以说网络系统是数据库应用的外部环境和基础，数据库系统要发挥其强大作用，离不开网络系统的支持，数据库系统的用户（如异地用户、分布式用户等）也要通过网络才能访问数据库的数据。网络系统的安全是数据库安全的第一道屏障，外部入侵首先就是从入侵网络系统开始的。网络入侵试图破坏信息系统的完整性、机密性或可信任的任何网络活动的集合，具有以下几个特点。

- 没有地域和时间的限制，跨越国界的攻击就如同在现场一样方便。
- 通过网络的攻击往往混杂在大量正常的网络活动中，隐蔽性强。
- 入侵手段更加隐蔽和复杂。

计算机网络系统开放式环境面临的威胁主要有以下几种类型。

- 欺骗。
- 重发。
- 报文修改。
- 拒绝服务。
- 陷阱门。
- 特洛伊木马。
- 攻击，如应用软件攻击等。

这些安全威胁是无时、无处不在的，因此必须采取有效的措施来保障系统的安全。

从技术角度讲，网络系统层次的安全防范技术有很多种，大致可以分为防火墙、入侵检测和协作式入侵检测技术等。

（1）防火墙

防火墙是应用最广的一种防范技术。防火墙作为系统的第一道防线，其主要作用是监控可信任网络和不可信任网络之间的访问通道，可在内部与外部网络之间形成一道防护屏障，拦截来自外部的非法访问并阻止内部信息的外泄，但它无法阻拦来自网络内部的非法操作。它根据事先设定的规则来确定是否拦截信息流的进出，但无法动态识别或自适应地调整规则，因而其智能化程度很有限。防火墙技术主要有3种：数据包过滤器、代理和状态分析。现代防火墙产品通常混合使用这几种技术。

（2）入侵检测

入侵检测是近年来发展起来的一种防范技术。入侵检测技术综合采用了统计技术、规则方法、网络通信技术、人工智能、密码学和推理等技术和方法，其作用是监控网络和计算机系统是否出现被入侵或滥用的征兆。1987年，Derothy Denning首次提出了一种检测入侵的思想，经过不断发展和完善，作为监控和识别攻击的标准解决方案，入侵检测系统已经成为安全防御系统的重要组成部分。

入侵检测采用的分析技术可分为三大类：签名分析法、统计分析法和数据完整性分析法。

- 签名分析法，主要用来监测对系统的已知弱点进行攻击的行为。人们从攻击模式中归纳出它的签名，编写到入侵检测系统的代码里。签名分析实际上是一种模板匹配操作。
- 统计分析法，以统计学为理论基础，以系统正常使用情况下观察到的动作模式为依据，来判别某个动作是否偏离了正常轨道。
- 数据完整性分析法，以密码学为理论基础，可以查证文件或者对象是否被别人修改过。

入侵检测的种类包括基于网络和基于主机的入侵监测系统、基于特征的和基于非正常的入侵监测系统，以及实时和非实时的入侵监测系统等。

（3）协作式入侵监测技术

独立的入侵监测系统不能对广泛发生的各种入侵活动都做出有效的监测和反应，为了弥补独立运作的不足，人们提出了协作式入侵监测系统的想法。在协作式入侵监测系统中，IDS基于一种统一的规范，入侵监测组件之间自动交换信息，并且通过信息的交换得到了对入侵的有效监测，可以应用于不同的网络环境。

2. 宿主操作系统层次安全技术

操作系统是大型数据库系统的运行平台，为数据库系统提供一定程度的安全保护。目前操作系统平台大多数集中在Windows和UNIX。主要安全技术有操作系统安全策略、安全管理策略和数据安全等方面。

操作系统安全策略用于配置本地计算机的安全设置，包括密码策略、账户锁定策略、审核策略、IP安全策略、用户权利指派、加密数据的恢复代理，以及其他安全选项。具体可以体现在用户账户、口令、访问权限和审计等方面。

- 用户账户：用户访问系统的“身份证”，只有合法用户才有账户。
- 口令：用户的口令为用户访问系统提供一道验证。
- 访问权限：规定用户的权限。
- 审计：对用户的行为进行跟踪和记录，便于系统管理员分析系统的访问情况，以及事后的追查使用。

安全管理策略是指网络管理员对系统实施安全管理所采取的方法及策略。针对不同的操作系统和网络环境需要采取的安全管理策略一般也不尽相同，其核心是保证服务器的安全和分配好各类用户的权限。

数据安全主要体现在以下几个方面：数据加密技术、数据备份、数据存储的安全性和数据传输的安全性等。可以采用的技术很多，主要有Kerberos认证、IPSec、SSL、TLS和VPN（PPTP、L2TP）等技术。

3. 数据库管理系统层次安全技术

数据库系统的安全性很大程度上依赖于数据库管理系统。如果数据库管理系统安全机制非常强大，则数据库系统的安全性能就较好。目前市场上流行的是关系式数据库管理系统，其安全性功能很弱，这就导致数据库系统的安全性存在一定的威胁。

由于数据库系统在操作系统下都是以文件形式进行管理的，因此入侵者可以直接利用操作系统的漏洞窃取数据库文件，或者直接利用OS工具来非法伪造和篡改数据库文件内容。一般数据库用户难以察觉这种隐患。

数据库管理系统层次安全技术主要用来解决这样一种问题，即当前面两个层次已经被突破的情况下仍能保障数据库数据的安全，这就要求数据库管理系统必须有一套强有力的安全机制。解决这一问题的有效方法之一是数据库管理系统对数据库文件进行加密处理，使得即使数据不幸泄露或者丢失，也难以被人破译和盗用。

可以考虑在3个不同层次实现对数据库数据的加密，这3个层次分别是OS层、DBMS内核层和DBMS外层。

1）在OS层实现加密。在OS层无法辨认数据库文件中的数据关系，从而无法产生合理的密钥，对密钥合理的管理和使用也很难。所以，对大型数据库来说，在OS层对数据库文件进行加密很难实现。

2）在DBMS内核层实现加密。这种加密是指数据在物理存取之前完成加/解密工作。这种加密方式的优点是加密功能强，并且加密功能几乎不会影响DBMS的功能，可以实现加密功能与数据库管理系统之间的无缝耦合。其缺点是加密运算在服务器端进行，加重了服务器的负载，而且 DBMS 和加密器之间的接口需要 DBMS 开发商的支持。

3）在 DBMS 外层实现加密。比较实际的做法是将数据库加密系统做成 DBMS 的一个外层工具，根据加密要求自动完成对数据库数据的加/解密处理。

除了上述安全框架外，数据库安全主要还是依赖自身内部的安全机制。在数据库系统的安全保障体系中，一般采取分层安全控制方式进行安全管理，其安全控制模型如图 5-1 所示。

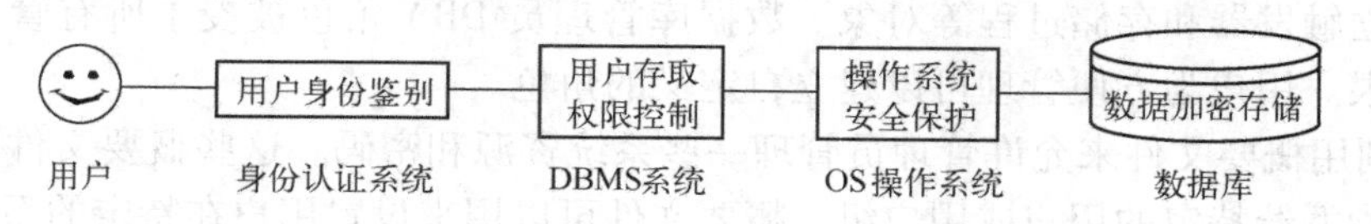

图 5-1　数据库系统安全模型

当用户进行数据库系统访问时，系统首先根据用户输入的账号和密码进行身份鉴别，只有合法的用户才允许进入系统操作。身份鉴别处理功能可以在应用程序中实现，也可采用单独的身份认证系统实现。对于已进入系统的用户，DBMS 系统将根据该用户的角色进行访问权限控制，即该用户只能在授权范围内对数据库对象进行操作。当用户进行数据访问操作时，DBMS 系统将会验证其是否具有这种操作权限。如果用户拥有该权限，才能被允许进行操作，否则拒绝用户操作。数据库操作实现还需要通过操作系统对数据文件访问来实施。同样，操作系统也会根据自己的安全措施来管理用户操作对数据文件的安全访问。针对数据安全要求很高的应用系统，通常还需要对数据库中的数据进行加密存储处理。

在数据库系统安全模型中，最基本的安全管理技术手段就是 DBMS 提供的用户授权与访问权限控制功能，该功能用来限制特定用户对特定对象进行特定操作。DBMS 用户存取控制安全模型如图 5-2 所示。

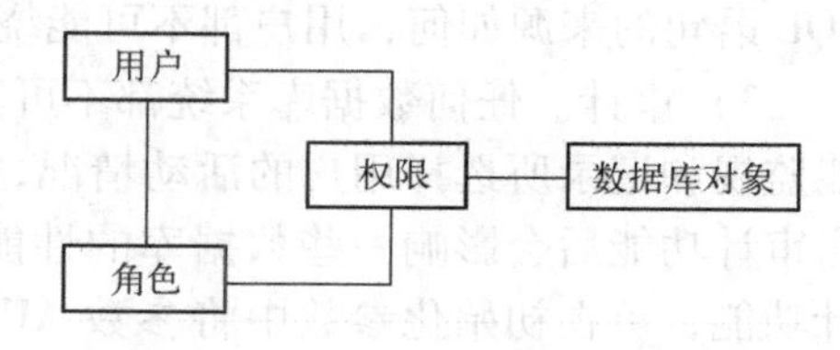

图 5-2　DBMS 存取控制安全模型

在 DBMS 用户存取控制安全模型中，每个用户可以被赋予多个角色，每个角色可以对应多个用户。用户、角色和数据库对象均可以有若干许可权限。一旦用户通过系统身份认证，DBMS 就将该用户针对特定数据库对象的许可权限赋予他。

Oracle 提供了完备的安全机制，以保障数据的安全性，包括身份认证、存取控制和审计等。

1）身份认证。在网络环境下多用户系统中，身份认证是安全机制中的重要环节。身份认证包括标识和验证，标识是指用户向系统出示自己的身份证明，常用的方法是输入用户名和口令，验证则是系统验证用户的身份证明。Oracle 允许不同类型的验证，以 Oracle 数据库为基础的验证允许拥有用户账户 ID 和密码，密码以加密的格式存储在数据字典中。Oracle 也支持基于主机操作系统的用户账号转为 Oracle 账户的验证。此外，Oracle 高级安全选件还提供了更加安全的验证方法，如 NTS、Kerberos 和 RADIUS 等验证方式。

2）存取控制。数据库的存取控制机制是定义和控制用户对数据库数据的存取访问权限，以确保只授权给有资格的用户访问数据库的权限，并防止和杜绝对数据库中数据的非授权访问。数据库管理系统需要对精细的数据粒度加以控制，数据库中的粒度有记录、表格、属性、字段和值等。Oracle 可利用权限、角色、概要文件和细粒度访问等技术提供存取控制支持。

默认情况下，新的 Oracle 用户不具备任何权限。新用户在登录数据库及运行数据库操作前必须被授予权限。Oracle 数据库包含系统权限和对象权限。系统权限允许用户建立和使用对象，但不授权访问真正的数据库对象。系统权限允许用户运行如 ALTER TABLE、CREATE TA-

BLE 等权限。对象权限被用来允许访问特殊的数据库对象，如表或视图。Oracle 允许对象的拥有者将他们拥有的针对这些对象的权限授予其他用户或角色。

角色用来简化用户权限分派的管理任务，用户可以被指派多个角色。将权限组织到角色中，然后再利用角色对一个或多个用户授权，使授权管理变得更加容易。Oracle 拥有一些特定权限的默认角色。例如，Connect 角色允许用户登录和建立自己的表、索引等；Resource 角色允许用户建立触发器和存储过程等对象。数据库管理员 DBA 角色被授予所有管理数据库和用户的系统权限。用户为方便管理可以建立自定义的角色。

Oracle 利用概要文件来允许管理员管理一些系统资源和密码。这些概要文件可以被定义和命名，然后指派给特定的用户或用户组。概要文件可以用来设置用户在特定的系统资源上的限制，如 CPU 时间、同时建立的有效会话数，以及特定用户建立会话的最大时间等。此外，概要文件也可以用来强制定义密码规则，如密码有效期、密码格式，以及在若干次登录失败尝试后锁定账户，也可以利用自定义密码格式规则函数来限制密码的设置规则。

Oracle 提供了细粒度访问控制机制 Oracle Label Security，可实施对单个表或整个模式上的行级访问控制。要利用 Oracle Label Security，需要创建一个或多个安全策略，其中每一个安全策略都包含一组标签。标签用来标明哪些用户能够访问什么类型的数据。在创建了一个策略之后，将该策略应用于需要保护的表，并将这些标签授予用户。Oracle 数据库在解析 SQL 语句时会检测表是否受到某个安全策略的保护，根据用户的访问权限，数据库向该 SQL 语句的 WHERE 子句中添加安全性谓词。所有这些都发生在 Oracle 数据库引擎的内部。所以不管该 SQL 语句的来源如何，用户都不可能绕过该安全性机制，从而达到行级安全的访问控制。

3）审计。任何数据库系统都不可能是绝对安全的，可以利用 Oracle 数据库系统的审计功能监视和记录所选择用户的活动情况，数据库的审计记录存放在 SYS 方案的 AUD$ 表中。开启审计功能后会影响一些数据库的性能，在初始状态 Oracle 对审计功能是关闭的。要开启审计功能，可在初始化参数中将参数 AUDIT_TRAIL 的值设置为“DB 或 TRUE”。Oracle 支持 3 种类型的审计：语句审计、权限审计和方案对象审计。语句审计是针对 DDL 和 DML 语句的审计，如 AUDIT TABLE 的语句审计对所有的 CREATE 和 DROP TABLE 语句都进行审计；权限审计是对系统权限的审计，如只针对 CREATE TABLE 的权限审计，则只审计 CREATE TABLE 语句；方案对象审计是针对特定的 DML 语句和特定方案对象的 GRANT、REVOKE 语句的审计。

Oracle 支持细粒度审计，可以用于监视基于内容的数据访问。此外，也可利用数据库提供的触发器功能进行编程自定义审计方案，如可以用触发器编写登录、注销及其他数据库事件的 Oracle 审计信息。

5.2 Oracle 用户管理

标识用户是 Oracle 数据库管理的最基本要求之一。每个连接到数据库的用户必须是系统的合法用户。用户要想使用 Oracle 的系统资源（如数据、对象等），就必须提供用户名和密码，这样才能访问与账户关联的资源。每个用户必须有一个密码，并且只能和数据库中的一个方案相关联。

5.2.1 系统用户

在创建数据库时，默认情况下几个默认的用户账号会随之创建，DBA 必须了解这些账号和管理它们的方法。在黑客攻击数据库时，默认账号通常是首选目标，因此，必须小心保护这些账号。根据安装时选择的选项和实现的数据库版本，数据库的默认账号有 20 多个。

下面列出部分系统默认的 Oracle 用户名及口令，如表 5-1 所示。

表 5-1　Oracle 系统默认用户

用户名	口令	说明
CTXSYS	CTXSYS	CTXSYS 是 interMedia Text 的用户，具有 connect、resource 和 dba 权限
DBSNMP	DBSNMP	DBSNMP 包括 CONNECT、RESOURCE 和 SNMPAGENT 数据库角色。运行 catnsmp.sql 脚本可删除这个角色和该用户
MDSYS	MDSYS	MDSYS 是 ORACLE 的空间数据和媒介、音频、视频，以及图像的管理员用户名
LBACSYS	LBACSYS	LBACSYS 是 ORACLE 标识安全的管理员用户
OLAPSYS	MANAGER	OLAPSYS 用于创建 OLAP 元数据的用户。包括 OLAP_DBA、RESOURCE 和 CONNECT 角色
ORDPLUGINS	ORDPLUGINS	ORDPLUGINS 是 ORACLE InterMedia 和 Video 的用户名。它包括 CONNECT 和 RESOURCE 角色
ORDSYS	ORDSYS	ORDSYS 是 ORACLE InterMedia Audio Video Locator 和 Image 的用户名。它包括 CONNECT 和 RESOURCE 角色
OUTLN	OUTLN	OUTLN 拥有 CONNECT 和 RESOURCE 角色并支持计划稳定性。计划稳定性是 ORACLE 的新功能，用于优化
SYS	CHANGE_ON_INSTALL	SYS 用于执行数据库管理任务，它包括下列几个角色。 AQ_ADMINISTRATOR_ROLE AQ_USER_ROLE ,CONNECT CTXAPP,DBA,DELETE_CATALOG_ROLE EXECUTE_CATALOG_ROLE EXP_FULL_DATABASE HS_ADMIN_ROLE,IMP_FULL_DATABASE JAVA_ADMIN,JAVADEBUGPRIV JAVAIDPRIV,JAVAUSERPRIV OEM_MONITOR,RECOVERY_CATALOG_OWNER RESOURCE,SELECT_CATALOG_ROLE SNMPAGENT,TIMESERIES_DBA TIMESERIES_DEVELOPER
SYSTEM	MANAGER	SYSTEM 用于执行数据库管理任务，它包括 AQ_ADMINISTRATOR_ROLE 和 DBA 角色
SCOTT	TIGER	SCOTT 用户包括 CONNECT 和 RESOURCE 数据库角色

Oracle 数据库中有两个重要的管理员账号 SYS 和 SYSTEM。SYS 是数据库的超级用户账号，它拥有所有内部数据字典对象，用于执行创建数据库、启动或停止实例、备份与恢复，以及增加或移动数据文件等任务。SYS 用户拥有 DBA、SYSDBA 和 SYSOPER 等角色或权限，是 Oracle 中权限最高的用户。相对而言，SYSTEM 用户则不那么特殊，它拥有普通 DBA 角色权限。

SYSTEM 用户只能用 as normal 身份登录数据库，除非对它授予了 SYSDBA 或 SYSOPER 的系统权限，而 SYS 用户可以用 as sysdba 或者 as sysoper 身份登录数据库，不能用 normal。其中 normal 是指普通用户，sysdba 拥有最高的系统权限，sysoper 主要用来启动和关闭数据库，sysdba 和 sysoper 具体的权限如表 5-2 所示。

表 5-2　sysdba 和 sysoper 权限比较

系统权限	sysdba	sysoper
区别	startup（启动数据库）	startup

（续）

系统权限	sysdba	sysoper
区别	shutdown（关闭数据库）	shutdown
	alter database open/mount/backup	alter database open/mount/backup
	改变字符集	none
	create database（创建数据库）	none
	drop database（删除数据库）	none
	create spfile	create spfile
	alter database archivelog（归档日志）	alter database archivelog
	alter database recover（恢复数据库）	只能完全恢复，不能执行不完全恢复
	拥有 restricted session（会话限制）权限	拥有 restricted session 权限
	可以让用户作为 SYS 用户连接	可以进行一些基本操作，但不能查看用户数据
	登录之后的用户是 SYS	登录之后的用户是 public

5.2.2 用户创建

用户要访问数据库，必须先在 DBMS 中创建其账号，并成为数据库的用户。此后，用户每次访问数据库，都需要在 DBMS 中进行身份鉴别，只有合法用户才能进入系统，访问操作数据库对象。

创建数据库的 SQL 语句基本格式如下。

```
CREATE USER <用户名> IDENTIFIED BY <密码>
[DEFAULT TABLESPACE <表空间名>]
[TEMPORARY TABLESPACE <临时表空间名>]
[QUOTA[integer K[M]][UNLIMITED]ON <表空间名>]
[PROFILES <资源文件名>]
[PASSWORD EXPIRE]
[ACCOUNT LOCK | ACCOUNT UNLOCK]
```

其中，部分选项的说明如下。

- 用户名：一般由字母、数字和“#”及“_”构成，长度不超过 30 个字符。
- 密码：一般由字母、数字和“#”及“_”构成。
- DEFAULT TABLESPACE <表空间名>：默认的表空间。
- TEMPORARY TABLESPACE <临时表空间名>：默认的临时表空间。
- QUOTA[integer K[M]][UNLIMITED] ON <表空间名>：用户可以使用的表空间的字节数。
- PROFILES <资源文件名>：资源文件的名称。
- PASSWORD EXPIRE：立即将口令设置为过期状态，用户再次登录进入前必须修改口令。
- ACCOUNT LOCK | ACCOUNT UNLOCK：用户是否被加锁，默认的是不加锁。

【例 5-1】创建用户，指定默认表空间和临时表空间。新用户的名字为 user01，密码为 123456，默认表空间为 users，临时表空间为 temp，代码如下。

```
CREATE USER user01 identified by 123456
  DEFAULT TABLESPACE users
  TEMPORARY TABLESPACE temp;
```

在 SQL Developer 数据库开发管理工具中，使用 SYS 用户登录数据库后，执行上述语句，其运行结果界面如图 5-3 所示。

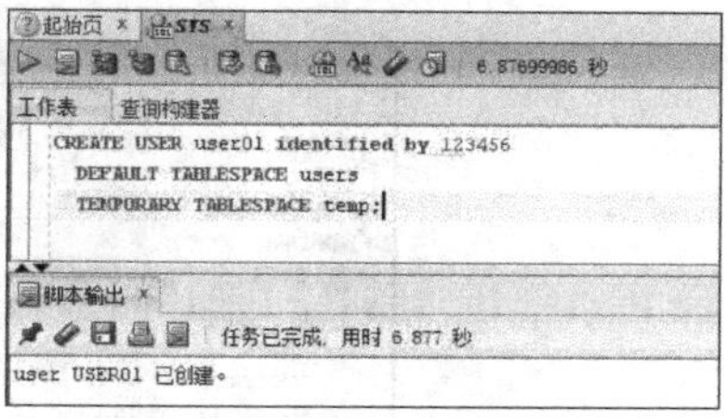

图 5-3　创建用户 user01

【例 5-2】通过 SQL Developer 工具的 GUI 界面创建上述用户。其创建用户的操作步骤如下。

1）在 SQL Developer 工具中，进入 SYS 方案的其他用户目录并右击，在弹出的快捷菜单中选择“创建用户”命令，弹出“创建/编辑用户”对话框，输入“用户名”为 user01，“新口令”和“确认口令”为 123456，“默认表空间”为 USERS，“临时表空间”为 TEMP，如图 5-4 所示。

2）单击“应用”按钮，该用户在数据库中被创建，创建结果显示在界面的结果项，如图 5-5 所示。

图 5-4　使用 GUI 界面创建用户 user01

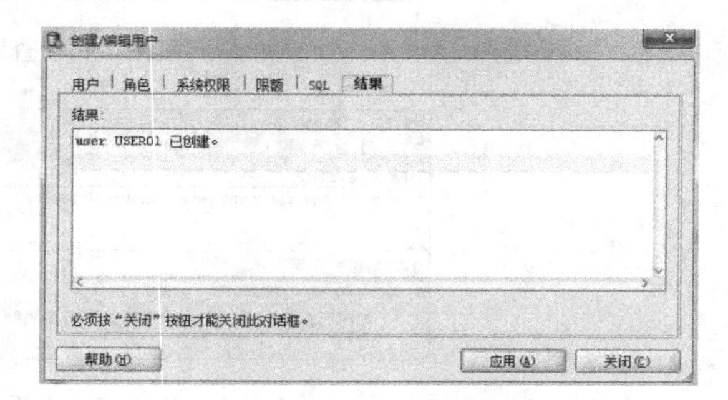

图 5-5　使用 GUI 界面创建用户成功

5.2.3　用户管理

在数据库中创建用户后，可根据需要对用户进行查看、修改和删除等管理操作。所有这些操作均可通过执行 SQL 语句方式实现，也可通过 SQL Developer 工具的 GUI 界面操作方式实现。

1. 用户查看

在 Oracle 数据库中，用户的定义信息存放在系统数据字典的系统表中。开发人员可以通过对系统表 DBA_USERS 进行查询访问，可获取用户信息。

【例 5-3】使用 SQL 语句查看系统中的用户信息。查看系统中用户账号的 SQL 语句如下。

```
SELECT * FROM DBA_USERS;
```

查询结果如图 5-6 所示。

不过图 5-6 中查询出来的是系统中所有的用户账号，包括自定义用户和系统默认用户，通常在默认情况下，除了 SYS 用户和 SYSTEM 用户，数据库创建时的其他系统默认用户状态（ACCOUNT_STATUS）会被设置为 EXPIRED&LOCKED，因此在图 5-6 中可以看到，只有两个自定义用户 TEACHING_DB 和 LIBRARY_DBA 的用户状态是 OPEN，其他用户都是系统默认用户。

查看名称为 USER01 的用户信息，查询结果如图 5-7 所示。

```
SELECT * FROM DBA_USERS;
```

提取的所有行：38，用时 0.254 秒

	USERNAME	USER_ID	PASSWORD	ACCOUNT_STATUS	LOCK_DATE	EXPIRY_DATE	DEFAULT_TABLESPA
1	AUDSYS	7	(null)	EXPIRED & LOCKED	2013-06-28	2013-06-28	USERS
2	GSMUSER	22	(null)	EXPIRED & LOCKED	2013-06-28	2013-06-28	USERS
3	SPATIAL_WFS_ADMIN_USR	87	(null)	EXPIRED & LOCKED	2013-06-28	2013-06-28	USERS
4	SPATIAL_CSW_ADMIN_USR	90	(null)	EXPIRED & LOCKED	2013-06-28	2013-06-28	USERS
5	APEX_PUBLIC_USER	95	(null)	EXPIRED & LOCKED	2013-06-28	2013-06-28	USERS
6	TEACHING_DB	103	(null)	OPEN	(null)	2016-10-18	USERS
7	SYSDG	2147483618	(null)	EXPIRED & LOCKED	2013-06-28	2013-06-28	USERS
8	DIP	23	(null)	EXPIRED & LOCKED	2013-06-28	2013-06-28	USERS
9	LIBRARY_DBA	104	(null)	OPEN	(null)	2016-11-13	USERS
10	SYSBACKUP	2147483617	(null)	EXPIRED & LOCKED	2013-06-28	2013-06-28	USERS
11	MDDATA	85	(null)	EXPIRED & LOCKED	2013-06-28	2013-06-28	USERS
12	GSMCATUSER	60	(null)	EXPIRED & LOCKED	2013-06-28	2013-06-28	USERS
13	SYSKM	2147483619	(null)	EXPIRED & LOCKED	2013-06-28	2013-06-28	USERS
14	XS$NULL	2147483638	(null)	EXPIRED & LOCKED	2013-06-28	2013-06-28	USERS
15	OJVMSYS	69	(null)	EXPIRED & LOCKED	2013-06-28	2013-06-28	USERS
16	ORACLE_OCM	36	(null)	EXPIRED & LOCKED	2013-06-28	2013-06-28	USERS
17	SCOTT	102	(null)	EXPIRED & LOCKED	2016-04-21	2016-04-21	USERS
18	OLAPSYS	82	(null)	EXPIRED & LOCKED	2013-06-28	2013-06-28	SYSAUX

图 5-6　查看用户账号

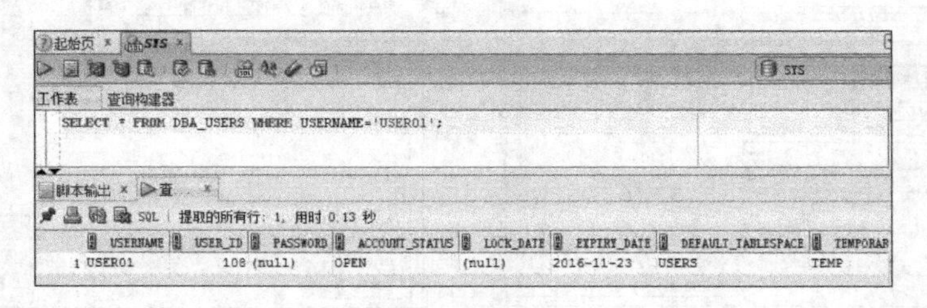

```
SELECT * FROM DBA_USERS WHERE USERNAME='USER01';
```

提取的所有行：1，用时 0.13 秒

	USERNAME	USER_ID	PASSWORD	ACCOUNT_STATUS	LOCK_DATE	EXPIRY_DATE	DEFAULT_TABLESPACE	TEMPORAR
1	USER01	108	(null)	OPEN	(null)	2016-11-23	USERS	TEMP

图 5-7　查看 USER01 用户

【例 5-4】用户希望通过 SQL Developer 工具的 GUI 界面获取系统中的用户信息。在 SQL Developer 工具中选择“查看”→DBA 命令，在 SYS 列表中选择“安全”下的“用户”目录，如图 5-8 所示。

	User Name	Account Status	Expiration Date	Default Tablespace	Temporary Tablespace	Profile
1	ANONYMOUS	EXPIRED & LOCKED	2013-06-28	SYSAUX	TEMP	DEFAULT
2	APEX_040200	EXPIRED & LOCKED	2013-06-28	SYSAUX	TEMP	DEFAULT
3	APEX_PUBLIC_USER	EXPIRED & LOCKED	2013-06-28	USERS	TEMP	DEFAULT
4	APPQOSSYS	EXPIRED & LOCKED	2013-06-28	SYSAUX	TEMP	DEFAULT
5	AUDSYS	EXPIRED & LOCKED	2013-06-28	USERS	TEMP	DEFAULT
6	CTXSYS	EXPIRED & LOCKED	2016-04-21	SYSAUX	TEMP	DEFAULT
7	DBSNMP	EXPIRED & LOCKED	2013-06-28	SYSAUX	TEMP	DEFAULT
8	DIP	EXPIRED & LOCKED	2013-06-28	USERS	TEMP	DEFAULT
9	DVF	EXPIRED & LOCKED	2013-06-28	SYSAUX	TEMP	DEFAULT
10	DVSYS	EXPIRED & LOCKED	2013-06-28	SYSAUX	TEMP	DEFAULT
11	FLOWS_FILES	EXPIRED & LOCKED	2013-06-28	SYSAUX	TEMP	DEFAULT
12	GSMADMIN_INTERNAL	EXPIRED & LOCKED	2013-06-28	SYSAUX	TEMP	DEFAULT
13	GSMCATUSER	EXPIRED & LOCKED	2013-06-28	USERS	TEMP	DEFAULT
14	GSMUSER	EXPIRED & LOCKED	2013-06-28	USERS	TEMP	DEFAULT
15	LBACSYS	EXPIRED & LOCKED	2013-06-28	SYSTEM	TEMP	DEFAULT
16	LIBRARY_DBA	OPEN	2016-11-13	USERS	TEMP	DEFAULT
17	MDDATA	EXPIRED & LOCKED	2013-06-28	USERS	TEMP	DEFAULT
18	MDSYS	EXPIRED & LOCKED	2013-06-28	SYSAUX	TEMP	DEFAULT
19	OJVMSYS	EXPIRED & LOCKED	2013-06-28	USERS	TEMP	DEFAULT
20	OLAPSYS	EXPIRED & LOCKED	2013-06-28	SYSAUX	TEMP	DEFAULT
21	ORACLE_OCM	EXPIRED & LOCKED	2013-06-28	USERS	TEMP	DEFAULT
22	ORDDATA	EXPIRED & LOCKED	2013-06-28	SYSAUX	TEMP	DEFAULT
23	ORDPLUGINS	EXPIRED & LOCKED	2013-06-28	SYSAUX	TEMP	DEFAULT

图 5-8　用 GUI 界面查看用户账号

在图 5-8 所示的用户列表中找到 USER01 用户，单击它后显示该用户的界面，如图 5-9 所示。

图 5-9　用 GUI 界面查看 USER01 用户

2. 用户修改

由于下列原因，有时需要修改现有用户。

- 更改用户的密码。
- 锁定或解锁用户账号。
- 更改默认的永久表空间和临时表空间。
- 更改配置文件或角色。
- 更改系统或对象权限。
- 修改表空间的限额。

使用 ALTER USER 语句可以修改用户，ALTER USER 语句的语法基本上等同于 CREATE USER 的语法。

【例 5-5】使用 SQL 语句修改用户密码。在 SYS 用户下修改用户 user01 的密码为 654321，SQL 语句如下。

```
ALTER USER user01 IDENTIFIED BY 654321;
```

执行上述语句后的结果如图 5-10 所示。

修改密码成功后，可在 SQL Developer 工具中建立新连接，在“新建/选择数据库连接”对话框中输入用户名、密码和 SID，如果输入的是原密码 123456，单击“测试”按钮后，会显示无效的用户名或密码，说明密码已被修改。

如果输入新修改后的密码 654321，则不再出现该错误提示，但此时还不能正常连接，系统会提示另一个错误，即用户缺少 CREATE SESSION 的权限，这是因为新用户还没有被赋权。在 SYS 用户下输入语句“GRANT CREATE SESSION TO user01”，给用户 user01 赋予 CREATE SESSION 权限（关于给用户赋予权限的知识将在后面详细讲述）后，再次用 user01 的用户名和密码尝试连接 Oracle，单击“测试”按钮后，系统显示连接成功，如图 5-11 所示。

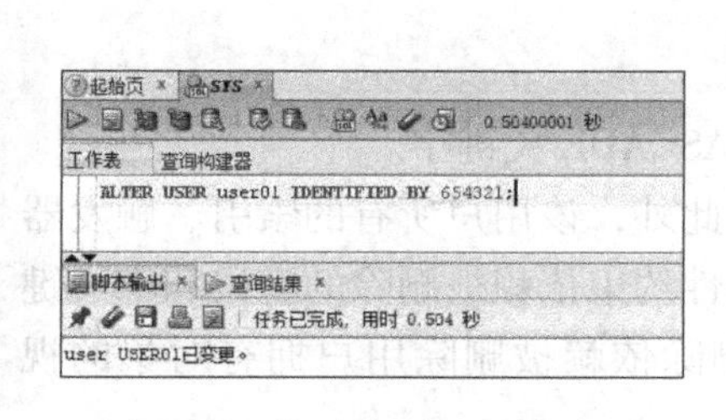

图 5-10　修改 user01 用户密码

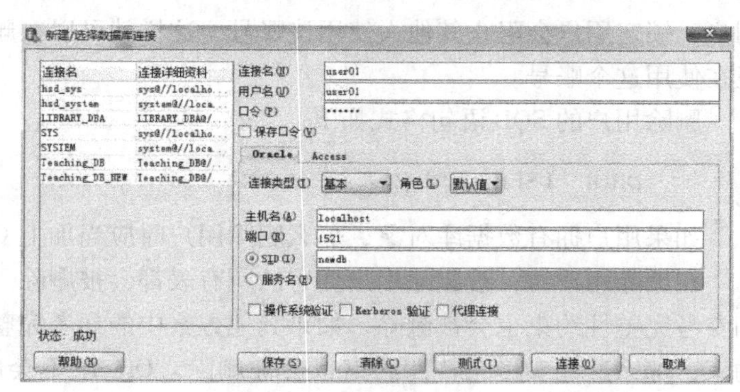

图 5-11　用 user01 用户登录

【例 5-6】使用 SQL 语句修改用户锁定该账号。在 SYS 用户下锁定用户 user01 的 SQL 语句如下。

```
ALTER USER user01 ACCOUNT LOCK;
```

执行上述语句后的结果如图 5-12 所示。

执行锁定用户语句成功后，再次尝试用 user01 的用户名和密码连接 Oracle，在“新建/选择数据库连接”对话框中输入相关信息后，单击“测试”按钮，发现系统提示该用户账号已被锁定，如图 5-13 所示。

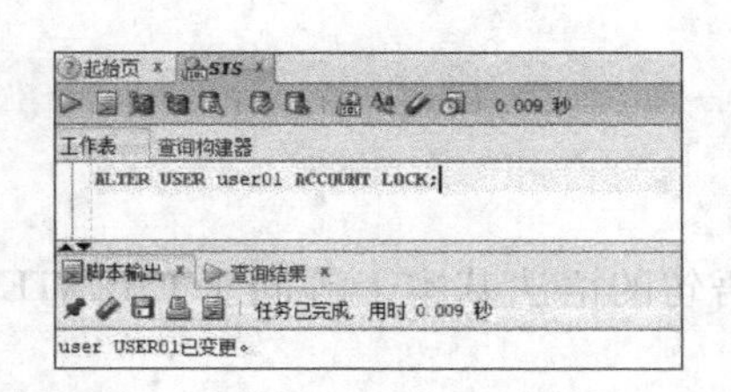

图 5-12 锁定 user01 用户

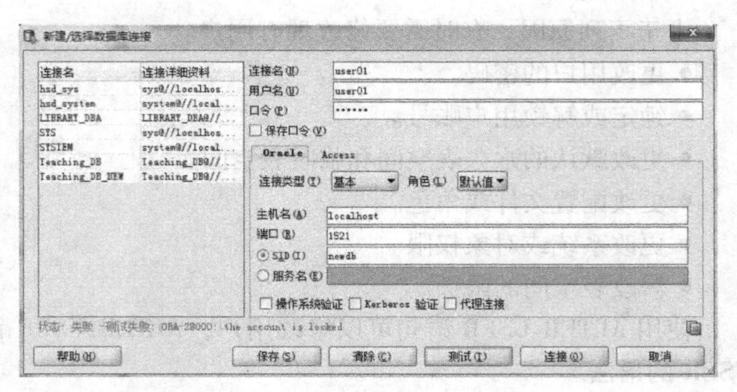

图 5-13 锁定用户连接

【例 5-7】用户希望通过 SQL Developer 工具的 GUI 界面解锁用户 user01。在 SQL Developer 工具中，进入 SYS 方案的其他用户目录，选择 user01 用户并右击，在弹出的快捷菜单中选择“编辑用户”命令，发现在“创建/编辑用户”对话框中，已选择“账户已锁定”单选按钮，说明该用户 user01 已被锁定，如图 5-14 所示。

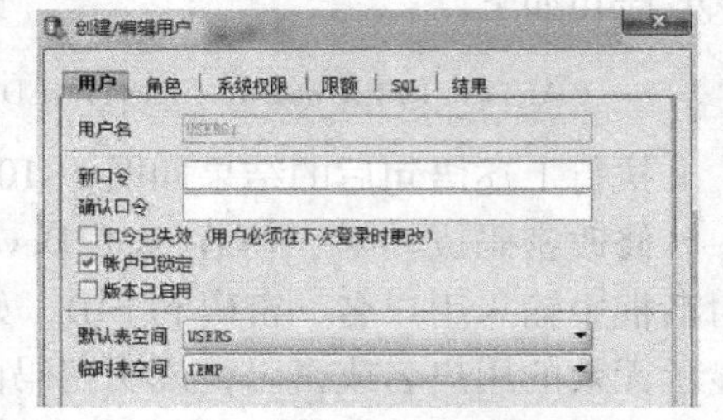

图 5-14 用 GUI 界面编辑用户

取消选择“账户已锁定”单选按钮并单击“应用”按钮，则该用户被解锁。可再次使用 user01 的用户名和密码连接 Oracle，测试后发现该用户连接成功，说明已被成功解锁。

3. 用户删除

当确定一个用户在数据库中不再被使用后，可以删除该用户。在删除用户前，建议先锁定用户，锁定用户会阻止其他人使用该账号，这样就可以在删除用户前，更轻松地确定是否有人正在使用这个账号。

删除用户的 SQL 语句格式如下。

```
DROP  USER <用户名> [CASCADE];
```

如果用户拥有数据库对象，那么删除用户时应当加上 CASCADE 关键字。

在删除用户时，被删除用户拥有的所有表都会被删除。此外，该用户所有的索引、触发器和参考完整性约束也会被删除。如果其他方案中的参考完整性约束依赖被删除的主码和唯一键约束，那么这些参考完整性约束也会被删除。Oracle 不会删除依赖被删除用户拥有对象的视图、同义词、过程、函数或软件包，但是会使它们失效。

【例 5-8】在数据库中，删除所创建的 user01 用户，其用户删除的 SQL 语句如下。

```
DROP USER  user01;
```

成功执行该 SQL 语句后，user01 用户从数据库中被删除，如图 5-15 所示。

删除后查看数据字典 DBA_USERS，发现 user01 用户已被删除，如图 5-16 所示。

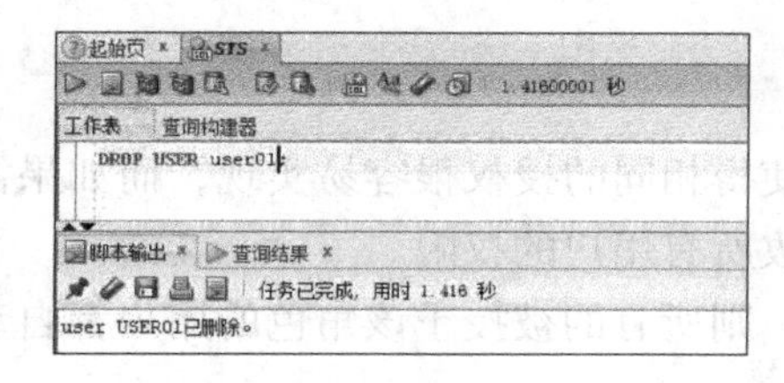

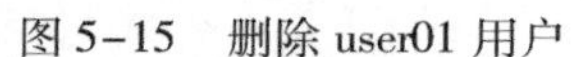

图 5-15　删除 user01 用户

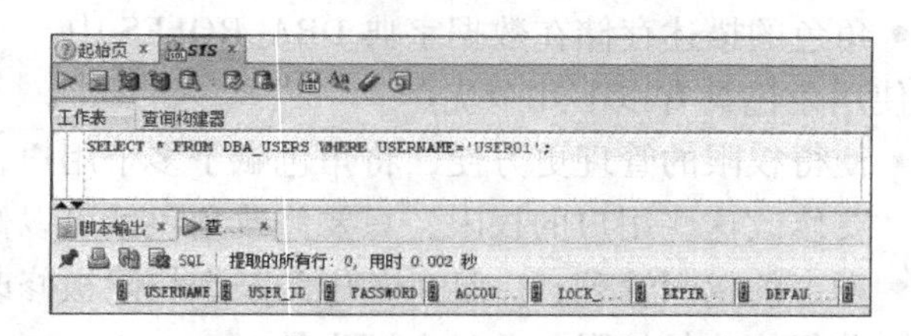

图 5-16　再次在 DBA_USERS 表中查询 user01 用户

【例 5-9】使用 SQL Developer 工具的 GUI 界面删除所创建的 user01 用户。其删除用户的操作步骤如下。

1）在 SQL Developer 工具中，进入 SYS 方案的其他用户目录，选择 user01 用户并右击，在弹出的快捷菜单中选择“删除用户”命令，弹出“删除用户”对话框，如图 5-17 所示。

该对话框中的“级联”复选框的含义和 SQL 语句中 CASCADE 的含义相同。

2）单击“应用”按钮，该用户从数据库中被删除，并弹出用户已删除消息，如图 5-18 所示。

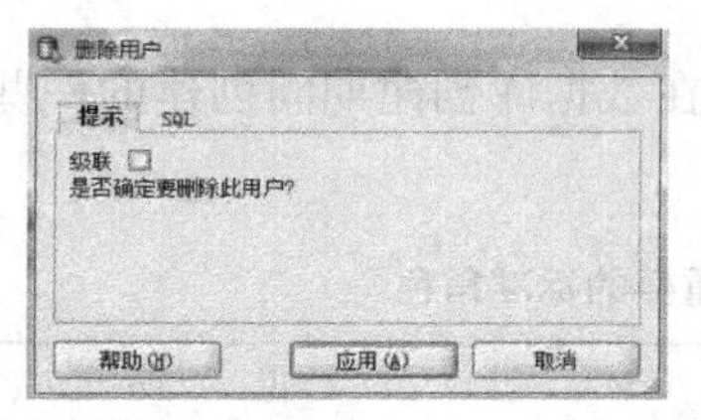

图 5-17　删除用户对话框界面

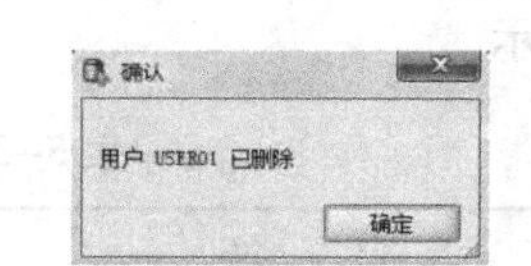

图 5-18　删除用户成功消息界面

5.3　Oracle 角色管理

为简化用户管理，Oracle 引入了角色概念，角色是相关权限的命名集合，使用角色的主要目的是为了简化权限管理。可以使用角色为用户授权，同样也可以从用户中回收角色。由于角色集合了多种权限，所以当为用户授予角色时，相当于为用户授予了多种权限。这样就避免了向用户逐一授权，从而简化了用户权限的管理。

在为用户授予角色时，既可以向用户授予系统预定义的角色，也可以自己创建角色，然后再授予用户。在创建角色时，可以为角色设置应用安全性。角色的应用安全性是通过为角色设置密码进行保护的，只有提供正确的密码才能允许修改或设置角色。权限和角色不仅可以被授予用户，也可以被授予用户组（public）。当将权限或角色授予 public 之后，会使得所有用户都具有该权限或角色。

角色具有以下几个特点。

- 使用 GRANT 和 REVOKE 授予和回收权限。
- 角色可以被授予任何用户或角色，但是不能赋予角色自己或循环赋予。
- 角色包含系统权限和对象权限。
- 允许启动或关闭赋予用户的角色。
- 允许使用密码启动一个角色。

● 角色名是唯一的，不能和已存在的用户名和角色名相同。
● 角色不被任何人拥有，也不属于任何方案。
● 角色的描述存储在数据字典 DBA_ROLES 中。

使用角色具有以下几个优点。

● 使得权限的管理更方便，将角色赋予多个用户，使得相同的授权很容易实现，而如果需要修改这些用户的权限，只要修改角色就可以修改所有用户的权限。
● 动态的权限管理，一旦角色中的某个权限被修改，则所有的被授予该角色的用户都自动获得修改的权限，并且立即生效。
● 权限可以激活和关闭，使得 DBA 可以方便地选择是否使用赋予用户的角色，临时关闭或开启角色的使用。
● 可以通过操作系统授权角色，即角色可以通过操作系统指令或工具指定将角色赋予用户。
● 提高性能，使用角色减少了数据字典中授权记录的数量，通过关闭角色使得在语句执行过程中减少了权限的确认。

5.3.1 系统角色

和用户一样，Oracle 有一些默认的系统角色，在数据库创建期间创建的一些重要的标准角色如表 5-3 所示。

表 5-3 一些 Oracle 重要的标准角色

角　色	说　明
CONNECT、RESOURCE 和 DBA	这些角色用于数据库管理
DELETE_CATALOG_ROLE、EXECUTE_CATALOG_ROLE、SELECT_CATALOG_ROLE	这些角色是为访问数据字典视图和包而提供的
EXP_FULL_DATABASE、IMP_FULL_DATABASE	这些角色是为了方便地使用输入/输出实用程序而提供的
AQ_USER_ROLE、AQ_ADMINISTRATOR_ROLE	这些角色是 Oracle 高级查询所需的
SNMPAGENT	这个角色用于 Enterprise Manager Intelligent Agent
RECOVERY_CATALOG_OWNER	这个角色是创建一个恢复目录模式拥有者所需的
HS_ADMIN_ROLE	这个角色是支持异类服务所需的
SCHEDULER_ADMIN	这个角色允许被授权者执行 DBMS_SCHEDULER 包的过程，应当限于 DBA

DBA 角色拥有所有系统级权限。通常，角色 CONNECT、RESOURCE 和 DBA 主要用于数据库管理。对于数据库管理员需要分别授予 CONNECT、RESOURCE 和 DBA 角色，对于数据库开发用户需要分别授予 CONNECT 和 RESOURCE 角色。

5.3.2 自定义角色

如果系统预定义的角色不符合用户的需要，数据库管理员还可以创建更多的角色。创建角色的用户必须具有 CREATE ROLE 系统权限。

创建角色的 SQL 语句基本格式如下。

```
CREATE  ROLE  <角色名>
[NOT  IDENTIFIED]
[IDENTIFIED {  BY  password  |  EXTERNALLY  |  GLOBALLY  |  USING  package} ];
```

其中，NOT IDENTIFIED 选项表示创建的角色由数据库授权，不需要密码验证即可激活启用。当使用 IDENTIFIED 选项时，所创建的角色需要通过下面方法之一激活。

- BY password：创建局部角色，需要用户指定密码激活角色启用。
- EXTERNALLY：创建外部角色，必须通过外部服务（如操作系统或第三方服务）授权激活角色启用。
- GLOBALLY：创建全局角色，当使用 SET ROLE 激活角色启用时，用户必须通过企业目录服务授权。
- USING package：创建安全应用角色，该角色只能通过应用的 package 授权包激活启用。

【例 5-10】 创建角色。新角色的名称为 role01，无密码，代码如下。

```
CREATE ROLE role01;
```

在 SQL Developer 数据库开发管理工具中，使用 SYS 用户登录数据库后，执行上述语句，其运行结果界面如图 5-19 所示。

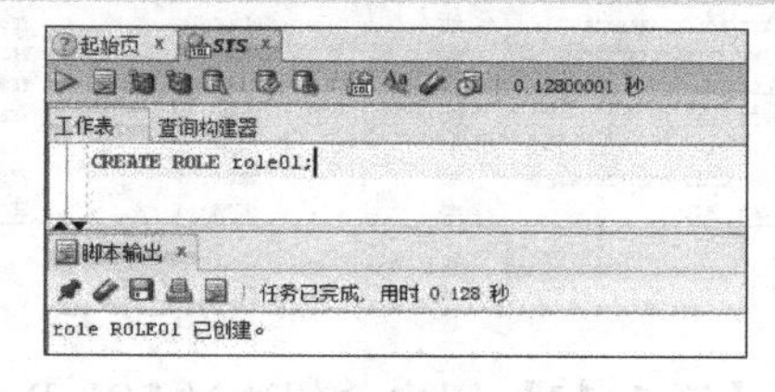

图 5-19　创建角色 role01

【例 5-11】 通过 SQL Developer 工具的 GUI 界面创建上述角色。其创建角色的操作步骤如下。

1）在 SQL Developer 工具中，选择“查看”→DBA 命令，在 SYS 列表中选择“安全”下的“角色”目录并右击，在弹出的快捷菜单中选择“新建”命令，弹出“创建角色”对话框，如图 5-20 所示。

2）单击“应用”按钮，该角色在数据库中被创建，并弹出已成功创建角色信息，如图 5-21 所示。

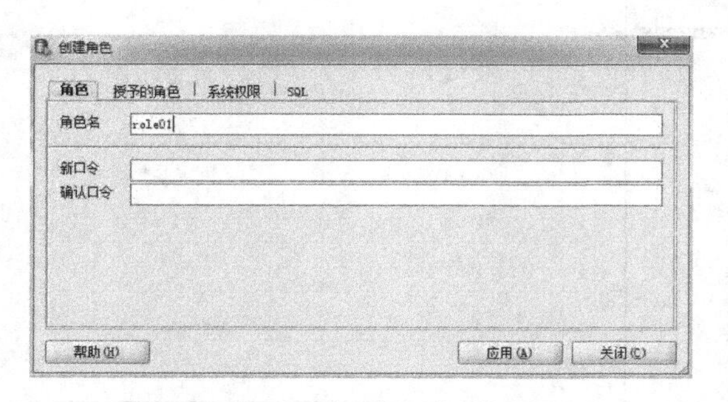

图 5-20　使用 GUI 界面创建角色 role01

图 5-21　使用 GUI 界面创建角色成功

5.3.3　角色管理

在数据库中创建角色后，可根据需要对角色进行查看、修改和删除等管理操作。所有这些操作均可通过执行 SQL 语句方式实现，也可通过 SQL Developer 工具的 GUI 界面操作方式实现。

1. 角色查看

在 Oracle 数据库中，角色的定义信息是存放在系统数据字典的系统表中。开发人员可以通过对系统表 DBA_ROLES 进行查询访问，可获取角色信息。

【例 5-12】使用 SQL 语句查看系统中的角色信息。查看系统中角色的 SQL 语句如下。

```
SELECT * FROM DBA_ROLES;
```

查询结果如图 5-22 所示，查询出来的是系统中所有的角色信息，包括自定义角色和系统默认角色。

查看名称为 ROLE01 的角色信息，查询结果如图 5-23 所示。

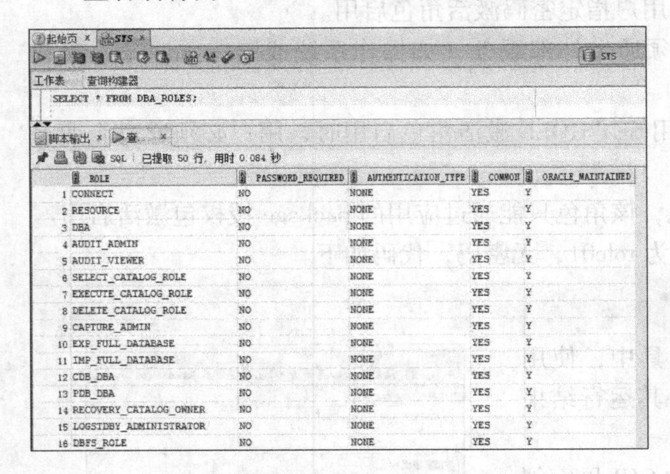

	ROLE	PASSWORD_REQUIRED	AUTHENTICATION_TYPE	COMMON	ORACLE_MAINTAINED
1	CONNECT	NO	NONE	YES	Y
2	RESOURCE	NO	NONE	YES	Y
3	DBA	NO	NONE	YES	Y
4	AUDIT_ADMIN	NO	NONE	YES	Y
5	AUDIT_VIEWER	NO	NONE	YES	Y
6	SELECT_CATALOG_ROLE	NO	NONE	YES	Y
7	EXECUTE_CATALOG_ROLE	NO	NONE	YES	Y
8	DELETE_CATALOG_ROLE	NO	NONE	YES	Y
9	CAPTURE_ADMIN	NO	NONE	YES	Y
10	EXP_FULL_DATABASE	NO	NONE	YES	Y
11	IMP_FULL_DATABASE	NO	NONE	YES	Y
12	CDB_DBA	NO	NONE	YES	Y
13	PDB_DBA	NO	NONE	YES	Y
14	RECOVERY_CATALOG_OWNER	NO	NONE	YES	Y
15	LOGSTDBY_ADMINISTRATOR	NO	NONE	YES	Y
16	DBFS_ROLE	NO	NONE	YES	Y

图 5-22　查看角色信息

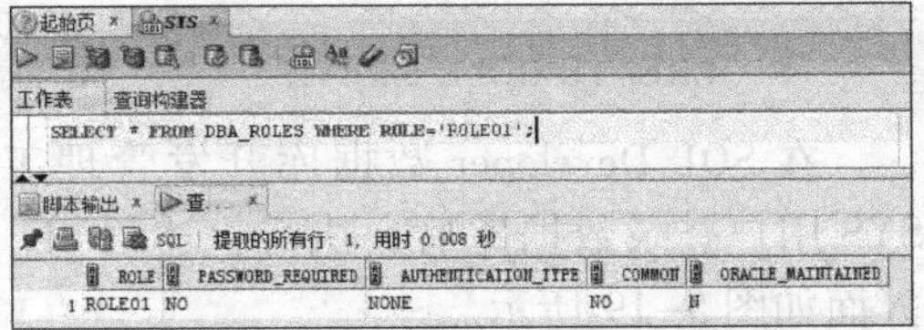

	ROLE	PASSWORD_REQUIRED	AUTHENTICATION_TYPE	COMMON	ORACLE_MAINTAINED
1	ROLE01	NO	NONE	NO	N

图 5-23　查看 ROLE01 角色

【例 5-13】用户希望通过 SQL Developer 工具的 GUI 界面获取系统中的角色信息。在 SQL Developer 工具中选择“查看”→DBA 命令，在 SYS 列表中选择“安全”下的“角色”目录，如图 5-24 所示。

在图 5-24 所示的用户列表中找到 ROLE01 角色，单击它后显示该角色的界面，如图 5-25 所示。

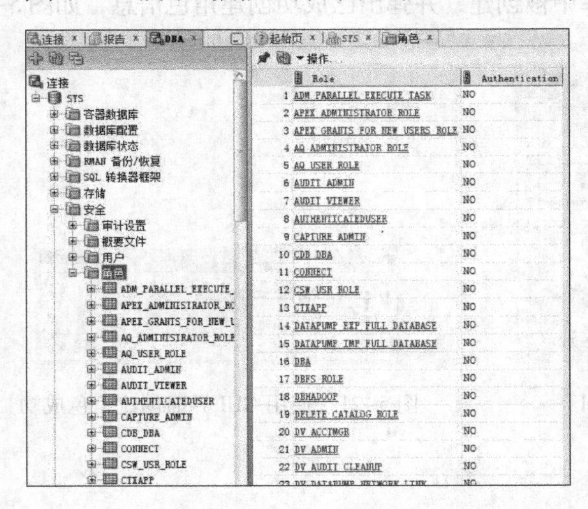

	Role	Authentication
1	ADM_PARALLEL_EXECUTE_TASK	NO
2	APEX_ADMINISTRATOR_ROLE	NO
3	APEX_GRANTS_FOR_NEW_USERS_ROLE	NO
4	AQ_ADMINISTRATOR_ROLE	NO
5	AQ_USER_ROLE	NO
6	AUDIT_ADMIN	NO
7	AUDIT_VIEWER	NO
8	AUTHENTICATEDUSER	NO
9	CAPTURE_ADMIN	NO
10	CDB_DBA	NO
11	CONNECT	NO
12	CSW_USR_ROLE	NO
13	CTXAPP	NO
14	DATAPUMP_EXP_FULL_DATABASE	NO
15	DATAPUMP_IMP_FULL_DATABASE	NO
16	DBA	NO
17	DBFS_ROLE	NO
18	DBHADOOP	NO
19	DELETE_CATALOG_ROLE	NO
20	DV_ACCTMGR	NO
21	DV_ADMIN	NO
22	DV_AUDIT_CLEANUP	NO

图 5-24　用 GUI 界面查看角色信息

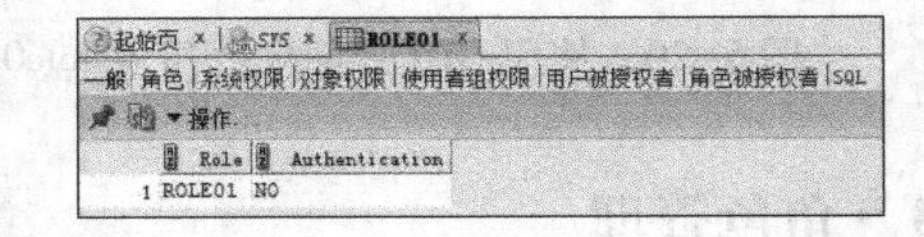

	Role	Authentication
1	ROLE01	NO

图 5-25　用 GUI 界面查看 ROLE01 角色

2. 角色修改

角色可以修改，但是 Oracle 只允许修改它的验证方法，ALTER ROLE 语句的语法基本上等同于 CREATE ROLE 的语法。

修改角色的 SQL 语句基本格式如下。

```
ALTER  ROLE <角色名> {NOT IDENTIFIED | IDENTIFIED {BY password |
   USING package | EXTERNALLY | GLOBALLY}}
```

【例 5-14】使用 SQL 语句修改角色。在 SYS 用户下修改角色 ROLE01 的验证方法为需要密码标识，SQL 语句如下。

```
ALTER ROLE role01 IDENTIFIED BY 123456;
```

执行上述语句后的结果如图 5-26 所示。

【例 5-15】用户希望通过 SQL Developer 工具的 GUI 界面给角色 ROLE01 设置密码 123456。其编辑角色的操作步骤如下。

1）在 SQL Developer 工具中选择“查看”→DBA 命令，在 SYS 列表中选择“安全”下的“角色”目录，在列表中选中角色 ROLE01 并右击，在弹出的快捷菜单中选择“编辑”命令，在弹出的“编辑角色”对话框中输入“新口令”和“确认口令”123456，如图 5-27 所示。

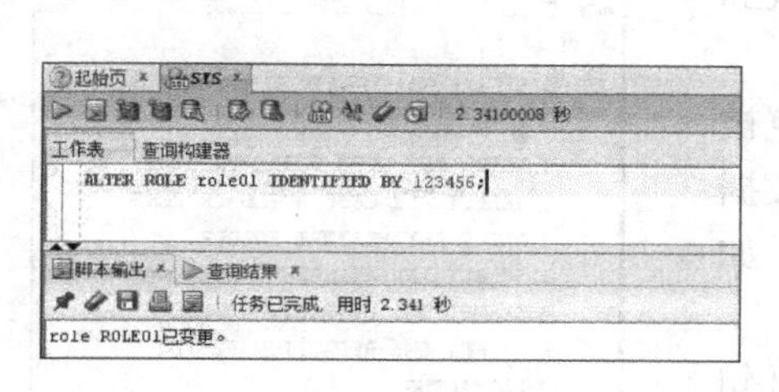

图 5-26　修改 ROLE01 角色为需要密码

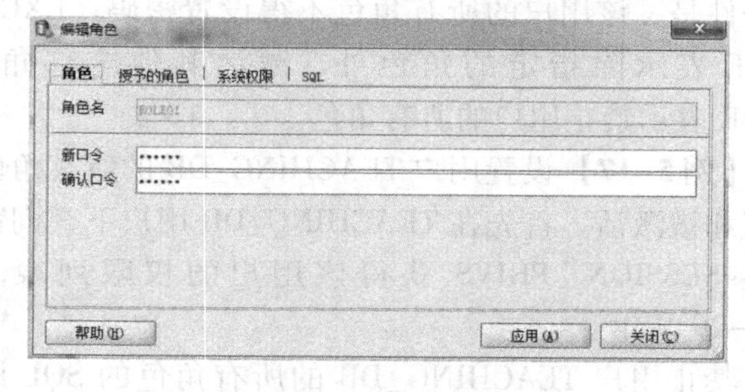

图 5-27　用 GUI 界面编辑角色

2）单击“应用”按钮，该角色在数据库中被修改，并弹出已成功修改角色信息，这里不再重复展示。

3. 默认角色

默认角色是当用户登录到数据库时由 Oracle 自动启动的一种角色。当某一角色被授予用户后，该角色即成为该用户的默认角色。可以使用 ALTER USER 语句来修改用户的默认角色。其 SQL 语句格式如下。

```
ALTER USER <用户名> [default role[ <角色名> [,<角色名>,…]] | all[except <角色名> [,
   <角色名>,…]] | none];
```

其中，default role 表示默认角色，使用关键字 all 可以设置该用户的所有默认角色，使用 except 则可以设置某角色外其他所有角色生效，none 则设置所有角色为失效状态。

【例 5-16】设置用户 user01 的所有默认角色失效和生效。使用户 user01 的所有角色失效的 SQL 语句如下。

```
ALTER USER user01 default role none;
```

执行上述语句后的结果如图 5-28 所示。

用户的角色失效后，该用户角色中的权限将全部丢失。用户的默认角色失效后，可以重新设置为生效，设置为生效后，用户的相应权限又可以再次被使用。修改用户 user01 的角色生效的 SQL 语句如下。

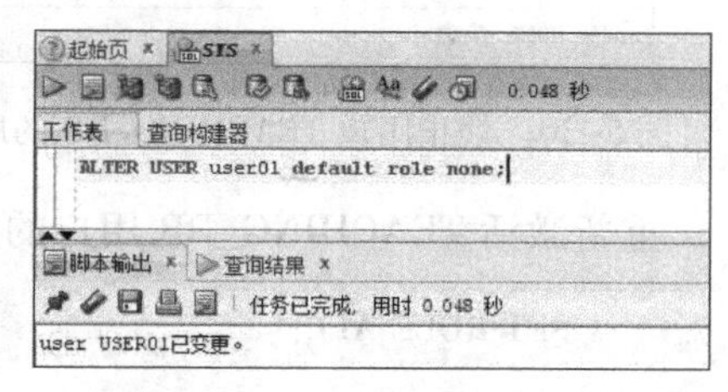

图 5-28　使用户 user01 的所有角色失效

```
ALTER USER user01 default role all;
```

执行该语句后，user01 的所有角色都被重新设置为生效。

4. 禁止或激活角色

角色可以禁止和激活。禁止意味着用户不再具有该角色赋予的各种权限，即回收角色具有的权限，而激活意味着赋予用户角色的权限。可以通过查询数据字典视图 SESSION_ROLES，查看当前数据库会话启用了哪些角色。

禁止和激活角色的 SQL 语句格式如下。

```
SET ROLE [ <角色名> [identified by <密码>] [,<角色名> [identified by <密码>]…] | ALL
[EXCEPT <角色名>[,<角色名>]…] | NONE];
```

其中，使用带 ALL 选项的 SET ROLE 语句时，将激活用户被授予的所有角色，使用 ALL 选项有一个前提条件是，该用户的所有角色不得设置密码。EXCEPT ROLE 表示除指定的角色外，激活其他全部角色。NONE 表示禁止用户的所有角色。

【例 5-17】设置用户 TEACHING_DB 的所有角色被禁止和被激活。首先在 TEACHING_DB 用户下查询数据字典 SESSION_PRIVS 获得该用户的权限列表，如图 5-29 所示。

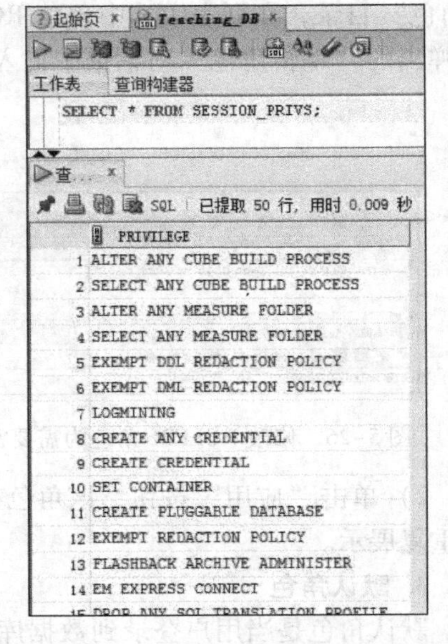

图 5-29　查看用户 TEACHING_DB 的权限

禁止用户 TEACHING_DB 的所有角色的 SQL 语句如下。

```
SET ROLE NONE;
```

执行上述语句后的结果如图 5-30 所示。

成功执行禁止角色的语句后，再次查看 TEACHING_DB 用户的权限列表，发现用户除了 UNLIMITED TABLESPACE（该权限不属于 TEACHING_DB 用户的任何角色）之外再没有任何其他的权限，说明该用户的所有角色都已被禁止，如图 5-31 所示。

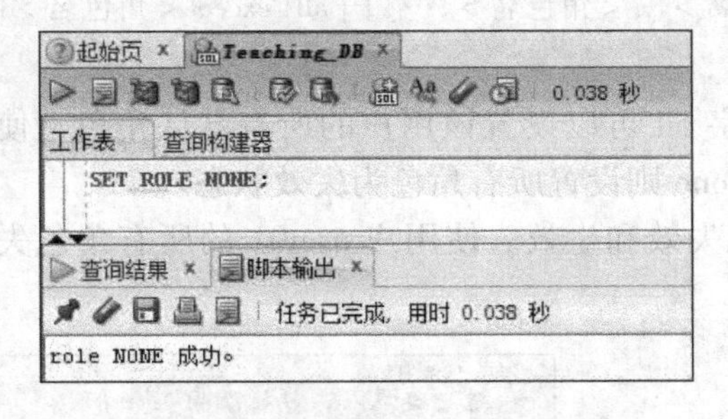

图 5-30　禁止用户 TEACHING_DB 的所有角色

图 5-31　再次查看用户 TEACHING_DB 的权限

重新激活 TEACHING_DB 用户的所有角色的 SQL 语句如下。

```
SET ROLE ALL;
```

执行该语句后，TEACHING_DB 的所有角色都被重新激活。

5. 删除角色

如果不再需要某个角色或者某个角色的设置不太合理，就可以删除该角色，使用该角色的用户的权限同时也被回收。

删除角色的 SQL 语句格式如下。

```
DROP  ROLE <角色名>;
```

【**例 5-18**】在数据库中，删除所创建的 role01 角色，其角色删除的 SQL 语句如下。

```
DROP ROLE  role01;
```

成功执行该 SQL 语句后，ROLE01 角色从数据库中被删除，如图 5-32 所示。

删除后查看数据字典 DBA_ROLES，发现 ROLE01 角色已被删除，如图 5-33 所示。

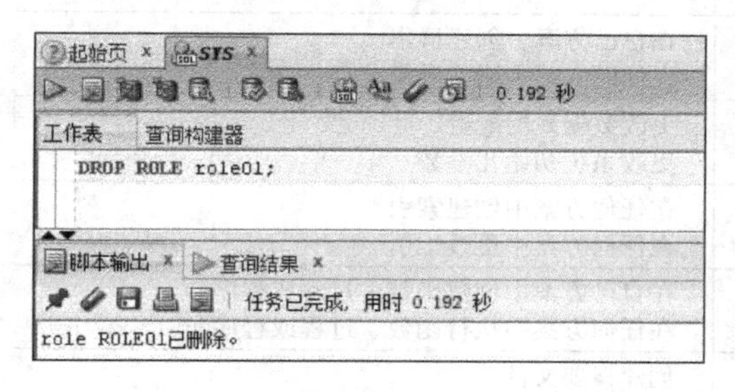

图 5-32　删除 ROLE01 角色

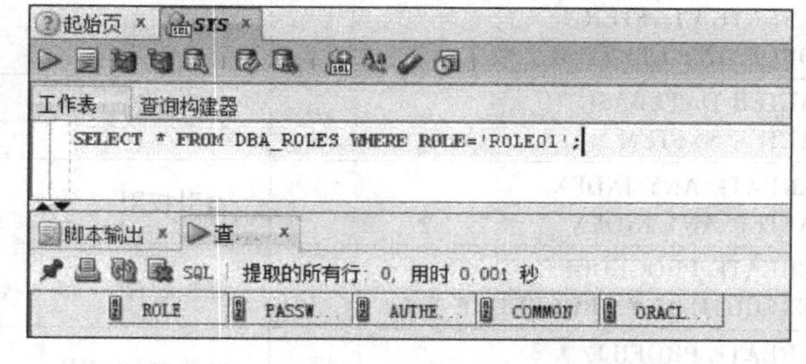

图 5-33　再次在 DBA_ROLES 表中查询 ROLE01 角色

【**例 5-19**】使用 SQL Developer 工具的 GUI 界面删除所创建的 ROLE01 角色。其删除角色的操作步骤如下。

1）在 SQL Developer 工具中选择“查看”→DBA 命令，在 SYS 列表中选择“安全”下的“角色”目录，在列表中选中角色 ROLE01 并右击，在弹出的快捷菜单中选择“删除角色”命令，弹出“删除角色”对话框，如图 5-34 所示。

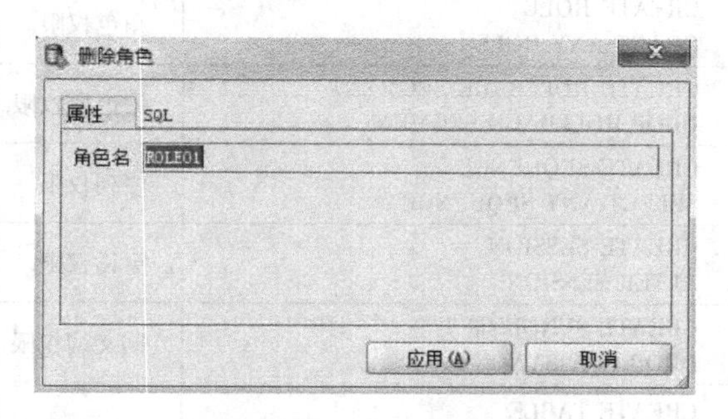

图 5-34　“删除角色”对话框

2）单击“应用”按钮，该角色从数据库中删除，并弹出已成功删除角色信息，这里不再重复展示。

5.4　Oracle 权限管理

权限是指执行特定类型的 SQL 命令或访问其他方案对象的权利，权限可以直接或间接地被授予，权限信息被保存在数据字典中。必须为数据库用户赋予权限，才能使用它们在数据库中执行任务。在 Oracle 中，可以为用户赋予特定的权限，也可以通过将权限赋予角色然后将角色赋予用户的方式，使用户获得权限。权限分为两类：系统权限和对象权限。

5.4.1　系统权限

系统权限是指在系统级控制数据库的存取和使用的机制，即执行特定 SQL 命令的权利，它用于控制用户可以执行的一个或一组数据库操作。这些权限完全不涉及对象，而是涉及运行批处理作业、改变系统参数、创建角色，甚至是连接到数据库自身等方面。可以将系统权限授予用户、角色和公共用户组，其中公共用户组是指在创建数据库时自动创建的用户组，该用户组有什么权限，数据库中的所有用户就有什么权限。

Oracle 中有 200 多种系统权限，可以划分为群集权限、数据库权限、索引权限、过程权限、概要文件权限、角色权限、回退段权限、序列权限、会话权限、同义词权限、表权限、表空间权限、用户权限、视图权限、触发器权限、管理权限和其他权限等。表 5-4 列举了 Oracle 部分系统权限，其中有一种 ANY 权限，具有 ANY 权限的用户可以在任何用户方案中进行操作。

表 5-4　Oracle 部分系统权限表

权限名	分类	功能
CREATE CLUSTER DROP ANY CLUSTER	群集权限	在自己方案中创建群集 在任何方案中删除群集
ALTER DATABASE ALTER SYSTEM	数据库权限	更改数据库的配置 更改系统初始化参数
CREATE ANY INDEX ALTER ANY INDEX	索引权限	在任何方案中创建索引 在任何方案中更改索引
CREATE PROCEDURE EXECUTE ANY PROCEDURE	过程权限	在自己方案中创建函数、过程或程序包 在任何方案中执行函数、过程或程序包
CREATE PROFILE DROP PROFILE	概要文件权限	创建概要文件 删除概要文件
CREATE ROLE GRANT ANY ROLE	角色权限	创建角色 向其他角色或用户授予任何角色
CREATE ROLLBACK SEGMENT DROP ROLLBACK SEGMENT	回退段权限	创建回退段 删除回退段
CREATE SEQUENCE SELECT ANY SEQUENCE	序列权限	在自己方案中创建序列 在任何方案中选择序列
CREATE SESSION ALTER SESSION	会话权限	创建会话，连接到数据库 更改会话
CREATE SYNONYM DROP ANY SYNONYM	同义词权限	在自己方案中创建同义词 在任何方案中删除同义词
CREATE TABLE ALTER ANY TABLE DROP ANY TABLE SELECT ANY TABLE	表权限	在自己方案中创建表 在任何方案中更改表 在任何方案中删除表 在任何方案中选择任何表中记录
CREATE TABLESPACE MANAGE TABLESPACE	表空间权限	创建表空间 管理表空间
CREATE USER DROP USER	用户权限	创建用户 删除用户
CREATE VIEW DROP ANY VIEW	视图权限	在自己方案中创建视图 在任何方案中删除视图
CREATE TRIGGER DROP ANY TRIGGER	触发器权限	在自己方案中创建触发器 在任何方案中删除触发器
SYSDBA SYSOPER	管理权限	系统管理员权限 系统操作员权限
GRANT ANY OBJECT PRIVILEGE GRANT ANY PRIVILEGE SELECT ANY DICTIONARY	其他权限	授予任何对象权限 授予任何系统权限 允许从系统用户的数据字典表中进行选择

5.4.2 对象权限

对象权限是用户之间的表、视图和序列等方案对象的相互存取操作的权限，对属于某一用户方案的所有方案对象，该用户对这些方案对象具有全部的对象权限，也就是说，方案的拥有者对方案中的对象具有全部对象权限。同时，方案的拥有者还可以将这些对象权限授予其他用户。

按照不同的对象类型，Oracle 数据库中设置了不同种类的对象权限，对象权限及对象之间的对应关系如表 5-5 所示。

表 5-5 对象权限与对象间的对应关系

	ALTER	DELETE	EXECUTE	INDEX	INSERT	READ	REFERENCE	SELECT	UPDATE
DIRECTORY						√			
FUNCTION			√						
PROCEDURE			√						
PACKAGE			√						
SEQUENCE	√							√	
TABLE	√	√		√	√		√	√	√
VIEW		√			√			√	√

其中，画“√”表示某种对象所具有的对象权限，空表示该对象没有某种权限。

对象权限由该对象的拥有者为其他用户授权，非对象的拥有者不得为对象授权。将对象权限授出后，获权用户可以对对象进行相应的操作，没有授予的权限不得操作。对象权限被授出后，对象的拥有者属性不会改变，存储属性也不会改变。

一个用户没有其他用户的对象权限，所以不能访问其他用户的对象。但是，如果把另外一个用户的某种对象权限授予该用户，该用户就具备了相应的访问对象的权限。

5.4.3 权限操作

可以把系统权限或对象权限直接赋予用户，也可以把权限赋予角色，再把角色赋予用户，还可以把被赋予的权限从角色或用户中回收。所有这些操作均可通过执行 SQL 语句方式实现，也可通过 SQL Developer 工具的 GUI 界面操作方式实现。

1. 权限查看

在 Oracle 数据库中，权限的赋予信息存放在系统数据字典的系统表中。开发人员可以通过对数据字典 SYSTEM_PRIVILEGE_MAP 进行查询访问，获取 Oracle 中的系统权限信息；可以通过对数据字典 DBA_SYS_PRIVS 或 USER_SYS_PRIVS 进行查询访问，获取系统权限赋予信息；可以通过对数据字典 ROLE_SYS_PRIVS 进行查询访问，获取角色具有的系统权限信息；可以通过对数据字典 DBA_ROLE_PRIVS 或 USER_ROLE_PRIVS 进行查询访问，获取用户具有的角色信息；可以通过对数据字典 SESSION_PRIVS 进行查询访问，获取用户具有的会话级权限信息；还可以通过对数据字典 USER_TAB_PRIVS_MADE 获取用户表对象的授权信息，通过数据字典 USER_COL_PRIVS_MADE 获取相关列的权限赋予信息。

【例 5-20】 使用 SQL 语句和 SQL Developer 工具的 GUI 界面方式查看 Oracle 中的系统权限信息。查看 Oracle 中的系统权限的 SQL 语句如下。

```
SELECT * FROM SYSTEM_PRIVILEGE_MAP;
```

查询结果如图 5-35 所示。

使用 SQL Developer 工具的 GUI 界面方式查看 Oracle 中的系统权限信息的操作方式为：在 SQL Developer 工具中，进入 SYS 方案的表目录，选择 SYSTEM_PRIVILEGE_MAP 表，在窗口界面上选取数据项，显示了所有系统权限，如图 5-36 所示。

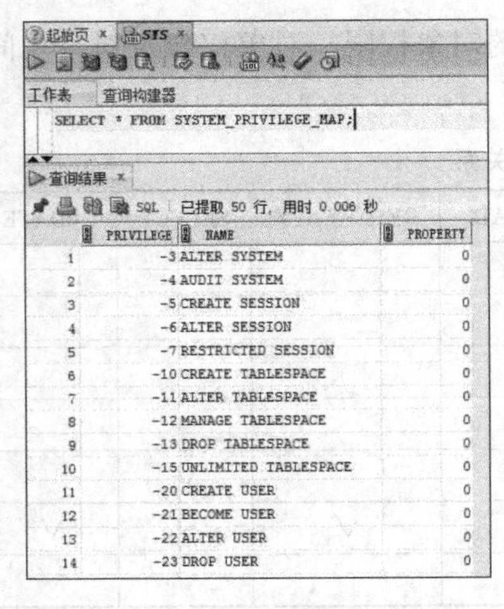

图 5-35 用 SQL 语句查看所有系统权限

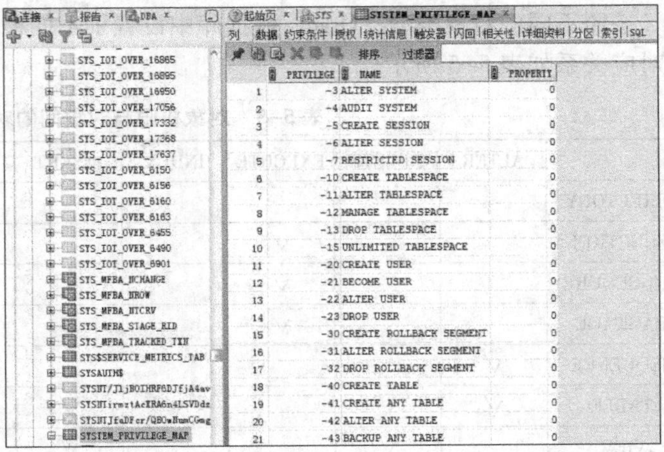

图 5-36 用 GUI 界面查看所有系统权限

【例 5-21】使用 SQL 语句和 SQL Developer 工具的 GUI 界面方式查看用户 TEACHING_DB 具有的系统权限和角色。

查看用户 TEACHING_DB 具有的系统权限的 SQL 语句如下。

```
SELECT * FROM USER_SYS_PRIVS;
```

也可以使用以下语句查询。

```
SELECT * FROM DBA_SYS_PRIVS WHERE GRANTEE ='TEACHING_DB';
```

查询结果如图 5-37 所示。

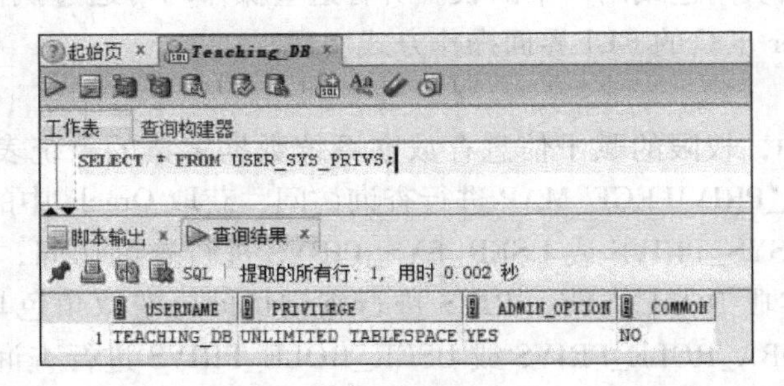

图 5-37 用 SQL 语句查看 TEACHING_DB 用户的系统权限

需要注意的是，通过 DBA_SYS_PRIVS 和 USER_SYS_PRIVS 只能查看直接赋予该用户的系统权限，因此图 5-37 显示该用户直接被赋予的系统权限只有 UNLIMITED TABLESPACE。

查看用户 TEACHING_DB 具有的角色的 SQL 语句如下。

```
SELECT * FROM USER_ROLE_PRIVS;
```

也可以使用以下语句查询。

```
SELECT * FROM DBA_ROLE_PRIVS WHERE GRANTEE ='TEACHING_DB';
```

查询结果如图 5-38 所示。

起始页 × Teaching_DB ×

工作表 查询构建器

SELECT * FROM USER_ROLE_PRIVS;

脚本输出 × 查... ×

SQL | 提取的所有行：83，用时 0.065 秒

	USERNAME	GRANTED_ROLE	ADMIN_OPTION	DEFAULT_ROLE	OS_GRANTED	COMMON
1	TEACHING_DB	ADM_PARALLEL_EXECUTE_TASK	YES	YES	NO	NO
2	TEACHING_DB	APEX_ADMINISTRATOR_ROLE	YES	YES	NO	NO
3	TEACHING_DB	APEX_GRANTS_FOR_NEW_USERS_ROLE	YES	YES	NO	NO
4	TEACHING_DB	AQ_ADMINISTRATOR_ROLE	YES	YES	NO	NO
5	TEACHING_DB	AQ_USER_ROLE	YES	YES	NO	NO
6	TEACHING_DB	AUDIT_ADMIN	YES	YES	NO	NO
7	TEACHING_DB	AUDIT_VIEWER	YES	YES	NO	NO
8	TEACHING_DB	AUTHENTICATEDUSER	YES	YES	NO	NO
9	TEACHING_DB	CAPTURE_ADMIN	YES	YES	NO	NO
10	TEACHING_DB	CDB_DBA	YES	YES	NO	NO
11	TEACHING_DB	CONNECT	YES	YES	NO	NO
12	TEACHING_DB	CSW_USR_ROLE	YES	YES	NO	NO

图 5-38 用 SQL 语句查看 TEACHING_DB 用户的角色

使用 SQL Developer 工具的 GUI 界面方式查看 TEACHING_DB 用户具有的系统权限的操作方式为：在 SQL Developer 工具中，进入 SYS 方案的其他用户目录，选中 TEACHING_DB 用户右击，在弹出的快捷菜单中选择“编辑用户”命令，在弹出的“创建/编辑用户”对话框中选择系统权限，显示了 TEACHING_DB 用户被直接赋予所有系统权限，如图 5-39 所示。

使用 SQL Developer 工具的 GUI 界面方式查看 TEACHING_DB 用户具有的角色的操作方式为：在 SQL Developer 工具中，进入 SYS 方案的其他用户目录，选中 TEACHING_DB 用户并右击，在弹出的快捷菜单中选择“编辑用户”命令，在弹出的“创建/编辑用户”对话框中选取角色，显示了 TEACHING_DB 用户被赋予的所有角色，如图 5-40 所示。

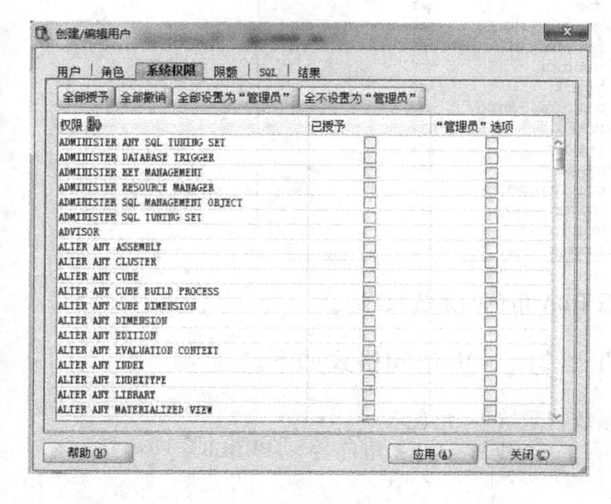

图 5-39 用 GUI 界面查看 TEACHING_DB 用户的系统权限

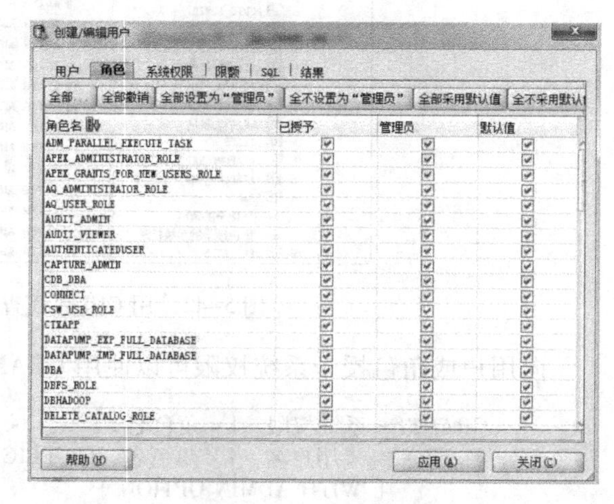

图 5-40 用 GUI 界面查看 TEACHING_DB 用户的角色

【例 5-22】使用 SQL 语句和 SQL Developer 工具的 GUI 界面方式查看角色具有的系统权限。

查看角色 DBA 具有的系统权限的 SQL 语句如下。

```
SELECT * FROM ROLE_SYS_PRIVS WHERE ROLE ='DBA';
```

查询结果如图 5-41 所示。

使用 SQL Developer 工具的 GUI 界面方式查看 DBA 角色的系统权限的操作方式为：在 SQL Developer 工具中选择“查看”→DBA 命令，在 SYS 列表中选择“安全”下的“角色”目录，选中 DBA 角色并右击，在弹出的快捷菜单中选择“打开”命令，在打开的窗口中选择“系统权限”选项，显示了 DBA 角色的系统权限，如图 5-42 所示。

在该窗口中还可以选择角色、对象权限等选项，来查看该角色被赋予的角色和对象权限等信息。

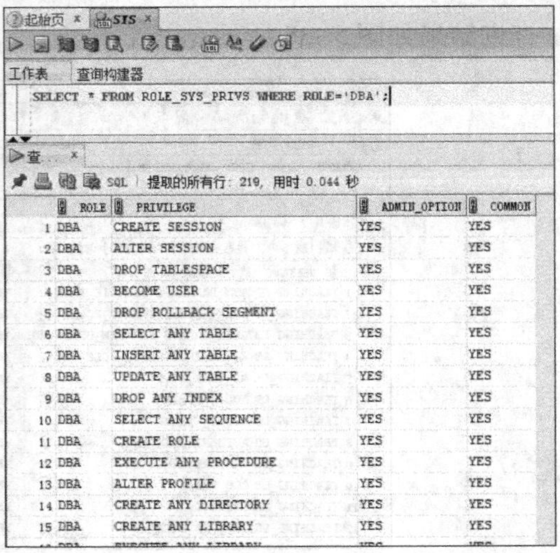

图 5-41　用 SQL 语句查看 DBA 角色的系统权限

2. 系统权限赋予与回收

在创建用户后，如果没有给用户授予相应的系统权限，则用户不能连接到数据库，因为该用户缺少创建会话的权限。在数据库中要进行某一种操作时，用户必须具有相应的系统权限，系统权限是由数据库管理员为用户授予的。

图 5-42　用 GUI 界面查看 DBA 角色的系统权限

向用户或角色授予系统权限可以使用 GRANT 语句，SQL 语句格式如下。

```
GRANT{ <系统权限>|<角色名>} [,{ <系统权限>|<角色名>}]……
    TO  {<用户名>|<角色名>|PUBLIC} [,{ <用户名>|<角色名>|PUBLIC}]……
    [ WITH ADMIN OPTION ]
```

在为用户授权时，可以使用 WITH ADMIN OPTION 选项，表示该用户可以将其所有权再授予其他用户。

如果需要限制某个用户的权限可以回收权限，使用 REVOKE 命令，SQL 语句格式如下。

```
REVOKE{ <系统权限> | <角色名> } [,{ <系统权限> | <角色名> }]…
    FROM  { <用户名> | <角色名> |PUBLIC} [,{ <用户名> | <角色名> |PUBLIC} ]…
```

【例 5-23】 对新用户赋予和回收系统权限。新创建用户 user01，并赋予 CREATE SESSION 系统权限和 CREATE TABLE 系统权限，验证是否能创建表对象，然后回收 CREATE TABLE 系统权限并再次验证。

首先使用新创建的用户 user01 尝试登录 Oracle，如图 5-43 所示。

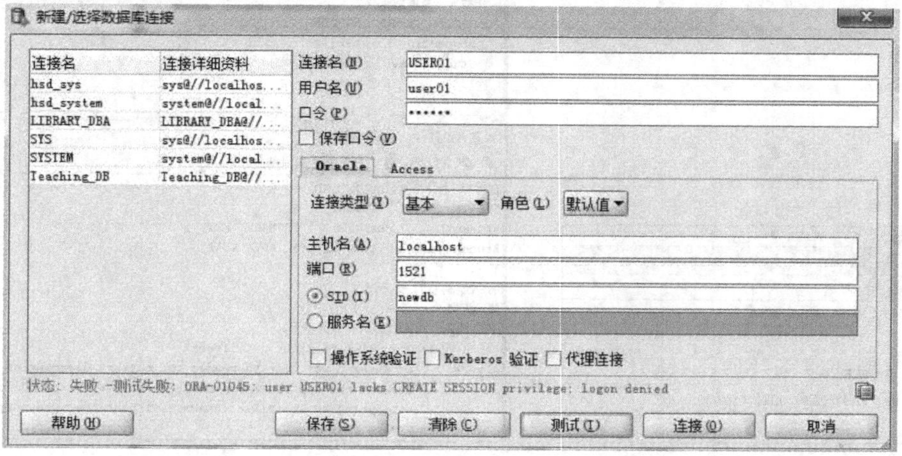

图 5-43　新用户 user01 缺少 CREATE SESSION 系统权限

新创建的用户 user01 因为缺少 CREATE SESSION 系统权限而无法登录数据库。使用 SYS 用户登录数据库，给 user01 用户赋予 CREATE SESSION 系统权限和 CREATE TABLE 系统权限，SQL 语句如下。

```
GRANT CREATE SESSION, CREATE TABLE TO user01;
```

执行上述语句后的结果如图 5-44 所示。

再次使用 user01 用户登录数据库，可以成功登录，在 user01 用户下尝试创建表对象，创建成功，如图 5-45 所示。

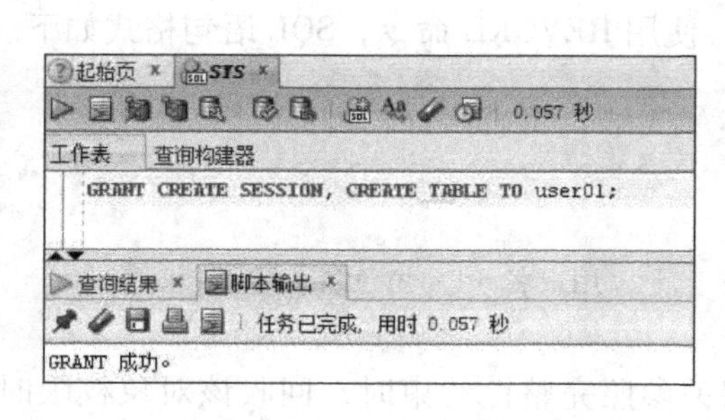

图 5-44　对用户 user01 赋予系统权限

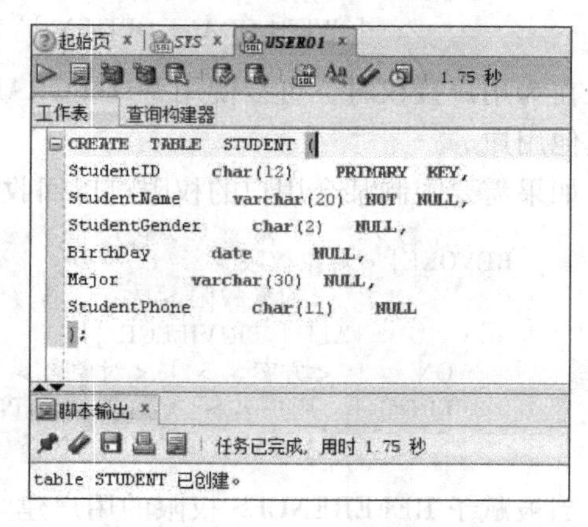

图 5-45　用户 user01 成功创建表对象

使用 SYS 用户回收 user01 用户的 CREATE TABLE 系统权限，SQL 语句如下。

```
REVOKE CREATE TABLE FROM user01;
```

执行上述语句后的结果如图 5-46 所示。

使用 user01 用户重新登录 Oracle，再次尝试创建表对象，发现无法创建，系统提示权限不足，说明 CREATE TABLE 系统权限已被正确回收，如图 5-47 所示。

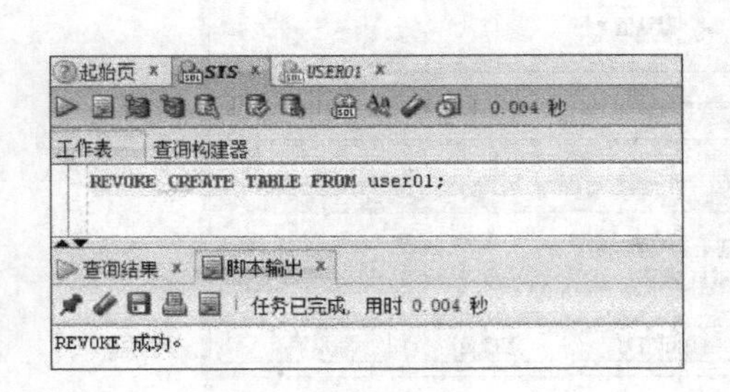

图 5-46　回收用户 user01 的 CREATE TABLE 权限

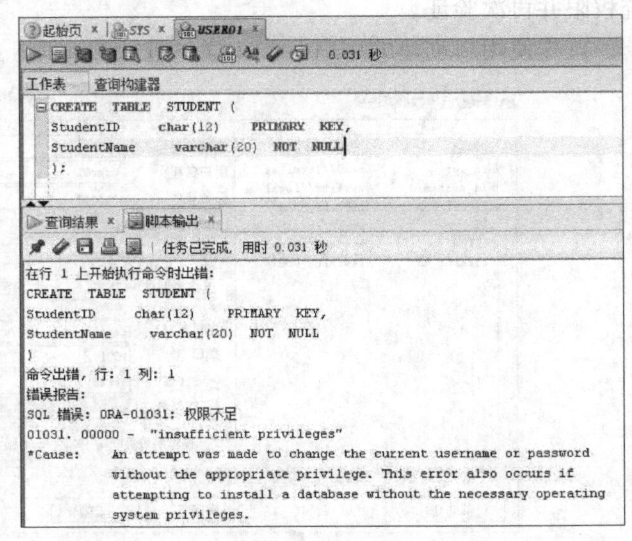

图 5-47　回收 CREATE TABLE 权限后尝试创建表

3. 对象权限赋予与回收

用户拥有某种对象权限才能对对象进行相应的操作，向用户或角色授予对象权限使用 GRANT 语句，SQL 语句格式如下。

```
GRANT{ <对象权限> [ ( <列名，列名…> ) ]}
        [ , <对象权限> [ ( <列名，列名…> ) ] ]…
        |ALL [ PRIVILEGE ]
    ON  [ <方案名>.] <对象名>
    TO  { <用户名>|<角色名>|PUBLIC} [ ,{ <用户名>|<角色名>|PUBLIC} ]…
        [ WITH GRANT OPTION ]
```

在为用户授权时，可以使用 WITH GRANT OPTION 选项，表示该用户可以将其所有权再授予其他用户。

如果需要限制某个用户的权限可以回收权限，使用 REVOKE 命令，SQL 语句格式如下。

```
REVOKE{ <对象权限>
        [ , <对象权限> ]…
        |ALL [ PRIVILEGE ]}
    ON  [ <方案名>.] <对象名>
    FROM { <用户名>|<角色名>|PUBLIC} [ ,{ <用户名>|<角色名>|PUBLIC} ]…
        [ CASCADE CONSTRAINTS ]
```

当被赋予 REFERENCES 权限的用户建立了相关参照完整性约束时，回收该对象权限时使用 CASCADE CONSTRAINTS 选项。

【例 5-24】对用户赋予和回收对象权限。对 user01 用户赋予 TEACHING_DB 用户的表对象 STUDENT 的 SELECT 权限，验证 user01 用户是否能查询 TEACHING_DB 用户的 STUDENT 表，然后回收 SELECT 对象权限，再次验证。

使用 SYS 用户登录数据库，对 user01 用户赋予 TEACHING_DB 用户的表对象 STUDENT 的 SELECT 权限的 SQL 语句如下。

```
GRANT SELECT ON TEACHING_DB.STUDENT TO user01;
```

执行上述语句后的结果如图 5-48 所示。

赋予 SELECT 对象权限成功后，使用 user01 用户登录数据库，查询 TEACHING_DB 用户的 STUDENT 表，发现查询成功，说明 user01 用户已经具有对 TEACHING_DB 用户的 STUDENT 表的 SELECT 权限，如图 5-49 所示。

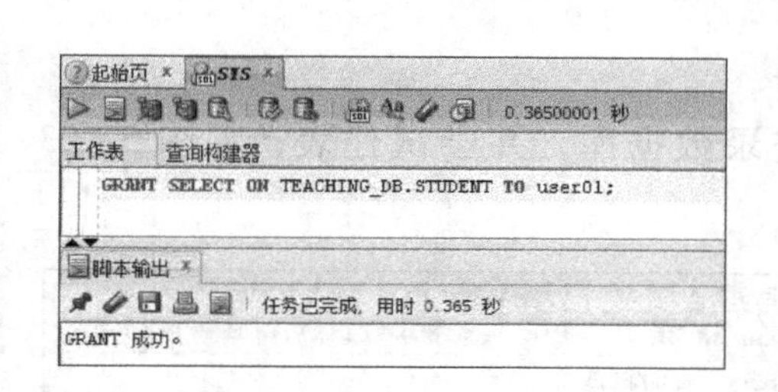

图 5-48　对用户 user01 赋予 SELECT 对象权限

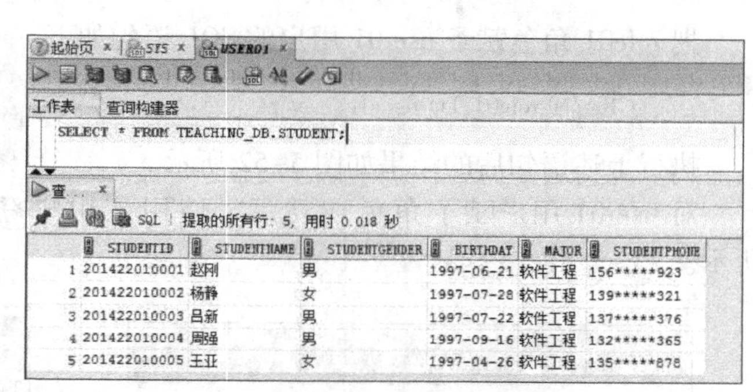

图 5-49　user01 用户查询 TEACHING_DB 用户的 STUDENT 表

使用 SYS 用户登录数据库，对 user01 用户回收 TEACHING_DB 用户的表对象 STUDENT 的 SELECT 权限的 SQL 语句如下。

```
REVOKE SELECT ON TEACHING_DB.STUDENT FROM user01;
```

执行上述语句后的结果如图 5-50 所示。

回收 SELECT 对象权限成功后，使用 user01 用户登录数据库，再次尝试查询 TEACHING_DB 用户的 STUDENT 表，系统提示错误“表或视图不存在”，说明对 TEACHING_DB 用户的 STUDENT 表的 SELECT 权限已经从 user01 用户那里成功回收，user01 用户不再有权限查看该表，如图 5-51 所示。

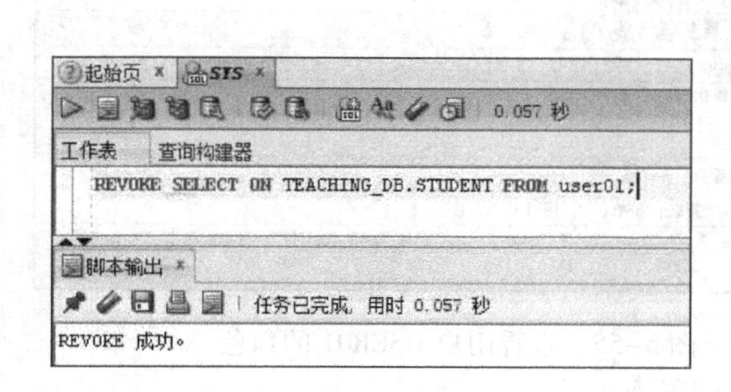

图 5-50　对用户 user01 回收 SELECT 对象权限

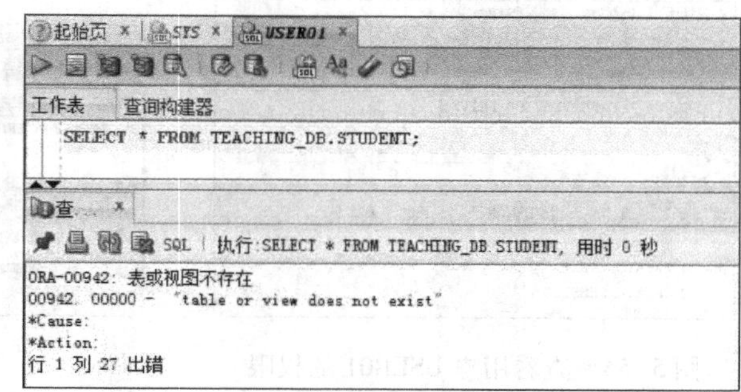

图 5-51　回收 SELECT 权限后尝试查询表

4. 通过角色赋予与回收权限

在前面的5.3节中已介绍过，角色是相关权限的命名集合，Oracle引入角色的概念是为了简化权限管理，通常在给用户赋予权限时先把权限赋予角色，再把角色赋予用户。

【例5-25】通过角色对用户赋予和回收权限。新创建角色role01和用户user01，把CREATE SESSION和CREATE TABLE权限赋予role01角色，再把role01角色赋予user01用户，验证user01用户是否可以登录数据库并创建表，把role01角色从user01用户收回，再次验证。

首先使用SYS用户创建新角色role01和新用户user01，把CREATE SESSION和CREATE TABLE权限赋予role01角色的SQL语句如下。

```
GRANT CREATE SESSION, CREATE TABLE TO role01;
```

把role01角色赋予user01用户的SQL语句如下。

```
GRANT role01 TO user01;
```

执行上述语句后的结果如图5-52所示。

对user01用户赋予角色成功后，使用该用户登录数据库，并尝试建表，如图5-53所示。

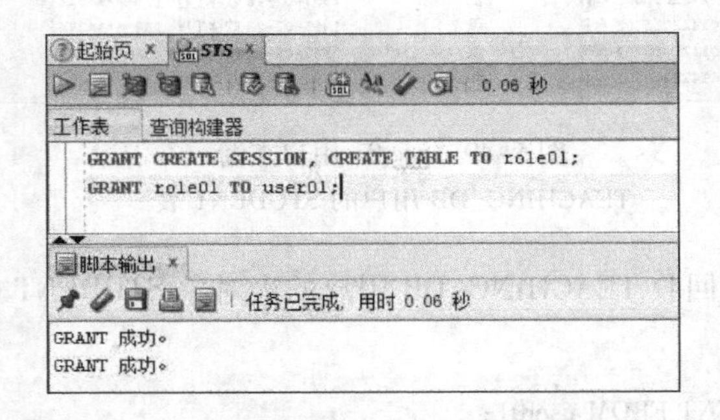

图5-52　通过角色role01对用户user01赋予权限

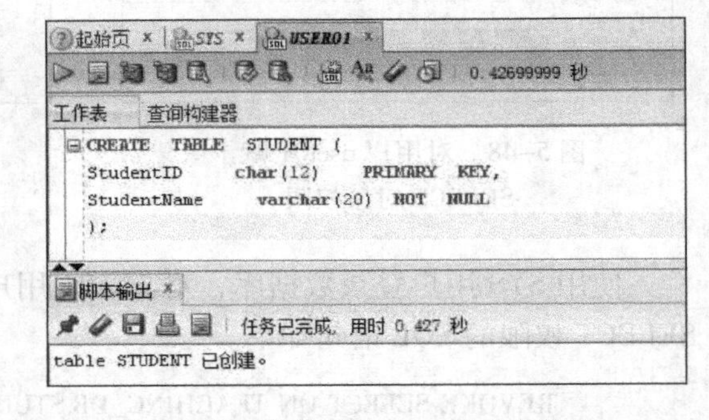

图5-53　验证用户user01获得权限

若用户建表成功，说明把role01角色赋予用户后，用户即获得角色拥有的权限。查看用户当前的权限，可见用户当前拥有role01角色拥有的CREATE SESSION和CREATE TABLE权限，如图5-54所示。

查看用户USER01的角色，可见用户拥有ROLE01角色，如图5-55所示。

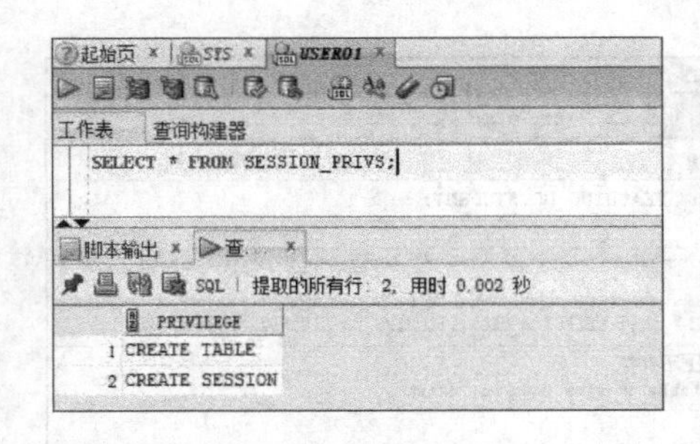

图5-54　查看用户USER01的权限

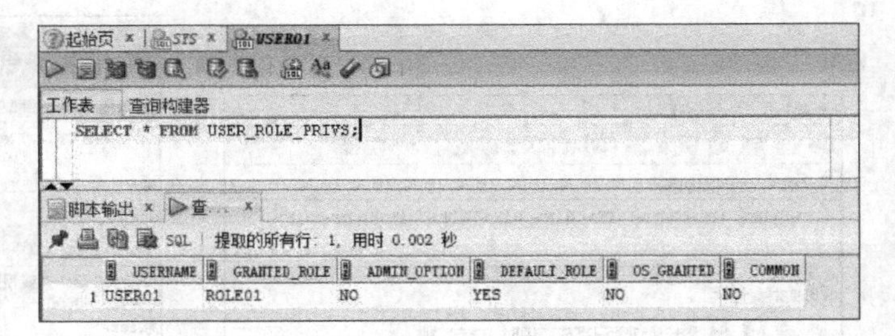

图5-55　查看用户USER01的角色

角色可以从用户收回，把role01角色从user01用户收回的SQL语句如下。

```
REVOKE role01 FROM user01;
```

执行上述语句后的结果如图 5-56 所示。

再次验证，断开 user01 用户连接后重新尝试登录数据库，发现该用户已不能连接数据库，系统提示缺少 CREATE SESSION 权限，说明赋予用户的角色被收回，则用户也就失去了收回的角色拥有的权限。

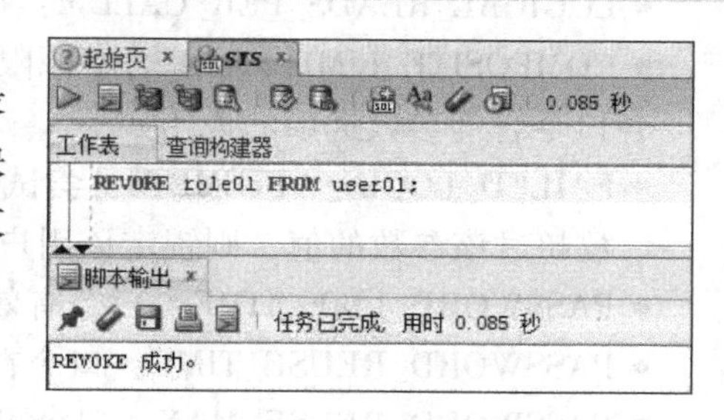

图 5-56　从 user01 用户回收 role01 角色

5.5　Oracle 概要文件

创建了用户后，就需要给予该用户各种系统资源，如 CPU、并行会话数和空闲时间限制等资源限制，同时需要对口令做出更详细的管理方案，如尝试登录指定的次数后用户账号被锁定、口令过期之后的处理等，如果对每个用户都进行资源限制或口令管理，要输入大量的指令，因此，Oracle 为了合理分配和使用系统的资源，并提高分配资源的效率，提供了概要文件来管理用户。

所谓概要文件，就是一份描述如何使用系统的资源（主要是 CPU 资源）的配置文件。将概要文件赋予某个数据库用户，在用户连接并访问数据库服务器时，系统就按照概要文件给他分配资源。

使用概要文件可以实现用户的资源管理和口令管理。通过将概要文件赋予用户，可以极大地减少 DBA 的工作量。在 Oracle 数据库创建的同时，系统会创建一个名为 DEFAULT 的默认概要文件。如果没有为用户显式地指定一个概要文件，系统默认将 DEFAULT 概要文件作为用户的概要文件。

5.5.1　概要文件的创建

概要文件的参数有资源管理参数和口令管理参数。

创建概要文件的 SQL 语句基本格式如下。

```
CREATE PROFILE <概要文件名>    LIMIT
    [SESSIONS_PER_USER n]
    [CPU_PER_SESSION n]
    [CPU_PER_CALL n]
    [CONNECT_TIME n]
    [IDLE_TIME n]
    [LOGICAL_READS_PER_SESSION n]
    [LOGICAL_READS_PER_CALL n]
    [COMPOSITE_LIMIT n]
    …
```

其中 n 为最大值，各资源管理参数选项的说明如下。

- SESSIONS_PER_USER n：表示每个用户的最大会话数。
- CPU_PER_SESSION n：每个会话占用的 CPU 时间，单位是 0.01 秒。
- CPU_PER_CALL n：每个调用占用的 CPU 时间，单位是 0.01 秒。
- CONNECT_TIME n：每个支持连接的时间，单位是分钟。
- IDLE_TIME n：每个会话的空闲时间，单位是分钟。

• LOGICAL_READS_PER_SESSION n：每个会话的物理和逻辑读数据块数。
• LOGICAL_READS_PER_CALL n：每个调用读取的块数。
• COMPOSITE_LIMIT n：综合资源限制，一个会话可以消耗的资源总限额。

各口令管理参数选项的说明如下。

• FAILED_LOGIN_ATTEMPTS：尝试失败登录的次数，如果用户登录数据库时登录失败次数超过该参数的值，则锁定该用户。
• PASSWORD_LIFE_TIME：口令有效的时限，超过该参数指定的天数，则口令失效。
• PASSWORD_REUSE_TIME：口令在多少天内可被重用。
• PASSWORD_REUSE_MAX：口令可被重用的最大次数。
• PASSWORD_LOCK_TIME：当用户登录失败后，用户被锁定的天数。
• PASSWORD_GRACE_TIME：口令过期之后还可以继续使用的天数。
• PASSWORD_VERIFY_FUNCTION：在为一个新用户赋予口令之前，要验证口令的复杂性是否满足要求的一个函数，该函数使用 PL/SQL 编写，名称为 verify_function，该函数将做以下检查：①口令的最小长度要求 4 个字符；②口令不能与用户名相同；③口令应至少包含一个字符、一个数字和一个特殊字符。数字包括 0123456789，字符包括 abcdefghijklmnopqrstuvwxyzABCDEFGHIJKLMNOPQRSTUVWXYZ，而特殊字符包括！#$%&()˜ ~ * +，-/:；<=>？_'"；④新口令至少有 3 个字母与旧口令不同。

【例 5-26】创建概要文件，设置部分资源管理参数和口令管理参数。对 TEACHING_DB 用户创建名为 TEACHING_PROF 的概要文件。其 SQL 语句如下。

```
CREATE PROFILE Teaching_Prof LIMIT
                SESSIONS_PER_USER   10
                CPU_PER_SESSION   10000
                IDLE_TIME   40
                CONNECT_TIME   120
                FAILED_LOGIN_ATTEMPTS   3
                PASSWORD_LIFE_TIME   60
                PASSWORD_GRACE_TIME   7;
```

对使用该概要文件的每个用户规定如下。

• 最多可以创建 10 个并发会话。
• 每个会话占用 CPU 的时间总量不超过 100 秒。
• 每个会话连续 40 分钟空闲，则结束会话。
• 每个会话持续时间最长为 120 分钟。
• 每个用户的口令如果登录数据库时失败次数超过 3 次，则该用户账号被锁定。
• 用户口令超过 60 天，则口令失效。
• 口令过期之后还可以继续使用 7 天。

执行上述语句后的结果如图 5-57 所示。

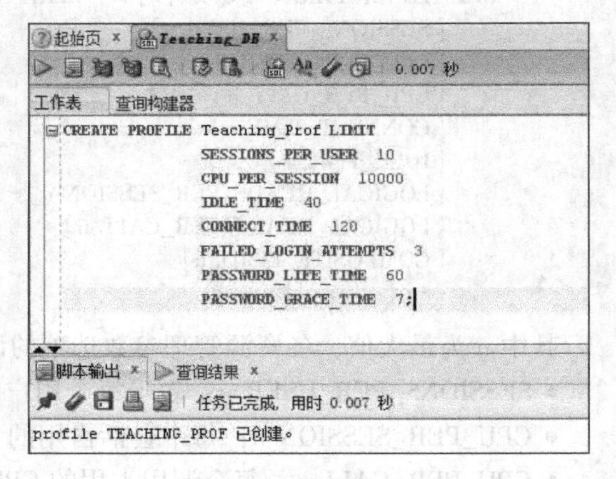

图 5-57　创建概要文件

5.5.2 概要文件的管理

在数据库中创建概要文件后，需要将概要文件分配给用户，以使之生效，还可根据需要对概要文件进行查看、修改和删除等管理操作。所有这些操作均可通过执行 SQL 语句方式实现，也可通过 SQL Developer 工具的 GUI 界面操作方式实现。

1. 查看概要文件

在 Oracle 数据库中，概要文件的定义信息存放在系统数据字典中。开发人员通过对数据字典 USER_PROFILES 进行查询访问，可获取所需概要文件的基本信息。

【例 5-27】 使用 SQL 语句和 SQL Developer 工具的 GUI 界面方式查看【例 5-26】中定义的概要文件 TEACHING_PROF。

查看概要文件 TEACHING_PROF 的 SQL 语句如下。

```
SELECT * FROM DBA_PROFILES WHERE PROFILE ='TEACHING_PROF';
```

执行上述语句后的结果如图 5-58 所示。

起始页 × Teaching_DB ×

工作表 查询构建器

```
SELECT * FROM DBA_PROFILES WHERE PROFILE='TEACHING_PROF';
```

脚本输出 × 查... ×

SQL | 提取的所有行: 16, 用时 0.007 秒

	PROFILE	RESOURCE_NAME	RESOURCE_TYPE	LIMIT	COMMON
1	TEACHING_PROF	COMPOSITE_LIMIT	KERNEL	DEFAULT	NO
2	TEACHING_PROF	SESSIONS_PER_USER	KERNEL	10	NO
3	TEACHING_PROF	CPU_PER_SESSION	KERNEL	10000	NO
4	TEACHING_PROF	CPU_PER_CALL	KERNEL	DEFAULT	NO
5	TEACHING_PROF	LOGICAL_READS_PER_SESSION	KERNEL	DEFAULT	NO
6	TEACHING_PROF	LOGICAL_READS_PER_CALL	KERNEL	DEFAULT	NO
7	TEACHING_PROF	IDLE_TIME	KERNEL	40	NO
8	TEACHING_PROF	CONNECT_TIME	KERNEL	120	NO
9	TEACHING_PROF	PRIVATE_SGA	KERNEL	DEFAULT	NO
10	TEACHING_PROF	FAILED_LOGIN_ATTEMPTS	PASSWORD	3	NO
11	TEACHING_PROF	PASSWORD_LIFE_TIME	PASSWORD	60	NO
12	TEACHING_PROF	PASSWORD_REUSE_TIME	PASSWORD	DEFAULT	NO
13	TEACHING_PROF	PASSWORD_REUSE_MAX	PASSWORD	DEFAULT	NO
14	TEACHING_PROF	PASSWORD_VERIFY_FUNCTION	PASSWORD	DEFAULT	NO
15	TEACHING_PROF	PASSWORD_LOCK_TIME	PASSWORD	DEFAULT	NO
16	TEACHING_PROF	PASSWORD_GRACE_TIME	PASSWORD	7	NO

图 5-58 用 SQL 语句查看概要文件

从图 5-58 可以看到，概要文件的资源管理参数的 RESOURCE_TYPE 为 KERNEL，而口令管理参数的 RESOURCE_TYPE 为 PASSWORD，设置的参数值保存在 LIMIT 列中。

使用 SQL Developer 工具的 GUI 界面方式查看 TEACHING_PROF 概要文件的方法为：在 SQL Developer 工具中选择“查看”→DBA 命令，在 SYS 列表中选择“安全”下的“概要文件”目录，在列表中选中概要文件 TEACHING_PROF，如图 5-59 所示。

在窗口界面的“一般”和“数据库服务”选项卡中显示了该概要文件的文件名和资源管理参数，“口令”选项卡中则显示了口令管理参数。

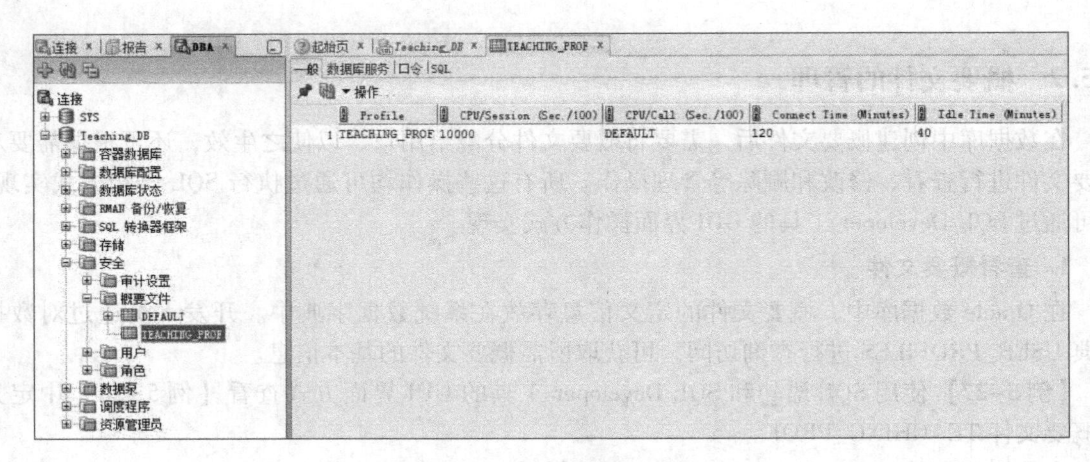

图 5-59　用 GUI 界面查看概要文件

2. 分配概要文件

概要文件创建好后，需要赋予用户才能生效，使用 ALTER USER 语句把概要文件赋予用户。需要注意的是，概要文件的口令参数在赋予用户时立即生效，而资源参数需要修改动态参数 RESOURCE_LIMIT 为 TRUE，才能使之生效。

把概要文件赋予用户的 SQL 语句格式如下。

```
ALTER USER <用户名> PROFILE <概要文件名>;
```

修改动态参数为 TRUE 的语句如下。

```
ALTER SYSTEM SET RESOURCE_LIMIT = TRUE;
```

【例 5-28】 使用 SQL 语句和 SQL Developer 工具的 GUI 界面方式把概要文件赋予用户，并使资源参数生效。把概要文件 Teaching_Prof 赋予 TEACHING_DB 用户的 SQL 语句如下。

```
ALTER USER TEACHING_DB PROFILE Teaching_Prof;
```

执行上述语句后的结果如图 5-60 所示。

修改动态参数 RESOURCE_LIMIT 为 TRUE，执行结果如图 5-61 所示。

图 5-60　给用户赋予概要文件

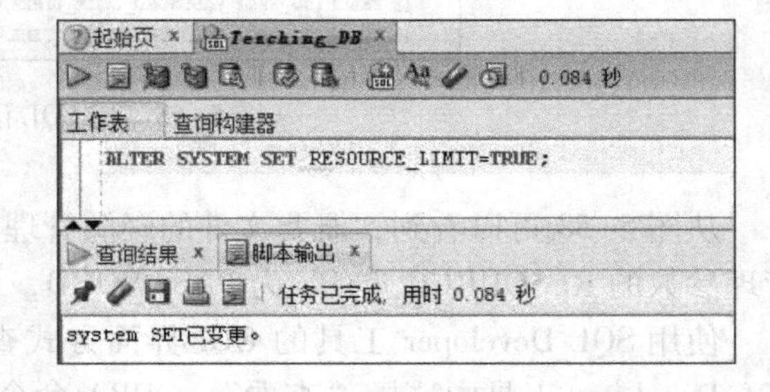

图 5-61　修改 RESOURCE_LIMIT 为 TRUE

也可以使用 SQL Developer 工具的 GUI 界面方式修改 RESOURCE_LIMIT 参数。在 SQL Developer 工具中选择“查看”→DBA 命令，在 SYS 列表中选择“数据库配置”下的“初始化参数”目录，在参数窗口界面上找到 resource_limit 参数进行修改，如图 5-62 所示。

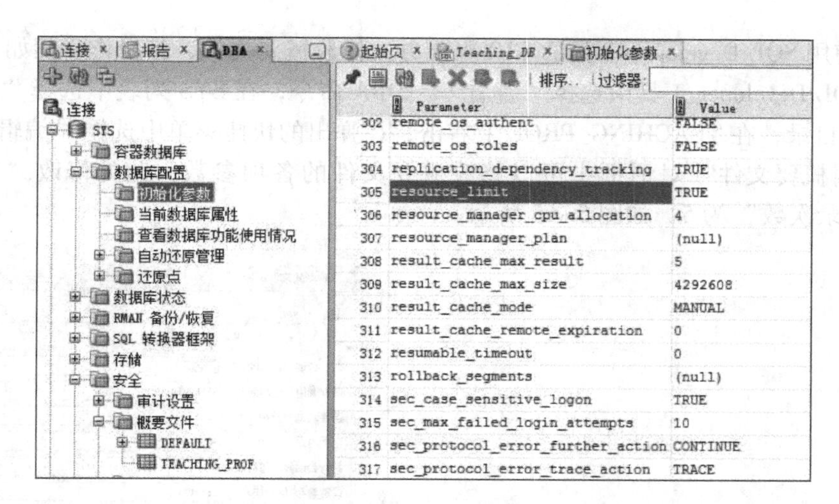

图 5-62　使用 GUI 界面修改 resource_limit 参数

把概要文件赋予用户后，查看用户的概要文件信息，SQL 语句如下。

```
SELECT USERNAME,PROFILE FROM DBA_USERS WHERE USERNAME ='TEACHING_DB';
```

执行上述语句后的结果如图 5-63 所示。

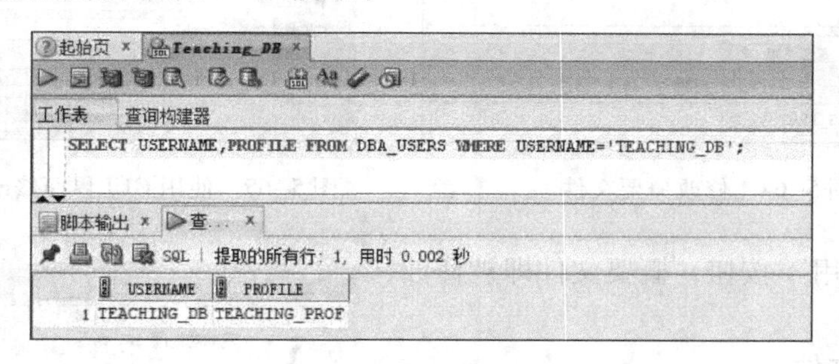

图 5-63　查看用户的概要文件

从图 5-63 可见，TEACHING_DB 用户的概要文件已经被赋予为 TEACHING_PROF。

3. 修改概要文件

可以对概要文件进行修改，修改概要文件的 SQL 语句格式如下。

```
ALTER   PROFILE   <概要文件名>   LIMIT
                  <资源参数列表>
                  <口令参数列表>;
```

需要注意的是，对概要文件的修改只有在用户开始一个新的会话时才会生效。

【例 5-29】 使用 SQL 语句和 SQL Developer 工具的 GUI 界面方式修改概要文件。修改 TEACHING_PROF 概要文件的参数 PASSWORD_LIFE_TIME 为 90 且 FAILED_LOGIN_ATTEMPTS 为 5 的 SQL 语句如下。

```
ALTER   PROFILE   Teaching_Prof   LIMIT
                  PASSWORD_LIFE_TIME   90
                  FAILED_LOGIN_ATTEMPTS   5;
```

执行上述语句后的结果如图 5-64 所示。

也可以使用 SQL Developer 工具的 GUI 界面方式修改概要文件，其操作步骤如下。

1）在 SQL Developer 工具中选择“查看”→DBA 命令，在 SYS 列表中选择“安全”下的“概要文件”目录，在 TEACHING_PROF 上右击，在弹出的快捷菜单中选择“编辑”命令，在弹出的“编辑概要文件”对话框中可以修改概要文件的各项参数，此处修改“有效期”为 90，“失败登录次数”为 5，如图 5-65 所示。

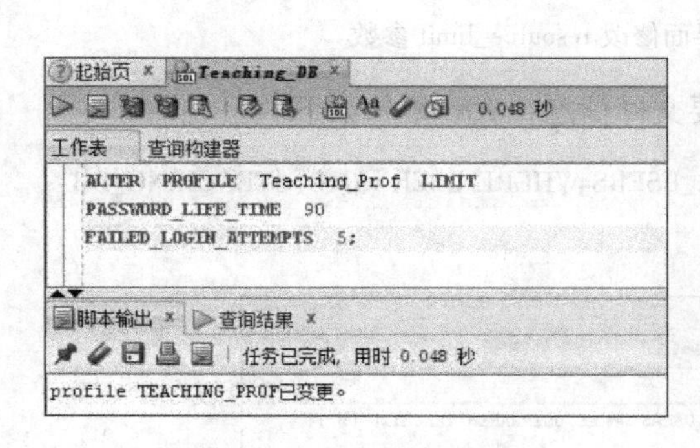

图 5-64　修改概要文件

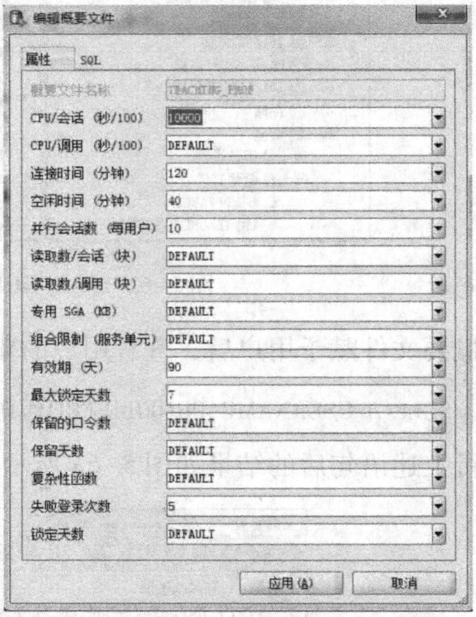

图 5-65　使用 GUI 界面修改概要文件

2）单击“应用”按钮，概要文件即被修改，如图 5-66 所示。

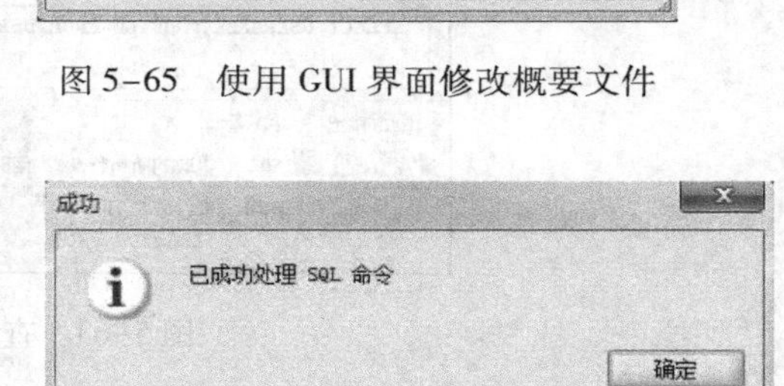

图 5-66　成功修改概要文件

4. 删除概要文件

如果不再需要某个概要文件，可以删除它。需要注意的是，如果要删除的概要文件已经指定给用户，则必须使用 CASCADE 子句，如果为用户指定的概要文件被删除，则系统自动将 DEFAULT 概要文件指定给用户。删除概要文件的 SQL 语句格式如下。

```
DROP PROFILE <概要文件名> [CASCADE];
```

【例 5-30】 使用 SQL 语句和 SQL Developer 工具的 GUI 界面方式删除所创建的 TEACHING_PROF 概要文件，其 SQL 语句如下。

```
DROP PROFILE Teaching_Prof CASCADE;
```

成功执行该 SQL 语句后，TEACHING_PROF 概要文件从数据库中被删除，如图 5-67 所示。

也可以使用 SQL Developer 工具的 GUI 界面方式删除概要文件，其操作步骤如下。

1）在 SQL Developer 工具中选择“查看”→DBA 命令，在 SYS 列表中选择“安全”下的“概要文件”目录，在 TEACHING_PROF 上右击，在弹出的快捷菜单中选择“删除概要文件”命令，弹出“删除概要文件”对话框，如图 5-68 所示。

图 5-67　用 SQL 语句删除概要文件

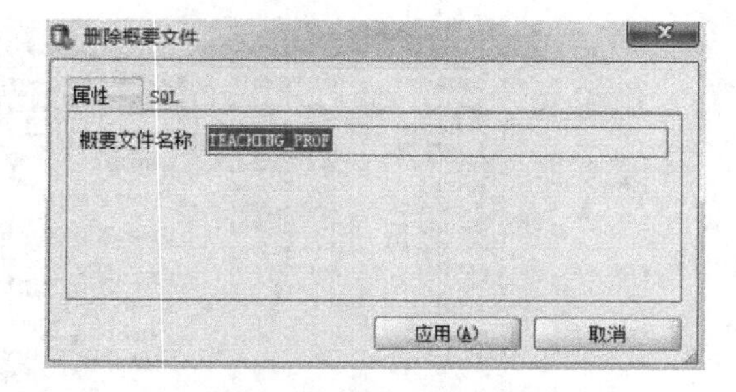

图 5-68　“删除概要文件”对话框

2）单击“应用”按钮，概要文件即被修改，Oracle 弹出如图 5-66 所示的成功执行 SQL 命令的对话框。

5.5.3　概要文件的使用

概要文件创建好后通过 ALTER USER 指令赋予给了用户，概要文件的口令参数立即生效，如果设置了动态参数 RESOURCE_LIMIT 为 TRUE，则概要文件的资源参数也生效了，此时 Oracle 对该用户的资源分配和口令管理就会按照其概要文件的参数进行控制。

【例 5-31】 创建概要文件并赋予用户，设置资源参数 SESSIONS_PER_USER 的值为 3，口令参数 FAILED_LOGIN_ATTEMPTS 的值为 2，验证参数作用。

首先根据【例 5-26】的操作方法创建概要文件 T_PROF 并赋予用户，这次设置 SESSIONS_PER_USER 的值为 3，FAILED_LOGIN_ATTEMPTS 的值为 2。创建完成后把概要文件赋予 TEACHING_DB 用户，并设置 RESOURCE_LIMIT 为 TRUE，然后查看该概要文件，如图 5-69 所示。

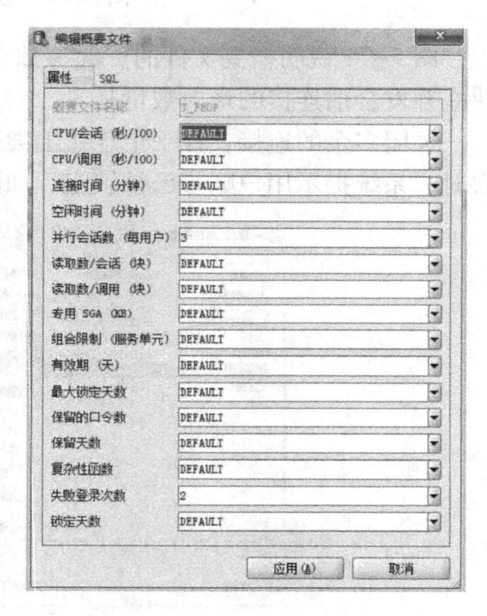

图 5-69　查看 T_PROF 概要文件参数

查看用户 TEACHING_DB 的概要文件，如图 5-70 所示。

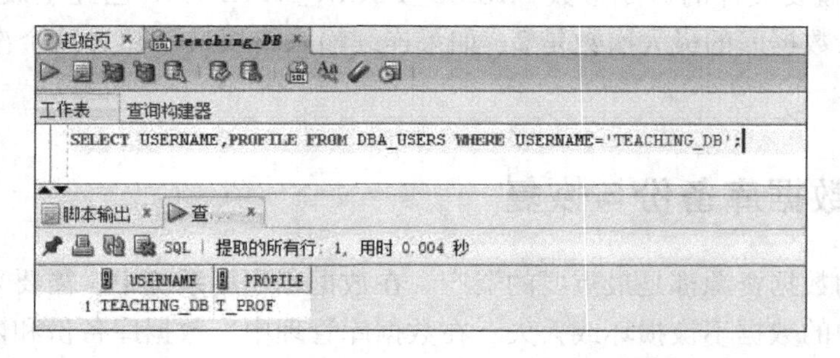

图 5-70　查看 TEACHING_DB 用户概要文件

说明已经正确创建了概要文件并赋予给了 TEACHING_DB 用户。然后尝试多次使用 TEACHING_DB 用户新建立连接登录 Oracle。当建立到第 4 个连接时，系统提示超出 SESSIONS_PER_USER 限制的错误，如图 5-71 所示。

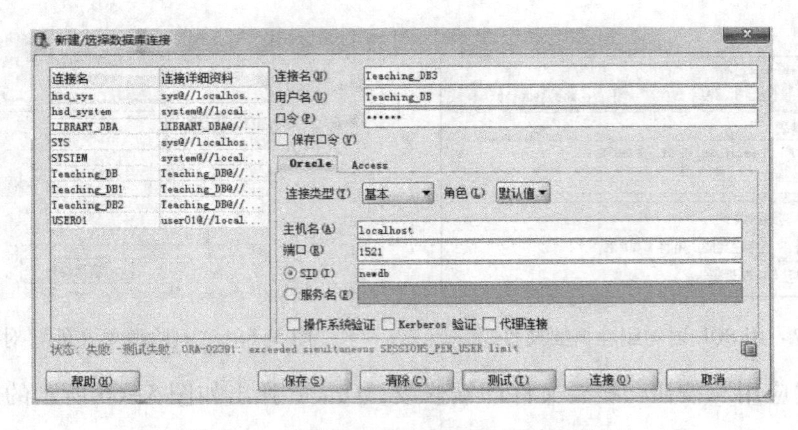

图 5-71　超出 SESSIONS_PER_USER 限制

图 5-71 说明概要文件的资源参数 SESSIONS_PER_USER 已经生效，TEACHING_DB 用户建立并发会话连接的最大数量是 3。

关闭多余的连接，在一个连接上尝试多次以错误的口令登录 Oracle。当第 3 次口令输入错误时，系统提示用户账号已被锁定，如图 5-72 所示。

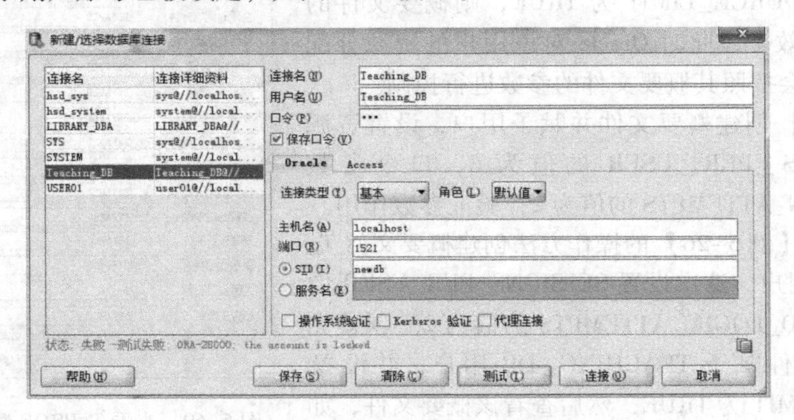

图 5-72　超出 FAILED_LOGIN_ATTEMPTS 限制

图 5-72 说明概要文件的口令参数 FAILED_LOGIN_ATTEMPTS 已经生效，TEACHING_DB 用户允许尝试登录数据库的最大次数是 2，如果连续输入错误口令超过这个次数，用户账号就会被锁定。

5.6　Oracle 数据库备份与恢复

对于任何机构数据资源都是最重要的资产。在数据库应用系统中，需要采取一定的技术手段来确保数据库中的数据不被损坏或丢失。在数据库管理中，数据库备份和恢复技术是一种重要的技术手段。

5.6.1　数据库备份与恢复概述

数据库备份是 DBA 的一项重要日常任务，没有备份就没有恢复，所以 DBA 需要选择良好的备份方案、合适的备份工具，以及相应的恢复方案。首先介绍一下与备份相关的概念。

1. 逻辑备份和物理备份

逻辑备份导出数据库的结构和数据，这些结构包括表的定义、触发器和存储过程等数据库对象，当使用数据泵技术或 EXP/IMP 技术时实现的是逻辑备份。物理备份是将数据库的数据文件、控制文件和归档日志文件的重要文件复制到操作系统的其他磁盘，此时的文件保持原文件类型。

2. 脱机备份和联机备份

脱机备份是指在数据库关闭的情况下实现数据备份，也称为冷备份。而联机备份是数据运行正在进行的数据备份，也称为热备份。采用联机备份还是脱机备份依赖于业务的需求，对于 7×24 小时运行的数据库显然不能使用脱机备份，但是联机备份相对复杂，必须考虑数据库的归档模式，以及设计合理的联机备份方案。

3. 一致备份和非一致备份

因为数据文件和控制文件中的系统 SCN（系统更改号）不一致，恢复进程必须使用归档日志文件和联机重做日志文件的数据更新数据文件中的内容，也就是将重做日志文件中用户提交的数据重新写入数据文件。Oracle 为每个事务设置了一个唯一的 SCN，当每次事务提交时都自动增加 SCN 号，这个号码永远是唯一的。当 DBWR 写进程运行时，将触发一个检验点事件，将数据库缓冲区中所有已经提交的数据写入磁盘，并使得所有数据文件和控制文件中的 SCN 相一致。这里的一致是指所有数据文件和控制文件中的 SCN 相同。而当 LGWR 将数据库缓冲区中变化的数据写入重做日志文件时，对于用户提交了数据的事务的 SCN 将记录在控制文件中，注意此时的数据文件中的 SCN 没有变化，这就称为不一致状态。所以一致备份和不一致备份的区别就是是否需要恢复。要实现一致备份，可以关闭数据库使用脱机备份的方式，也可以使数据库处于 MOUNT 状态，使用 RMAN 工具实现。在 7×24 小时运行的数据库中，不一致备份是唯一的选择，它并不代表这样的备份是不可靠的，只是在数据恢复时需要一个“一致”的过程，只要数据库处于归档模式，且重做日志归档文件没有损坏，就可以使用不一致的备份实现数据库的完全恢复，不会造成数据的丢失。

备份数据库的主要目的是为了防止数据的丢失，造成数据丢失包括以下几种情况。

- 由于不准确的更新而造成的数据的不正确。
- 由于病毒的侵害而造成的数据的丢失或损坏。
- 存放数据的物理磁盘或机器的损坏。
- 由于自然灾害而造成的损坏。

在一个正常运转的数据库系统中，除了用户的数据库之外，还有维护数据库正常运行的系统数据库。因此，在备份数据库时，不但要备份用户的数据库，同时还要备份系统的数据库，以保证在系统出现故障时，能够完全恢复数据库。通常情况下，备份都选在数据库操作少的时间进行，比如在夜间进行，这样可以减少对备份和数据操作性能的影响。至于多长时间备份一次，与数据的更改频率和用户能够允许的数据丢失多少有关。如果数据修改比较少，或者用户可以忍受的数据丢失时间比较长，则可以使备份的间隔长一些，否则，可以让备份的时间间隔短一些。

EXP/IMP 是 Oracle 比较传统的数据库逻辑备份工具，用于实现全库或表空间的逻辑备份，使用 EXP 实用程序可以导出整个数据库、一个用户的所有对象、一个表空间或特定的表，使用 EXP 实用程序导出的数据必须使用 IMP 实用程序恢复备份的数据。但是 EXP/IMP 不支持用户的交互模式，即在备份过程中无法控制或切换备份进程。

数据泵导出 EXPDP 类似于传统的 EXP 实用程序导出数据，使用 EXPDP 允许挂起和恢复作业，并且实现与正在运行的作业交互，可以从正在运行的导出作业中分离，也支持从失败或终止的作业中重启。EXPDP 提供了 3 种提取数据的方法，一是只提取数据库中的元数据，二是只提取数据库中的数据而忽略数据库对象的定义，三是同时提取数据库中的元数据和数据。

RMAN 是 Oracle 提供的实用程序 Recovery Manager，即恢复管理器。使用 RMAN 可以轻松实现数据库的所有备份任务，它可以通过命令行方式和 SQL Developer 工具操作，也可以通过 OEM 的 Database Control 界面实现。RMAN 在数据库服务器的帮助下实现数据库文件、控制文件、数据库文件和控制文件的映像副本，以及归档日志文件和数据库服务器参数文件的备份。RMAN 备份的文件自动保存在一个系统指定的目录下，文件的名称也由 RMAN 自己维护，实现数据恢复操作时，恢复指令简洁，RMAN 自动寻找需要的文件实现数据恢复，减少了在传统的导出导入程序中人为错误的发生。

本节主要介绍 RMAN 及数据泵的备份和恢复方法。

5.6.2 RMAN 备份与恢复

相对“古老”的备份技术而言，使用 RMAN 的优点如下。

1）支持增量备份。在传统的备份工具中，如 EXP 或 EXPDP，只能实现一个完整备份而不能增量备份，RMAN 采用被备份级别实现增量备份，在一个完整备份的基础上，采用增量备份，和传统备份方式相比，可以减少备份的数据量。

2）自动管理备份文件。RMAN 备份的数据是 RMAN 自动管理的，包括文件名称、备份文件存储目录，以及识别最近的备份文件、搜索恢复时需要的表空间、模式或数据文件等备份文件。

3）自动化备份与恢复。在备份和恢复操作时，使用简单的指令就可以实现备份与恢复，且执行过程完全由 RMAN 自己维护。

4）不产生重做信息。与用户管理的联机备份不同，使用 RMAN 的联机备份不产生重做信息。

5）恢复目录。RMAN 的自动化备份与恢复功能应该归功于恢复目录的使用，RMAN 直接在其中保存了备份和恢复脚本。

6）支持映像复制。使用 RMAN 也可以实现映像复制，映像以操作系统上的文件格式存在，这种复制方式类似于用户管理的脱机备份方式。

7）新块的比较特性。这是 RMAN 支持增量备份的基础，这种特性使得在备份时，跳过数据文件中从未使用过的数据块的备份，备份数据量的减少直接导致了备份存储空间需求和备份时间的减少。

8）备份的数据文件压缩处理。RMAN 提供了一个参数，用于说明是否对备份文件进行压缩，压缩的备份文件以二进制文件格式存在，可以减少备份文件的存储空间。

9）备份文件有效性检查功能。这种功能可验证备份的文件是否可用，在恢复前往往需要验证备份文件的有效性。

RMAN 的系统结构图如图 5-73 所示，也可以理解为一个备份或恢复过程的信息流示意图，RMAN 可执行程序启动并建立与数据库服务器的会话连接，客户端发出备份指令，而数据库服务器端的服务器后台进程执行指令完成磁盘读写操作，并将备份信息记录在 RMAN 信息库中，RMAN 信息库可以保存在数据库服务器端的控制文件中，如果使用恢复目录，RMAN 信息库同样会自动保存在恢复目录中。

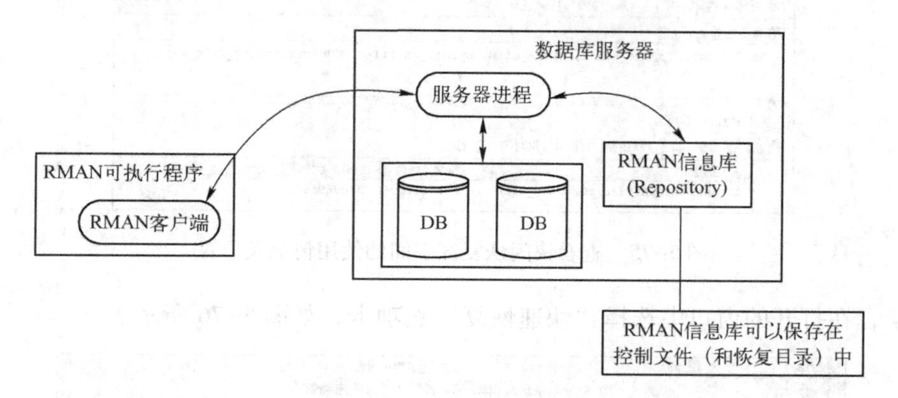

图 5-73　RMAN 系统结构图

1. 快闪恢复区

快闪恢复区是存储、备份和恢复数据文件及相关信息的存储区，提供了一个集中化的存储区域，很大程度上减小了管理开销。快闪恢复区保存了每个数据文件的备份、增量备份、控制文件备份，以及归档重做日志备份，与 RMAN 结合使用可以进行快速恢复。

【例 5-32】查看快闪恢复区的参数信息。查看快闪恢复区的物理目录地址和磁盘空间大小的命令如下。

```
SHOW PARAMETER db_recovery;
```

执行上述语句后的结果如图 5-74 所示。

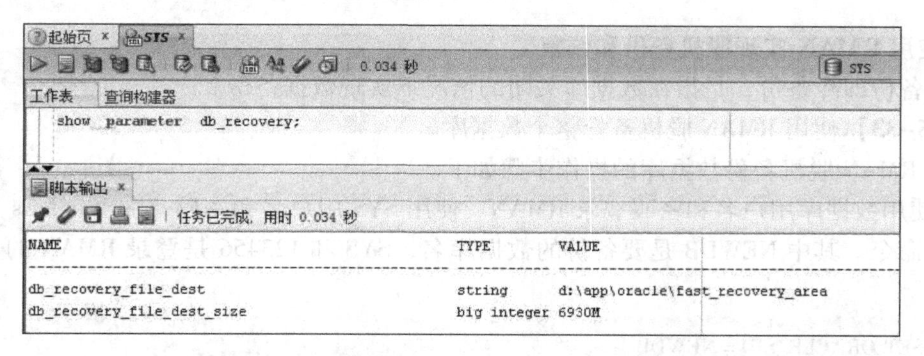

图 5-74　查看快闪恢复区空间大小及位置

也可以通过数据字典查看快闪恢复区的位置和空间使用信息，SQL 语句如下。

```
SELECT name, space_limit, space_used, number_of_files FROM v$recovery_file_dest;
```

执行上述语句后的结果如图 5-75 所示。

由图 5-74 和图 5-75 可见，本机快闪恢复区位置为 d:\app\oracle\fast_recovery_area，大小为 6930 M，图 5-75 所示是以字节的形式显示的，并且快闪恢复区已使用 304 M，共有 13 个文件。

也可以使用 SQL Developer 工具的 GUI 界面方式查看快闪恢复区相关信息。在 SQL Developer 工具中选择“查看”→DBA 命令，在 SYS 列表中选择“RMAN 备份/恢复”下的“RMAN

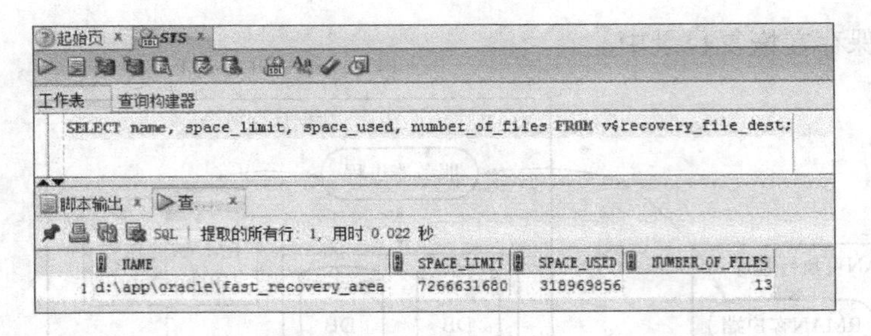

图 5-75　查看快闪恢复区空间的使用情况及位置

设置”目录，在打开的窗口中选择“快速恢复”选项卡，如图 5-76 所示。

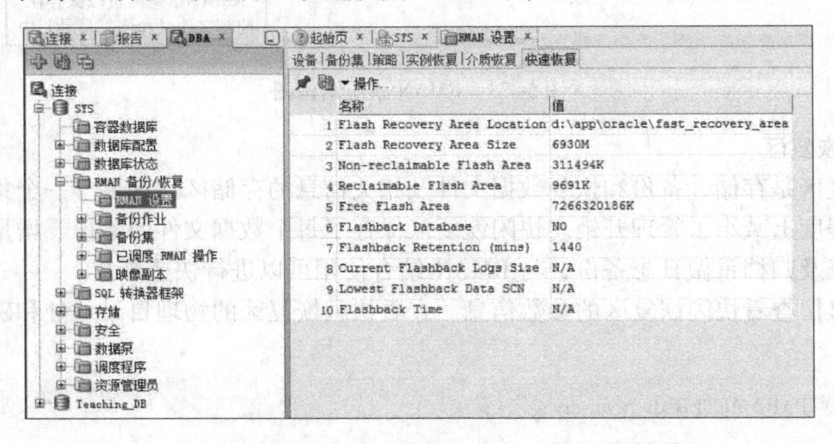

图 5-76　使用 GUI 界面方式查看快闪恢复区信息

2. 使用 RMAN 实现脱机备份和恢复

脱机备份即冷备份，是指在数据库关闭的情况下实现数据备份。

【例 5-33】 使用 RMAN 脱机备份整个数据库。

使用 RMAN 脱机备份数据库的操作步骤如下。

1）使用数据库用户名和密码登录 RMAN。使用 SYS 用户名和密码，在 Windows 控制台下执行以下命令。其中 NEWDB 是要备份的数据库名，SYS 和 123456 是登录 RMAN 的用户名和密码。

```
SET ORACLE_SID = NEWDB
RMAN TARGET SYS/123456
```

执行上述命令后的结果如图 5-77 所示。

图 5-77　登录 RMAN

2）可以设置参数使 RMAN 执行任何备份指令时，自动备份控制文件和参数文件。设置参数的命令如下。

```
CONFIGURE CONTROLFILE AUTOBACKUP ON;
```

在 RMAN 中执行上述命令后的结果如图 5-78 所示。

3）在 RMAN 执行程序中，通过客户端指令关闭数据库，然后从 RMAN 加载数据到 MOUNT 状态。命令如下。

```
SHUTDOWN IMMEDIATE
STARTUP MOUNT
```

在 RMAN 中执行上述命令后的结果如图 5-79 所示。

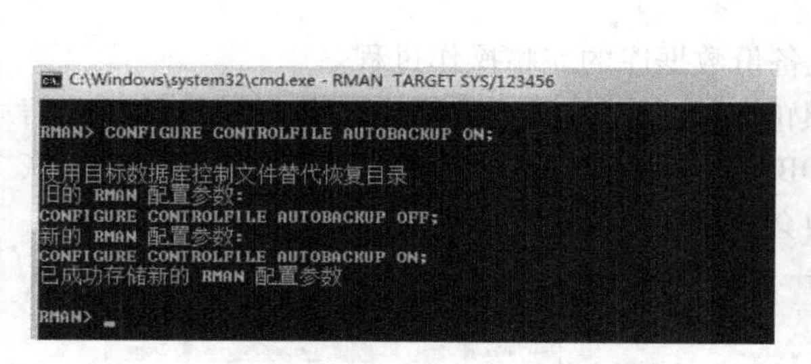

图 5-78　设置参数自动备份控制文件和参数文件

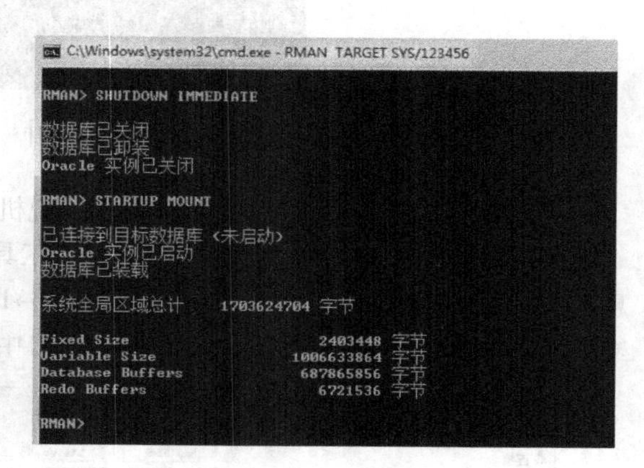

图 5-79　使数据库为 MOUNT 状态

4）使用 BACKUP DATABASE 备份指令备份整个数据库。命令如下。

```
BACKUP DATABASE;
```

在 RMAN 中执行上述命令，等待一段时间后完成备份操作，结果如图 5-80 所示。

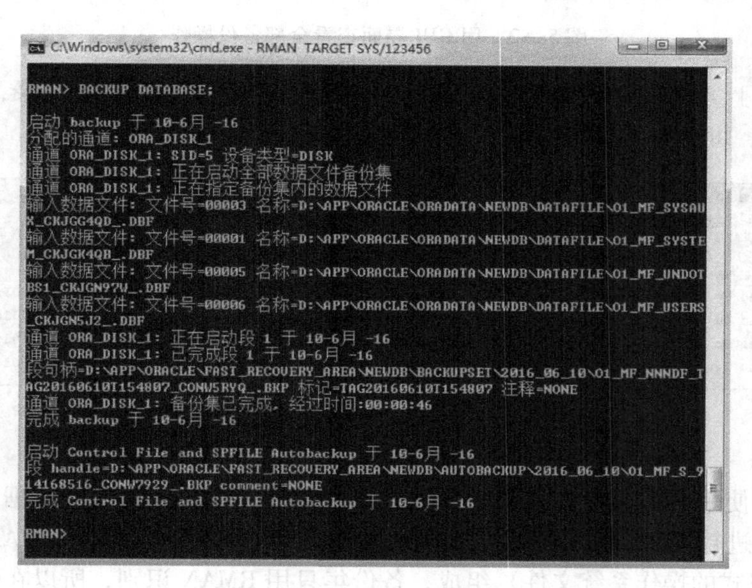

图 5-80　使用 RMAN 备份整个数据库

此时备份已完成，图 5-80 显示 RMAN 把数据库的备份文件保存为 D:\app\oracle\fast_recovery_area\NEWDB\BACKUPSET\2016_06_10\O1_MF_NNNDF_TAG20160610T154807_CONW5RYQ_.BKP，把数据库的控制文件和参数文件保存为 D:\app\oracle\fast_recovery_area\NEWDB\AUTOBACKUP\2016_06_10\O1_MF_S_914168516_CONW7929_.BKP。

5）重启数据库。命令如下。

```
ALTER DATABASE OPEN;
```

在 RMAN 中执行上述命令后的结果如图 5-81 所示。

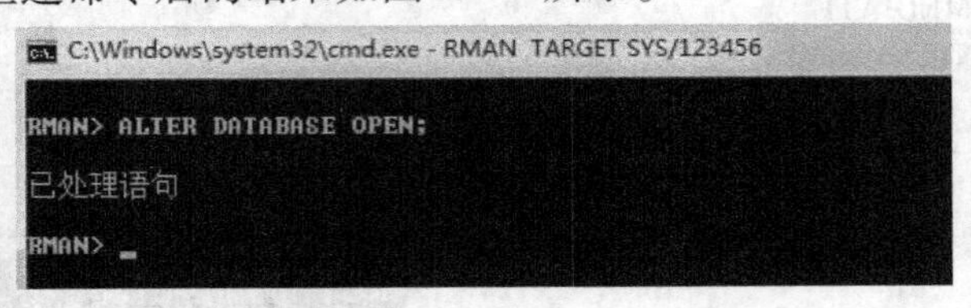

图 5-81　打开数据库

启动数据库后，就完成了使用 RMAN 脱机备份数据库的完整操作过程。

完成备份后，可以使用 SQL Developer 工具的 GUI 界面方式查看所完成备份操作的相关信息。在 SQL Developer 工具中选择“查看”→DBA 命令，在 SYS 列表中选择“RMAN 备份/恢复”下的“备份作业”目录，在右边的窗口中会显示曾经做过的备份操作，如图 5-82 所示。

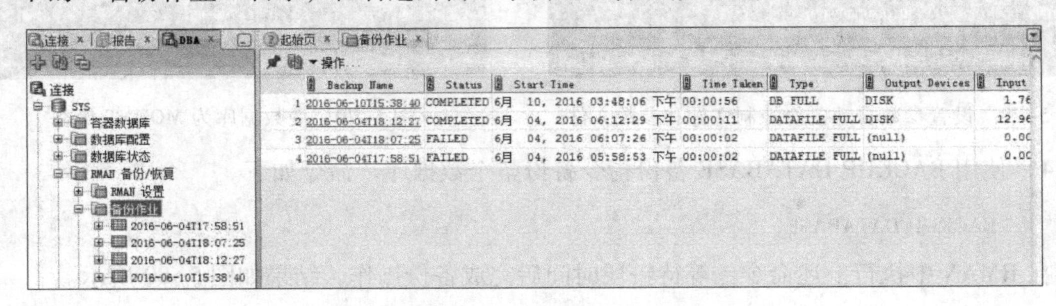

图 5-82　用 GUI 界面查看全部备份操作

可以看到最上方的记录即为上述完成的对整个数据库的备份操作记录，双击该记录的 Backup Name 列，可以看到该次操作的详细信息，如图 5-83 所示。

起始页 | 2016-06-10T15:38:40

概要 | 数据文件 | 控制文件 | SPFile | 归档日志 | 备份集 | 备份片段 | 映像副本 | 代理副本 | 代理归档日志 | 作业 | 作业输出

	Artifact	Artifact Count	Total Size	Oldest	Newest
1	Backed Up Datafiles	4	2.44G	6月 10, 2016 03:41:56 下午	6月 10, 2016 03:41:56 下午
2	Backed Up Controlfiles	1	9.58M	6月 10, 2016 03:41:56 下午	6月 10, 2016 03:41:56 下午
3	Backed Up SP Files	1	32.00K	6月 10, 2016 03:43:33 下午	6月 10, 2016 03:43:33 下午
4	Backup Sets	2	1.43G	6月 10, 2016 03:48:07 下午	6月 10, 2016 03:48:57 下午

图 5-83　用 GUI 界面查看上述备份操作的详细信息

【例 5-34】使用 RMAN 脱机恢复整个数据库。使用 RMAN 脱机恢复数据库，使用上述备份操作的备份集进行恢复。备份集是一个逻辑数据集合，由一个或多个 RMAN 的备份片（备份片是 RMAN 格式的操作系统文件）组成，备份集只用 RMAN 识别，所以在恢复时必须使用

RMAN 来访问备份集实现恢复。

使用 RMAN 脱机恢复数据库的操作步骤如下。

1）在 RMAN 中关闭数据库并启动到 MOUNT 状态。该步骤在 RMAN 中执行 SHUTDOWN IMMEDIATE 和 STARTUP MOUNT 命令，如同备份过程的第 3 步，此处不再重复描述。

2）使用 RMAN 重建数据库。从最近备份的全库备份集中重建整个数据库，其过程是将备份集中的数据文件复制到它原来的目录下，格式只有 RMAN 可识别。命令如下。

```
RESTORE DATABASE;
```

在 RMAN 中执行上述命令后的结果如图 5-84 所示。

```
C:\Windows\system32\cmd.exe - RMAN  TARGET SYS/123456

RMAN> RESTORE DATABASE;

启动 restore 于 10-6月 -16
分配的通道: ORA_DISK_1
通道 ORA_DISK_1: SID=5 设备类型=DISK

通道 ORA_DISK_1: 正在开始还原数据文件备份集
通道 ORA_DISK_1: 正在指定从备份集还原的数据文件
通道 ORA_DISK_1: 将数据文件 00001 还原到 D:\APP\ORACLE\ORADATA\NEWDB\DATAFILE\O1
_MF_SYSTEM_CKJGK4QB_.DBF
通道 ORA_DISK_1: 将数据文件 00003 还原到 D:\APP\ORACLE\ORADATA\NEWDB\DATAFILE\O1
_MF_SYSAUX_CKJGG4QD_.DBF
通道 ORA_DISK_1: 将数据文件 00005 还原到 D:\APP\ORACLE\ORADATA\NEWDB\DATAFILE\O1
_MF_UNDOTBS1_CKJGN97W_.DBF
通道 ORA_DISK_1: 将数据文件 00006 还原到 D:\APP\ORACLE\ORADATA\NEWDB\DATAFILE\O1
_MF_USERS_CKJGN5J2_.DBF
通道 ORA_DISK_1: 正在读取备份片段 D:\APP\ORACLE\FAST_RECOVERY_AREA\NEWDB\BACKUPS
ET\2016_06_10\O1_MF_NNNDF_TAG20160610T154807_CONW5RYQ_.BKP
通道 ORA_DISK_1: 段句柄 = D:\APP\ORACLE\FAST_RECOVERY_AREA\NEWDB\BACKUPSET\2016_
06_10\O1_MF_NNNDF_TAG20160610T154807_CONW5RYQ_.BKP 标记 = TAG20160610T154807
通道 ORA_DISK_1: 已还原备份片段 1
通道 ORA_DISK_1: 还原完成, 用时: 00:01:05
完成 restore 于 10-6月 -16

RMAN>
```

图 5-84　使用 RMAN 重建数据库

图 5-84 显示 RMAN 从数据库最近的备份文件开始恢复，即从刚才备份的文件 D:\app\oracle\fast_recovery_area\NEWDB\BACKUPSET\2016_06_10\O1_MF_NNNDF_TAG20160610T154807_CONW5RYQ_.BKP 中读取数据并还原复制到数据文件中。

3）恢复数据库。其目的是将在重建数据库时使用的备份集来把所有的用户提交数据重写入数据文件，完成数据库的完全恢复。命令如下。

```
RECOVER DATABASE;
```

在 RMAN 中执行上述命令后的结果如图 5-85 所示。

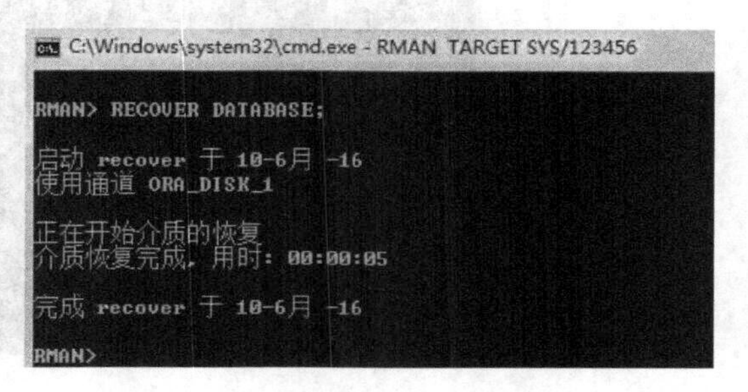

图 5-85　使用 RMAN 恢复数据库

4）打开数据库完成全库的完全恢复。该步骤在 RMAN 中执行 ALTER DATABASE OPEN 命令，如同备份过程的第 5 步，此处不再重复描述。

启动数据库后，就完成了使用 RMAN 脱机恢复数据库的完整操作过程。

3. 使用 RMAN 实现联机备份和恢复

联机备份即热备份，是数据运行中进行的数据备份，对于 7×24 小时运行的数据库，只能使用联机备份。

【例 5-35】使用 RMAN 联机备份表空间。

使用 RMAN 联机备份 USERS 表空间的操作步骤如下。

1）将数据库设置为归档模式。使用 ARCHIVE LOG LIST 命令查看当前数据库的归档模式，如图 5-86 所示。

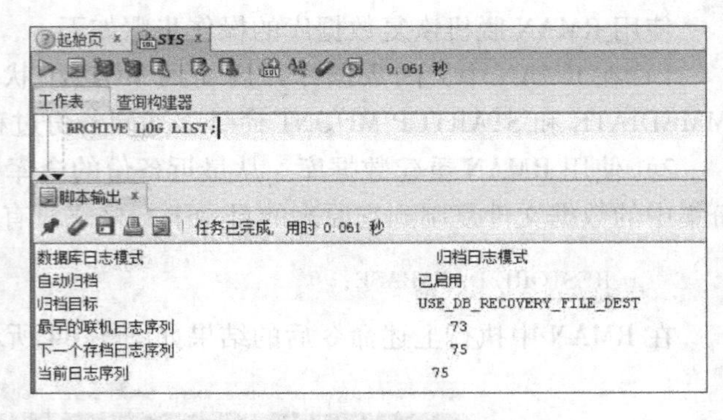

图 5-86　查看数据库归档模式

图 5-86 显示数据库当前处于归档模式下。联机备份只能在数据库归档模式下进行，如果当前数据库没有处于归档模式，则应该设置其为归档模式。设置数据库为归档模式的语句顺序如下。

```
SHUTDOWN IMMEDIATE;
STARTUP MOUNT;
ALTER DATABASE ARCHIVELOG;
ALTER DATABASE OPEN;
```

2）登录 RMAN，使用 RMAN 备份 USERS 表空间。

备份表空间、数据库、数据文件和控制文件的命令格式分别如下。

```
BACKUP TABLESPACE <表空间名>;
BACKUP DATABASE;
BACKUP DATAFILE <数据文件号>;
BACKUP CURRENT CONTROLFILE;
```

使用 RMAN 备份 USERS 表空间的命令如下。

```
BACKUP TABLESPACE USERS;
```

在 RMAN 中执行上述命令后的结果如图 5-87 所示。

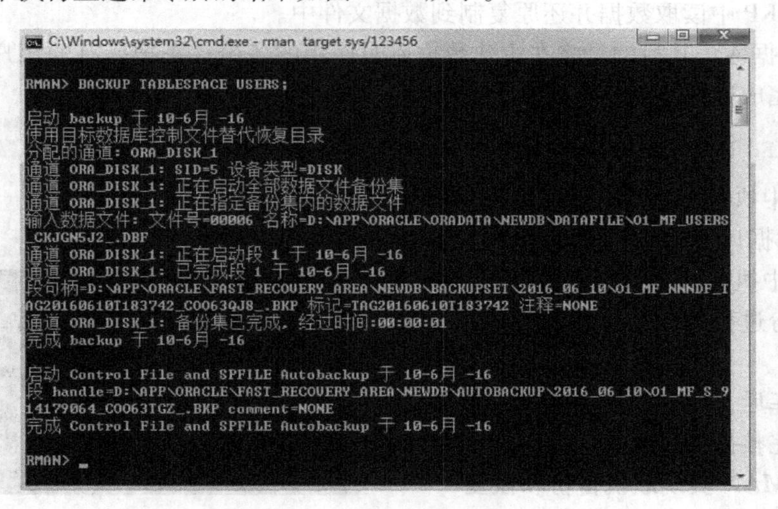

图 5-87　使用 RMAN 备份 USERS 表空间

此时已完成了使用 RMAN 联机备份数据库的完整操作过程，与脱机备份相比，使用 RMAN 进行联机备份的操作比较简单，需要注意的是，备份时应当使数据库处于归档模式。

图 5-87 显示 RMAN 把 USERS 表空间的备份文件保存为 D:\app\oracle\fast_recovery_area\NEWDB\BACKUPSET\2016_06_10\O1_MF_NNNDF_TAG20160610T183742_COO63QJ8_.BKP，把数据库的控制文件和参数文件保存为 D:\app\oracle\fast_recovery_area\NEWDB\AUTOBACKUP\2016_06_10\O1_MF_S_914179064_COO63TGZ_.BKP。

完成备份后，同样可以使用 SQL Developer 工具的 GUI 界面方式查看所完成备份操作的相关信息。

【例 5-36】 使用 RMAN 从联机热备份中恢复表空间。

使用 RMAN 联机恢复 USERS 表空间的操作步骤如下。

1）登录 RMAN，将需要恢复的表空间脱机。命令如下。

```
SQL 'ALTER TABLESPACE USERS OFFLINE';
```

在 RMAN 中执行上述命令后的结果如图 5-88 所示。

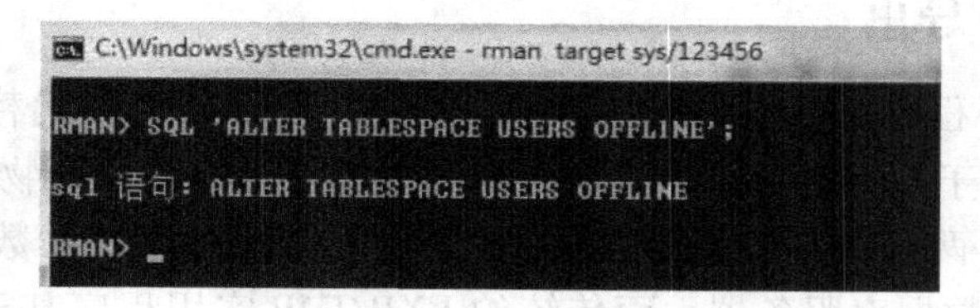

图 5-88　使 USERS 表空间脱机

2）重建 USERS 表空间。命令如下。

```
RESTORE TABLESPACE USERS;
```

在 RMAN 中执行上述命令后的结果如图 5-89 所示。

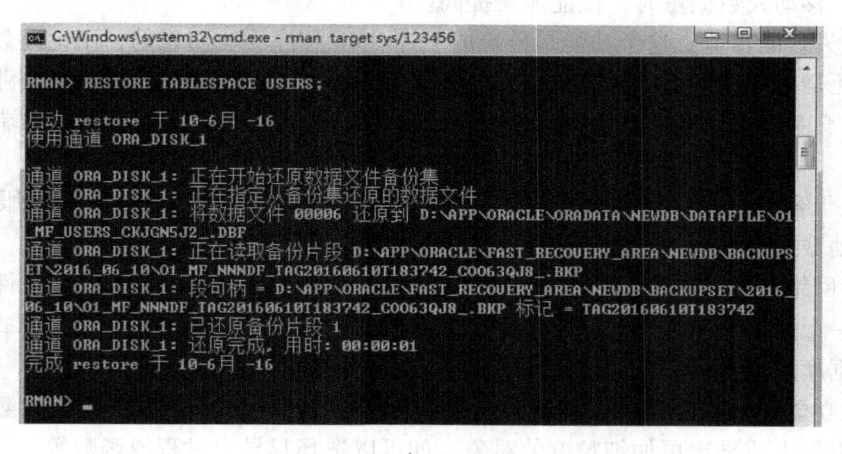

图 5-89　重建 USERS 表空间

3）恢复 USERS 表空间。命令如下。

```
RECOVER TABLESPACE USERS;
```

在 RMAN 中执行上述命令后的结果如图 5-90 所示。

4）将 USERS 表空间联机。命令如下。

```
SQL 'ALTER TABLESPACE USERS ONLINE';
```

在 RMAN 中执行上述命令后的结果如图 5-91 所示。

```
C:\Windows\system32\cmd.exe - rman target sys/123456

RMAN> RECOVER TABLESPACE USERS;

启动 recover 于 10-6月 -16
使用通道 ORA_DISK_1

正在开始介质的恢复
介质恢复完成, 用时: 00:00:01

完成 recover 于 10-6月 -16

RMAN>
```

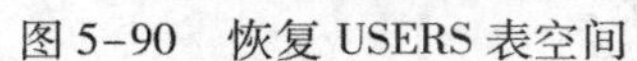
图 5-90　恢复 USERS 表空间

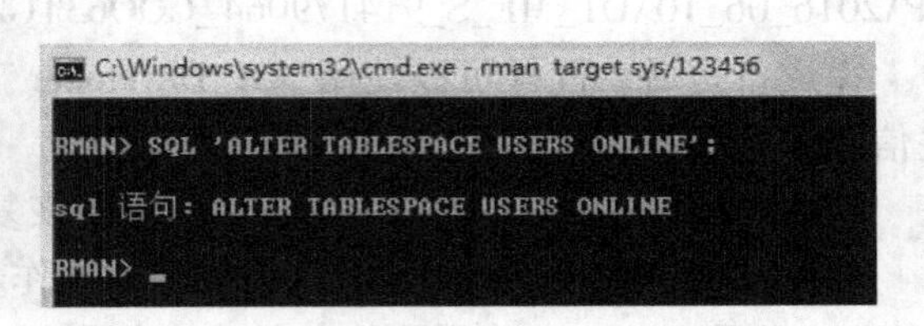

图 5-91　使 USERS 表空间联机

使表空间联机后，就完成了使用 RMAN 从联机热备份中恢复表空间的完整操作过程。

5.6.3　数据泵导入/导出

与传统的备份实用程序 EXP 和 IMP 相比，建议使用数据泵来代替它们。与上节介绍的 RMAN 相比，数据泵属于逻辑备份，而 RMAN 的冷备份和热备份属于物理备份。

数据泵技术同样由两部分组成：数据泵导出程序（EXPDP）和数据泵导入程序（IMPDP）。数据泵技术基于数据库服务器，而传统的 EXP/IMP 实用程序基于客户机运行。数据泵技术提供了许多新的特性，如可以中断导出、导入作业，再恢复作业的执行，从一个会话中监控数据泵取作业，在作业执行过程中修改作业属性，以及重启一个失败的数据泵取作业等。

与 EXP 和 IMP 相比，使用数据泵的优点如下。

1）导入导出速度更快：因为在数据泵导入导出作业中可以启动多个线程，所以可以并行地实现作业，移动大数据量时，性能显著提高。

2）重启失败的作业：这个功能是传统的 EXP/IMP 程序无法实现的，不论是数据泵导入导出作业停止还是失败，都可以很容易地重启作业。同时也支持手动停止或重启作业。

3）实时交互能力：在一个运行的数据泵作业中，可以从其他屏幕或控制终端与当前数据泵作业交互，以监控作业的执行，并更改作业的某些参数。

4）独立于客户机：因为数据泵技术是基于数据库服务器的，它是数据库服务器的一部分，一旦启动数据泵作业，则与客户机无关。

5）支持网络操作：支持在两个联网的数据库服务器之间导入和导出数据文件，也支持直接将数据从一个数据库导入到另一个数据库，而不需要备份文件。网络操作的方式基于数据库连接，在数据库间直接移动数据的方法不需要磁盘存储。

6）导入功能更加细粒度：在数据泵技术中，使用 INCLUDE 和 EXCLUDE 参数使得数据泵实用程序可以导入或导出更加细粒度的对象，如可以选择只导出过程或函数等。

1. 使用数据泵导出实现备份

数据泵作业在数据库服务器上创建所有的备份文件，而 Oracle 要求数据泵必须使用目录对象，以防止用户误操作数据库服务器上特定目录下的操作系统文件，目录对象对应于操作系统上的一个指定目录。如果当前用户是 DBA 用户，可以使用默认的目录对象，而不必再创建数据泵操作的工作目录。此时，数据泵作业会将备份文件、日志文件及 SQL 文件存储在该目录下。

实施数据库备份操作，需要以系统用户管理员（SYSTEM）或数据库备份管理员（SYSBACKUP）身份来完成。

【例 5-37】使用数据泵导出 TEACHING_DB 方案。操作步骤如下。

1）开始数据泵导出。在 SQL Developer 工具中选择“查看”→DBA 命令，在 SYS 列表中选择“数据泵”下的“导出作业”目录并右击，在弹出的快捷菜单中选择“数据泵导出向导”命令。在弹出的对话框中设置“连接”为 Teaching_DB，“数据或 DDL”为“数据和 DDL”，“要在数据泵中导出的类型”为“方案”，如图 5-92 所示。

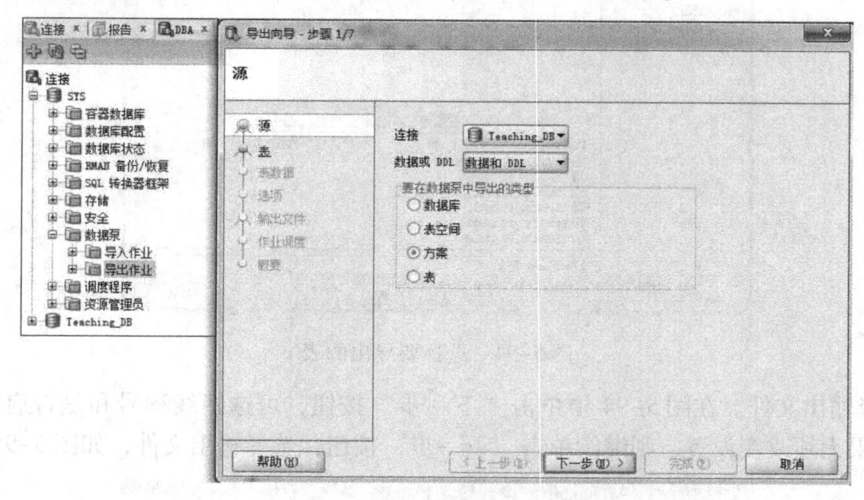

图 5-92　开始数据泵导出

EXPDP 提供了 3 种提取数据的方法，一是只提取数据库中的元数据，即数据库对象的定义；二是只提取数据库中的数据而忽略数据库对象的定义；三是同时提取数据库中的元数据和数据。选择“数据和 DDL”选项表示同时提取数据库中的元数据和数据，选择“方案”单选按钮表示导出的是某个方案的对象。

2）选择导出方案名。在图 5-92 中单击“下一步”按钮，在对话框中选择要导出的方案 TEACHING_DB，单击中间的第一个蓝色箭头，将其移到右边，如图 5-93 所示。

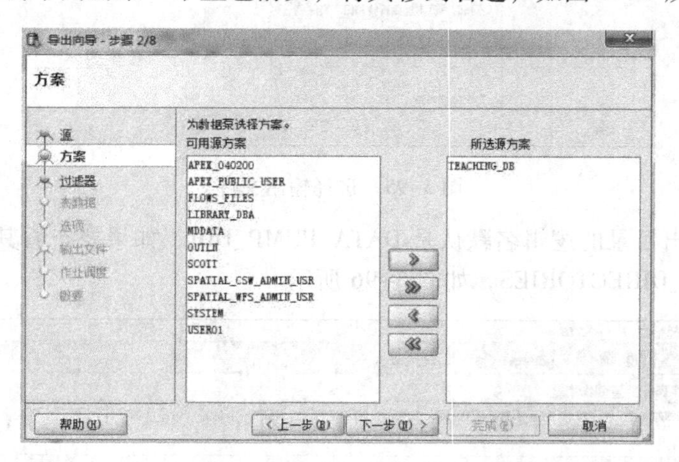

图 5-93　选择要导出的方案

该步骤用于选择要导出的方案，可以选择一个，也可以选择若干个。

3）选取表数据。在图 5-93 中单击“下一步”按钮，进入过滤器设置，如果无须设置，则继续单击“下一步”按钮，选择表数据，可以在对话框中单击“查找”，然后单击中间的箭头，选择要备份哪个表或哪些表，如图 5-94 所示。

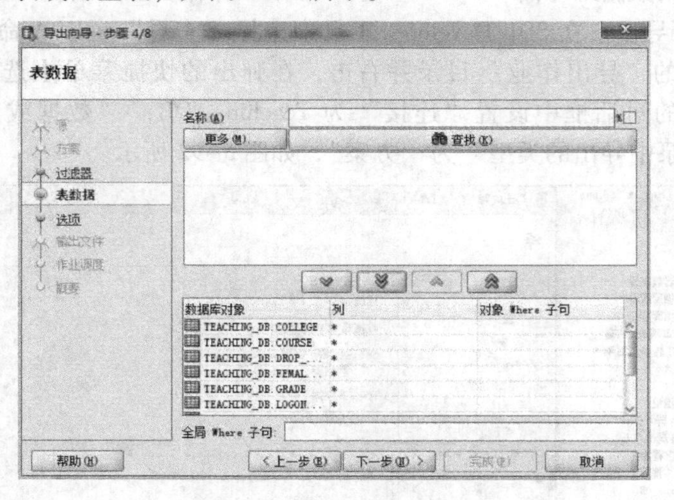

图 5-94　选择要导出的表

4）选择输出文件。在图 5-94 中单击“下一步”按钮，可选择线程号和是否启用日志记录等设置，如果无须改变设置，则继续单击“下一步”按钮，选择输出文件，如图 5-95 所示。

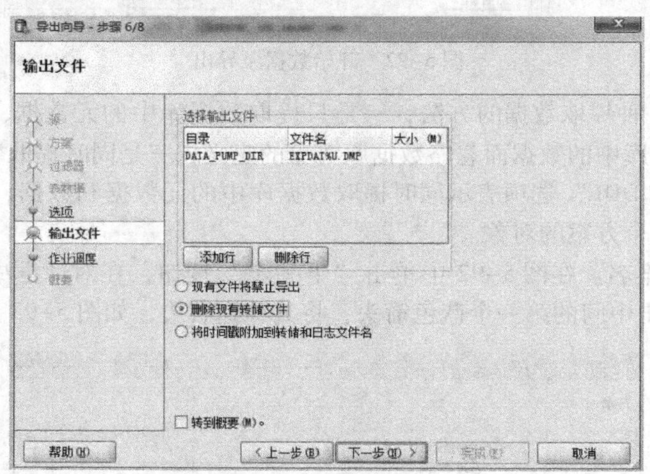

图 5-95　选择输出文件

当前备份的输出目录的逻辑名默认是 DATA_PUMP_DIR，如果要查看其物理目录名，可以查看数据字典 DBA_DIRECTORIES，如图 5-96 所示。

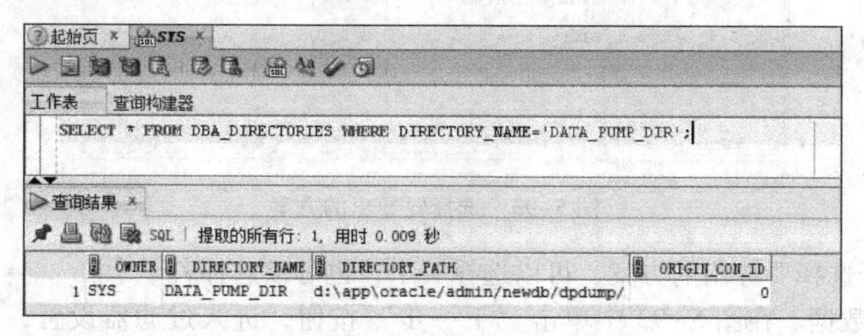

图 5-96　查看逻辑目录对应的物理目录

从图 5-96 中可以看到逻辑目录 DATA_PUMP_DIR 对应的物理目录是 d:\app\oracle/admin/newdb/dpdump/。

当前备份的输出文件名为 EXPDAT%U.DMP，即生成的备份文件名将以“EXPDAT01.DMP”“EXPDAT02.DMP”等形式出现。备份的逻辑目录和文件名都可以修改。如果目录下已有过去同名的文件，可以选择“删除现有转储文件”单选按钮，则生成的新备份文件将覆盖以前的同名文件。

5）完成导出作业。在图 5-95 中单击“下一步”按钮，可选择作业调度的相关参数，如果无须改变设置，则继续单击“下一步”按钮，进入导出作业概要对话框，在该对话框中可以浏览前面的各种设置内容，如要导出的方案及各种选项等，如图 5-97 所示。

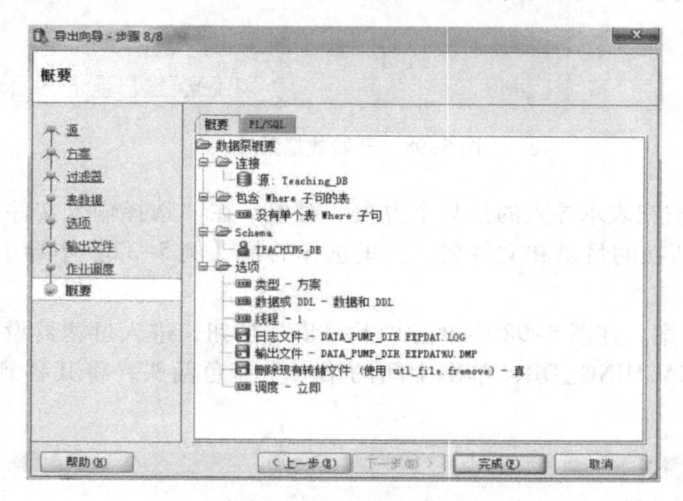

图 5-97　浏览导出作业概要

如果发现有设置不恰当的地方，可以通过单击“上一步”按钮，回到前面的步骤重新设置；如果没有，则单击“完成”按钮，数据库开始导出数据，等待一段时间后完成导出作业。

检查导出目录 D:\app\oracle/admin/NEWDB/dpdump/，发现 TEACHING_DB 方案的导出文件为 EXPDAT01.DMP。

2. 使用数据泵导入实现恢复

为了验证数据库系统的恢复处理功能，可以预先对 TEACHING_DB 数据库方案中若干表结构及表数据进行一定的修改，然后使用备份文件进行恢复处理。当执行恢复处理后，确认该数据库方案是否被恢复到原状。

这里以 SQL Developer 工具提供的数据泵（导入作业程序）方式来实现数据库逻辑恢复。实施数据库恢复操作，仍需要以系统用户管理员（SYSTEM）或数据库备份管理员（SYSBACKUP）来完成。

【例 5-38】 使用数据泵导入 TEACHING_DB 方案。操作步骤如下。

1）开始数据泵导入。在 SQL Developer 工具中选择“查看”→DBA 命令，在 SYS 列表中选择“数据泵”下的“导入作业”目录并右击，在弹出的快捷菜单中选择“数据泵导入向导”命令。在弹出的对话框中设置“连接”为 Teaching_DB，“数据或 DDL”为“数据和 DDL”，“导入类型”为“方案”，如图 5-98 所示。

可以自定义作业名，选择“数据和 DDL”选项表示同时导入数据库中的元数据和数据，

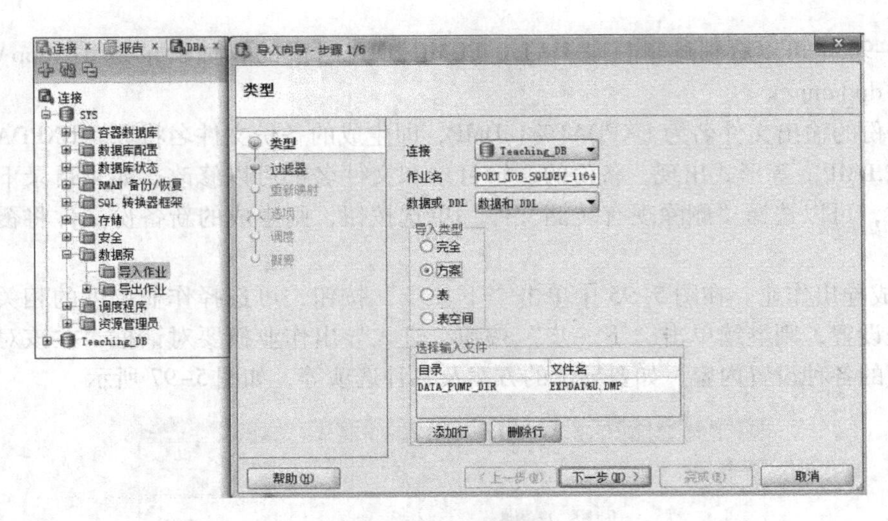

图 5-98　开始数据泵导入

选择“方案”单选按钮表示导入的是某个方案的对象。在“选择输入文件”列表框中应选择要导入的备份文件所在的目录和文件名，这里选择的是【例 5-37】中导出的 TEACHING_DB 方案的备份文件。

2）选择导入方案。在图 5-98 中单击“下一步”按钮，进入过滤器设置，在对话框中选择要导入的方案 TEACHING_DB，单击中间的第一个蓝色箭头，将其移到右边，如图 5-99 所示。

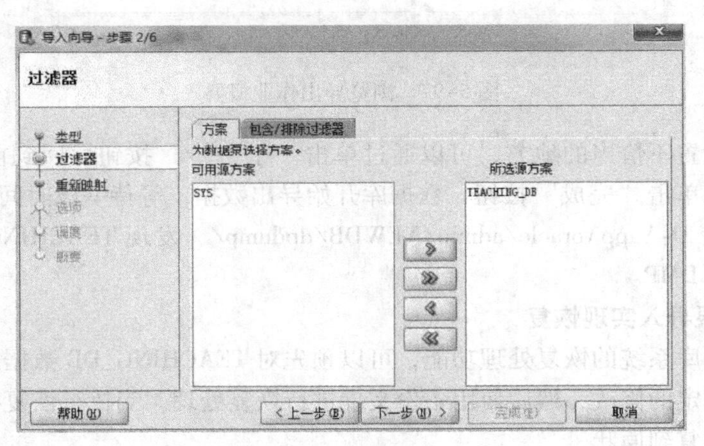

图 5-99　选择导入方案

3）设置对表操作。在图 5-99 中单击“下一步”按钮，进入重新映射对话框，如果无须改变设置，则继续单击“下一步”按钮，进入选项对话框，如图 5-100 所示。

在如图 5-100 所示的对话框中可选择是否启用日志记录。对表的操作中可选择“跳过”“附加”“截断”和“替换”单选按钮，这里选择“替换”单选按钮，使 TEACHING_DB 方案中的表完全被备份文件中的数据代替。

4）完成导入作业。在图 5-100 中单击“下一步”按钮，可选择作业调度的相关参数，如果无须改变设置，则继续单击“下一步”按钮进入导入作业概要对话框，在该对话框中可以浏览前面的各种设置内容，如要导入的方案及各种选项等，如图 5-101 所示。

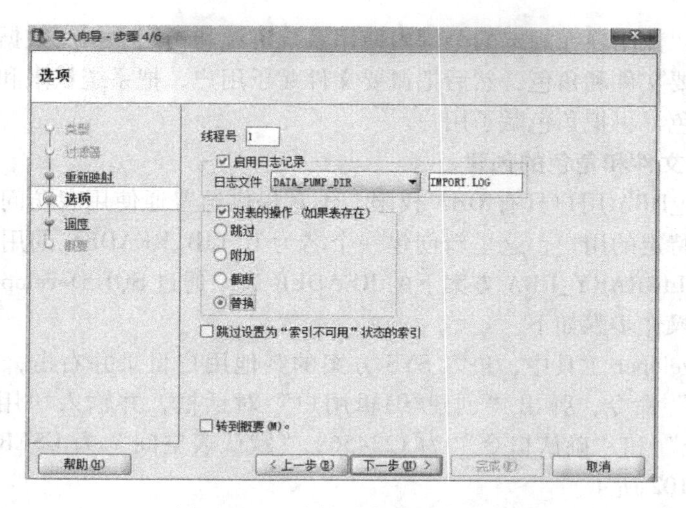

图 5-100　选择对表的操作方式

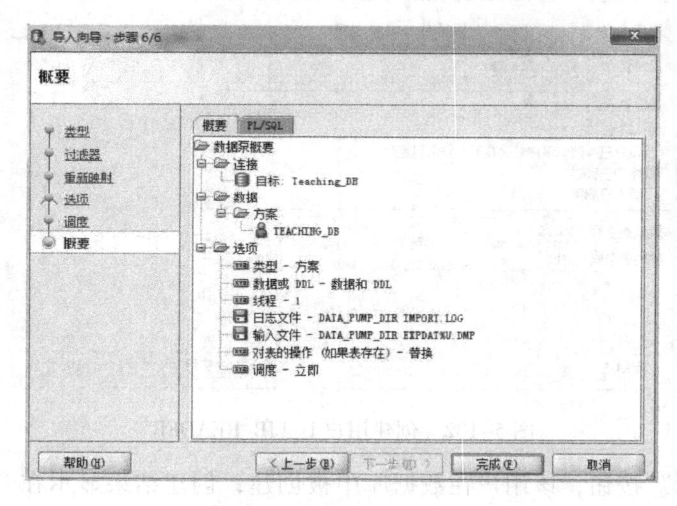

图 5-101　完成导入作业

如果发现有设置不恰当的地方，可以通过单击“上一步”按钮，回到前面的步骤重新设置；如果没有，则单击“完成”按钮，数据库开始导入数据，等待一段时间后完成导入作业。

导入作业完成后可查看 TEACHING_DB 方案是否导入成功，将在 TEACHING_DB 方案表中见到数据被恢复到备份时状态。

5.7　实践指导——图书借阅管理系统数据库安全管理

本节将以图书借阅管理系统开发为例，给出该系统用户权限管理、备份与恢复等数据库安全管理实践操作指导。该图书借阅管理系统的相关对象结构设计在 3.6 节中已有介绍，方案对象即为 Library_DBA。

5.7.1　数据库用户权限管理

要应对数据库面对的逻辑威胁，主要是做好用户管理、概要文件管理、角色管理和权限管理这几方面的工作，使用户在规定的范围内使用系统资源和访问数据库数据。首先，需要创建所需要的用户、概要文件和角色，然后把概要文件赋予用户，把系统权限和对象权限直接赋予用户，或者赋予角色，再把角色赋予用户。

1. 用户、概要文件和角色的创建

由于 LIBRARY_DBA 用户具有 DBA 权限，不宜提供给普通使用者访问数据库，因此需要为普通使用者创建特定的用户，这里新创建一个名为 U_LIB_READER 的用户，将来可以使用该用户登录并查看 LIBRARY_DBA 方案下的 READER 表。通过 SQL Developer 工具的 GUI 界面创建上述用户，其操作步骤如下。

1）在 SQL Developer 工具中，进入 SYS 方案的其他用户目录并右击，在弹出的快捷菜单中选择“创建用户”命令，弹出“创建/编辑用户”对话框，并输入“用户名”为 U_LIB_READER，“新口令”和“确认口令”为 123456，“默认表空间”为 USERS，“临时表空间”为 TEMP，如图 5-102 所示。

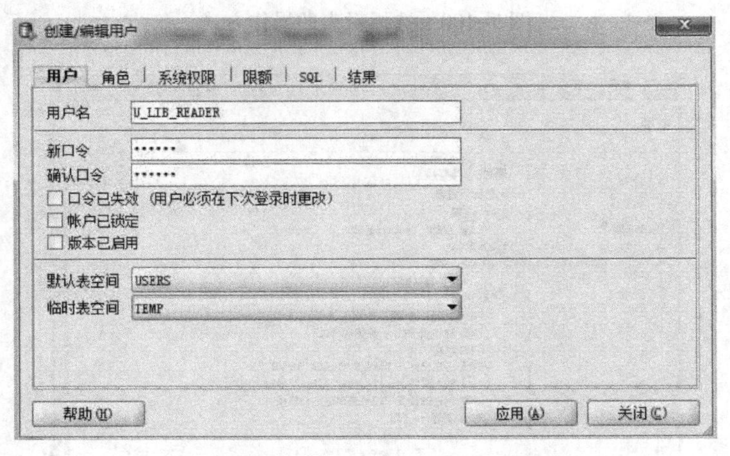

图 5-102　创建用户 U_LIB_READER

2）单击“应用”按钮，该用户在数据库中被创建，创建结果显示在“结果”列表框中，如图 5-103 所示。

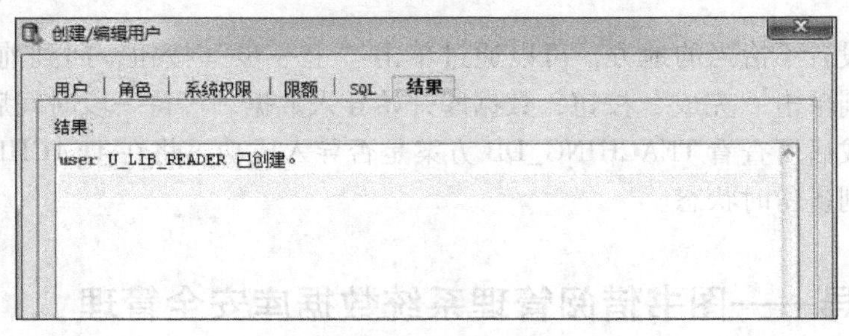

图 5-103　创建用户成功

对新创建的用户要设置特定的资源访问限制，因此需要新创建一个名为 LIB_READER_PROF 的概要文件，通过 SQL Developer 工具的 GUI 界面创建上述概要文件，其操作步骤如下。

1）在 SQL Developer 工具中，选择“查看”→DBA 命令，在 SYS 列表中选择“安全”下的“概要文件”目录并右击，在弹出的快捷菜单中选择“新建”命令，在弹出的“创建概要文件”对话框中输入以下参数，如图 5-104 所示。

概要文件名称：LIB_READER_PROF。

CPU/会话（秒/100）：10000。

连接时间（分钟）：10。

空闲时间（分钟）：20。

并行会话数（每用户）：3。

有效期（天）：30。

失败登录次数：3。

锁定天数：10。

2）单击“应用”按钮，弹出成功处理 SQL 命令的对话框，说明该概要文件在数据库中被创建，如图 5-105 所示。

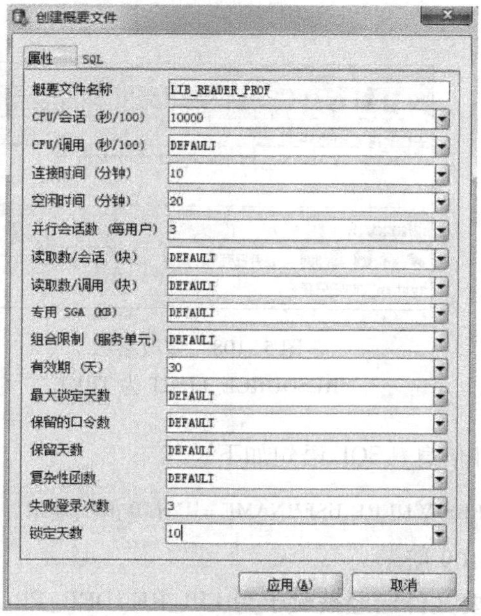

图 5-104　使用 GUI 界面创建用户成功

图 5-105　创建概要文件成功

对新创建的用户要设置特定的权限，可以通过角色的方式来赋予权限，因此新创建一个名为 R_LIB_READER 的角色，通过 SQL Developer 工具的 GUI 界面创建上述角色，其操作步骤如下。

1）在 SQL Developer 工具中，选择“查看”→DBA 命令，在 SYS 列表中选择“安全”下的“角色”目录并右击，在弹出的快捷菜单中选择“新建”命令，弹出“创建角色”对话框，如图 5-106 所示。

2）单击“应用”按钮，弹出成功处理 SQL 命令的对话框，说明该角色在数据库中被创建。

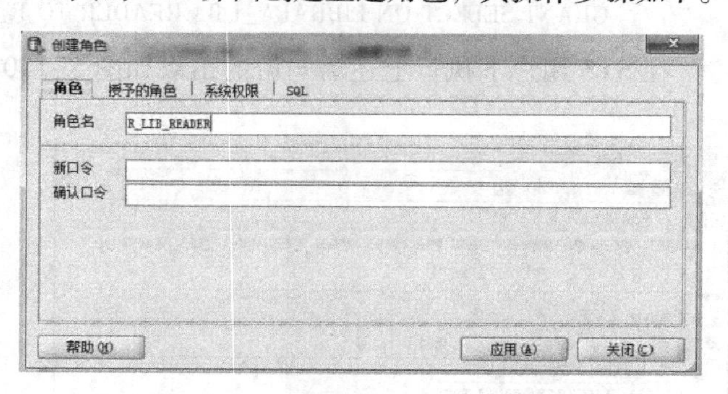

图 5-106　创建角色 R_LIB_READER

至此，完成用户、概要文件和角色的创建。

2. 分配概要文件和权限的赋予与回收

要使概要文件定义的资源限制对用户生效，还需要将概要文件赋予用户。通过角色的方式或直接给用户赋予或回收其权限，以限制用户对数据的访问。

【例 5-39】 把 LIB_READER_PROF 概要文件赋予 U_LIB_READER 用户，并使资源参数生效。赋予概要文件的 SQL 语句如下。

```
ALTER USER U_LIB_READER PROFILE LIB_READER_PROF;
```

在 SYS 用户下执行上述语句后的结果如图 5-107 所示。

修改动态参数 RESOURCE_LIMIT 为 TRUE 的 SQL 语句如下。

```
ALTER SYSTEM SET RESOURCE_LIMIT = TRUE;
```

执行结果如图 5-108 所示。

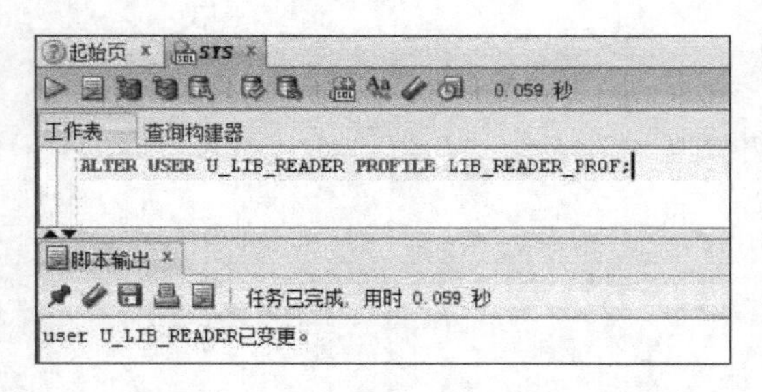

图 5-107　给 U_LIB_READER 用户赋予 LIB_READER_PROF 概要文件

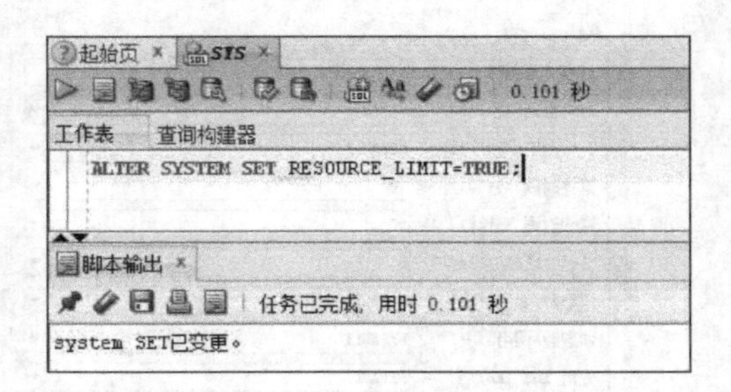

图 5-108　修改参数 RESOURCE_LIMIT 为 TRUE

把概要文件赋予用户后，查看用户的概要文件信息，SQL 语句如下。

```
SELECT USERNAME, PROFILE FROM DBA_USERS WHERE USERNAME ='U_LIB_READER';
```

在 SYS 用户下执行上述语句后的结果如图 5-109 所示。

从图 5-109 可见，U_LIB_READER 用户的概要文件已经被赋予为 LIB_READER_PROF。

【例 5-40】 给用户赋予权限。先把系统权限 CREATE SESSION 和对 LIBRARY_DBA 方案的 READER 表对象的 SELECT 权限赋予 R_LIB_READER 角色，SQL 语句如下。

```
GRANT CREATE SESSION TO R_LIB_READER;
GRANT SELECT ON LIBRARY_DBA.READER TO R_LIB_READER;
```

在 SYS 用户下执行上述语句后的结果如图 5-110 所示。

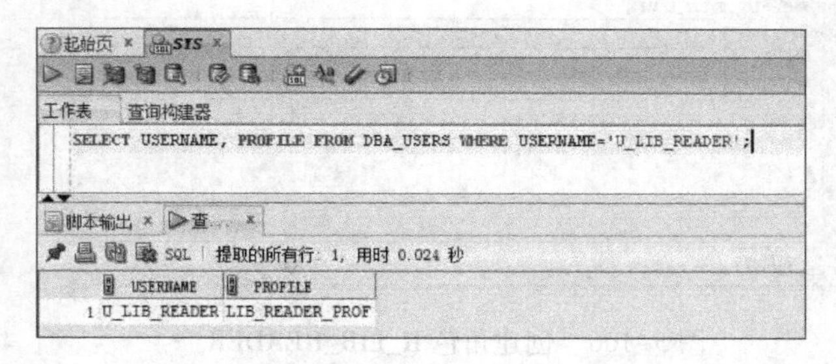

图 5-109　查看用户的概要文件

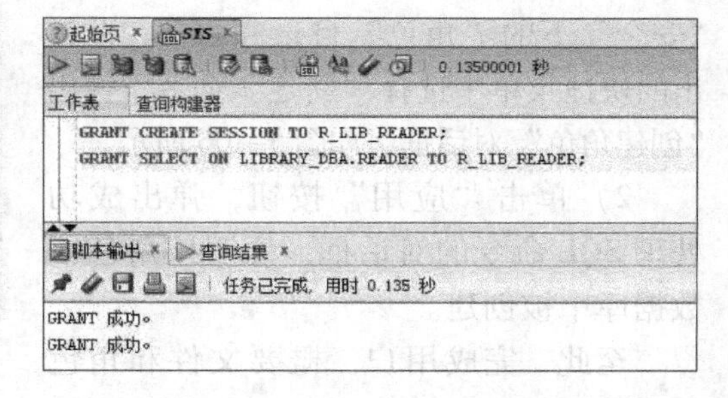

图 5-110　赋予 R_LIB_READER 角色权限

再把 R_LIB_READER 角色赋予 U_LIB_READER 用户，SQL 语句如下。

```
GRANT R_LIB_READER TO U_LIB_READER;
```

在 SYS 用户下执行上述语句后的结果如图 5-111 所示。

把对 LIBRARY_DBA 方案的 READER 表对象的 UPDATE 权限直接赋予 U_LIB_READER 用户，SQL 语句如下。

```
GRANT UPDATE ON LIBRARY_DBA.READER TO U_LIB_READER;
```

在 SYS 用户下执行上述语句后的结果如图 5-112 所示。

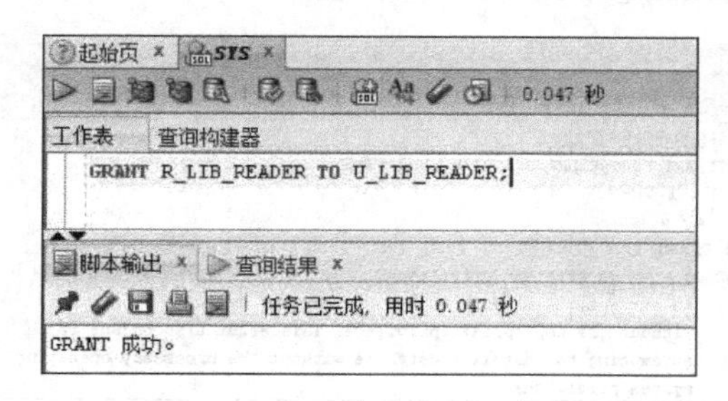

图 5-111 把 R_LIB_READER 角色赋予 U_LIB_READER 用户

图 5-112 把 UPDATE 对象权限赋予 U_LIB_READER 用户

使用 U_LIB_READER 用户登录数据库，建立新连接，并更新和查询 LIBRARY_DBA.READER 表，SQL 语句如下。

```
UPDATE LIBRARY_DBA.READER SET READ_ADDR ='重庆';
SELECT * FROM LIBRARY_DBA.READER;
```

在 U_LIB_READER 用户下执行上述语句后的结果如图 5-113 所示。

```
UPDATE LIBRARY_DBA.READER SET READ_ADDR='重庆';
SELECT * FROM LIBRARY_DBA.READER;

任务已完成，用时 0.068 秒
10 行已更新。
READ_ID              READ_NAME    READ_ADDR    READ_TEL      READ_B
510**************1   赵刚         重庆         156*****923   1997-06
673**************9   杨静         重庆         139*****321   1997-07
310**************2   吕新         重庆         137*****376   1997-07
421**************3   周强         重庆         132*****365   1997-09
715**************7   王亚         重庆         139*****682   1997-04
210**************2   肖玲         重庆         135*****879   1997-01
353**************3   李义         重庆         135*****732   1998-01
720**************6   张江         重庆         137*****236   1997-11
362**************1   青岩         重庆         138*****883   1998-02
521**************9   邓晓         重庆         139*****364   1998-02

选定了 10 行
```

图 5-113 把 UPDATE 对象权限赋予 U_LIB_READER 用户

由图 5-113 可见，U_LIB_READER 用户拥有创建连接的 CREATE SESSION 权限，以及更新和查询 LIBRARY_DBA.READER 表的权限。

【例 5-41】 从用户回收权限。从 U_LIB_READER 用户回收对 LIBRARY_DBA 方案的

READER 表对象的 UPDATE 权限，SQL 语句如下。

```
REVOKE UPDATE ON LIBRARY_DBA.READER FROM U_LIB_READER;
```

在 SYS 用户下执行上述语句后的结果如图 5-114 所示。

此时用 U_LIB_READER 用户登录，尝试再次对 LIBRARY_DBA 方案的 READER 表对象执行 UPDATE 操作，如图 5-115 所示。

图 5-114　把 UPDATE 对象权限从 U_LIB_READER 用户收回

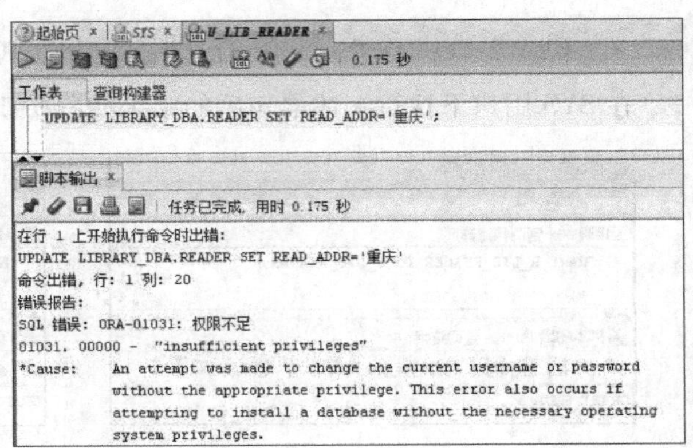

图 5-115　UPDATE 操作失败

图 5-115 显示由于权限不足而操作失败，说明对 LIBRARY_DBA 方案的 READER 表对象的 UPDATE 权限已从 U_LIB_READER 用户成功收回。

从 R_LIB_READER 角色回收对 LIBRARY_DBA 方案的 READER 表对象的 SELECT 权限，SQL 语句如下。

```
REVOKE SELECT ON LIBRARY_DBA.READER FROM R_LIB_READER;
```

在 SYS 用户下执行上述语句后的结果如图 5-116 所示。

此时用 U_LIB_READER 用户登录，尝试再次对 LIBRARY_DBA 方案的 READER 表对象执行 SELECT 操作，如图 5-117 所示。

图 5-116　把 SELECT 对象权限从 R_LIB_READER 角色收回

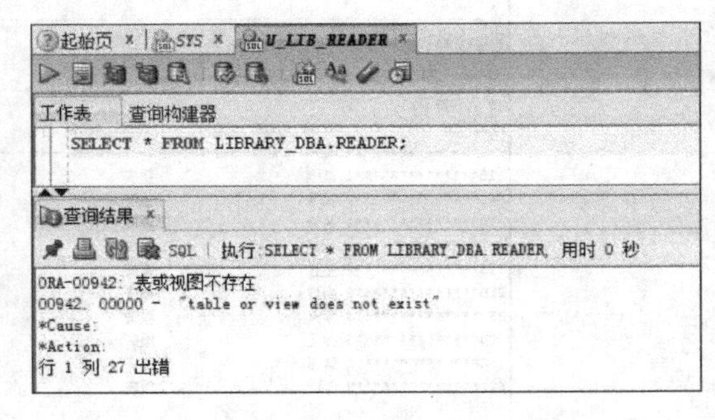

图 5-117　SELECT 操作失败

图 5-117 显示表或视图不存在，使 SELECT 操作失败，说明对 LIBRARY_DBA 方案的 READER 表对象的 SELECT 权限已从 R_LIB_READER 角色成功收回，因此 U_LIB_READER 用户也不再具有该权限。

从 U_LIB_READER 用户回收 R_LIB_READER 角色，SQL 语句如下。

```
REVOKE R_LIB_READER FROM U_LIB_READER;
```

在 SYS 用户下执行上述语句后的结果如图 5-118 所示。

也可以通过 SQL Developer 工具的 GUI 界面操作，在 SQL Developer 工具中，选择“查看”→DBA 命令，在 SYS 列表中选择“安全”下的“用户”目录，找到 U_LIB_READER 用户并右击，在弹出的快捷菜单中选择“编辑”命令，弹出“编辑用户”对话框，选择“授予的角色”选项卡，如图 5-119 所示。

图 5-118　把 R_LIB_READER 角色从 U_LIB_READER 用户收回

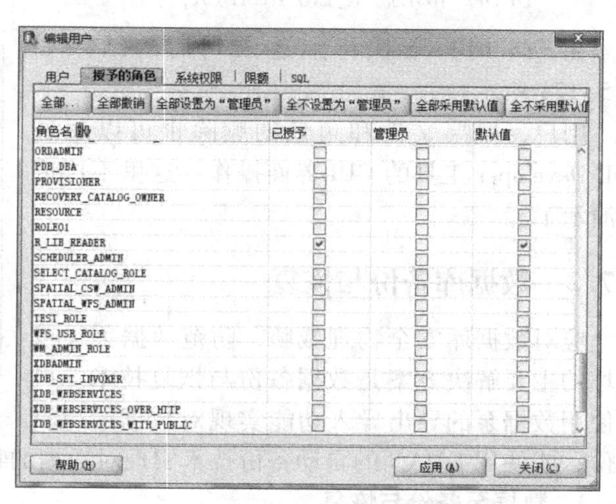

图 5-119　“编辑用户”对话框

在图 5-119 中找到要回收的 R_LIB_READER 角色，取消选择“已授予”和“默认值”复选框，然后单击“应用”按钮。

回收 R_LIB_READER 角色后，再次尝试用 U_LIB_READER 用户连接数据库，如图 5-120 所示。

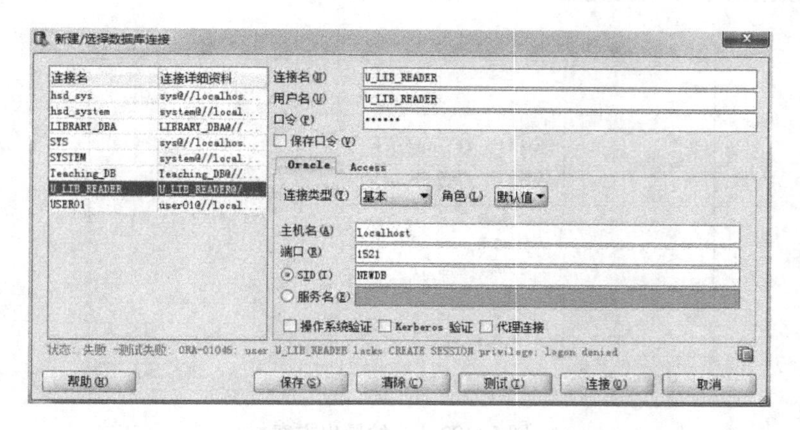

图 5-120　回收角色后尝试用 U_LIB_READER 用户登录

系统显示由于缺少 CREATE SESSION 权限而登录失败，说明 R_LIB_READER 角色已从 U_LIB_READER 用户成功收回，因此 U_LIB_READER 用户也就不具有 CREATE SESSION 权限。

3. 用户、概要文件和角色的删除

如果不再需要用户、概要文件或角色，可以从系统中将其删除。

【例 5-42】删除前面创建的用户、概要文件和角色。删除 U_LIB_READER 用户、删除 LIB_READER_PROF 概要文件和删除 R_LIB_READER 角色的 SQL 语句分别如下。

```
DROP  USER  U_LIB_READER  CASCADE;
DROP  PROFILE  LIB_READER_PROF  CASCADE;
DROP  ROLE  R_LIB_READER;
```

在 SYS 用户下执行上述语句后的结果如图 5-121 所示。

用户、概要文件和角色的删除也可以通过 SQL Developer 工具的 GUI 界面操作，这里不再重复演示了。

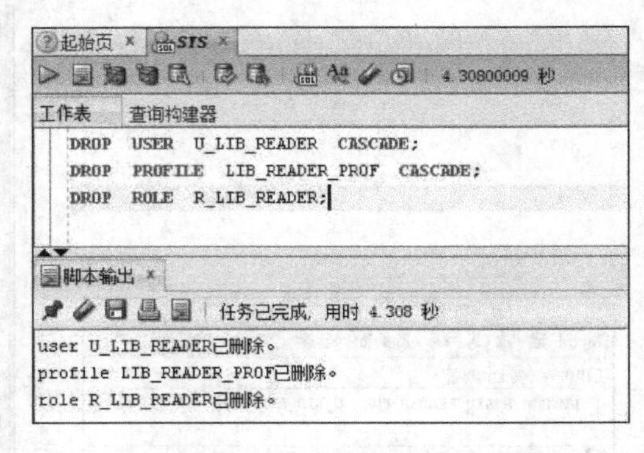

图 5-121 删除用户、概要文件和角色

5.7.2 数据库备份与恢复

应对数据库安全物理威胁，防范数据丢失或损坏的主要解决方案是数据备份与恢复技术。可以使用数据泵的导出导入功能实现对数据的逻辑备份，或使用 RMAN 的自动备份技术实现对数据的物理备份。

1. 数据泵备份与恢复

【例 5-43】数据泵备份与恢复。用数据泵导出导入功能对 LIBRARY_DBA 方案进行备份与恢复，导出 LIBRARY_DBA 方案的操作步骤如下。

1）开始数据泵导出。在 SQL Developer 工具中选择“查看”→DBA 命令，在 SYS 列表中选择“数据泵”下的“导出作业”目录并右击，在弹出的快捷菜单中选择“数据泵导出向导”命令，在弹出的对话框中设置“连接”为 LIBRARY_DBA，“数据或 DDL”为“数据和 DDL”，“要在数据泵中导出的类型”为“方案”，如图 5-122 所示。

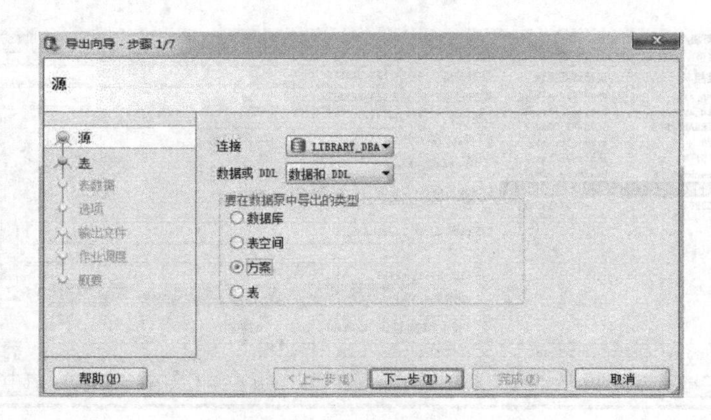

图 5-122 开始导出方案

2）选择导出 LIBRARY_DBA 方案。在图 5-122 所示的对话框中单击“下一步”按钮，选择要导出的 LIBRARY_DBA 方案，单击中间最上边的蓝色箭头，把 LIBRARY_DBA 方案选中到右边，如图 5-123 所示。

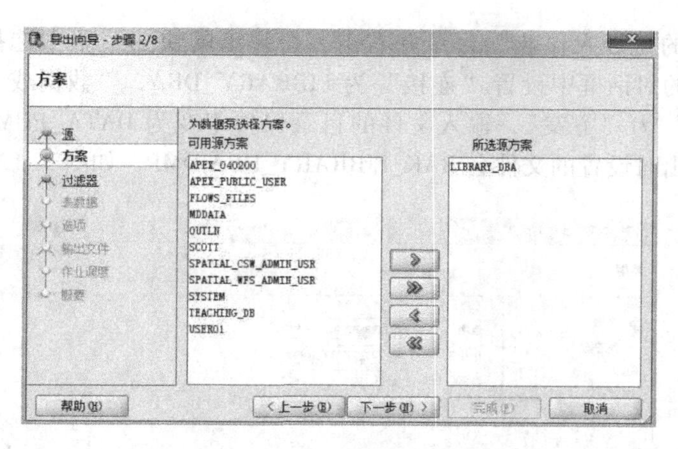

图 5-123　选择导出 LIBRARY_DBA 方案

3）过滤器、表数据、选项和输出文件。在图 5-123 所示的对话框中单击“下一步”按钮，进入过滤器，无须做改变，继续单击“下一步”按钮，进入表数据，无须做改变，继续单击“下一步”按钮，进入选项，仍然无须做改变，继续单击“下一步”按钮，进入输出文件。考虑到该 LIBRARY_DBA 方案数据不多，保持输出文件默认目录不变，修改输出文件名为 BAK_LIBRARY_DBA.DMP，选择“删除现有转储文件”单选按钮，如图 5-124 所示。

4）完成导出作业。在图 5-124 所示的对话框中单击“下一步”按钮，进入作业调度，无须做改变，继续单击“下一步”按钮，进入概要界面，如图 5-125 所示。在该对话框中单击“完成”按钮，等待几秒钟后即完成了导出作业。

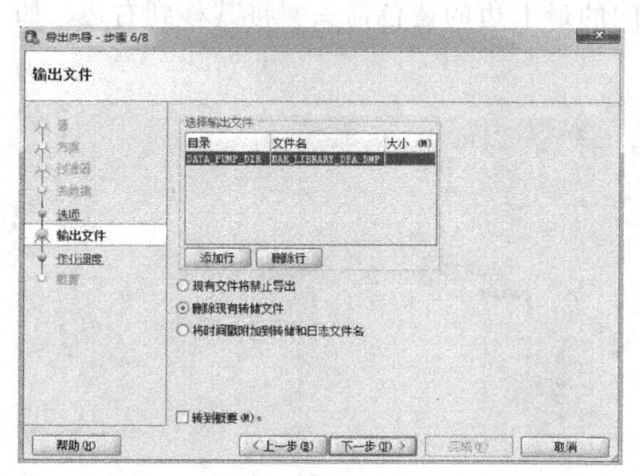

图 5-124　选择输出文件

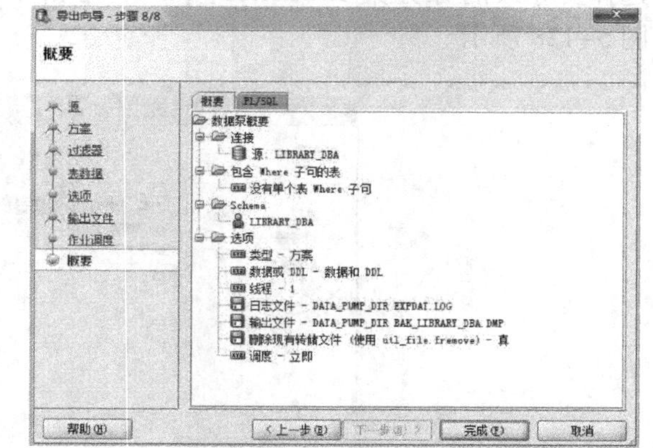

图 5-125　完成导出作业

完成导出作业后，可以在导出文件目录下查看生成的导出文件 D:\app\oracle\admin\NEWDB\dpdump\BAK_LIBRARY_DBA.DMP。

此时删除 READER 表中所有的数据，如图 5-126 所示。

图 5-126　删除 READER 表中所有数据

导入 LIBRARY_DBA 方案的操作步骤如下。

1）开始数据泵导入。在 SQL Developer 工具中选择“查看”→DBA 命令，在 SYS 列表中选择“数据泵”下的“导入作业”目录并右击，在弹出的快捷菜单中选择“数据泵导入向导”命令，在弹出的对话框中设置“连接”为 LIBRARY_DBA，“数据或 DDL”为“数据和 DDL”，“导入类型”为“方案”，输入文件的目录保持不变为 DATA_PUMP_DIR，将“文件名”修改为上述导出时设置的文件名 BAK_LIBRARY_DBA.DMP，如图 5-127 所示。

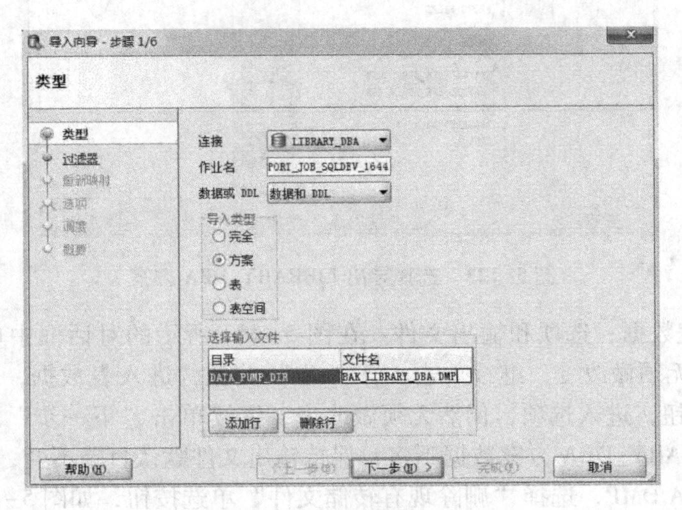

图 5-127　开始导入方案

2）选择导入源方案。在图 5-127 中单击“下一步”按钮，进入过滤器设置，在对话框中选择要导入的源方案 LIBRARY_DBA，单击中间的最上边的蓝色箭头，将其移到右边，如图 5-128 所示。

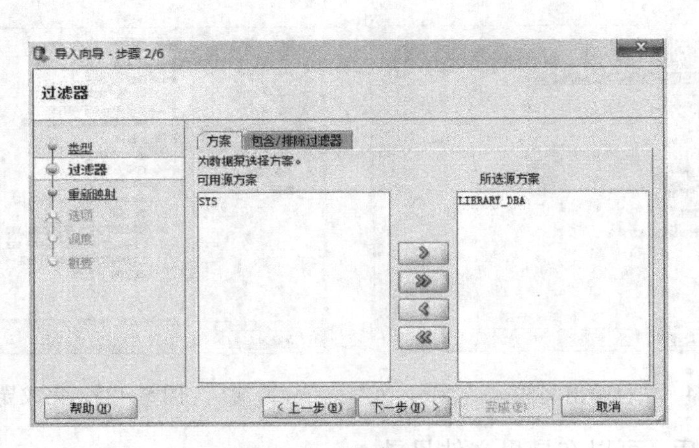

图 5-128　选择源方案

3）设置对表的操作。在图 5-128 中单击“下一步”按钮，进入重新映射对话框，无须做改变，继续单击“下一步”按钮，进入选项对话框，选择“对表的操作”复选框，选择“替换”单选按钮，如图 5-129 所示。

4）完成对表的导入作业。在图 5-129 中单击“下一步”按钮，无须做改变，继续单击“下一步”按钮进入调度对话框，同样无须做改变，继续单击“下一步”按钮，进入概要界面，如图 5-130 所示。单击“完成”按钮，等待几秒钟后即完成了导入作业。

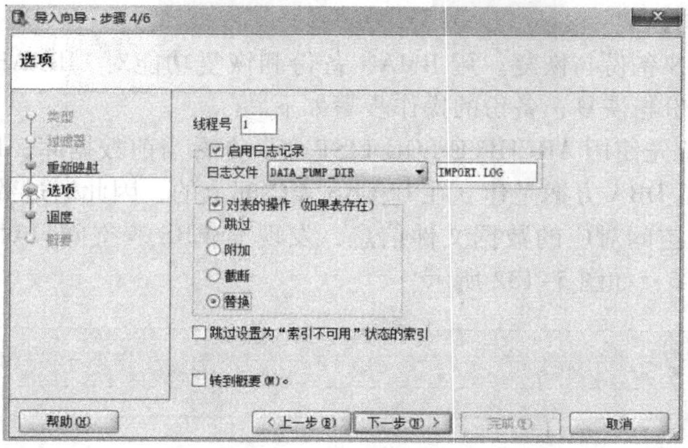

图 5-129　选择对表的操作

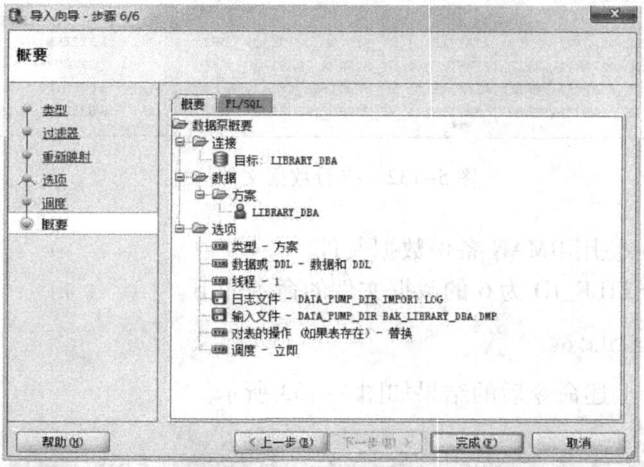

图 5-130　导入概要浏览

完成导入作业后，再次查看 READER 表，如图 5-131 所示。

起始页 × | SYS × | READER ×

列 | 数据 | 约束条件 | 授权 | 统计信息 | 触发器 | 闪回 | 相关性 | 详细资料 | 分区 | 索引 | SQL

排序… 过滤器:

	READ_ID	READ_NAME	READ_ADDR	READ_TEL	READ_BIRTHDAY
1	510***************1	赵刚	成都	156*****923	1997-06-21
2	673***************9	杨静	成都	139*****321	1997-07-28
3	310***************2	吕新	成都	137*****376	1997-07-22
4	421***************3	周强	成都	132*****365	1997-09-16
5	715***************7	王亚	成都	139*****682	1997-04-26
6	210***************2	肖玲	成都	135*****879	1997-01-20
7	353***************3	李义	成都	135*****732	1998-01-12
8	720***************6	张江	成都	137*****236	1997-11-19
9	362***************1	青岩	成都	138*****883	1998-02-03
10	521***************9	邓晓	成都	139*****364	1998-02-08

图 5-131　查看 READER 表数据

图 5-131 显示 READER 表中的数据已经被恢复成备份时的状况，说明导入方案操作成功。

2. RMAN 备份与恢复

【例 5-44】RMAN 备份与恢复。用 RMAN 备份和恢复功能对 LIBRARY_DBA 方案所在的数据文件进行联机备份与恢复，备份的操作步骤如下。

1）备份准备。首先使用 ARCHIVE LOG LIST 命令查看当前数据库，以确认当前处于归档模式，由于 LIBRARY_DBA 方案是建立在 USERS 表空间上的，因此通过数据字典 DBA_DATA_FILES 查看 USERS 表空间对应的数据文件信息，发现 USERS 表空间只对应了一个数据文件，其文件号 FILE_ID 为 6，如图 5-132 所示。

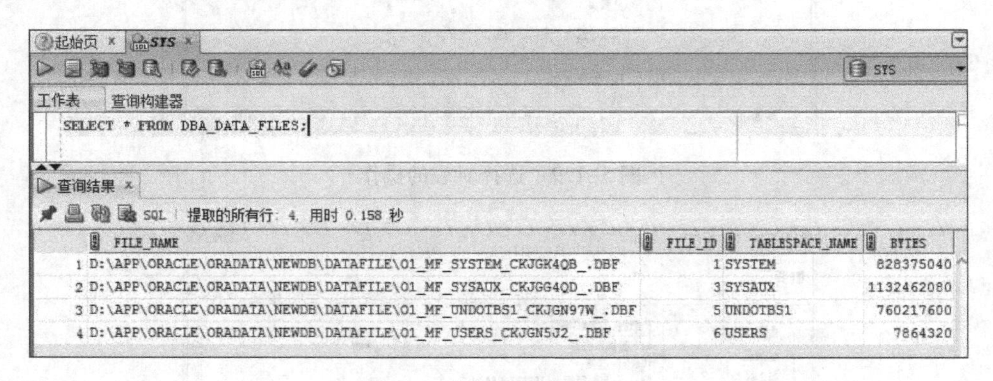

图 5-132　查看数据文件信息

2）登录 RMAN，使用 RMAN 备份数据文件。

使用 RMAN 备份 FILE_ID 为 6 的数据文件的命令如下。

```
BACKUP DATAFILE 6;
```

在 RMAN 中执行上述命令后的结果如图 5-133 所示。

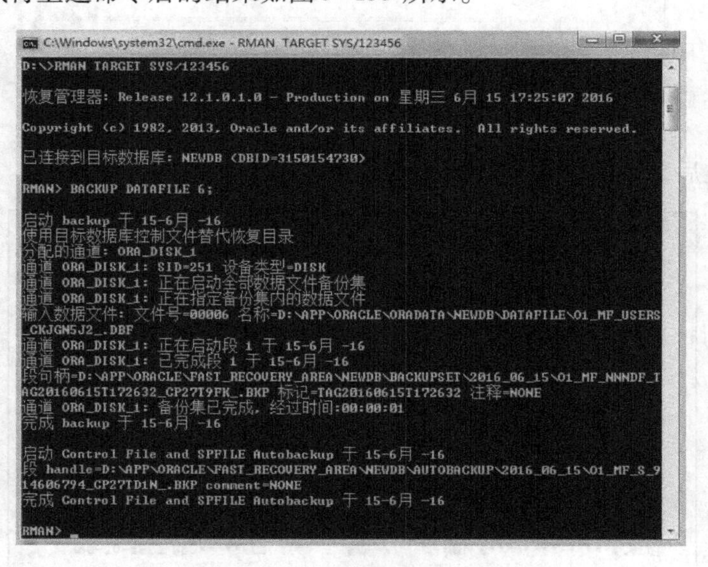

图 5-133　备份数据库

用 RMAN 恢复数据文件的操作步骤如下。

1）登录 RMAN，将需要恢复的数据文件脱机。命令如下。

```
SQL'ALTER DATABASE DATAFILE 6 OFFLINE';
```

在 RMAN 中执行上述命令后的结果如图 5-134 所示。

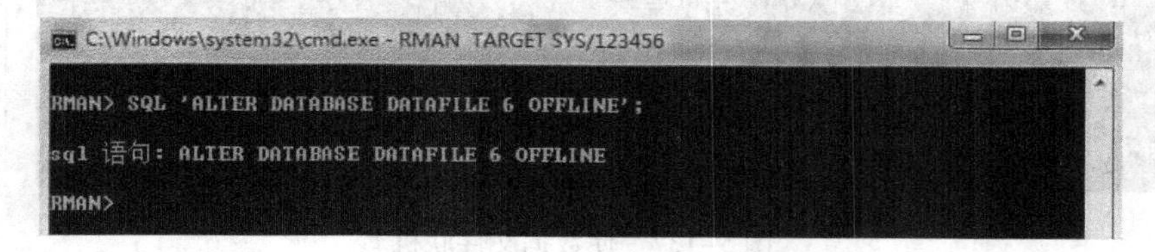

图 5-134　使数据文件脱机

2）重建数据文件。命令如下。

```
RESTORE DATAFILE 6;
```

在 RMAN 中执行上述命令后的结果如图 5-135 所示。

```
C:\Windows\system32\cmd.exe - RMAN TARGET SYS/123456
RMAN> RESTORE DATAFILE 6;

启动 restore 于 15-6月 -16
使用通道 ORA_DISK_1

通道 ORA_DISK_1: 正在开始还原数据文件备份集
通道 ORA_DISK_1: 正在指定从备份集还原的数据文件
通道 ORA_DISK_1: 将数据文件 00006 还原到 D:\APP\ORACLE\ORADATA\NEWDB\DATAFILE\O1
_MF_USERS_CKJGN5J2_.DBF
通道 ORA_DISK_1: 正在读取备份片段 D:\APP\ORACLE\FAST_RECOVERY_AREA\NEWDB\BACKUPS
ET\2016_06_15\O1_MF_NNNDF_TAG20160615T172632_CP27T9FK_.BKP
通道 ORA_DISK_1: 段句柄 = D:\APP\ORACLE\FAST_RECOVERY_AREA\NEWDB\BACKUPSET\2016_
06_15\O1_MF_NNNDF_TAG20160615T172632_CP27T9FK_.BKP 标记 = TAG20160615T172632
通道 ORA_DISK_1: 已还原备份片段 1
通道 ORA_DISK_1: 还原完成, 用时: 00:00:01
完成 restore 于 15-6月 -16

RMAN>
```

图 5-135　重建数据文件

3）恢复数据文件。命令如下。

```
RECOVER DATAFILE 6;
```

在 RMAN 中执行上述命令后的结果如图 5-136 所示。

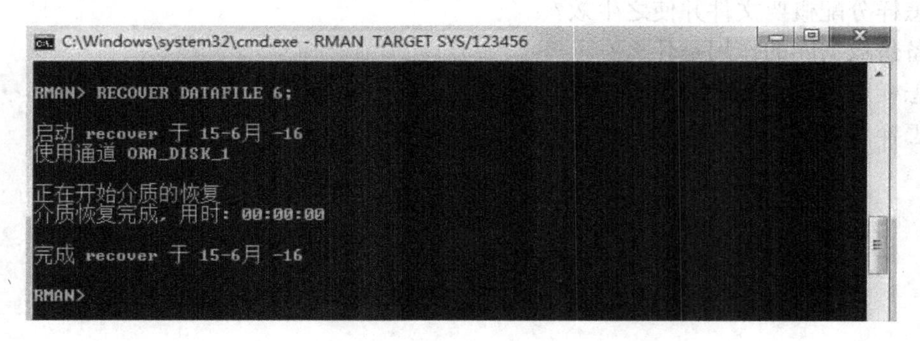

图 5-136　恢复数据文件

4）使数据文件联机。命令如下。

```
SQL'ALTER DATABASE DATAFILE 6 ONLINE';
```

在 RMAN 中执行上述命令后的结果如图 5-137 所示。

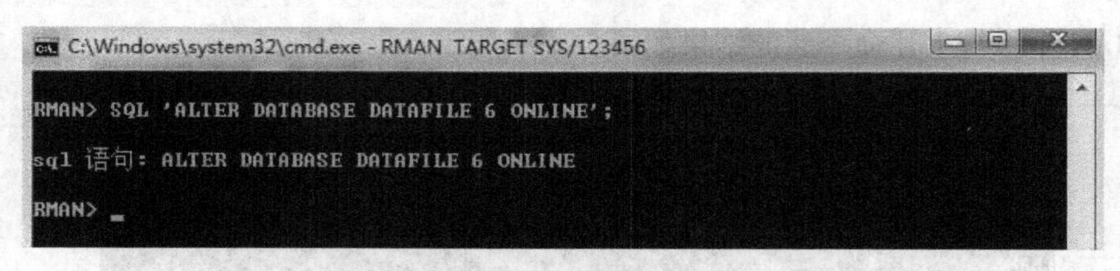

图 5-137　使数据文件联机

使数据文件联机后，就完成了使用 RMAN 恢复数据文件的完整操作过程。

5.8　思考题

1. 数据库面对的主要安全威胁分为哪两类？各自的主要解决方案是什么？
2. 数据库系统的安全框架可以划分为哪 3 个层次？
3. DBMS 用户存取控制安全模型由哪几部分组成？
4. SYS 和 SYSTEM 用户的区别是什么？
5. 怎样用 SQL 语句和 GUI 方式创建用户？
6. 怎样查看、修改和删除用户？
7. 什么是角色？角色的作用是什么？
8. 有哪些常见的系统角色？DBA 角色有何作用？
9. 如何自定义、查看、修改、删除、设置默认、禁止或激活角色？
10. 有哪些常见的系统权限？对象权限有哪些种类？
11. 如何直接对用户赋予和回收权限？
12. 如何通过角色赋予和回收权限？
13. 什么是概要文件？概要文件的作用是什么？
14. 如何创建、查看、修改和删除概要文件？
15. 怎样分配概要文件并使之生效？
16. 备份数据库的作用是什么？
17. 怎样用 RMAN 进行备份和恢复？
18. 怎样用数据泵进行备份和恢复？

第6章　Oracle数据库建模设计与实现

数据库应用系统开发是一项系统工程，它需经历系统分析、系统设计、系统实现和系统测试等阶段工作，才能完成系统开发。因此，在进行系统数据需求分析后，才可开展应用系统的数据库设计。一个数据库设计通常需要建立不同层次的系统数据模型，如概念数据模型、逻辑数据模型和物理数据模型。当完成系统数据库建模设计后，便可在具体的DBMS系统中进行数据库实现。本章将介绍数据库设计与实现过程、数据模型设计方法、Oracle数据库对象SQL实现，以及Power Designer建模工具使用说明等知识。

本章要点：

- 数据库应用系统开发过程及数据模型设计工具。
- 系统数据建模与E-R模型方法。
- 系统概念数据模型、逻辑数据模型和物理数据模型设计。
- 数据库设计模型与数据库对象SQL实现。
- 图书借阅管理系统数据库的设计与实现实践。

6.1　数据库系统开发过程方法及工具

在当今信息技术广泛应用的时代，任何一个信息系统都离不开数据库。信息系统的本质其实就是一种数据库应用系统。作为信息系统开发人员，必须对数据库应用系统的开发过程、开发技术、开发方法及开发工具等技术有所了解与掌握。

6.1.1　数据库应用系统开发过程

从软件视角来看，数据库应用系统由应用软件和数据库系统组成，这两个部分紧密关联，相互影响。在数据库应用系统开发时，需要同时开展应用软件与数据库的系统分析与设计。因此，数据库系统开发过程与应用软件开发过程一样，均由系统分析、系统设计、系统实现和系统测试阶段构成，如图6-1所示。

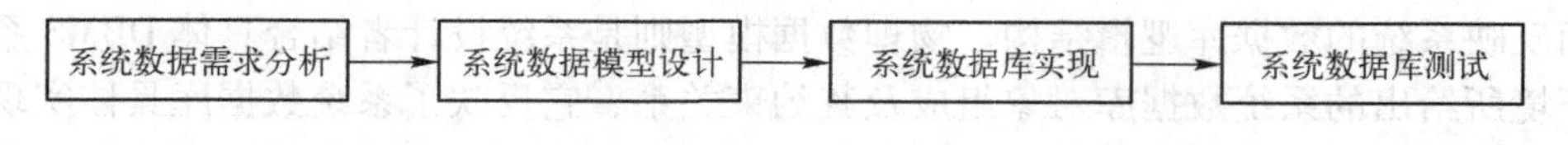

图6-1　数据库系统开发过程

1. 系统数据需求分析阶段

在系统数据需求分析阶段，主要应获取用户的数据需求，并描述系统数据需求规格。在进行系统数据需求获取时，一般需要对应用中的各种业务凭单、操作记录和统计报表等数据源进行收集，并记录数据来源去向与处理要求。当收集大量数据后，需要对这些数据进行数据归类和数据加工处理，并进行数据类型分析、数据特征分析和业务规则分析，然后建立描述系统数据需求的数据字典，从而反映出系统的数据需求内容。

2. 系统数据模型设计阶段

在系统数据模型设计阶段，需要对系统数据架构、数据模型、数据完整性约束和数据库实现方案等方面进行设计，其目的是为了给出系统的数据架构、数据存储和数据访问的数据库系统方案。在系统数据模型设计中，最基本的设计内容是给出系统概念数据模型、逻辑数据模型和物理数据模型，并进一步给出系统数据模型的数据库实现方案。

3. 系统数据库实现阶段

在系统数据库实现阶段，依据系统数据模型的数据库实现方案，在具体DBMS中进行数据库及各个数据库对象创建。在所实现的数据库系统中，除包括数据库对象中的表、视图、索引、存储过程、触发器、序列和同义词等对象外，也应建立数据库对象的实体完整性约束、参照完整性约束，以及用户自定义业务规则约束。

4. 系统数据库测试阶段

在系统数据库测试阶段，需要对所实现的数据库及其对象进行测试验证，以确保所开发实现的数据库能满足应用系统对数据处理需求。在数据库测试中，还需要对数据库性能进行测试，以评估所实现数据库系统是否在性能上满足用户需求。

6.1.2 系统数据模型设计

一个信息系统的数据实体关系通常是很复杂的，为了抓住系统数据实体关系本质，需要采用数据模型方式进行系统数据模型设计。在系统数据模型设计中，一般需要从多个层面对系统数据模型进行设计，如概念数据模型设计、逻辑数据模型设计和物理数据模型设计，其层次关系如图6-2所示。

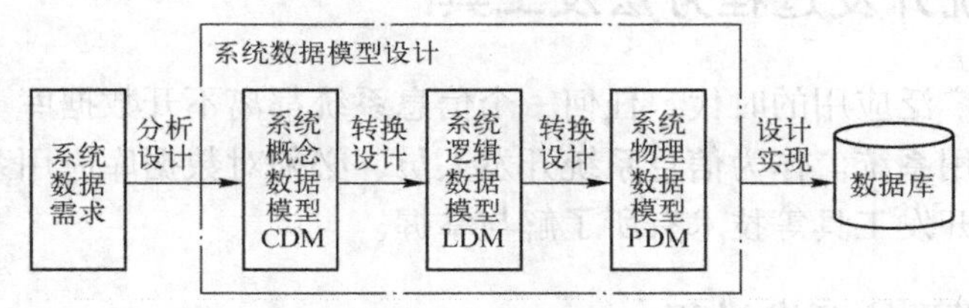

图6-2 系统数据模型设计

在系统数据模型设计中，各个层次数据模型分别反映不同的设计视角。概念数据模型是从用户视角建模描述业务应用中的数据实体组成及其语义关系，该模型用于与用户进行设计交流，反映系统数据需求的实体关系设计。逻辑数据模型则是从系统设计者的视角建模描述系统数据架构的数据实体组成及其语义关系，它在概念数据模型基础上，加入计算机处理的数据结构，从而反映系统的数据库逻辑结构。物理数据模型则是系统设计者结合具体DBMS系统数据库实现环境所给出的系统数据库对象组成及其约束关系，它反映了系统数据库具体实现的物理设计方案。在系统数据模型设计过程中，依次从概念数据模型、逻辑数据模型和物理数据模型进行设计转换，最终得到系统数据库实现方案的设计蓝图。

6.1.3 E-R模型方法

系统数据模型设计需要采用相应的数据模型设计方法。在系统数据模型设计中，主要采用数据与行为分离的实体关系模型（E-R模型）方法进行设计。

1. E-R模型元素

E-R模型（Entity-Relation Model）是系统数据模型设计使用最多的一种数据模型方法。

该模型方法主要由实体、属性、标识符和关系等图形元素描述系统数据组成结构关系，其图形元素说明如表6-1所示。

表6-1 E-R模型元素

模型要素	说明
实体	用于标记定义问题领域中数据对象的名称，如电子商务中的“客户”、“商品”和“订单”等实体
属性	用于描述实体的数据特征，即实体的数据项
标识符	用于唯一标识不同实体实例的属性或属性集合
关系	用于表示实体之间的语义联系

在E-R模型方法中，使用以上元素的图形符号形式化描述系统的数据实体关系。其中实体符号用两层矩形框表示，并在该图形框中定义实体名称、实体属性和标识符。例如，客户实体的图形符号表示如图6-3所示。

在描述实体数据特征的属性（Attribute）中，需要确定一个属性或若干属性作为标识符。标识符（Identifier）是一种特殊的实体属性，该属性值在实体数据中是唯一的，可以区分不同的实体实例数据。在实体图形符号中，标识符属性名称使用下画线区别于其他属性名称。若标识符由多个属性复合而成，则在每个标识符属性名下都有下画线标记。

在E-R模型中，实体名称必须唯一，即不允许出现相同的实体名称。在一个实体中，属性名称也必须唯一，即不允许有相同的属性名。

在E-R模型中，还需要使用关系（Relationship）描述实体之间存在各种语义联系。因此，在E-R模型图中，实体之间需要使用关联线符号表示实体间的关系。例如，在电子商务平台中，客户和商品实体之间存在一种订购关系，可使用如图6-4所示的关联线符号表示实体之间的关系。

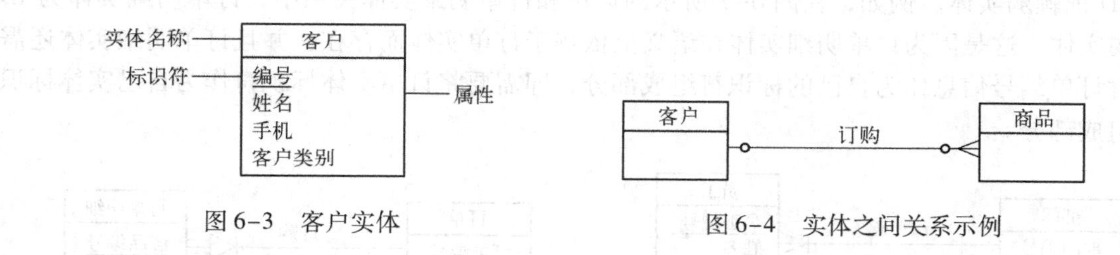

图6-3 客户实体　　　图6-4 实体之间关系示例

2. 实体关系类型

在E-R模型中，实体之间的关系还需要从实例数量关系进一步刻画。对于关联的两个实体，它们的实例对应数量关系可分为一对一关系、一对多关系和多对多关系。例如，在高校管理系统中，职员和工作证实体之间存在一对一关系，班级和学生实体之间存在一对多关系，教师和课程实体之间存在多对多关系，其E-R模型图描述如图6-5所示。

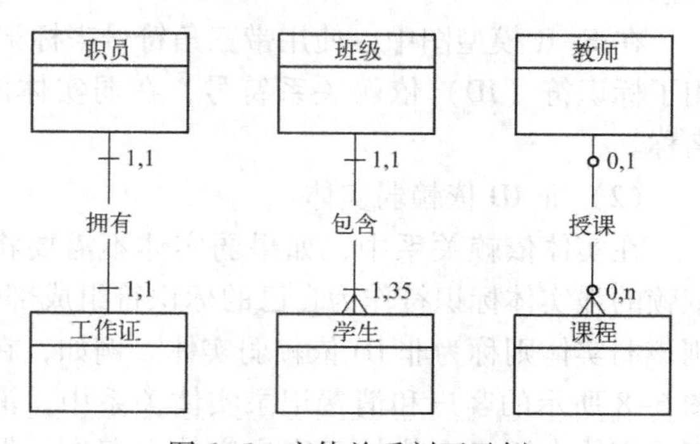

图6-5 实体关系刻画示例

在上面的E-R模型图中，不但描述了实体之间实例对应数量的关系，也描述了实体关系的可选性或强制性。这些实体之间的不同关联关系是通过有区分的关联线符号及其基数来具体表示。在E-R模型图中，所谓基数（Cardinality)，是指实体实例的取值范围，其中实例取值范围的最小值称为该实体的最小基数，实例取值范围的最大值称为该实体的最大基数。例如，在班级和学生实体关系中，学生实体的最小基数为1，最大基数为35。当实体的最小基数为1时，表示该实体在关系中是强制的。当实体的最小基数为0时，表示该实体在关系中是可选的。另外，当实体的最大基数不确定具体值时，可使用n来表示，即代表“多”的含义。有关E-R模型图的关系符号的含义如表6-2所示。

表6-2　E-R模型的关系符号表示

关系符号	含　义
0,1	实体关系为可选，最小基数0，最大基数1
1,1	实体关系为强制，最小基数1，最大基数1
0,n	实体关系为可选，最小基数0，最大基数n
1,n	实体关系为强制，最小基数1，最大基数n

3. 强弱实体关系

在E-R模型中，实体之间在语义上除有实例数量对应关系外，还存在依赖关系，即一个实体的存在必须以另一实体的存在为前提。通常将依赖实体称为“弱实体”，而将被依赖实体称为强实体。例如，在“部门”和“员工”实体关系中，员工实体必须依赖于部门实体而存在。因此，在该实体关系中，员工为弱实体，部门为强实体，如图6-6所示。

根据弱实体在语义上对强实体依赖程度的不同，弱实体又分为标识符（ID）依赖弱实体和非标识符（非ID）依赖弱实体两类。

（1）ID依赖弱实体

在实体依赖关系中，如果在弱实体的标识符中部分含有所依赖实体的标识符，则该弱实体称为ID依赖弱实体。例如，在图6-7所示的订单和订单明细实体关系中，订单明细实体为ID依赖弱实体。这是因为订单明细实体在语义上依赖于订单实体而存在，并且订单明细实体还需要包含订单编号信息作为自己的标识符组成部分，即需要将订单实体标识符作为自己实体标识符的组成部分。

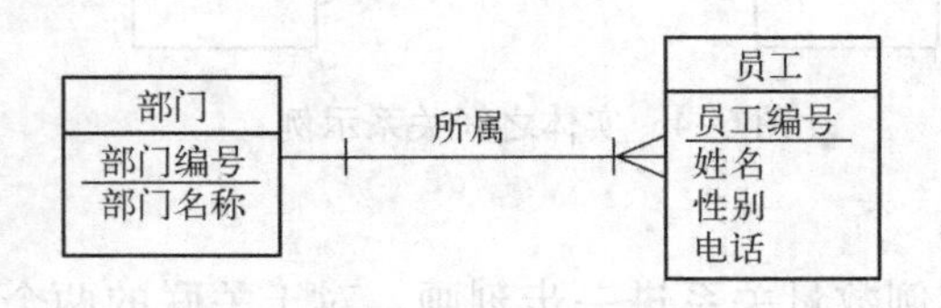

图6-6　强弱实体关系

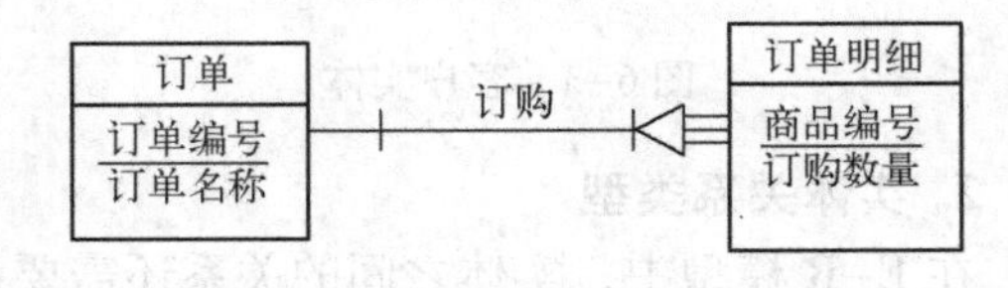

图6-7　ID依赖弱实体实例

在E-R模型图中，使用带三角符号来标记标识符（ID）依赖关系，如图6-7所示。若使用了标识符（ID）依赖关系符号，在弱实体图形框中不需要给出所依赖实体的标识符属性名称。

（2）非ID依赖弱实体

在实体依赖关系中，如果弱实体不需要将所依赖的强实体标识符作为自己的标识符组成部分，则该弱实体则称为非ID依赖弱实体。例如，在如图6-8所示的客户和消费记录实体关系中，消费记录实体在语义上依赖于客户实体而存在。但在

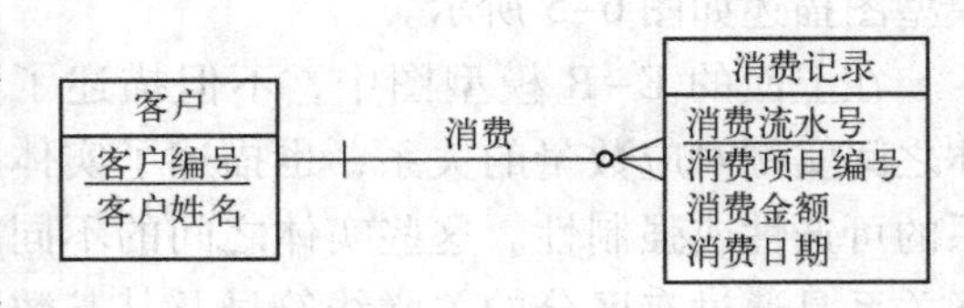

图6-8　非ID依赖弱实体实例

消费记录实体中，不需要将客户编号标识符作为消费记录实体的标识符组成部分。因此，消费记录实体为非 ID 依赖弱实体。

在以上示例给出的 ID 依赖弱实体和非 ID 依赖弱实体均为一对多关系。除此之外，ID 依赖弱实体和非 ID 依赖弱实体在其他示例中也可为一对一关系或多对多关系。

4. 继承实体关系

在 E-R 模型中，实体之间在语义上除有实例数量对应关系和强弱实体依赖关系外，还可以描述实体之间的继承关系。在实体继承关系中，一个实体具有公共特征属性，将它称为父实体。其他实体在继承父实体属性的基础上，还带有自身一些特征属性，将这些实体称为子实体。例如，在如图 6-9 所示的“学生”、“大学生”和“中小学生”实体关系中，学生实体是父实体，它具有所有学生共性，大学生实体和中小学生实体则是子实体，它们代表不同类别的学生。

在实体继承关系中，还可以分为互斥性继承关系和非互斥性继承关系。在互斥性继承关系中，父实体中的一个实例只能属于某个子实体。例如，在“课程”父实体下的“必修课程”与“选修课程”两个子实体之间的关系是互斥的，如图 6-10 所示。

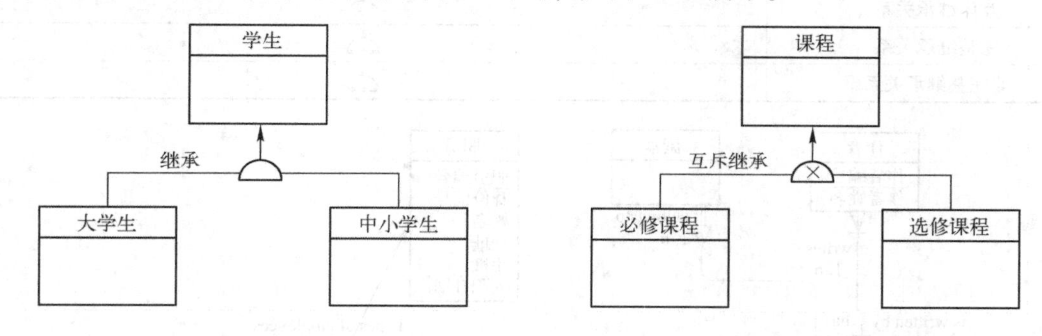

图 6-9　继承关系的示例　　图 6-10　互斥性继承关系示例

在非互斥性继承关系中，父实体的一个实例可以属于多个子实体。例如，在“教职工”父实体下的“干部”与“教师”子实体之间属于非互斥继承关系，教师有可能也是干部，干部有可能也是教师，如图 6-11 所示。

除了互斥和非互斥的分类外，继承关系还可以分为完整继承和非完整继承。如果父实体实例必须完整出现在每个子实体中，则称为完整继承关系；否则是非完整继承关系。例如，在“研究生”实体下有“硕士研究生”和“博士研究生”两个子实体，该继承关系为完整继承，如图 6-12 所示。

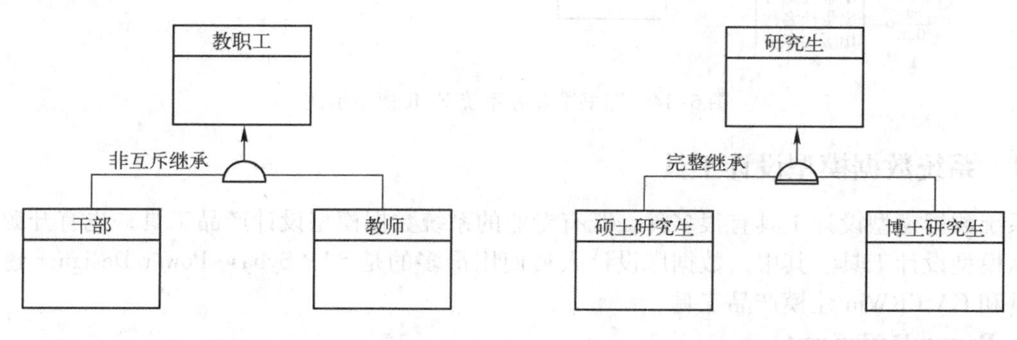

图 6-11　非互斥性继承关系的示例　　图 6-12　完整继承关系的示例

在如图 6-13 所示的“大学生”实体下有“本科生”和“研究生”两个子实体，这两类实体是大学生实体的非完整继承，因为大学生中，还应有专科生类别。

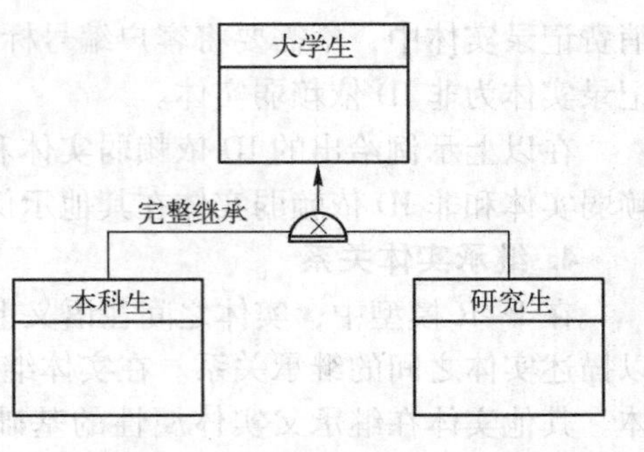

图 6-13　非完整继承关系的示例

对应于继承关系的互斥性和完整性，一共有 4 种组合关系，分别是互斥继承关系、非互斥继承关系、完整继承关系和非完整继承关系，其对应的图形描述符号如表 6-3 所示。

使用以上 E-R 模型的各个元素符号，可以建立任何一个信息系统的数据模型，从而描述该系统的数据实体关系。例如，使用 E-R 模型元素，建立设计图书馆业务系统的 E-R 模型如图 6-14 所示。

表 6-3　4 种继承关系的图形符号描述

非互斥继承关系	
互斥继承关系	
完整继承关系	
非完整继承关系	

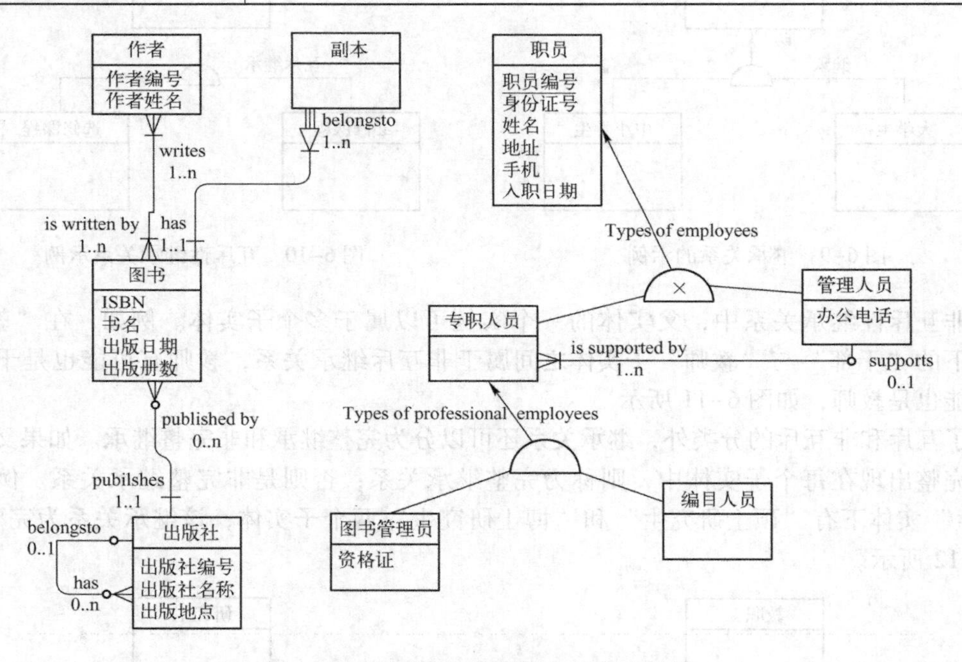

图 6-14　图书馆业务系统 E-R 模型示例

6.1.4　系统数据模型设计工具

系统数据模型设计工具有很多种，既有专业的系统数据模型设计产品工具，也有开源的系统数据模型设计工具。其中，数据库设计人员使用最多的是 SAP Sybase Power Designer 建模产品工具和 CA ERWin 建模产品工具。

1. Power Designser

Power Designer 是 SAP Sybase 公司的 CASE 工具集，使用它可以方便地对信息系统进行分析设计建模，它支持系统工程开发的全过程，将业务建模、数据建模、软件建模和系统建模集成在一个工具集中，支持系统分析与设计，并提供主流程序语言代码框架生成。特别是在数据库开发方面，可利用 Power Designer 进行系统数据模型设计，建立概念数据模型、逻辑数据模型和物理数据模型，同时它几乎支持所有主流关系数据库管理系统 SQL 实现。可通过执行数据模型所转换的 SQL 程序，在这些数据库系统中创建生成各种数据库对象，并可支持数据库开发的逆向工程。它还可支持许多流行的客户端软件开发，如 Power Builder、Delphi 和 VB 等，配合这些工具生成数据表单，缩短开发时间。此外，该工具支持团队开发版本管理控制。

2. ERWin

ERWin 的全称是 ERWin Data Modeler，是 CA 公司的数据建模工具。它支持各个主流数据库系统开发，具有功能强大、易于使用和开发效率高等特点。ERWin 支持数据库设计、数据库创建生成和数据库维护管理，以可视化方式帮助用户确定合理的数据库结构和关键元素，并优化目标数据库。ERWin 不仅是数据模型设计工具，同时还是一个功能强大的数据库开发工具，能为所有主流的数据库自动生成数据库表、存储过程和触发器代码。其突破性的完全比较技术允许迭代开发，随时把数据模型与数据库同步。ERWin 把数据库与领先的开发环境集成在一起，支持以数据为中心的应用开发。为了满足企业建模的需求，ERWin 也能与 CA 的 Model Mart 集成。Model Mart 是强大的模型管理系统，它使数据库设计者、应用程序开发者和最终用户共享 ERWin 的模型信息。除此之外，不同的开发人员可以共享并重用设计成果，使建模的工作效率最大化，并能够建立共同的标准。

6.2 系统数据模型设计

在数据库应用系统开发中，系统数据模型设计工作是通过系统设计人员基于专业的系统数据建模工具来完成的。本节将介绍利用 Power Designer 工具进行系统数据建模设计的基本方法。

在 Power Designer 系统数据模型设计中，可以分别创建概念数据模型（CDM）、逻辑数据模型（LDM）和物理数据模型（PDM）。在数据库应用系统开发中，这些数据模型之间的关系如图 6-15 所示。

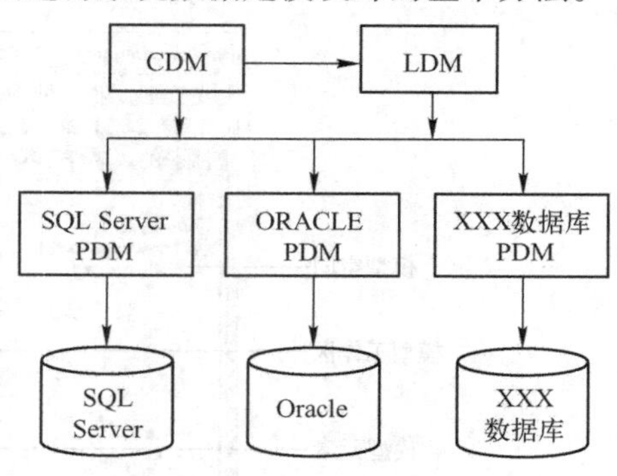

图 6-15 数据模型关系

在系统数据模型设计中，用户一般先设计系统概念数据模型（CDM）。随后，将系统概念数据模型转换设计为逻辑数据模型（LDM），并对 LDM 数据模型进行完善设计。当确定系统 LDM 数据模型后，再针对 DBMS 实现环境，进行系统 LDM 数据模型到物理数据模型（PDM）转换设计。在系统数据模型设计中，即便系统的 CDM 模型或 LDM 模型一样，但针对不同的 DBMS 数据库实现，其设计的 PDM 是有差异的。数据库开发者有时为了简化系统数据建模设计，不考虑数据库设计优化，可以直接将系统 CDM 转换设计为 PDM。当确定系统 PDM 模型后，即可将它在数据库中进行实现。

6.2.1 系统 CDM 建模

系统 CDM（Conceptual Data Model）建模通过分析系统数据需求，通过抽象出系统各个实体及其语义关系，建立系统的概念数据结构。在 Power Designer 建模工具中，可以采用 Entity/relationship 模型图形表示概念数据模型设计。

1. 新建概念数据模型

在 Power Designer 主界面中，选择 File→New Model 命令，系统弹出新建模型对话框，如图 6-16 所示。

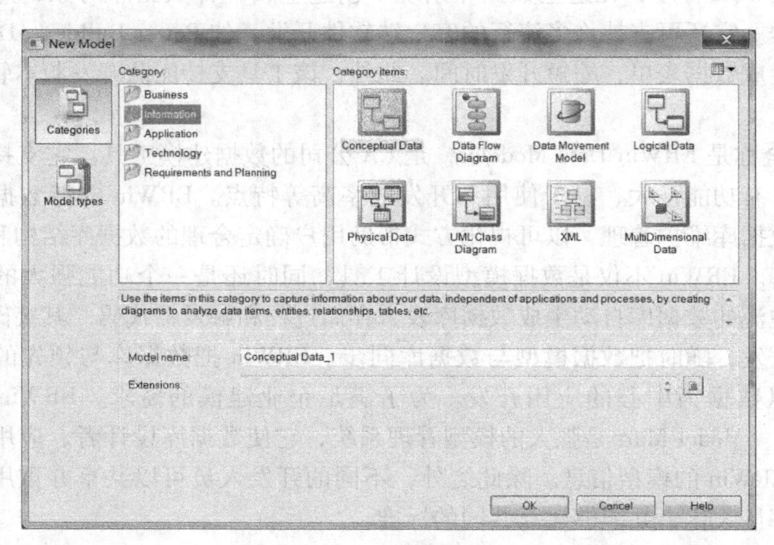

图 6-16　新建 CDM 模型对话框

在该新建模型对话框中，选取模型类别为 Information，并确定新建模型为 Conceptual Data。在模型名称文本框中，输入新建模型名称，然后单击“确定”按钮，系统将打开该概念数据模型设计工作窗口，如图 6-17 所示。

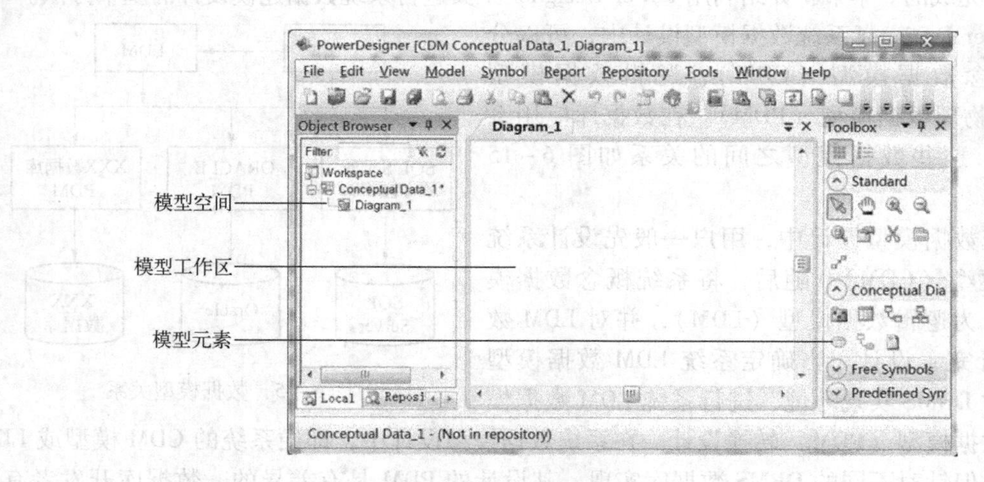

图 6-17　CDM 模型设计工作窗口

在该 CDM 模型设计窗口中，使用工具盒中的 E-R 模型元素符号，设计系统概念数据模型。工具盒中提供的模型元素符号说明如表 6-4 所示。

按照数据库 E-R 模型设计方法，使用上述元素，可以设计创建待开发信息系统的概念数据模型。例如，针对一个图书销售系统，可以设计其概念数据模型，如图 6-18 所示。

表 6-4 概念数据模型元素符号

对　　象	工具符号	模 型 符 号	说　　明
Entity		Entity	概念数据模型“实体”元素
Relation			概念数据模型“关系”元素
Inheritance			概念数据模型“继承”元素
Association		Association	概念数据模型“关联”元素
Association Link			概念数据模型“关联线”元素

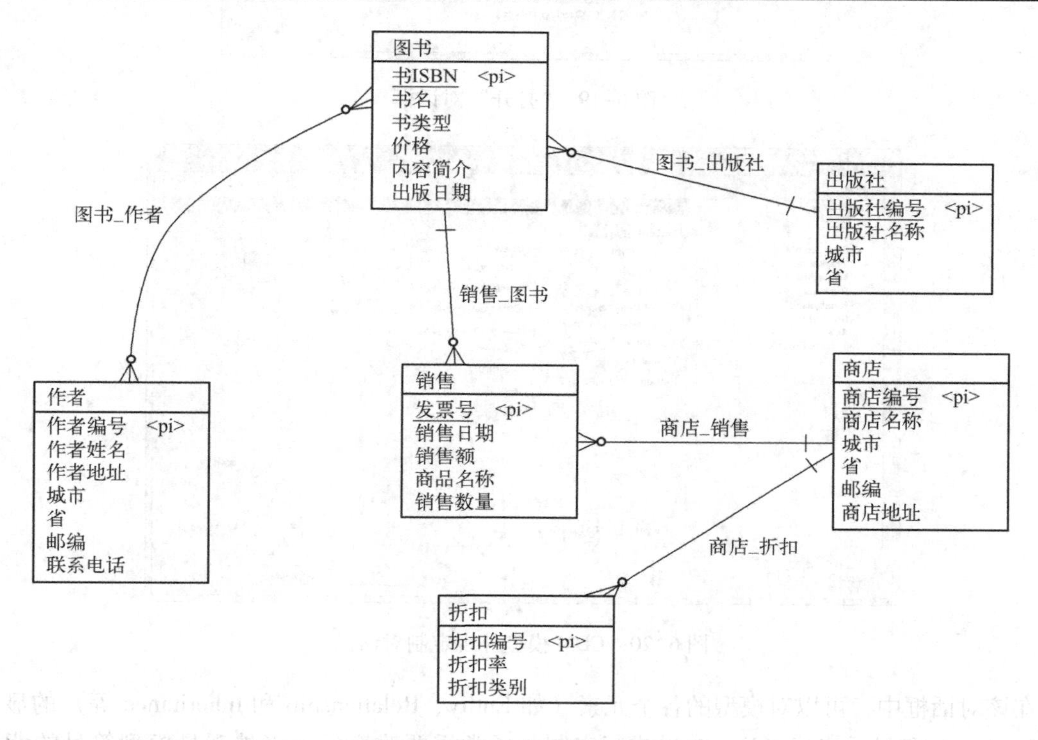

图 6-18 图书销售系统 CDM 模型

当概念数据模型设计完成后，选择 File→Save 命令，即可将模型保存在文件系统中。在 Power Designer 建模工具中，概念数据模型保存的文件扩展名为.cdm。

2. 打开现有概念数据模型

在 Power Designer 主界面中，选择 File→Open 命令，系统弹出“打开”对话框，如图 6-19 所示。

在该对话框中，选择扩展名为.cdm 的概念数据模型文件，然后单击“打开”按钮，即可将现有的系统概念数据模型打开，并显示该模型图。

3. 模型显示选项设置

如果用户想改变模型图默认的外观显示，可以对所创建的模型图外观进行定制调整。在 Power Designer 主界面中，选择 File→Tools→Display Preferences 命令，系统弹出概念数据模型外观定制对话框，如图 6-20 所示。

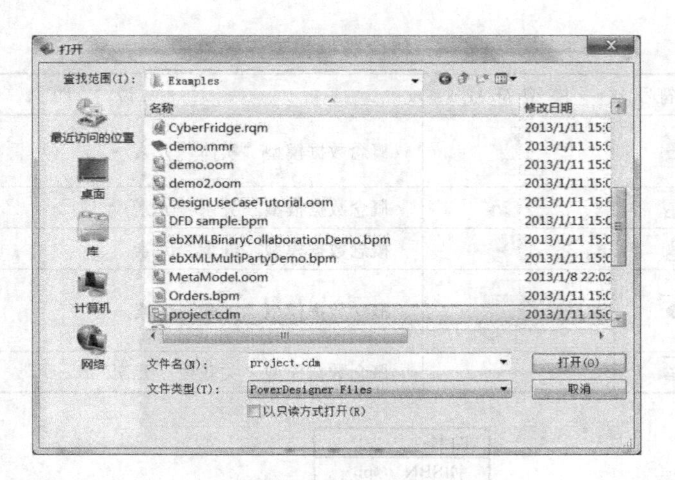

图 6-19 “打开”对话框

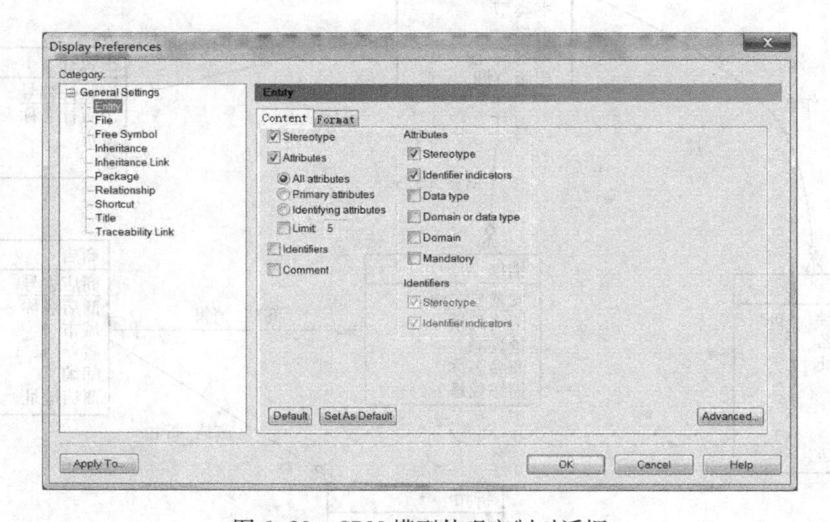

图 6-20 CDM 模型外观定制对话框

在该对话框中，可以对模型的各个元素（如 Entity、Relationship 和 Inheritance 等）的显示内容（Content）和显示格式（Format）进行定制。通常需要改变的元素外观是模型符号的背景颜色、字体字号，以及模型符号中显示内容。当确定选项设置后，模型元素的外观显示将会改变。

4. 概念数据模型检查

当用户设计完成一个系统的概念数据模型后，还需要对该模型进行检查处理，可能会发现模型设计存在各类问题，如“实体名称或代码不唯一”、“实体缺少属性”和“属性没有定义数据类型”等错误。这可通过选择 File→Tools→Model Check 命令执行，系统弹出模型检查的设置对话框，如图 6-21 所示。

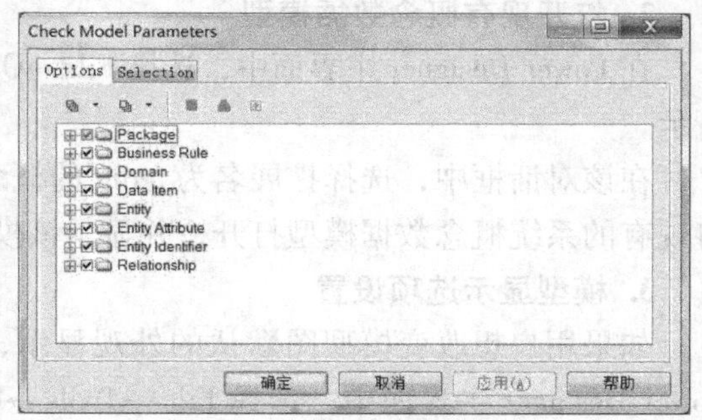

图 6-21 CDM 模型检查设置对话框

在该对话框中，可以对概念数据模型中需要进行检查的项目类别（如 Entity、Relationship 和 Data Item 等）进行选择。单击“确定”按钮后，工具将对模型进行检查处理，以发现模型中存在的错误或不规范之处。通过模型自动检查，可以帮助用户发现模型中可能存在的设计问题，以便提示用户改进模型，并保证模型正确性。

6.2.2 系统 LDM 建模

系统 LDM（Logical Data Model）建模可以由设计者直接创建或通过已有的 CDM 概念数据模型转换设计创建。LDM 数据模型是一种面向设计者的系统逻辑数据模型，它从系统设计者的视角给出系统数据模型结构，该数据模型独立于任何数据库 DBMS 的物理实现。在系统 LDM 建模中，同样使用 E-R 模型图符描述系统数据结构。

1. 新建 LDM 数据模型

在 Power Designer 主界面中，选择 File→New Model 命令，系统弹出新建模型对话框，如图 6-22 所示。

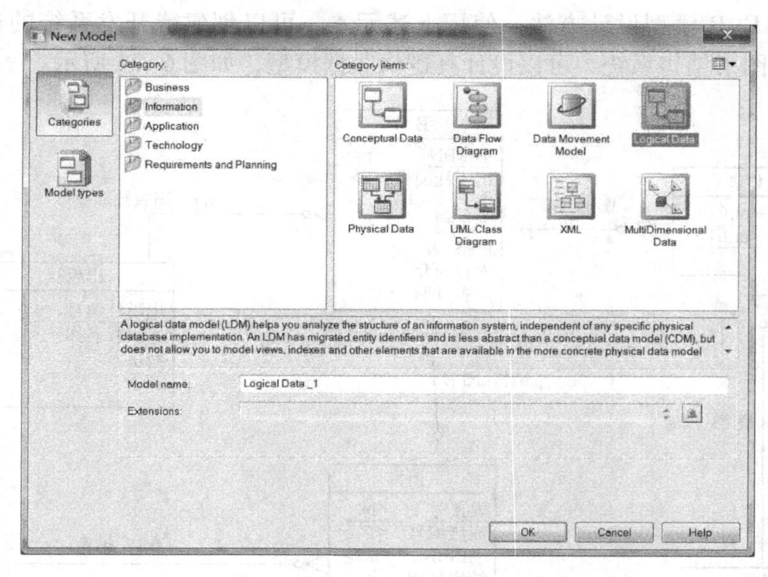

图 6-22　新建 LDM 模型对话框

在该对话框中，选取模型类别为 Information，并确定模型类型为 Logical Data。在模型名称文本框中，输入新建模型名称，然后单击“确定”按钮，系统将打开该逻辑数据模型设计工作窗口，如图 6-23 所示。

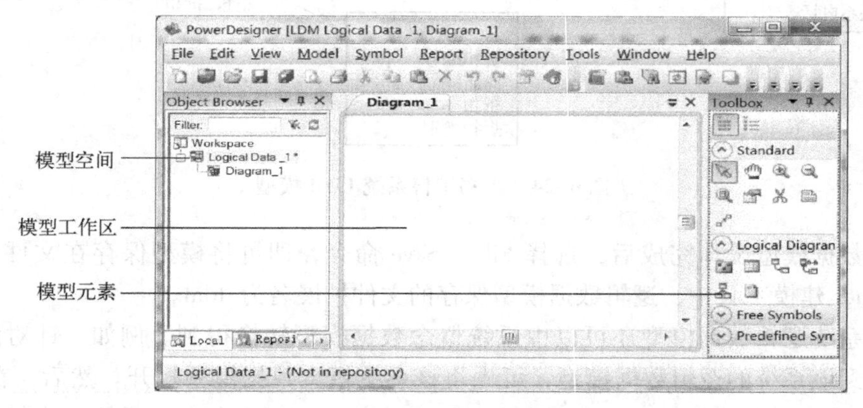

图 6-23　LDM 模型设计工作窗口

在该 LDM 模型设计工作窗口中，使用建模工具提供的逻辑数据模型图形符号，设计系统逻辑数据模型。建模工具中提供的逻辑数据模型图形符号说明如表 6-5 所示。

表 6-5　逻辑数据模型图形符号

对　　象	工具符号	模 型 符 号	说　　明
Entity		Entity	逻辑数据模型“实体”元素
Relation			逻辑数据模型“关系”元素
Inheritance			逻辑数据模型“继承”元素
n－n Relation		n-n Relationship	逻辑数据模型“n－n 关系”元素

按照数据库 E-R 模型设计方法，使用上述元素，可以创建待开发系统的逻辑数据模型。例如，针对一个图书销售系统，可以设计其逻辑数据模型，如图 6-24 所示。

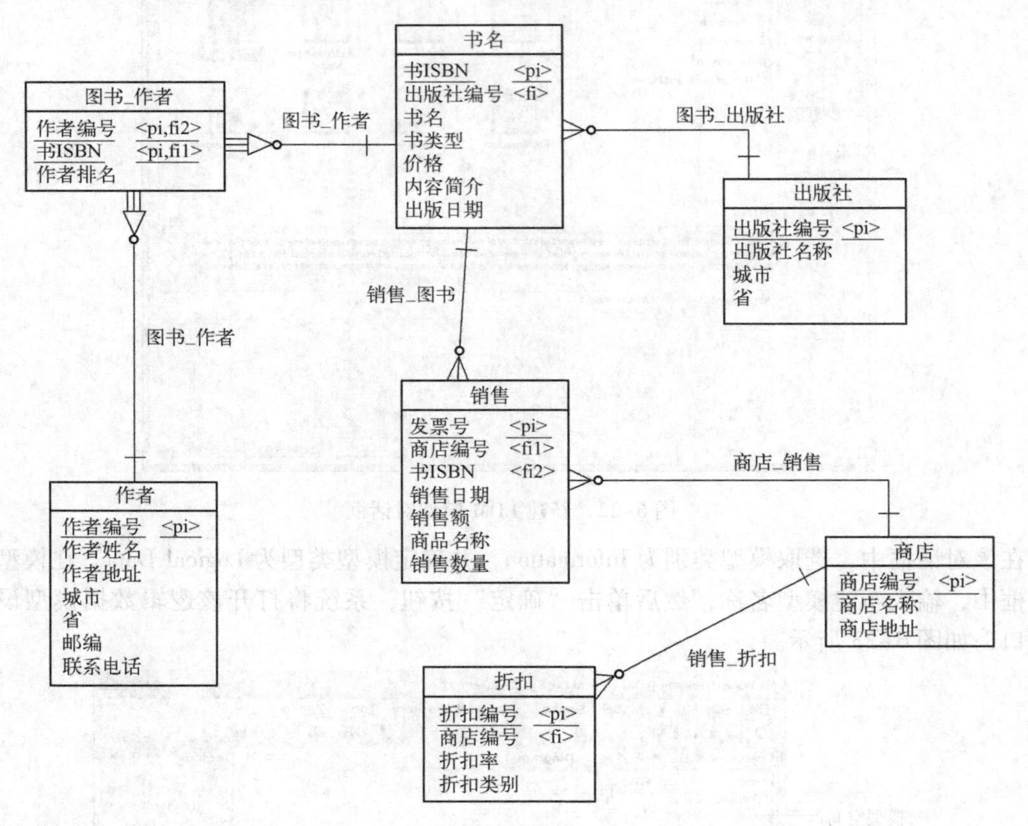

图 6-24　图书销售系统 LDM 模型

当逻辑数据模型设计完成后，选择 File→Save 命令，即可将模型保存在文件系统中。在 Power Designer 建模工具中，逻辑数据模型保存的文件扩展名为 .ldm。

此外，系统逻辑数据模型还可以由系统概念数据模型转换得到。例如，针对图书销售系统，为了得到该系统的逻辑数据模型，可先将该系统概念数据模型打开。然后，在 Power Designer 主界面中，选择 File→Tools→Generate Logical Data Model 命令，系统弹出模型转换设置对话框，如图 6-25 所示。

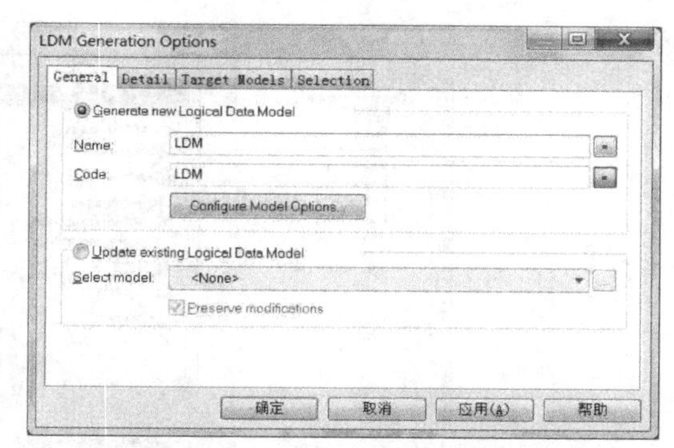

图 6-25　模型转换设置对话框

在该对话框中，命名该系统的逻辑数据模型名称及编码，还可设置其他选项。单击“确定”按钮后，Power Designer 建模工具将系统概念数据模型转换为系统逻辑数据模型，其转换结果如图 6-26 所示。

由图 6-26 可见，Power Designer 工具将概念数据模型转换得到的逻辑数据模型，与如图 6-24 所示的用户自己创建的系统逻辑数据模型大体是一样的。

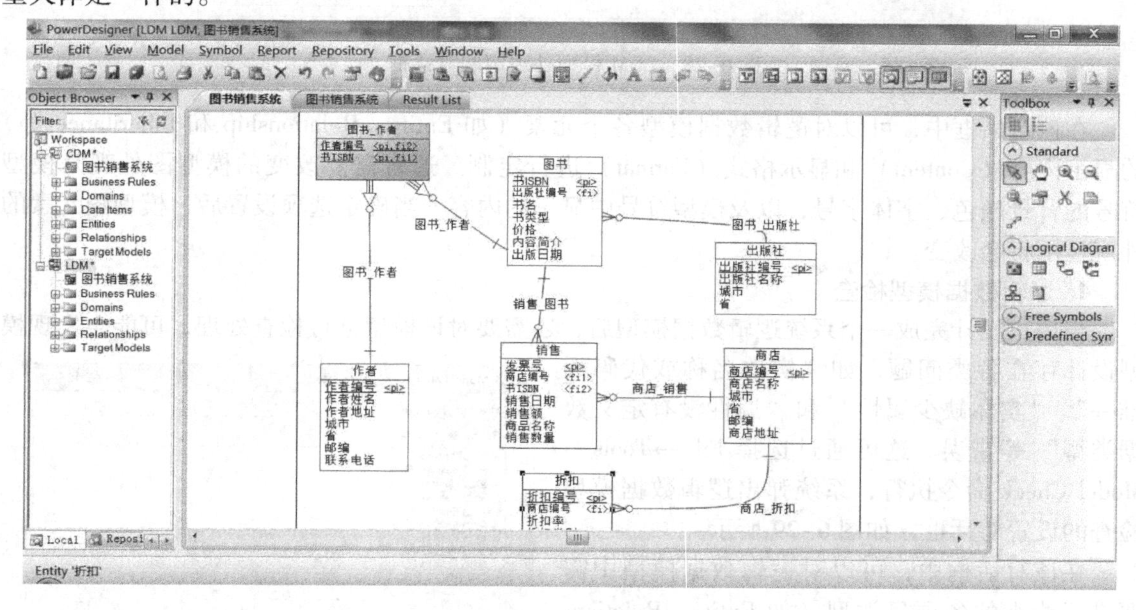

图 6-26　系统逻辑数据模型

2. 打开现有逻辑数据模型

在 Power Designer 主界面中，选择 File→Open 命令，系统弹出“打开”对话框，如图 6-27 所示。

在该对话框中，选择扩展名为 .ldm 的逻辑数据模型文件，然后单击“打开”按钮，即可将现有的系统逻辑数据模型打开，并显示该模型图。

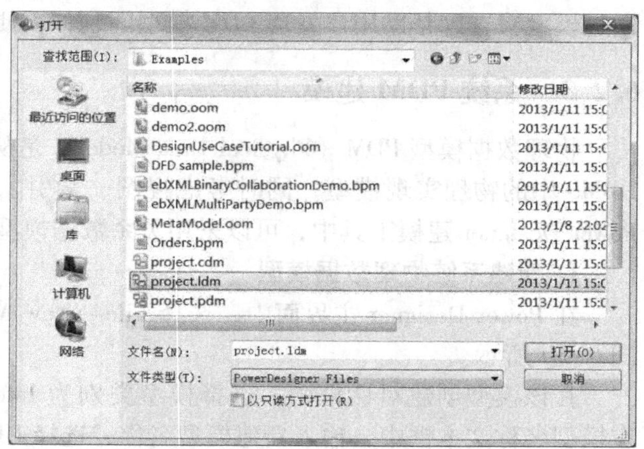

图 6-27　“打开”对话框

3. 逻辑数据模型的显示选项设置

如果用户想改变逻辑数据模型的默认外观显示，可以对逻辑数据模型图外观进行定制调整。在 Power Designer 主界面中，选择 File→Tools→Display Preferences 命令，系统弹出逻辑数据模型外观定制对话框，如图 6-28 所示。

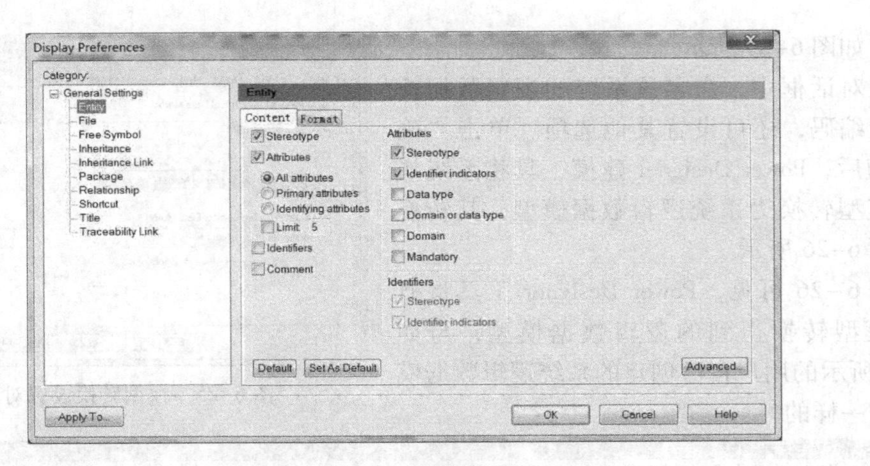

图 6-28　LDM 模型外观定制对话框

在该对话框中，可以对逻辑数据模型各个元素（如 Entity、Relationship 和 Inheritance 等）的显示内容（Content）和显示格式（Format）进行定制。通常需要改变的模型图外观是模型符号的背景颜色、字体字号，以及模型符号中显示的内容。当确定选项设置后，模型图元素的外观显示将会改变。

4. 逻辑数据模型检查

当用户设计完成一个系统逻辑数据模型后，还需要对该模型进行检查处理，可能会发现模型设计存在各类问题，如“实体名称或代码不唯一”、“实体缺少属性”和“属性没有定义数据类型”等错误。这可通过选择 File→Tools→Model Check 命令执行，系统弹出逻辑数据模型检查的设置对话框，如图 6-29 所示。

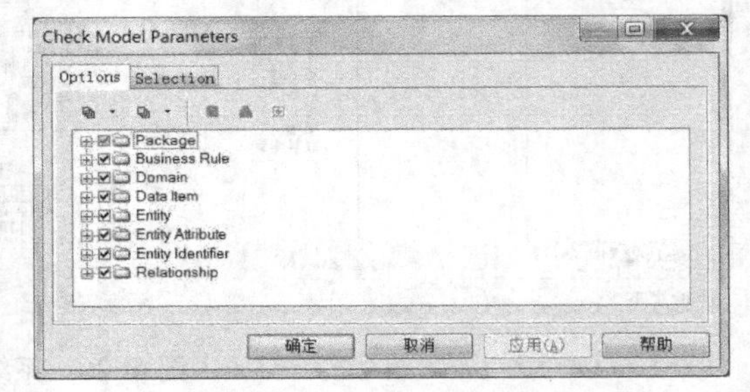

图 6-29　LDM 模型检查设置对话框

在该对话框中，可以对逻辑数据模型中需要进行检查的各项目类型（如 Entity、Relationship 和 Data Item 等）进行选择。单击“确定”按钮后，Power Designer 工具将对 LDM 模型进行检查处理，以发现模型中存在的错误或不规范之处，并在结果对话框中输出错误或警示信息。通过模型检查，帮助用户发现 LDM 模型问题，以便用户改进模型，并保证模型的正确性。

6.2.3　系统 PDM 建模

物理数据模型 PDM（Physical Data Model）是从系统实现的角度描述数据库表对象在特定 DBMS 中的物理实现模型，同时考虑视图、索引、存储过程及触发器等数据库对象实现。在 Power Designer 建模工具中，可以采用关系数据模型符号表示物理数据模型设计。

1. 新建系统物理数据模型

在 Power Designer 主界面中，选择 File→New Model 命令，系统弹出模型新建对话框，如图 6-30 所示。

在该模型创建对话框中，选择模型类别为 Information，并确定模型类型为 Physical Data。在模型名称文本框中，输入新建模型名称，选择 DBMS 数据库类型，然后单击“确定”按钮，系统将打开该物理数据模型设计工作窗口，如图 6-31 所示。

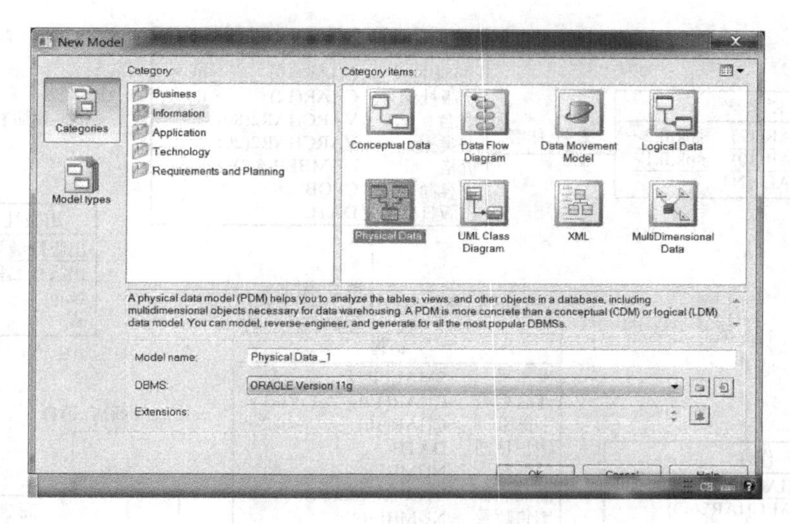

图 6-30　新建 PDM 模型对话框

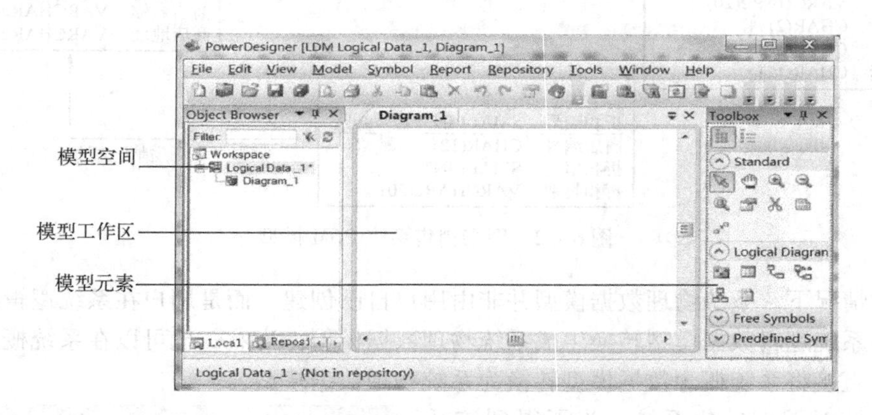

图 6-31　PDM 模型设计窗口

在该 PDM 模型设计窗口中，使用建模工具提供的关系模型图形符号，设计系统物理数据模型。Power Designer 工具提供的关系模型图形符号说明如表 6-6 所示。

表 6-6　物理数据模型对象符号

对　象	工具符号	模 型 符 号	说　明
Table		Table	物理数据模型“表”元素
Reference			物理数据模型“参照约束”元素
View		View	物理数据模型“视图”元素
View Reference			物理数据模型“视图参照”元素
Procedure		Proc	物理数据模型“存储过程”元素

按照数据库关系模型图设计方法，使用上述元素，可以创建待开发的系统物理数据模型。例如，针对一个图书销售系统，所设计的物理数据模型如图 6-32 所示。

当物理数据模型设计完成后，选择 File→Save 命令，即可将模型保存在文件系统中。在 Power Designer 建模工具中，物理数据模型保存的文件扩展名为 .pdm。

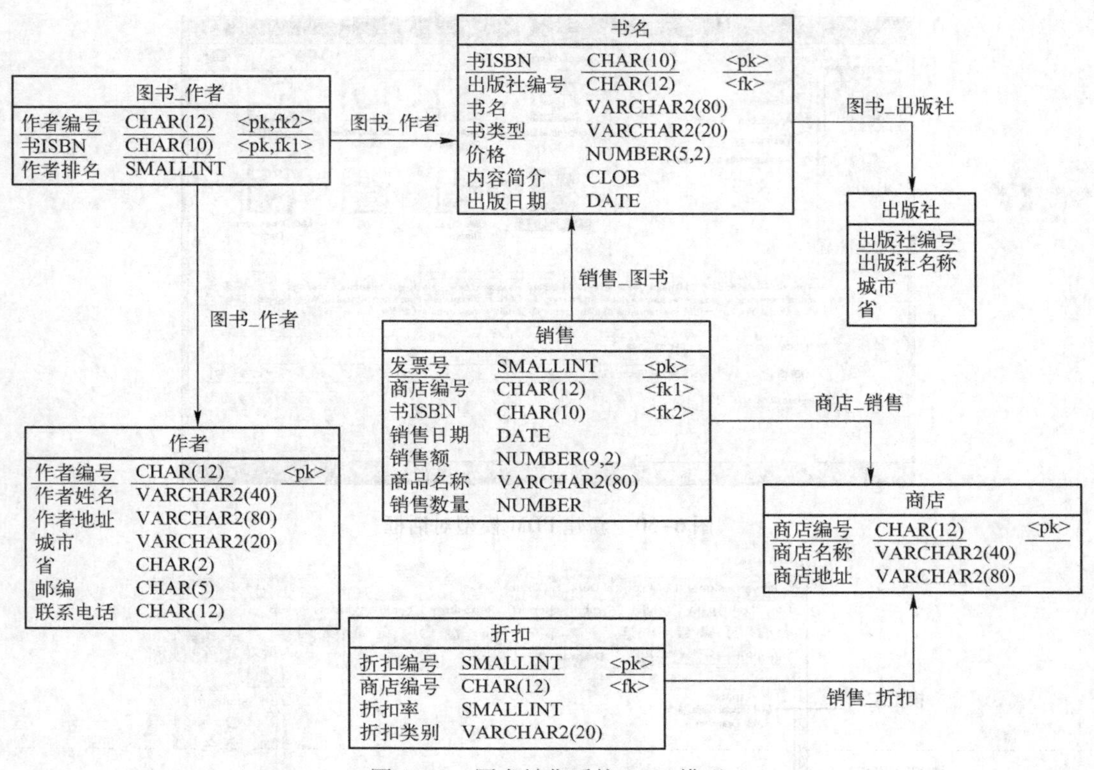

图 6-32　图书销售系统 PDM 模型

在通常情况下，系统物理数据模型并非由用户自己创建，而是用户在系统逻辑数据模型的基础上，将系统逻辑数据模型转换生成系统物理数据模型。当然，也可以在系统概念数据模型的基础上，直接将系统概念数据模型转换为系统物理数据模型。

例如，针对图书销售系统，为了得到该系统物理数据模型，先将该系统逻辑数据模型打开。在 Power Designer 主界面中，选择 File→Tools→Generate Physical Data Model 命令，系统弹出模型转换设置对话框，如图 6-33 所示。

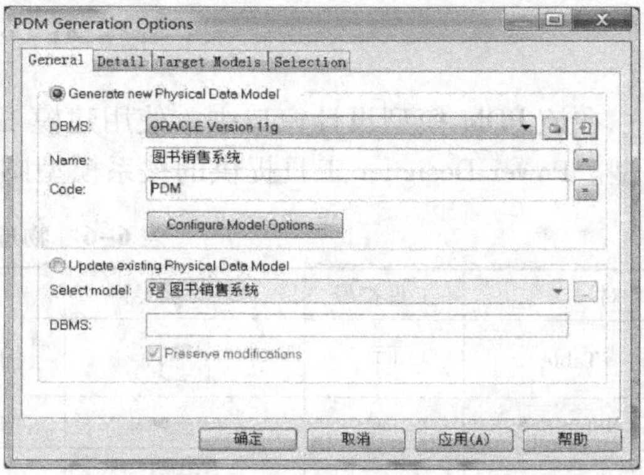

在该对话框中，命名物理数据模型的名称和编码，选择 DBMS 类型，还可设置其他选项。单击“确定”按钮后，Power Designer 工具将系统逻辑数据模型转换为物理数据模型。其转换结果如图 6-34 所示。

图 6-33　模型转换设置对话框

由 Power Designer 工具将概念数据模型转换的物理数据模型，与如图 6-32 所示的用户自己创建系统物理数据模型大体是一样。在转换后的系统物理数据模型基础上，设计者还可加入视图、索引、触发器和存储过程等设计，并对数据库表结构进行规范化处理。

2. 打开现有物理数据模型

在 Power Designer 主界面中，选择 File→Open 命令，系统弹出“打开”对话框，如图 6-35 所示。

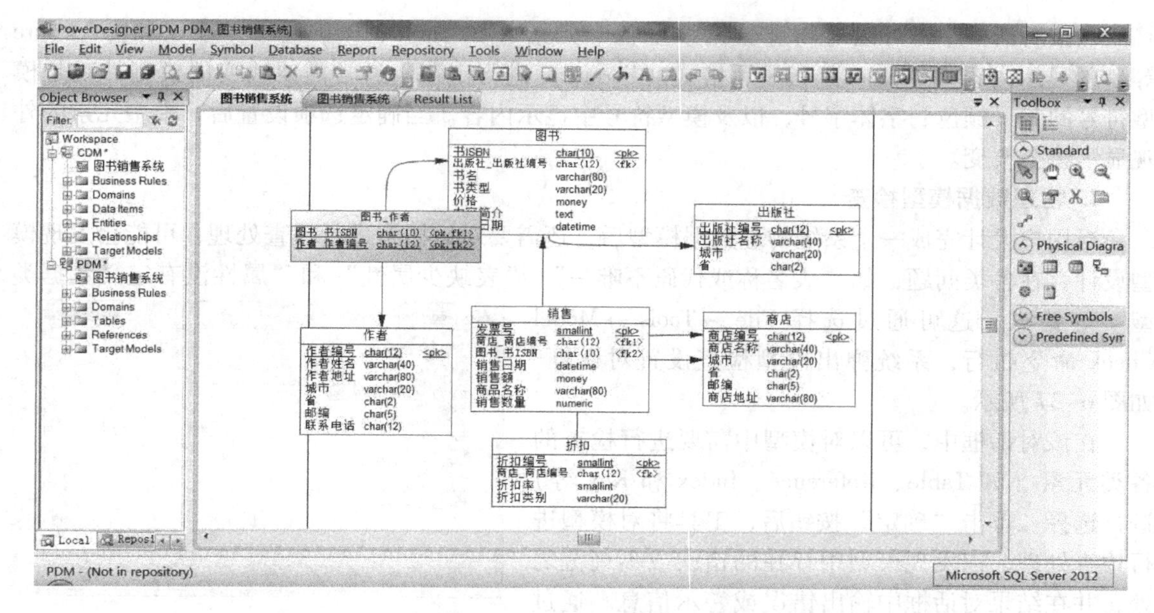

图 6-34　系统物理数据模型

在该对话框中，选择扩展名为.pdm 的物理数据模型文件，然后单击“打开”按钮，即可将现有的系统物理数据模型打开，并显示该模型图。

图 6-35　“打开”对话框

3. 物理数据模型的显示选项设置

如果用户想改变系统物理数据模型默认的外观显示，可以对所创建的模型图外观进行定制调整。在 Power Designer 主界面中，选择 File→Tools→Display Preferences 命令执行，系统弹出模型外观定制对话框，如图 6-36 所示。

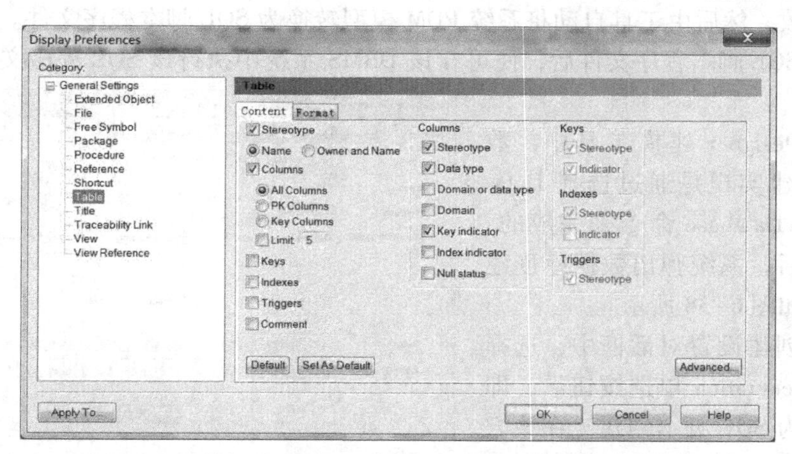

图 6-36　PDM 模型外观定制对话框

在该对话框中，可以对物理数据模型各个元素（如 Table、Reference、View 和 Procedure 等）的显示内容（Content）和显示格式（Format）进行定制。通常需要改变的模型外观是模型符号的背景颜色、字体字号，以及模型符号中显示内容。当确定选项设置后，模型元素的外观显示将会改变。

4. 物理数据模型检查

当用户设计完成一个系统物理数据模型后，还需要对该模型进行检查处理，可能会发现模型设计存在各类问题，如“表名称或代码不唯一”、“表缺少属性”和“属性没有定义数据类型”等错误。这可通过选择 File→Tools→Model Check 命令执行，系统弹出模型检查设置对话框，如图 6-37 所示。

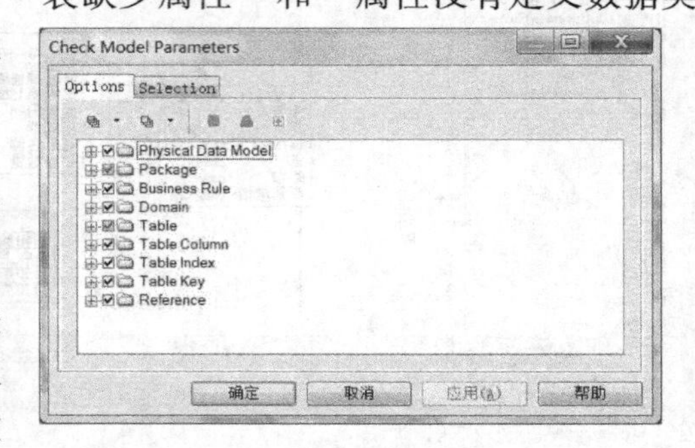

图 6-37　PDM 模型检查设置对话框

在该对话框中，可以对模型中需要进行检查的各类元素（如 Table、Reference、Index 和 Key 等）进行选择。单击“确定”按钮后，工具将对模型进行检查处理，以发现模型中存在的错误或不规范之处，并在结果对话框中输出错误或警示信息。通过模型检查，帮助用户发现模型问题，以便用户改进模型，并保证模型的正确性。

6.3　数据库模型实现

在完成系统数据模型设计后，还需要将该数据模型设计方案在数据库 DBMS 中进行实现，即在数据库 DBMS 系统环境中创建数据库及其对象。将系统数据模型在数据库中进行实现，一般有两种方案：PDM 转换 SQL 程序实现方案和 PDM 在数据库中直接生成对象实现方案。

6.3.1　PDM 转换 SQL 程序实现方案

数据库设计者可以使用建模工具将所设计的 PDM 模型转换为 SQL 脚本程序，然后在 DBMS 系统中执行该脚本程序，实现数据库对象的创建。这种方案是实现数据库对象创建的基本方案。它需要先在系统数据模型设计工具中，选择模型转换对应的数据库 DBMS，并设置模型转换选项参数，然后由工具自动将系统 PDM 模型转换为 SQL 脚本程序文件。在获得系统数据模型转换的 SQL 脚本程序文件后，便可在该 DBMS 系统中执行该 SQL 程序文件，实现数据库对象的创建。

在 Power Designer 建模工具中，数据库对象的创建实现是通过选择 Database→Generate Database 命令来完成的。当选择该命令后，系统弹出数据库创建设置对话框，如图 6-38 所示。

在数据库创建设置对话框中，选择默认的 Script generation 单选按钮后，即设置转换类型为 SQL 脚本创建。在该方式下，用户还需要设置若干基本选项。

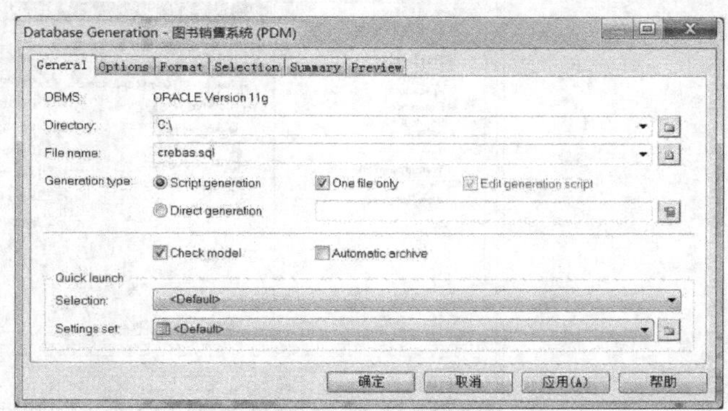

图 6-38　数据库创建设置对话框

1）Directory 下拉列表框，设置 SQL 脚本生成的目录位置。

2）File Name 文本框，设置 SQL 脚本程序的名称。

3）Check model 复选框，设置对物理数据模型进行检查。

4）Automatic archive 复选框，设置对物理数据模型进行归档。

此外，在物理数据模型创建数据库对象前，还可以根据需要设置其他选项。可分别选取 Options、Format、Selection、Summary 和 Preview 选项卡，然后对其中的选项进行设置。当确定选项后，单击“确定”按钮，Power Designer 工具就开始将系统物理数据模型转换为数据库对象创建 SQL 脚本程序文件。当转换结束后，系统弹出 SQL 脚本程序对话框，如图 6-39 所示。

单击 Edit 按钮，可直接打开生成的 SQL 脚本程序，如图 6-40 所示。

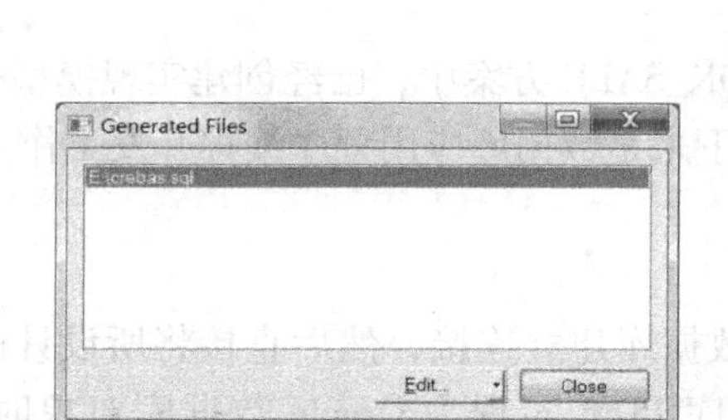

图 6-39　SQL 脚本程序对话框

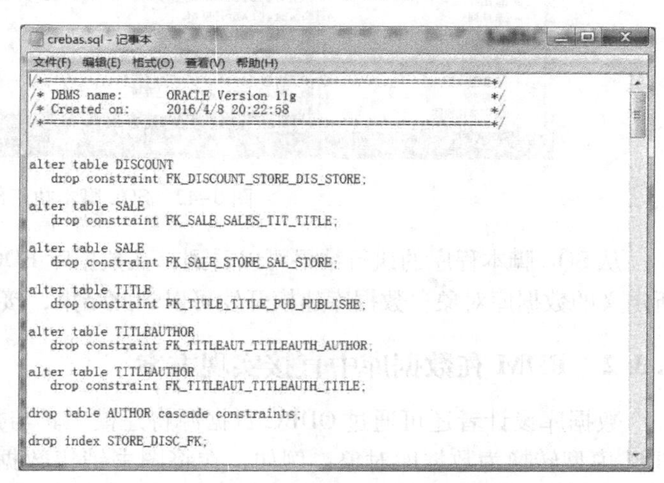

图 6-40　SQL 脚本程序内容界面

在 DBMS 中，执行该 SQL 脚本程序后，便可实现数据库对象创建。例如，在 Oracle Database 数据库 BOOK_SALE 方案中，打开该 SQL 脚本程序，如图 6-41 所示。

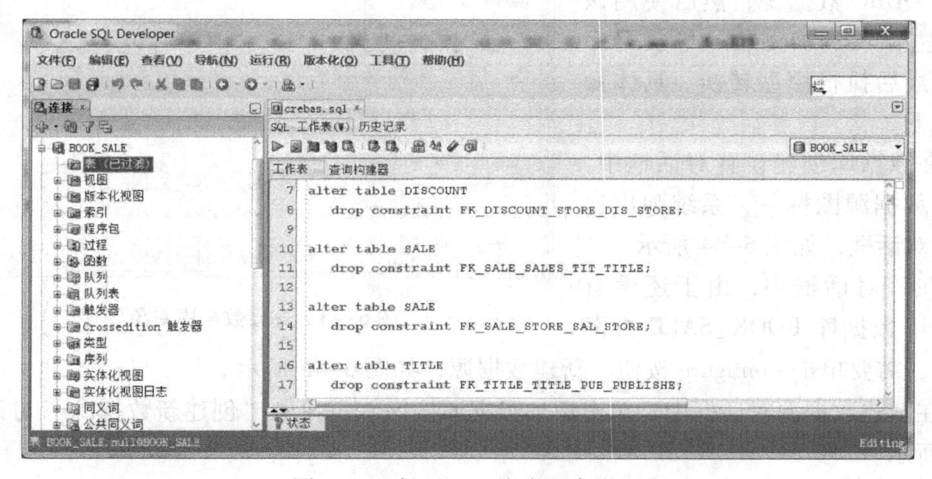

图 6-41　打开 SQL 脚本程序界面

执行该 SQL 脚本程序后，将在数据库 BOOK_SALE 方案中创建模型中设计的数据库对象，如图 6-42 所示。

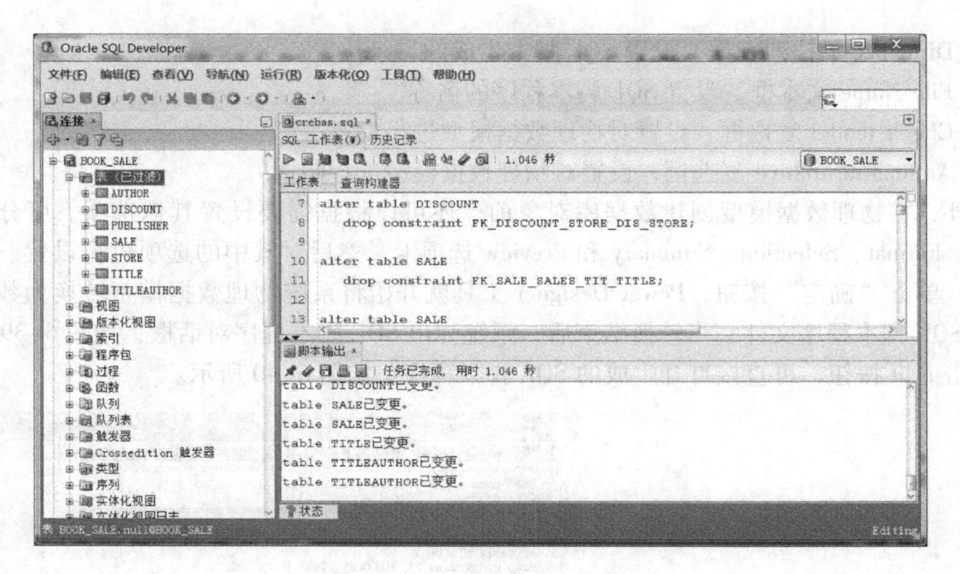

图 6-42　SQL 脚本执行结果

从 SQL 脚本程序的执行结果可以看到，在数据库 BOOK_SALE 方案中，已经创建实现模型中所定义的数据库对象。数据库建模开发可以到此结束，接下来是数据库应用程序编程开发工作。

6.3.2　PDM 在数据库中直接实现方案

数据库设计者还可通过 ODBC 数据源将建模工具与数据库建立连接，然后直接将所设计的 PDM 模型转换为数据库对象。例如，在将图书销售数据库 PDM 实现为 Oracle 数据库对象时，设置 Power Designer 数据库创建选项为 Direct generation，如图 6-43 所示。

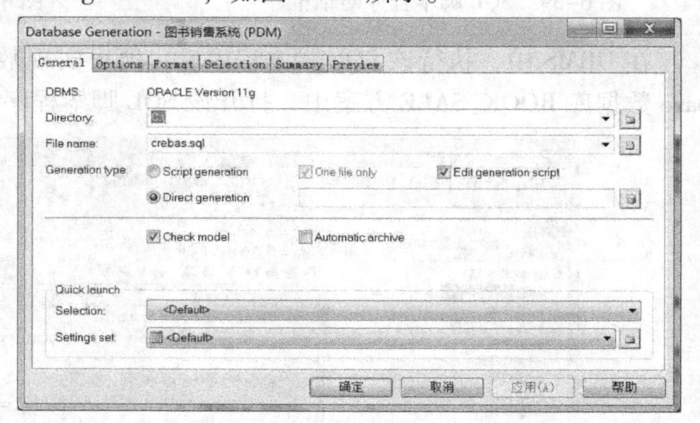

图 6-43　直接数据库对象创建

在将 PDM 直接转换为数据库对象实现的方案中，首先建立连接 Oracle 数据库的 ODBC 数据源，然后使用该数据源建立 Power Designer 与数据库的连接，最后执行模型转换。具体操作步骤如下。

1）在数据库创建设置对话框中，单击连接数据源图标，系统弹出连接数据源对话框，如图 6-44 所示。

2）在该对话框中，由于还没有连接 Oracle 数据库 BOOK_SALE 方案的数据源，需要单击 Configure 按钮，新建数据源，如图 6-45 所示。

3）在新建数据源对话框中，单击添加数据源按钮，弹出“创建新数据源”对话框，如图 6-46 所示。

4）在该对话框中，选择系统数据源选项，然后单击“下一步”按钮，打开数据库驱动程序选择对话框，如图 6-47 所示。

5）在该对话框中，选择 Oracle 数据库对应的驱动程序。这里选择 Oracle In Instantclient_12.1 驱动程序，然后单击“下一步”按钮，系统打开确认界面，如图 6-48 所示。

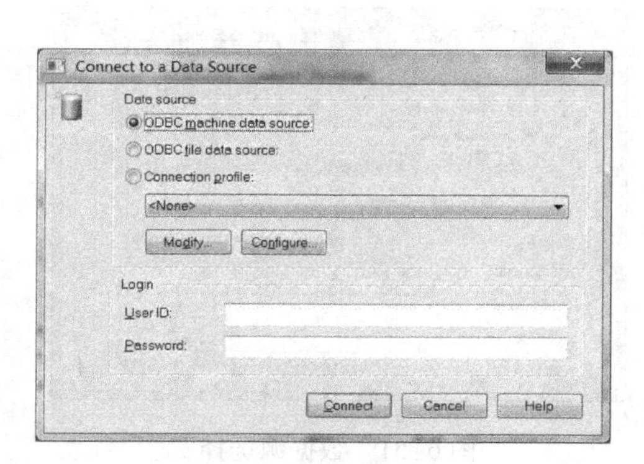

图 6-44　连接数据源对话框

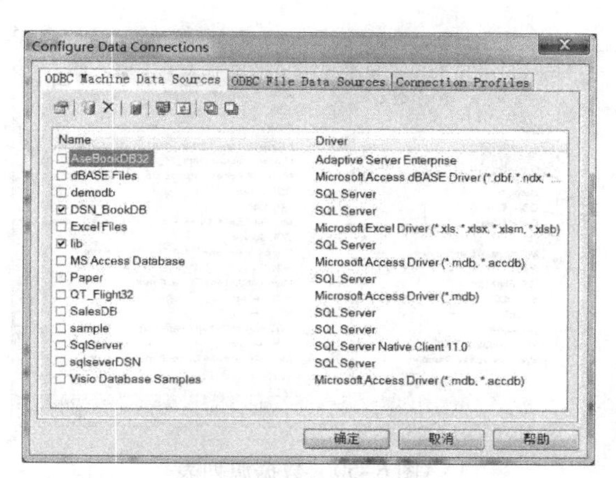

图 6-45　新建数据源对话框

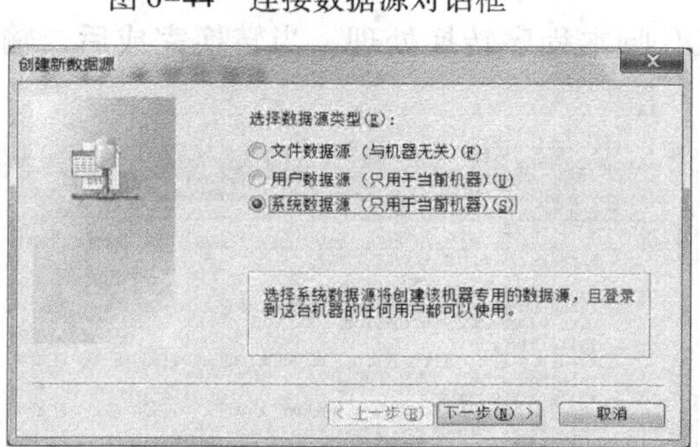

图 6-46　选择数据源类型

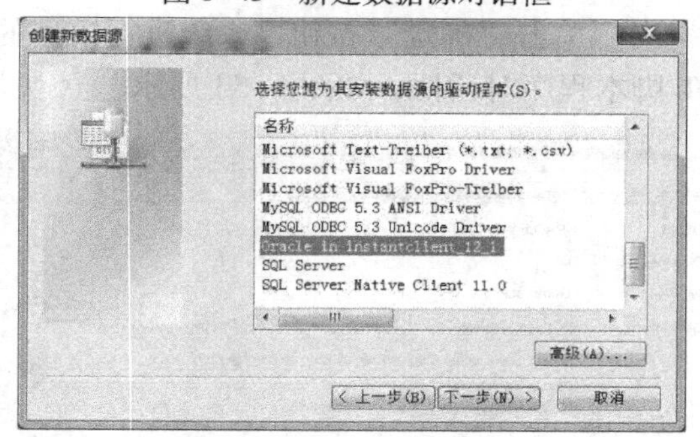

图 6-47　选择数据库驱动

6）单击“完成”按钮，系统弹出数据源命名配置对话框。在该对话框中输入数据源名称和连接数据库方案的连接参数，如图 6-49 所示。

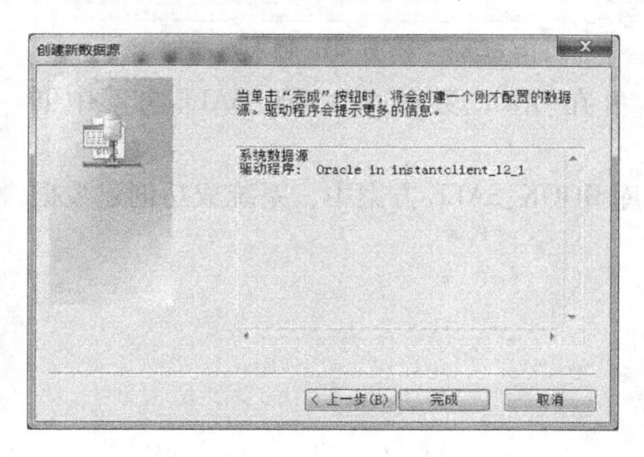

图 6-48　数据库驱动选择确认界面

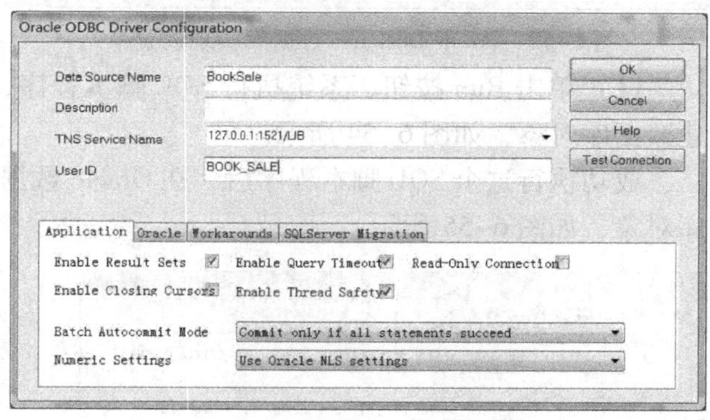

图 6-49　ODBC 系统数据源命名

7）单击 OK 按钮，新建的数据源 BookSale 出现在系统 ODBC 数据源列表框中，如图 6-50 所示。

8）选择 BookSale 数据源，单击“确认”按钮，返回到 Power Designer 连接数据源选择对话框。在该对话框中，选择刚建的数据源 BookSale，并输入登录 Oracle 数据库的账户和密码，如图 6-51 所示。

9）单击 Connect 按钮，若登录连接成功，返回到 Power Designer 数据库实现设置界面，如图 6-52 所示。

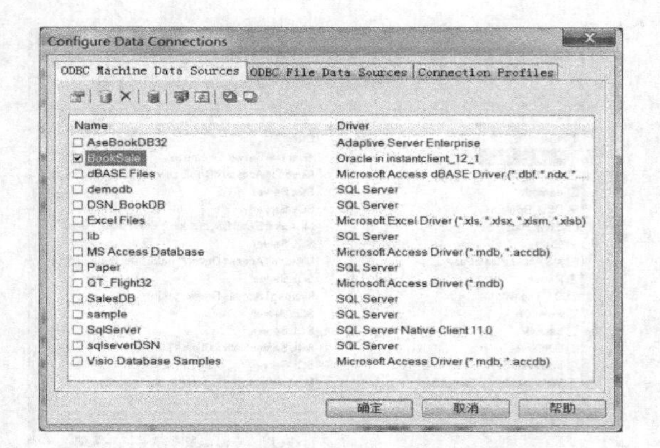

图 6-50　数据源列表

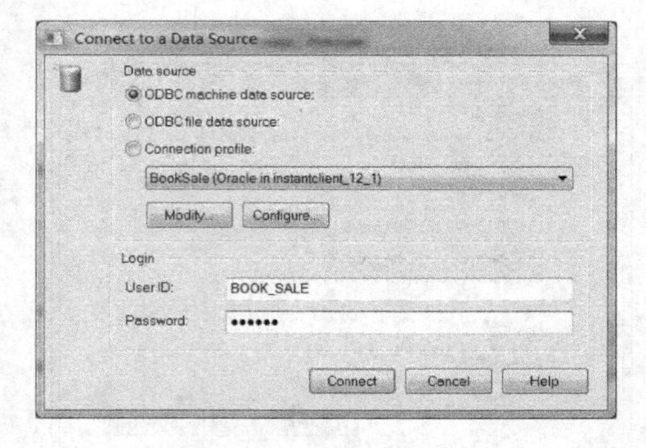

图 6-51　数据源选择

10）单击“确定”按钮，系统进行模型的 SQL 脚本程序转换处理。当转换完成后，输出 SQL 脚本程序对话框，如图 6-53 所示。

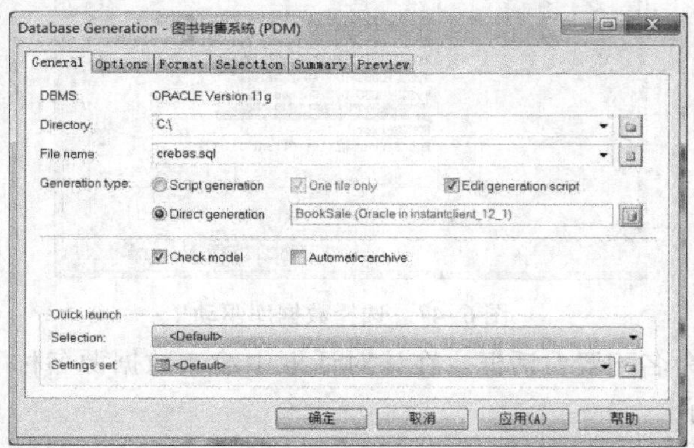

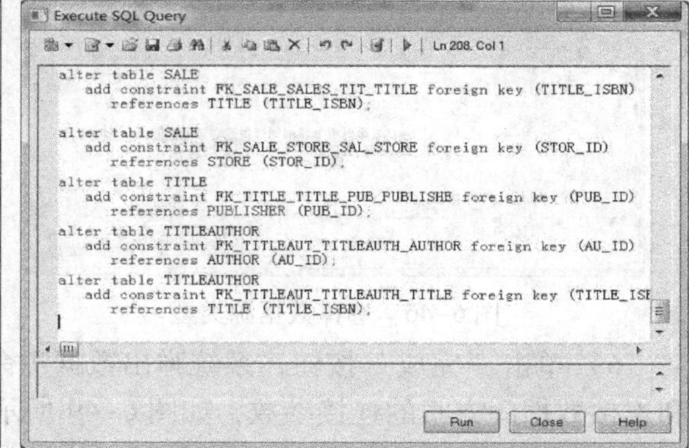

图 6-52　Power Designer 数据库实现设置

图 6-53　模型 SQL 脚本对话框

11）单击 Run 按钮，系统执行 SQL 脚本程序，并在 Oracle 数据库 BOOK_SALE 方案中创建数据库对象，如图 6-54 所示。

成功执行这个 SQL 脚本程序后，在 Oracle 数据库 BOOK_SALE 方案中，系统成功创建数据库对象，如图 6-55 所示。

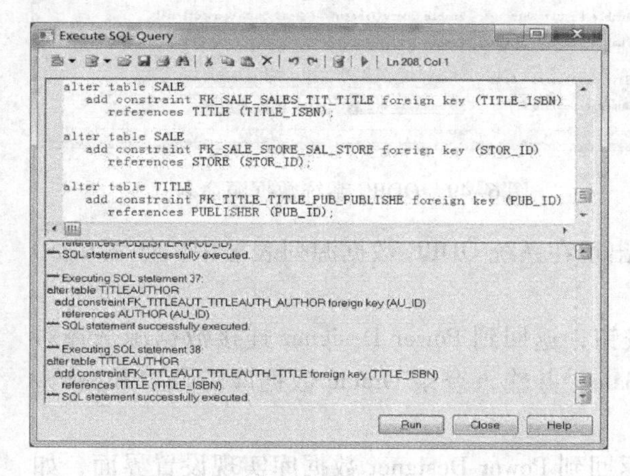

图 6-54　模型 SQL 脚本执行结果

图 6-55　Oracle 数据库对象创建结果

6.4 实践指导——图书借阅管理系统数据库设计与实现

本节将以图书借阅管理系统开发为例，给出该系统数据库建模设计与 Oracle 数据库实现操作指导。

通过第 5 章对图书借阅管理系统的需求分析，可知应用系统需要开发一个图书借阅管理数据库支持业务数据处理。该数据库包括图书馆业务管理的目录信息、图书信息、借阅记录信息、图书预订信息、借阅者信息和员工信息等数据。在系统数据库实现中，要求使用 Oracle 数据库管理系统数据，并创建一个容纳图书借阅管理数据的方案对象 Library_DBA。在 Library_DBA 方案中，创建借阅者信息表（READER）、员工信息表（EMPLOYEE）、图书信息表（BOOK）、图书目录信息表（TITLE）、借阅记录表（LOAN）和预订图书登记表（RESERVE）等表对象。

6.4.1 系统数据模型设计

在图书借阅管理数据库开发时，需要对系统数据库进行建模设计。按照系统数据模型设计层次，应分别创建系统概念数据模型、系统逻辑数据模型和系统物理数据模型。

1. 系统概念数据模型

通过对图书借阅管理系统的数据需求分析，抽取出各个业务功能中的数据实体，并分析这些实体信息及其实体之间的关系。采用 E-R 图模型方法在 Power Designer 工具中进行建模，其基本建模设计步骤如下。

（1）创建系统概念数据模型文件

在 Windows 系统中，启动 Power Designer 工具，在程序主界面菜单中，选择 File→New Model 命令，弹出模型创建对话框，如图 6-56 所示。

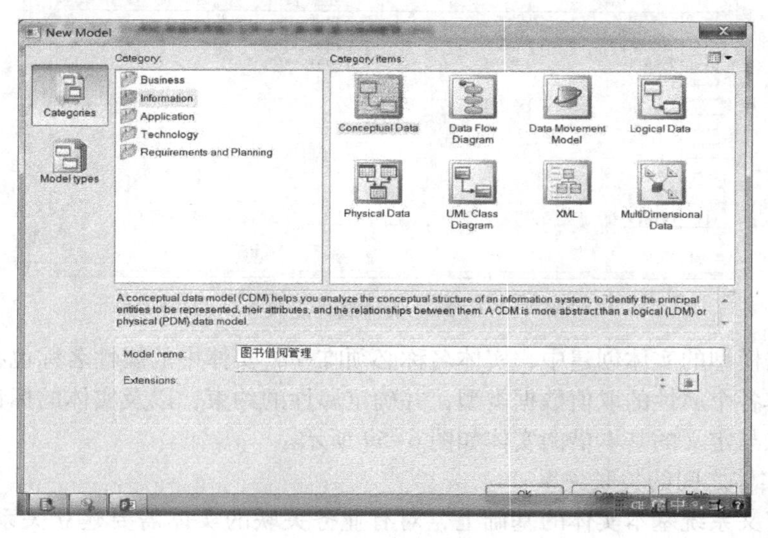

图 6-56　新建模型对话框

在该模型创建对话框中，设置模型类别为 Information，并确定模型类型为 Conceptual Data。在模型名称文本框中，输入新建模型名称“图书借阅管理”，然后单击“确定”按钮，系统将显示该概念数据模型设计工作窗口，如图 6-57 所示。

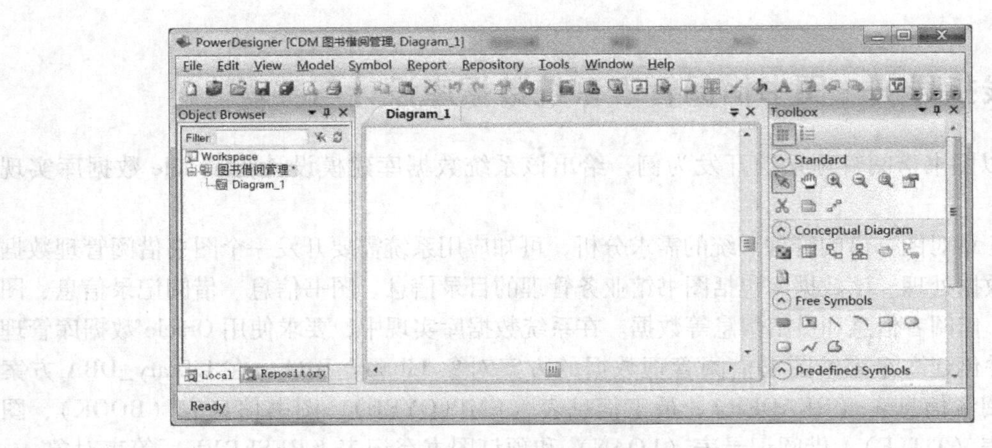

图 6-57　CDM 模型设计窗口

在该 CDM 模型设计窗口中，使用建模工具提供的 E-R 模型图形符号，设计系统概念数据模型，并将该模型进行文件保存。在 Power Designer 工具中，概念数据模型文件的扩展名为.cdm。

（2）图书借阅实体抽取与属性定义

在图书借阅管理中，最基本的实体就是“借阅者”、“图书”、“图书目录”和“借还记录”，将它们在 Power Designer 建模设计窗口中进行创建，并定义各个实体的属性和标识符。例如，借阅者实体定义，如图 6-58 所示。

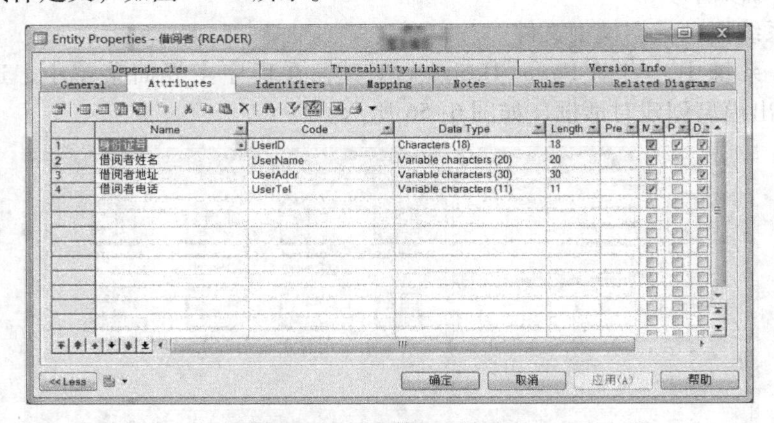

图 6-58　实体属性定义

在概念数据模型的实体创建中，实体名称必须唯一，实体中的属性名称也必须唯一。同时也需要指定实体各个属性的取值数据类型，并确定属性的约束，以及实体的标识符。在概念数据模型中，抽取与定义的基本借阅实体如图 6-59 所示。

（3）建立实体之间的关联关系

在抽取与定义系统基本实体的基础上，对有业务关联的实体需要建立关系，即建立 E-R 模型图。例如，“借阅者”实体与“图书”实体之间存在多对多的对应关系。在概念数据模型创建窗口中，可以使用模型中的关联符号连接有关联的实体。当连接实体后，还需要对默认的关联连接进行设置，使它能确切描述实体之间的联系。初步设计的概念数据模型如图 6-60 所示。

在概念数据模型中，实体之间的关联是采用一对一、一对多，还是多对多，这需要从实际业务规则来确定。同样，实体之间的强制关系或可选关系也是从实际业务规则来确定的。总

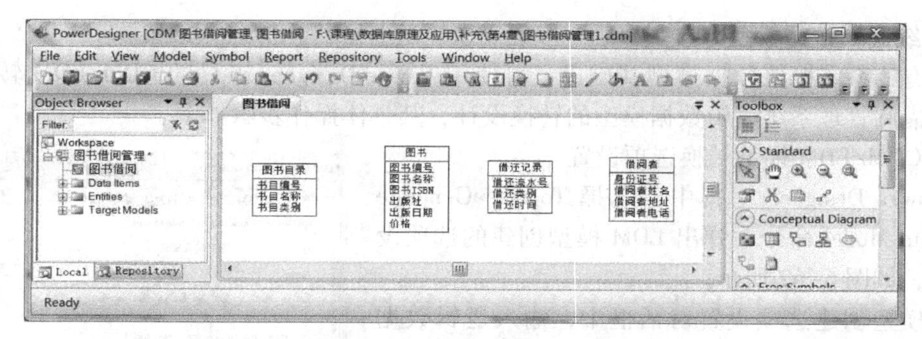

图 6-59　初始实体的抽取及定义

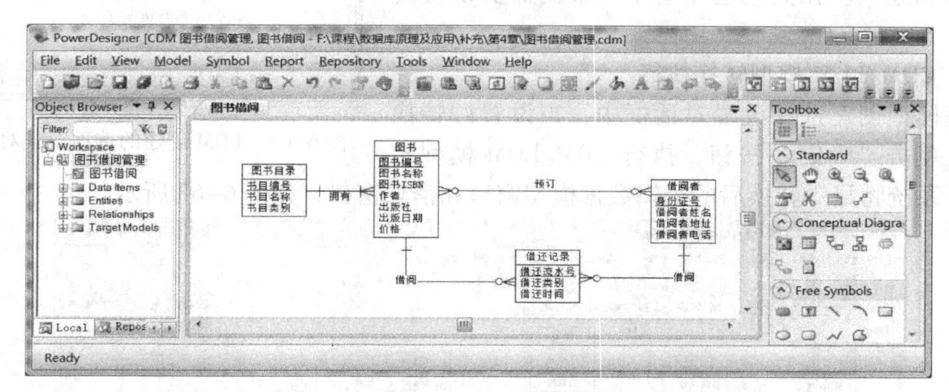

图 6-60　初始设计的图书借阅 CDM

之，概念数据模型通过使用不同的 E-R 图符号来描述实体之间的语义关系。为了更加明确实体之间的关联语义，通常在关联线上命名恰当的关系名称。例如，“图书”与“借阅者”之间的关联线和关联实体上，标记预订关系和借还记录关系。

（4）扩展与完善 E-R 模型图

在系统设计的初步 E-R 图基础上，还需要从系统设计角度进一步扩展和完善现有的系统 CDM。例如，在现有图书借阅子模型基础上，增加图书出版信息子模型。扩展后的概念数据模型如图 6-61 所示。

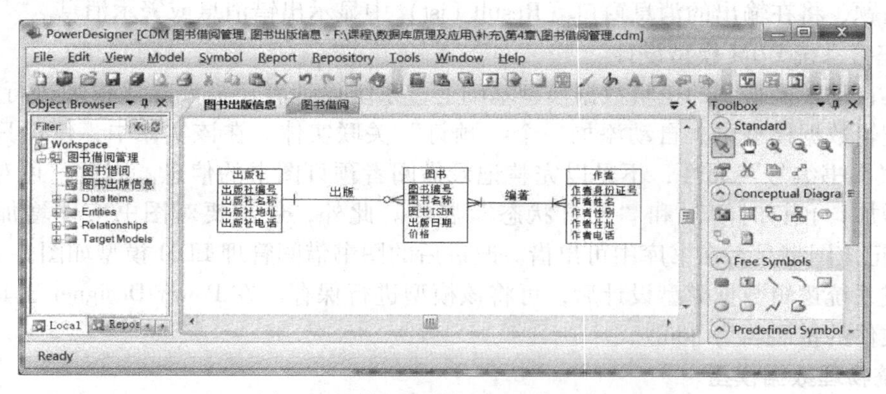

图 6-61　扩展设计的图书借阅 CDM

在扩展的图书信息子模型中，对图书实体进行了完善，将原实体属性中的“作者”和“出版社”属性去掉，而使用与“作者”实体和“出版社”实体的关联属性，来获得相同的信息。

2. 系统逻辑数据模型

在现有的系统概要数据模型基础上，可使用 Power Designer 工具的 CDM/LDM 转换功能，实现图书借阅管理系统逻辑数据模型的转换设计，其具体操作步骤如下。

（1）CDM/LDM 模型转换选项设置

在 Power Designer 工具中，选择 Tools→Generate Logical Data Model 命令，弹出 LDM 模型创建的选项设置对话框，如图 6-62 所示。

在该模型创建选项设置对话框中，输入逻辑数据模型名称和编码。在其他选项卡中，根据需要设置转换参数。

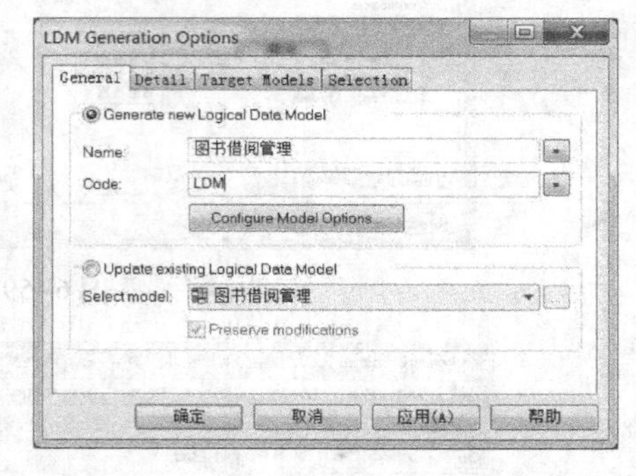

图 6-62　LDM 创建的选项设置对话框

（2）CDM/LDM 模型转换执行

在该模型创建选项设置对话框中，当设置好转换参数后，单击“确定”按钮，执行 CDM/LDM 模型转换处理。系统将显示转换后的逻辑数据模型窗口和消息窗口，如图 6-63 所示。

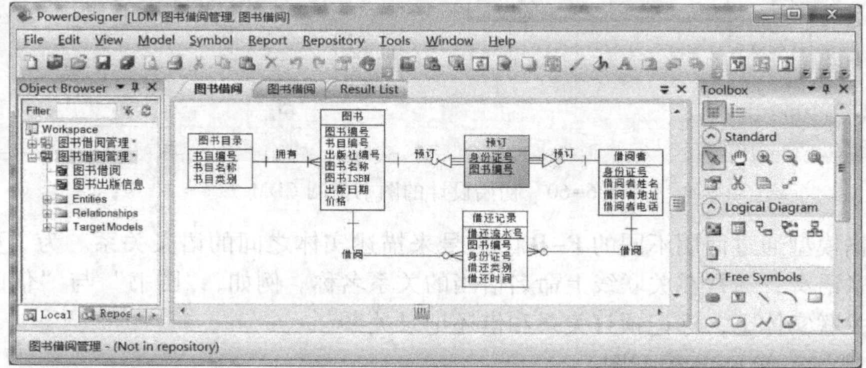

图 6-63　图书借阅管理 LDM 模型设计窗口

在进行 CDM/LDM 模型转换时，根据默认转换参数，将对现有 CDM 模型进行检查。如果存在模型问题，将在输出的消息窗口（Result List）中显示出错消息或警示消息。

（3）完善系统 LDM 模型设计

在工具自动转换得到的逻辑数据模型基础上，系统设计者还需要对该模型进行完善设计。例如，在逻辑数据模型中，自动添加一个“预订”关联实体。在该实体中，仅仅只有“身份证号”和“图书编号”属性，不足以完整记录借阅者预订图书的信息。因此，可对该实体进行完善，增加“预订时间”和“预订状态”属性。此外，还需要对图书实体增加“是否在库”，以标记该图书是否在书库中可出借。改进后的图书借阅管理 LDM 模型如图 6-64 所示。

在完成系统逻辑数据模型设计后，可将该模型进行保存。在 Power Designer 工具中，逻辑数据模型文件的扩展名为 .ldm。

3. 系统物理数据模型

在现有的系统逻辑数据模型基础上，可使用 Power Designer 工具的 LDM/PDM 转换功能，可实现图书借阅管理系统物理数据模型的转换设计，其具体操作步骤如下。

（1）LDM/PDM 模型转换选项设置

在 Power Designer 工具中，选择 Tools→Generate Physical Data Model 命令，弹出 PDM 模型

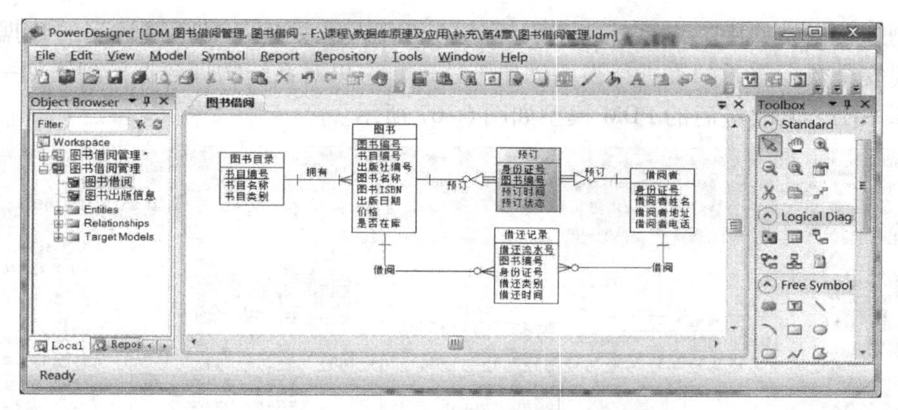

图 6-64　改进后的图书借阅管理 LDM 模型

创建的选项设置对话框，如图 6-65 所示。

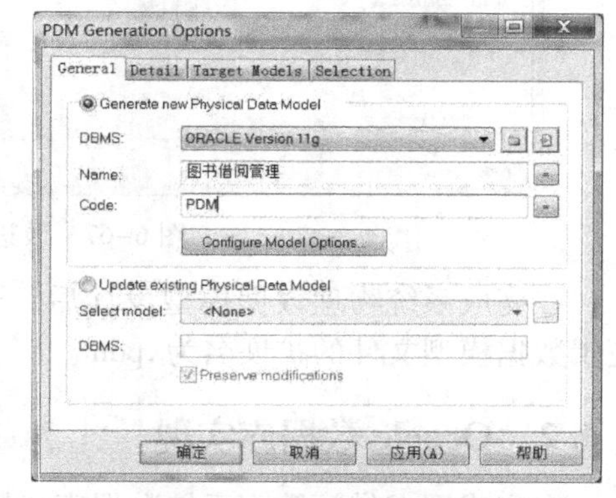

图 6-65　PDM 创建的选项设置对话框

在 PDM 模型创建的选项设置对话框中，首先选择物理数据模型将实现的数据库 DBMS。这里需要选择 Oracle 数据库 DBMS，若有多个 Oracle 数据库 DBMS，尽量选取最高的 DBMS 版本。然后输入 PDM 模型的名称和编码，以及在其他选项卡中设置转换选项参数。

（2）LDM/PDM 模型转换执行

在该模型创建选项设置对话框中，当设置好转换参数后，单击“确定”按钮，执行 LDM/PDM 模型转换处理。系统将显示转换后的物理数据模型窗口和消息窗口，如图 6-66 所示。

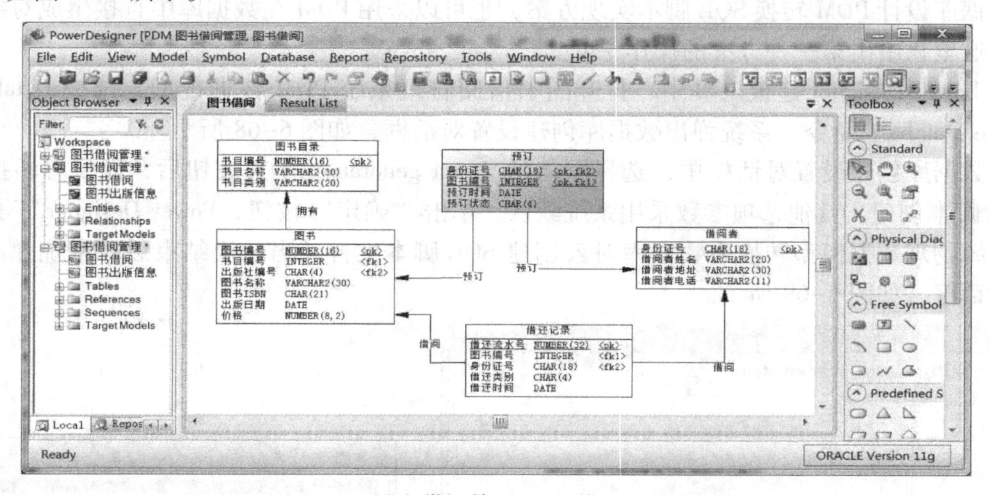

图 6-66　图书借阅管理 PDM 模型设计窗口

在进行 LDM/PDM 模型转换时，根据默认转换参数，将对现有 LDM 模型进行检查。如果存在模型问题，将在输出的消息窗口（Result List）中显示出错消息或警示消息。在转换得到的系统物理数据模型中，实体被转换为关系表，实体关系也转换为表之间的参照约束关系。

（3）完善系统 PDM 模型设计

在工具自动转换得到的物理数据模型基础上，系统设计者还需要对该模型进行完善设计。

例如，在物理数据模型中，对系统中的关系表进行规范化处理，对频繁访问的数据列创建索引，对需要安全数据查看的表进行视图创建等处理。这里对系统物理数据模型增加一个视图用于查看在库图书，其改进后的 PDM 模型如图 6-67 所示。

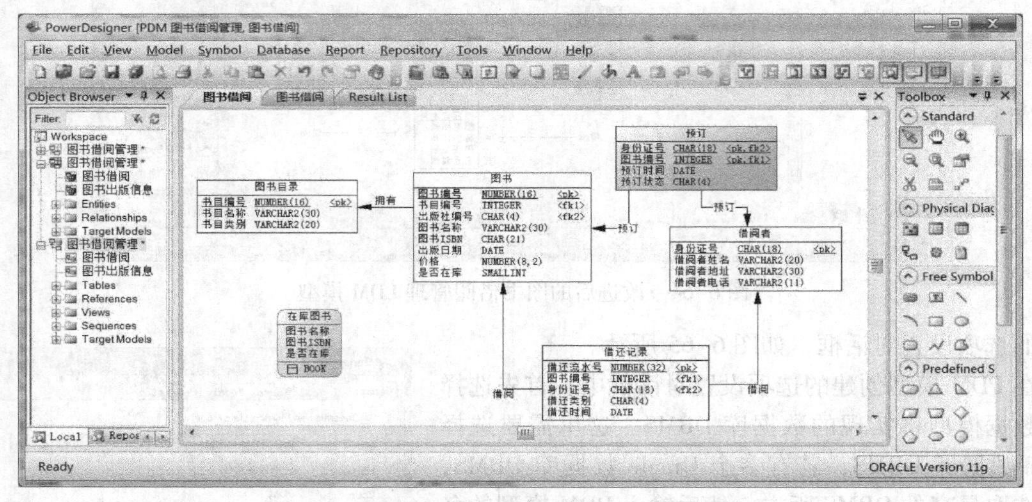

图 6-67　改进后的图书借阅管理 PDM 模型

在完成系统物理数据模型设计后，可将该模型进行文件保存。在 Power Designer 工具中，逻辑数据模型文件的扩展名为 .pdm。

6.4.2　Oracle 数据库实现

在完成图书借阅管理系统数据库建模设计后，可将该数据模型转换为数据库实现。既可以采用数据库设计 PDM 转换 SQL 脚本实现方案，也可以采用 PDM 在数据库中直接生成对象实现方案。这里只给出第一种方案的操作说明。

在 Power Designer 建模工具中，打开图书借阅管理系统 PDM 数据模型，选择 Database→Generate Database 命令，系统弹出数据库创建设置对话框，如图 6-68 所示。

在数据库创建设置对话框中，选择默认的 Script generation 单选按钮后，即设置转换类型为 SQL 脚本创建。其他选项参数采用系统默认。单击“确定”按钮，Power Designer 工具即开始将系统物理数据模型转换为数据库对象创建 SQL 脚本文件。当转换结束后，系统弹出 SQL 脚本对话框，如图 6-69 所示。

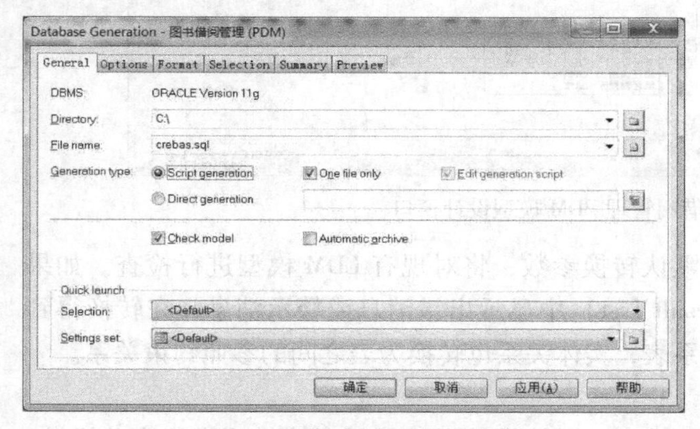

图 6-68　数据库创建设置对话框

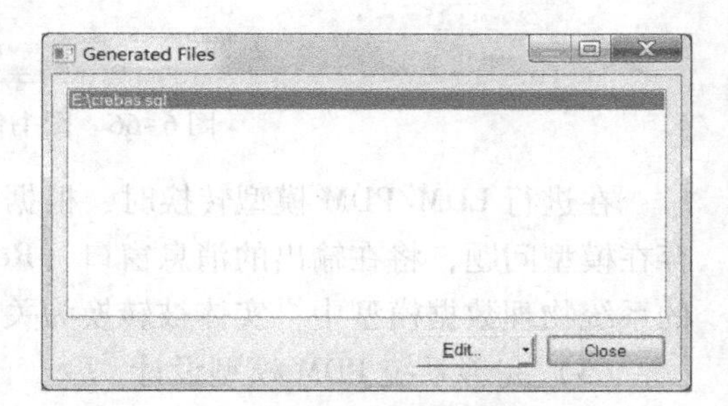

图 6-69　SQL 脚本对话框

单击 Edit 按钮，可直接打开生成的 SQL 脚本程序，如图 6-70 所示。

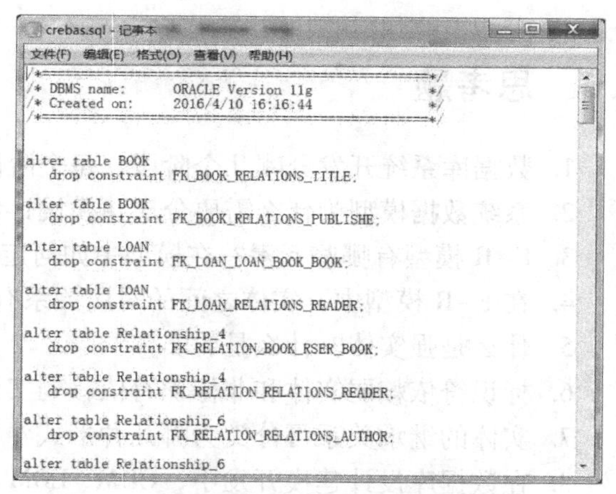

图 6-70　SQL 脚本内容界面

在 DBMS 中，执行该 SQL 脚本程序后，便可实现数据库对象创建。例如，在 Oracle Database 数据库 LIBRARY_DBA 方案中，打开该 SQL 脚本程序，如图 6-71 所示。

执行该 SQL 脚本程序后，将在数据库 LIBRARY_DBA 方案中创建模型中设计的数据库对象，如图 6-72 所示。

从 SQL 脚本执行结果窗口界面可以看到，在数据库 LIBRARY_DBA 方案中，已经创建实现模型中所定义的数据库对象。图书借阅管理数据库建模开发可以到此结束，随后便是数据库应用程序编程开发工作。

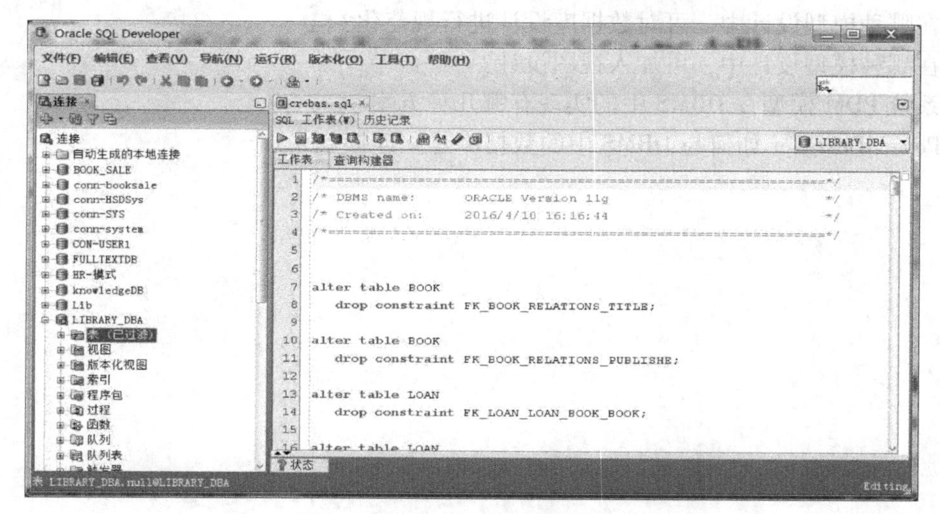

图 6-71　打开 SQL 脚本程序界面

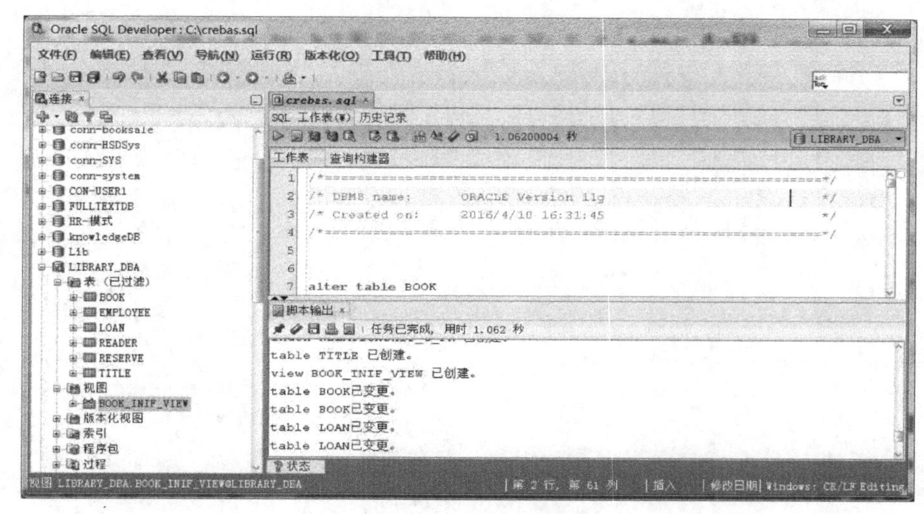

图 6-72　SQL 脚本执行结果

6.5 思考题

1. 数据库系统开发分哪几个阶段？每个阶段主要有哪些活动？
2. 系统数据模型为什么需要分层建模设计？各层模型设计有什么不同？
3. E-R 模型有哪些元素？在模型中如何定义实体？
4. 在 E-R 模型中，实体之间的对应关系有哪几种类型？
5. 什么是强实体？什么是弱实体？
6. 标识符依赖弱实体和非标识符依赖弱实体有何区别？
7. 实体的继承关系可分类为哪几种形式？
8. 在数据库设计建模开发中，CDM、LDM 和 PDM 之间如何转换？
9. CDM 建模的基本步骤是什么？
10. 在建模过程中，如何检查模型问题？
11. 在哪种模型设计中，可对数据库设计进行规范化？
12. 在哪种模型设计中，可加入视图设计？
13. 系统 PDM 模型在 DBMS 中的实现有哪几种方案？
14. Power Designer 如何与 DBMS 中的数据库建立连接？

第7章　Oracle 数据库 Web 应用访问编程

Web 是 Internet 应用服务的重要组成部分，它为用户提供大量的页面信息服务。一个动态 Web 页面信息来自于数据库交互处理，它可提供在线数据服务。实现动态 Web 页面信息处理有多种技术，如 ASP.NET、JSP 和 PHP 等动态页面技术。本章将介绍以 JSP、Servlet、JavaBean 和 JDBC 为核心的 Java Web 技术，重点对 Oracle 数据库应用编程方法进行实践说明。

本章要点：

- Web 的工作原理与 Web 应用程序。
- Java Web 技术与 Java Web 开发环境。
- JSP、Servlet、JavaBean 和 JDBC 技术。
- JSP + JavaBean 数据库访问编程。
- JSP + Servlet + JavaBean 数据库访问编程。
- 图书借阅管理系统数据库访问 Java Web 编程实践。

7.1　Web 基础

Web 是 World Wide Web 的缩写，中文名称为万维网。它是由 Internet/Intranet 中 Web 站点的页面集合组成，这些页面之间通过超链接联系在一起，从而构成因特网中应用最广泛的信息服务系统。

7.1.1　Web 组成要素

Web 系统由用 Web 页面、Web 服务器、浏览器、传输协议和 Internet/Intranet 网络五大要素组成。

1. Web 页面

Web 页面是一种使用 HTML 格式标签将文本、图片、声音和视频等多媒体数据内容组织呈现的页面文件，该页面文件主要用于提供信息内容服务。在一个 Web 站点中，通常组织了大量相互关联的 Web 页面，这些 Web 页面之间采用超链接（HyperLink）互相链接。当用户单击 Web 页面中的某个超链接时，即可从一个页面位置跳转到另一个位置或从一个页面跳转到另一个页面，从而实现 Web 站点的页面信息浏览访问。

2. Web 服务器

Web 服务器是一种承载和管理 Web 页面的服务器。它不仅能够存储管理页面文件，还能对客户浏览器的页面请求进行响应处理，并将响应页面下载传输到客户浏览器进行输出显示。目前，广泛使用的典型 Web 服务器软件有 Apache 服务器软件和 Microsoft 的 IIS 服务器软件。安装运行 Web 服务器软件的计算机称为 Web 服务器。

3. 浏览器

用户在访问 Web 服务器时，需要使用 Web 浏览器工具软件。浏览器作为一种标准的客户端工具软件，可以访问任何 Web 服务器。用户在浏览器中输入将访问的 Web 页面 URL 地址。浏览器将它提交 DNS 服务器解析后，获得 Web 服务器 IP 地址，然后通过 IP 地址及其页面文件路径可在 Web 服务器中定位到该页面，并将其下载到客户机，由浏览器工具进行页面显示处理。

4. 传输协议

客户浏览器与 Web 服务器之间的通信交互是使用超文本传输协议 HTTP 来实现的。客户通过浏览器向 Web 服务器发出页面 HTTP 请求。Web 服务器接收到该 HTTP 请求后，进行请求处理，并将处理结果页面文件按照 HTTP 协议传输到客户浏览器进行输出显示，即实现 HTTP 响应。

5. Internet/Intranet 网络

任何 Web 系统均离不开 Internet/Intranet 网络。只有通过 Internet 或 Intranet 网络，才能将客户计算机和 Web 服务器连接起来，实现客户机与服务器之间的网络通信。

7.1.2 Web 工作原理

Web 系统是一种以超文本标记语言 HTML 和超文本传输协议 HTTP 为基础建立的因特网信息服务系统。在 Web 系统中，信息服务资源以多种 Web 页面形式（如 HTML 页面、JSP页面等）存储在 Web 服务器中。当用户访问 Web 站点中的某个页面时，需要使用通用的浏览器工具以超文本传输协议（HTTP）方式与该 Web 服务器建立连接，并通过 URL 地址定位找到该页面。Web 服务器接收到该页面请求后，将该页面传输下载到客户机，并在浏览器中进行页面信息展示，其工作原理如图 7-1 所示。

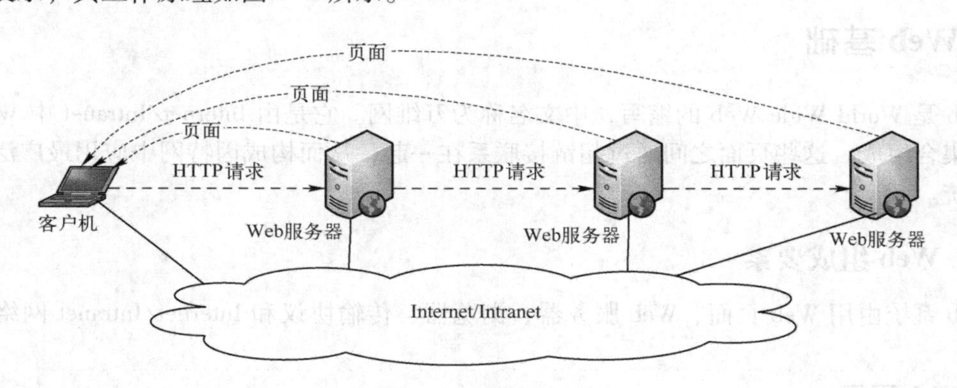

图 7-1 Web 系统工作原理

在因特网中，每个 Web 服务器站点通常都有大量的 Web 页面，它们之间通过超链接彼此连接在一起。同样，Web 页面中的超链接也可以指向其他 Web 服务器的页面，即 Web 页面之间通过超链接可以将放置在不同地理位置的 Web 服务器上的页面连接起来。因此，用户在因特网上，使用浏览器可以在不同 Web 服务器站点中进行页面漫游访问，从而实现因特网的信息访问。

7.1.3 静态 Web 页面与动态 Web 页面

1. 静态 Web 页面

静态 Web 页面是一种页面内容固定不变的 Web 页面，其文件扩展名通常为 .htm、.html 和 .shtml 等。静态 Web 页面采用 HTML 语言标签组织数据内容，它也可以使用前端编程脚本（如 Javascript）在页面显示时实现内容的各种动态效果，如实现 GIF 图形的动画、Flash 动画和滚动字幕等，但这些动态效果只是视觉上的，与下面将要介绍的动态 Web 页面是不同的概念。静态 Web 页面具有以下几个特点。

1）在 Web 站点中，每个静态 Web 页面在服务器中均有一个固定的 URL 地址，用户通过该地址可以从 Web 服务器下载该页面。

2）静态 Web 页面内容一旦发布到 Web 服务器上，该页面就保存在 Web 服务器上，其页面数据内容保持稳定，容易被搜索引擎检索。

3）静态 Web 页面不需要数据库支持，当 Web 站点信息量很多时，在服务器上制作和维护静态 Web 页面的工作量较大。

4）静态 Web 页面与用户的交互性较差，在功能方面也有较多限制。

5）静态 Web 页面不需要连接数据库处理，访问静态页面的速度快于动态页面。

2. 动态 Web 页面

动态 Web 页面是一种页面内容会随数据库内容更新而发生变化的 Web 页面。在该类页面中包含程序代码，这些代码对数据库进行访问操作，并实现页面内容动态呈现。动态 Web 页面中的程序代码需要在服务器中运行处理，并将处理结果生成到响应页面中。在动态 Web 页面编码中，将基本 HTML 标签与编程语言（如 Java、C#等）进行结合，进行功能逻辑处理或数据库访问操作，从而实现页面内容与用户交互处理。动态 Web 页面文件通常以 .aspx、.asp、.jsp 和 .php 为扩展名，并且在访问页面的 URL 中使用“?”标志符号传递消息。动态 Web 页面具有以下几个特点。

1）动态 Web 页面本身只存放页面格式和嵌入代码内容，只有当用户请求该页面时，Web 服务器才执行该页面中的嵌入代码，将处理结果数据组织呈现为一个完整的 HTML 页面，并将它返回到客户端浏览器进行输出显示。

2）动态 Web 页面一般需要对数据库进行访问操作，以便实现页面内容的动态呈现。

3）动态 Web 页面通过嵌入代码实现功能逻辑处理，如用户注册、用户登录、在线调查、用户管理和订单管理等。

归纳起来，静态 Web 页面与动态 Web 页面的主要区别为：静态 Web 页面使用 HTML 语言编制页面文件；动态 Web 页面使用“HTML 语言 + ASP”、“HTML 语言 + JSP 或“HTML 语言 + PHP”等编制页面文件。静态 Web 页面在客户端运行，即使该页面包含了脚本代码（如 Flash、JavaScript 和 VBScript 等）来实现动态展示，但页面内容是不变的。动态 Web 页面在服务器端运行，页面代码（如 ASP、PHP、JSP、ASPnet 和 CGI 等）通过访问数据库实现页面内容动态呈现，并将其返回客户端浏览器输出展示。

7.1.4 Web 应用程序

Web 应用程序是一类基于 B/S（浏览器/服务器）三层架构实现的应用程序，如图 7-2 所示。

Web 应用程序的表示层、业务逻辑层和数据访问层均在服务器上运行。表示层为实现用户界面功能的各个页面，它们需要在服务器上运行生成结果页面，并传输到浏览器进行输出显示，同时实现与用户的交互处理。业务逻辑层则为实现应用的业务逻辑、流程控制和安全管理等功能处理的组件集合。数据访问层为实现数据库操作访问的组件集合。各个层次组件之间采用客户/服务器方式进行调用处理。

Web 应用程序的三层组件既可以部署在同一个物理服务器中，也可以分别独立部署在不同的服务器上。若采用独立部署方式，所使用的服务器分别被称为 Web 服务器、应用服务器和数据库服务器。正因为 Web 应用程序采用三层架构，它能够很好地实现因特网应用服务，成为现代软件开发实现的首选方式。相对于传统的客户/服务器应用程序，Web 应用程序主要有以下 3 个方面的优点。

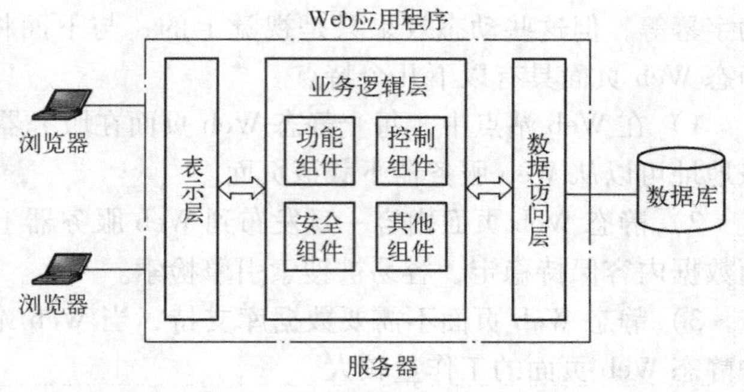

图 7-2　Web 应用程序三层架构

1）Web 应用程序的各层组件可以分工独立，简化了不同层次组件之间复杂的耦合关系，应用系统的可扩展性好。

2）采用专门的 Web 服务器、应用服务器和数据库服务器，容易实现系统处理能力的扩展。

3）应用程序升级简单。应用程序升级只需要在服务器端实现，客户机使用标准浏览器，不需要进行任何维护管理工作。

7.2　Java Web 开发技术

在 Web 应用开发中，支持数据库操作访问的动态页面技术主要有 ASP 技术、JSP 技术和 PHP 技术。本节将介绍以 JSP 为核心的 Java Web 数据库处理技术。

7.2.1　Java Web 概述

开发一个 Java Web 应用涉及多种开发技术，大体可分为 Web 前端开发技术和 Web 后端开发技术两种。

1. Web 前端开发技术

Web 前端开发主要实现 Web 应用程序的页面展现，主要涉及以下页面语言及脚本编程技术。

（1）超文本标记语言 HTML

HTML 语言是一种标准的超文本标记语言，它提供了大量标签用于页面内容的呈现控制。页面文件本身是一种文本文件，开发人员使用任何文本编辑器软件均可编写 HTML 页面文件。在 HTML 页面文件中，HTML 标签用于控制浏览器如何显示文本内容（如页面文字如何处理、页面版块如何安排，以及图片如何显示等）。浏览器按顺序阅读 HTML 页面内容，然后根据 HTML 标签解释和显示其标记的内容。对于错误的标签符号，浏览器并不输出其错误代码，并且不停止后续内容的解释执行。开发人员通过页面显示效果，可以分析出错原因和出错部位。但需要注意的是，对于不同的浏览器，对同一 HTML 标签可能会有不完全相同的解释，因而可能会有不同的显示效果。

（2）层叠样式表 CSS

CSS（Cascading Style Sheet）层叠样式表是一种用来表现 HTML 或 XML 等页面内容样式的语言，主要用于控制页面内容结构及其显示风格。CSS 可以使整个 Web 站点页面采用统一风格，并可实现高效的页面元素组织。CSS 能在像素粒度上，对页面元素位置进行精确的排版控制，支持各类字体与字号样式，拥有对页面元素和模型样式编辑的能力，并能够进行初步交互设计。

（3）扩展标记语言 XML

XML（extensible Markup Language）是标准通用标记语言 SGML 的子集，它可以用来标记数据，定义数据类型，并允许用户对自己的标记语言进行定义。XML 适合于 Web 应用的数据传输，它提供了统一的方法来描述和交换独立于应用程序的结构化数据。XML 是一种在 Internet 环境中跨平台的、表示内容的技术，也是当今处理分布式结构信息的有效工具。

(4) 前端编程脚本语言

为了在 Web 页面中增强用户的交互性，可在页面中使用脚本语言实现一定的交互处理。JavaScript 是一种适用于 Web 页面编程开发的脚本语言，常用来为页面元素实现动态交互功能，为用户提供流畅美观的浏览效果。VB Script 是基于 Visual Basic 程序语言的脚本语言，它是微软 Web 服务器 IIS 默认支持的页面脚本语言。VB Script 通过事件驱动来扩展客户端 HTML 的功能，可在页面上编程控制对象，方便地实现一些交互性功能。

2. Web 后端开发技术

Web 后端开发涉及动态 Web 页面控制处理、数据库连接访问和业务逻辑处理等应用功能的实现。在 Java Web 后端开发中，主要采用 JSP 技术、Servlet 技术、JavaBean 技术、JDBC 技术和 SSH 技术实现。

(1) JSP 技术

JSP (Java Server Pages) 是一种支持 Java 语言开发的动态页面技术。JSP 技术支持在 HTML 页面中嵌入 Java 程序段和 JSP 标签，实现产生动态页面的处理逻辑封装，将页面逻辑与页面表示分离，使基于 Web 应用程序的开发变得容易。采用 JSP 技术开发的 Web 应用可实现跨平台运行，如既能在 Linux 操作系统上运行，也能在 Windows 操作系统上运行。

(2) Servlet 技术

Servlet (Server Applet) 是一种运行在 Web 服务器中的 Java 程序。Servlet 可用于处理客户浏览器 HTTP 请求，实现数据库访问操作，并生成动态 Web 内容。为了方便 Java Web 应用的实现，通常将 Servlet 与 JSP 结合开发，如采用 JSP + Servlet 或 JSP + Servlet + JavaBean 模式实现 Web 应用程序。JSP 主要用于页面展现，Servlet 主要用于页面控制逻辑处理，JavaBean 主要用于数据对象访问。

(3) JavaBean 技术

JavaBean 是一种 Java 语言编程的可重用组件。通过 JavaBean 技术可以将一些公共功能程序编写为可复用的组件，支持 Java 应用的其他程序所调用。为使一个 Java 类程序成为 JavaBean 组件，该类程序必须符合 JavaBean 编程规范，并通过一致的 setXXX() 方法和 getXXX() 方法获取类属性访问。在 Java Web 应用开发中，通常编写 JavaBean 组件实现业务功能或数据库操作访问。

(4) JDBC 技术

JDBC (Java Data Base Connectivity) 是一种支持 Java 程序访问数据库的接口标准，它由一组用 Java 语言编写的类和接口 API 组成。JDBC 提供了 Java 程序访问数据库的接口标准，据此可以构建更高级的工具，使数据库开发人员能够基于 JDBC 接口标准编写数据库应用程序。

(5) SSH 技术

SSH 为 Struts + Spring + Hibernate 的一个集成代码框架，它是 Java Web 应用程序开发普遍使用的开源框架。使用 SSH 框架可以帮助开发人员在短期内搭建结构清晰、复用性好、维护方便的 Web 应用程序。Struts 作为系统的整体基础架构，负责代码的 MVC 分离。Hibernate 框架对持久层提供支持。Spring 框架用于 Struts 和 Hibernate 的协同管理。

7.2.2　Java Web 开发运行环境

开发一个 Web 应用程序，有多种开发运行环境，这里介绍一种典型的开源 Java Web 开发运行环境。

1. 开源 Java Web 开发运行环境

Java Web 应用的开源开发运行环境包括 JDK 软件开发包、Tomcat 服务器软件、集成开发平台 Eclipse、浏览器，以及数据库 DBMS 等软件，它们在网络环境中的典型部署方案如图 7-3 所示。

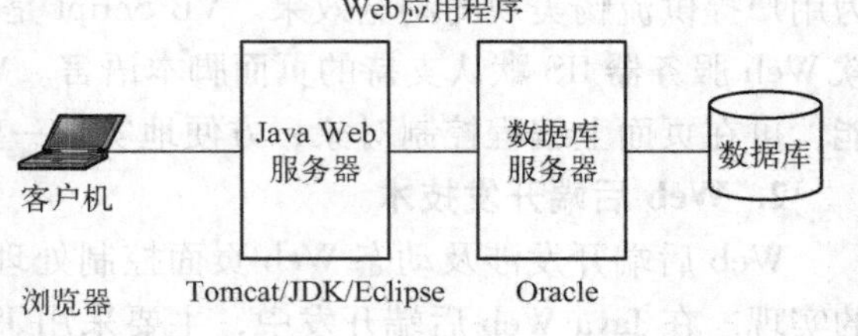

图 7-3　Java Web 开发运行环境

在 Java Web 开发环境中，JDK 软件开发包是开发 Java 应用程序所依赖的运行时环境软件包，包括 Java 运行环境 JRE、Java 工具和 Java 类库。Tomcat 是一个支持 JSP 和 Servlet 运行的轻量级 Web 服务器软件，JSP 页面代码和 Servlet 程序均需在该服务器中运行。Eclipse 是一个支持Java 应用开发的集成开发平台。除此之外，在开发前端页面功能时，根据需要会使用一些页面开发工具，如 FrongtPage、Flash 和 Dreamweaver 等。在数据库服务器中，需要安装 DBMS 软件，实现数据库系统的运行与管理。

2. JDK 安装配置

在搭建 Java Web 开发环境时，首先需要安装 JDK 开发包软件，该软件包括开发工具和运行时组件（如 Java 虚拟机 JVM、Java 平台核心类和 Java 基础库）。JDK 软件提供了 Java 应用的运行环境，也提供了 Java 应用的开发环境。从 Oracle 公司网站可以下载各种版本的 JDK 开发包软件。这里下载适合本机 64 位 Windows 操作系统的版本软件 jdk-8u74-windows-x64.exe。其安装配置过程如下。

（1） JDK 安装

1） 在 Windows 操作系统中，双击 jdk-8u74-windows-x64.exe 执行程序，进入 JDK 安装向导界面，如图 7-4 所示。

在该界面中单击“下一步”按钮，进入自定义安装对话框。

2）在 JDK 自定义安装对话框中，选择安装组件和设置安装路径。假定本机安装在路径 D:\Program Files\Java\jdk1. 8. 0_74 中，如图 7-5 所示。

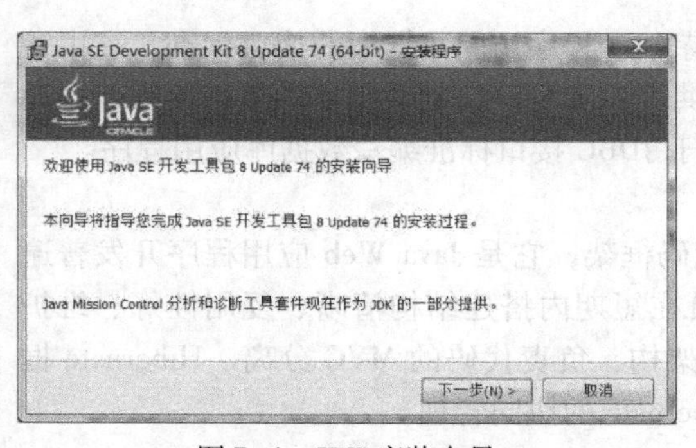

图 7-4　JDK 安装向导

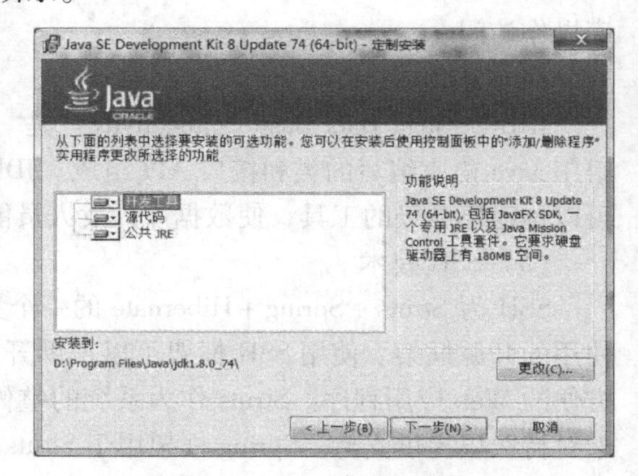

图 7-5　JDK 自定义安装

单击“下一步”按钮，进入安装进度状态界面。

3）在安装进展过程中，系统弹出 Java 安装目标文件夹对话框。本机将修改安装路径为 D:\Program Files\Java\jre1.8.0_74，如图 7-6 所示。

单击“下一步”按钮，返回安装进展状态界面。

4）当安装状态进展到 100% 时，系统弹出安装完成对话框，如图 7-7 所示。

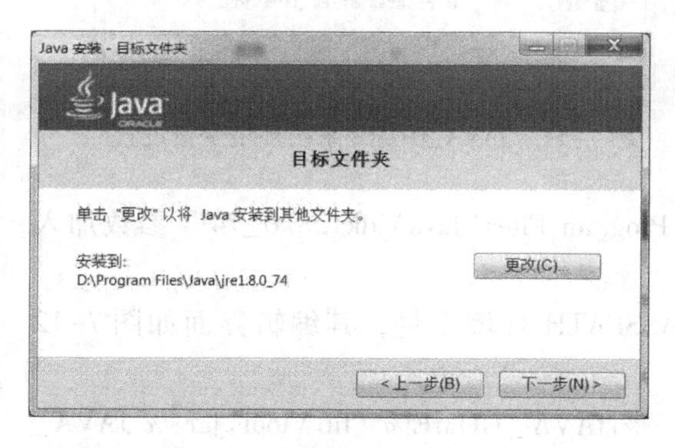

图 7-6　修改 JDK 安装路径

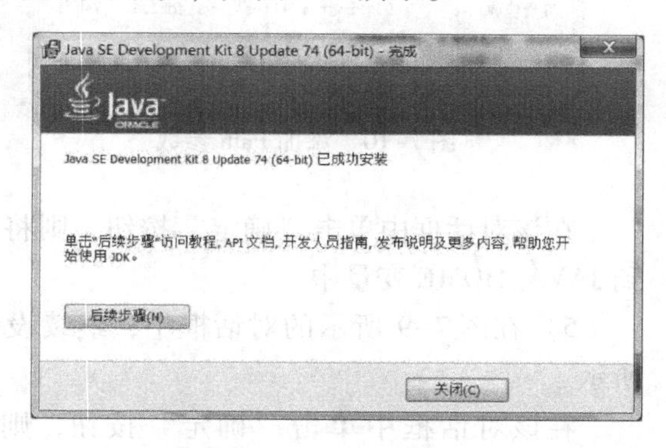

图 7-7　JDK 安装完成

单击“关闭”按钮，JDK 安装结束。

（2）Windows 系统环境变量配置

在使用 JDK 之前，还需要在 Windows 操作系统中对系统环境变量 Path、Java_Home 和 Classpath 进行配置，其配置过程如下。

1）在 Windows 操作系统中，打开“系统属性”对话框，如图 7-8 所示。

2）单击“环境变量”按钮，弹出“环境变量”对话框，如图 7-9 所示。

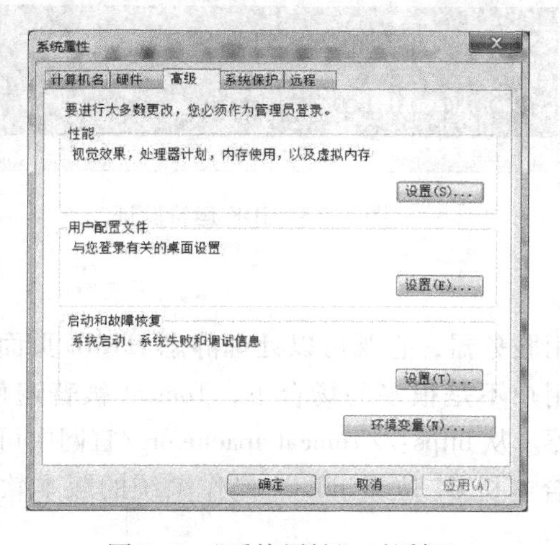

图 7-8　“系统属性”对话框

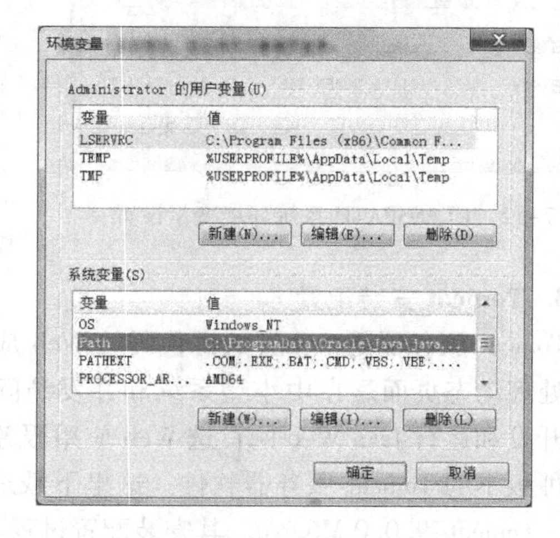

图 7-9　“环境变量”对话框

在“系统变量”列表框中选择 Path 变量，并单击“编辑”按钮，弹出“编辑系统变量”对话框。

3）在该对话框中添加“D:\Program Files\Java\jdk1.8.0_74\bin”参数到参数列表中，如图 7-10 所示。

单击“确定”按钮，则将该参数加入到 Path 变量中。

4）在图 7-9 所示的对话框中，继续设置 JAVA_HOME 环境变量，其编辑界面如图 7-11 所示。

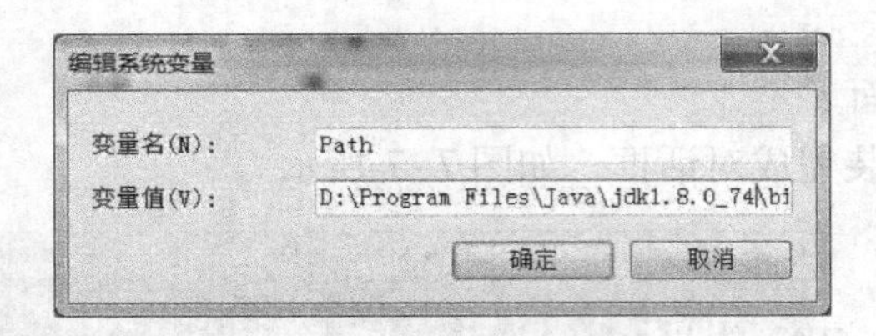

图 7-10　添加 Path 参数

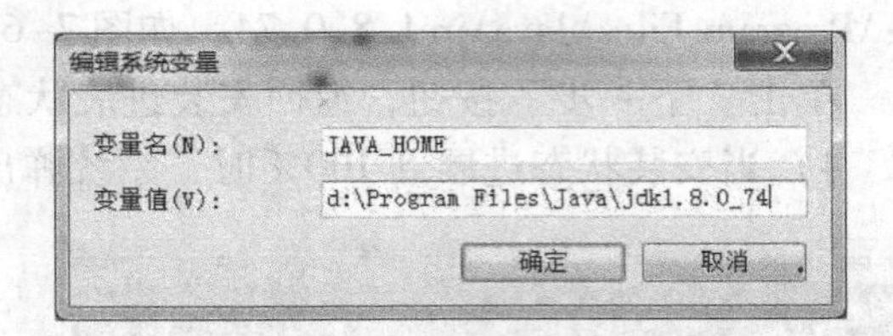

图 7-11　JAVA_HOME 系统环境变量设置

在该对话框中单击“确定”按钮，则将“d:\Program Files\Java\jdk1.8.0_74”参数加入到 JAVA_HOME 变量中。

5）在图 7-9 所示的对话框中，继续设置 CLASSPATH 环境变量，其编辑界面如图 7-12 所示。

在该对话框中单击“确定”按钮，则将“.;%JAVA_HOME%\lib\tools.jar;%JAVA_HOME%\bin\dt.jar;%JAVA_HOME%\bin\rt.jar;%JAVA_HOME%\jre\bin”参数加入到 CLASSPATH 变量中。

（3）验证安装结果

在完成 JDK 安装和系统环境变量设置后，还需要测试验证 JDK 在操作系统中是否可正常运行。这可以在 DOS 命令程序环境中运行 javac 程序来验证。若出现了如图 7-13 所示的运行结果界面信息，则表示 JDK 安装及配置正确。

图 7-12　CLASSPATH 系统环境变量设置

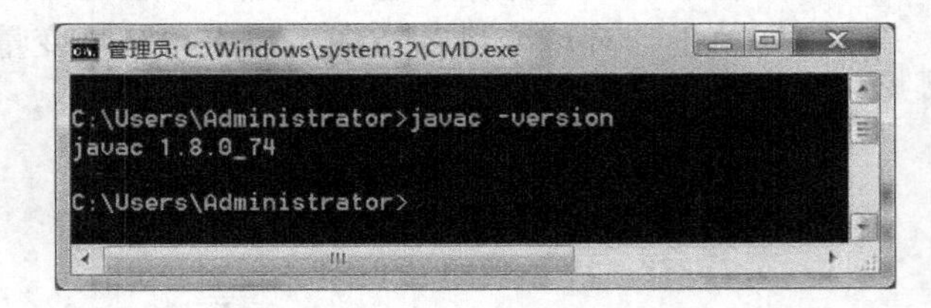

图 7-13　JDK 运行验证

3. Tomcat 安装配置

Tomcat 服务器是一个开放源代码的 Web 应用服务器，它既可以处理静态 HTML 页面，也可以处理动态页面。在中小型系统和并发访问用户不是很多的场合下，Tomcat 被普遍使用，它是开发和运行 Java Web 的首选 Web 应用服务器。从 https://Tomcat.apache.org/官网中可以下载各种版本的 Tomcat 服务器软件。这里下载适合本机 64 位 Windows 操作系统的版本软件 apache-Tomcat-9.0.0.M6.exe。其安装配置过程如下。

（1）Tomcat 9 安装

1）在 Windows 操作系统中，双击 apache-Tomcat-9.0.0.M6.exe 执行程序，进入 Tomcat 安装向导界面，如图 7-14 所示。

在该界面中单击 Next 按钮，进入协议窗口。

2）在安装向导协议显示界面中，单击 I Agree 按钮，进入组件选择窗口，如图 7-15 所示。

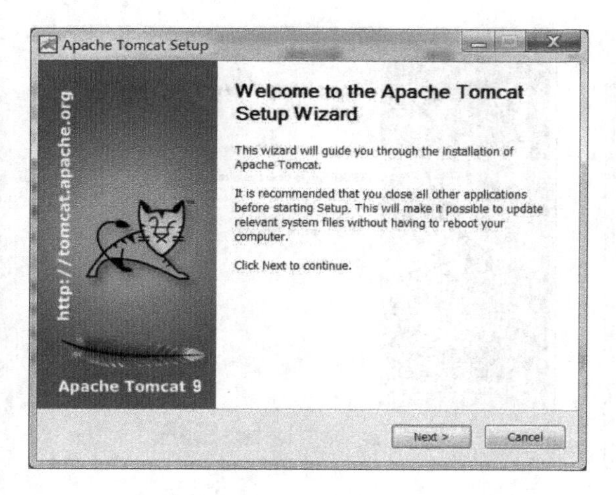

图 7-14　Tomcat 安装向导

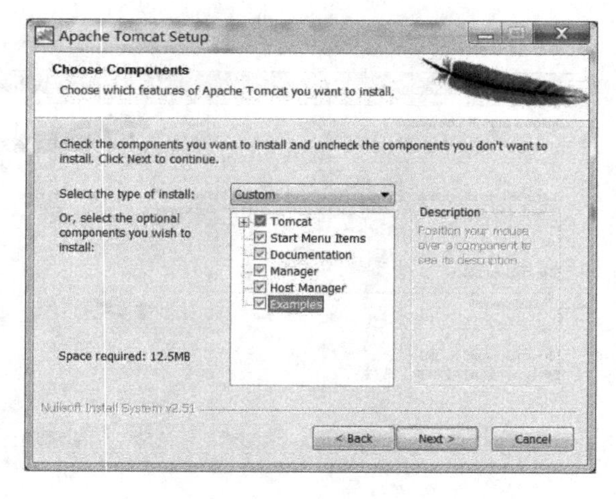

图 7-15　Tomcat 组件选择窗口

3）在该界面中选择需要安装的组件，然后单击 Next 按钮，进入基本配置窗口。

4）在基本配置窗口中，选择默认的端口配置，也可设置管理用户名称及口令，如图 7-16 所示。

单击 Next 按钮，进入 Java 虚拟机路径设置界面。

5）在 Java 虚拟机路径设置界面中，找出 JRE 安装目录 D:\Program Files\Java\jre1.8.0_74，如图 7-17 所示。

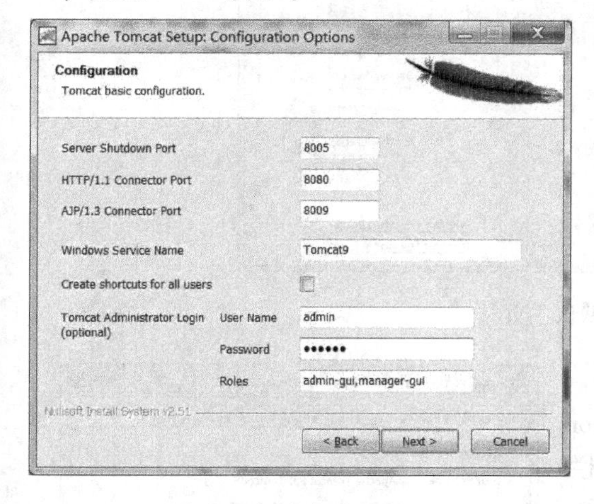

图 7-16　基本配置设置

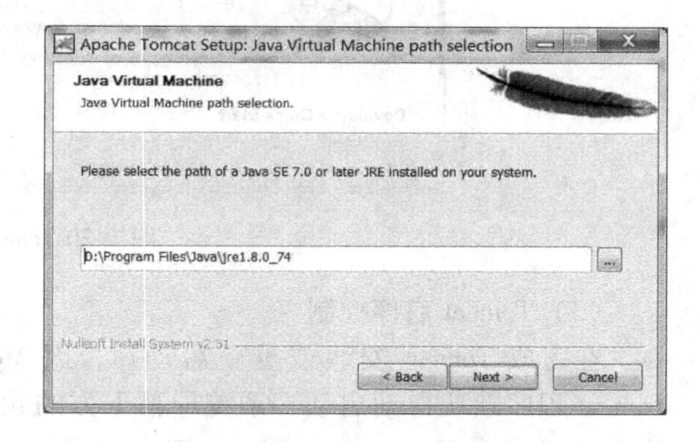

图 7-17　Java 虚拟机路径设置

单击 Next 按钮，进入 Tomcat 安装路径设置界面。

6）在 Tomcat 安装路径设置界面中，输入路径名称 D:\Tomcat9，如图 7-18 所示。

单击 Install 按钮，进入安装进展状态。

7）在 Tomcat 安装结束后，系统弹出完成界面，如图 7-19 所示。

单击 Finish 按钮，完成安装。

（2）验证 Tomcat 安装

当安装完成 Tomcat 之后，系统默认启动 Tomcat 服务。为了验证 Tomcat 服务是否正常工作，可以在浏览器中输入 http://localhost:8080。如果安装配置正确，可以在浏览器中看到 Tomcat 服务器的默认主页，如图 7-20 所示。

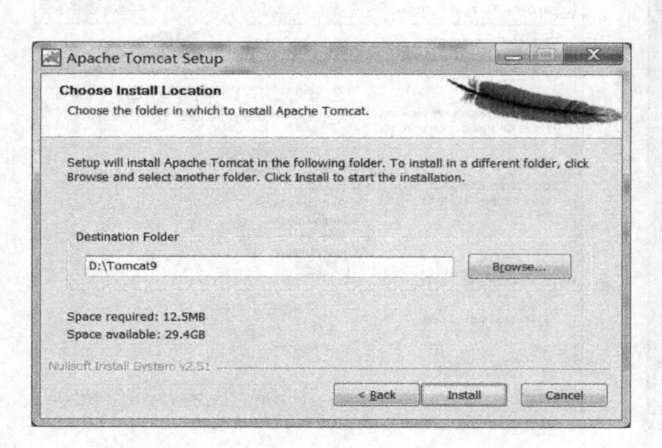

图 7-18　Tomcat 9 安装路径设置

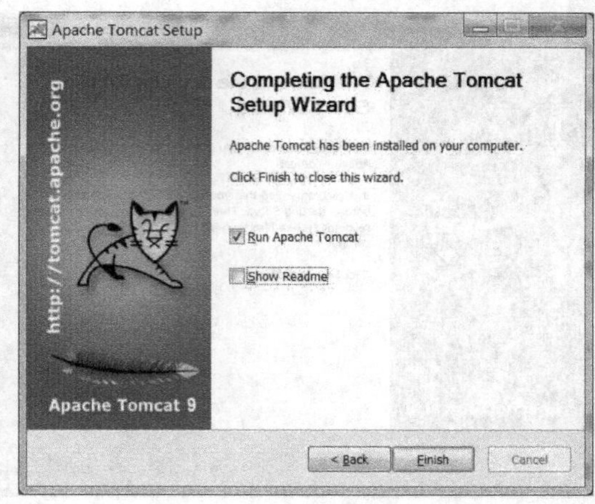

图 7-19　Tomcat 9 安装完成界面

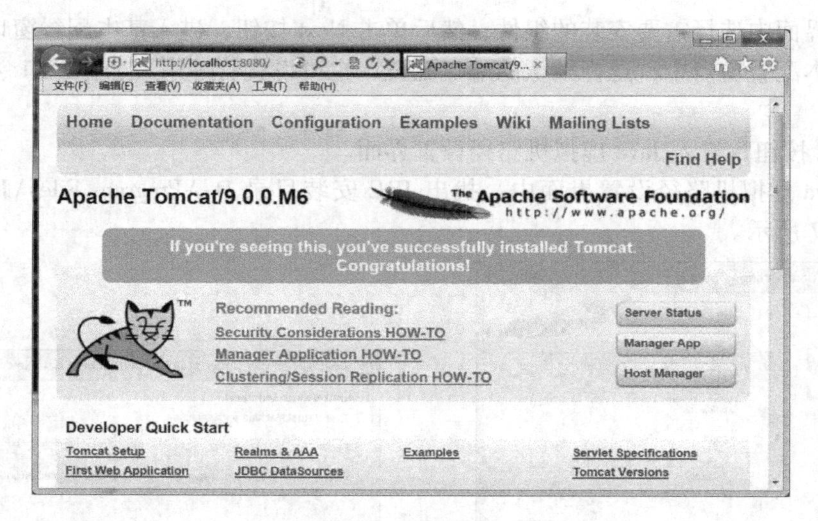

图 7-20 Tomcat 默认主页

（3） Tomcat 启停控制

在完成 Tomcat 安装或重新启动后，因 Monitor Tomcat 程序默认自动启动，系统屏幕下方的状态栏将出现 Monitor Tomcat 运行图标。双击该图标，系统弹出 Monitor Tomcat 控制对话框，如图 7-21 所示。

在该对话框中，用户可以启用或禁用 Tomcat 服务程序，也可设置 Tomcat 服务启动参数、JVM 虚拟机运行参数等。

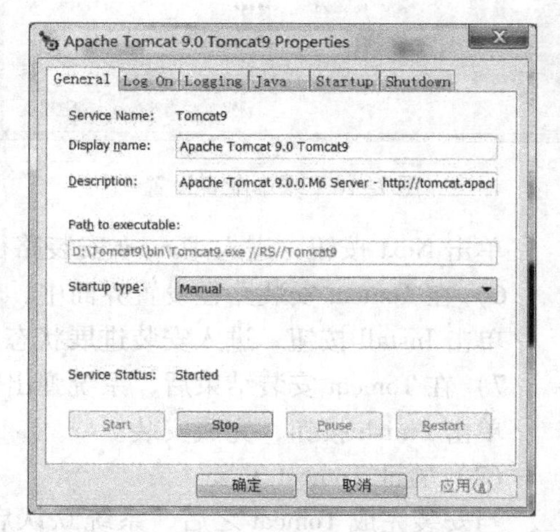

图 7-21　Tomcat 启停控制

4. Eclipse 开发平台

Eclipse 是一个开放源代码的集成开发平台，它既可以支持 Java 应用开发，也可以支持 C ++、PHP 等语言应用开发。从 http://www.eclipse.org/官网中可以下载各种版本的 Eclipse 开发平台软件，目前最新版本为 Eclipse Neon。这里下载适合本机

64 位 Windows 操作系统的版本软件 Eclipse-jee-neon-RC2-win32-x86_64.zip。其安装配置过程如下。

(1) Eclipse Neon 的安装

在 Windows 操作系统中，将 Eclipse-jee-neon-RC2-win32-x86_64.zip 文件复制到指定的安装目录，将其进行解压处理，即可完成安装。

(2) Eclipse 的启停控制

在安装的 Eclipse 目录中，双击 Eclipse.exe 执行程序，即可启动 Eclipse，系统弹出工作空间设置对话框，如图 7-22 所示。

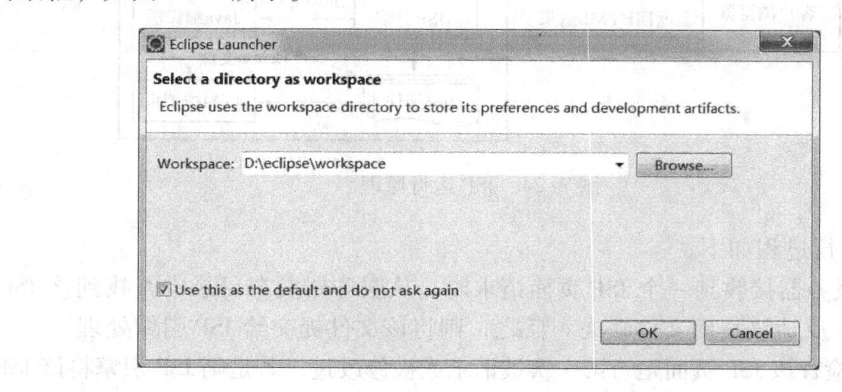

图 7-22　Eclipse 工作空间设置

在该对话框中，将工作空间设置到自己所需的目录，如 D:\Eclipse\workspace。如果不想每次启动时都设置工作空间，可以在该界面中选择 Use this as the default and do not ask again 复选框。单击 OK 按钮，即可启动 Eclipse，可进入 Eclipse 主界面，如图 7-23 所示。

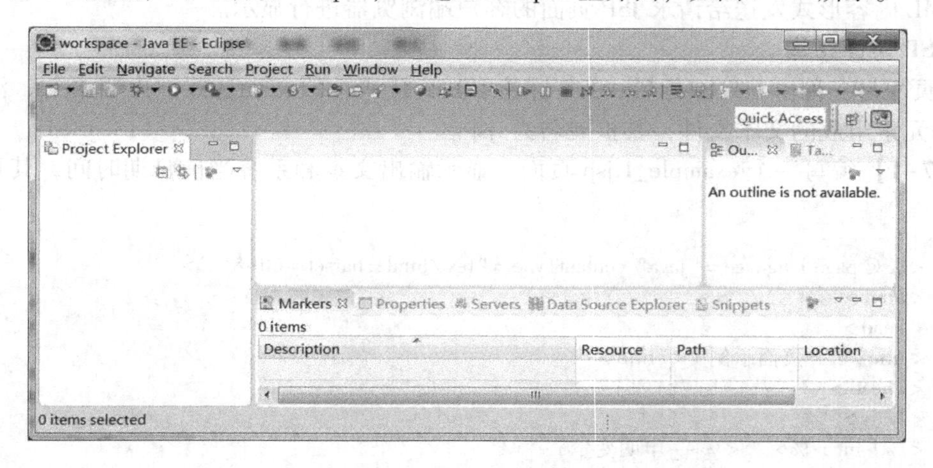

图 7-23　Eclipse 运行主界面

7.2.3　JSP 技术

JSP 作为一种实现动态页面的技术，它借助于 Web 服务器、JSP 引擎、Java 编译器和 JVM 虚拟机等程序，实现 JSP 页面代码的运行处理，并将程序处理结果返回到客户端浏览器进行展示。

1. JSP 运行原理

JSP 页面是一种 Java 服务器页面文件，页面代码必须在带有 JSP 引擎的 Web 服务器（如 Tomcat）中运行处理，其处理结果返回给提出请求的客户端浏览器进行显示。JSP 运行原理如图 7-24 所示。

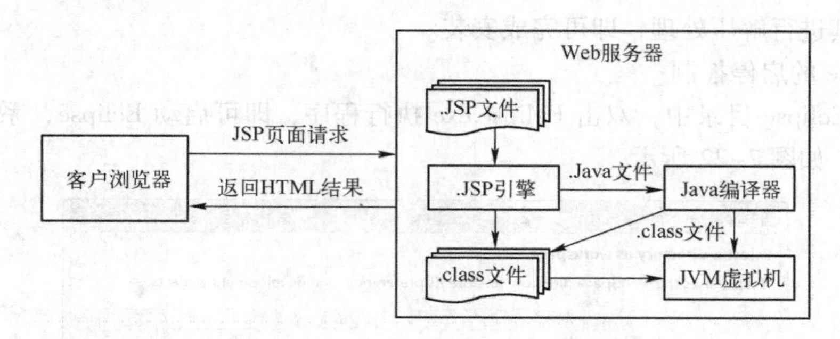

图 7-24 JSP 运行原理

JSP 页面的运行过程如下。

1）当 Web 服务器接收到一个 JSP 页面请求时，从服务器发布目录中查找到该 JSP 页面文件。若没有找到，反馈该页面文件缺失。反之，则将该文件提交给 JSP 引擎处理。

2）JSP 引擎检查该 JSP 页面是否第一次被请求或被修改过，若是则 JSP 引擎将该 JSP 页面转换为 Servlet 程序（即一种服务器端 Java 程序），然后调用服务器端 Java 编译器（javac.exe）对该 Servlet 程序进行编译，将它转变为 Java 字节码文件（.class 文件）。如果该 JSP 页面不是第一次请求，且没有被修改过，则直接读取该 JSP 页面的 Java 字节码文件在 JVM 虚拟机中运行。

3）JSP 页面最终都会被转换为对应的 Java 字节码文件在 JVM 虚拟机中执行，并将执行结果以 HTML 内容形式发送给请求 JSP 页面的客户端浏览器进行显示。

2. JSP 页面结构

JSP 页面是一种由 HTML 标签、JSP 标签、Java 代码片段、表达式、声明语句、注释及数据内容等元素组成的文本文件，其扩展名为 .jsp。

【例 7-1】 编写一个 example_1.jsp 页面，显示输出文本和系统当前日期时间，其页面代码如下。

```
<%@ page language = "java"  contentType = "text/html;charset = utf-8"%>
<html>
<head>
<title>JSP 页面示例 1 </title>
</head>
<body>
<%! int i;%>    <%-- 申明变量 i --%>
<%
for (int i = 3;i > 1;i -- )        //循环输出字符串
  out.println(" <h" + i + " >Java 代码片段输出文本到 html 页面 <h" + i + " >");
%> <hr>
<h3>JSP 表达式向页面输出当前系统日期时间如下:
<%= new java.util.Date() %> <! -- 使用表达式向页面输出当前系统日期时间 -->
</h3>
</body>
</html>
```

将该 JSP 页面发布到 Tomcat 服务器后，可提供浏览器访问。在浏览器中输入该页面的 URL 地址 http://localhost:8080/example_1.jsp 后，执行结果界面如图 7-25 所示。

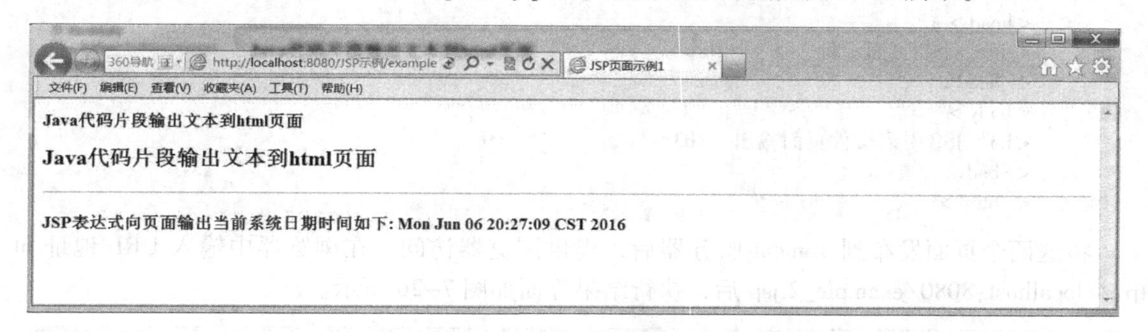

图 7-25　JSP 示例 1 页面执行结果

在上面的 JSP 代码中，HTML 标签用于控制浏览器输出页面静态信息，如 <html>、<body>和<title>等。JSP 标签用于定义全局属性或引入资源，如<%@ page language = "java" contentType = "text/html;charset = utf-8" %>等。JSP 表达式语句用于直接将其值输出到页面，如<% =new java.util.Date( ) %>语句。JSP 声明语句用于页面代码变量或方法的声明，如<%! int i;%>语句。注释语句用于页面语句或代码注释说明，如<%-- 申明变量 i --%>、//循环输出字符串等。

3. JSP 语法

JSP 页面编程语言主要包含 JSP 标签、表达式、Java 代码片段和注释等元素，使用这些元素可编写任何 JSP 页面。

（1） JSP 指令标签

JSP 指令标签用于在页面翻译阶段提供全局信息或静态引入页面资源，该指令标签告诉 JSP 引擎如何处理 JSP 页面。例如，指定引入的外部页面文件，设置页面属性和输出内容类型，提供缓冲区和线程信息，以及指定页面使用的标记库等。

JSP 指令标签主要包括 Include 指令、Page 指令和 Taglib 指令，它们的基本语句格式如下。

```
<%@指令名 属性1="属性值1" 属性2="属性2"…%>
```

【例 7-2】 编写一个 example_2.jsp 页面，该页面使用 include 指令引入显示输出文本信息的 example_2-1.jsp 页面，其页面代码如下。

```
<%@ page language = "java" contentType = "text/html;charset = utf-8" %>
<html>
<head>
<title>JSP 页面示例 2</title>
</head>
<body>
<%@ include file = "example_2-1.jsp" %>    <%-- 引入文件 --%>
<h3>当前系统日期时间如下：
<% =new java.util.Date( ) %> <!-- 使用表达式向页面输出当前系统日期时间 -->
</h3>
</body>
</html>
```

被引入的 example_2-1.jsp 页面文件的代码如下。

```
<%@ page language = "java" contentType = "text/html;charset = utf-8" %>
<html>
<head>
<title>JSP 页面示例 2-1 </title>
</head>
<body>
<h3>JSP 引入文件页面输出 </h3>
</body>
</html>
```

将这两个页面发布到 Tomcat 服务器后，提供浏览器访问。在浏览器中输入 URL 地址 http://localhost:8080/example_2.jsp 后，执行结果界面如图 7-26 所示。

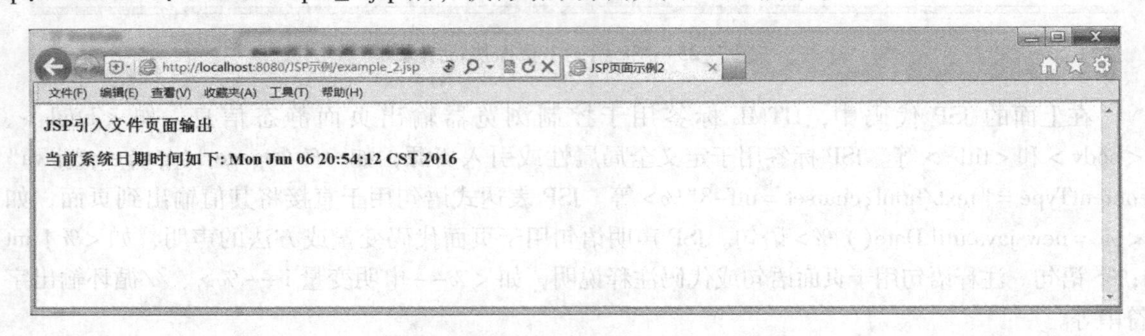

图 7-26　JSP 示例 2 页面执行结果

在客户端浏览器中，选择“查看”→“源文件”命令，可查看 example_2.jsp 页面源代码，发现在 <%@ include file = "example_2-1.jsp" %>语句位置已经被 example_2-1.jsp 页面执行结果数据所代替，如图 7-27 所示。

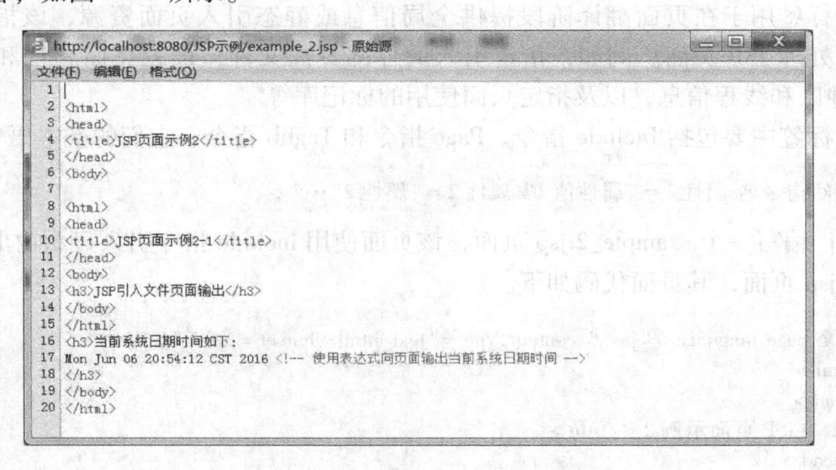

图 7-27　JSP 示例 2 页面源代码查看

Include 指令实现了将一个页面文件静态地嵌入到另一个页面文件中，合并为一个页面文件。该功能可将一些公共功能页面嵌入到不同页面中，从而实现模块化开发，有利于减少冗余代码开发和页面维护。

【例 7-3】 编写一个 example_3.jsp 页面，该页面使用 Page 指令定义，页面使用 Java 语言，采用 UTF-8 字符集输出文本，当前页可以使用内置的会话对象，缓冲区设置为 16 KB，其页面代码如下。

```
<%@ page language = "java"  contentType = "text/html;charset = utf-8" %>
<%@ page session = "true"  %>
<%@ page buffer = "16kb"  %>
<html>
<head>
<title>JSP 页面示例 3 </title>
</head>
<body>
<h3>当前页面属性设置如下：</h3> <br>
<h4>页面使用 java 语言,采用 UTF-8 字符集输出文本,当前页可以使用内置的会话对象,缓冲区
设置为 16 KB. </h4>
</body>
</html>
```

将该页面文件发布到 Tomcat 服务器后，提供浏览器访问。在浏览器中输入 URL 地址 http://localhost:8080/example_3.jsp 后，执行结果界面如图 7-28 所示。

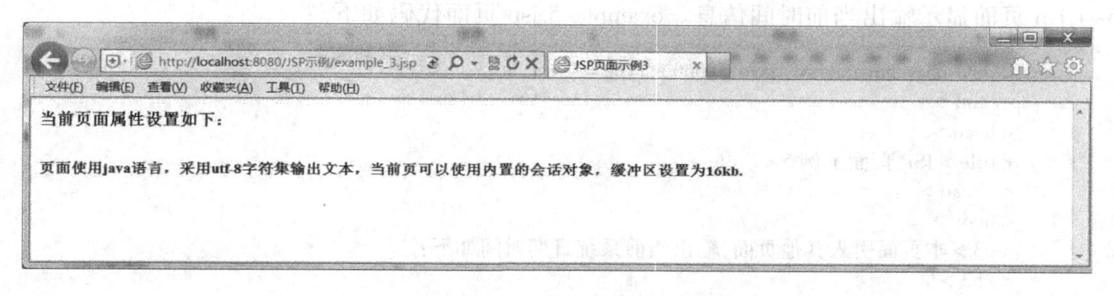

图 7-28　JSP 示例 3 页面执行结果

Page 指令用来定义 JSP 全局页面属性。当 JSP 被服务器解析为 Servlet 时，这些属性被转换为相应的 Java 程序代码。Page 指令可以定义 10 多项属性，具体参考专门的 JSP 技术文献。

【例 7-4】 编写一个 example_4.jsp 页面，该页面使用 taglib 指令为页面引入标准标签库 JSTL，其页面代码如下。

```
<%@ page language = "java"  contentType = "text/html;charset = utf-8" %>
<%@ tablib prefix = "c"  url = "http://java.sun.com/jsp/core"  %>
<html>
<head>
<title>JSP 页面示例 4 </title>
</head>
<body>
<h3>标签库引入设置如下：</h3> <br>
<h4>页面使用 tablib 指令,引入标准标签库 JSTL. </h4>
</body>
</html>
```

将该页面文件发布到 Tomcat 服务器后，提供浏览器访问。在浏览器中输入 url 地址 http://localhost:8080/example_4.jsp 后，执行结果界面如图 7-29 所示。

JSP 标准标签库（JSP Standard Tag Library，JSTL）是实现 Web 应用程序中通用功能的定制标签库集。编程人员通过使用 JSTL 标签来避免在 JSP 页面中使用脚本，减少代码冗余，提高了代码的可重用性。

图 7-29　JSP 示例 4 页面执行结果

（2）JSP 动作标签语句

JSP 动作标签语句用于控制页面执行动作。例如，动态插入外部页面文件，控制页面跳转，服务器组件连接，以及服务器组件下载执行等。JSP 动作标签语句主要包括<jsp:include>、<jsp:forward>、<jsp:useBean>和<jsp:plugin>等。

【例 7-5】 编写一个 example_5.jsp 页面，该页面使用<jsp:include>动作标签引入 example_5-1.jsp 页面显示输出当前时间信息。example_5.jsp 页面代码如下。

```
<%@ page language = "java"  contentType = "text/html;charset = utf-8" %>
<html>
<head>
<title>JSP 页面示例 5 </title>
</head>
<body>
<h3>本页面引入其他页面,输出当前系统日期时间如下：
</h3>
<jsp:include page = "example_5-1.jsp"/>    <%-- 动态引入 jsp 文件 -- %>
</body>
</html>
```

被引入的 example_5-1.jsp 页面文件的代码如下。

```
<%@ page language = "java"  contentType = "text/html;charset = utf-8" %>
<html>
<head>
<title>JSP 页面示例 5-1 </title>
</head>
<body>
<h3>
<% = new java.util.Date( ) %> <! -- 使用表达式向页面输出当前系统日期时间 -->
</h3>
</body>
</html>
```

将这两个页面发布到 Tomcat 服务器后，提供浏览器访问。在浏览器中输入 URL 地址 http://localhost:8080/example_5.jsp 后，执行结果界面如图 7-30 所示。

<jsp:include>动作标签语句实现了将一个页面文件动态地嵌入到另一个页面文件中，并合并为一个新的页面文件。如果被插入页面是 HTML 页面，则直接将该页面内容嵌入到指定页面中。如果被插入页面是 JSP 页面，则将该页面的执行结果嵌入到指定页面。

<jsp:include>动作标签语句与 include 指令标签语句均可以实现页面嵌入处理，但它们有以下两点区别。

图 7-30 JSP 示例 5 页面执行结果

1）<jsp:include>动作标签语句是在执行阶段将被插入页面包含进来，而 include 指令标签语句则是在编译执行前将被插入页面包含到当前位置。

2）<jsp:include>动作标签语句是在执行阶段才处理被插入页面，运行速度相对较慢；而 include 指令标签语句则是在编译执行前嵌入被插入页面，运行速度相对较快。

【例 7-6】 编写一个 example_6.jsp 页面，该页面使用<jsp:forward>动作标签跳转 example_6-1.jsp 页面显示输出当前系统时间信息。example_6.jsp 页面代码如下。

```
<%@ page language = "java"  contentType = "text/html;charset = utf-8" %>
<html>
<head>
<title>JSP 页面示例 6 </title>
</head>
<body>
<h3>本页面跳转其他页面,输出当前系统日期时间如下:
</h3>
<jsp:forward page = "example_6-1.jsp" />    <%-- 跳转另一个 jsp 页面 --%>
</body>
</html>
```

被引入的 example_6-1.jsp 页面文件的代码如下。

```
<%@ page language = "java"  contentType = "text/html;charset = utf-8" %>
<html>
<head>
<title>JSP 页面示例 6-1 </title>
</head>
<body>
<h3>
<% = new java.util.Date( ) %> <!-- 使用表达式向页面输出当前系统日期时间 -->
</h3>
</body>
</html>
```

将这两个页面发布到 Tomcat 服务器后，提供浏览器访问。在浏览器中输入 URL 地址 http://localhost:8080/example_6.jsp 后，执行结果界面如图 7-31 所示。

从 example_6.jsp 页面的执行结果来看，它不但跳转到 example_6-1.jsp 页面执行，而且还在跳转时将本页面的输出缓冲区清空，即本页面不输出信息到浏览器客户端显示，只有 example_6-1.jsp 页面执行结果输出。

（3）JSP 表达式

在 JSP 页面编程中，还可以使用表达式向页面输出信息。JSP 表达式是一种由变量和常量

图 7-31 JSP 示例 6 页面执行结果

所组成的算式。该表达式需要放入标记符号“<%=”和“%>”之间，由 JSP 引擎服务器对表达式进行计算，并将计算结果以字符串形式传送到请求页面的客户浏览器进行输出显示。

JSP 表达式基本格式如下。

```
<%=表达式%>
```

在【例 7-6】的 example_6-1.jsp 页面中，就使用表示式 <%= new java.util.Date() %> 来显示输出当前系统日期时间。

（4）Java 代码片段

在 JSP 页面编程中，主要使用 Java 代码片段（称为 Scriptlet）实现页面功能逻辑编程处理。在 Java 代码片段中，使用 Java 语句、变量和表达式等元素编程。Java 代码片段需要放入页面标记符号“<%”和“%>”之间，由 JSP 引擎服务器对代码片段进行执行，并将处理结果以 HTML 页面内容形式输出到客户浏览器进行显示。

Java 代码片段基本格式如下。

```
<%代码片段%>
```

在代码片段中，各个语句之间需要使用“;”进行分隔。例如，在【例 7-1】的 example_1.jsp 页面，就使用以下 Java 片段来显示文本输出页面。

```
<%
for (int i=3;i>1;i--) //循环输出字符串
  out.println("<h"+i+">Java 代码片段输出文本到 html 页面<h"+i+">");
%>
```

（5）JSP 页面注释

在 JSP 页面编程中，使用注释对页面内容进行说明，以增强页面内容的可读性。在 JSP 页面中，可以有 HTML 注释、JSP 注释和 Java 代码注释 3 种类别。

HTML 注释用于 JSP 页面中 HTML 内容解释说明，其使用格式如下。

```
<!—注释内容-->
```

JSP 注释用于 JSP 标签内容说明，其使用格式如下。

```
<%— 注释内容--%>
```

Java 代码注释用于 Java 编程代码内容说明，其使用格式如下。

```
// 注释内容，该注释用于单个语句
/*注释内容 */,该注释用于多行语句
```

4. JSP 内置对象

Java 编程可利用对象及其方法实现强大的逻辑处理能力。在支持 JSP 的运行环境中，系统提供了多个内置对象供编程使用。这些内置对象不需要声明，也不需要实例化，可以直接使用，从而简化 JSP 代码编程。JSP 常用的内置对象如表 7-1 所示。

表 7-1 JSP 常用内置对象

对象名称	对象功能	对象基类
Request	获取客户发送给服务器的请求信息	Javax.servlet.HttpServletRequest
Response	响应客户请求，向客户端输出信息	Javax.servlet.HttpServletResponse
Out	向客户端输出信息	Javax.servlet.jsp.JspWriter
Page	当前 JSP 页面参数管理	Java.lang.Object
exception	输出页面执行的异常信息	Java.lang.Throwable
session	建立客户与服务器会话	Javax.servlet.http.HttpSession
application	保存服务器运行的全局变量	Javax.servlet.ServletContext
Config	为 Java 代码片段提供配置	Javax.servlet.ServletConfig
PageContext	管理页面上下文信息	Javax.servlet.jsp.PageContext

【例 7-7】编写实现用户登录功能界面。该功能由以下 3 个页面实现。

1）example_7.jsp 页面实现登录界面，该页面由“账户”和“密码”文本框，以及“确定”和“清除”按钮组成。

2）example_7-1.jsp 页面接收登录页面 example_7.jsp 的输入信息，并验证输入信息是否完整。若输入完整，则输出显示登录成功信息。否则，就跳转到重新输入提示信息页面 example_7-2.jsp。

3）example_7-2.jsp 页面提示用户重新输入登录信息。

example_7.jsp 页面用于实现登录界面，其页面代码如下。

```
<%@ page language = "java" contentType = "text/html;charset = utf-8" %>
<html>
<head>
<title>JSP 页面示例 7 </title>
</head>
<body>
<center>
<h3>系统登录</h3> <hr>
<form action = "example_7-1.jsp" method = post>
账户：<input name = accName size = 20> <br>
密码：<input type = "password" name = accPassword size 20> <p>
<input type = "submit" value = "确定" name = "submit">
<input type = "reset" value = "清除" name = "reset"> </p>
</form>
</center>
</body>
</html>
```

example_7.jsp 页面利用 html 表单的 <form> 标签实现登录交互界面，并采用 post 方式将请求提交给服务器的 example_7-1.jsp 页面处理，其运行效果如图 7-32 所示。

当 example_7-1.jsp 页面被调用执行后，它将采用 request 对象获取登录信息。如果登录信

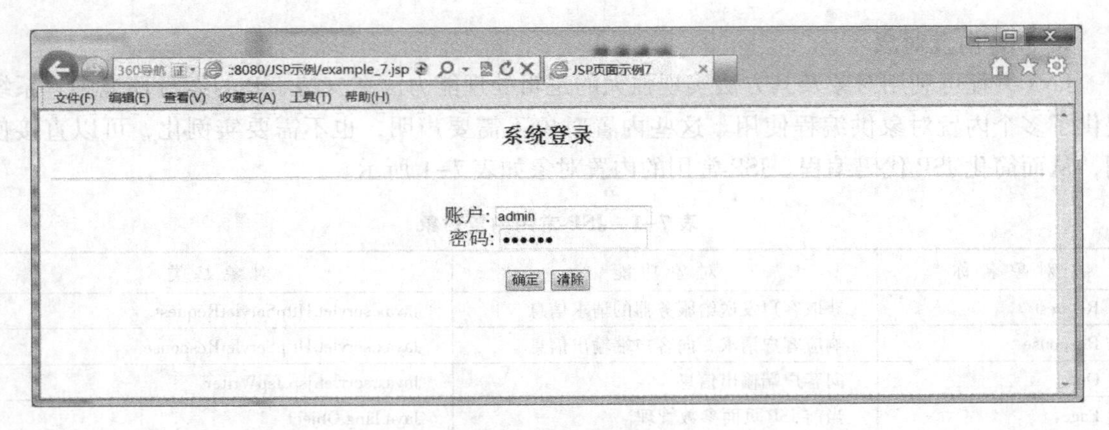

图 7-32 登录页面执行结果

息不完整，则跳转到重新输入页面 example_7-2.jsp。否则，就输出登录成功信息，example_7-1.jsp 页面代码如下。

```
<%@ page language="java" contentType="text/html;charset=utf-8"%>
<%
String Name=request.getParameter("accName");
String Password=request.getParameter("accPassword");
if (Name.equals("") || Password.equals(""))
  response.sendRedirect("example_7-2.jsp");
%>
<html><head><title>JSP 页面示例 7-1</title></head>
<body><center>
<h3>登录成功</h3><hr><p>
账户:<%=Name %><p>
密码:<%=Password %><p>
</center></body>
</html>
```

该页面利用 request 对象获取用户的登录账号和密码。如果输入的登录信息完整，本页面将输出该用户登录成功的信息，并显示登录账号与密码值，其页面执行结果界面如图 7-33 所示。

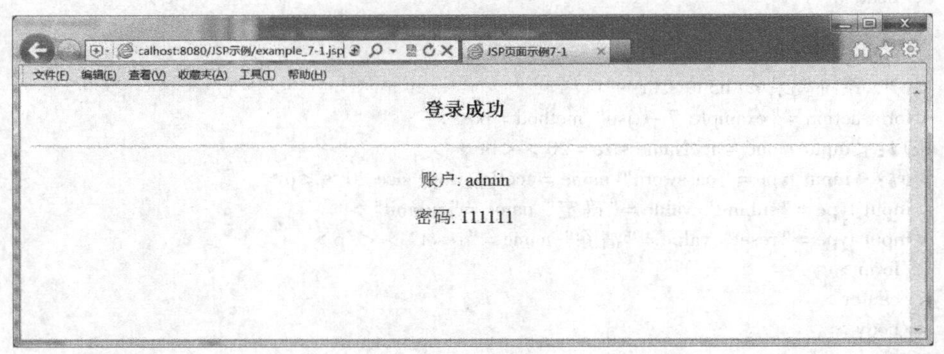

图 7-33 登录成功信息页面执行结果

如果 example_7-1.jsp 页面接收到的登录信息不完整，根据处理逻辑采用 reponse 对象跳转到重新输入页面 example_7-2.jsp 处理。example_7-2.jsp 页面代码如下。

```
<%@page language="java" contentType="text/html;charset=utf-8"%>
<html>
<head>
<title>JSP 页面示例 7-2 </title>
</head>
<body>
<center>
<h3>信息不完整,请重新输入</h3><hr>
<form action="example_7-1.jsp" method=post>
账户:<input name=accName size=20><br>
密码:<input type="password" name=accPassword size 20><p>
<input type="submit" value="确定" name="submit">
<input type="reset" value="清除" name="reset"></p>
</form>
</center>
</body>
</html>
```

本页面的执行结果界面如图 7-34 所示。

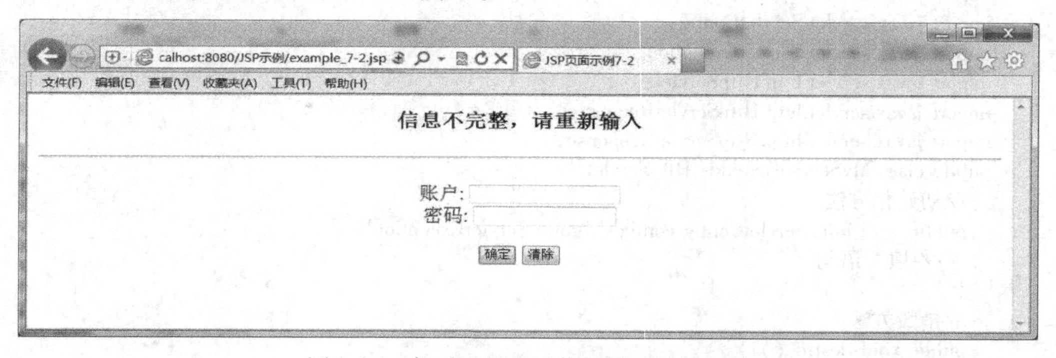

图 7-34　提示重新登录信息页面执行结果

7.2.4　Servlet 技术

Servlet 是一种运行在 Web 服务器上的 Java 程序，该程序既可以响应客户 HTTP 请求，也可以处理应用业务逻辑。Servlet 程序由于采用 Java 语言编写，可以调用 Java API 和标准 Servlet API，因此，它具有强大的逻辑处理能力、跨操作系统平台的可移植性、多线程运行的高效性能，以及面向对象编程的可扩展性。在 Java Web 应用程序开发中，Servlet 技术是一种业务逻辑处理的基础技术。

1. Servlet 与 JSP 关系

Servlet 技术和 JSP 技术均可实现 HTTP 请求的业务逻辑处理，也可输出 HTML 代码到客户端浏览器显示，但它们之间存在一定的差别。

1）Servlet 程序采用基于 Servlet API 的 Java 类方法实现编程处理，其程序在处理业务逻辑方面的能力强大，但在与用户交互的表示层中功能较弱。Servlet 程序实现处理结果展现，通常只能采用传统的 CGI 方式逐个输出 HTML 语句，编写和修改输出 HTML 语句代码不方便。JSP 程序结合 HTML 编程与 Java 代码片段编程实现页面展现和 HTTP 请求的业务逻辑处理，但 JSP 只能处理浏览器请求的逻辑处理，而 Servlet 程序还可以处理客户端应用程序的请求。

2）Servlet 程序需要在 Java 编译器进行编译，将其转换为 Java 字节代码，然后在 JVM 中运行。若 Servlet 程序此后没有修改，可直接在 JVM 中运行其 Java 字节代码。而 JSP 程序需要先由 JSP 引擎将其转换为 Servlet 程序，然后按 Servlet 程序方式运行。若 JSP 程序此后没有修改过，也可直接在 JVM 中运行其 Java 字节代码。

从本质上来看，JSP 程序并没有增加 Servlet 程序不能实现的功能，但由于 JSP 在处理页面输出方面更加简单，适合于表现层的功能实现。Servlet 程序更适合业务逻辑处理，不适合表示层展现。因此，在 Java Web 应用开发中，可将 JSP 技术和 Servlet 技术进行结合，即采用 JSP 程序实现页面表示处理，采用 Servlet 程序实现业务逻辑处理，充分发挥各自的优势。

2. Servlet 程序实现结构

Servlet 程序是一种按照 Servlet 规范编写的 Java 类，它运行于带有 Servlet 引擎的 Web 服务器中。当客户端向 Web 服务器提出 Servlet 服务请求时，Servlet 引擎将启动相应的 Servlet 程序对该请求进行处理。针对服务请求处理功能，Servlet 程序需要基于 Java Servlet API 提供的 javax.servlet 和 javax.servlet.http 类包来开发，并继承 HttpServlet 抽象类实现。

【例 7-8】 编写一个名称为 MyServlet 的 Servlet 程序，该程序的基本框架如下。

```
import java.io.IOException;
import javax.servlet.ServletConfig;
import javax.servlet.ServletException;
import javax.servlet.http.HttpServlet;
import javax.servlet.http.HttpServletRequest;
import javax.servlet.http.HttpServletResponse;
public class MyServlet extends HttpServlet {
  //初始化方法
  public void init(ServletConfig config) throws ServletException {
    // 填写语句
  }
  //销毁方法
  public void destroy() {
    // 填写语句
  }
  //处理服务方法
  protected void service(HttpServletRequest request,HttpServletResponse response) throws ServletException,IOException {
    // 填写语句
  }
  //处理 Http Get 方法
  protected void doGet(HttpServletRequest request,HttpServletResponse response) throws ServletException,IOException {
    // 填写语句
  }
  //处理 Http Post 方法
  protected void doPost(HttpServletRequest request,HttpServletResponse response) throws ServletException,IOException {
    // 填写语句
  }
}
```

在上述 Servlet 代码结构中，MyServlet 通过继承 HttpServlet 类，被声明为一个实现类。该类定义了 5 个方法，其中 init()方法与 destory()方法为 Servlet 初始化与销毁的方法。doGet()方法用于处理 HTTP 的 Get 请求，doPost 用于处理 HTTP 的 Post 请求。service()方法用于为客户请求提供服务响应处理。

3. Servlet 对象生命周期

Servlet 对象生命周期是指一个 Servlet 对象被创建、对象被使用，到对象被销毁的过程。Servlet 对象的生命过程如下。

1）客户端向 Web 服务器发出一个 Servlet 服务请求，如果 Servlet 对象已经在服务器中存在，则直接调用该对象响应请求。如果该 Servlet 对象不存在，则服务器通过实例化 Servlet 类创建该对象。

2）当 Servlet 对象第一次被请求时，需要执行该对象的 init( )方法，实现对象的初始化处理。

3）此后，可对该对象的服务方法进行直接调用。如果对象接收到 HTTP 的 Get 请求，则调用对象的 doGet( )方法处理。如果对象接收到 HTTP 的 Post 请求，则调用对象的 doPost( )方法处理或直接调用对象 service( )进行响应处理。

4）当一个 Servlet 对象不再被使用，可调用 destroy( )方法销毁该对象，并释放内存资源。

4. Servlet 运行部署

Servlet 源程序经过 javac 编译之后，通常将其 .class 文件部署在“Web 服务目录→WEB-INT →classes”目录中，以便运行时调用。例如，将名称为 MyServlet 的包中的 Sample.class 文件部署在 Web 服务目录结构中，如图 7-35 所示。

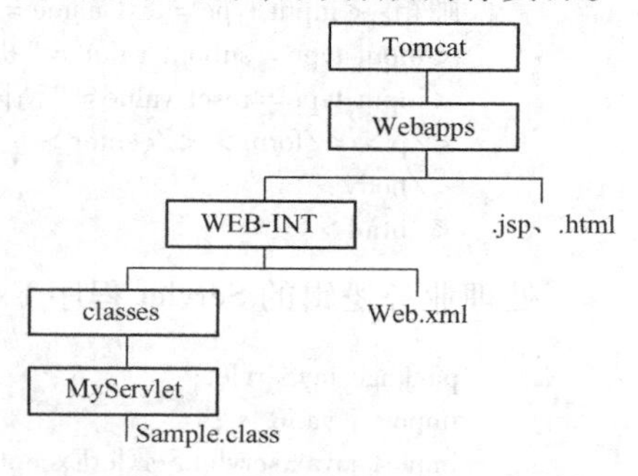

图 7-35　MyServlet 目录结构

同时，还需要配置“Web 服务目录→WEB-INT”目录下的 Web.xml 文件，使得 Servlet 程序可以被调用执行。在 Web.xml 文件中，需要定义 Servlet 名称和 Servlet 的 URL，以便客户程序可以访问到该 Servlet 类程序。【例 7-8】中的 Servlet 程序在 Web.xml 文件中的定义如下。

```
<? xml version = "1.0"  encoding = "UTF-8" ? >
<Web-app version = "2.5"
  xmlns = "http://java.sun.com/xml/ns/javaee"
  xmlns:xsi = "http://www.w3.org/2001/XMLSchema-instance"
  xsi:schemaLocation = "http://java.sun.com/xml/ns/javaee
  http://java.sun.com/xml/ns/javaee/Web-app_2_5.xsd" >
  <servlet>
    <servlet-name>Sample</servlet-name>                 <!-- 定义 Sample 对象名 -->
    <servlet-class>MyServlet.Sample</servlet-class>     <!-- 定义 Sample 对象完整类名 -->
  </servlet>
  <servlet-mapping>
    <servlet-name>Sample</servlet-name>                 <!-- 定义 Sample 对象名 -->
    <url-pattern>/MyServlet/Sample</url-pattern>        <!-- 定义 Sample 对象的 URL -->
  </servlet-mapping>
</Web-app>
```

5. Servlet 程序调用

在 Java Web 开发中，通常使用 Servlet 类程序来实现业务逻辑处理，然后再通过表示层页面（HTML 页面或 JSP 页面）对处理结果进行展现。因此，Servlet 程序可以通过页面程序来调用执行，同时 Servlet 程序也可调用页面进行结果展示。具体调用形式主要有表单调用、超链接调用或 JSP 动作标签调用等。

【例 7-9】 编写一个注册表单页面，该页面中的“提交”按钮事件调用 Servlet 程序执行。该 Servlet 程序将从该注册表单中获取数据，然后输出该数据到客户端页面。

注册表单页面 example_8.html 代码如下。

```
<!DOCTYPE html>
<html>
<head>
<meta charset="UTF-8">
<title>注册表单</title>
</head>
<body><center>
<form method="post" action="ExampleServlet_8"><!-- 表单数据提交给 ExampleServlet_8 处理
-->
<font size=4 >用户注册<hr>
姓名:<input type=text name="userName" size=15 maxlength=15><br>
邮箱:<input type=text name="userEmail" size=15 maxlength=15><p>
<input type=submit value="提交">
<input type=reset value="清除"></font>
</p></form></center>
</body>
</html>
```

处理业务逻辑的 Servlet 程序 ExampleServlet_8.java 代码如下。

```
package myServlet;
import java.io.*;
import javax.servlet.ServletException;
import javax.servlet.http.HttpServlet;
import javax.servlet.http.HttpServletRequest;
import javax.servlet.http.HttpServletResponse;
public class ExampleServlet_8 extends HttpServlet {
   protected void doPost(HttpServletRequest request,HttpServletResponse response)
                     throws ServletException,IOException {
          response.setContentType("text/html;charset=utf-8");
          request.setCharacterEncoding("utf-8");
          String userName,userEmail;
          userName=request.getParameter("userName");
          userEmail=request.getParameter("userEmail");
          PrintWriter out=response.getWriter();
          out.println("<html><head><title>HTML 页面表单调用 Servlet</title></head><body>
<center>");
          out.println("<h3>HTML 页面表单调用 Servlet 程序执行</h3><hr>");
          out.println("姓名:"+userName+"<br>");
          out.println("邮箱:"+userEmail+"<br></center>");
          out.println("</body></html>");
          out.close();
   }
}
```

在 Eclipse 开发环境中，设置项目文件的 Java Build Path 属性，将上述的 Servlet 源代码程序进行编译处理的字节代码文件 ExampleServlet_8.class 保存到 D:\Tomcat\Webapps\WEB-INF\classes\myServlet 目录中。同时，还需要对项目的 Web.xml 文件进行设置，以便 Servlet 程序可

以被调用执行。Web.xml 文件内容添加代码如下。

```
...
<servlet>
    <servlet-name>ExampleServlet_8</servlet-name>
    <servlet-class>myServlet.ExampleServlet_8</servlet-class>
</servlet>
<servlet-mapping>
    <servlet-name>ExampleServlet_8</servlet-name>
    <url-pattern>/ExampleServlet_8</url-pattern>
</servlet-mapping>
...
```

当 Eclipse 将项目文件在 Tomcat 中进行发布后，可在客户浏览器输入 http://localhost:8080/JspAccess/example_8.html 地址，系统显示用户注册表单页面，如图 7-36 所示。

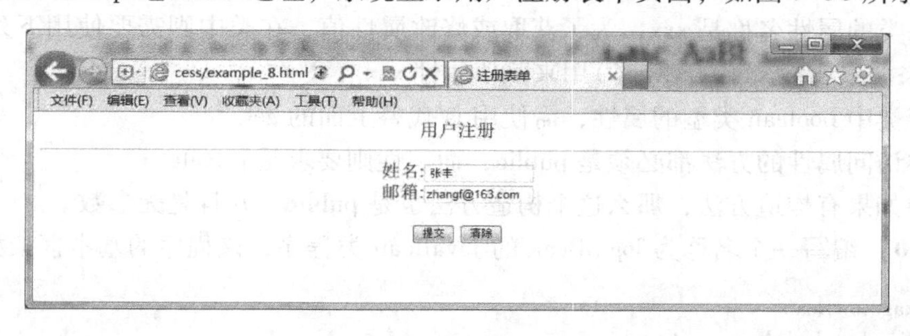

图 7-36　注册页面

在该注册表单中输入“姓名”和“邮箱”后，单击“提交”按钮后，页面表单的 submit 事件触发 post 方法调用 ExampleServlet_8.class 程序（即 Servlet 程序）执行。该 Servlet 程序执行后，输出页面如图 7-37 所示。

图 7-37　Servlet 程序页面

7.2.5　JavaBean 技术

在 JavaWeb 开发中，为了实现可重用的软件组件开发，需要采用 JavaBean 技术。JavaBean 本质上也是一种 Java 类，但该类必须符合特定的规范：①具有无参数的构造器。②提供符合一致性设计模式的公共方法访问内部属性，即通过 setXXX( )方法和 getXXX( )方法存取属性。

1. 使用 JavaBean 的目的

在 JSP 开发技术初期，并没有使用逻辑分层和框架技术，页面请求处理、业务逻辑处理和数据库访问处理等都是在 JSP 页面代码中完成的。这种开发方式看似简单，但各部分功能代码交织在一起，给代码的调试与维护带来了困难，同时也不利于代码重用。当出现 JavaBean 技术后，可以将 JSP 页面中的内容表示 HTML 代码与业务逻辑 Java 代码进行分离，把完成特定功能处理的 Java 代码封装到某个 JavaBean 类中，然后通过 JSP 页面去调用 JavaBean 类中的方法进行逻辑处理。该 JavaBean 类可以作为一个可重用的功能组件，不但本 JSP 页面可以调用，其他 JSP 页面也可以调用。因此，JavaBean 技术具有以下特点：①可以实现代码的重复利用。②代码容易编写与维护。③可以在任何安装了 Java 运行环境的平台上的使用，而不需要重新编译。

2. JavaBean 程序实现结构

JavaBean 类程序是一种按照 JavaBean 规范编写的 Java 类代码。编写 JavaBean 类程序其实就是编写一个 Java 类程序，这个类创建的一个对象称为一个 JavaBean。为了能让应用程序知道这个 JavaBean 的属性和方法，需要在 JavaBean 类程序的方法命名上遵守以下规则。

1） 如果类的属性名称是 xxx，为了获取或修改属性值，在类中则需要使用下列两个方法：getXxx( )用来获取属性 xxx；setXxx( )用来赋值属性 xxx。

2） 对于类中 boolean 类型的属性，需使用 is 代替上面的 get。

3） 类中访问属性的方法都必须是 public，而属性则要求是 private。

4） 类中如果有构造方法，那么这个构造方法也是 public，并且是无参数。

【例 7-10】 编写一个名称为 loginBean 的 JavaBean 类程序，该程序的基本框架如下。

```
package myBean;
public class loginBean {
    private String name;
    private String password;
//默认无参数的构造方法
    public loginBean( ) {
    }
//获取 name 参数值的方法
    public String getName( ) {
        return name;
    }
//设置 name 参数值的方法
    public void setName( String name) {
        this.name = name;
    }
//获取 password 参数值的方法
    public String getPassword( ) {
        return password;
    }
//设置 password 参数值的方法
    public void setPassword( String password) {
        this.password = password;
    }
}
```

在上述 JavaBean 示例代码结构中，定义了 name 和 password 两个私有属性，只能通过 get 方法和 set 方法对它们进行访问。同时，该类程序也定义了默认的无参数构造方法 loginBean。

3. 在 JSP 中调用 JavaBean

在 JSP 页面中调用 JavaBean，主要通过 JSP 动作标签 <jsp:useBean>、<jsp:getProperty>

和<jsp:setProperty>来实现对JavaBean对象的访问操作。JavaBean对象的生命周期有4种范围，分别为page、request、session和application。在默认情况下，JavaBean的生命周期是在page范围。

【例7-11】 编写一个名称为Login.jsp登录页面，该页面通过JSP动作标签<jsp:useBean>、<jsp:getProperty>和<jsp:setProperty>来实现对loginBean.java对象的访问操作。Login.jsp页面代码如下。

```
<%@ page language = "java" contentType = "text/html; charset = UTF-8" pageEncoding = "UTF-8"%>
<html>
<body>
<form action = "" method = "post" >
  <table>
  <tr><td align = "right" >用户名:</td><td><input type = "text" name = "mUserName" ></td></tr>
  <tr><td align = "right" >密码:</td><td><input type = "password" name = "mPassword" ></td></tr>
  <tr> <td align = "center" colspan = "2" > <input type = "submit" value = "登录" >  
  <input type = "reset" value = "重置" > </td> </tr>
  </table>
</form>
<jsp:useBean id = "loginBean" class = "myBean.loginBean"/> <%-- 实例化 loginBean 类 --%>
<jsp:setProperty name = "loginBean"  property = "name" param = "mUserName"/>  <%-- 从表单参数 mUserName 取值,设置 loginBean 的属性 name 值 --%>
<jsp:setProperty name = "loginBean"  property = "password" param = "mPassword"/> <hr/> <%--从表单参数 mPassword 取值,设置 loginBean 的属性 password 值 --%>
 用户名:<jsp:getProperty name = "loginBean" property = "name"/> <br>  <%-- 获取 loginBean 的属性 name 值 --%>
 密码:<jsp:getProperty name = "loginBean" property = "password"/>  <%-- 获取 loginBean 的属性 password 值 --%>
</body>
</html>
```

将Login.jsp页面文件和loginBean.java文件在Eclipse项目中进行发布运行，其执行结果如图7-38所示。

单击“登录”按钮，该页面通过JSP动作标签<jsp:useBean>实例化loginBean.java类，然后使用<jsp:setProperty>标签获取登录表单的输入参数，并将它们存入loginBean对象的属性。再使用<jsp:getProperty>标签获取loginBean对象的属性值，并输出显示。其结果页面如图7-39所示。

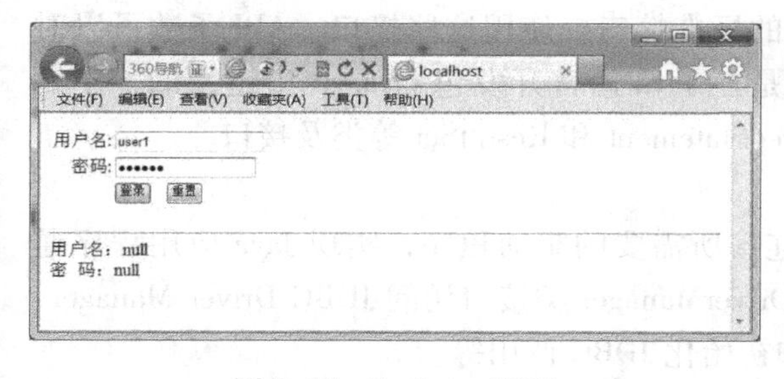

图7-38 Login.jsp页面

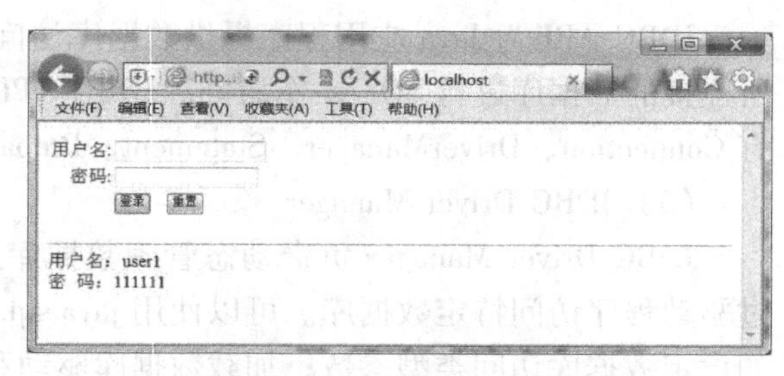

图7-39 登录结果页面

7.2.6 JDBC 技术

JDBC（Java Database Connectivity）是 Java 应用程序访问数据库的应用程序接口（API），它为 Java 应用程序开发提供了统一的接口标准 API，并通过一组驱动程序实现独立于 DBMS 的数据库访问。

1. JDBC 数据库应用结构

Java 应用程序大都采用基于 JDBC 接口实现数据库访问。主流关系数据库厂商都提供了面向 JDBC 标准接口的数据库驱动程序，JDBC API 通过这些驱动程序可实现对不同 DBMS 数据库的访问。Java 应用程序通过 JDBC 接口访问数据库的软件层次结构如图 7-40 所示。

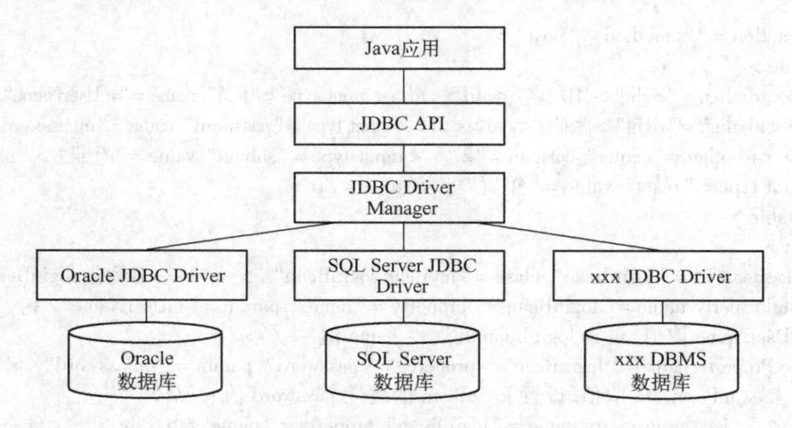

图 7-40　Java 应用程序通过 JDBC 访问数据库

从图 7-40 可以看到，Java 数据库应用程序通过 JDBC API 实现对数据库的操作访问。JDBC API 在 Java 应用程序与数据库之间起到接口隔离作用，使 Java 应用不必针对具体 DBMS 驱动编写其数据库访问程序，只需要针对 JDBC 标准接口编写数据库应用程序，从而实现跨数据库平台的数据库应用访问。

（1）Java 应用程序

Java 应用程序对数据库进行访问，大多利用 JDBC API 接口实现 SQL 操作访问。在 Java 应用程序执行过程中，向 JDBC API 接口发出数据库连接、提交 SQL 语句、获取数据库访问结果集和关闭连接等请求，并根据 JDBC API 接口的反馈结果进行逻辑处理。

（2）JDBC API

JDBC API 为 Java 应用程序提供数据库访问的标准接口。使用这些接口，API 函数可以对所连接的数据库进行 SQL 操作访问。JDBC API 是在 Java 语言开发包 java.sql 中定义的，主要有 Connection、DriverManager、Statement、PreparedStatement 和 ResultSet 等类及接口。

（3）JDBC Driver Manager

JDBC Driver Manager 负责动态管理数据库连接所需要的驱动程序，实现 Java 应用程序通过驱动程序访问特定数据库。可以使用 java.sql.DriverManager 类接口访问 JDBC Driver Manager，如设定数据库访问类型参数、加载数据库驱动和初始化 JDBC 调用等。

（4）数据库 Driver

各个数据库产品厂商为支持 JDBC 标准接口，都提供了自己 DBMS 的 JDBC 驱动程序，以便 Java 应用程序可以连接到相应的数据库，进行数据访问处理。数据库驱动程序可建立与目标数据库的连接，对数据库发送 SQL 执行语句，进行 API 语句与特定数据库 SQL 翻译处理，以及错误代码转换等。不同厂商的 DBMS 需要有不同的数据库 Driver，从而实现基于 JDBC 的应用程序独立于 DBMS。

2. JDBC 驱动连接方式

JDBC 主要提供两种数据库驱动程序连接方式：JDBC-ODBC 桥和纯 JDBC 驱动，它们的连接方式如图 7-41 所示。

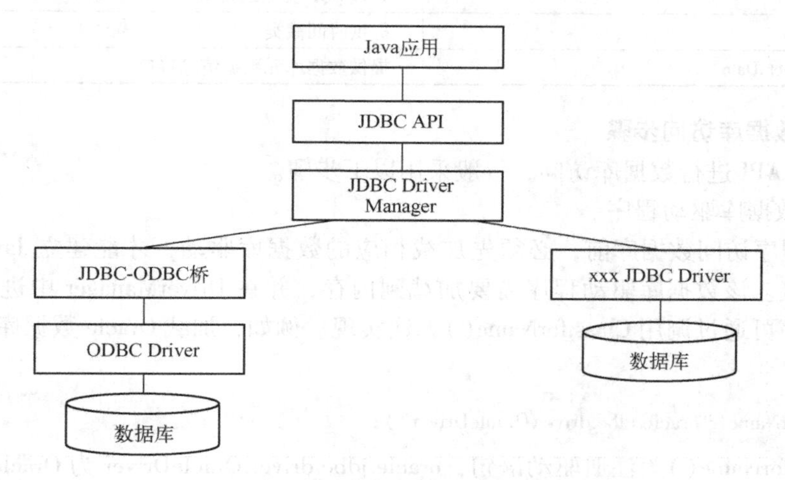

图 7-41　JDBC 的数据库驱动连接方式

（1）JDBC-ODBC 桥驱动

JDBC-ODBC 桥是一种间接的 JDBC 驱动程序，用于连接已有的 ODBC 数据源。Java 应用程序利用 JDBC-ODBC 桥将 JDBC API 调用转换为 ODBC API 调用，从而可以实现通过 ODBC 驱动访问数据库。这种驱动连接方式适用于只提供 ODBC 驱动的数据库系统。

（2）纯 JDBC 驱动

纯 JDBC 驱动是一种直接的 JDBC 驱动程序，用于连接支持 JDBC 接口的数据库访问。纯 JDBC 驱动的数据库连接具有 Java 的跨平台特性，以满足 Java 应用程序连接不同数据库的需求。

3. 常用 JDBC API

在 Java 语言的 java.sql 开发包中，定义了 JDBC API 的各个接口与类，常用的接口和类如表 7-2 所示。

表 7-2　java.sql 包中常用的 JDBC API 接口与类

接口或类名称	说　明
Java.sql.CallableStatement	执行 SQL 存储过程接口
Java.sql.Connection	与指定数据库建立会话连接接口
Java.sql.DataTruncation	截断数据异常类
Java.sql.Date	处理日期类
Java.sql.Driver	数据库驱动接口
Java.sql.DriverManager	管理数据库厂商驱动程序类
Java.sql.DriverPropertyInfo	管理驱动属性信息类
Java.sql.PreparedStatement	带参数的 Statement 接口
Java.sql.ResultSet	数据查询结果集接口

（续）

接口或类名称	说　明
Java.sql.SQLException	提供数据库访问异常信息类
Java.sql.SQLWarning	提供数据库访问警告信息类
Java.sql.Statement	提供 SQL 执行和结果查询接口
Java.sql.Time	处理时间类
Java.sql.Types	处理 SQL 类型的接口
Java.sql.Timestamp	提供时间戳类
Java.sql.DatabaseMetaData	提供数据库元数据信息接口

4. JDBC 数据库访问步骤

使用 JDBC API 进行数据库访问，一般采用以下步骤。

（1）加载数据库驱动程序

Java 应用程序访问数据库前，必须先加载相应的数据库驱动，才能建立 Java 应用程序与目标数据库连接。该数据库驱动程序需要加载到内存，并在 DriverManager 中进行注册。加载数据库驱动程序可通过调用 Class.forName( )方法实现。例如，加载 Oracle 数据库驱动程序，其 Java 语句如下。

```
Class.forName( "oracle.jdbc.driver.OracleDriver" ) ;
```

其中 Class.forName( )为注册驱动语句，oracle.jdbc.driver.OracleDriver 为 Oracle 数据库的 JDBC 驱动类程序。

（2）创建数据库连接

在加载数据库驱动程序后，还应建立访问数据库实例的连接对象。为了获取数据库连接对象 Connection，需要调用 JDBC 接口 DriverManager 的 getConnection(url,username,password)方法。在该方法的参数中，url 为数据库连接地址，username 为数据库用户名，password 为用户口令。url 地址的基本组成格式为："JDBC 协议:IP 地址(或域名):端口/数据库名称"。

例如，为了连接 Oracle 数据库实例 orcl，可执行下列 Java 语句创建数据库连接。

```
Stringurl = "jdbc:oracle:thin:@ localhost:1521:orcl" ;
Connection con = DriverManager.getConnecttion( url, "user", "password" ) ;
```

其中数据库用户名为 user，数据库口令为 password。

（3）创建执行 SQL 语句的 Statement 对象

当 Java 程序获得数据库连接后，便可通过该连接向 DBMS 发送 SQL 执行语句，实现对目标数据库进行访问操作。JDBC 向 DBMS 发送 SQL 语句前，还需要调用 Connection 接口的 createStatement 方法创建 Statement 对象。Statement 对象有 3 种类型：Statement、PreparedStatement 和 CallableStatement。其中 Statement 对象用于执行不带参数的简单 SQL 语句；PreparedStatement 对象用于执行带参数的预编译 SQL 语句；CallableStatement 对象用于执行数据库的存储过程调用。

例如，在前面建立的 Oracle 数据库连接 conn 对象中，调用 createStatement( )方法创建一个基本 Statement 对象，其 Java 代码如下。

```
String url = "jdbc:oracle:thin:@ localhost:1521:orcl" ;
Connection conn = DriverManager.getConnection( url, username, password) ;
Statement    st = conn.createStatement( ) ;
```

（4）向数据库发送 SQL 执行语句

当建立 Statement 对象后，就可以使用 Statement 对象的 3 个基本方法之一：Statement.executeQuery( )、Statement.executeUpdate( )和 Statement.execute( )，来向目标数据库发送 SQL 语句执行访问操作。

例如，执行一个 Select 语句，查询出版社 PUBLISHER 表中的所有数据，其 Java 代码如下。

```
String sql = "select  * from PUBLISHER" ;
Boolean value = st.executeQuery( sql) ;
```

（5）结果集对象数据遍历

在执行 SQL 查询语句后，便将数据表查询结果返回到 ResultSet 结果集对象中。为了从结果集中对查询结果数据进行处理操作，需要调用 ResultSet 结果集对象的 getString(String columnLabel)、getInt(String columnLabel)和 getDate(String columnLabel)等方法，对结果集当前行的指定列进行数据读取处理。若读取其他行数据，需要使用光标移动方法进行结果集行定位，然后再进行列数据读取。

（6）关闭对象

当完成数据库操作访问后，便可在 Java 程序中对数据库访问所创建的各种对象（如 connection 对象、Statement 对象和 ResultSet 对象等）进行关闭处理，以释放所占用的系统资源。在 JDBC API 接口类中均提供了关闭对象的 close( )方法。例如，Java 应用程序分别调用各个对象的 close( )方法实现关闭处理，其 Java 代码如下。

```
rs.close( ) ;           //关闭 ResultSet 对象
st.close( ) ;           //关闭 Statement 对象
conn.close( ) ;         //关闭 Connection 对象
```

7.3 Java Web 数据库访问编程方法

在 Java Web 开发中，对数据库的操作访问离不开 JDBC 编程。无论在 JSP、Servlet 还是开源框架中进行数据库访问操作，它们都需要通过调用底层 JDBC API 编程实现。Java Web 数据库访问的编程方案有多种，这里介绍最基本的 JSP + JavaBean 数据库访问编程和 JSP + Servlet + JavaBean 数据库访问编程方案。

7.3.1 JSP + JavaBean 数据库访问编程

在 JSP + JavaBean 数据库访问编程方案中，JSP 页面作为应用表示层实现用户与界面交互，同时它也负责接受 HTTP 请求、调用 JavaBean 处理请求和返回处理结果等功能。JavaBean 则负责数据操作和业务逻辑处理。JSP + JavaBean 数据库访问编程方案的工作原理如图 7-42 所示。

在 JSP + JavaBean 方案中，数据库访问的操作步骤如下：①客户浏览器发出 HTTP 请求。②JSP 页面接受请求，并调用相应的 JavaBean 进行业务逻辑处理。③若该业务逻辑需要访问数据库，则由 JavaBean 代码调用 JDBC API 访问数据库。④数据库访问操作结果返回 JavaBean 组件进行处理。⑤JavaBean 将业务逻辑处理结果返回给 JSP 页面进行数据内容呈现组织。⑥JSP 页面将呈现结果以 HTML 信息返回给客户浏览器进行输出展示。

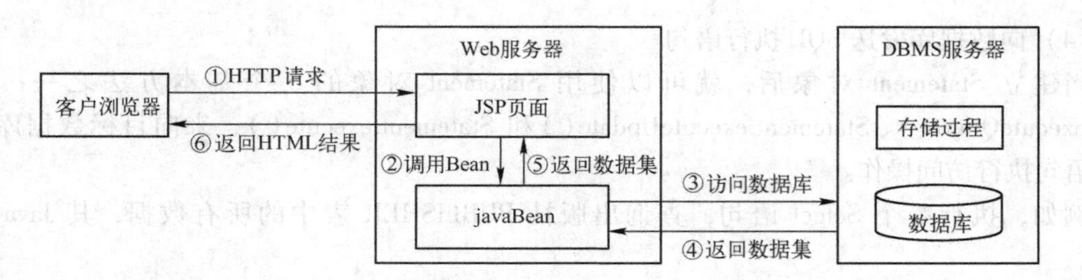

图 7-42　JSP + JavaBean 数据库访问编程方案原理

【例 7-12】采用 JSP + JavaBean 方案实现课程信息表 COURSE 的数据添加功能，其编码实现如下。

1）在 Oracle 数据库中，创建课程信息表 COURSE 表，其表结构如图 7-43 所示。

	COLUMN_NAME	DATA_TYPE	NULLABLE	DATA_DEFAULT	COLUMN_ID	COMMENTS
1	COURSEID	CHAR(4 BYTE)	No	(null)	1	(null)
2	COURSENAME	VARCHAR2(20 BYTE)	No	(null)	2	(null)
3	COURSETYPE	VARCHAR2(10 BYTE)	Yes	(null)	3	(null)
4	COURSECREDIT	NUMBER(38,0)	Yes	(null)	4	(null)
5	COURSEPERIOD	NUMBER(38,0)	Yes	(null)	5	(null)
6	TESTMETHOD	CHAR(4 BYTE)	Yes	'考试'	6	(null)

图 7-43　COURSE 表结构

2）创建名称为 Course.java 的类，该类按照 JavaBean 标准将课程对象 Course 的属性及其操作方法封装在一起，其属性对应的方法统一为 getXXX( )与 setXXX( )形式，其代码如下。

```
package myBean;
public class Course {
  private String courseId;           //课程编号
  private String courseName;         //课程名称
  private String courseType;         //课程类别
  private int courseCredit;          //课程学分
  private int coursePeriod;          //课程学时
  private String testMethod;         //考核方式
  public String getCourseId() {
    return courseId;
  }
  public void setCourseId(String courseId) {
    this.courseId = courseId;
  }
  public String getCourseName() {
    return courseName;
  }
  public void setCourseName(String courseName) {
    this.courseName = courseName;
  }
  public String getCourseType() {
    return courseType;
  }
  public void setCourseType(String courseType) {
    this.courseType = courseType;
  }
  public int getCourseCredit() {
```

```
        return courseCredit;
    }
    public void setCourseCredit(int courseCredit) {
        this.courseCredit = courseCredit;
    }
    public int getCoursePeriod() {
        return coursePeriod;
    }
    public void setCoursePeriod(int coursePeriod) {
        this.coursePeriod = coursePeriod;
    }
    public String getTestMethod() {
        return testMethod;
    }
    public void setTestMethod(String testMethod) {
        this.testMethod = testMethod;
    }
}
```

3）创建名称为 DB.java 的类，该类按照 JavaBean 标准实现数据库连接、数据库对象释放等操作处理，其代码如下。

```
package myBean;
import java.sql.*;
public class DB{
    private String URL = "jdbc:oracle:thin:@localhost:1521:LIB";//Oracle 数据库实例的 URL 地址
    private String USER = "TEACHING_DB";//Oracle 数据库实例的用户名称
    private String PASSWORD = "111111";  //Oracle 数据库实例的口令
    //默认构造方法初始化 DB 对象
    public DB() {
        try{
            Class.forName("oracle.jdbc.OracleDriver");//加载 ORACLE 驱动程序
            }catch(ClassNotFoundException e) {
                System.out.println("加载 oracle 驱动失败");}
    }
    //创建数据库连接 Connection
    public Connection getConnection()throws SQLException{
        Connection conn = null;
        try{
                conn = DriverManager.getConnection(URL,USER,PASSWORD);//获取连接对象
            }catch(SQLException e) {
                System.out.println("获取数据库连接失败");
            }
            return conn;
    }
    //关闭 ResultSet 对象
    public void closeResultSet(ResultSet rs) {
        if(rs! + null) {
        try{
            rs.close();//关闭 ResultSet
            }catch(SQLException e) {
                System.out.println(e.getMessage());}
        }
```

```
    }
    //关闭 Statement 对象
    public void closeStatement(Statement stmt) {
        if(stmt! + null) {
        try{
            stmt.close();//关闭 Statement
            }catch(Exception e) {
                System.out.println(e.getMessage());}
        }
    }
    //关闭 Connection 对象
    public void closeConnection(Connection conn) {
        if(conn! + null) {
        try{
            conn.close();//关闭 Connection
            }catch(Exception e) {
                System.out.println(e.getMessage());}
        }
    }
}
```

4）创建 AddCourse.jsp 页面，用于呈现添加课程信息的表单。该表单采集课程信息输入数据，并通过 action 提交到 InsertCourse.jsp 页面进行数据库插入处理，其代码如下。

```
<%@ page language = "java" contentType = "text/html;charset = UTF-8" pageEncoding = "UTF-8"%>
<html>
<body>
<form method = "post" action = "InsertCourse.jsp" >
  <table align = "center" width = '450 ' >
  <tr> <td align = "center" colspan = "2" > <h2>添加课程信息</h2> <hr> </td> </tr>
  <tr> <td align = "right" >课程编号: </td> <td> <input type = "text" name = "courseId" > </
td> </tr>
  <tr> <td align = "right" >课程名称: </td> <td> <input type = "text" name = "courseName" >
</td> </tr>
  <tr> <td align = "right" >课程类别: </td> <td> <input type = "text" name = "courseType" >
</td> </tr>
  <tr> <td align = "right" >课程学分: </td> <td> <input type = "text" name = "courseCredit" >
</td> </tr>
  <tr> <td align = "right" >课程学时: </td> <td> <input type = "text" name = "coursePeriod" >
</td> </tr>
  <tr> <td align = "right" >考核方式: </td> <td> <input type = "text" name = "testMethod" >
</td> </tr>
  <tr> <td align = "center" colspan = "2" > <input type = "submit" value = "添加" >  
  <input type = "reset" value = "重置" > </td> </tr>
  </table>
</form>
</body>
</html>
```

5）创建 InsertCourse.jsp 页面，用于对添加课程信息的表单请求进行处理。该页面通过 <jsp: useBean>标签分别实例化 Course.java 类和 DB.java 类，进行数据库插入处理，其代码如下。

```
<%@ page language = "java" contentType = "text/html;charset = UTF-8" pageEncoding = "UTF-8" %>
<%@ page import = "java.sql. * " %>
<body>
<% request.setCharacterEncoding( "UTF-8" );%>    <%-- 设置 request 获取内容按字符集 UTF-8
处理 --%>
<jsp:useBean id = "course" class = "myBean.Course" > </jsp:useBean> <%-- 使用 <jsp:useBean>
标签实例化 course.java --%>
<jsp:setProperty property = " * " name = "course"/> <%-- 使用 <jsp:useBean> 标签对 course 对象
属性赋值 --%>
<jsp:useBean id = "db" class = "myBean.DB" > </jsp:useBean> <%-- 使用 <jsp:useBean> 标签实
例化 DB.java --%>
<%
try{
  Connection conn = db.getConnection();//获取数据库连接
  String sql = "insert into COURSE values(?,?,?,?,?,?)";//构建带参数的课程表 insert 插入语句字
符串
  PreparedStatement ps = conn.prepareStatement(sql);  //创建执行带参数 SPL 语句的 Statement 对象
  ps.setString(1,course.getCourseId());    //赋予课程编号值
  ps.setString(2,course.getCourseName());//赋予课程名称值
  ps.setString(3,course.getCourseType());//赋予课程类型值
  ps.setInt(4,course.getCourseCredit());   //赋予课程学分值
  ps.setInt(5,course.getCoursePeriod());   //赋予课程学时值
  ps.setString(6,course.getTestMethod());//赋予课程考核方式值
  int row = ps.executeUpdate();  //执行 SQL 操作
  if(row >0){
     out.print("成功添加了" + row + "条数据!");}
  db.closeStatement(ps);       //关闭 Statement 对象
  db.closeConnection(conn);  //关闭 Connection 对象
}catch(Exception e){
  out.print("课程添加失败!");
  e.printStackTrace();}
%>
<br> <a href = AddCourse.jsp" >返回 </a>//返回到课程信息添加页面
</body>
</html>
```

在 Eclipse 项目中，完成以上各个 JSP 页面和 JavaBean 程序编写后，将它们发布在 Tomcat 服务器上运行。使用浏览器访问添加课程信息 AddCourse.jsp 页面，其运行结果如图 7-44 所示。

在添加课程信息表单中输入正确的课程信息后，单击“添加”按钮，将调用 InsertCourse.jsp 页面执行。在 InsertCourse.jsp 页面代码中，使用 <jsp: useBean> 标签分别实例化 Course.java 和 DB.java 类，并通过 <jsp: setProperty> 标签对 Course 对象进行属性赋值处理。同时，也通过调用 JDBC API 实现 Course 表的数据插入处理。InsertCourse.jsp 页面操作的正常执行结果界面如图 7-45 所示。

从以上数据库访问编程开发实例可以看到，JSP + JavaBean 方案只需要开发 JSP 页面和 JavaBean 两类组件，其中 JSP 页面负责用户交互处理和信息表示处理，JavaBean 负责业务逻辑和数据库访问处理。JSP + JavaBean 方案结构简单，部署方便。但由于 JSP 页面时常混杂页面内容表示 HTML 代码和控制逻辑 Java 代码，编程人员对页面代码的调试与维护较困难，该方案不适合大型 Java Web 软件开发。

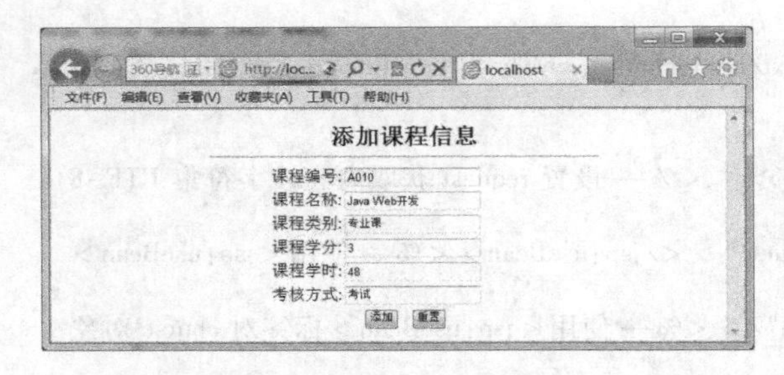

图 7-44　AddCourse.jsp 页面执行结果

图 7-45　InsertCourse.jsp 页面执行结果

7.3.2　JSP + Servlet + JavaBean 数据库访问编程

为了解决 JSP + JavaBean 方案的局限，可以将 JSP 页面中的控制逻辑代码从页面代码中分离出来，由单独的 Servlet 对象（即控制器）来进行控制逻辑处理，而 JSP 页面只负责内容表示处理。JavaBean 组件仍实现业务逻辑和数据库访问处理。由此，出现 JSP + Servlet + JavaBean 数据库访问编程方案。其方案原理如图 7-46 所示。

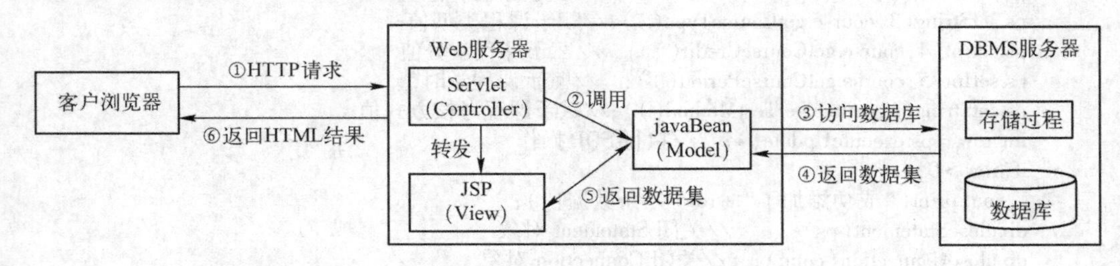

图 7-46　JSP + Servlet + JavaBean 方案原理

在 JSP + Servlet + JavaBean 方案中，数据库访问的操作步骤如下：①客户浏览器发出 HTTP 请求。②Web 服务器中的 Servlet 对象接受请求，它根据请求调用相应的 JavaBean 组件进行业务逻辑处理。③若该业务逻辑需要访问数据库，则由 JavaBean 代码调用 JDBC API 访问数据库。④数据库操作结果返回 JavaBean 组件进行数据处理。⑤JavaBean 将业务逻辑处理结果返回给 Servlet 指定的 JSP 页面进行数据内容呈现组织。⑥JSP 页面将请求处理结果以 HTML 信息返回给客户浏览器进行输出展示。

【例 7-13】 采用 JSP + Servlet + JavaBean 方案实现课程信息表 COURSE 的数据添加功能，并通过数据列表查看插入结果。在本方案中，除编写上面方案中相同的 JavaBean 组件（Course.java 类和 DB.java 类）外，还需要编写以下组件。

1）创建 CourseServlet.jsp 页面，用于呈现添加课程信息的表单。该表单采集课程信息输入数据，并通过 action 提交到 AddCourseServlet.java 进行数据库插入处理，其代码如下。

```
<%@ page language = "java" contentType = "text/html;charset = UTF-8" pageEncoding = "UTF-8" %>
<html>
<body>
<form method = "post" action = "AddCourseServlet" >
   <table align = "center" width = '450 ' >
   <tr > <td align = "center" colspan = "2" > <h2 >添加课程信息 </h2 > <hr > </td > </tr >
   <tr > <td align = "right" >课程编号: </td > <td > <input type = "text" name = "courseId" > </
td > </tr >
```

```
    <tr> <td align="right">课程名称:</td> <td> <input type="text" name="courseName">
</td> </tr>
    <tr> <td align="right">课程类别:</td> <td> <input type="text" name="courseType">
</td> </tr>
    <tr> <td align="right">课程学分:</td> <td> <input type="text" name="courseCredit">
</td> </tr>
    <tr> <td align="right">课程学时:</td> <td> <input type="text" name="coursePeriod">
</td> </tr>
    <tr> <td align="right">考核方式:</td> <td> <input type="text" name="testMethod">
</td> </tr>
    <tr> <td align="center" colspan="2"> <input type="submit" value="添加">  
<input type="reset" value="重置"> </td> </tr>
</table>
</form>
</body>
</html>
```

2）创建 AddCourseServlet.java，该 Servlet 类用于对添加课程信息的表单请求进行处理，实现数据插入操作，并控制跳转到课程信息列表页面 ViewCourse.jsp 进行显示，其代码如下。

```
package myServlet;
import java.io.IOException;
import java.io.PrintWriter;
import java.sql.Connection;
import java.sql.Statement;
import javax.servlet.ServletException;
import javax.servlet.http.HttpServlet;
import javax.servlet.http.HttpServletRequest;
import javax.servlet.http.HttpServletResponse;
import myBean.DB;
public class AddCourseServlet extends HttpServlet{
  protected void doPost(HttpServletRequest request, HttpServletResponse response) throws ServletExcep-
tion, IOException{
    response.setContentType("text/html;charset=utf-8");//设置响应内容类型
    request.setCharacterEncoding("utf-8");//设置读取内容按字符集 utf-8 处理
    PrintWriter out = response.getWriter();//创建响应输出流对象
    String id = request.getParameter("courseId");//获取课程编号
    String name = request.getParameter("courseName");//获取课程名称
    String type = request.getParameter("courseType");//获取课程类型
    int credit = Integer.parseInt(request.getParameter("courseCredit"));//获取课程学分
    int period = Integer.parseInt(request.getParameter("coursePeriod"));//获取课程学时
    String test = request.getParameter("testMethod");//获取课程考核方式
    try{
      DB db = new DB();//实例化 DB.java
      Connection conn = db.getConnection();//获取数据库连接
      String sql = "insert into COURSE values('" + id + "','" + name + "','" + type + "'," + credit
+"," + period + ",'" + test + "')";//构建带参数的课程表 insert 插入语句字符串
    Statement st = conn.createStatement();  //创建执行 SQL 语句的 Statement 对象.
    st.executeUpdate(sql);  //执行 SQL 操作
    st.close();  //关闭 Statement 对象
    conn.close();  //关闭 Connection 对象
```

```
        response.sendRedirect("ViewCourse.jsp");//跳转课程信息查看列表页面显示
      }catch(Exception e){
        out.print("课程添加失败!");
        e.printStackTrace();}
      }
    }
```

3）创建 ViewCourse.jsp 页面，该 JSP 页面用于列表显示课程信息数据，从而可查看验证课程添加信息内容，其页面代码如下。

```
<%@ page language="java" contentType="text/html;charset=UTF-8" pageEncoding="UTF-8"%>
<%@ page import="java.sql.*"%>
<jsp:useBean id="db" class="myBean.DB" ></jsp:useBean> <%-- 使用<jsp:useBean>标签实
例化 DB.java --%>
<html>
<body><center>
<h3>课程信息列表</h3>    <hr>
<%
  Connection conn=db.getConnection();//获取数据库连接
  String sql="select * from COURSE order by courseId";//构建查询课程表信息 select 语句字符串
  Statement st=conn.createStatement();//创建执行 SQL 语句的 Statement 对象
  try{
   ResultSet rs=st.executeQuery(sql);//执行 SQL 语句
%>
<table border=1>
<tr><td>课程编号</td><td>课程名称</td><td>课程类型</td><td>课程学分</td
><td>课程学时</td><td>考核方式</td></tr>
<% while(rs.next()){%>
<tr>
  <td><%=rs.getString("courseId")%></td>
  <td><%=rs.getString("courseName")%></td>
  <td><%=rs.getString("courseType")%></td>
  <td><%=rs.getString("courseCredit")%></td>
  <td><%=rs.getString("coursePeriod")%></td>
  <td><%=rs.getString("testMethod")%></td>
</tr>
<%}
  rs.close();  //关闭 ResultSet 对象
  }
  catch(Exception e){
    out.println(e.getMessage());  }
  st.close();
  conn.close();
%>
</table><hr>
<a href="CourseServlet.jsp">返回添加页面</a>
</center>
</body>
</html>
```

4）为了使 Servlet 能在项目中正常运行，还需要对项目中的 Web.xml 文件内容进行配置，其相关配置数据如下。

```
<servlet>
    <servlet-name>AddCourseServlet</servlet-name>
    <servlet-class>myServlet.AddCourseServlet</servlet-class>
</servlet>
<servlet-mapping>
    <servlet-name>AddCourseServlet</servlet-name>
    <url-pattern>/AddCourseServlet</url-pattern>
</servlet-mapping>
```

在 Eclipse 项目中，完成以上各个 JSP 页面和 Servlet 程序编写后，将它们发布在 Tomcat 服务器上运行。使用浏览器访问添加课程信息 courseServlet.jsp 页面，其运行结果如图 7-47 所示。

在添加课程信息表单中输入正确的课程信息后，单击“添加”按钮，将调用 AddCourseServlet.java 执行。在 AddCourseServlet.java 代码执行中，从 request 对象中获取表单输入数据，实例化 DB.java 类，创建数据库连接。同时，也通过调用 JDBC API 实现 Course 表的数据插入处理。最后，调用 ViewCourse.jsp 页面列表查看插入 Course 表的结果数据，执行结果界面如图 7-48所示。

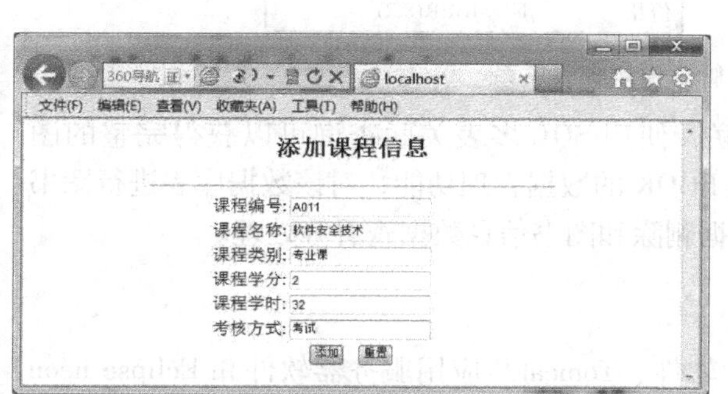

图 7-47　添加课程信息页面

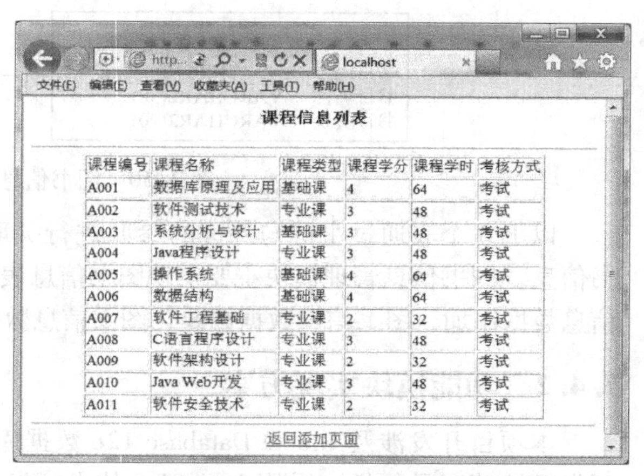

课程编号	课程名称	课程类型	课程学分	课程学时	考核方式
A001	数据库原理及应用	基础课	4	64	考试
A002	软件测试技术	专业课	3	48	考试
A003	系统分析与设计	基础课	3	48	考试
A004	Java程序设计	专业课	3	48	考试
A005	操作系统	基础课	4	64	考试
A006	数据结构	基础课	4	64	考试
A007	软件工程基础	专业课	2	32	考试
A008	C语言程序设计	专业课	3	48	考试
A009	软件架构设计	专业课	2	32	考试
A010	Java Web开发	专业课	3	48	考试
A011	软件安全技术	专业课	2	32	考试

图 7-48　AddCourseServlet 执行结果

在 JSP + Servlet + JavaBean 方案中，CourseServlet 页面和 ViewCourse 页面主要实现了表单输入界面和列表数据输出界面，即实现 JSP 页面视图（View）功能。DB.java 程序实现通用数据库连接处理功能，即实现模型（Model）的数据对象 JavaBean 功能。AddCourseServlet.java 程序实现对 HTTP 的请求处理，获取表单页面传输数据，实现课程信息数据添加业务处理，并通过调用 ViewCourse.jsp 列表查看课程插入结果数据，即实现程序控制器（Controller）功能。由于 JSP + Servlet + JavaBean 方案实现了应用程序的 MVC 模式，程序代码结构分工明确，便于程序的调试与维护，也易于实现功能代码复用，该方案适用于大型应用软件的开发。

7.4　实践指导——图书借阅管理系统数据库访问 Java Web 编程

本节将以图书借阅管理系统的图书信息管理功能模块开发为例，给出该系统功能在 Oracle 数据库和 Java Web 开发环境下的数据库编程实践示例。

7.4.1 图书信息管理模块

在图书借阅管理系统中，图书信息管理模块是图书借阅业务中的一个基础功能模块，该模块主要包括查看图书列表、添加图书信息、修改图书信息和删除图书信息等功能单元，其模块功能结构如图 7-49 所示。

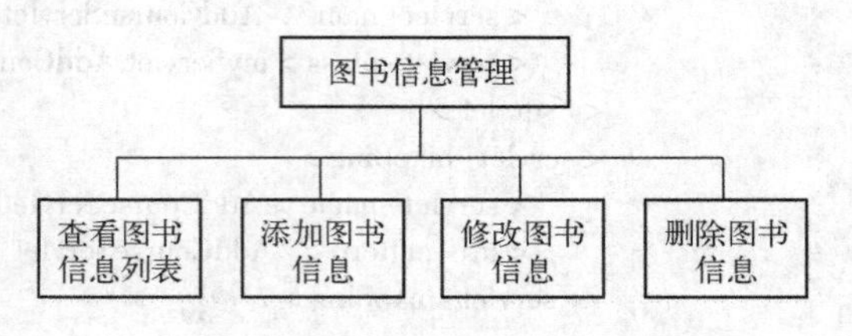

图 7-49 图书信息管理模块功能结构

图书信息管理功能模块涉及图书信息表（BOOK）、图书目录表（TITLE）和出版社表（PUBLISHER）的数据访问操作，这 3 个表之间的关系如图 7-50 所示。

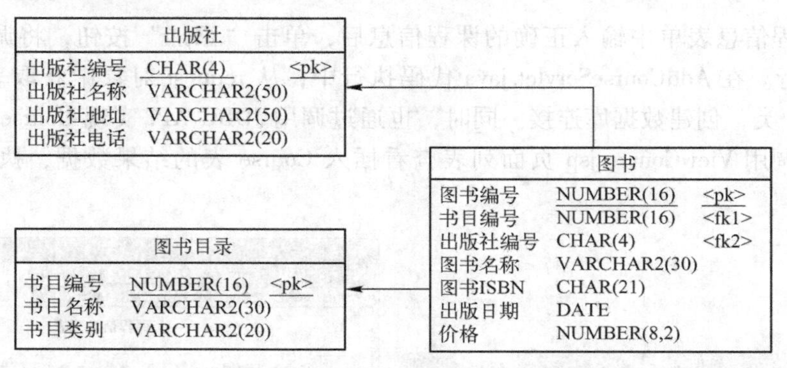

图 7-50 图书信息管理模块各表关系

以上 3 个表通过主键与外键的参照进行关联，使用 SQL 多表关联查询可以获得完整的图书信息。图书信息管理模块主要实现图书信息表 BOOK 的数据管理功能，对该数据库表进行图书信息数据添加、图书信息数据修改、图书信息数据删除和图书信息数据查看等处理。

7.4.2 功能模块实现方案

本项目开发涉及 Oracle Database 12c 数据库软件、Tomcat 9 应用服务器软件和 Eclipse neon 开发环境等工具软件，采用 Java Web 技术开发实现图书借阅管理系统软件编码。

1. 数据库实现

在 Oracle 数据库管理系统中，首先创建一个容纳图书借阅管理数据库对象的方案（Library_DBA）及其用户。然后在 Library_DBA 方案中，运行第 6 章项目实践生成的图书借阅管理数据库对象 SQL 程序，实现借阅者信息表（READER）、员工信息表（EMPLOYEE）、图书信息表（BOOK）、出版社信息表（PLIBLISHER）、图书目录信息表（TITLE）、借阅记录表（LOAN）和预订图书登记表（RESERV）等表对象的创建。在 Oracle 数据库 SQL Developer 开发工具中，可以管理这些数据库表对象，如图 7-51 所示。

图 7-51 Library_DBA 方案主要表对象

图书信息管理模块主要对图书信息表（BOOK）进行数据操作访问。BOOK 数据库表在 Oracle 数据库中实现的表结构如图 7-52 所示。

2. Java Web 项目实现

在 Eclipse 开发环境中，创建一个动态 Java Web 项目，并将该项目命名为 Library。在 Library 项目中，按照典型项目结构组织图书借阅管理系统开发文件，如图 7-53 所示。

	COLUMN_NAME	DATA_TYPE	NULLABLE	DATA_DEFAULT	COLUMN_ID	COMMENTS
1	BOOK_ID	NUMBER(16,0)	No	(null)	1	(null)
2	TITLE_ID	NUMBER(38,0)	Yes	(null)	2	(null)
3	PUB_ID	CHAR(4 BYTE)	Yes	(null)	3	(null)
4	BOOK_NAME	VARCHAR2(30 BYTE)	No	(null)	4	(null)
5	ISBN	CHAR(21 BYTE)	Yes	(null)	5	(null)
6	PRESSDATE	DATE	Yes	(null)	6	(null)
7	PRICE	NUMBER(8,2)	Yes	(null)	7	(null)
8	IFINLIB	NUMBER(38,0)	Yes	(null)	8	(null)

图 7-52　BOOK 表结构

在 Library 项目中，将开发的 Java 源程序文件放入 Java Resources\src 目录，项目所需要的库程序包引入 Referenced Libraries 目录，开发的 JSP 页面文件放入 WebContent 目录。图书信息管理模块涉及的 Java 源程序文件列表、JSP 页面文件列表和引入库程序包分别如图 7-54 ~ 图 7-56 所示。

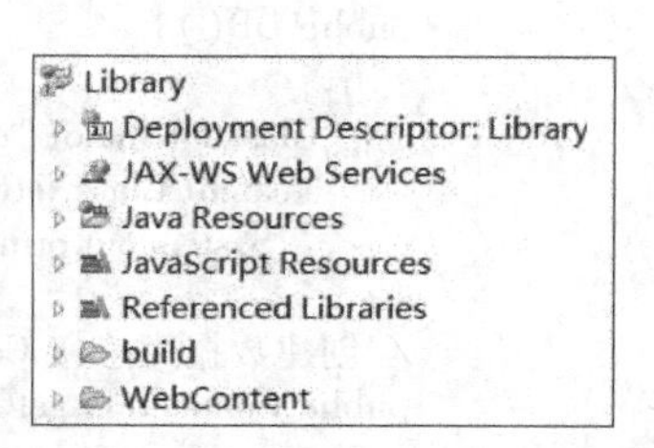

图 7-53　Library 项目结构

此外，还需要在项目的 WebContent/WEB-INF 目录中配置 Web.xml 文件，以便编写的 Servlet 程序可调用运行。在 WebContent/WEB-INF/lib 目录中引入 Oracle 数据库驱动程序包 ojdbc7.jar。

图 7-54　Java 源程序

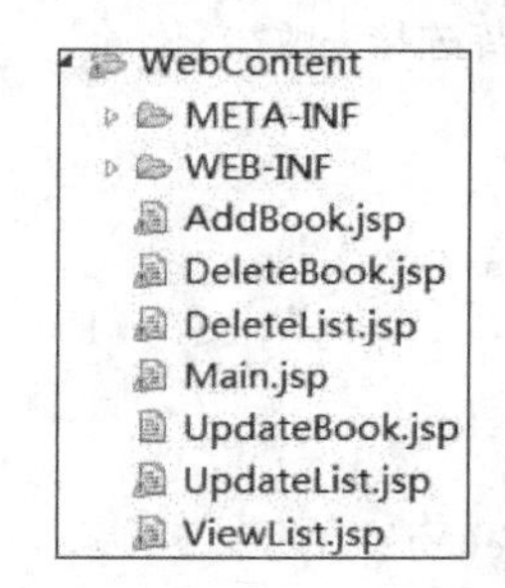

图 7-55　JSP 页面文件

图 7-56　引入库文件包

7.4.3　图书信息列表编程

图书信息列表功能用于实现图书借阅系统的图书信息按列表方式显示输出，该功能采用 JSP + Servlet + JavaBean 方式编程实现，完成对 BOOK 数据表查询访问操作。图书信息列表编程实现涉及 ViewList.jsp 页面、ListServlet.java 程序、DB.java 程序和 Book.java 程序。其中 ViewList.jsp 页面实现图书信息列表展示。ListServlet.java 程序实现 HTTP 请求处理和数据查询处理。DB.java 程序和 Book.java 程序实现数据库连接和数据对象存取处理。它们之间的关系如图 7-57 所示。

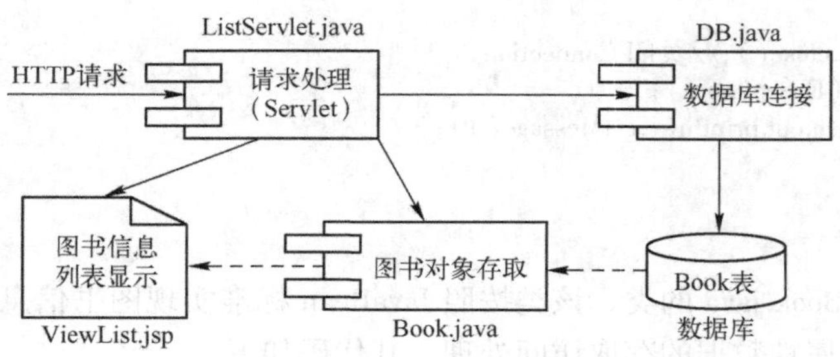

图 7-57　图书信息列表功能各程序单元之间的关系

1. JavaBean 类编程

1）创建名称为 DB.java 的类，该类按照 JavaBean 标准实现数据库连接处理，其代码如下。

```
package bookInfoBean;
import java.sql. * ;
public class DB{
  private String URL = "jdbc:oracle:thin:@localhost:1521:LIB";//Oracle 数据库实例的 URL 地址
  private String USER = "LIBARAY_DBA";//Oracle 数据库实例的用户名称
  private String PASSWORD = "111111";  //Oracle 数据库实例的口令
  //默认构造方法初始化 DB 对象
  public DB(){
    try{
      Class.forName("oracle.jdbc.OracleDriver");  //加载 Oracle 驱动程序
      }catch(ClassNotFoundException e){
        System.out.println("加载 oracle 驱动失败");}
  }
  //创建数据库连接 Connection
  public Connection getConnection()throws SQLException{
    Connection conn = null;
      try{
        conn = DriverManager.getConnection(URL,USER,PASSWORD);//获取连接对象
      }catch(SQLException e){
        System.out.println("获取数据库连接失败");}
        return conn;
  }
  //关闭 ResultSet 对象
  public void closeResultSet(ResultSet rs){
    if(rs! + null){
      try{
        rs.close();//关闭 ResultSet
      }catch(SQLException e){
        System.out.println(e.getMessage());}  }
  }
  //关闭 Statement 对象
  public void closeStatement(Statement stmt){
    if(stmt! + null){
      try{
        stmt.close();//关闭 Statement
      }catch(Exception e){
        System.out.println(e.getMessage());}
    }
  }
  //关闭 Connection 对象
  public void closeConnection(Connection conn){
    if(conn! + null){
      try{
        conn.close();//关闭 Connection
      }catch(Exception e){
        System.out.println(e.getMessage());}
      }
  }
}
```

2）创建名称为 Book.java 的类，该类按照 JavaBean 标准实现图书信息 Book 对象属性和方法封装，并对外提供属性数据的存取访问处理，其代码如下。

```
package bookInfoBean;
import java.sql.*;
public class Book{
    private int Book_Id;                //图书编号
    private int Title_Id;               //图书编号
    private String Pub_Id;              //图书编号
    private String Book_Name;           //图书名称
    private String ISBN;                //ISBN 编号
    private Date PressDate;             //出版日期
    private Float Price;                //价格
    private int ifInLib;                //是否在书库中
    public int getBookId(){
    return Book_Id;
    }
    public void setBookId(int Book_Id){
    this.Book_Id = Book_Id;
    }
    public int getTitleId(){
    return Title_Id;
    }
    public void setTitleId(int Title_Id){
    this.Title_Id = Title_Id;
    }
    public String getPubId(){
    return Pub_Id;
    }
    public void setPubId(String Pub_Id){
    this.Pub_Id = Pub_Id;
    }
    public String getBookName(){
    return Book_Name;
    }
    public void setBookName(String Book_Name){
    this.Book_Name = Book_Name;
    }
    public String getISBN(){
    return ISBN;
    }
    public void setISBN(String ISBN){
    this.ISBN = ISBN;
    }
    public Date getPressDate(){
    return PressDate;
    }
    public void setPressDate(Date PressDate){
    this.PressDate = PressDate;
    }
    public Float getPrice(){
    return Price;
```

```
    }
    public void setPrice(Float Price) {
    this.Price = Price;
    }
    public int getifInLib() {
    return ifInLib;
    }
    public void setifInLib(int ifInLib) {
    this.ifInLib = ifInLib;
    }
}
```

2. ListServlet.java 类编程

创建 ListServlet.java 类程序，该类程序用于实现图书信息列表的 Servlet 控制器。ListServlet.java 用于处理 HTTP 请求和图书数据查询列表处理。该程序首先实例化 DB.java 类，通过实例对象 db 连接数据库，然后调用 JDBC API 实现 Book 表的数据查询访问。ListServlet.java 程序还实例化 Book.java 类，将图书信息查询结果集存入 Book 实例对象列表。ListServlet.java 程序最后还调用 ViewList.jsp 对传递的 Book 实例对象列表数据进行页面展示处理。ListServlet.java 代码如下。

```
package bookInfoServlet;
import java.io.IOException;
import java.sql.*;
import java.util.ArrayList;
import java.util.List;
import javax.servlet.ServletException;
import javax.servlet.http.HttpServlet;
import javax.servlet.http.HttpServletRequest;
import javax.servlet.http.HttpServletResponse;
import bookInfoBean.DB;
import bookInfoBean.Book;
public class ListServlet extends HttpServlet{
  protected void doGet(HttpServletRequest request, HttpServletResponse response) throws ServletException, IOException{
    try{
      DB db = new DB();//实例化 DB.java
      Connection conn = db.getConnection();//获取数据库连接
      String sql = "select * from BOOK order by Book_Id";//查询图书信息表的 select 语句
      Statement st = conn.createStatement();//创建执行 SQL 语句的 Statement 对象
      ResultSet rs = st.executeQuery(sql);//执行 SQL 语句
      List<Book> list = new ArrayList<Book>();//实例化 List 对象
      while(rs.next()){
        Book Book = new Book();//实例化 Book.java
        Book.setBookId(rs.getInt("Book_Id"));  //从结果集取值,写入 Book 对象相应的属性
        Book.setBookName(rs.getString("Book_Name"));
        Book.setISBN(rs.getString("ISBN"));
        Book.setPressDate(rs.getDate("PressDate"));
        Book.setPrice(rs.getFloat("Price"));
```

```
            list.add(Book);  //将 Book 对象加入 list 列表
        }
            request.setAttribute("list",list);  //将图书集合放入 request 中
            rs.close();  //关闭 ResultSet 对象
            st.close();  //关闭 Statement 对象
            conn.close();  //关闭 Connection 对象
        }catch(Exception e){
            e.printStackTrace();}
    request.getRequestDispatcher("ViewList.jsp").forward(request,response);//转发 ViewList.jsp 请求
    }
}
```

3. ViewList.jsp 页面编程

创建 ViewList.jsp 页面，该页面用于实现图书信息列表数据展示处理。ViewList.jsp 页面通过 request 获取传递的 Book 对象列表，然后循环提取各个 Book 对象数据进行页面展示。ViewList.jsp 页面代码如下。

```
<%@ page language="java" contentType="text/html;charset=UTF-8" pageEncoding="UTF-8"%>
<%@ page import="java.sql.*"%>
<%@ page import="java.util.List"%>
<%@ page import="java.util.ArrayList"%>
<%@ page import="bookInfoBean.Book"%>
<html>
<body>
<center><h3>图书信息列表</h3><hr>
<table border=1>
<tr><td>图书编号</td><td>图书名称</td><td>图书 ISBN</td><td>出版日期</td
><td>定价</td></tr>
<%
Book Book=new Book();//实例化 DB.java
List<Book>list=(List<Book>)request.getAttribute("list");//获取图书信息列表
  if(list==null||list.size()<1){
    out.print("没有数据");
  }else{
    for(Book book: list){
%>
<tr>
  <td><%=book.getBookId()%></td>    <%-- 提取图书编号数据进行输出 --%>
  <td><%=book.getBookName()%></td>  <%-- 提取图书名称数据进行输出 --%>
  <td><%=book.getISBN()%></td>    <%-- 提取图书 ISBN 数据进行输出 --%>
  <td><%=book.getPressDate()%></td><%-- 提取出版日期数据进行输出 --%>
  <td><%=book.getPrice()%></td>    <%-- 提取图书定价数据进行输出 --%>
</tr>
<%}
  }
%>
</table>
<br><a href="Main.jsp">返回</a>
</center>
</body>
</html>
```

4. Web.xml 文件配置

为了使 Servlet 能在环境中正常运行，还需要对项目中的 Web.xml 文件内容进行配置，加入 ListServlet 参数，其相关配置数据如下。

```
<servlet>
    <servlet-name>ListServlet</servlet-name>
    <servlet-class>bookInfoServlet.ListServlet</servlet-class>
</servlet>
<servlet-mapping>
    <servlet-name>ListServlet</servlet-name>
    <url-pattern>/ListServlet</url-pattern>
</servlet-mapping>
```

5. Main.jsp 页面编程

为了方便对图书信息管理各个功能单元的 Servlet 程序或 JSP 页面统一调用，这里编写一个功能主页 Main.jsp，该页面通过超链接启动各功能单元的 Servlet 程序或 JSP 页面运行，其页面代码如下。

```
<%@ page language="java" contentType="text/html;charset=UTF-8" pageEncoding="UTF-8"%>
<html>
<body>
<center>
<h3>图书信息管理</h3><hr>
</center>
<a href="ListServlet">查看图书列表</a><br>
<a href="AddBook.jsp">添加图书信息</a><br>
<a href="UpdateServlet">修改图书信息</a><br>
<a href="DeleteServlet">删除图书信息</a><br>
</body>
</html>
```

在 Eclipse 项目中，完成以上各个 JSP 页面和 Java 程序的编写后，将它们发布到 Tomcat 服务器上运行。首先使用浏览器访问 Main.jsp 页面，其执行效果如图 7-58 所示。

图 7-58　图书信息管理主页（Main.jsp）运行结果

当需要对图书信息进行列表查看时，单击“查看图书列表”链接，启动 ListServlet.java 程序，并将查询结果通过 ViewList.jsp 展示输出，其运行结果如图 7-59 所示。

7.4.4　图书信息添加编程

图书信息添加功能可以实现对图书信息表数据的插入处理，该功能采用 JSP + Servlet + Jav-

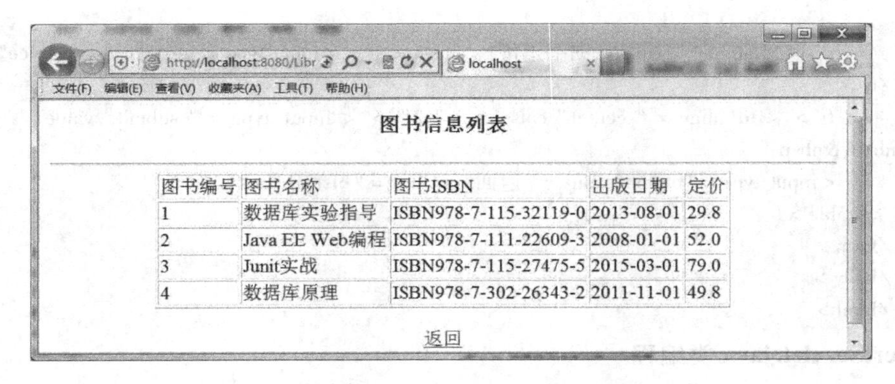
图书信息列表

图书编号	图书名称	图书ISBN	出版日期	定价
1	数据库实验指导	ISBN978-7-115-32119-0	2013-08-01	29.8
2	Java EE Web编程	ISBN978-7-111-22609-3	2008-01-01	52.0
3	Junit实战	ISBN978-7-115-27475-5	2015-03-01	79.0
4	数据库原理	ISBN978-7-302-26343-2	2011-11-01	49.8

返回

图 7-59　ListServlet 运行结果

aBean 方式编程实现，完成对 BOOK 数据表插入数据操作。图书信息添加功能的编程实现涉及 AddBook.jsp 页面、InsertServlet.java 程序、ListServlet.java 程序和 DB.java 程序。其中 AddBook.jsp 页面实现添加图书信息表单输入采集。InsertServlet.java 程序实现表单请求处理，并调用 JDBC API 接口实现数据 Book 表插入操作。ListServlet.java 程序实现图书信息列表显示。DB.java 实现数据库连接处理。它们之间的关系如图 7-60 所示。

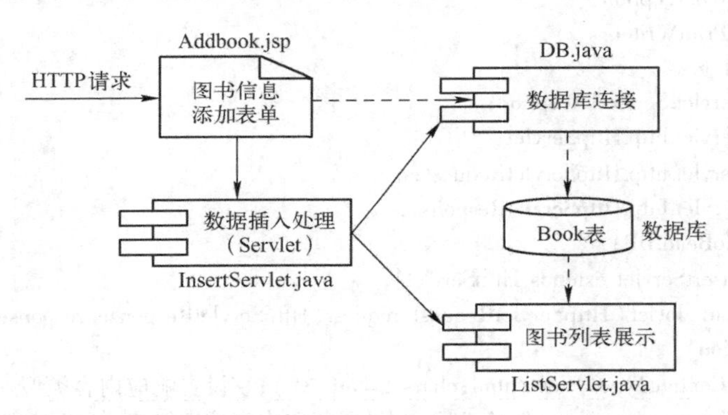

图 7-60　图书信息添加功能各编程单元关系

1. AddBook.jsp 页面编程

创建 AddBook.jsp 页面，用于呈现添加图书信息的表单。该表单采集图书信息输入数据，并提交到 InsertServlet.java 进行数据插入处理，其代码如下。

```
<%@ page language="java" contentType="text/html;charset=UTF-8" pageEncoding="UTF-8"%>
<html>
<body>
<form method="Get" action="InsertServlet">
  <table align="center" width='450'>
      <tr><td align="center" colspan="2"><h2>添加图书信息</h2><hr></td></tr>
      <tr><td align="right">图书编号:</td><td><input type="text" name="Book_Id">
</td></tr>
      <tr><td align="right">图书名称:</td><td><input type="text" name="Book_Name">
</td></tr>
      <tr><td align="right">图书 ISBN:</td><td><input type="text" name="ISBN"></
td></tr>
      <tr><td align="right">出版日期:</td><td><input type="text" name="PressDate">
</td></tr>
```

```
    <tr><td align="right">图书定价:</td><td><input type="text" name="Price"></td>
</tr>
    <tr><td align="center" colspan="2"><input type="submit" value="添加">
  
        <input type="button" value="返回" onClick="history.back()">
  </table>
</form>
</body>
</html>
```

2. **InsertServlet.java 类编程**

创建 InsertServlet.java 类程序，该类程序用于实现图书信息添加的 Servlet 控制器功能。InsertServlet.java 类程序用于处理表单请求和图书数据插入 BOOK 表的操作处理，首先实例化 DB.java 类，通过该实例对象 db 连接数据库，然后从 request 对象获取表单输入数据，最后调用 JDBC API 实现 BOOK 表的数据插入操作。此外，InsertServlet.java 程序还调用 ListServlet.java 程序对插入数据后的 BOOK 表数据进行列表展示。InsertServlet.java 代码如下。

```
package bookInfoServlet;
import java.io.IOException;
import java.io.PrintWriter;
import java.sql.*;
import javax.servlet.ServletException;
import javax.servlet.http.HttpServlet;
import javax.servlet.http.HttpServletRequest;
import javax.servlet.http.HttpServletResponse;
import bookInfoBean.DB;
public class InsertServlet extends HttpServlet{
  protected void doGet(HttpServletRequest request, HttpServletResponse response) throws ServletException, IOException{
  response.setContentType("text/html;charset=utf-8");//设置响应内容类型
  request.setCharacterEncoding("utf-8");//设置读取内容按字符集 utf-8 处理
  PrintWriter out = response.getWriter();//创建响应输出流对象
  try{
    DB db = new DB();//实例化 DB.java
    Connection conn = db.getConnection();//获取数据库连接
  String sql = "insert into BOOK(Book_Id,Book_Name,ISBN,PressDate,Price)
values(?,?,?,?,?)";//插入图书基本信息的 SQL 语句
    PreparedStatement ps = conn.prepareStatement(sql);  //创建执行带参数 SQL 语句的 Statement 对象
    ps.setString(1,request.getParameter("Book_Id"));   //赋予图书编号值
    ps.setString(2,request.getParameter("Book_Name"));//赋予图书名称值
    ps.setString(3,request.getParameter("ISBN"));//赋予图书 ISBN 值
    ps.setDate(4,Date.valueOf(request.getParameter("PressDate")));  //赋予出版日期值
    ps.setFloat(5,Float.parseFloat(request.getParameter("Price")));  //赋予定价值
    ps.executeUpdate();  //执行 SQL 操作
    ps.close();     //关闭 Statement 对象
    conn.close();   //关闭 Connection 对象
  }catch(Exception e){
  out.print("图书信息添加失败!");
```

```
            e.printStackTrace();}
        request.getRequestDispatcher("ListServlet").forward(request,response);//转发 ListServlet 请求
    }
}
```

3. Web.xml 文件配置

为了使 Servlet 能在环境中正常运行，还需要对项目的 Web.xml 文件内容进行配置，加入 InsertServlet 参数，其相关配置数据如下。

```
<servlet>
    <servlet-name>InsertServlet</servlet-name>
    <servlet-class>bookInfoServlet.InsertServlet </servlet-class>
</servlet>
<servlet-mapping>
    <servlet-name>InsertServlet </servlet-name>
    <url-pattern>/InsertServlet </url-pattern>
</servlet-mapping>
```

在 Eclipse 项目中，完成以上各个 JSP 页面和 Java 程序编写后，将它们发布到 Tomcat 服务器上运行。首先使用浏览器访问 Main.jsp 页面，其运行结果如图 7-61 所示。

在图书信息管理功能首页中，单击“添加图书信息”链接，启动 AddBook.jsp 页面，其运行结果如图 7-62 所示。

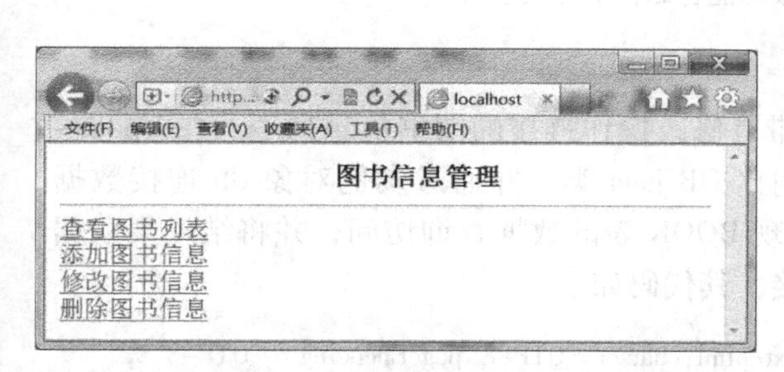

图 7-61　图书信息管理主页（Main.jsp）运行结果

图 7-62　添加图书信息页面（AddBook.jsp）运行结果

在添加图书信息页面表单中，输入图书信息的各项数据，单击“添加”按钮，调用 InsertServlet.java 程序执行，实现数据插入处理。该 InsertServlet.java 程序还调用 ListServlet.java 程序对插添加数据结果进行列表展示，其图书信息列表结果如图 7-63 所示。

图书信息列表

图书编号	图书名称	图书ISBN	出版日期	定价
1	数据库实验指导	ISBN978-7-115-32119-0	2013-08-01	29.8
2	Java EE Web编程	ISBN978-7-111-22609-3	2008-01-01	52.0
3	Junit实战	ISBN978-7-115-27475-5	2015-03-01	79.0
4	数据库原理	978-7-302-26343-2	2011-11-01	49.8

返回

图 7-63　InsertServlet 执行结果

7.4.5　图书信息修改编程

图书信息修改功能用于实现图书借阅系统的图书信息数据修改操作，该功能采用 JSP + Servlet + JavaBean 方式编程实现，完成对 BOOK 表数据修改操作。图书信息修改编程实现涉及 UpdateList. jsp 页面、UpdateBook. jsp 页面、UpdateServlet. java 程序和 DB. java 程序。其中 UpdateList. jsp 页面实现带修改功能的图书数据列表展示。UpdateBook. jsp 页面实现图书信息修改表单确认。UpdateServlet. java 程序通过 JDBC API 接口实现图书数据修改的 Update 语句执行操作。DB. java 实现数据库连接处理。它们之间的关系如图 7-64 所示。

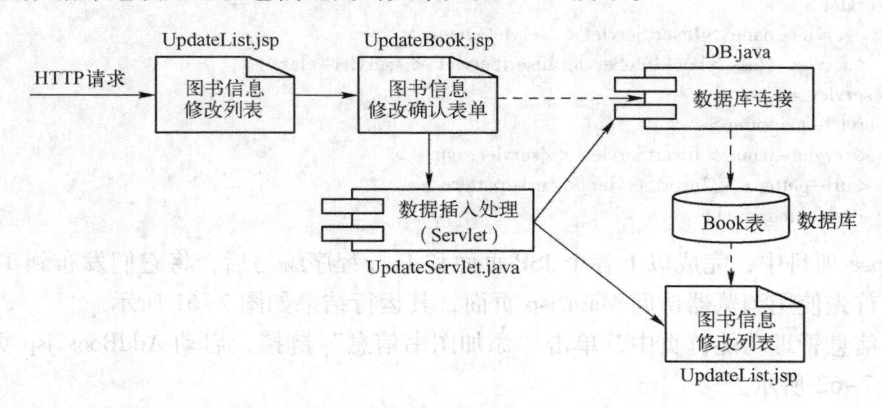

图 7-64　图书信息修改功能各编程单元关系

1. UpdateList.jsp 编程

创建 UpdateList. jsp 页面，该页面用于呈现带有修改操作链接的图书信息列表。在 UpdateList. jsp 页面中，采用 <jsp：useBean>标签实例化 DB. java 类，并通过实例对象 db 连接数据库。UpdateList. jsp 页面还通过调用 JDBC API 实现 BOOK 表的数据查询访问，并将结果集数据在页面中呈现，同时也加入该行数据的修改链接，其代码如下。

```
<%@ page language = "java" contentType = "text/html;charset = UTF-8" pageEncoding = "UTF-8" %>
<%@ page import = "java.sql. * " %>
<jsp:useBean id = "db" class = "bookInfoBean.DB" > </jsp:useBean> <%-- 使用 <jsp:useBean>
标签实例化 DB.java --%>
<% request.setCharacterEncoding("UTF-8");%>    <%-- 设置 request 获取内容按字符集 UTF-8
处理 --%>
<html>
<body>
<center>
<h2>图书信息表维护</h2>
<%
  Connection conn = db.getConnection();//获取数据库连接
  String sql = "select * from BOOK order by Book_Id";//查询图书信息的 select 语句
  Statement st = conn.createStatement();//创建执行 SQL 语句的 Statement 对象
  try{
   ResultSet rs = st.executeQuery(sql);//执行 SQL 语句
%>
<table border = 1>
```

```
<tr><td>图书编号</td><td>图书名称</td><td>图书 ISBN</td><td>出版日期</td><td>图书定价</td><td>操作方式</td></tr>
<% while(rs.next()){
  String hrefStr = "UpdateBook.jsp? Book_Id =" + rs.getString("Book_Id") + "&Book_Name =" + rs.getString("Book_Name") + "&ISBN =" + rs.getString("ISBN").trim() + "&Price =" + rs.getString("Price") + "&PressDate =" + rs.getString("PressDate");//构建超链接字符串 hrefStr,用于 JSP 传递参数
%>
<tr>
  <td><%= rs.getString("Book_Id")%></td>        <%-- 从结果集中提取数据,并在页面输出 --%>
  <td><%= rs.getString("Book_Name")%></td>
  <td><%= rs.getString("ISBN")%></td>
  <td><%= rs.getString("PressDate")%></td>
  <td><%= rs.getString("Price")%></td>
  <td><a href = <%= hrefStr%>>修改</a></td>     <%-- 加入"删除"超链接 --%>
</tr>
<%}
  rs.close();      //关闭结果集对象
  st.close();      //Statement 对象
  conn.close();    //关闭连接对象
  }
  catch(Exception e){
    out.println(e.getMessage());  }
%>
</table>
<br><a href = "Main.jsp">返回</a>
</center>
</body>
</html>
```

2. UpdateBook.jsp 编程

创建 UpdateBook.jsp 页面，该页面用于实现图书信息的数据更新表单。在 UpdateBook.jsp 页面中，通过提取传递的图书数据参数，将它们呈现在图书信息修改表单中。此外，将表单 action 指向 UpdateServlet，以便表单提交后执行该程序。同时，绑定表单“返回”按钮到 history.back()方法，以便回退到上层页面。其代码如下。

```
<%@ page language = "java" contentType = "text/html;charset = UTF-8" pageEncoding = "UTF-8"%>
<html>
<body>
<form method = "Post" action = "UpdateServlet">
  <table align = "center" width = '450'>
    <tr><td align = "center" colspan = "2"><h2>修改图书信息</h2><hr></td></tr>
    <tr><td align = "right">图书编号:</td><td><input type = "text" name = "Book_Id" value = <%= request.getParameter("Book_Id")%>></td></tr>
    <tr><td align = "right">图书名称:</td><td><input type = "text" name = "Book_Name" value = <%= request.getParameter("Book_Name")%>></td></tr>
    <tr><td align = "right">图书 ISBN:</td><td><input type = "text" name = "ISBN" value = <%= request.getParameter("ISBN")%>></td></tr>
```

```
<tr><td align="right">出版日期:</td><td><input type="text" name="PressDate" value=<%=request.getParameter("PressDate")%>></td></tr>
<tr><td align="right">图书定价:</td><td><input type="text" name="Price" value=<%=request.getParameter("Price")%>></td></tr>
<tr><td align="center" colspan="2"><input type="submit" value="修改">  
<input type="button" value="返回" onClick="history.back()"></td></tr>
</table>
</form>
</body>
</html>
```

3. UpdateServlet.java 程序

创建 UpdateServlet.java 类程序，该程序用于实现图书信息的数据更新处理。在 UpdateServlet.java 类程序中，通过实例化 DB.java 类，创建连接数据库的 db 对象。从表单传递的 request 对象中获取图书信息的修改数据，并将它们组装为一个 Update 语句。然后，调用 JDBC API 接口执行该 SQL 语句，实现 BOOK 表数据的修改。当修改操作成功后，UpdateServlet.java 类程序调用 UpdateList.jsp 页面显示修改数据后的图书信息列表。其代码如下。

```
package bookInfoServlet;
import java.io.IOException;
import java.io.PrintWriter;
import java.sql.Connection;
import java.sql.Date;
import java.sql.PreparedStatement;
import javax.servlet.ServletException;
import javax.servlet.http.HttpServlet;
import javax.servlet.http.HttpServletRequest;
import javax.servlet.http.HttpServletResponse;
import bookInfoBean.DB;
public class UpdateServlet extends HttpServlet{
  protected void doPost(HttpServletRequest request, HttpServletResponse response) throws ServletException, IOException{
  response.setContentType("text/html;charset=utf-8");//设置响应内容类型
  request.setCharacterEncoding("utf-8");//设置读取内容按字符集 utf-8 处理
  PrintWriter out = response.getWriter();//创建响应输出流对象
  try{
    DB db = new DB();//实例化 DB.java
    Connection conn = db.getConnection();//获取数据库连接
    String sql = "update BOOK set Book_Id=?,Book_Name=?,ISBN=?,PressDate=?,Price=? where Book_Id=?";//更新图书基本信息的 SQL 语句
    PreparedStatement ps = conn.prepareStatement(sql);  //创建执行带参数 sql 语句的 Statement 对象
    ps.setInt(1,Integer.parseInt(request.getParameter("Book_Id")));  //赋予图书编号值
    ps.setString(2,request.getParameter("Book_Name"));//赋予图书名称值
    ps.setString(3,request.getParameter("ISBN"));//赋予图书 ISBN 值
    ps.setDate(4,Date.valueOf(request.getParameter("PressDate")));  //赋予出版日期值
    ps.setFloat(5,Float.parseFloat(request.getParameter("Price")));  //赋予定价值
    ps.setInt(6,Integer.parseInt(request.getParameter("Book_Id")));  //赋予图书编号值
```

```
            ps.executeUpdate(); //执行 SQL 操作
            ps.close(); //关闭 Statement 对象
            conn.close(); //关闭 Connection 对象
            response.sendRedirect("UpdateList.jsp");//跳转图书信息修改列表页面
        } catch(Exception e) {
            out.print("图书信息修改失败!");
            e.printStackTrace(); }
        }
    }
```

4. Web.xml 文件配置

为了使 Servlet 能在环境中正常运行，还需要对项目的 Web.xml 文件内容进行配置，加入 UpdateServlet 参数，其相关配置数据如下。

```
<servlet>
    <servlet-name>UpdateServlet</servlet-name>
    <servlet-class>bookInfoServlet.UpdateServlet </servlet-class>
</servlet>
<servlet-mapping>
    <servlet-name>UpdateServlet </servlet-name>
    <url-pattern>/UpdateServlet </url-pattern>
</servlet-mapping>
```

在 Eclipse 项目中，完成以上各个 JSP 页面和 Java 程序编写后，将它们发布到 Tomcat 服务器上运行。首先使用浏览器访问 Main.jsp 页面，其运行结果如图 7-65 所示。

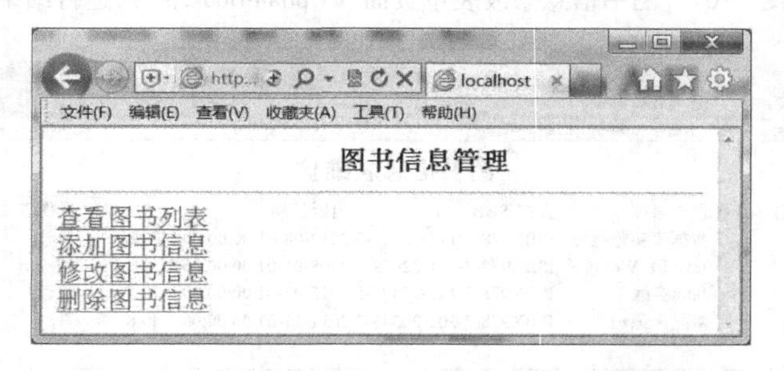

图 7-65　图书信息管理主页（Main.jsp）运行结果

在图书信息管理功能首页中，单击“修改图书信息”链接，启动图书信息修改维护列表页面（UpdateList.jsp），其运行结果如图 7-66 所示。

在图书信息修改维护列表页面中，单击对应图书数据行的“修改”链接，即可进入图书信息修改表单（UpdateBook.jsp），该表单呈现将修改图书的基本信息。例如，选择“数据库原理”图书的修改链接，进入该图书信息修改表单页面，如图 7-67 所示。

例如，在图书 ISBN 项中，将原数据“978-7-302-26343-2”修改为“ISBN978-7-302-26343-2”，单击“修改”按钮，即调用 UpdateServlet.java 程序执行。该程序提取修改图书信息表单中的各项数据，并将它们组装为一个 Update 语句，调用 JDBC API 执行数据表修改操作。当该 Update 语句执行成功后，该 UpdateServlet.java 程序又重定向到 UpdateList.jsp 页面，该页面将展示修改数据后的图书信息列表，如图 7-68 所示。

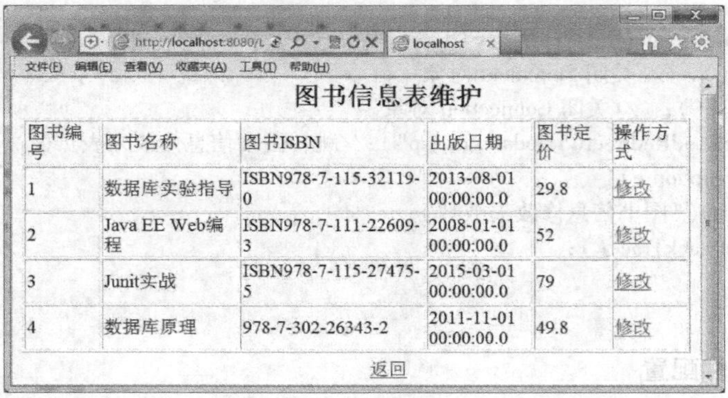

http://localhost:8080/L
localhost
文件(F) 编辑(E) 查看(V) 收藏夹(A) 工具(T) 帮助(H)
图书信息表维护
图书编号 图书名称 图书ISBN 出版日期 图书定价 操作方式
1 数据库实验指导 ISBN978-7-115-32119-0 2013-08-01 00:00:00.0 29.8 修改
2 Java EE Web编程 ISBN978-7-111-22609-3 2008-01-01 00:00:00.0 52 修改
3 Junit实战 ISBN978-7-115-27475-5 2015-03-01 00:00:00.0 79 修改
4 数据库原理 978-7-302-26343-2 2011-11-01 00:00:00.0 49.8 修改
返回

图 7-66　图书信息修改维护列表页面（UpdateList.jsp）运行结果

http://localhost:808
localhost
文件(F) 编辑(E) 查看(V) 收藏夹(A) 工具(T) 帮助(H)
修改图书信息
图书编号: 4
图书名称: 数据库原理
图书ISBN: 978-7-302-26343-2
出版日期: 2011-11-01
图书定价: 49.8
修改 返回

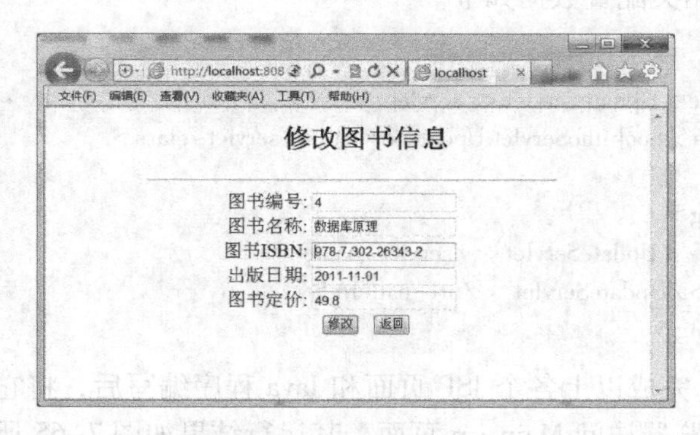

图 7-67　图书信息修改表单页面（UpdateBook.jsp）运行结果

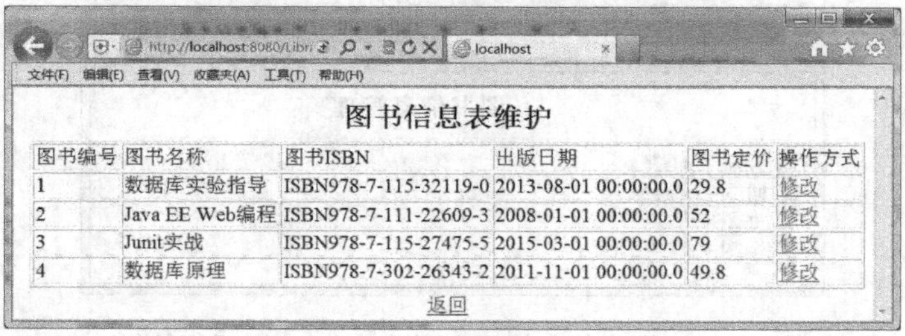

http://localhost:8080/Libr
localhost
文件(F) 编辑(E) 查看(V) 收藏夹(A) 工具(T) 帮助(H)
图书信息表维护
图书编号 图书名称 图书ISBN 出版日期 图书定价 操作方式
1 数据库实验指导 ISBN978-7-115-32119-0 2013-08-01 00:00:00.0 29.8 修改
2 Java EE Web编程 ISBN978-7-111-22609-3 2008-01-01 00:00:00.0 52 修改
3 Junit实战 ISBN978-7-115-27475-5 2015-03-01 00:00:00.0 79 修改
4 数据库原理 ISBN978-7-302-26343-2 2011-11-01 00:00:00.0 49.8 修改
返回

图 7-68　UpdateServlet 运行结果

7.4.6　图书信息删除编程

图书信息删除功能用于实现图书借阅系统的图书信息数据删除操作，该功能采用 JSP + Servlet + JavaBean 方式编程实现，完成对 BOOK 表数据删除操作。图书信息删除编程实现涉及 DeleteList.jsp 页面、DeleteBook.jsp 页面、DeleteServlet.java 程序和 DB.java 程序。其中 DeleteList.jsp 页面实现带删除功能的图书数据列表。DeleteBook.jsp 页面实现图书信息删除确认表单。DeleteServlet.java 程序通过 JDBC API 接口实现图书数据删除的 Delete 语句执行操作。DB.java 实现数据库连接处理。它们之间的关系如图 7-69 所示。

1. DeleteList.jsp 编程

创建 DeleteList.jsp 页面，该页面用于呈现带有删除操作链接的图书信息列表。在

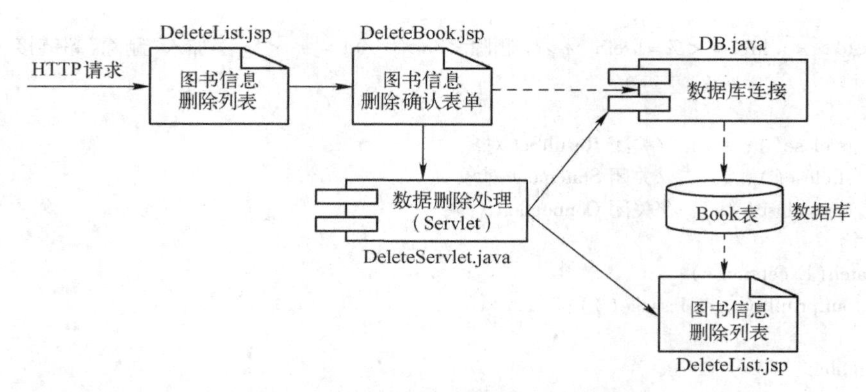

图 7-69　图书信息删除各编程单元关系

DeleteList.jsp 页面中，采用 <jsp：useBean> 标签实例化 DB.java 类，并通过实例对象 db 连接数据库。DeleteList.jsp 页面还通过调用 JDBC API 实现 BOOK 表的数据查询访问，并将结果集数据在页面中呈现，同时也加入该行数据的删除链接，其代码如下。

```
<%@ page language="java" contentType="text/html;charset=UTF-8" pageEncoding="UTF-8"%>
<%@ page import="java.sql.*"%>
<jsp:useBean id="db" class="bookInfoBean.DB" > </jsp:useBean> <%-- 使用 <jsp:useBean>
标签实例化 DB.java --%>
<% request.setCharacterEncoding("UTF-8");%>    <%-- 设置 request 获取内容按字符集 UTF-8
处理 --%>
<html>
<body>
<center>
<h2>图书信息表维护</h2>
<%
  Connection conn = db.getConnection();//获取数据库连接
  String sql = "select * from BOOK order by Book_Id";//查询图书信息的 select 语句
  Statement st = conn.createStatement();//创建执行 SQL 语句的 Statement 对象
  try{
   ResultSet rs = st.executeQuery(sql);//执行 SQL 语句
%>
<table border=1>
<tr><td>图书编号</td><td>图书名称</td><td>图书 ISBN</td><td>出版日期</td
><td>图书定价</td><td>操作方式</td></tr>
<% while(rs.next()){
String hrefStr = "DeleteBook.jsp? Book_Id=" + rs.getString("Book_Id");//构建超链接字符串 hrefStr,
用于 JSP 传递参数
%>
<tr>
  <td><%=rs.getString("Book_Id")%></td>    <%-- 从结果集提取数据,并在页面输出 -
-%>
   <td><%=rs.getString("Book_Name")%></td>
   <td><%=rs.getString("ISBN")%></td>
   <td><%=rs.getString("PressDate")%></td>
   <td><%=rs.getString("Price")%></td>
```

```
    <td> <a href=<%=hrefStr%>>删除</a> </td>      <%-- 加入"删除"超链接 --%>
  </tr>
  <%}
      rs.close();          //关闭 ResultSet 对象
      st.close();          //关闭 Statement 对象
      conn.close();        //关闭 Connection 对象
    }
    catch(Exception e){
      out.println(e.getMessage());}
  %>
  </table>
  <br> <a href="Main.jsp">返回</a>
  </center>
  </body>
  </html>
```

2. DeleteBook.jsp 编程

创建 DeleteBook.jsp 页面，该页面用于实现图书信息的数据删除确认表单。在 DeleteBook.jsp 页面中，提示用户删除确认，并将传递的 Book_Id 数据参数隐藏绑定到图书信息删除确认表单中。当提交表单时，执行表单 action 所指向的 DeleteServlet.java 程序。同时，绑定表单“返回”按钮到 history.back()方法，以便退回到上层页面。其代码如下。

```
  <%@ page language="java" contentType="text/html;charset=UTF-8" pageEncoding="UTF-8"%>
  <html>
  <body>
  <form method="Post" action="DeleteServlet">
    <table align="center" width='450'>
    <tr> <td align="center" colspan="2"> <h2>确认删除该图书信息吗? </h2> <hr> </td>
  </tr>
    <tr> <td> <input type="hidden" name="Book_Id" value=<%=request.getParameter("Book_
Id")%>> </td> </tr>
    <tr> <td align="center" colspan="2"> <input type="submit" value="确定">  
    <input type="button" value="返回" onClick="history.back()"> </td> </tr>
    </table>
  </form>
  </body>
  </html>
```

3. DeleteServlet.java 程序

创建 DeleteServlet.java 类程序，该程序用于实现图书信息的数据删除操作。在 DeleteServlet.java 类程序中，通过实例化 DB.java 类，创建连接数据库的 db 对象。从表单传递的 request 对象获取图书信息 Book_Id 参数数据，并将它组装到 Delete 语句中。然后，调用 JDBC API 接口执行该 SQL 语句，实现 BOOK 表数据删除。当删除操作成功后，DeleteServlet.java 类程序调用 DeleteList.jsp 页面显示删除数据后的图书信息列表。其代码如下。

```
package bookInfoServlet;
import java.io.IOException;
import java.io.PrintWriter;
import java.sql.Connection;
```

```
import java.sql.Statement;
import javax.servlet.ServletException;
import javax.servlet.http.HttpServlet;
import javax.servlet.http.HttpServletRequest;
import javax.servlet.http.HttpServletResponse;
import bookInfoBean.DB;
public class DeleteServlet extends HttpServlet{
  protected void doPost(HttpServletRequest request, HttpServletResponse response) throws ServletException, IOException{
  PrintWriter out = response.getWriter();//创建响应输出流对象
  String Book_Id = request.getParameter("Book_Id");//获取图书编号
try{
    DB db = new DB();//实例化 DB.java
    Connection conn = db.getConnection();//获取连接
    String sql = "delete BOOK where Book_Id = " + Book_Id;//数据删除 Delete 语句
    Statement st = conn.createStatement();  //创建执行 SQL 语句的 Statement 对象.
    st.executeUpdate(sql);  //执行 SQL 操作
    st.close();  //关闭 Statement 对象
    conn.close();  //关闭 Connection 对象
    response.sendRedirect("DeleteList.jsp");//跳转图书信息删除列表页面
  }catch(Exception e){
      out.print("图书信息删除失败!");
      e.printStackTrace();}
  }
}
```

4. Web.xml 文件配置

为了使 Servlet 能在环境中正常运行，还需要对项目的 Web.xml 文件内容进行配置，加入 DeleteServlet 参数，其相关配置数据如下。

```
<servlet>
    <servlet-name>DeleteServlet</servlet-name>
    <servlet-class>bookInfoServlet.DeleteServlet  </servlet-class>
</servlet>
<servlet-mapping>
    <servlet-name>DeleteServlet  </servlet-name>
    <url-pattern>/DeleteServlet  </url-pattern>
</servlet-mapping>
```

在 Eclipse 项目中，完成以上各个 JSP 页面和 Java 程序编写后，将它们发布到 Tomcat 服务器上运行。使用浏览器访问 Main.jsp 页面，其运行结果如图 7-70 所示。

在图书信息管理功能首页中，单击“删除图书信息”链接，启动图书信息删除维护列表页面（DeleteList.jsp），其运行结果如图 7-71 所示。

在图书信息删除维护列表页面中，单击需删除图书数据行的“删除”链接，即可进入图书信息删除确认表单页面（DeleteBook.jsp），该表单用于确认用户是否删除数据。例如，选择“Java 数据库技术详解”图书的删除链接，进入该图书信息删除确认表单页面，如图 7-72 所示。

在图书信息删除确认表单中，单击“确定”按钮，即可调用 DeleteServlet.java 程序执行。该程序提取删除图书信息确认表单的 Book_Id 参数，并将它组装到 Delete 语句中，然后调用

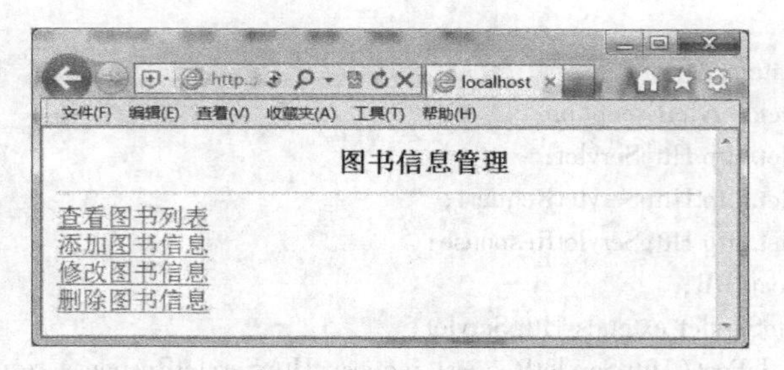

图 7-70　图书信息管理主页（Main.jsp）运行结果

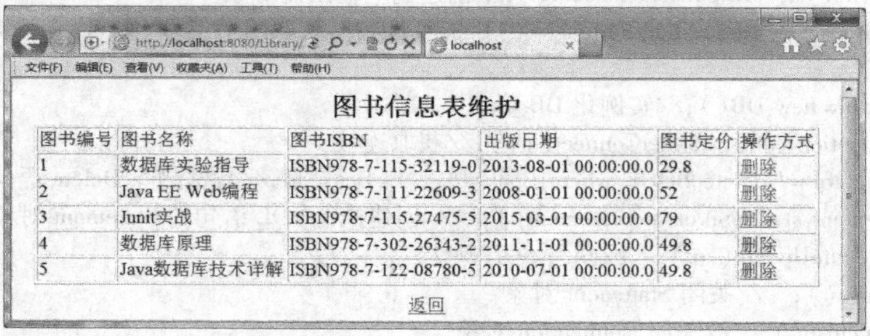

图 7-71　图书信息删除维护列表页面（DeleteList.jsp）运行结果

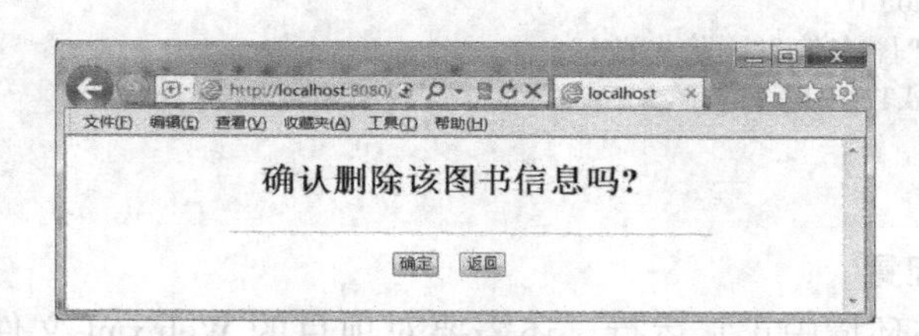

图 7-72　图书信息删除确认表单页面（DeleteBook.jsp）运行结果

JDBC API 执行数据表删除操作。执行成功该 Delete 语句后，该 DeleteServlet.java 程序又重定向到 DeleteList.jsp 页面，该页面将展示删除数据后的图书信息列表，如图 7-73 所示。

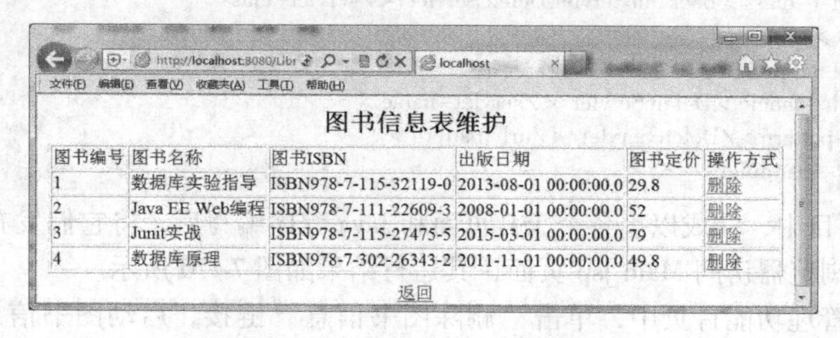

图 7-73　DeleteServlet 运行结果

7.5　思考题

1. 静态 Web 与动态 Web 的区别是什么？它们各有什么用途？
2. Web 系统的工作原理是什么？

3. Web 应用程序有哪些层次，它们之间如何分工协作？
4. 什么是 JSP？它是如何工作的？
5. JSP 页面有哪些组成部分？各个部分的作用是什么？
6. JSP 有哪些内置对象？如何使用它们？
7. 什么是 Servlet？它是如何工作的？
8. Servlet 与 JSP 之间的关系是什么？它们各有什么特点？
9. Servlet 程序如何实现？如何调用 Servlet 程序？
10. 什么是 JavaBean？使用 JavaBean 的目的是什么？
11. JavaBean 如何实现？如何使用 JavaBean？
12. 什么是 JDBC？使用 JDBC 的目的是什么？
13. Java 应用程序如何通过 JDBC 访问数据库？
14. 使用 JDBC 编程访问数据库的步骤是什么？
15. Java Web 数据库编程有哪些方案？
16. 如何实现 MVC 模式的数据库编程？

参 考 文 献

[1]　Darl Kuhn. 深入理解 Oracle 12c 数据库管理[M]. 2 版. 苏宝龙，译. 北京：人民邮电出版社，2014.

[2]　李兴华，马云涛. Oracle 开发实战经典[M]. 北京：清华大学出版社，2014.

[3]　陆鑫，王雁东，胡旺. 数据库原理及应用[M]. 北京：机械工业出版社，2015.

[4]　明日科技. Java Web 从入门到精通[M]. 北京：清华大学出版社，2012.